编 委 会

主 编 叶铭汉　陆　埮　张焕乔　张肇西　赵政国

编 委（按姓氏笔画排序）

马余刚（上海应用物理研究所）　　叶沿林（北京大学）

叶铭汉（高能物理研究所）　　　　任中洲（南京大学）

庄鹏飞（清华大学）　　　　　　　陆　埮（紫金山天文台）

李卫国（高能物理研究所）　　　　邹冰松（理论物理研究所）

张焕乔（中国原子能科学研究院）　张新民（高能物理研究所）

张肇西（理论物理研究所）　　　　郑志鹏（高能物理研究所）

赵政国（中国科学技术大学）　　　徐瑚珊（近代物理研究所）

黄　涛（高能物理研究所）　　　　谢去病（山东大学）

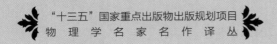

"十三五"国家重点出版物出版规划项目

物理学名家名作译丛

［德］克劳斯·格鲁彭　［俄］鲍里斯·施瓦兹　著
朱永生　盛华义　译

粒子探测器
Particle Detectors

中国科学技术大学出版社

安徽省版权局著作权合同登记号:第 20131015 号

Particle Detectors, Second Edition (ISBN 978-0-521-18795-4) by C. Grupen, B. A. Shwartz first published by Cambridge University Press 2008
All rights reserved.
This simplified Chinese edition for the People's Republic of China is published by arrangement with the Press Syndicate of the University of Cambridge, Cambridge, United Kingdom.
ⓒ Cambridge University Press & University of Science and Technology of China Press 2015
This book is in copyright. No reproduction of any part may take place without the written permission of Cambridge University Press and University of Science and Technology of China Press.
This edition is for sale in the People's Republic of China (excluding Hong Kong SAR, Macau SAR and Taiwan Province) only.
此版本仅限在中华人民共和国境内(不包括香港、澳门特别行政区及台湾地区)销售。

图书在版编目(CIP)数据

粒子探测器/(德)格鲁彭,(俄罗斯)施瓦兹著;朱永生,盛华义译. —合肥:中国科学技术大学出版社,2015.1(2021.5 重印)
(物理学名家名作译丛)
"十三五"国家重点出版物出版规划项目
ISBN 978-7-312-03216-5

Ⅰ. 粒… Ⅱ. ①格… ②施… ③朱… ④盛… Ⅲ. 粒子探测器 Ⅳ. O572.21

中国版本图书馆 CIP 数据核字(2014)第 221276 号

出版	中国科学技术大学出版社
	安徽省合肥市金寨路 96 号,230026
	http://press.ustc.edu.cn
	https://zgkxjsdxcbs.tmall.com
印刷	合肥市宏基印刷有限公司
发行	中国科学技术大学出版社
经销	全国新华书店
开本	710 mm×1000 mm 1/16
印张	32.75
字数	674 千
版次	2015 年 1 月第 1 版
印次	2021 年 5 月第 2 次印刷
定价	99.00 元

内 容 简 介

粒子探测器中的探测技术范围极为广阔，它取决于测量的目的．每一种物理现象都可能作为某一粒子探测器的物理原理．基本粒子需要通过不同的方法加以鉴别，对相关的物理量如时间、能量、空间坐标等等必须进行测量．粒子物理需要利用多功能的装置以及精细的实验设备对这些物理量进行精度极高的测量．根据不同的测量目的，需要利用不同的效应．不同的探测器可以覆盖极低能量（μeV，微电子伏）到宇宙线中才能观测到的极高能量的能量测定．

本书阐述高能物理和粒子天体物理实验仪器当前最新的发展水平，包括径迹探测器、量能器、粒子鉴别、中微子探测器、动量测量、电子学和数据分析．本书还讨论了这些探测器在其他领域，如核医学、辐射防护和环境科学中的近期应用．每一章后面都附有习题，并提供了相关的启发性材料，可作为粒子物理研究生和研究人员的有用参考．

Claus Grupen 是德国 Siegen 大学物理系教授，是 PLUTO 国际合作组的一员，由于与他人独立且同时确认了胶子的存在，曾荣获 1995 年欧洲物理学会颁发的高能和粒子物理特别奖．

Boris Shwartz 是俄罗斯 Budker 核物理研究所的资深研究员．他在若干项目的探测器研发和建造中作出了贡献，包括 KEDR 和 CMD-2 探测器，以及 WASA 和 Belle 实验.

译者的话

关于粒子探测器的书籍可以找到很多,但 Claus Grupen 和 Boris Shwartz 所著的《Particle Detectors》一书有其自身的特点,已成为了一本关于粒子探测器的值得推荐的参考书.

首先,它包含了从最古老的探测器直到最近期的先进探测器,从最简单的探测器单元到复杂、精细、大型的探测装置的丰富内容,系统、历史地介绍了林林总总各类探测器的基本原理及其发展和沿革.其次,与探测器相关的电子学已经成为粒子探测密不可分的有机组成部分,因此相关电子学的讨论亦占据了较多的篇幅.本书相当部分的内容超出了对于探测器性能的单纯描述,而涉及了怎样利用原始数据来获得最终实验结果的许多重要的中间环节,粒子鉴别、动量测量、数据分析等章节都属于这一范畴.粒子探测器在粒子物理之外领域的应用则用鲜活的实例证明了,粒子探测器虽然主要是为了基本粒子物理、核物理和宇宙线研究而研发的,但在天文学、宇宙学、生物物理学、医学、材料科学、地球物理学、化学、考古、艺术、地下工程、土木工程、环境科学、航空找矿、食物储藏、害虫防治、机场检查等领域获得了广泛的应用.最后,本书每章后面的习题具有典型意义,相当详细的习题解答则为读者提供了理解和掌握本书内容、解决实际问题的一种有益的指导.

本书各章的开头都引用了一段名人名言.显然,作者的意图是以此作为阅读该章内容的一个提示.这类文字反映了这些名人对于事物的自然属性或社会属性的一种深刻思考和理解.由于文化背景和中英文的差异,它们的汉译相当困难,因此我们将英文与汉译一并呈现于译本中.如蒙专家和读者不吝赐教,将十分感激.

本书第 13 章的部分内容和第 14 章由盛华义翻译,其余部分由朱永生翻译.为了尽可能准确、完整地表述原文的含义,采用了直译与意译相结合的方法.对于重要的或相对冷僻的科技术语,首次出现时除汉译之外还保留了英文原文以便对照.此外,在某些必要的地方,以译者注的方式增加了一些说明,以帮助读者理解原文的含义.

在本书翻译过程中,与中国科学院高能物理研究所的张闯、胡红波、胡海明、曹俊、马力、刘宝旭、陈元柏、刘振安诸位研究员,陈昌副研究员和中国科学院大学物理科学学院博士后宁洁女士就一些物理概念和科技术语进行了有益的讨论,谨致谢意.

尽管我们做了很大的努力,但囿于水平,不足甚至错漏之处恐有难免,诚望得到专家和读者的批评指正.

朱永生　盛华义

2014 年 9 月

第 2 版 序

科学知识是一系列确定性程度不同的陈述或结论的集合体,其中某些结论的确定性很差,某些结论则几乎可以肯定是成立的,然而,没有一个结论可以肯定是绝对正确的.[①]

——理查德·费恩曼[②]

《粒子探测器》原著是 1993 年以"曼海姆学院丛书"(Bibliographisches Institut Mannheim)的形式用德语(Teilchendetektoren)出版的. 1996 年被作者之一(Claus Grupen)译成英文且内容有了大量更新,由剑桥大学出版社再次出版. 自那以后,又有许多新型探测器面世,现有的探测器也有了实质性的改进. 特别是在建的 CERN 质子对撞机——大型强子对撞机(LHC)[③]、未来正负电子直线对撞机中的新型探测器计划以及粒子天体物理研究中的实验,都要求现有探测器进一步精密化和建造新型的粒子探测器. 随着研发步伐的不断加快,当代探测器的性能可以实现时间测量、空间分辨、能量和动量分辨,以及粒子鉴别等领域中的高精度测量.

过去,正负电子储存环,如 CERN 的 LEP,已经在电弱作用尺度的能量区域(约 100 GeV)研究了电弱作用物理和量子色动力学. ps 量级的寿命测量要求达到几微米量级的高空间分辨. 大型强子对撞机和费米实验室的 Tevatron 有希望通过找到希格斯(Higgs)粒子的实验证据以解决长期以来悬而未决的质量产生机制问题. 这些对撞机也能解决关于超对称性的相关问题. 这些实验中的探测器需要有精密的量能器和高的空间分辨,以及极精确的时间分辨和极高的事例选择性,以能够处理极高的本底. 密集于喷注中的大量粒子必须都鉴别出来,以对短寿命粒子进行不变质量的重建. 在强子对撞机中,探测器的耐辐照性肯定也是一个热门话题.

---

① 原文:Scientific knowledge is a body of statements of varying degrees of certainty — some most unsure, some nearly sure, but none absolutely certain.

② Richard Feynman(1918~),美国物理学家,1965 年获诺贝尔物理学奖. ——译者注

③ LHC 已经建成并投入运行. ——译者注

粒子天体物理中的粒子探测也是一个具有挑战性的问题.极高能宇宙线的起源,即使不考虑近期发现的与活动星系核心可能的相互关联,仍然是一个有待解决的问题.俄歇(Auger)实验中的探测器,或建造中的南极洲 IceCube 阵列探测器看来极有可能在我们的星系或河外星系中找到高能宇宙线源.同时,当前或未来加速器和储存环不可企及的极高能区的相互作用机制,将通过测量超出预期的 Greisen 截断的原初宇宙线谱的形状和基本成分来加以探究,在 Greisen 截断处高能质子或高能核会损失一大部分能量,例如,通过质子-光子碰撞以无处不在的黑体辐射的形式损失能量.

本书第 2 版包含了粒子探测器领域中这些当前的发展,与英文第 1 版相比,内容有了实质上的充实和更新.同时,对于第 1 版中仅仅简要提及的现代微结构探测器的新成果,以及加速器和中微子探测器,第 2 版都有专门的章节进行讨论."电子学"和"数据分析"两章则完全重新被改写.

我们愿意在此提及关于粒子探测器已有的若干优秀图书.不期望涵盖所有的书籍,可以提到的有 Kleinknecht[1],Fernow[2],Gilmore[3],Sauli[4],Tait[5],Knoll[6],Leo[7],Green[8],Wigmans[9] 以及 Leroy 和 Rancoita[10] 的著作.文献中也发表了该领域的许多优秀的综述性论文.

我们衷心地感谢许多同事的帮助.特别要感谢 Helmuth Spieler 撰写了"电子学"一章.Archana Sharma 对于微结构探测器和 μ 子动量测量提供了一些好的主意.Steve Armstrong 在"数据分析"一章的重新改写中提供了协助.Iskander Ibragimov 将第 1 版中的人工粘贴的图重复利用于第 2 版时,仔细地转换成电子文件格式.他同时统一了所有图的标注.T. Tsubo-yama,Richard Wigmans 和 V. Zhilich 提供了若干张图,A. Buzulutskov 和 Lev Shekhtman 为我们解释了关于微条探测器的若干细节.他们还建议了几篇相关的文献.与 A. Bondar,A. Kuzmin,T. Ohshima,A. Vorobiov 和 M. Yamauchi 的一些有益的讨论对我们很有帮助.Simon Eidelman 和 Tilo Stroh 仔细地阅读了全书并检查了所有的问题.Tilo Stroh 还担负了键入 LaTeX 文本、改善图的品质、安排格式和准备内容丰富的索引这些花费大量精力的艰巨任务.这对我们是巨大的帮助.

参考文献

[1] Kleinkenecht K. Detectors for Particle Radiation [M]. 2nd ed. Cambridge University Press,1998. Detektoren für Teilchenstrahung [M]. Wiesbaden:Teubner,2005.

[2] Fernow R. Introduction to Experimental Particle Physics [M]. Cambridge:Cambridge University Press,1989.

[3] Gilmore R S. Single Particle Detection and Measurement [M]. London: Taylor and Francis, 1992.

[4] Sauli F. Instrumentation in High Energy Physics [M]. Singapore: World Scientific, 1992.

[5] Tait W H. Radiation Detectors [M]. London: Butterworths, 1980.

[6] Knoll G F. Radition Detection and Measurement [M]. 3rd ed. New York: John Wiley & Sons Inc., 2000.

[7] Leo W R. Techniques for Nuclear and Particle Physics Experiments [M]. Berlin: Springer, 1987.

[8] Green D. The Physics of Particle Detectors [M]. Cambridge: Cambridge University Press, 2000.

[9] Wigmans R. Calorimetry: Energy Measurement in Particle Physics [M]. Oxford: Clarendon Press, 2000

[10] Leroy C, Rancoita P-G. Principles of Radiation Interaction in Matter and Detection [M]. Singapore: World Scientific, 2004.

第 1 版 序

推动科学家对于自然界作出新的发现和新的理解的基本动机是好奇心. 通过实验仔细地探寻自然界的性质, 使我们对于自然界的理解能够获得进展. 为了能够分析这些实验, 必须记录下实验的结果. 最简单的设备是人的感官, 但是对于当前的问题而言, 这类天然的探测装置不够灵敏, 或者其灵敏范围过于局限. 考查一下人眼的功能, 这一点就十分明显. 为了对光有视觉, 人眼需要看到约 20 个光子. 而光电倍增管能够"看到"单个光子. 人眼的动态范围仅包含半个频段(波长从 400 nm 到 800 nm), 而电磁波的全谱, 从无线电波、微波、红外辐射、可见光、紫外光直到 X 射线和 γ 射线, 共覆盖了 23 个频段.

因此, 对于自然界的许多问题, 必须研发精密的测量装置或探测器以获得大动态范围的客观结果. 人类用这种方式锐化了人眼的"感知"能力, 并研发了新的设备. 对于许多实验而言, 需要有新型、专用的探测器, 在绝大多数情形下, 它们并不仅仅用于一类测量. 但是, 至今尚不存在能够同时测量所有参数的多功能探测器.

为了探视微观世界, 我们需要显微镜. 能够分辨清楚的结构尺寸与观测客体时所使用的波长相当; 对于可见光, 该尺度约为 $0.5~\mu m$. 基本粒子物理的显微镜则是当代的带有探测器的加速器. 由于波长与动量成反比(德布罗意关系式), 利用高动量粒子可研究很细小的结构. 当前可达到的空间分辨率的数量级为 10^{-17} cm, 较之光学显微镜, 改善因子达 10^{13}.

为了研究宇观世界, 即研究宇宙的结构, 必须记录能量范围从几百微电子伏(μeV, 宇宙微波背景辐射)直到 10^{20} eV(高能宇宙线)的现象. 要想掌控所有这些问题, 需要有能够测量粒子和辐射的时间、能量、动量、速度和空间坐标等参数的粒子探测器. 此外, 必须对粒子的属性, 即种类加以鉴别. 这一点可以通过不同探测方法的组合来实现.

本书阐述了应用于基本粒子物理、宇宙线研究、高能天体物理、核物理以及辐射防护、生物学和医学等领域的各种粒子探测器. 除了描述粒子探测器的工作原理及其特征性质, 还介绍了这些装置的多种应用领域.

本书起源于过去 20 年间我所作演讲的讲稿. 在多数情形下, 这些演讲冠名为"粒子探测器". 不过, 在另一些冠名为"辐射防护导论"、"宇宙线中的基本粒子过程"、"伽马射线天文学"、"中微子天文学"的讲演中, 也讨论了粒子探测器的某些特定内容. 本书试图全面地呈现辐射和粒子探测方方面面的内容. 不过, 粒子探测器在基本粒子物理和宇宙线实验中的应用是最主要的方面.

我愿意提及关于粒子探测器的已经面世的若干优秀的图书. 我要特别着重提到 Kleinknecht[1] 著作的第 4 版, 以及可能略微过时的 Allkofer[2] 的著作. 还有该领域的其他一些著作也值得重视[3-25].

如果没有我的诸多同事和学生的积极支持, 本书的编写是不可能完成的. 我感谢 U. Schäfer 博士和 S. Schmidt 硕士对于本书的完善所提出的许多建议. R. Pfitzner 先生和 J. Dick 先生仔细地校阅了书稿. G. Cowan 博士和 H. Seywerd 博士对于我的书稿的英文翻译做了显著的改进. 我感谢 U. Bender、C. Tamarozzi 和 R. Sentker 三位女士制作了可供印刷出版的书稿版本, 以及 M. Euteneuer 先生、C. Tamarozzi 女士和 T. Stöcker 女士制作了大量的附图. 我还要感谢 J. Dick 先生、K. Reinsch 工程硕士、T. Stroh 硕士、R. Pfitzner 先生、G. Gillessen 硕士和 Cornelius Grupen 先生在书籍正文和图表的计算机排版方面提供的帮助.

参考文献

[1] Kleinknecht K. Detektoren für Teilchenstrahlung [M]. Stuttgart: Teubner, 1984; 1987; 1992. Detectors for Particle Radiation [M]. Cambridge: Cambridge University Press, 1996.

[2] Allkofer O C. Teilchendetektoren [M]. München: Thiemig, 1971.

[3] Fernow R. Introduction to Experimental Particle Physics [M]. Cambridge: Cambridge University Press, 1989.

[4] Gilmore R S. Single Particle Detection and Measurement [M]. London: Taylor and Francis, 1992.

[5] Sauli F. Instrumentation in High Energy Physics [M]. Singapore: World Scientific, 1992.

[6] Tait W H. Radiation Detectors [M]. London: Butterworths, 1980.

[7] Leo W R. Techniques for Nuclear and Particle Physics Experiments [M]. Berlin: Springer, 1987.

[8] Rice-Evans P. Spark, Streamer, Proportional and Drift Chambers [M]. London: Richelieu Press, 1974.

[9] Sitar B, Merson G I, Chechin V A, et al. Ionization Measurements in High Energy Physics (in Russian) [M]. Moskau: Energoatomizdat, 1988.

[10] Sitar B, Merson G I, Chechin V A, et al. Ionization Measurements in High Energy

Physics: Springer Tracts in Modern Physics, Vol. 124 [M]. Berlin: Springer, 1993.

[11] Ferbel T. Experimental Techniques in High Energy Nuclear and Particle Physics [M]. Singapore: World Scientific, 1991.

[12] Delaney C F G, Finch E C. Radiation Detectors[M]. Oxford: Oxford Science Publications, 1992.

[13] Fernow R C. Fundamental Principles of Particle Detectors [C]. Summer School on Hadron Spectroscopy, University of Maryland, 1988; BNL-Preprint, BNL-42114, 1988.

[14] Knoll G F. Radiation Detection and Measurement [M]. New York: John Wiley & Sons Inc., 1979.

[15] Ritison D M. Techniques of High Energy Physics[M]. New York: Interscience Publishers Inc., 1961.

[16] Siegbahn K. Alpha, Beta and Gamma-Ray Spectroscopy: Vols. 1 and 2 [M]. Amsterdam: Elsevier-North Holland, 1968.

[17] Anjos J C, Hartill D, Sauli F, et al. Instrumentation in Elementary Particle Physics [M]. Singapore: World Scientific, 1992.

[18] Charpak G, Sauli F. High-Resolution Electronic Particle Detectors [J]. Ann. Rev. Nucl. Phys. Sci., 1984, 34: 285-350.

[19] Price W J. Nuclear Radiation Detectors [M]. 2nd ed. New York: McGraw-Hill, 1964.

[20] Korff S A. Electron and Nuclear Counters [M]. 2nd ed. Princeton: Van Nostrand, 1955.

[21] Neuert H. Kernphysikalische Neßverfahren zum Nachweis für Teichen und Quanten [M]. Karlsruhe: G. Braun, 1966.

[22] Stolz W. Messung ionisierender Strahlung: Grundlagen und Methoden [M]. Berlin: Akademie-Verlag, 1985.

[23] Fenyves E, Haimann O. The Physical Principles of Nuclear Radiation Measurements [M]. Budapest: Akadémiai Kiadó, 1969.

[24] Ouseph P J. Introduction to Nuclear Radiation Detectors [M]. New York: Plenum Press, 1975.

[25] Fabjan C W. Detectors for Elementary Particle Physics [R]. CERN-PPE-94-61, 1994.

目　　次

译者的话 …………………………………………………………（1）
第2版序 …………………………………………………………（3）
第1版序 …………………………………………………………（5）
导言 ………………………………………………………………（1）
第1章　粒子、辐射与物质的相互作用 ………………………（4）
　1.1　带电粒子的相互作用 ……………………………………（5）
　　1.1.1　电离和激发导致的能量损失 …………………………（6）
　　1.1.2　沟道效应 ……………………………………………（12）
　　1.1.3　电离产额 ……………………………………………（14）
　　1.1.4　多次散射 ……………………………………………（17）
　　1.1.5　韧致辐射 ……………………………………………（18）
　　1.1.6　直接电子对产生 ……………………………………（21）
　　1.1.7　光核作用导致的能量损失 …………………………（21）
　　1.1.8　总能量损失 …………………………………………（21）
　　1.1.9　带电粒子的能量-射程关系 …………………………（23）
　　1.1.10　同步辐射损失 ……………………………………（26）
　1.2　光子的相互作用 …………………………………………（27）
　　1.2.1　光电效应 ……………………………………………（28）
　　1.2.2　康普顿效应 …………………………………………（29）
　　1.2.3　对产生 ………………………………………………（31）
　　1.2.4　光子吸收总截面 ……………………………………（32）
　1.3　强子的强相互作用 ………………………………………（35）
　1.4　气体中的漂移和扩散 ……………………………………（36）
　习题1 …………………………………………………………（41）
　参考文献 ………………………………………………………（42）

第2章 探测器的本征性质 ……………………………………………………（48）
2.1 分辨率和基本统计性质 …………………………………………………（48）
2.2 特征时间 …………………………………………………………………（52）
2.3 死时间修正 ………………………………………………………………（53）
2.4 偶然符合 …………………………………………………………………（54）
2.5 效率 ………………………………………………………………………（55）
习题 2 ……………………………………………………………………………（57）
参考文献 …………………………………………………………………………（58）

第3章 辐射测量单位和辐射源 ……………………………………………（59）
3.1 辐射测量单位 ……………………………………………………………（59）
3.2 辐射源 ……………………………………………………………………（63）
习题 3 ……………………………………………………………………………（66）
参考文献 …………………………………………………………………………（67）

第4章 加速器 ………………………………………………………………（68）
习题 4 ……………………………………………………………………………（72）
参考文献 …………………………………………………………………………（73）

第5章 用于粒子探测的主要物理现象和基本的计数器类型 ……………（74）
5.1 电离计数器 ………………………………………………………………（74）
5.1.1 无放大功能的电离计数器 ……………………………………………（74）
5.1.2 正比计数器 ……………………………………………………………（79）
5.1.3 盖革计数器 ……………………………………………………………（85）
5.1.4 流光管 …………………………………………………………………（86）
5.2 液体电离计数器 …………………………………………………………（89）
5.3 固体电离计数器 …………………………………………………………（90）
5.4 闪烁计数器 ………………………………………………………………（98）
5.5 光电倍增管和光电二极管 ………………………………………………（105）
5.6 切伦科夫计数器 …………………………………………………………（113）
5.7 穿越辐射探测器(TRD) …………………………………………………（117）
习题 5 ……………………………………………………………………………（119）
参考文献 …………………………………………………………………………（120）

第6章 历史上的径迹探测器 ………………………………………………（130）
6.1 云室 ………………………………………………………………………（130）
6.2 气泡室 ……………………………………………………………………（132）
6.3 流光室 ……………………………………………………………………（135）
6.4 氖闪光管室 ………………………………………………………………（137）

6.5 火花室 ·· (138)
6.6 核乳胶 ·· (140)
6.7 银卤化物晶体 ·· (141)
6.8 X射线胶片 ··· (142)
6.9 热释光探测器 ·· (143)
6.10 辐射光致发光探测器 ·· (144)
6.11 塑料探测器 ·· (144)
习题 6 ·· (145)
参考文献 ··· (146)

第 7 章 径迹探测器 ·· (151)
7.1 多丝正比室 ··· (151)
7.2 平面漂移室 ··· (155)
7.3 圆柱形丝室 ··· (159)
   7.3.1 圆柱形正比室和漂移室 ······································ (160)
   7.3.2 放射形(Jet)漂移室 ·· (164)
   7.3.3 时间投影室(TPC) ·· (166)
7.4 微结构气体探测器 ··· (169)
7.5 半导体径迹探测器 ··· (171)
7.6 闪烁光纤径迹室 ·· (174)
习题 7 ·· (176)
参考文献 ··· (176)

第 8 章 量能器 ·· (185)
8.1 电磁量能器 ··· (185)
   8.1.1 电子-光子级联 ··· (185)
   8.1.2 均质量能器 ·· (191)
   8.1.3 取样量能器 ·· (195)
8.2 强子量能器 ··· (199)
8.3 量能器的刻度和监测 ··· (206)
8.4 低温量能器 ··· (208)
习题 8 ·· (212)
参考文献 ··· (213)

第 9 章 粒子鉴别 ·· (219)
9.1 带电粒子鉴别 ··· (220)
   9.1.1 飞行时间计数器 ··· (220)
   9.1.2 利用电离损失鉴别粒子 ······································· (223)

9.1.3　利用切伦科夫辐射鉴别粒子 …………………………………… (226)
9.1.4　穿越辐射探测器 …………………………………………………… (230)
9.2　量能器鉴别粒子 …………………………………………………………… (232)
9.3　中子探测器 ………………………………………………………………… (235)
习题 9 …………………………………………………………………………… (238)
参考文献 ………………………………………………………………………… (239)

第 10 章　中微子探测器 ……………………………………………………… (245)
10.1　中微子源 …………………………………………………………………… (245)
10.2　中微子反应 ………………………………………………………………… (247)
10.3　中微子探测的历史 ………………………………………………………… (248)
10.4　中微子探测器 ……………………………………………………………… (248)
习题 10 …………………………………………………………………………… (258)
参考文献 ………………………………………………………………………… (259)

第 11 章　动量测量和 μ 子探测 ……………………………………………… (262)
11.1　固定靶实验磁谱仪 ………………………………………………………… (263)
11.2　专用磁谱仪 ………………………………………………………………… (269)
习题 11 …………………………………………………………………………… (273)
参考文献 ………………………………………………………………………… (274)

第 12 章　老化和辐照效应 …………………………………………………… (276)
12.1　气体探测器中的老化效应 ………………………………………………… (276)
12.2　闪烁体的耐辐照性 ………………………………………………………… (281)
12.3　切伦科夫计数器的耐辐照性 ……………………………………………… (283)
12.4　硅探测器的耐辐照性 ……………………………………………………… (284)
习题 12 …………………………………………………………………………… (285)
参考文献 ………………………………………………………………………… (286)

第 13 章　通用探测器实例:Belle ……………………………………………… (289)
13.1　Belle 子探测器 ……………………………………………………………… (290)
13.1.1　硅顶点探测器(SVD) ………………………………………………… (291)
13.1.2　中心漂移室(CDC) …………………………………………………… (292)
13.1.3　气凝胶切伦科夫计数器系统(ACC) ………………………………… (295)
13.1.4　飞行时间计数器(TOF) ……………………………………………… (296)
13.1.5　电磁量能器(ECL) …………………………………………………… (299)
13.1.6　K_L 和 μ 子探测系统(KLM) ……………………………………… (303)
13.2　粒子鉴别 …………………………………………………………………… (304)
13.3　数据获取电子学和触发系统 ……………………………………………… (306)

13.4　亮度测量和探测器性能 ……………………………………………………………… (310)
　习题 13 ……………………………………………………………………………………… (311)
　参考文献 …………………………………………………………………………………… (312)

第 14 章　电子学

14.1　引言 …………………………………………………………………………………… (314)
14.2　系统示例 ……………………………………………………………………………… (315)
14.3　探测限制 ……………………………………………………………………………… (319)
14.4　探测器信号的获取 …………………………………………………………………… (320)
　　14.4.1　信号积分 ……………………………………………………………………… (321)
14.5　信号处理 ……………………………………………………………………………… (324)
14.6　电子学噪声 …………………………………………………………………………… (325)
　　14.6.1　热噪声（约翰孙噪声） ……………………………………………………… (326)
　　14.6.2　散粒噪声 ……………………………………………………………………… (327)
14.7　信噪比与探测器电容的关系 ………………………………………………………… (327)
14.8　脉冲成形 ……………………………………………………………………………… (328)
14.9　探测器和前端放大器的噪声分析 …………………………………………………… (330)
14.10　时间测量 ……………………………………………………………………………… (335)
14.11　数字电子学 …………………………………………………………………………… (337)
　　14.11.1　逻辑单元 ……………………………………………………………………… (337)
　　14.11.2　传输延迟和功耗 ……………………………………………………………… (339)
　　14.11.3　逻辑阵列 ……………………………………………………………………… (340)
14.12　模拟-数字转换 ……………………………………………………………………… (341)
14.13　时间-数字转换器（TDC） …………………………………………………………… (344)
14.14　信号传输 ……………………………………………………………………………… (345)
14.15　干扰和拾取 …………………………………………………………………………… (347)
　　14.15.1　干扰拾取机制 ………………………………………………………………… (347)
　　14.15.2　补救技术 ……………………………………………………………………… (349)
14.16　结论 …………………………………………………………………………………… (350)
　习题 14 ……………………………………………………………………………………… (351)
　参考文献 …………………………………………………………………………………… (352)

第 15 章　数据分析

15.1　引言 …………………………………………………………………………………… (353)
15.2　探测器原始数据的重建 ……………………………………………………………… (354)
15.3　分析面临的挑战 ……………………………………………………………………… (356)
15.4　分析模块 ……………………………………………………………………………… (357)

15.4.1 带电粒子径迹 ······ (358)
15.4.2 能量重建 ······ (361)
15.4.3 夸克喷注 ······ (362)
15.4.4 稳定粒子鉴别 ······ (363)
15.4.5 次级顶点和不稳定粒子的重建 ······ (363)
15.5 分析组分 ······ (365)
15.5.1 蒙特卡洛事例产生子 ······ (365)
15.5.2 探测器响应的模拟 ······ (366)
15.5.3 非探测器信息的分析方法 ······ (366)
15.5.4 多变量分析方法 ······ (368)
15.6 分析实例 ······ (371)
习题 15 ······ (373)
参考文献 ······ (374)

第 16 章 粒子探测器在粒子物理以外的应用 ······ (377)

16.1 辐射相机 ······ (378)
16.2 血管造影 ······ (381)
16.3 粒子束肿瘤诊疗 ······ (385)
16.4 慢质子用于表面研究 ······ (389)
16.5 γ 和中子反散射测量 ······ (390)
16.6 摩擦学 ······ (392)
16.7 放射性尘埃的同位素识别 ······ (393)
16.8 探查金字塔密室 ······ (394)
16.9 放射性衰变用作随机数产生子 ······ (396)
16.10 $\nu_e \neq \nu_\mu$ 的实验证据 ······ (398)
16.11 γ 射线天文的探测器望远镜 ······ (401)
16.12 蝇眼探测器测量广延大气簇射 ······ (403)
16.13 水切伦科夫计数器寻找质子衰变 ······ (405)
16.14 放射性碳测定年代 ······ (406)
16.15 事故剂量学 ······ (407)
习题 16 ······ (408)
参考文献 ······ (408)

摘要 ······ (414)
参考文献 ······ (415)

第 17 章 精粹汇总 ······ (416)

17.1 带电粒子和辐射与物质的相互作用 ······ (416)

17.2 探测器的本征性质 …………………………………… (418)
17.3 辐射测量单位 ……………………………………… (419)
17.4 加速器 …………………………………………… (419)
17.5 用于粒子探测的主要物理现象和基本的计数器类型 ………… (420)
17.6 历史上的径迹探测器 ………………………………… (420)
    17.6.1 云室 ………………………………………… (420)
    17.6.2 气泡室 ……………………………………… (421)
    17.6.3 流光室 ……………………………………… (421)
    17.6.4 氖闪光管室 …………………………………… (421)
    17.6.5 火花室 ……………………………………… (421)
    17.6.6 核乳胶 ……………………………………… (422)
    17.6.7 塑料探测器 …………………………………… (422)
17.7 径迹探测器 ………………………………………… (422)
    17.7.1 多丝正比室 …………………………………… (422)
    17.7.2 平面漂移室 …………………………………… (423)
    17.7.3 圆柱形丝室 …………………………………… (423)
    17.7.4 微结构气体探测器 ……………………………… (424)
    17.7.5 半导体径迹探测器 ……………………………… (424)
    17.7.6 闪烁光纤径迹室 ………………………………… (425)
17.8 量能器 …………………………………………… (425)
    17.8.1 电磁量能器 …………………………………… (425)
    17.8.2 强子量能器 …………………………………… (426)
    17.8.3 量能器的刻度和监测 …………………………… (426)
    17.8.4 低温量能器 …………………………………… (426)
17.9 粒子鉴别 ………………………………………… (427)
    17.9.1 带电粒子鉴别 ………………………………… (427)
    17.9.2 量能器鉴别粒子 ……………………………… (428)
    17.9.3 中子探测 ……………………………………… (428)
17.10 中微子探测器 ……………………………………… (429)
17.11 动量测量 ………………………………………… (429)
17.12 老化效应 ………………………………………… (430)
17.13 通用探测器实例 …………………………………… (430)
17.14 电子学 …………………………………………… (431)
17.15 数据分析 ………………………………………… (431)
17.16 应用 ……………………………………………… (432)

第 18 章　习题解答 ···（433）
　　参考文献 ··（464）
附录 1　基本物理常数表 ···（467）
附录 2　物理单位的定义及转换 ···（470）
附录 3　单质和复合材料的性质 ···（472）
附录 4　蒙特卡洛事例产生子 ··（474）
附录 5　衰变能级纲图 ··（480）
索引 ···（487）

导　言

　　每一种观察都会导致思考,思考导致深入的反思,反思导致思想的整合.因此可以说,在对于自然界的每一种认真的观察中,我们已经进行了理论性的推理.①

——约翰·沃尔夫冈·冯·歌德②

　　粒子探测器的发展实际上起始于 1896 年亨利·贝克勒尔(Henri Becquerel)对于放射性的发现.他注意到铀盐放射出的辐射能够使光敏相纸变黑.几乎在同一时期,威尔亥姆·康拉德·伦琴(Wilhelm Conrad Röntgen)发现,电子轰击物质时能产生 X 射线.

　　第一种核粒子探测器(X 射线胶片)极其简单. 20 世纪初使用的硫化锌闪烁体同样原始.散射过程的研究,例如 α 粒子散射,需要用肉眼对闪烁光进行单调乏味和费时的光学观测记录.因此,值得提到威廉·克鲁克斯(Sir William Crookes)1903 年在完全黑暗环境下进行的一个实验,即利用极其昂贵的放射性物质溴化镭,首次观察到了镭盐发射的闪烁光.他偶然地将一小滴昂贵的溴化镭溅落在活化的硫化锌(ZnS)薄层上.为了确认他没有遗漏任何的斑点,他使用了放大镜来观测,并发现每一小滴放射性物质附近发生了光发射现象.这一现象是由镭化合物打击活化了的硫化锌所发射的单个 α 粒子产生的.闪烁光的出现是由于 α 粒子在硫化锌屏上的相互作用产生了光子.按照这类效应制作的粒子探测器称为**闪烁镜**(spinthariscope),至今仍在示范性实验中使用[1].

　　"北极光"(aurora borealis)形式的闪烁现象已经被观测了很长时间.早在 1733 年,极光被正确地解释为来自于太阳的辐射(Jean-Jacques D'Ortous De Mairan).在对于基本粒子没有任何了解的情形下,大气层成为太阳辐射的电子、质子和 α 粒

---

① 原文:Every act of seeing leads to consideration, consideration to reflection, reflection to combination, and thus it may be said that in every attentive look on nature we already theorise.

② Johann Wolfgang von Goethe(1749～1832),德国作家、画家、生物学家、理论物理学家.

——译者注

子的一种探测器.大约在发现**切伦科夫（Cherenkov）辐射** 50 年之前,海维赛德（Heaviside,1892)已经指明,高于光速①的带电粒子在粒子方向的一定角度处发射一种电磁辐射[2].开尔文男爵(Lord Kelvin)同样早在 1901 年就主张,当粒子速度高于光速时有可能发生辐射[3-4]. 20 世纪初的 1919 年,居里夫人注意到镭的浓缩水溶液发射出微弱的光,由此,不自觉地开启了第一个切伦科夫探测器的运行.与此类似,观测水冷却反应堆或高强度辐射源产生的切伦科夫辐射是令人着迷的,而有时又是极其危险的(例如东海村(Tokaimura)核电站事故).人眼也可以用作切伦科夫探测器,比如宇航员在执行巡天任务时闭上眼睛能感受到光的闪烁.这些光的发射是由穿透人眼玻璃体的高能初级宇宙射线产生的.

经过一定的时间后,测量方法获得了极大的改善.时至今日,一般而言仅仅测量粒子和辐射已经不够了.我们希望识别它们的性质,即我们想要知道所测量的究竟是电子、μ子、π介子还是γ射线.此外,通常需要有精确的能量和动量的测量.对于大多数应用而言,粒子轨迹空间坐标的精确知识是令人感兴趣的.根据这些信息,通过光学(例如在火化室、流光室、泡室和云室中)或电子学(例如在多丝正比室或漂移室、微结构或硅像素探测器中)的测量可以重建粒子的径迹.

粒子探测的发展趋势在过去的一段时间内已经由光学测量转变为纯粹的电子学测量.在这一演变过程中,成就了前所未有的高分辨率,例如时间分辨率达到皮秒级,空间坐标重建达到微米级,γ射线能量分辨率达到 eV 量级.早期的光学探测器如云室,容许的事例率只能是每分钟 1 个,而现代的探测装置如快有机**闪烁体**能够处理 GHz 量级的数据率.随着 GHz 数据率的出现,产生了新问题,如探测器的**耐辐照性**和**老化**问题成为必须考虑的因素.

在这样高的数据率之下,粒子探测器信号的电子学处理起着越来越重要的作用.同时,数据存储于磁盘或磁带以及数据的计算机预选择已经成为复杂探测系统的一个有机组成部分.

起初,粒子探测器仅用于宇宙线、核和粒子物理的研究;而现今,这些装置在医学、生物学、环境科学、石油勘探、土木工程、考古学、国家安全和艺术等各个领域都得到了应用,这里只列举了有限的几个领域而已.最精巧复杂的探测器仍然是为粒子物理和天体粒子物理而研发的,而实际应用往往需要更稳健的装置,它们通常在较严酷的环境下工作.

对于粒子探测器对于科学的发展作出了重大的贡献.新的探测技术如云室、气泡室、多丝正比室、漂移室和微结构室为许多重大发现准备了条件.这一领域中新技术的发展得到了公认,获得了相当数量的诺贝尔奖(C. T. R. Wilson,云室,1927;P. Cherenkov, I. Frank, I. Tamm, Cherenkov 效应,1958;D. Glaser,气泡室,1960;L. Alvarez,气泡室分析,1968;G. Charpak,多丝正

---

① 应为"高于介质中的光速". ——译者注

比室,1992;R. Davis,M. Koshiba,中微子探测,2002).

  本书章节的顺序是按照测量的目的和种类来编排的,但是大多数探测器都在多个地方多次提及.首先,给出了它们的一般性质,而在其他地方则讨论与该章阐述的特定主题相关的特性.次序原则(ordering principle)不一定是唯一被看重的,因为,比如**固体探测器**在核物理中用来进行非常精确的能量测量,而在基本粒子物理中,固体条形或像素探测器则用来实现精确的径迹重建.

  对于粒子探测器在核物理、基本粒子物理、宇宙线物理、天文学、天体物理、天体粒子物理,以及生物学和医学或其他应用领域中的应用,本书阐述的详尽程度是不尽相同的.本书的主要目的是阐述粒子探测器在基本粒子物理中的应用,特别着重于现代高分辨探测器系统.这也包括了粒子天体物理的应用以及宇宙线领域的技术,因为这些科学活动与粒子物理非常接近.

参考文献

[1] http://www.unitednuclear.com/spinthariscope.htm.
[2] Heaviside O. Electrical Papers: Vol. 2 [M]. London: Macmillan, 1892: 490-499; 504-518.
[3] Lord Kelvin. Nineteenth-Century Clouds over the Dynamical Theory of Heat and Light [R]. Lecture to the Royal Institution of Great Britain, London, 27th April, 1900. Thomson W, Lord Kelvin. Nineteeth-Century Clouds over the Dynamical Theory of Heat and Light [J]. The London Edinburgh and Dublin Philosophical Magazine and Journal of Science, 1901, 2 (6): 1-40.
[4] Cherenkov P A. Radiation of Particles Moving at a Velocity Exceeding that of Light, and Some of the Possibilities for Their Use in Experimental Physics [R]. Nobel lecture, 11 December, 1958.

第1章 粒子、辐射与物质的相互作用

当原子间的距离、通道、连接、重量、推动力、碰撞、运动、排列次序和位置发生交替变化时,由这些原子构成的物体必定随之变化.①

——卢克莱修②

粒子和辐射只能通过它们与物质的相互作用来加以探测.带电粒子的某些相互作用与中性粒子(例如光子)的相互作用是不相同的.可以说,每一种相互作用过程都可以作为某种探测器概念的基本原理.这些相互作用过程的种类相当丰富,因此,存在粒子和辐射的许多种类的探测装置.此外,对于同一种粒子,不同粒子能量对应的不同的相互作用过程都可以用于粒子的探测.

本章将综合阐述主要的相互作用机制.当介绍某种特定的探测器时,将阐述与之相关的特定效应.相互作用过程及其作用截面将不从基本原理出发进行推导,而只是陈述其用之于粒子探测器的相关结果.

带电粒子与物质的相互作用主要是**激发**和**电离**.对于相对论性粒子,**韧致辐射**能量损失亦必须考虑.中性粒子与物质的相互作用必定产生带电粒子,于是通过后者的本征相互作用过程可以探测中性粒子.对于光子,这些本征过程是光电效应、康普顿散射和电子对产生.在这些**光子相互作用**中,产生的电子可以通过探测器灵敏体积中的电离进行观测.

---

① 原文:When the intervals, passages, connections, weights, impulses, collisions, movement, order, and position of the atoms interchange, so also must the things formed by them change.

② Lucretius(公元前 99?~前 55),罗马哲学家、诗人.

——译者注

1.1 带电粒子的相互作用

带电粒子穿越物质时由于束缚电子的**激发**和**电离**而损失其动能. 激发过程

$$e^- + 原子 \rightarrow 原子^* + e^- \\ \hookrightarrow 原子 + \gamma \tag{1.1}$$

导致低能光子的产生,因此该过程可用于记录这类冷光的探测器. 纯散射过程极其重要. 在这类过程中,入射粒子将其一定量的能量传递给原子电子,使其从原子中释放出来.

传递给一个电子的**最大可传递动能**取决于入射粒子的质量 m_0 和动量. 给定入射粒子的动量

$$p = \gamma m_0 \beta c, \tag{1.2}$$

其中 $\gamma(= E/(m_0 c^2))$ 是洛伦兹因子,$\beta c = v$ 为速度,m_0 是静止质量,传递给一个电子(质量为 m_e)的最大动能由下式给定[1](亦见习题1第6题):

$$E_{\text{kin}}^{\max} = \frac{2 m_e c^2 \beta^2 \gamma^2}{1 + 2\gamma m_e/m_0 + (m_e/m_0)^2} = \frac{2 m_e p^2}{m_0^2 + m_e^2 + 2 m_e E/c^2}. \tag{1.3}$$

在这种情形下,给出动能(而不是总能量)比较恰当,因为电子已经存在而无需产生. 动能 E_{kin} 与总能量 E 之间的关系为

$$E_{\text{kin}} = E - m_0 c^2 = c\sqrt{p^2 + m_0^2 c^2} - m_0 c^2. \tag{1.4}$$

对于低能的情形,

$$2\gamma m_e/m_0 \ll 1, \tag{1.5}$$

并假定入射粒子比电子重($m_0 > m_e$),方程 (1.3) 有如下近似式:

$$E_{\text{kin}}^{\max} \approx 2 m_e c^2 \beta^2 \gamma^2. \tag{1.6}$$

一个粒子(例如一个 μ 子,$m_\mu c^2 = 106$ MeV)的洛伦兹因子 $\gamma = E/(m_0 c^2) = 10$ 相应于 $E = 1.06$ GeV,能够传递给一个电子(质量 $m_e c^2 = 0.511$ MeV)的能量约为 100 MeV.

如果忽略方程 (1.3) 分母中的平方项 m_e^2,即 $(m_e/m_0)^2 \ll 1$,对于电子以外的所有入射粒子这都是一个好的近似,则有结果

$$E_{\text{kin}}^{\max} = \frac{p^2}{\gamma m_0 + m_0^2/(2 m_e)}. \tag{1.7}$$

对于相对论性粒子,有 $E_{\text{kin}} \approx E$ 以及 $pc \approx E$. 从而最大传递能量为

$$E^{\max} \approx \frac{E^2}{E + m_0^2 c^2/(2 m_e)}; \tag{1.8}$$

对于 μ 子，其最大传递能量为

$$E^{\max} = \frac{E^2}{E + 11 \text{ GeV}}. \tag{1.9}$$

对于极端相对论的情形（$E \gg m_0^2 c^2 / (2m_e)$），全部能量都可以传递给电子.

如果入射粒子是电子，以上近似不再适用. 在这种情形下，与方程（1.3）相对应的公式是

$$E_{\text{kin}}^{\max} = \frac{p^2}{m_e + E/c^2} = \frac{E^2 - m_e^2 c^4}{E + m_e c^2} = E - m_e c^2. \tag{1.10}$$

在经典的非相对论性运动学中，等质量粒子的中心碰撞亦给出了同样的公式.

1.1.1 电离和激发导致的能量损失

最大传递能量的讨论已经阐明，入射电子与重粒子（$m_0 \gg m_e$）不同，它起到特殊的作用. 因此，作为开始，我们首先给出"重"粒子的能量损失公式. 按照 Bethe 和 Bloch 的工作[2-8]①，长度 dx 中的平均能量损失 dE 由下式给出：

$$-\frac{dE}{dx} = 4\pi N_A r_e^2 m_e c^2 z^2 \frac{Z}{A} \frac{1}{\beta^2} \left(\ln \frac{2m_e c^2 \gamma^2 \beta^2}{I} - \beta^2 - \frac{\delta}{2} \right). \tag{1.11}$$

式中，z 为入射粒子的电荷，单位是基本电荷量；Z，A 分别为吸收体的原子序和原子量；m_e 为电子质量；r_e 为经典电子半径（$r_e = \frac{1}{4\pi \varepsilon_0} \cdot \frac{e^2}{m_e c^2}$，$\varepsilon_0$ 为自由空间的介电常数）；$N_A = 6.022 \cdot 10^{23} \text{ mol}^{-1}$ 为阿伏伽德罗常量（每克原子包含的原子数）；I 为吸收物质的平均激发能，其近似表达为

$$I = 16 Z^{0.9} \text{ eV} \quad (Z > 1).$$

在一定程度上，I 也依赖于吸收体原子的分子态，例如，对氢原子，$I = 15 \text{ eV}$，对氢分子，$I = 19.2 \text{ eV}$，而对液氢，$I = 21.8 \text{ eV}$；δ 为描述入射相对论性粒子的横向电场被原子电子电荷密度屏蔽程度的参数. 相对论性粒子的电离能量损失较之非相对论性粒子减小 δ（**密度效应**，也称为能量损失的"费米坪"）.

对于高能粒子，δ 近似为

$$\delta = 2\ln\gamma + \zeta,$$

其中 ζ 是依赖于物质的常数.

文献[9]广泛地讨论了 δ 的不同近似公式及其对于物质的依赖. 在极高能量下，有

$$\delta/2 = \ln(\hbar \omega_p / I) + \ln\beta\gamma - 1/2,$$

其中

---

① 对于以下的内容和公式，不仅利用了原始文献，而且利用了原始文献中引用的文献，主要是 [1,4-12] 及其所引用的文献.

$$\hbar\omega_{\mathrm{p}} = \sqrt{4\pi N_{\mathrm{e}} r_{\mathrm{e}}^3 m_{\mathrm{e}} c^2/\alpha} = 28.8\sqrt{\rho\langle Z/A\rangle}\ \mathrm{eV}$$

是等离子能（plasma energy）（ρ 的单位：$\mathrm{g/cm^3}$），N_{e} 是电子密度，α 是精细结构常数.

方程（1.11）中有一个有用的常数：

$$4\pi N_{\mathrm{A}} r_{\mathrm{e}}^2 m_{\mathrm{e}} c^2 = 0.307\,1\ \mathrm{MeV/(g\cdot cm^{-2})}. \tag{1.12}$$

方程（1.11）中出现在对数项中的分子 $2m_{\mathrm{e}}c^2\gamma^2\beta^2$，据式（1.6）可知等于最大传递能量. 气体电离过程中产生的电子的平均能量近似地等于电离能[2-3].

如果我们利用最大传递能量的近似表达式（1.6），以及速记符

$$\kappa = 2\pi N_{\mathrm{A}} r_{\mathrm{e}}^2 m_{\mathrm{e}} c^2 z^2 \cdot \frac{Z}{A} \cdot \frac{1}{\beta^2}, \tag{1.13}$$

则 Bethe-Bloch 公式可写为

$$-\frac{\mathrm{d}E}{\mathrm{d}x} = 2\kappa\left(\ln\frac{E_{\mathrm{kin}}^{\max}}{I} - \beta^2 - \frac{\delta}{2}\right). \tag{1.14}$$

能量损失 $-\mathrm{d}E/\mathrm{d}x$ 通常以 $\mathrm{MeV/(g\cdot cm^{-2})}$ 为单位. $\mathrm{d}x$ 的长度单位通常是 $\mathrm{g/cm^2}$，因为单位面密度

$$\mathrm{d}x = \rho \cdot \mathrm{d}s \tag{1.15}$$

（密度 ρ 以 $\mathrm{g/cm^3}$ 为单位，长度 $\mathrm{d}s$ 以 cm 为单位）的能量损失在很大程度上与物质的性质无关. 这样 $\mathrm{d}x$ 的长度单位对应于物质的面密度.

方程（1.11）只是带电粒子在物质中由于电离和激发导致的能量损失的近似表达式，对于直到几百吉电子伏的粒子能量，其精度仅为百分之几的水平. 但是方程（1.11）不能用于慢粒子，即运动速度与原子电子相若或更慢的粒子. 对于这些低速粒子（$\alpha z \gg \beta \gtrsim 10^{-3}$，$\alpha = e^2/(4\pi\varepsilon_0\hbar c)$：精细结构常数），能量损失正比于 β. 慢质子在硅中的能量损失可表述为[10-12]

$$-\frac{\mathrm{d}E}{\mathrm{d}x} = 61.2\beta\ \mathrm{GeV/(g\cdot cm^{-2})} \quad (\beta < 5\cdot 10^{-3}). \tag{1.16}$$

方程（1.11）则对速度

$$\beta \gg \alpha z \tag{1.17}$$

的重粒子有效. 在这一条件下，低能区的能量损失依 $1/\beta^2$ 减小，并在 $\beta\gamma\approx 4$ 附近达到电离的极小值. 能量损失相应于此极小值的相对论性粒子（$\beta\approx 1$）称为**最小电离粒子**（MIP）. 在比值 $Z/A\approx 0.5$ 的轻吸收物质中，最小电离粒子的能量损失可粗略地表示为

$$-\frac{\mathrm{d}E}{\mathrm{d}x}\bigg|_{\min} \approx 2\ \mathrm{MeV/(g\cdot cm^{-2})}. \tag{1.18}$$

表 1.1 列出了最小电离粒子在不同物质中的能量损失，更详尽的内容可参见文献 [10-12].

当 $\gamma > 4$ 时，能量损失开始增大（**对数上升**或**相对论性上升**），这是由于式（1.11）小括号中对数项随 γ 的增大而增大. 增大的速率近似地遵循 $2\ln\gamma$ 的依

赖关系.

表 1.1 最小电离粒子在不同物质中的平均能量损失[10-12]（气体为标准气压和温度）

吸收物质	$\left.\dfrac{dE}{dx}\right\|_{min}$ [MeV/(g·cm^{-2})]	$\left.\dfrac{dE}{dx}\right\|_{min}$ (MeV/cm)
氢(H_2)	4.10	$0.37 \cdot 10^{-3}$
氦	1.94	$0.35 \cdot 10^{-3}$
锂	1.64	0.87
铍	1.59	2.94
碳(石墨)	1.75	3.96
氮	1.82	$2.28 \cdot 10^{-3}$
氧	1.80	$2.57 \cdot 10^{-3}$
空气	1.82	$2.35 \cdot 10^{-3}$
二氧化碳	1.82	$3.60 \cdot 10^{-3}$
氖	1.73	$1.56 \cdot 10^{-3}$
铝	1.62	4.37
硅	1.66	3.87
氩	1.52	$2.71 \cdot 10^{-3}$
钛	1.48	6.72
铁	1.45	11.41
铜	1.40	12.54
锗	1.37	7.29
锡	1.26	9.21
氙	1.25	$7.32 \cdot 10^{-3}$
钨	1.15	22.20
铂	1.13	24.24
铅	1.13	12.83
铀	1.09	20.66
水	1.99	1.99
合成树脂	1.95	2.30
混凝土	1.70	4.25
石英(SiO_2)	1.70	3.74

最小电离处的能量损失随着吸收介质原子序的增大而减小,这主要源于方程(1.11)中的 Z/A 项.对数上升的大部分与介质中少数几个电子获得大的传递能量(称为 δ **射线**或击出电子)这种现象相关联.由于密度效应,能量损失的对数上升

在高能下达到饱和.

对于重的射弹(例如铜核),慢粒子的能量损失公式需要修正,因为当射弹速度变慢时,电子会附着在入射核上,从而使其有效电荷减小.

μ子在铁中由于电离和激发导致的能量损失示于图 1.1[10-11,13].

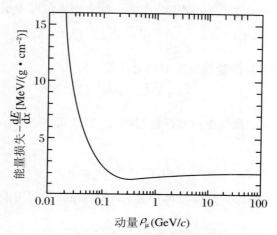

图 1.1　μ子在铁中由于电离和激发导致的能量损失及其对动量的依赖关系

方程(1.11)所描述的只是由电离和激发导致的能量损失.在高能情形下,辐射损失变得越来越重要(参见 1.1.5 小节).

图 1.2 显示的是电子、μ子、π介子、质子、氚核和 α 粒子在空气中的电离能量损失[14].

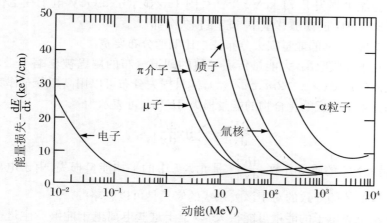

图 1.2　电子、μ子、π介子、质子、氚核和 α 粒子在空气中的电离能量损失

方程(1.11)所描述的只是带电粒子由电离和激发导致的平均能量损失.对于

薄吸收体(即其厚度用式 (1.15) 计算,其平均能量损失$\langle \Delta E \rangle \ll E_{\max}$),实际的能量损失对于平均能量损失存在很大的涨落.薄吸收体内的能量损失分布是极其不对称的[2-3].

这种行为特征可以用**朗道**(Landau)分布加以参数化.朗道分布可以用函数s^s的逆拉普拉斯变换来描述[15-18].朗道分布的一种合理近似可表示为[19-21]

$$L(\lambda) = \frac{1}{\sqrt{2\pi}} \exp\left[-\frac{1}{2}(\lambda + e^{-\lambda})\right], \tag{1.19}$$

其中 λ 表示对于**最可几能量损失**的偏离量,即

$$\lambda = \frac{\Delta E - \Delta E^W}{\xi}, \tag{1.20}$$

这里 ΔE 是厚度为 x 的薄层中的实际能量损失,ΔE^W 是厚度为 x 的薄层中的最可几能量损失,

$$\xi = 2\pi N_A r_e^2 m_e c^2 z^2 \frac{Z}{A} \cdot \frac{1}{\beta^2} \rho x = \kappa \rho x \tag{1.21}$$

(ρ 为密度,单位:g/cm^3;x 为吸收体厚度,单位:cm).最可几能量损失的一般公式是[12]

$$\Delta E^W = \xi\left[\ln\frac{2m_e c^2 \gamma^2 \beta^2}{I} + \ln\frac{\xi}{I} + 0.2 - \beta^2 - \delta(\beta\gamma)\right]. \tag{1.22}$$

例如对于氩,从 ^{106}Rh 放射源发射的能量为 3.54 MeV 的电子,其最可几能量损失为[19]

$$\Delta E^W = \xi\left(\ln\frac{2m_e c^2 \gamma^2 \beta^2}{I^2}\xi - \beta^2 + 0.423\right). \tag{1.23}$$

最小电离粒子($\beta\gamma = 4$)在 1 cm 氩中的最可几能量损失是 $\Delta E^W = 1.2$ keV,显著地小于其平均能量损失 2.71 keV[2-3,19,22].图 1.3 显示了 3 GeV 电子在工作气体为 Ar/CH$_4$(80:20) 的薄漂移室中的能量损失分布[23].

实验发现,实际的能量损失分布往往比朗道分布要宽.

但是对于厚吸收层,大能量传递导致的朗道分布的尾巴被压缩了[24].对于很厚的吸收体($dE/dx \cdot x \gg 2m_e c^2 \beta^2 \gamma^2$),能量损失分布可以用高斯分布作为近似.

不同元素 i 组成的化合物的能量损失 dE/dx 可表示为

$$\frac{dE}{dx} \approx \sum_i f_i \frac{dE}{dx}\bigg|_i, \tag{1.24}$$

其中 f_i 是元素 i 的质量分数,$\frac{dE}{dx}\bigg|_i$ 是元素 i 中的平均能量损失.由于电离常数对于分子结构的依赖导致的对于该关系式的修正是可以忽略的.

传递给电离电子的能量可能很大,以至于这些电离电子能够产生进一步的电离.这样的电离电子称为 δ 射线或击出电子.击出电子的能谱为[1,10-12,25]

$$\frac{dN}{dE_{\text{kin}}} = \xi \cdot \frac{F}{E_{\text{kin}}^2}, \tag{1.25}$$

其中 $I \ll E_{\text{kin}} \ll E_{\text{kin}}^{\max}$.

对于 $E_{\text{kin}} \ll E_{\text{kin}}^{\max}$，$F$ 是一个量级为 1 的依赖于自旋的因子[12]. 当然, 当达到最大传递能量时, 击出电子的能谱下降到 0. 这一运动学极限也对因子 F 造成约束[1,25]. 击出电子能谱的自旋依赖只在接近最大传递能量时起作用[1,25].

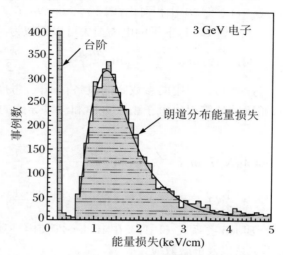

图 1.3　3 GeV 电子在工作气体为 Ar/CH_4 (80:20) 的薄漂移室中的能量损失分布

出现在薄吸收层中的能量损失的显著涨落通常在探测器中不会观测到. 因为探测器只测量入射粒子在其灵敏体积中的沉积能量, 后者与粒子损失的能量可以是不一样的. 例如, 传递给击出电子的能量可能只部分地沉积在探测器中, 因为击出电子可能越出探测器的灵敏体积.

因此, 通常实际感兴趣的是只考虑传递能量 E 小于某一给定值 E_{cut} 的那部分能量损失. 这一截断能量损失由下式给出[10-12,26]

$$-\left.\frac{dE}{dx}\right|_{\leq E_{\text{cut}}} = \kappa \left(\ln \frac{2m_e c^2 \gamma^2 \beta^2 E_{\text{cut}}}{I^2} - \beta^2 - \delta \right), \quad (1.26)$$

其中 κ 由式 (1.13) 定义. 方程 (1.26) 与式 (1.11) 类似但不相同. 截断能量损失的分布不具有式 (1.11) 描述的平均能量损失的分布 (1.19) 的显著的朗道长尾巴. 由于式 (1.11) 或式 (1.26) 中 δ 项表示的密度效应的存在, 高能下截断能量损失趋近于费米坪给定的常数.

到目前为止, 只讨论了重粒子由于电离和激发导致的能量损失. 但是入射粒子为电子的情形在能量损失问题中具有特殊的重要性. 一方面, 电子的总能量损失即使在低能 (MeV 能区) 情形下也受轫致辐射过程的影响; 另一方面, 电离损失需要特殊处理, 因为入射粒子的质量与靶电子相同.

在这种情形下, 我们不再区分初始电子和碰撞后产生的次级电子. 这样, 能量传递概率需要用不同的方式来解释.碰撞后一个电子获得能量 E_{kin},另一个电子则获得能量 $E - m_e c^2 - E_{kin}$(E 是入射粒子的总能量).如果容许能量传递在 0 到 $(E - m_e c^2)/2$ 之间变化而不能达到 $E - m_e c^2$,那么一切可能的情况都考虑到了.

如果在方程(1.11)中,将式(1.6)表示的最大能量传递 E_{kin}^{max} 代之以电子的相应表达式,则这一效应一目了然.对于相对论性粒子,$(E - m_e c^2)/2$ 这一项可以近似为 $E/2 = \gamma m_e c^2/2$.注意到 $z = 1$,电子的电离损失可以近似为

$$-\frac{dE}{dx} = 4\pi N_A r_e^2 m_e c^2 \frac{Z}{A} \frac{1}{\beta^2} \left(\ln \frac{\gamma m_e c^2}{2I} - \beta^2 - \frac{\delta^*}{2} \right), \quad (1.27)$$

这里,对于电子,δ^* 与方程(1.11)中的参数 δ 的值略有不同.考虑了入射重粒子与电子间的差别,通过精确的计算得出电子由于电离和激发导致的能量损失的更严格的公式是[27]

$$-\frac{dE}{dx} = 4\pi N_A r_e^2 m_e c^2 \frac{Z}{A} \frac{1}{\beta^2} \left[\ln \frac{\gamma m_e c^2 \beta \sqrt{\gamma - 1}}{\sqrt{2} I} \right.$$

$$\left. + \frac{1}{2}(1 - \beta^2) - \frac{2\gamma - 1}{2\gamma^2} \ln 2 + \frac{1}{16}\left(\frac{\gamma - 1}{\gamma}\right)^2 \right]. \quad (1.28)$$

该式与一般的 Bethe-Bloch 关系式(1.11)在 10%~20% 内一致.它考虑了电子-电子碰撞中的运动学关系以及屏蔽效应.

考虑到正电子与电子有相等的质量,尽管电荷符号不同,它们的电离损失也是相似的.

为完整性起见,我们也给出正电子的电离损失公式[28]:

$$-\frac{dE}{dx} = 4\pi N_A r_e^2 m_e c^2 \frac{Z}{A} \frac{1}{\beta^2} \left\{ \ln \frac{\gamma m_e c^2 \beta \sqrt{\gamma - 1}}{\sqrt{2} I} \right.$$

$$\left. - \frac{\beta^2}{24}\left[23 + \frac{14}{\gamma + 1} + \frac{10}{(\gamma + 1)^2} + \frac{4}{(\gamma + 1)^3} \right] \right\}. \quad (1.29)$$

但是,因为正电子是电子的反粒子,需要额外考虑的因素是:正电子变为静止时,一般将与电子发生湮灭而产生两个反向发射的光子.在质心系中两个光子的能量为 511 keV,对应于电子的静止质量.飞行中正电子的**湮灭截面**为[28]

$$\sigma(Z, E) = \frac{Z\pi r_e^2}{\gamma + 1}\left[\frac{\gamma^2 + 4\gamma + 1}{\gamma^2 - 1} \ln\left(\gamma + \sqrt{\gamma^2 - 1}\right) - \frac{\gamma + 3}{\sqrt{\gamma^2 - 1}} \right]. \quad (1.30)$$

关于基本粒子的电离过程,特别是自旋依赖的更详尽的讨论可参阅 Rossi 和 Sitar 等人的著作[1-3].

1.1.2 沟道效应

带电粒子在晶体中的能量损失需要对 Bethe-Bloch 公式进行修改,因为晶体中碰撞原子排列为规则的晶格.考察晶体,显然沿着确定的晶格方向的能量损失与沿着无序方向或在无定形物质中的能量损失是明显不同的.粒子沿着这种沟道方

向的运动主要由粒子在一连串原子和原子平面上的相干散射所决定,而不由大量单个原子上的单次散射所决定.这就导致了带电粒子在晶体材料中的反常能量损失[29].

从晶体结构可以清楚地知道,如果带电粒子或多或少地平行于晶体轴线方向运动,它们只能沿着晶格方向的沟道贯穿.产生沟道效应所需的临界角很小(对于 $\beta \approx 0.1$,约为 $0.3°$),且随着能量的降低而降低.对于轴向(〈111〉,体对角线),临界角可用下式估计:

$$\psi = 0.307 \cdot [z \cdot Z/(E \cdot d)]^{0.5}, \tag{1.31}$$

其中 z 和 Z 分别是入射粒子和晶体原子的电荷,E 是以 MeV 为单位的粒子能量,d 是以 Å 为单位的原子间距,ψ 的单位是度[30].

当质子($z=1$)穿过硅晶体($Z=14$; $d=2.35$ Å)时,沿着体对角线方向发生沟道贯穿的临界角变为

$$\psi = 13\,\mu\text{rad}/\sqrt{E\,(\text{TeV})}. \tag{1.32}$$

对于硅中沿面对角线(〈110〉轴)的平面沟道贯穿,有[29]

$$\psi = 5\,\mu\text{rad}/\sqrt{E\,(\text{TeV})}. \tag{1.33}$$

当然,沟道贯穿过程还依赖于入射粒子的电荷.

沿着晶体〈110〉轴方向的硅晶体原子内的场强值为 $1.3 \cdot 10^{10}$ V/cm.这个场可延展到宏观的距离尺度并可利用弯晶体来偏转高能带电粒子[30].

沟道贯穿的带电正粒子与一连串的原子相偏离,结果导致相对较小的能量损失.图 1.4 显示了 15 GeV/c 质子穿过 740 μm 厚的锗晶体的能量损失谱[30].沟道贯穿质子的能量损失约为质子以随机方向通过晶体时的一半.

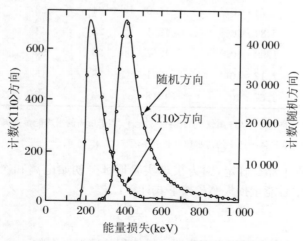

图 1.4 15 GeV/c 质子穿过 740 μm 厚的锗晶体的能量损失谱[30]

1.1.3 电离产额

由电离和激发导致的平均能量损失可以转换为沿着带电粒子径迹产生的电子-离子对数.必须区分**初始电离**(径迹产生的初始电子-离子对数)和**总电离**.相当大量的能量可以传递给部分初始产生的电子,后者能产生进一步的电离(击出电子).这些次级电离与初始电离一起形成总电离.

形成一对电子-离子所需的平均能量(W 值)超过了气体的电离位,因为电离过程也可能涉及气体原子的内壳层,同时入射粒子的一部分能量可以消耗于激发过程,而这不会产生自由电子.对于相对论性粒子,物质的 W 值是一常数,对于低速入射粒子 W 值只略有增加.

气体的 W 值约为 30 eV,但它强烈地依赖于气体的纯度.表 1.2 列出了若干种气体的 W 值,以及最小电离粒子(表 1.1)产生的初始和总电子-离子对数 n_p 和 n_T [10-11,31-33].

表 1.2 气体的一些性质参数

气体	密度 ρ(g/cm³)	I_0(eV)	W(eV)	n_p(cm⁻¹)	n_T(cm⁻¹)
氢	$8.99 \cdot 10^{-5}$	15.4	37	5.2	9.2
氦	$1.78 \cdot 10^{-4}$	24.6	41	5.9	7.8
氮	$1.25 \cdot 10^{-3}$	15.5	35	10	56
氧	$1.43 \cdot 10^{-3}$	12.2	31	22	73
氖	$9.00 \cdot 10^{-4}$	21.6	36	12	39
氩	$1.78 \cdot 10^{-3}$	15.8	26	29	94
氪	$3.74 \cdot 10^{-3}$	14.0	24	22	192
氙	$5.89 \cdot 10^{-3}$	12.1	22	44	307
二氧化碳	$1.98 \cdot 10^{-3}$	13.7	33	34	91
甲烷	$7.17 \cdot 10^{-4}$	13.1	28	16	53
丁烷	$2.67 \cdot 10^{-3}$	10.8	23	46	195

表包括每电子的平均有效电离位 I_0、产生一对电子-离子所需的平均能量损失 W、最小电离粒子在标准气压和温度气体中产生的初始和总电子-离子对数 n_p 和 n_T [10-11,31-33].

n_p 的数值则不那么确定,因为很难实验地区分初始电离和次级电离.总电离 n_T 可由探测器中总能量损失 ΔE 按下式计算:

$$n_T = \frac{\Delta E}{W}. \tag{1.34}$$

该式仅当传递能量完全沉积于探测器灵敏体积的情形下有效.

在固体探测器中,带电粒子产生电子-空穴对.在硅中,产生一对电子-空穴对平均需 3.6 eV,而在锗中则平均需 2.85 eV.这意味着,固体探测器中产生的电荷载荷子数量远大于气体中电子-离子对的产生率. 所以, 对于给定的能量损失, 固体探测器中产生的电荷载荷子数量的统计涨落远小于气体探测器中的统计涨落.

对于一给定的能量损失, 载荷子对的产生是一种随机过程. 如果平均产生了 N 个载荷子对, 我们自然会预期该数字按泊松统计发生涨落, 其误差为 $\sqrt{N}$. 事实上, 对于平均值的涨落为 $\sqrt{F}(F<N)$ 且依赖于物质的种类, 这一点是费诺(Fano)首先指出的[34]. 如果对这种情况详加考察, 这一费诺因子的起因就清楚了. 对于给定的能量沉积, 所产生的载荷子数目为能量守恒律所限定.

下面我们将给出费诺因子的证明[34-35]. 令 $E = E_{\text{total}}$ 是探测器中的某一固定沉积能量, 例如, 沉积能量由一个 X 射线光子或一个停止于探测器的 α 粒子所产生, 这一能量分多次传递给探测器介质. 一般每单次电离过程传递不等量的份额 E_p. 每一次的相互作用产生 m_p 个电子-离子对. N 次相互作用后, 全部能量被介质吸收(图1.5).

令

$$m_p^{(e)} = E_p/W$$

为第 p 次相互作用产生的电离电子-离子对数期望值,

$$\bar{n}^{(e)} = E/W$$

为电子-离子对总数平均值的期望值.

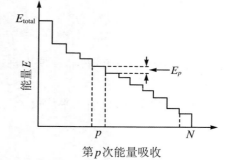

图 1.5 N 次相互作用的能量损失, 第 p 次相互作用中的能量传递为 E_p[35]

最终描述能量分辨率的量是

$$\sigma^2 = \langle (n - \bar{n})^2 \rangle, \tag{1.35}$$

其中 n 是对于确定量的能量吸收由多个实验求得的平均值,

$$\sigma^2 = \frac{1}{L} \sum_{k=1}^{L} (n_k - \bar{n})^2. \tag{1.36}$$

即我们做 L 次理想实验, 第 k 次实验中产生的电子-离子对总数是 n_k 个. 在第 k 次实验中, 能量分 N 步传递给探测器介质, 在第 p 个径迹段中产生的电子-离子对数是 m_{pk} 个:

$$n_k - \bar{n} = \sum_{p=1}^{N_k} m_{pk} - \frac{E}{W} = \sum_{p=1}^{N_k} m_{pk} - \frac{1}{W} \sum_{p=1}^{N_k} E_{pk}. \tag{1.37}$$

第二项求和通过能量守恒约束了载荷子产生率的统计特性. 因此可以期望涨落要比无约束的随机能量损失过程小.

于是能量 E 被分为 N_k 步, 每步中的传递能量是 E_{pk}. 如果引入记号

$$\nu_{pk} = m_{pk} - \frac{E_{pk}}{W}, \tag{1.38}$$

则立即可得

$$n_k - \bar{n} = \sum_{p=1}^{N_k} \nu_{pk}. \tag{1.39}$$

L 次实验值的方差由下式给定：

$$\sigma^2(n) = \frac{1}{L} \cdot \underbrace{\sum_{k=1}^{L}}_{L\text{次实验}} \underbrace{\left[\sum_{p=1}^{N_k} \nu_{pk}\right]^2}_{\text{单个实验}}, \tag{1.40}$$

$$\sigma^2(n) = \frac{1}{L} \left[\sum_{k=1}^{L} \sum_{p=1}^{N_k} \nu_{pk}^2 + \sum_{k=1}^{L} \sum_{i \neq j}^{N_k} \nu_{ik} \nu_{jk} \right]. \tag{1.41}$$

首先，我们考察交叉项：

$$\frac{1}{L} \sum_{k=1}^{L} \sum_{i \neq j}^{N_k} \nu_{ik} \nu_{jk} = \frac{1}{L} \sum_{k=1}^{L} \sum_{i=1}^{N_k} \nu_{ik} \left(\sum_{j=1}^{N_k} \nu_{jk} - \nu_{ik} \right). \tag{1.42}$$

式(1.42)右边括号中的最后一项来自于 $i=j$ 时的乘积项 $\nu_{ik}\nu_{jk}$，它已经包含在平方项中了.

对一给定的 k，可引入平均值

$$\bar{\nu}_k = \frac{1}{N_k} \sum_{j=1}^{N_k} \nu_{jk}. \tag{1.43}$$

利用该记号，我们有

$$\frac{1}{L} \sum_{k=1}^{L} \sum_{i \neq j}^{N_k} \nu_{ik} \nu_{jk} = \frac{1}{L} \sum_{k=1}^{L} N_k \bar{\nu}_k (N_k \bar{\nu}_k - \bar{\nu}_k). \tag{1.44}$$

该方程中，最后一项 ν_{ik} 用平均值 $\bar{\nu}_k$ 作为近似. 在这些条件下，如果假定 N_k 和 $\bar{\nu}_k$ 不相关联，且当 N_k 充分大时 $\bar{\nu}_k = \bar{\nu}$，则我们得到

$$\frac{1}{L} \sum_{k=1}^{L} \sum_{i \neq j}^{N_k} \nu_{ik} \nu_{jk} = \frac{1}{L} \sum_{k=1}^{L} N_k (N_k - 1) \bar{\nu}_k^2 = (\overline{N^2} - \bar{N}) \bar{\nu}^2. \tag{1.45}$$

但是根据方程(1.38)，ν 的平均值变为 0，结果方程 (1.41) 右边中的第二项没有贡献. 由余下的第一项给出

$$\sigma^2(n) = \frac{1}{L} \sum_{k=1}^{L} \sum_{p=1}^{N_k} \nu_{pk}^2 = \frac{1}{L} \sum_{k=1}^{L} N_k \overline{\nu_k^2} = \bar{N} \overline{\nu^2} = \bar{N} \cdot \overline{\left(m_p - \frac{E_p}{W} \right)^2}. \tag{1.46}$$

在这种情形下，m_p 是在能量吸收第 p 步（沉积能量为 E_p）中实际测量到的电子-离子对的数目.

记得 $\bar{N} = \bar{n}/\bar{m}_p$，故可得

$$\sigma^2(n) = \frac{\overline{(m_p - E_p/W)^2}}{\bar{m}_p} \bar{n}. \tag{1.47}$$

于是我们得到最后结果：

$$\sigma^2(n) = F \cdot \bar{n}, \tag{1.48}$$

其中费诺因子为

第1章 粒子、辐射与物质的相互作用

$$F = \overline{\frac{(m_p - E_p/W)^2}{m_p}}. \tag{1.49}$$

结果是,能量分辨率与泊松涨落相比,其改善因子为$\sqrt{F}$.但必须记住,我们需要将薄吸收层中能量损失的非常大的偶然涨落(朗道涨落)与确定的能量损失产生的电子-离子对数的涨落区分开来.后一种涨落对于在探测器灵敏体积中沉积能量等于该能量损失值的所有粒子都正确.

表1.3列出了300 K时不同物质的费诺因子[35-36].对于能量分辨率的改善相当显著.

表1.3 300 K时典型探测器物质的费诺因子[35-36]

吸收物质	F	吸收物质	F
氩 + 10%甲烷	≈0.2	硅	0.12
锗	0.13	砷化镓	0.10
钻石	0.08		

1.1.4 多次散射

穿越物质层的带电粒子将被原子核及其电子的库仑势所散射.与电离能量损失是由于带电粒子与原子电子的碰撞所产生的不同,多次散射过程是由带电粒子被核的库仑场导致的偏转所产生的.每一次散射导致飞行方向很小的偏离,大量这样的散射使得最终的方向偏离了粒子的原始方向.**多次库仑散射**的散射角分布由**莫里哀(Moliere)理论**描述[10-12,37].当散射角比较小的时候,它是围绕其平均值$\Theta = 0$的正态分布.但是,对于带电粒子与核碰撞导致的大散射角的情形,散射角常常大于高斯分布的预期值[38].

平面投影散射角分布的方均根由下式给定[10-12]:

$$\Theta_{\text{rms}}^{\text{proj.}} = \sqrt{\langle\Theta^2\rangle} = \frac{13.6\,\text{MeV}}{\beta cp} z \sqrt{\frac{x}{X_0}}\left(1 + 0.038\ln\frac{x}{X_0}\right), \tag{1.50}$$

式中p(单位:MeV/c)是动量,βc是速度,z是散射粒子电荷,x/X_0是以辐射长度为单位的散射介质厚度(见1.1.5小节)[1,39-40],

$$X_0 = \frac{A}{4\alpha N_A Z^2 r_e^2 \ln(183 Z^{-1/3})}, \tag{1.51}$$

其中Z和A分别是吸收物质的原子序和原子量.

方程(1.50)只是一个近似表达式.对于大多数的实际应用,例如对于$z = 1$的粒子,它可进一步近似为

$$\Theta_{\text{rms}}^{\text{proj.}} = \sqrt{\langle\Theta^2\rangle} \approx \frac{13.6\,\text{MeV}}{\beta cp}\sqrt{\frac{x}{X_0}}. \tag{1.52}$$

方程(1.50)或(1.52)给出的是平面投影散射角分布的方均根值.这样的分布仅

仅提供了一个事例在探测器中的二维图像.对于非平面投影的空间散射角而言,其相应的方均根值要乘上一个因子$\sqrt{2}$,即有

$$\Theta_{\rm rms}^{\rm space} \approx \frac{19.2\,{\rm MeV}}{\beta c p}\sqrt{\frac{x}{X_0}}. \tag{1.53}$$

1.1.5 韧致辐射

快速带电粒子穿越介质时除了电离损失之外,还通过它与核的库仑场的相互作用损失其能量.如果带电粒子在核的库仑场中减速,则它的部分动能将以发射光子的形式损失掉(**韧致辐射**).

高能粒子由于韧致辐射而导致的能量损失由下式描述[1]:

$$-\frac{{\rm d}E}{{\rm d}x} \approx 4\alpha \cdot N_{\rm A} \cdot \frac{Z^2}{A} \cdot z^2 \left(\frac{1}{4\pi\varepsilon_0} \cdot \frac{e^2}{mc^2}\right)^2 \cdot E\ln\frac{183}{Z^{1/3}}. \tag{1.54}$$

该方程中,Z, A 分别为介质的原子序和原子量;z, m, E 分别为入射粒子的电荷,质量和能量.

在 $E \gg m_{\rm e}c^2/(\alpha Z^{1/3})$ 的情形下,电子的韧致辐射能量损失的相应公式则为

$$-\frac{{\rm d}E}{{\rm d}x} \approx 4\alpha N_{\rm A} \cdot \frac{Z^2}{A} r_{\rm e}^2 \cdot E\ln\frac{183}{Z^{1/3}}. \tag{1.55}$$

应当指出,与电离能损公式(1.11)不同,韧致辐射导致的能量损失正比于粒子能量,反比于入射粒子质量的平方.

由于电子质量很小,电子的韧致辐射导致的能量损失具有特别重要的作用.对于电子而言($z=1, m=m_{\rm e}$),方程(1.54)或(1.55)均可写成如下形式:

$$-\frac{{\rm d}E}{{\rm d}x} = \frac{E}{X_0}. \tag{1.56}$$

该方程定义了**辐射长度** X_0.辐射长度 X_0 的一个近似表达式已由式(1.51)给定.

式(1.51)中的正比性

$$X_0^{-1} \propto Z^2 \tag{1.57}$$

源自于入射粒子与靶核库仑场的相互作用.

但是,当入射粒子与靶物质的电子发生相互作用时,亦会发射韧致辐射.这一过程的截面与韧致辐射在靶核上的能量损失的计算紧密相关,唯一的差别是靶原子电子的电荷总等于1,于是截面获得一个附加的正比于靶原子电子数(即$\propto Z$)的贡献项.这样,韧致辐射的截面就需要增加这一项[9].因此,方程(1.51)中的因子 Z^2 必须用 $Z^2 + Z = Z(Z+1)$ 代替.相应地,这样给出了辐射长度的更好的表达式①:

$$X_0 = \frac{A}{4\alpha N_{\rm A}Z(Z+1)r_{\rm e}^2\ln(183Z^{-1/3})}\,({\rm g/cm}^2). \tag{1.58}$$

---

① 括号中的单位只是表示该式的数字结果的应有单位,即这种情形下辐射长度以 g/cm² 为单位.

此外，还必须考虑到原子电子会对核的库仑场造成一定程度的屏蔽。如果将**屏蔽效应**考虑在内，辐射长度的近似公式为[10-12]

$$X_0 = \frac{716.4 \cdot A(\text{g/mol})}{Z(Z+1)\ln(287/\sqrt{Z})} (\text{g/cm}^2). \tag{1.59}$$

式(1.59)的辐射长度的近似公式的数值结果与式(1.51)的偏差约百分之几。

辐射长度 X_0 表示了介质的一种性质。不过，也可以定义电子以外的入射粒子的辐射长度。但是由于存在正比性

$$X_0 \propto r_e^{-2} \tag{1.60}$$

以及关系式

$$r_e = \frac{1}{4\pi\varepsilon_0} \cdot \frac{e^2}{m_e c^2}, \tag{1.61}$$

"辐射长度"也依赖于入射粒子的质量：

$$\widetilde{X}_0 \propto m^2. \tag{1.62}$$

不过，文献中所说的辐射长度总是指电子的辐射长度。

对式(1.54)或式(1.56)求积分，得到

$$E = E_0 e^{-x/X_0}. \tag{1.63}$$

该函数描述了带电粒子**能量**由于辐射损失而按指数衰减。值得指出的是，需要将它与光子束穿过物质时**强度**的指数衰减(参见 1.2 节式(1.92))相区分。

元素的混合物或化合物的辐射长度可近似地表示为

$$X_0 = \frac{1}{\sum_{i=1}^{N} f_i / X_0^i}, \tag{1.64}$$

式中 f_i 是辐射长度为 X_0^i 的成分的质量份额。

由轫致辐射导致的能量损失正比于入射粒子的能量，而超出最小电离之外的电离能量损失正比于入射粒子能量的对数。由轫致辐射导致的能量损失等于电离能量损失时的入射粒子能量，称为**临界能量** E_c：

$$-\frac{dE}{dx}(E_c)\bigg|_{\text{电离}} = -\frac{dE}{dx}(E_c)\bigg|_{\text{轫致辐射}}. \tag{1.65}$$

轫致辐射光子的能量分布遵循 $1/E_\gamma$ 律(E_γ 为辐射光子能量)。光子的辐射方向趋向于入射粒子的前方($\Theta_\gamma \approx m_e c^2/E$)。原则上，临界能量可由方程(1.11)和(1.54)以及式(1.65)进行计算。文献[9-11]给出了电子的临界能量的数值。对于固体，方程

$$E_c = \frac{610 \text{ MeV}}{Z+1.24} \tag{1.66}$$

相当令人满意地描述了临界能量值[41]。文献[12]对于气体、液体和固体给出了临界能量相似的参数化表述。临界能量与辐射长度间的关系则为

$$\left(\frac{dE}{dx}\right) \cdot X_0 \approx E_c. \tag{1.67}$$

表 1.4 列出了若干物质的辐射长度和临界能量[9-12]. 临界能量以及辐射长度以入射粒子质量平方为尺度来衡量. 对于 μ 子 ($m_\mu = 106 \text{ MeV}/c^2$), 它在铁中的临界能量为

$$E_c^\mu \approx E_c^e \cdot \left(\frac{m_\mu}{m_e}\right)^2 = 890 \text{ GeV}. \tag{1.68}$$

表 1.4 若干吸收物质的辐射长度和临界能量[9-12]

物 质	Z	A	X_0 (g/cm^2)	X_0 (cm)	E_c (MeV)
氢	1	1.01	61.3	731 000	350
氦	2	4.00	94	530 000	250
锂	3	6.94	83	156	180
碳	6	12.01	43	18.8	90
氮	7	14.01	38	30 500	85
氧	8	16.00	34	24 000	75
铝	13	26.98	24	8.9	40
硅	14	28.08	22	9.4	39
铁	26	55.85	13.9	1.76	20.7
铜	29	63.55	12.9	1.43	18.8
银	47	109.9	9.3	0.89	11.9
钨	74	183.9	6.8	0.35	8.0
铅	82	207.2	6.4	0.56	7.40
空气	7.3	14.4	37	30 000	84
二氧化硅	11.2	21.7	27	12	57
水	7.5	14.2	36	36	83

辐射长度的数值与式 (1.59) 在百分之几的范围内符合, 只有氦的实验值有较大的偏差. 电子临界能量的数值结果散见于文献中. 混合物和化合物的等效 A 值可通过 $A_{\text{eff}} = \sum_{i=1}^{N} f_i A_i$ 计算, 其中 f_i 是原子量为 A_i 的成分的质量份额. 相应地, 可利用式 (1.59) 和式 (1.64) 计算等效原子序. 忽略式 (1.59) 中的对数 Z 依赖, Z_{eff} 可通过 $Z_{\text{eff}} \cdot (Z_{\text{eff}} + 1) = \sum_{i=1}^{N} f_i Z_i (Z_i + 1)$ 计算, 其中 f_i 是原子序为 Z_i 的成分的质量份额. 为了实际地计算一种化合物的等效辐射长度, 首先要确定各成分的辐射长度, 然后按照式 (1.64) 确定等效辐射长度.

1.1.6 直接电子对产生

除了韧致辐射损失之外,还有其他能量损失机制起作用,尤其是在高能的情形之下. 在核的库仑场中,通过虚光子可产生电子-正电子对. 对于高能 μ 子,这一能量损失机制甚至比韧致辐射损失还要重要. 通过**三重产生**(例如 $\mu + $ 核 $\rightarrow \mu + e^+ + e^- + $ 核)导致的能量损失也与能量成正比,并可参数化为

$$-\left.\frac{dE}{dx}\right|_{\text{对产生}} = b_{\text{pair}}(Z, A, E) \cdot E, \tag{1.69}$$

其中参数 $b_{\text{pair}}(Z, A, E)$ 在高能情形下是能量的缓变参数. 100 GeV 的 μ 子在铁中由**直接电子对产生**导致的能量损失可表述为[25,42-43]

$$-\left.\frac{dE}{dx}\right|_{\text{对产生}} = 3 \cdot 10^{-6} \cdot \frac{E}{\text{MeV}} \text{MeV}/(\text{g} \cdot \text{cm}^{-2}), \tag{1.70}$$

即

$$-\left.\frac{dE}{dx}\right|_{\text{对产生}} = 0.3 \, \text{MeV}/(\text{g} \cdot \text{cm}^{-2}). \tag{1.71}$$

高能下直接电子-正电子对产生的总传递能量谱比韧致辐射光子谱要陡. 因此份额较高的能量传递以韧致辐射过程为主[25].

1.1.7 光核作用导致的能量损失

带电粒子可以通过交换虚的规范场粒子(这里是光子)与吸收介质的核发生非弹性相互作用,从而损失其能量(核作用).

如同韧致辐射或直接电子-正电子对产生导致的能量损失一样,**光核作用**导致的能量损失也正比于粒子能量

$$-\left.\frac{dE}{dx}\right|_{\text{光核}} = b_{\text{nucl.}}(Z, A, E) \cdot E. \tag{1.72}$$

100 GeV 的 μ 子在铁中的能量损失参数 b 可表述为 $b_{\text{nucl.}} = 0.4 \cdot 10^{-6} \text{g}^{-1} \cdot \text{cm}^{2}$[25],即有

$$-\left.\frac{dE}{dx}\right|_{\text{光核}} = 0.04 \, \text{MeV}/(\text{g} \cdot \text{cm}^{-2}). \tag{1.73}$$

与直接核作用相比,这一类能量损失对于轻子是重要的,对于强子则可以忽略不计.

1.1.8 总能量损失

与电离能量损失不同,韧致辐射、直接电子对产生和光核作用导致的能量损失的特征是具有大的能量传递,相应地具有大的涨落. 所以对于这些过程而言,平均能量损失的说法是存在一定问题的,因为会出现对于这一平均能量值非常大的涨落[44-45].

无论如何,带电粒子由于以上所有过程导致的总能量损失可以参数化为

$$-\left.\frac{dE}{dx}\right|_{\text{总}} = -\left.\frac{dE}{dx}\right|_{\text{电离}} - \left.\frac{dE}{dx}\right|_{\text{轫致辐射}} - \left.\frac{dE}{dx}\right|_{\text{对产生}} - \left.\frac{dE}{dx}\right|_{\text{光核}}$$

$$= a(Z, A, E) + b(Z, A, E) \cdot E, \quad (1.74)$$

其中 $a(Z, A, E)$ 描述式(1.11)表示的能量损失,$b(Z, A, E)$ 描述轫致辐射、直接电子对产生和光核作用导致的能量损失的效应总和. 文献[46]给出了不同粒子和不同介质的参数 a 和 b 的值及其能量依赖.

图1.6描述了参数 b,图1.7描述了 μ 子在铁中不同的能量损失机制对于 μ 子能量的依赖关系[42].

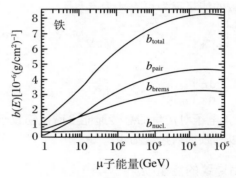

图1.6 μ 子在铁中的参数 b 随着能量的变化[42]

分别画出了直接电子对产生(b_{pair})、轫致辐射(b_{brems})和光核作用($b_{\text{nucl.}}$)导致的能量损失,以及它们的总和(b_{total})

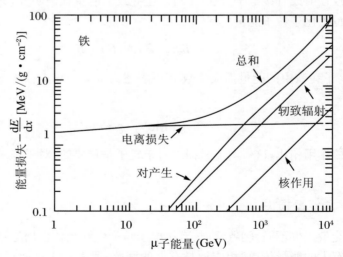

图1.7 不同过程对于 μ 子在铁中能量损失的贡献[42]

几百吉电子伏及以下的粒子,在铁中的能量损失以电离和激发为主,而几百太

电子伏(TeV)及以上的粒子,以直接电子对产生和韧致辐射为主要的能量损失过程.光核作用的贡献仅占10%的水平.因为这些过程的能量损失正比于μ子的能量,这使得利用能量损失抽样的μ子量能器成为可能[47].

与能量成正比的相互作用过程和电离、激发相比较,两者能量损失的相对大小当然也依赖于靶物质.对于铀,这一分界从几百吉电子伏开始,而对于氢,韧致辐射和直接电子对的产生只有在高于10 TeV时才超过电离和激发.

1.1.9 带电粒子的能量-射程关系

由于存在不同的能量损失机制,因此几乎不可能给出带电粒子在物质中射程的一个简单表达式.射程的定义不论怎样总是很复杂,因为不确定性很大的能量损失过程(即大能量传递的相互作用)导致能量损失本身存在涨落,也因为物质中存在多次库仑散射,所有这些因素导致射程发生显著的离散.所以下面给出一些经验公式,它们在一定能量范围内对某些粒子适用.

一般而言,射程可用下式计算:

$$R = \int_{E}^{m_0 c^2} \frac{dE}{dE/dx}. \tag{1.75}$$

但是,由于能量损失是能量的复杂函数,大多数情况下只能利用该积分的近似表达式.特别地,在确定低能粒子射程时,必须考虑粒子总能量 E 与其动能 E_{kin} 的差别,因为只有动能可以传递给介质.

对于动能 $E_{kin} = 2.5 \sim 20$ MeV 的 α 粒子,它在空气(15 ℃,760 Torr)中的射程由下式描述[48]:

$$R_\alpha = 0.31(E_{kin}/\text{MeV})^{3/2} \text{ cm}. \tag{1.76}$$

α 粒子在其他介质射程的粗略估计可利用

$$R_\alpha = 3.2 \cdot 10^{-4} \frac{\sqrt{A/(\text{g/mol})}}{\rho/(\text{g} \cdot \text{cm}^{-3})} \cdot R_{air}(\text{cm}), \tag{1.77}$$

其中 A 为原子量[48]. α 粒子在空气中的射程示于图1.8.

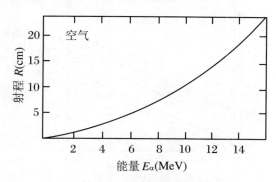

图1.8 α粒子在空气中的射程[48]

动能 $E_{kin} = 0.6 \sim 20\,\text{MeV}$ 的质子在空气中的射程的近似表达式为[48]

$$R_p = 100 \cdot [E_{kin}/(9.3\,\text{MeV})]^{1.8}\,\text{cm}. \tag{1.78}$$

低能电子($0.5\,\text{MeV} \leqslant E_{kin} \leqslant 5\,\text{MeV}$)在铝中的射程可表述为[48]

$$R_e = 0.526(E_{kin}/\text{MeV} - 0.094)\,\text{g/cm}^2. \tag{1.79}$$

图 1.9 描述了电子在铝中的吸收[49-50]. 图中曲线表示动能 E_{kin} 的电子贯穿一定厚度吸收体后的相对强度.

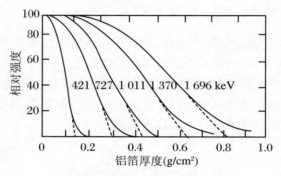

图 1.9 电子在铝中的吸收[49-50]

图 1.9 表明,由于粒子的射程存在显著的离散,所以射程的定义存在困难,主要是由于在这一特定情形下,电子在吸收体中发生了多次散射以及轫致辐射. 对于比电子重的粒子,射程的定义比较确定,因为多次散射效应大为减小($\langle \Theta^2 \rangle \propto 1/p$). 图 1.9 中曲线的线性外延与横坐标的交点定义了**实用射程**(practical range)[50]. 用这种方式定义的电子在不同吸收体中的射程见图 1.10[50].

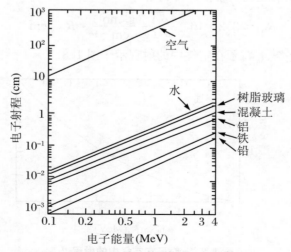

图 1.10 电子在不同介质中的实用射程[49-50]

更高能量的 μ 子、π 介子和质子的射程则示于图 1.11[12].

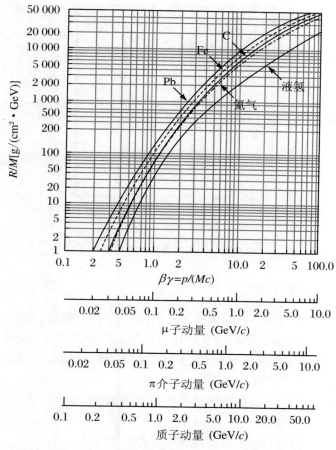

图 1.11 μ 子、π 介子和质子在液氢、氦气、碳和铅中的射程[12]

高能量 μ 子的射程可通过对式(1.75)积分求得,其中能量损失利用式(1.74)或略去对数项的式(1.11)计算. 由此可得

$$R_\mu(E_\mu) = \frac{1}{b}\ln\left(1 + \frac{b}{a}E_\mu\right). \tag{1.80}$$

对 1 TeV 的 μ 子在铁中的射程,由式(1.80)给出

$$R_\mu(1\ \text{TeV}) = 265\ \text{m}. \tag{1.81}$$

对于 $E_\mu > 10$ GeV 的 μ 子,用数值积分求得在岩石(对标准岩石,$Z = 11$,$A = 22$)中的射程为[51]

$$R_\mu(E_\mu) = \left[\frac{1}{b}\ln\left(1 + \frac{b}{a}E_\mu\right)\right]\left(0.96\frac{\ln E_{\mu,n} - 7.894}{\ln E_{\mu,n} - 8.074}\right), \tag{1.82}$$

式中 $a = 2.2$ MeV/(g·cm^{-2}),$b = 4.4 \cdot 10^{-6}$ g^{-1}·cm^2,$E_{\mu,n} = E_\mu/$MeV. μ 子在

岩石中的这一能量-射程关系示于图 1.12.

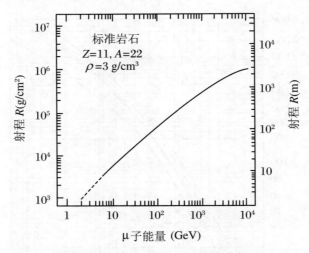

图 1.12 μ 子在岩石中的射程[51]

1.1.10 同步辐射损失

带电粒子还存在其他一些能量损失过程,如切伦科夫辐射、穿越辐射以及**同步辐射**.切伦科夫辐射和穿越辐射将在描述切伦科夫探测器和穿越辐射探测器的章节中进行讨论.同步辐射损失对于带电粒子的探测和加速具有普遍的重要性,因此本小节对其要点作一简要的叙述.

任意带电粒子沿直线或曲线加速将发射电磁辐射.这一能量损失对于磁场中发生偏转的电子尤为重要.

一个加速电子的辐射功率可从经典电动力学导出:

$$P = \frac{1}{4\pi\varepsilon_0} \frac{2e^2}{3c^3} a^2, \tag{1.83}$$

式中 a 是加速度.在一般情形下,需要考虑相对论效应.对于沿半径为 r 的圆周加速的情形(向心加速度为 v^2/r),由

$$a = \frac{1}{m_0} \frac{\mathrm{d}p}{\mathrm{d}\tau} \tag{1.84}$$

和本征时间(proper time)$\tau = t/\gamma$,我们可得

$$a = \frac{1}{m_0} \cdot \gamma \frac{\mathrm{d}(\gamma m_0 v)}{\mathrm{d}t} = \gamma^2 \frac{\mathrm{d}v}{\mathrm{d}t} = \gamma^2 \frac{v^2}{r}. \tag{1.85}$$

对于相对论性粒子,$v \approx c$,由此给出[40,52]

$$P = \frac{1}{4\pi\varepsilon_0} \frac{2e^2}{3c^3} \gamma^4 \frac{v^4}{r^2} = \frac{1}{6\pi\varepsilon_0} e^2 c \frac{\gamma^4}{r^2}. \tag{1.86}$$

对于电子,我们有

$$P = \frac{e^2 c}{6\pi\varepsilon_0}\left(\frac{E}{m_e c^2}\right)^4 \cdot \frac{1}{r^2} = 4.22 \cdot 10^3 \frac{E^4 (\text{GeV}^4)}{r^2 (\text{m}^2)} \text{ GeV/s}. \tag{1.87}$$

在圆形加速器中,每一圈中的能量损失是

$$\Delta E = P \cdot \frac{2\pi r}{c} = \frac{e^2}{3\varepsilon_0}\frac{\gamma^4}{r} = 8.85 \cdot 10^{-5} \frac{E^4 (\text{GeV}^4)}{r(\text{m})} \text{ GeV}. \tag{1.88}$$

对于欧洲核子中心(CERN)的大型正负电子对撞机(LEP)而言,其偶极磁铁的弯转半径为 3 100 m,束流能量为 100 GeV,每一圈中的能量损失是

$$\Delta E = 2.85 \text{ GeV}, \tag{1.89}$$

而对于大型强子对撞机(LHC)而言,LEP 隧道中的质子束流能量为 7 TeV,这时

$$\Delta E = 8.85 \cdot 10^{-5} \cdot \left(\frac{m_e}{m_p}\right)^4 \frac{E^4 (\text{GeV}^4)}{r(\text{m})} \text{ GeV}$$
$$= 6 \cdot 10^{-6} \text{ GeV} = 6 \text{ keV}. \tag{1.90}$$

发射的同步辐射光子有很宽的能谱,其特征(临界)能量为

$$E_c = \frac{3c}{2r}\hbar\gamma^3. \tag{1.91}$$

这些光子集中在开放角 $\propto 1/\gamma$ 的前向圆锥内.特别是电子加速器,对于高能电子,其同步辐射损失是一个严重的问题.因此能量 $E \gg 100$ GeV 的电子加速器必须是直线而非圆形的.

另一方面,圆形电子加速器中的同步辐射可用于其他物理领域,例如固体物理或原子物理、生物物理或医学物理.这时常常引入额外的弯转磁铁(**波荡器**和**扭摆磁铁**)来增强这类加速器的**耀度**(brilliance),从而提供更强的能力来研究种类纷繁的样品的结构分析.同样,也可以用来进行快速生物学过程的动力学行为的研究.

1.2 光子的相互作用

通过光子与探测器介质的相互作用能够间接测量光子.光子与物质的相互作用产生带电粒子,后者由于在探测器灵敏体积中电离而被记录下来.光子的相互作用过程与带电粒子的电离过程有本质的不同,因为在每次光子的相互作用中,光子或者被完全吸收(**光电效应**、**对产生**),或者以某一较大的角度发生散射(**康普顿效应**).由于吸收或散射是随机过程,因此无法定义 γ 射线的射程.光子束在物质中按指数律衰减:

$$I = I_0 e^{-\mu x}. \tag{1.92}$$

所谓的**质量衰减系数** μ 与光子各种相互作用过程截面的关系为

$$\mu = \frac{N_A}{A}\sum_i \sigma_i, \qquad (1.93)$$

式中 σ_i 是过程 i 的原子截面，A 是原子量，N_A 是阿伏伽德罗常量.

按式(1.93)计算单位为 g/cm² 的质量衰减系数强烈地依赖于光子的能量. 对于低能光子(100 keV $\geqslant E_\gamma \geqslant$ 电离能)，光电效应占统治地位：

$$\gamma + \text{原子} \rightarrow \text{原子}^+ + e^-; \qquad (1.94)$$

对于中能光子($E_\gamma \approx 1$ MeV)，康普顿效应(即光子与准自由的原子电子发生的散射)有较大的截面，

$$\gamma + e^- \rightarrow \gamma + e^-; \qquad (1.95)$$

而对于高能光子($E_\gamma \gg 1$ MeV)，对产生占统治地位，

$$\gamma + \text{核} \rightarrow e^+ + e^- + \text{核}. \qquad (1.96)$$

式(1.92)中的长度 x 是面密度，单位是 g/cm². 如果长度以 cm 为单位，则质量衰减系数 μ 必须除以物质的密度 ρ.

1.2.1 光电效应

原子电子能够吸收光子的全部能量，但自由电子由于需遵从动量守恒而不能吸收光子的全部能量. 原子电子吸收光子的能量需要有参与碰撞的第三者，在这里是原子核. 能量为 E_γ 的光子在原子 K 壳层的吸收截面特别大(占总截面的80%)，原因是参与碰撞的第三者即原子核靠得很近，获取了反冲动量. 远离吸收线的非相对论性范畴的总光电效应截面由非相对论性**玻恩近似**公式给定[53]：

$$\sigma_{\text{photo}}^K = \left(\frac{32}{\varepsilon^7}\right)^{1/2} \alpha^4 \cdot Z^5 \cdot \sigma_{\text{Th}}^e \ (\text{cm}^2/\text{原子}), \qquad (1.97)$$

式中 $\varepsilon = E_\gamma/(m_e c^2)$ 是约化光子能量，$\sigma_{\text{Th}}^e = 8\pi r_e^2/3 = 6.65 \cdot 10^{-25}$ cm² 是光子与电子弹性散射的**汤姆孙截面**. 吸收线附近的截面的能量依赖关系需用一个函数 $f(E_\gamma, E_\gamma^{\text{edge}})$ 进行修正. 对于光子能量较高的情形($\varepsilon \gg 1$)，光电效应截面的能量依赖不那么明显：

$$\sigma_{\text{photo}}^K = 4\pi r_e^2 Z^5 \alpha^4 \cdot \frac{1}{\varepsilon}. \qquad (1.98)$$

式(1.97)和式(1.98)中，截面对于 Z 的依赖近似于 Z^5. 这表明，光子并不是与每一个原子电子孤立地发生相互作用. Z 依赖修正使得光电效应截面成为 Z 的一个相当复杂的函数. 在能量区间 0.1 MeV $\leqslant E_\gamma \leqslant$ 5 MeV，Z 的幂次在 4 与 5 之间.

原子内壳层(例如 K 壳层)发生光电效应，可导致跟随的次级效应. 如果空出来的壳层(例如 K 壳层)被一个外壳层电子所填充，这两个壳层间的能级差会以具有特征能量的 X 射线的形式释放出来. 这一特征 X 射线的能量由**摩斯利(Moseley)定律**给定，即

$$E = Ry(Z-1)^2 \left(\frac{1}{n^2} - \frac{1}{m^2}\right), \qquad (1.99)$$

式中 $Ry(=13.6\text{ eV})$ 为**里德伯(Rydberg)常量**, n 和 m 是表征原子壳层的主量子数. 对于 L 壳层 $(m=2)$ 向 K 壳层 $(n=1)$ 的能级跃迁, 可得

$$E(K_\alpha) = \frac{3}{4} Ry(Z-1)^2. \tag{1.100}$$

不过, 这一能量差也可能传递给同一原子的一个电子. 如果该能量大于该壳层电子的结合能, 该电子也可飞离原子(俄歇效应, **俄歇电子**). 俄歇电子的能量与初始光电子能量相比通常相当小.

如果在 K 壳层(结合能 B_K)发生光致电离, 并且 K 壳层的空缺被 L 壳层电子(结合能 B_L)所填充, 原子的激发能 $(B_K - B_L)$ 可以传递给 L 壳层电子. 如果 $B_K - B_L > B_L$, 则 L 壳层电子成为飞离原子的俄歇电子, 能量为 $B_K - 2B_L$.

1.2.2 康普顿效应

康普顿效应指的是光子与原子的准自由电子的散射过程. 在这一相互作用过程的处理中, 忽略了原子电子的结合能. 对于光子能量 $m_e c^2/2 < E'_\gamma < E_\gamma$, 康普顿散射的微分概率 $\phi_C(E_\gamma, E'_\gamma)dE'_\gamma$ 由克莱因-仁科(Klein-Nishina)公式确定:

$$\phi_C(E_\gamma, E'_\gamma)dE'_\gamma = \pi r_e^2 \frac{N_A Z}{A} \frac{m_e c^2}{E_\gamma} \frac{dE'_\gamma}{E'_\gamma}\left[1 + \left(\frac{E'_\gamma}{E_\gamma}\right)^2 - \frac{E'_\gamma}{E_\gamma}\sin^2\theta_\gamma\right], \tag{1.101}$$

其中 θ_γ 是实验室系中光子的散射角(图 1.13), E_γ, E'_γ 分别是入射和散射光子的能量[54-55]. 每个电子的康普顿散射总截面由下式确定[55]:

$$\sigma_C^e = 2\pi r_e^2 \left\{\left(\frac{1+\varepsilon}{\varepsilon^2}\right)\left[\frac{2(1+\varepsilon)}{1+2\varepsilon} - \frac{1}{\varepsilon}\ln(1+2\varepsilon)\right] \right.$$
$$\left. + \frac{1}{2\varepsilon}\ln(1+2\varepsilon) - \frac{1+3\varepsilon}{(1+2\varepsilon)^2}\right\} (\text{cm}^2/\text{电子}), \tag{1.102}$$

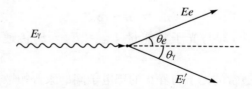

图 1.13 康普顿散射中运动学参数的定义

式中

$$\varepsilon = \frac{E_\gamma}{m_e c^2}. \tag{1.103}$$

R. D. Evans[56] 和 G. Hertz[48] 对康普顿电子的角分布和能量分布进行了详尽的讨论. 对康普顿电子的能量谱, 我们有

$$\frac{d\sigma_C^e}{dE_{kin}} = \frac{d\sigma_C^e}{d\Omega} = \frac{2\pi}{\varepsilon^2 m_e c^2} \left[\frac{(1+\varepsilon)^2 - \varepsilon^2 \cos^2\theta_e}{(1+\varepsilon)^2 - \varepsilon(2+\varepsilon)\cos^2\theta_e} \right]^2, \quad (1.104)$$

其中

$$\frac{d\sigma_C^e}{d\Omega} = \frac{r_e^2}{2} \left(\frac{E'_\gamma}{E_\gamma}\right)^2 \left(\frac{E_\gamma}{E'_\gamma} - \frac{E'_\gamma}{E_\gamma} - \sin^2\theta_\gamma\right). \quad (1.105)$$

因为每个原子有 Z 个电子,故原子的康普顿散射截面是电子康普顿散射截面的 Z 倍,即 $\sigma_C^{原子} = Z \cdot \sigma_C^e$.

在高能情形下,康普顿散射截面的能量依赖可近似为[57]

$$\sigma_C^e \propto \frac{\ln \varepsilon}{\varepsilon}. \quad (1.106)$$

散射光子与入射光子的能量比值为

$$\frac{E'_\gamma}{E_\gamma} = \frac{1}{1 + \varepsilon(1 - \cos\theta_\gamma)}. \quad (1.107)$$

对于**背散射**($\theta_\gamma = \pi$),传递给电子的能量达到极大值,此时散射光子与入射光子的能量比值为

$$\frac{E'_\gamma}{E_\gamma} = \frac{1}{1 + 2\varepsilon}. \quad (1.108)$$

电子相对于入射光子方向的散射角由下式给出(见习题1第5题):

$$\cot\theta_e = (1 + \varepsilon)\tan\frac{\theta_\gamma}{2}. \quad (1.109)$$

由于动量守恒,电子散射角 θ_e 永远不会超过 $\pi/2$.

在康普顿散射过程中,光子仅将一部分能量传递给电子.因此,我们可定义一个能量散射截面

$$\sigma_{cs} = \frac{E'_\gamma}{E_\gamma} \cdot \sigma_C^e \quad (1.110)$$

及能量吸收截面

$$\sigma_{ca} = \sigma_C^e - \sigma_{cs}. \quad (1.111)$$

σ_{ca} 与吸收过程相对应,即与光子将能量 $E_{kin} = E_\gamma - E'_\gamma$ 传递给靶电子的概率相对应.

应当提及,除了通常的光子与静止的靶电子间的康普顿散射之外,还存在**逆康普顿散射**(inverse Compton scattering).在这种情形下,一个高能电子与一个低能光子碰撞,并将其一部分动能传递给该光子,后者则发生蓝移而成为更高频的光子.这类逆康普顿散射过程在天体物理学中起到重要作用.星光光子(starlight photons)(eV 量级)可通过与高能电子的碰撞以这种方式转化为 X 射线(keV)或 γ 射线(MeV).由高能电子束的背散射产生的激光光子提供了高能 γ 束,后者可用于加速器实验[58].

当然,康普顿散射并不只产生于电子,也可产生于其他带电粒子.然而,对于粒

子探测器中的光子测量而言,原子电子的康普顿散射具有特别的重要性.

1.2.3 对产生

仅当光子能量超过一定阈值时,才能在原子核库仑场中产生电子-正电子对.该阈能等于电子静止质量的2倍加上传递给原子核的反冲能量.根据动量和能量守恒律,该阈能可按下式计算:

$$E_\gamma \geqslant 2m_ec^2 + 2\frac{m_e^2}{m_{核}}c^2. \tag{1.112}$$

由于 $m_{\text{nucl.}} \gg m_e$,有效阈值可近似为

$$E_\gamma \geqslant 2m_ec^2. \tag{1.113}$$

但是,如果电子-正电子对产生过程发生在电子的库仑场中,则其阈能为

$$E_\gamma \geqslant 4m_ec^2. \tag{1.114}$$

不过电子的库仑场中的电子-正电子对产生与原子核的库仑场中的电子对产生相比是受到强烈压制的.

在核电荷没有被原子电子屏蔽的情形下(低能量光子必须非常靠近原子核以使得对产生成为可能,这意味着光子看见了"裸"核),

$$1 \ll \varepsilon \ll \frac{1}{\alpha Z^{1/3}}, \tag{1.115}$$

这时对产生截面由下式给定[1]:

$$\sigma_{\text{pair}} = 4\alpha r_e^2 Z^2 \left(\frac{7}{9}\ln 2\varepsilon - \frac{109}{54}\right) \text{ (cm}^2/\text{原子)}; \tag{1.116}$$

但对于核电荷被完全屏蔽的情形($\varepsilon \gg 1/(\alpha Z^{1/3})$),则有[1]

$$\sigma_{\text{pair}} = 4\alpha r_e^2 Z^2 \left(\frac{7}{9}\ln \frac{183}{Z^{1/3}} - \frac{1}{54}\right) \text{ (cm}^2/\text{原子)}. \tag{1.117}$$

(高能光子相对于原子核有较大的碰撞参数时,亦可产生电子-正电子对,但在这种情形下,必须考虑原子电子对于原子核电荷的屏蔽效应.)

高能光子的对产生截面趋近于式(1.117)所示的与光子能量无关的值.略去该式括号中的小量1/54,这一渐近值变为

$$\sigma_{\text{pair}} \approx \frac{7}{9} 4\alpha r_e^2 Z^2 \ln \frac{183}{Z^{1/3}} \approx \frac{7}{9} \cdot \frac{A}{N_A} \cdot \frac{1}{X_0}, \tag{1.118}$$

见式(1.51).

对于低能和中能光子,所产生的电子和正电子的能量分配是均匀的,但对高能光子,该分布略微不对称.产生正电子总能量为 $E_+ \sim E_+ + dE_+$,而电子总能量为 E_- 的微分截面是[53]

$$\frac{d\sigma_{\text{pair}}}{dE_+} = \frac{\alpha r_e^2}{E_\gamma - 2m_ec^2} \cdot Z^2 \cdot f(\varepsilon, Z) \text{ [cm}^2/(\text{MeV} \cdot \text{原子})]. \tag{1.119}$$

式中 $f(\varepsilon, Z)$ 是无量纲的,它是 ε 和 Z 的非平庸函数.截面的 Z^2 依赖关系已经与

$f(\varepsilon,Z)$ 分开单独作为一个因子加以考虑. 因此 $f(\varepsilon,Z)$ 对于吸收体的原子序的依赖关系很弱(对数依赖,见式(1.117)), $f(\varepsilon,Z)$ 随 Z 的变化只有百分之几[14]. 对于平均的 Z 值和不同的参数值 ε, $f(\varepsilon,Z)$ 关于**能量分配参数**

$$x = \frac{E_+ - m_e c^2}{E_\gamma - 2m_e c^2} = \frac{E_+^{\text{kin}}}{E_{\text{pair}}^{\text{kin}}} \tag{1.120}$$

的函数关系示于图 $1.14^{[14,59-60]}$. 图 1.14 中的曲线不仅包含了核的对产生截面,也包含了原子电子的对产生截面($\propto Z$), 所以式(1.119)所示的对产生截面的 Z^2 依赖修正为 $Z(Z+1)$ 依赖, 如同式(1.58)所示的电子轫致辐射过程一样. 所产生的电子的角分布相当窄, 其特征张角为 $\Theta \approx m_e c^2 / E_\gamma$.

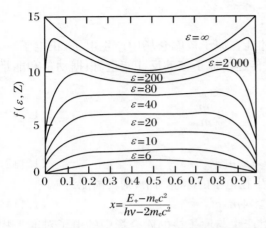

图 1.14 能量分配函数 $f(\varepsilon,Z,x)$ 关于其参数 $\varepsilon = E_\gamma/(m_e c^2)$ 的关系曲线

总的对产生截面由曲线下的面积给定, 单位是 $Z(Z+1)\alpha r_e^{2[14,59-60]}$

1.2.4 光子吸收总截面

吸收体水、空气、铝和铅的总质量衰减系数(与式(1.93)的截面相对应)示于图 1.15~图 $1.18^{[48,56,61-62]}$.

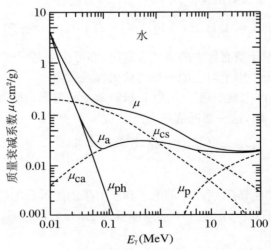

图 1.15 光子在水中的质量衰减系数 μ 和质量吸收系数 μ_a 的能量依赖[48,56,61-62]

μ_{ph} 描述光电效应, μ_{cs} 描述康普顿散射, μ_{ca} 描述康普顿吸收, μ_p 描述对产生. μ_a 是总质量吸收系数, $\mu_a = \mu_{\text{ph}} + \mu_p + \mu_{\text{ca}}$; μ 是总质量衰减系数, $\mu = \mu_{\text{ph}} + \mu_p + \mu_c$, $\mu_c = \mu_{\text{cs}} + \mu_{\text{ca}}$

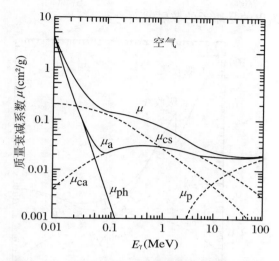

图 1.16 光子在空气中的质量衰减系数 μ 和质量吸收系数 μ_a 的能量依赖[48,56,61-62]

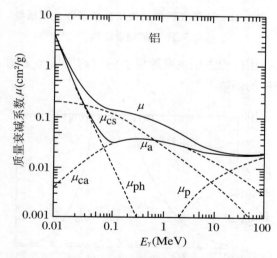

图 1.17 光子在铝中的质量衰减系数 μ 和质量吸收系数 μ_a 的能量依赖[48,56,61-62]

由于康普顿散射对于光子的相互作用起到特殊的作用(因为光子只将一部分能量传递给靶电子),我们必须将**质量衰减系数**和**质量吸收系数**区分开来. 按照式(1.93),质量衰减系数 μ_{cs} 与式(1.110)所示的康普顿能量散射截面 σ_{cs} 相关联. 而质量吸收系数 μ_{ca} 则由式(1.111)所示的康普顿能量吸收截面 σ_{ca} 和式(1.93)计算. 对于不同的吸收体,图 1.15～图 1.18 所示的康普顿散射截面或吸收系数已经乘上了吸收体的原子序数,因为克莱因-仁科公式(1.102)表示的是每个电子的康普顿散射截面,而这里给出的是原子的散射截面.

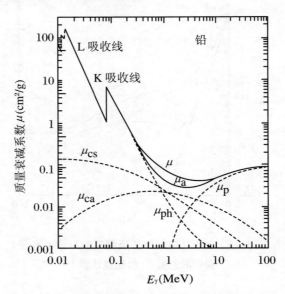

图 1.18 光子在铅中的质量衰减系数 μ 和质量吸收系数 μ_a 的能量依赖[48,56,61-62]

单种光子相互作用过程占据主要地位所对应的区域示于图 1.19,它们是光子能量和吸收体原子序的函数[14,50,53].

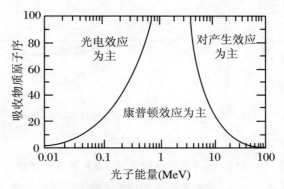

图 1.19 光电效应、康普顿效应和对产生效应占主要地位的区域,它们是光子能量和靶物质原子序的函数[14,50,53]

光子的其他相互作用(光核相互作用、**光子-光子散射**等)的截面非常小,因此这些过程对于光子探测而言重要性很小. 不过这些过程在基本粒子物理和粒子天体物理中具有很重要的意义.

1.3 强子的强相互作用

对于粒子探测而言,带电粒子除了电磁相互作用之外,其强相互作用亦起到重要作用. 下面我们对强子的强相互作用进行简略的讨论.

现在我们主要讨论非弹性过程,在其碰撞中会产生次级强作用粒子. 质子-质子散射的总截面在 2 GeV 到 100 TeV 能区近似为一常数 50 mb($1 \text{ mb} = 10^{-27} \text{ cm}^2$). 在低能下,弹性和非弹性截面都显现出相当强烈的能量依赖[12,63].

$$\sigma_\text{总} = \sigma_\text{弹性} + \sigma_\text{非弹}. \tag{1.121}$$

表征非弹性过程的特征量是平均**相互作用长度** λ_I,它描述强子在物质中的指数吸收:

$$N = N_0 \mathrm{e}^{-x/\lambda_\text{I}}. \tag{1.122}$$

λ_I 的数值可由强子截面的非弹性部分按下式计算:

$$\lambda_\text{I} = \frac{A}{N_\text{A} \cdot \rho \cdot \sigma_\text{非弹}}. \tag{1.123}$$

如果 A 以 g/mol 为单位,N_A 以 mol^{-1} 为单位,ρ 以 g/cm^3 为单位,截面以 cm^2 为单位,则 λ_I 的单位为 cm. 与 λ_I(cm) 对应的面密度将是 $\lambda_\text{I} \cdot \rho (\text{g/cm}^2)$. **碰撞长度** λ_T 与总截面 $\sigma_\text{总}$ 的关系式是

$$\lambda_\text{T} = \frac{A}{N_\text{A} \cdot \rho \cdot \sigma_\text{总}}. \tag{1.124}$$

因为 $\sigma_\text{总} > \sigma_\text{非弹}$,故立即有 $\lambda_\text{T} < \lambda_\text{I}$.

不同物质的相互作用长度和碰撞长度值列于表 1.5[10-12].

表 1.5 不同物质的总截面和非弹性截面,以及由截面导出的碰撞长度和相互作用长度[10-12]

物质	Z	A	$\sigma_\text{总}$ (b)	$\sigma_\text{非弹}$ (b)	$\lambda_\text{T} \cdot \rho$ (g/cm^2)	$\lambda_\text{I} \cdot \rho$ (g/cm^2)
氢	1	1.01	0.0387	0.033	43.3	50.8
氦	2	4.0	0.133	0.102	49.9	65.1
铍	4	9.01	0.268	0.199	55.8	75.2
碳	6	12.01	0.331	0.231	60.2	86.3
氮	7	14.01	0.379	0.265	61.4	87.8
氧	8	16.0	0.420	0.292	63.2	91.0
铝	13	26.98	0.634	0.421	70.6	106.4

续表

物质	Z	A	$\sigma_\text{总}$ (b)	$\sigma_\text{非弹}$ (b)	$\lambda_\text{T} \cdot \rho$ (g/cm^2)	$\lambda_\text{I} \cdot \rho$ (g/cm^2)
硅	14	28.09	0.660	0.440	70.6	106.0
铁	26	55.85	1.120	0.703	82.8	131.9
铜	29	63.55	1.232	0.782	85.6	134.9
钨	74	183.85	2.767	1.65	110.3	185
铅	82	207.19	2.960	1.77	116.2	194
铀	92	238.03	3.378	1.98	117.0	199

严格来说,强子截面依赖于能量,而且不同的强相互作用粒子的截面有某些不同. 但是,就相互作用长度和碰撞长度的计算而言,截面 $\sigma_\text{非弹}$ 和 $\sigma_\text{总}$ 假定是与能量和粒子种类(质子、π介子、K介子等)无关的.

对于 $Z \geqslant 6$ 的靶物质,相互作用长度和碰撞长度都显著地大于辐射长度 X_0. (与表 1.4 比较).

文献中关于 λ_I 和 λ_T 的定义并非完全一致.

截面数据可以直接用来计算发生相互作用的概率. 如果 σ_N 是核作用截面(每个核子),则每 g/cm^2 物质中发生一次相互作用的概率为

$$\phi(\text{g}^{-1} \cdot \text{cm}^2) = \sigma_\text{N} \cdot N_\text{A}(\text{mol}^{-1})/\text{g}, \tag{1.125}$$

式中 N_A 是阿伏伽德罗常量. 在给定原子截面 σ_A 的情形下,立即导出

$$\phi(\text{g}^{-1} \cdot \text{cm}^2) = \sigma_\text{A} \cdot \frac{N_\text{A}}{A}, \tag{1.126}$$

这里 A 是原子量.

1.4 气体中的漂移和扩散[①]

电离过程中产生的电子和离子由于与气体原子或分子发生多次碰撞,其能量迅速损失. 它们会达到一种与气体温度相对应的热能分布.

室温下,它们的平均能量是

$$\varepsilon = \frac{3}{2}kT = 40 \text{ meV}, \tag{1.127}$$

---

① 关于这些过程的内容可参阅文献 [2-3,12,31-32,64-70].

式中 k 是玻尔兹曼(Boltzmann)常数, T 是开尔文(Kelvin)温度. 它们遵从麦克斯韦-玻尔兹曼能量分布:

$$F(\varepsilon) = \text{const} \cdot \sqrt{\varepsilon} \cdot e^{-\varepsilon/(kT)}. \tag{1.128}$$

局部区域中产生的电离电荷由于多次碰撞呈现为高斯分布,

$$\frac{dN}{N} = \frac{1}{\sqrt{4\pi Dt}} \exp\left(-\frac{x^2}{4Dt}\right) dx, \tag{1.129}$$

式中 dN/N 是在时间 t 之后、距离 x 处、长度元 dx 中找到的电荷量的份额, D 是扩散系数. 对于线扩散或体扩散, 我们分别得到

$$\sigma_x = \sqrt{2Dt}, \tag{1.130}$$

$$\sigma_{\text{vol}} = \sqrt{3} \cdot \sigma_x = \sqrt{6Dt}. \tag{1.131}$$

扩散过程中的**平均自由程**为

$$\lambda = \frac{1}{N\sigma(\varepsilon)}, \tag{1.132}$$

式中 $\sigma(\varepsilon)$ 是能量依赖的碰撞截面, $N = N_A \rho/A$ 是单位体积内的分子数. 对惰性气体, 在标准气压和温度下, 我们有 $N = 2.69 \cdot 10^{19}$ 个分子$/\text{cm}^3$.

如果电荷载荷子处于电场内, 则在随机无序的扩散运动上叠加一个沿着电场方向的定向漂移. 漂移速度可定义为

$$v_{\text{drift}} = \mu(E) \cdot E \cdot \frac{p_0}{p}, \tag{1.133}$$

其中 $\mu(E)$ 为能量依赖的**电荷载荷子迁移率**, E 为电场强度, p/p_0 为以标准气压为单位的气压. 不过, 随机无序的横向扩散不受电场的影响.

但是, 自由电荷载荷子在电场中的漂移要求在漂移过程中电子和离子既不发生复合, 也不附着在介质原子或分子上.

表 1.6 列出了离子的平均自由程、扩散常数和迁移率的数值[32,71]. 离子迁移率并不依赖于电场强度, 它与气压成反比, 即 $\mu \cdot p \approx$ 常数[72-73].

表 1.6 标准气压和温度下某些气体中离子的平均自由程 λ_{ion}、扩散常数 D_{ion} 和迁移率 μ_{ion} 的数值[32,71]

气体	λ_{ion} (cm)	D_{ion} (cm^2/s)	μ_{ion} [cm·s^{-1}/(V·cm^{-1})]
氢	$1.8 \cdot 10^{-5}$	0.34	13.0
氦	$2.8 \cdot 10^{-5}$	0.26	10.2
氩	$1.0 \cdot 10^{-5}$	0.04	1.7
氧	$1.0 \cdot 10^{-5}$	0.06	2.2

电子的平均自由程、扩散常数和迁移率强烈地依赖于电子的能量和电场强度. 气体中电子迁移率高出离子迁移率大概三个数量级.

图 1.20 显示了一团原本是局域的电子云漂移 1 cm 后的方均根偏差值[32,74]。

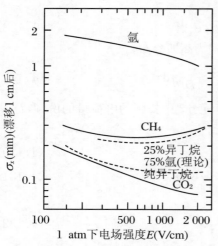

图 1.20 不同气体中，一团原本是局域的电子云漂移 1 cm 后的方均根偏差值与电场强度的依赖关系[32,74]

每漂移 1 cm 后电子云的宽度值 $\sigma_x = \sqrt{2Dt}$ 随着电场强度发生显著的变化，而且这种变化的特征依赖于气体的种类。对于氩(75%)和异丁烷(25%)的混合气体，测量值为 $\sigma_x \approx 200\ \mu m$，这一数值限定了漂移室的空间分辨率。原则上，我们必须区分沿着电场方向的**纵向扩散**和垂直于电场的**横向扩散**。漂移室的空间分辨率主要受纵向扩散的限制。

按照一种简化了的理论[75]，电子的漂移速度可表示为

$$v_{\text{drift}} = \frac{e}{m} E \tau (E, \varepsilon), \quad (1.134)$$

式中 E 是电场强度，τ 是两次碰撞间隔的时间，它本身亦依赖于 E。碰撞截面，从而 τ 都强烈地依赖于电子能量 ε，并具有明显的极大值和极小值（Ramsauer effect，**冉邵尔效应**）。如果电子波长 $\lambda = h/p$（h 为普朗克常量，p 为电子动量）接近于分子尺度的话，则这些现象是由干涉效应引起的。当然，电子能量和电场强度是相互关联的。图 1.21 显示了氩气中电子的冉邵尔截面与电子能量的函数关系[76-81]。

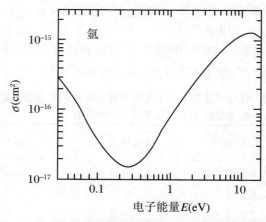

图 1.21 氩气中电子的冉邵尔截面与电子能量的函数关系[76-81]

在气体中，哪怕是少量的杂质污染也都会显著地改变漂移速度，如图 1.22[32,76,82-83]所示。

图 1.23 显示了电子在氩-甲烷混合气中的漂移速度[32,84-86]，图 1.24 则显示了

电子在氩-异丁烷混合气中的漂移速度[32,85,87-89].

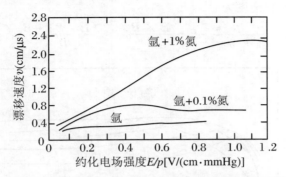

图 1.22 电子在纯氩和氩 + 少量氮气中的漂移速度[32,76,82-83]

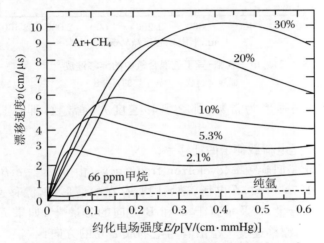

图 1.23 电子在氩-甲烷混合气中的漂移速度[32,84-86]
曲线上的数字为甲烷的百分比

在氩-异丁烷混合气体中,强电场中电子漂移速度的典型近似值为

$$v_{\text{drift}} = 5 \text{ cm}/\mu\text{s}. \tag{1.135}$$

但是漂移速度与电场强度的依赖关系对于不同的气体会有所不同[69,85,90]. 在同等条件下,离子在气体中的漂移速度低于电子约三个量级.

电子的漂移速度,以及更一般地,电子的漂移性质在磁场存在的条件下需要进行很强的修正. 除了静电力之外,现在**洛伦兹力**(Lorentz force)也作用在电荷载荷子上,这些力使得电荷载荷子沿圆周或螺旋线轨道运动.

自由的电荷载荷子的运动方程为

$$m\ddot{\boldsymbol{x}} = q\boldsymbol{E} + q \cdot \boldsymbol{v} \times \boldsymbol{B} + m\boldsymbol{A}(t), \tag{1.136}$$

式中 $m\boldsymbol{A}(t)$ 是一个时间依赖的随机力(stochastic force),它起源于电荷载荷子与气体分子的碰撞. 如果我们假设乘积 $m\boldsymbol{A}(t)$ 的时间平均可用一与速度成正比的摩擦力(friction force) $-mv/\tau$ (τ 是两次碰撞间的平均时间)来表示,则根据方程(1.136),可导出漂移速度为[31]

$$v_{\text{drift}} = \frac{\mu}{1+\omega^2\tau^2}\left[E + \frac{E\times B}{B}\omega\tau + \frac{(E\cdot B)\cdot B}{B^2}\omega^2\tau^2\right], \quad (1.137)$$

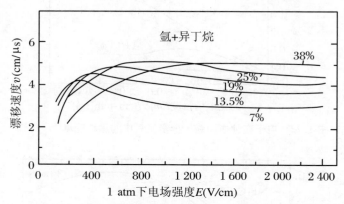

图 1.24 电子在氩-异丁烷混合气中的漂移速度[32,85,87-89]
曲线上的数字为异丁烷的百分比

如果我们假定电场强度为常数,那么漂移速度亦为常数,即 $\dot{v}_{\text{drift}}=0$。在方程(1.137)中:

$\mu = e\cdot\tau/m$ 是电荷载荷子的迁移率;

$\omega = e\cdot B/m$ 是回旋频率(cyclotron frequency)(由 $mr\omega^2 = evB$ 求得).

由方程(1.137)可知,在电场、磁场同时存在的情形下,漂移速度具有平行于 E 和 B 方向的分量,以及垂直于 E 和 B 方向的分量[91]. 如果 $E\perp B$,则由方程(1.137),可导出漂移速度 v_{drift} 沿着与电场成 α 角的方向:

$$|v_{\text{drift}}| = \frac{\mu E}{\sqrt{1+\omega^2\tau^2}}. \quad (1.138)$$

漂移速度 v_{drift} 与电场 E 之间的夹角(**洛伦兹角**),可由式(1.137)在条件 $E\perp B$ 下计算:

$$\tan\alpha = \omega\tau; \quad (1.139)$$

如果 τ 由式(1.134)确定,则立即可得

$$\tan\alpha = v_{\text{drift}}\cdot\frac{B}{E}. \quad (1.140)$$

如果考虑到洛伦兹作用力 $ev\times B$($v\perp B$)与电场力 eE 的比值,同样可以导出该结果.

对于 $E = 500$ V/cm 和在电场中的漂移速度为 $v_{\text{drift}} = 3.5$ cm/μs 的情形,在同时存在电场和磁场($E\perp B$),且 $B = 1.5$ T 情形下的漂移速度,可由式(1.138)计算得到

$$v(E = 500 \text{ V/cm}, B = 1.5 \text{ T}) = 2.4 \text{ cm}/\mu\text{s}; \tag{1.141}$$

与此相对应,洛伦兹角由式(1.140)计算得到:

$$\alpha = 46°, \tag{1.142}$$

该数值与实验测量和更严格的计算结果近似一致(图 1.25)[32,87].

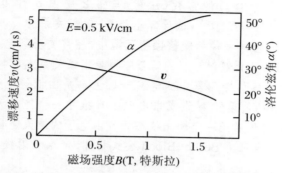

图 1.25 氩(67.2%)、异丁烷(30.3%)和二甲氧基甲烷(2.5%)混合气体中电子在低电场强度(500 V/cm)下的漂移速度 v_{drift} 和洛伦兹角 α 对于磁场强度的依赖曲线[32,87]

添加少量负电性气体(例如氧气)会由于电子的附着效应而显著地改变漂移行为.向氩气中添加 1% 的氧气,在 1 kV/cm 电场中,电子不发生附着的平均自由程约为 5 cm 量级.添加少量负电性气体将使电荷信号减小,而在存在强负电性气体(例如氯)的情形下,漂移室甚至不能工作.

对于液化气体而言,由于其密度高,杂质的效应更为严重.对于液体惰性气体室,氧的浓度必须保持在 ppm($\equiv 10^{-6}$)水平以下."热"的液体,比如四甲基硅烷(TMS),甚至需要将负电性气体杂质密度减小到 ppb($\equiv 10^{-9}$)水平以下.

习 题 1

1. 能量为 100 keV 的电子在水中的射程约为 200 μm.试估计其停止时间.
2. 能量达 TeV 的 μ 子在岩石中的能量损失可以参数化为

$$-\frac{dE}{dx} = a + bE,$$

式中 a 是表示电离损失的参数,b 则包含了轫致辐射、直接电子对产生和核作用的贡献($a \approx 2$ MeV/(g·cm^{-2}),$b = 4.4 \cdot 10^{-6}$ (g·cm^{-2})$^{-1}$).试估计 1 TeV 的 μ 子在岩石中的射程.
3. 500 keV 的单能电子束停止在一个硅计数器中.假设 77 K 时的费诺因子

为 0.1,试计算出该半导体探测器的能量分辨.

4. 对于电荷为 z 的非相对论性粒子,Bethe-Bloch 公式可近似为

$$-\frac{\mathrm{d}E_{\mathrm{kin}}}{\mathrm{d}x} = a\,\frac{z^2}{E_{\mathrm{kin}}}\ln(bE_{\mathrm{kin}}),$$

式中 a 和 b 是依赖于物质的常数(注意,与第 2 题中 a 和 b 的含义不同).若 $\ln(bE_{\mathrm{kin}})$ 可以近似为 $(bE_{\mathrm{kin}})^{1/4}$,试计算出能量-射程关系.

5. 在天文学和医学成像**康普顿望远镜**中,经常要用到电子散射角与光子散射角之间的关系式.试从散射过程的动量守恒导出该关系式.

6. 带电粒子在气体探测器中的电离尾巴主要是由低能电子产生的.偶然地,会给电子传递较大的能量(δ 射线或击出电子).推导一个能量为 100 GeV 的 μ 子在一次 μe 碰撞中可传递给一个静止状态的自由电子的最大能量.

7. δ 射线的产生可用 Bethe-Bloch 公式描述.产生 δ 射线概率的相当好的近似表达式为

$$\phi(E)\mathrm{d}E = K\,\frac{1}{\beta^2}\,\frac{Z}{A}\cdot\frac{x}{E^2}\mathrm{d}E,$$

其中 $K = 0.154\,\mathrm{MeV}/(\mathrm{g}\cdot\mathrm{cm}^{-2})$,$Z$ 和 A 分别为靶物质原子序和原子量,x 为吸收体的厚度($\mathrm{g/cm}^2$).计算能量为 10 GeV 的 μ 子在 1 cm 氩气层中产生一个能量高于 $E_0 = 10$ MeV 的 δ 射线的概率(气体处于标准室温和气压).

8. 相对论性粒子的电离能量损失近似为常数,约等于 $2\,\mathrm{MeV}/(\mathrm{g}\cdot\mathrm{cm}^{-2})$.计算宇宙射线 μ 子在岩石中的**深度-强度关系**,并估计深 100 m 处高度 $\Delta h = 1$ m 的洞穴中 μ 子束的强度变化.

参考文献

[1] Rossi B. High Energy Particles [M]. Englewood Cliffs: Prentice Hall,1952.

[2] Sitar B, Merson G I, Chechin V A, et al. Ionization Measurements in High Energy Physics [M]. Russian ed. Moskau: Energoatomizdat,1998.

[3] Sitar B, Merson G I, Chechin V A, et al. Ionization Measurements in High Energy Physics: Springer Tracts in Modern Physics: Vol. 124 [M]. Berlin: Springer,1993.

[4] Bethe H A. Theorie des Durchgangs schneller Korpuskularstrahlen durch Materie [J]. Ann. d. Phys.,1930(5): 325-400.

[5] Bethe H A. Bremsformel für Elektronen mit relativischen Geschwindigkeiten [J]. Z. Phys.,1932(76): 293-299.

[6] Bloch F. Bremsvermögen von Atomen mit mehreren Elektronen [J]. Z. Phys.,1933(81): 363-376.

[7] Sternheimer R M, Peierls R F. General Expression for the Density Effect for the Ionization Loss of Charged Particles [J]. Phys. Rev.,1971(B3): 3681-3692.

[8] Uehling E A. Penetration of heavy charged particles in matter [J]. Ann. Rev. Nucl. Part. Sci., 1954 (4): 315-350.

[9] Hayakawa S. Cosmic Ray Physics [M]. John Wiley & Sons Inc., 1969.

[10] Particle Data Group. Review of Particle Properties [J]. Phys. Lett., 1990 (239): 1-516.

[11] Particle Data Group. Review of Particle Properties [J]. Phys. Rev., 1992 (D45): 1-574; (D46): 5210-0 (Errata).

[12] Particle Data Group. Review of Particle Physics [J/OL]. Eidelman S, et al. Phys. Lett., 2004, 1/2/3/4(B592): 1-1109. Yao W M, et al. J. Phys., 2006 (G33): 1-1232. http://pdg.lbl.gov.

[13] Serre C. Evaluation de la Perte D'Energie et du Parcours de Particules Chargées Traversant un Absorbant Quelconque [M]. CERN 67-5, 1967.

[14] Marmier P. Kernphysik I [M]. Zürich: Verlag der Fachvereine, 1977.

[15] Landau L. On the Energy Loss of Fast Particles by Ionization [J]. J. Phys. USSR, 1994 (8): 201-205.

[16] Kölbig R S. Landau Distribution [M]. CERN Progam Library G 110, CERN Program Library Section, 1985.

[17] Vavilov P V. Ionization Losses of High Energy Heavy Particles [J]. Sov. Phys. JETP, 1957 (5): 749-751.

[18] Werthenbach R. Elektromagnetische Wechselwirkungen von 200 GeV Myonen in einem Streamerrohr-Kalorimeter [D]. University of Siegen, 1987.

[19] Behrends S, Melissinos A C. Properties of Argon-Ethane/Methane Mixtures for Use in Proportional Counters [D]. University of Rochester, Preprint UR-776, 1981.

[20] Moyal J E. Theory of Ionization Flucturtions [J]. Phil. Mag., 1955 (46): 263-280.

[21] Bock R K, et al. Formulae and Methods in Experimental Data Evaluation: General Glossary, Vol. 1 [M]. European Physical Society, CERN/Geneva, 1984: 1-231.

[22] Iga Y, et al. Energy Loss Measurements for Charged Particles and a New Approach Based on Experimental Results [J]. Nucl. Instr. Meth., 1983 (213): 531-537.

[23] Affholderbach K, et al. Performance of the New Small Angle Monitor for Background (SAMBA) in the ALEPH Experiment at CERN [J]. Nucl. Instr. Meth., 1998 (A410): 166-175.

[24] Striganov S I. Ionization Straggling of High Energy Muons in Thick Absorbers [J]. Nucl. Instr. Meth., 1992 (A322): 225-230.

[25] Grupen C. Electromagnetic Interactions of High Energy Cosmic Ray Muons [J]. Fortschr. der Physik, 1976 (23): 127-209.

[26] Fano U. Penetration of Photons, Alpha Particles and Mesons [J]. Ann. Rev. Nucl. Sci., 1963 (13): 1-66.

[27] Musiol G, Ranft J, Reif R, et al. Kern-und Elementarteilchen-physik [M]. Wein-

heim: VCH Verlagsgesellschaft, 1988.
[28] Heitler W. The Quantum Theory of Radiation [M]. Oxford: Clarendon Press, 1954.
[29] Mφller S P. Crystal Channeling or How to Build a "1000 Tesla Magnet" [M]. CERN-94-05, 1994.
[30] Gemmell D S. Channeling and Related Effects in the Motion of Charged Particles through Cystals [J]. Rev. Mod. Phys., 1974 (46): 129-227.
[31] Kleinknecht K. Detektoren für Teilchenstrahlung, Teubner, Stuttgart (1984, 1987, 1992); Detectors for Particle Radiation [M]. Cambridge: Cambridge University Press, 1986.
[32] Sauli F. Principles of Operation of Multiwire Proportional and Drift Chambers [M]. CERN-77-09, 1977 and reference therein.
[33] Koschkin N I, Schirkewitsch M G. Elementare Physik [M]. München: Hanser, 1987.
[34] Fano U. Ionization Yield of Radiations: II. The Fluctuation of the Number of Ions [J]. Phys. Rev., 1947 (72): 26-29.
[35] Walenta A H. Review of the Physics and Technology of Charged Particle Detectors [M]. Preprint University of Siegen SI-83-23, 1983.
[36] Lutz G. Semiconductor Radiation Detectors [M]. Berlin: Springer, 1999.
[37] Bethe H A. Molière's Theory of Multiple Scattering [J]. Phys. Rev., 1953 (89): 1256-1266.
[38] Grupen C. Physics for Particle Detection [C/OL]// Wenclawiak B, Wilnewski S. Proceedings of the 10 ICFA School on Instrumentation in Elementary Particle Physics Itacuruca, Rio de Janeiro 2003 (to be published 2007). www.cbpf.br/icfa2003/.
[39] Bethe H A, Heitler W. Stopping of Fast Particles and Creation of Electron Pairs [J]. Proc. R. Soc. Lond., 1934 (A146): 83-112.
[40] Lohrmann E. Hochenergiephysik [M]. Stuttgart: Teubner, 1978; 1981; 1986; 1992.
[41] Amaldi U. Fluctuations in Calorimetric Measurements [J]. Phys. Scripta, 1981 (23): 409-424.
[42] Lohmann W, Koop R, Voss R. Energy Loss of Muons in the Energy Range 1-10.000 GeV [M]. CERN-85-03, 1985.
[43] Tannenbaum M J. Simple Formulas for the Energy Loss of Ultrarelativistic Muons by Direct Pair Production [M]. Brookhaven National Laboratory, BNL-44554, 1990.
[44] Sakumoto W K, et al. Measurement of TeV Muon Energy Loss in Iron [J/D]. University of Rochester UR-1209, 1991; Phys. Rev., 1992 (D45): 3042-3050.
[45] Mitsui K. Muon Energy Loss Distribution and Its Applications to the Muon Energy Determination [J]. Phys. Rev., 1992 (D45): 3051-3060.
[46] Dorman L I. Cosmic Rays in the Earth's Atmosphere and Underground [M]. Dordercht: Kluwer Academic Publishers, 2004.

[47] Baumgart R, et al. Interaction of 200 GeV Muons in an Electromagnetic Streamer Tube Calorimeter [J]. Nucl. Instr. Meth., 1987 (A258): 51-57.

[48] Hertz G. Lehrbuch der Kernphysik: Bd. 1 [M]. Leipzig: Teubner, 1966.

[49] Marshall J S, Ward A G. Absorption Curves and Ranges for Homogeneous β-Rays [J]. Canad. J. Rev., 1937 (A15): 39-41.

[50] Sauter E. Grundlagen des Strahlenschutzes [M]. Berlin: Siemens, 1971; Müchen: Thiemig, 1982.

[51] Wright A G. A Study of Muons Underground and Their Energy Spectrum at Sea Level [J]. Polytechnic of North London Preprint, 1974; J. Phys., 1974 (A7): 2085-2092.

[52] Bock R K, Vasilescu A. The Particle Detector Briefbook [M]. Heidelberg: Springer, 1998.

[53] Marmier P, Sheldon E. Physics of Nuclei and Particles: Vol. 1 [M]. New York: Academic Press, 1969.

[54] Fenyves E, Haimann O. The Physical Principles of Nuclear Radiation Measurements [J]. Budapest: Akadémiai Kiadó, 1969.

[55] Klein O, Nishina Y. Über die Streuung von Strahlung durch freie Elektronen nach der neuen relativistischen Quantenmechanik von Dirac [J]. Z. Phys., 1929 (52): 853-868.

[56] Evans R D. The Atomic Nucleus [M]. New York: McGraw-Hill, 1955.

[57] Williams W S C. Nuclear and Particle Physics [M]. Oxford: Clarendon Press, 1991.

[58] Telnov V. Photon Collider at TESLA [J]. hep-ex/0010033v4, 2000; Nucl. Instr. Meth., 2001 (A472): 43.

[59] Grupen C, Hell E. Lecture Notes [R]. Kernphysik: University of Siegen, 1983.

[60] Bethe H A, Ashkin J. Passage of Radiation through Matter [M]//Segrè E. Experimental Nucl. Phys. : Vol. 1. New York: John Wiley & Sons Inc., 1953: 166-201.

[61] Grodstein G W. X-Ray Attenuation Coefficients from 10 keV to 100 MeV [J]. Circ. Natl. Bur. Stand., 1957 (583).

[62] White G R. X-ray Attenuation Coefficients from 10 keV to 100 MeV [R]. Natl. Bur. Standards (U.S.) Rept. 1003, 1952.

[63] Particle Data Group. Review of Particle Properties [J]. Phys. Lett., 1982 (B111): 1-294.

[64] Rice-Evans P. Spark, Streamer, Proportional and Drift Chambers [M]. London: Richelieu Press, 1974.

[65] Andronic A, et al. Drift Velocity and Gain in Argon and Xenon Based Mixtures [J]. Nucl. Instr. Meth., 2004 (A523): 302-308.

[66] Colas P, et al. Electron Drift Velocity Measurements at High Electric Fields [J]. DAPNIA-01-09, 2001 (10); Nucl. Instr. Meth., 2002 (A478): 215-219.

[67] Palladino V, Sadoulet B. Application of the Classical Theory of Electrons in Gases to Multiwire Proportional and Drift Chambers [R]. LBL-3013, UC-37, TID-4500-R62, 1974.

[68] Blum W, Rolandi L. Particle Detection with Drift Chambers [M]. Berlin: Springer Monograph XV, 1993.

[69] Peisert A, Sauli F. Drift and Diddusion in Gases: A Compilation [M]. CERN-84-08, 1984.

[70] Huxley L G, Crompton R W. The Diffusion and Drift of Electrons in Gases [M]. New York: John Wiley & Sons Inc., 1974.

[71] McDaniel E W, Mason E A. The Mobility and Diffusion of Ions in Gases [M]. New York: John Wiley & Sons Inc., 1973.

[72] Langevin M P. Sur la mobilité des ions dans les gaz [J]. C. R. Acad. Sci. Pairs, 1903 (134): 646-649. Recherches sur gaz ionizés[J]. Ann. Chim. et Phys., 1903 (28): 233-289.

[73] Loeb L B. Basis Processes of Gaseous Electronics [D]. Berkeley: University of California Press, 1961.

[74] Palladino V, Sadoulet B. Application of the Classical Theory of Electrons in Gases to Multiwire Proportional and Drift Chambers [J]. Nucl. Instr. Meth., 1975 (128): 323-366.

[75] Townsend J. Electrons in Gases [M]. London: Hutchinson, 1947.

[76] Brown S C. Basic Data of Plasma Physics [M]. Cambridge,: MIT Press, 1959; New York: John Wiley & Sons, Inc., 1959.

[77] Ransauer C, Kollath R. Die Winkelverteilung bei der Streuung Langsamer Elektronen an Gasmolekülen [J]. Ann. Phys., 1931 (401): 756-768.

[78] Ramsauer C, Kollath R. Über den Wirkungsquerschnitt der Edelgasmoleküle gegenüber Elektronen unterhalb 1 Volt [J]. Ann. Phys., 1929 (395): 536-564.

[79] Ramsauer C. Über den Wirungsquerschnitt der Gasmoleküle gegenüber langsamen Elektronen [J]. Ann. Phys., 1921 (64): 513-540.

[80] Brüche E, et al. Über den Wirkungsquerschnitt der Edelgase Ar, Ne, He gegenüber langsamen Elektronen [J]. Ann. Phys., 1927 (389): 279-291.

[81] Normand C E. The Absorption Coefficient for Slow Electrons in Gases [J]. Phys. Rev., 1930 (35): 1217-1225.

[82] Colli L, Facchini U. Drift Velocity of Electrons in Argon [J]. Rev. Sci. Instr., 1952 (23): 39-42.

[83] Kirshner J M, Toffolo D S. Drift Velocity of Electrons in Argon and Argon Mixtures [J]. J. Appl. Phys., 1952 (23): 594-598.

[84] Fulbright H W. Ionization Chambers in Nuclear Physics [M]//Flügge S. Handbuch der Physik: Band XLV. Berlin: Springer, 1958.

[85] Fehlmann J, Viertel G. Compilation of Data for Drift Chamber Operation [R]. ETH-Zürich-Report, 1983.

[86] English W N, Hanna G C. Grid Ionization Chamber Measurement of Electron Drift Velocities in Gas Mixtures [J]. Canad. J. Phys., 1953 (31): 768-797.

[87] Breskin A, et al. Recent Observations and Measurements with High-Accuracy Drift Chambers [J]. Nucl. Instr. Meth., 1975 (124): 189-214.

[88] Breskin A, et al. Further Results on the Operation of High-Accuracy Drift Chambers [J]. Nucl. Instr. Meth., 1974 (119): 9-28.

[89] Charpak G, Sauli F. High Accuracy Drift Chambers and Their Use in Strong Magnetic Fields [J]. Nucl. Instr. Meth., 1973 (108): 413-426.

[90] Va'vra J, et al. Measurement of Electron Drift Parameters for Helium and CF_4-Based Gases [J]. Nucl. Instr. Meth., 1993 (324): 113-126.

[91] Kunst T, et al. Precision Measurements of Magnetic Deflection Angles and Drift Velocities in Crossed Electric and Magnetic Fields [J]. Nucl. Instr. Meth., 1993 (A423): 127-140.

第 2 章 探测器的本征性质

工艺技术是对于复杂性的掌控,而创造性则是对事物简单性的掌控.[①]

——克里斯托弗·塞曼[②]

2.1 分辨率和基本统计性质

判断一个探测器品质好坏的依据是对于所测物理量(能量、时间、空间坐标等)的分辨率(或称分辨). 如果物理量具有给定的真值 z_0(例如单能 γ 射线的能量 E_0),则探测器的测量值 z_{meas} 形成一个**分布函数** $D(z)$,其中 $z = z_{meas} - z_0$,z 的**期望值**是

$$\langle z \rangle = \int z \cdot D(z) \mathrm{d}z \Big/ \int D(z) \mathrm{d}z, \tag{2.1}$$

其中分母中的积分是分布函数的归一化因子. 归一化的分布函数通常称为**概率密度函数(PDF)**.

所测物理量的**方差**为

$$\sigma_z^2 = \int (z - \langle z \rangle)^2 D(z) \mathrm{d}z \Big/ \int D(z) \mathrm{d}z. \tag{2.2}$$

积分遍及分布函数的所有可能值.

作为一个例子,我们来计算长方形分布的期望值和方差. 对于丝间距为 δz 的多丝正比室而言,带电粒子穿过丝室的坐标是有待确定的量. 丝之间的漂移时间是不加测量的,只记录被击中丝的编号 n_W(假定每个事例仅有一个击中),并测量其

[①] 原文:Technical skill is the mastery of complexity while creativity is the mastery of simplicity.
[②] E. Christopher Zeeman(1865~1943),荷兰物理学家,1902 年获诺贝尔物理学奖.　　——译者注

离散坐标值 $z_{\text{meas}} = z_{\text{in}} + n_w \delta z$. 此时, 分布函数 $D(z)$ 是被击中丝附近 $[-\delta z/2, +\delta z/2]$ 上常数 $=1$ 的分布, 此区间外的分布函数值等于 0 (图2.1).

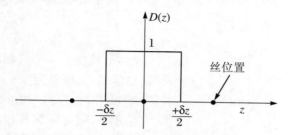

图2.1 确定长方形分布方差的简图

z 的期望值显然为 0 (即被击中丝所在的位置):

$$\langle z \rangle = \int_{-\delta z/2}^{+\delta z/2} z \cdot 1 \mathrm{d}z \Big/ \int_{-\delta z/2}^{+\delta z/2} \mathrm{d}z = \frac{z^2}{2}\Big|_{-\delta z/2}^{+\delta z/2} \Big/ z \Big|_{-\delta z/2}^{+\delta z/2} = 0; \quad (2.3)$$

相应地, 方差为

$$\sigma_z^2 = \int_{-\delta z/2}^{+\delta z/2} (z-0)^2 \cdot 1 \mathrm{d}z / \delta z = \frac{1}{\delta z} \int_{-\delta z/2}^{+\delta z/2} z^2 \mathrm{d}z \quad (2.4)$$

$$= \frac{1}{\delta z} \frac{z^3}{3}\Big|_{-\delta z/2}^{+\delta z/2} = \frac{1}{3\delta z}\left[\frac{(\delta z)^3}{8} + \frac{(\delta z)^3}{8}\right] = \frac{(\delta z)^2}{12}, \quad (2.5)$$

即

$$\sigma_z = \frac{\delta z}{\sqrt{12}}. \quad (2.6)$$

量 δz 和 σ_z 均有量纲. 相对值 $\delta z/z$ 或 σ_z/z 则无量纲.

在许多情形下, 实验结果呈现正态分布, 其分布函数为 (图2.2)

$$D(z) = \frac{1}{\sigma_z \sqrt{2\pi}} \mathrm{e}^{-(z-z_0)^2/(2\sigma_z^2)}. \quad (2.7)$$

对于该**高斯分布**, 按照式(2.2)确定的方差的含义是, 全部实验结果的 68.27% 将落入 $z_0 - \sigma_z$ 到 $z_0 + \sigma_z$ 的区域内. 在 $2\sigma_z$ 区域内将包含全部实验结果的 95.45%, 而 $3\sigma_z$ 区域内将包含全部实验结果的 99.73%. 以这种方式定义的区间 $([z_0 - \sigma_z, z_0 + \sigma_z])$ 称为**置信区间**, 对应于**置信水平** 68.27%. 值 σ_z 通常称为标准误差或标准偏差.

对于一般的定义, 我们给出归一化的分布函数对于 $z - \langle z \rangle$ 的依赖关系 (图2.3). 对于期望值为 $\langle z \rangle$、方均根偏差为 σ_z 的归一化概率分布函数而言, 真值 z_0 落入测量值 z 附近 $\pm \delta$ 的区间内的概率是

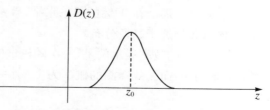

图2.2 正态分布(均值为 z_0 的高斯分布)

$$1 - \alpha = \int_{\langle z \rangle - \delta}^{\langle z \rangle + \delta} D(z) \mathrm{d}z, \tag{2.8}$$

这等价于全部测量值的 $100 \cdot (1-\alpha)\%$ 将落入中心值为均值 $\langle z \rangle$ 附近 $\pm \delta$ 的区间之内.

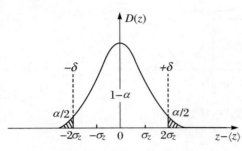

图 2.3 置信水平的图示

如上所述,对于高斯分布,选择 $\delta = \sigma_z$ 将得到一个与**标准误差**对应的**置信区间**,其概率为 $1 - \alpha = 0.6827$(对应于 68.27%). 另一方面,如果给定了置信水平,就可计算其相应的测量区间的宽度. 对于置信水平 $1 - \alpha = 95\%$,我们算得区间宽度为 $\delta = \pm 1.96\sigma_z$;置信水平 $1 - \alpha = 99.9\%$ 对应于区间宽度 $\delta = \pm 3.29\sigma_z$[1]. 在数据分析中,物理学家经常会涉及非高斯型的分布,这时的置信区间对于其测量值而言是不对称的,其结果表征为不对称的误差. 但即使是在这种情形下,所引用的 $\pm 1\sigma_z$ 区间仍然对应于相同的置信水平 68.27%. 应当指出,有时候置信水平仅限于单侧,而另一侧延展到 $+\infty$ 或 $-\infty$. 在这种情形下,我们所讨论的是实验所设定的测量值的下限或上限①.

对于分辨率,通常使用的量是分布的半高宽,这个量很容易根据数据求得,或根据拟合数据来求得. 一种分布的半高宽是指该分布**两个半极大值间的全宽度** (FWHM). 对于正态分布,我们有

$$\Delta z (\mathrm{FWHM}) = 2\sqrt{2\ln 2}\sigma_z = 2.3548\sigma_z. \tag{2.9}$$

高斯分布是连续分布函数. 如果观测探测器中的粒子,事例数往往遵从**泊松分布**. 该分布是离散且不对称的,不出现负值.

对于均值为 μ 的泊松分布,单次观测值 n 所遵从的分布为

$$f(n, \mu) = \frac{\mu^n \mathrm{e}^{-\mu}}{n!} \quad (n = 0, 1, 2, \cdots). \tag{2.10}$$

该分布的期望值等于其均值 μ,且其方差为 $\sigma^2 = \mu$.

我们假设,进行了多次计数实验后得到的平均值是 3 个事例,则在一次实验中找到 0 个事例的概率是 $f(0,3) = \mathrm{e}^{-3} = 0.05$;与此等价的说法是,如果在一次实验中没有找到事例,那么在 95% 的置信水平,事例数的真值小于或等于 3. 当 n 值很大时,泊松分布趋近于高斯分布.

一个探测器的效率表示的是,一次随机试验只可能有两种结果:探测器的有效探测的概率为 p,而无效探测的概率为 $1 - p = q$. 在 n 次试验中,探测器有效探测

---

① 例如,从氚衰变直接测量电子反中微子质量得到的结果小于 2 eV. 从数学的观点来看,这对应于一个从 $-\infty$ 到 2 eV 的区间. 于是,可以说得到了中微子质量的上限为 2 eV.

第 2 章 探测器的本征性质

r 次的概率遵从二项分布(**伯努利分布**)

$$f(n,r,p) = \binom{n}{r} p^r q^{n-r} = \frac{n!}{r!(n-r)!} p^r q^{n-r}. \tag{2.11}$$

该分布的期望值是 $\langle r \rangle = n \cdot p$, 方差为 $\sigma^2 = n \cdot p \cdot q$.

假设一个探测器在 100 次触发中的效率为 $p = 95\%$ (观测到 95 个粒子, 其余 5 个未观测到). 该例子中, 标准偏差(期望值 $\langle r \rangle$ 的 σ)由下式给定:

$$\sigma = \sqrt{n \cdot p \cdot q} = \sqrt{100 \cdot 0.95 \cdot 0.05} = 2.18, \tag{2.12}$$

由此导出

$$p = (95 \pm 2.18)\%. \tag{2.13}$$

值得指出的是, 利用这一误差计算, 效率不可能超过 100%, 这当然是正确的. 而在效率的计算中, 使用泊松误差($\pm\sqrt{95}$)会导致错误的结果.

除了上面提到的分布之外, 某些实验结果可能不能用高斯分布、泊松分布或伯努利分布来描述. 例如, 带电粒子在薄层物质中的能量损失就是如此. 显然, 描述能量损失的分布函数必须是不对称的, 因为 dE/dx 的极小值可以非常小, 甚至原则上可以为 0, 但极大能量损失可以相当大, 甚至达到粒子运动学的上限. 这样的分布为朗道型分布. 朗道分布已经在讨论带电粒子能量损失的内容时详加陈述(参见第 1 章).

到目前为止, 陈述的实验结果的统计处理方法只包含了几种最重要的分布. 在低事例率的情形下, 类泊松型误差导致不精确的结果. 例如, 若在给定的时间间隔内观测到某种类型的一个真实事例, 按照泊松分布得到的实验值 $n \pm \sqrt{n}$ 在此情形下等于 1 ± 1, 但这不可能是正确的. 因为, 如果确实观测到了一个真实的事例, 则实验值不可能为 0, 在误差范围内也不可能为 0.

因此对于小事例数的统计性, 统计方法需要进行修正, 应该利用 Regener 统计[2]. 表 2.1 列出了某些观测事例数对应的 $\pm \sigma$ 限. 作为对比, 表中亦给出了常规误差值, 即事例率的平方根.

表 2.1 低事例数的统计方法

下限		事例数	上限	
平方根误差	低事例数统计		低事例数统计	平方根误差
0	0	0	1.84	0
0	0.17	1	3.3	2
0.59	0.71	2	4.64	3.41
1.27	1.37	3	5.92	4.73
6.84	6.89	10	14.26	13.16
42.93	42.95	50	58.11	57.07

列出了 Regener 统计[2]给定的 $\pm \sigma$ 限和泊松统计平方根误差给定的 $\pm \sigma$ 限.

如果考察存在本底情形下的低事例数的计数统计性涨落问题,误差或置信水平的确定则更为复杂,这些本底事例会与待寻找的事例一起被探测到.这类过程的相应公式可在文献[3-7]中找到.

但是关于实验结果的统计处理问题一般需要采取谨慎的态度.文献中的特征统计量的定义并不总是一致的.

在确定分辨率或实验误差的问题中,往往只对其相对值感兴趣,即 $\delta z/\langle z\rangle$ 或 $\sigma_z/\langle z\rangle$;必须记住,实验结果的平均值$\langle z\rangle$不一定等于真值 z_0. 为了求得实验值$\langle z\rangle$与真值 z_0 之间的关系,探测器必须进行刻度. 两者的关系并非对所有的探测器都是如下的线性关系:

$$\langle z\rangle = c \cdot z_0 + d, \tag{2.14}$$

其中 c, d 是常数. 但是,非线性关系如

$$\langle z\rangle = c(z_0)z_0 + d \tag{2.15}$$

使人感到特别麻烦,并且需要有刻度函数(也常称为"响应函数")的严格知识. 在许多情形下,**刻度参数**也是时间依赖的.

下面,我们将讨论探测器的一些特征量.

能量分辨率、空间分辨率和时间分辨率已经在前面讨论过并加以计算. 除了时间分辨率之外,还存在若干其他的**特征时间**[8].

2.2 特 征 时 间

死时间 τ_D 表示的是探测器记录了一组入射粒子后到能够再记录另一组入射粒子所需等待的时间. 在死时间内进入的粒子不能被探测,死时间后粒子又能被探测,但探测器对粒子的响应没有达到完全的灵敏度. 只有再经过一段**恢复时间** τ_R 后,探测器才能重新给出正常幅度的信号.

我们利用盖革-缪勒计数器作为例子来说明这种行为(参见 5.1.3 小节;图 2.4). 第一个粒子穿过计数器后,在时间 τ_D 内计数器对粒子完全不灵敏. 随后盖革-缪勒计数器中的电场缓慢地恢复,所以时间 $t > \tau_D$ 时粒子可以被记录,但信号幅度小于正常幅度. 再经过一段恢复时间 τ_R 后,计数器才恢复到其初始状态.

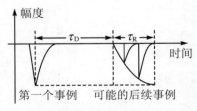

图 2.4 盖革-缪勒计数器的死时间和恢复时间的图示

灵敏时间 τ_S 对于脉冲型探测器具有十分的重要性. 在灵敏时间 τ_S 内探测器可以记录粒子,

且与这些粒子是否与触发事例相关联没有联系.例如,在加速器实验中,探测器被束流相互作用所触发(即探测器处于灵敏状态),通常一个长度确定的时间窗口(τ_S)被打开,此时间窗口内的事例被探测器记录下来.如果偶然地在此时间间隔内一个宇宙线 μ 子穿过探测器,它也将被记录下来,因为一旦探测器处于灵敏状态,它就不能区分触发水平上感兴趣的粒子还是该时间窗口内偶然穿过探测器的粒子.

读出时间是读出事例所需要的时间,最可能的是读入电子学内存.对于非电子学的记录(例如胶片),读出时间要长得多.与读出时间紧密相关的是**重复时间**(repetition time),它表示两个先后到达且能够区分开的事例之间的最短时间间隔.重复时间的长度由探测器、读出系统和寄存器构成的系列中最慢的元素所决定.

一个探测器的**记忆时间**(memory time),是从粒子穿过探测器到探测器触发信号之间容许的最大时间延迟,在这样的时间延迟下探测器仍然具有 50% 的探测效率.

前面提到的时间分辨率表征的是两个事例能够被分辨开的最短时间差.时间分辨率非常接近于重复时间,唯一的差别是,一般说来,时间分辨率适用于整个探测系统的单个单元(例如仅指前端探测器),而重复时间则包含了所有的单元.例如,一个探测器的时间分辨率可以非常短,而整个系统的速度由于慢的读出而变得很慢.

时间分辨率这一术语通常指的是一个粒子到达探测器的时间的记录精度.以这种方式定义的单个事例的时间分辨率由探测器信号上升时间的涨落所决定(参见第 14 章).

2.3 死时间修正

每一种粒子探测器都有**死时间** τ_D,在此期间粒子不能被记录.切伦科夫计数器的死时间短到仅 1 ns,而盖革-缪勒计数管的死时间长到 1 ms.

如果计数率记为 N,则计数器处于不工作状态的时间为 $N\tau_D$,也就是说,测量时间中计数器灵敏工作的时间份额只占 $1-N\tau_D$.因此,不存在死时间效应的**真实计数率**应为

$$N_{\text{true}} = \frac{N}{1-N\tau_D}. \tag{2.16}$$

这样计数率的测量值必须进行修正,特别是在条件

$$N\tau_D \ll 1 \tag{2.17}$$

不能满足的情形下更是如此.

2.4 偶然符合

符合测量,特别是高计数率情形下的符合测量会受到**偶然符合**的显著影响. 设 N_1 和 N_2 是两个进行二重符合的计数器各自的脉冲率. 为了推导偶然符合率, 我们假定两个计数器独立工作, 它们的计数率遵从泊松统计. 计数器 1 收到一个脉冲后的时间间隔 τ 内计数器 2 不产生信号的概率可由泊松分布式 (2.10) 导出

$$f(0, N_2) = \mathrm{e}^{-N_2\tau}. \tag{2.18}$$

与此对应, 该时间间隔内计数器 2 获得一个独立计数的概率是

$$P = 1 - \mathrm{e}^{-N_2\tau}. \tag{2.19}$$

因为在一般情形下, $N_2\tau \ll 1$, 所以可得

$$P \approx N_2\tau. \tag{2.20}$$

因为在符合电路分辨时间内, 计数器 2 在计数器 1 之前也可能有信号, 所以总的偶然符合事例率为[9-10]

$$R_2 = 2N_1N_2\tau. \tag{2.21}$$

如果两个计数器的信号宽度不相同, 则有

$$R_2 = N_1N_2(\tau_1 + \tau_2). \tag{2.22}$$

对于 q 个计数器具有相同脉冲宽度 τ 的一般情形, q 重偶然符合率为[9-10]

$$R_q = qN_1N_2\cdots N_q\tau^{q-1}. \tag{2.23}$$

要使符合事例率能够基本上不考虑偶然符合的影响, 必须要求有高的时间分辨率.

在实际情况中, 如果 $q-k$ 个计数器有真实事例产生的计数, 而 k 个计数器有与此事例不相关的信号, 同样会出现一个 q 重偶然符合. 最大的贡献主要来自于 $k = 1$ 的情形:

$$R_{q,q-1} = 2(K_{q-1}^{(1)} \cdot N_1 + K_{q-1}^{(2)} \cdot N_2 + \cdots + K_{q-1}^{(q)} \cdot N_q) \cdot \tau, \tag{2.24}$$

其中 $K_{q-1}^{(i)}$ 代表真实的 $q-1$ 重符合率, 而计数器 i 对真实事例没有响应.

对于**多数符合**(majority coincidence)的情形, 偶然符合率可确定如下: 当系统由 q 个计数器组成, 每个计数器计数率为 N 时, p 重偶然符合数为

$$R_p(q) = \binom{q}{p} pN^p\tau^{p-1}. \tag{2.25}$$

对于 $q = p = 2$ 的情形, 二重偶然符合率简化为

$$R_2(2) = 2N^2\tau. \tag{2.26}$$

如果计数器效率很高, 建议符合重数 p 比 q 略小, 以减小偶然符合率.

2.5 效率

探测器的一个极其重要的特性是它的效率,即一个粒子穿过探测器被其探测到的概率.效率 ε 极大地依赖于探测器和辐射的种类.例如,气体探测器测量 γ 射线的概率为百分之几的量级,而闪烁计数器或气体探测器测量带电粒子的概率则为 100%.中微子只能以极低的概率被观测记录下来(在一个体量很大的探测器中,MeV 量级的中微子的探测效率仅约为 10^{-18}).

一般说来,一个探测器的效率和分辨率是强烈关联的.因此我们必须在考虑到可能的本底的情形下找出这两个量的最优值.例如,在一个实验中有测量能量损失的探测器、切伦科夫探测器或穿越辐射探测器,目的在于进行 π - K 分辨(separation),这一目标原则上能够通过低的**判断概率**来达到.然而,为了达到低的误判概率,必须对某个观测量的分布作一截断来去除不想要的粒子.这就不可避免地导致效率的降低,也就是说,不可能同时具有高的效率和高的两粒子分辨(参见第 9 章和第 13 章).

探测器的效率可以用一简单的实验加以测定(图 2.5).一个探测器的效率 ε 未知且待测定,它被放置在两个效率分别为 ε_1 和 ε_2 的触发计数器中间,必须保证粒子满足触发要求,在目前情形下即能给

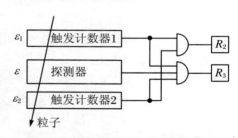

图 2.5 测定探测器效率的简单实验

出一个二重符合信号,并且必定会穿过待测效率的探测器的灵敏体积.

二重符合率为 $R_2 = \varepsilon_1 \cdot \varepsilon_2 \cdot N$,其中 N 是穿过探测器阵列的粒子数.利用三重符合率 $R_3 = \varepsilon_1 \cdot \varepsilon_2 \cdot \varepsilon \cdot N$,可得到所研究的探测器效率为

$$\varepsilon = \frac{R_3}{R_2}. \tag{2.27}$$

如果希望确定效率 ε 的误差,必须考虑到 R_2 和 R_3 是相互关联的,需要用伯努利统计方法加以处理.因此,由式(2.12)可知,三重符合率的绝对误差可表示为

$$\sigma_{R_3} = \sqrt{R_2 \cdot \varepsilon(1-\varepsilon)}, \tag{2.28}$$

而三重符合率相对于二重符合率 R_2 的相对误差则为

$$\frac{\sigma_{R_3}}{R_2} = \sqrt{\frac{\varepsilon(1-\varepsilon)}{R_2}}. \tag{2.29}$$

如果效率很低($R_3 \ll R_2, \varepsilon \ll 1$),则式(2.28)简化为

$$\sigma_{R_3} \approx \sqrt{R_3}. \tag{2.30}$$

而如果效率很高($R_3 \approx R_2, 1-\varepsilon \ll 1$,即 $\varepsilon \approx 1$),则误差可近似为

$$\sigma_{R_3} \approx \sqrt{R_2 - R_3}. \tag{2.31}$$

在这两种极端情形下,泊松误差可作为近似.

在一个由 n 个探测器组成的实验装置中,通常只要求存在**多数符合**(majority coincidence),即我们希望知道 n 个探测器中,大于或等于 k 个探测器测到信号的效率. 如果单个探测器的效率为 ε,则可导出多数符合效率 ε_M 为

$$\begin{aligned}\varepsilon_M = &\varepsilon^k(1-\varepsilon)^{n-k}\binom{n}{k} + \varepsilon^{k+1}(1-\varepsilon)^{n-(k+1)}\binom{n}{k+1} + \cdots \\ &+ \varepsilon^{n-1}(1-\varepsilon)\binom{n}{n-1} + \varepsilon^n. \end{aligned} \tag{2.32}$$

上式右边第一项的出处在于:当所有 k 个探测器都测到粒子时,其效率为 ε^k;但同时其余 $n-k$ 个探测器都测不到粒子,其效率为 $(1-\varepsilon)^{n-k}$;从全部 n 个探测器中选出 k 个探测器总共有 $\binom{n}{k}$ 种可能性,于是三者的乘积得到第一项. 其余各项可用类似的逻辑加以理解.

探测器的效率通常还依赖于粒子穿过探测器的位置(均质性、均匀性)、入射角(各向同性),以及相对于触发计数器的时间延迟.

在探测器的许多应用中,必须同时记录多个粒子. 为此,**多粒子效率**也是十分重要的. 多粒子效率可以定义为 N 个粒子同时穿过一个探测器而该探测器记录到 N 个粒子的概率. 对于一般的火花室,这样定义的多径迹效率随着 N 的增大而迅速减小,而对于闪烁计数器,多径迹效率随着 N 的增大可能变化很小. 漂移室的多粒子效率会受到读出方式的影响("单次击中"只记录一条径迹,"多次击中"则可分析多条径迹,径迹条数最多可达预先设定的某个极大值).

在现代的径迹系统(例如时间投影室)中,多径迹效率非常高. 如果必须对喷注中的多个粒子加以分辨并进行恰当的重建,则能够推演出产生该喷注的粒子的不变质量,这一点是必须具备的. 在重离子实验的时间投影室中,要给出一个正确的事例诠释,必须要对多达 1 000 条径迹进行重建. 图 2.6 显示了 STAR 实验时间投影室中两个质心系能量为 130 GeV 的金核对头碰撞产生的反应末态[11]. 在这群密集的粒子中,发生的

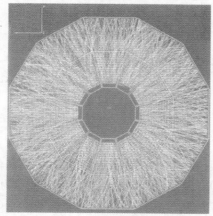

图 2.6 STAR 实验时间投影室中两个质心系能量为 130 GeV 的金核对头撞产生的反应末态的重建图像[11]

短寿命粒子的衰变也必须鉴别出来.这一点对大型强子对撞机(LHC)的径迹探测器也有同样的要求,好的**多径迹重建效率**是必需的,这样才不至于遗漏掉稀有和感兴趣的事例(例如希格斯粒子的产生和衰变).不过图 2.6 所示的事例可能会引起一点误导,它实际上是一个三维事例的二维投影.该投影图中相重叠的径迹或许在三维空间中是分离的,因此能够进行各自的径迹重建.

但是,这种环境下的多径迹效率会受到**占用率**(occupancy)问题的影响.如果粒子径迹密度过于高——这种情形在靠近相互作用点的径迹装置中肯定会出现——不同的径迹会占用同一个读出单元.如果探测器的两径迹分辨用 Δx 表示,两个或两个以上的粒子间的相互距离小于 Δx,那么径迹坐标就损失掉了;如果过多的坐标受到了这种影响,则最终会使径迹重建出现问题.如果减小读出单元的**像素尺寸**,能够减轻这一问题的影响.这意味着必须增加读出道的数目,从而提高了费用.对于高亮度对撞机的内径迹室,占用率问题肯定是需要考虑的.

在**严酷的辐射环境**下,探测器性能的退化(**老化**)会影响事例重建的效率.较差的**耐辐照性**(radiation hardness)使得丝室的**增益降低**,半导体计数器的暗电流增大,闪烁或切仑科夫计数器的透明度降低.限制探测器性能的其他因素还有例如事例在时间上发生重叠.此外,温度或气压变化导致的增益漂移也必须加以控制.这就需要对相关的探测器参数进行在线监测,包括环境条件测量,利用标准脉冲输入读出系统进行在线刻度,或利用已知的、充分了解的过程来监控整个探测器系统的稳定性(**慢控制**).

习 题 2

1. 用 ^{137}Cs 源 γ 射线的吸收来测定铝板的厚度 x.有铝板时计数率 N 为 10 秒 400 个,无铝板时计数率为 10 秒 576 个.铝的质量吸收系数是 $\mu/\rho = (0.07 \pm 0.01)(\text{g/cm}^2)^{-1}$.试计算铝板的厚度及其误差.

2. 假设在 LHC 实验中,100 天的运行预期能测到 10 个质量为 115 GeV/c^2 的中性希格斯粒子.利用泊松统计确定如下的概率:

(1) 100 天的运行测到 5 个希格斯粒子;

(2) 10 天的运行测到 2 个希格斯粒子;

(3) 100 天的运行没测到希格斯粒子.

3. 一个点状放射性 γ 射线源使得距离 $d_1 = 10$ cm 处的盖革-缪勒计数器产生的计数率为 $R_1 = 90\,000$/s,而在 $d_2 = 30$ cm 处计数率为 $R_2 = 50\,000$/s.忽略空气中的吸收效应,问盖革-缪勒计数器的死时间为多大?

参考文献

[1] Particle Data Group. Review of Particle Physics [J/OL]. Eidelman S, et al. Phys. Lett., 2004, 1/2/3/4 (B592): 1-1109; Yao W M, et al. J. Phys., 2006 (G33): 1-1232. http://pdg.lbl.gov.

[2] Regener V H. Statistical Significance of Small Samples of Cosmic Ray Counts [J]. Phys. Rev., 1951 (84): 161-162.

[3] Particle Data Group. Review of Particle Properties [J]. Phys. Lett., 1990 (239): 1-516.

[4] Zech G. Upper Limits in Experiments with Background or Measurement Errors [J]. Nucl. Instr. Meth., 1989 (277): 608-610; Nucl. Instr. Meth., 1997 (A398): 431-433.

[5] Helene O. Upper Limit of Peak Area [J]. Nucl. Instr. Meth., 1983 (212): 319-322.

[6] Brandt S. Datenanalyse, 4 [M]. Heidelberg: Auflage, 1999; Data Analysis: Statistical and Computational Methods for Scientists and Engineers [M]. 3rd ed. New York: Springer, 1998.

[7] Cowan G. Statistical Data Analysis [M]. Oxford: Oxford Science Publications, 1998.

[8] Allkofer O C, Dau W D, Grupen C. Spark Chambers [M]. München: Thieming, 1969.

[9] Fenyves E, Haimann O. The Physical Principles of Nuclear Radiation Measurements [J]. Budapest: Akadémiai Kiadó, 1969.

[10] Jánossy L. Cosmic Rays [M]. Oxford: Clarendon Press, 1948.

[11] www.np.ph.bham.ac.uk/research/heavyions1.htm.

第3章 辐射测量单位和辐射源

遗留在餐盘上的过夜番茄酱比放射性废料有更长的半衰期.①

——韦斯利·史密斯②

3.1 辐射测量单位

探测器的许多测量和实验要用到放射源.对于任何一种加速器,特别是强子对撞机,辐射问题总是需要考虑的一个方面.即使对于中微子工厂,辐射水平也可能相当高.因而辐射测量单位的基本知识以及辐射的生物效应是十分重要的[1-5].

我们假定一开始有某种放射性元素的 N_0 个核.由于衰变,放射性核的数目将随时间按下述规律减少:

$$N = N_0 e^{-t/\tau}, \tag{3.1}$$

其中 τ 是该放射性同位素的**寿命**.必须对寿命和半衰期 $T_{1/2}$ 加以区分.根据式(3.1),可算得半衰期:

$$N(t = T_{1/2}) = \frac{N_0}{2} = N_0 e^{-T_{1/2}/\tau}, \tag{3.2}$$

$$T_{1/2} = \tau \cdot \ln 2. \tag{3.3}$$

放射性元素的衰变常数定义为

$$\lambda = \frac{1}{\tau} = \frac{\ln 2}{T_{1/2}}. \tag{3.4}$$

一个源的放射性活度(activity)指的是单位时间内的衰变数

---

① 原文:Ketchup left overnight on dinner plates has a longer half-life than radioactive waste.
② Dean Wesley Smith(1950~),科幻小说家,因小说《星际迷航》(*Star Trek*)而闻名,曾于1989年获"世界奇幻文学奖".
——译者注

$$A = -\frac{dN}{dt} = \frac{1}{\tau}N = \lambda N. \tag{3.5}$$

放射性活度的单位是**贝克[勒尔]**(Bq)。1 Bq 表示每秒 1 次衰变。(附带应当指出,量纲为 s^{-1} 的物理量已经命名为赫兹。但该单位通常用于周期性现象,而 Bq 则用于具有统计分布的事件。)单位 Bq 取代了旧的单位居里(Ci)。历史上,1 Ci 表示 1 g 镭的放射性活度,

$$1 \text{ Ci} = 3.7 \cdot 10^{10} \text{ Bq} \tag{3.6}$$

或

$$1 \text{ Bq} = 27 \cdot 10^{-12} \text{ Ci} = 27 \text{ pCi}. \tag{3.7}$$

1 Bq 是一个非常小的放射性活度单位。人体的放射性活度约为 7 500 Bq,主要来自于 ^{14}C、^{40}K 和 ^{232}Th。

以 Bq 为单位表示的放射性活度对于可能造成的生物效应没有直接的意义。生物效应与放射源在单位质量的物质中的沉积能量相关联。

吸收剂量(单位质量中的吸收能量)

$$D = \frac{1}{\rho}\frac{dW}{dV} \tag{3.8}$$

(dW 为吸收能量,ρ 为密度,dV 为体积单位)用戈[瑞](Gy)来度量(1 Gy = 1 J/kg)。旧的 CGS 制单位是拉德(rad,伦琴吸收剂量,1 rad = 100 erg/g),它与戈瑞的关系是

$$1 \text{ Gy} = 100 \text{ rad}. \tag{3.9}$$

戈瑞和拉德只是描述物理能量的吸收,而不考虑生物效应。但是因为 α、β、γ 和中子放射源在同样的能量吸收下有不同的生物效应,所以定义了所谓的**相对生物效应**(relative biological effectiveness,RBE)。γ 或 X 射线照射下得到的吸收剂量 D_γ 用作参照值。任意辐射的吸收剂量产生的生物效应与 D_γ 的生物效应相同时,给出辐射的相对生物效应的定义,即

$$D_\gamma = RBE \cdot D. \tag{3.10}$$

RBE 因子对于辐射种类、辐射能量和剂量率的依赖关系是复杂的。因此,就实际使用而言,引入了所谓的**辐射权因子** w_R(以前称为品质因子)。吸收剂量 D 乘以该权因子的积称为**剂量当量**(equivalent dose) H。剂量当量的单位是**希[沃特]**(Sv):

$$H(\text{Sv}) = w_R \cdot D(\text{Gy}). \tag{3.11}$$

权因子的单位是 Sv/Gy。老的 CGS 制单位是雷姆(rem)(H(rem) = $w_R \cdot D$(rad),1 rem 等于伦琴的人体剂量当量(röntgen equivalent man)),雷姆与希[沃特]间的关系式是

$$1 \text{ Sv} = 100 \text{ rem}. \tag{3.12}$$

表 3.1 列出了不同射线的辐射权因子值。

第 3 章 辐射测量单位和辐射源

表 3.1 辐射权因子 w_R

射线种类和能量范围	辐射权因子 w_R
光子,任意能量	1
电子、μ 子,任意能量	1
中子,$E_n < 10$ keV	5
10 keV $\leqslant E_n \leqslant$ 100 keV	10
100 keV $\leqslant E_n \leqslant$ 2 MeV	20
2 MeV $\leqslant E_n \leqslant$ 20 MeV	10
$E_n > 20$ MeV	5
质子(反冲质子除外),$E > 2$ MeV	5
α 粒子、核碎片、重核	20

按照表 3.1,中微子不造成辐射损伤.对于天然中微子源情况确实如此,但是未来的中微子工厂产生的高能、强流中微子束可能会产生辐射问题.

应当指出,辐射的生物效应还会受到吸收的时间次序(例如分次辐照)、辐射能谱的影响,或受到被照患者对药物治疗是否过敏问题的影响.

生物效应还依赖于人体的受照部位.为了考虑这种效应,进一步引入了**组织权因子** w_T,从而得到有效剂量当量(effective equivalent dose)的一般表达式

$$H_{\text{eff}} = \sum_T w_T H_T, \tag{3.13}$$

这里求和遍及人体受照获得剂量 H_T 的所有部位.表 3.2 给出了不同器官的组织权因子值.

表 3.2 w_R 不同器官和组织的组织权因子值

器官或组织	组织权因子 w_T	器官或组织	组织权因子 w_T
生殖腺	0.20	肝脏	0.05
红骨髓	0.12	食道	0.05
结肠	0.12	甲状腺	0.05
肺	0.12	皮肤	0.01
胃	0.12	骨表面	0.01
膀胱	0.05	其他器官或组织	0.05
胸	0.05		

因此,有效剂量当量的最普遍的表达式是

$$H_{\text{eff}} = \sum_T w_T \sum_R w_R D_{T,R}, \tag{3.14}$$

这里求和遍及人体受不同辐照场照射获得吸收剂量 $D_{T,R}$ 的不同部位,求和考虑了

辐射权因子和组织权因子.

点辐射源导致的**全身剂量率当量**(equivalent whole-body dose rate)可由下述关系式计算：

$$\dot{H} = \Gamma \frac{A}{r^2}. \tag{3.15}$$

式中 A 是以 Bq 为单位的放射性活度；r 是放射源到受照体的距离，以 m 为单位；Γ 是剂量常数，取决于辐射和放射性同位素的种类. 文献[4]中给出，^{137}Cs 的 γ 射线剂量常数为

$$\Gamma_\gamma = 8.46 \cdot 10^{-14} \text{ Sv} \cdot \text{m}^2/(\text{Bq} \cdot \text{h}),$$

^{90}Sr 的 β 射线剂量常数为

$$\Gamma_\beta = 2.00 \cdot 10^{-11} \text{ Sv} \cdot \text{m}^2/(\text{Bq} \cdot \text{h}).$$

除了上述这些单位，还有一个单位称为**伦琴**(R)，用以描述辐射产生的电荷量. 1 R 表示 X 射线或 γ 射线在标准条件下 1 cm^3 干燥空气中，产生 1 个静电单位电荷量(esu)的电子和离子所对应的辐射剂量.

1 个电子的电荷量是 $1.6 \cdot 10^{-19}$ C 或 $4.8 \cdot 10^{-10}$ esu. (esu 是 CGS 制单位，1 esu = $1/(3 \cdot 10^9)$ C.) 如果产生了 1 个静电单位的电荷量，则每立方厘米中产生的电子数由下式给定：

$$N = \frac{1}{4.8 \cdot 10^{-10}} = 2.08 \cdot 10^9. \tag{3.16}$$

如将单位伦琴转换为每千克中的离子电荷量，则有

$$1 \text{ R} = \frac{N \cdot q_e}{m_{\text{air}}(1 \text{ cm}^3)} \frac{\text{C}}{\text{kg}} = \frac{1 \text{ esu}}{m_{\text{air}}(1 \text{ cm}^3)} \frac{}{\text{kg}}, \tag{3.17}$$

其中 q_e 是以 C(库仑)为单位的电子电荷，$m_{\text{air}}(1 \text{ cm}^3)$ 是 1 cm^3 空气的质量；对于空气而言，其结果是

$$1 \text{ R} = 2.58 \cdot 10^{-4} \text{ C/kg}. \tag{3.18}$$

如果需要将伦琴转换成吸收剂量，必须考虑到在空气中产生一对电子-离子对需要约 $W = 34$ eV 的能量，故有

$$1 \text{ R} = N \cdot \frac{W}{m_{\text{air}}} = 0.88 \text{ rad} = 8.8 \text{ mGy}. \tag{3.19}$$

为了对这些抽象的单位获得具体的感受，通过考察环境的辐射负荷(radiation load)来确立一个天然的尺度将很有用.

人体的放射性活度约为 7 500 Bq，主要由放射性同位素 ^{14}C 和钾同位素 ^{40}K 产生. 宇宙线辐射(≈ 0.3 mSv/a[①])、地面辐射(≈ 0.5 mSv/a)导致的海平面处平均放射性负荷以及摄入放射性同位素(吸入药剂≈ 1.1 mSv/a，咽入药剂≈ 0.3 mSv/a)的平均放射性负荷都具有近似相同的数量级，它们与 X 射线诊断和治疗以及核医学辐

---

① 这里 a 是拉丁文 annum 的首字母，表示年.

照等现代文明设备产生的辐射负荷(≈1.0 mSv/a)非常接近.人均年度总剂量于是约为 3 mSv.

当然,天然辐射负荷取决于人居住的地方,典型的涨落是 2 倍.现代文明设备导致的辐射负荷的涨落显然要大得多.在这种情形下,少数人受高剂量辐射导致平均值的变化.

致命全身剂量(无医疗救治情形下 30 天内的死亡率 50%)是 4 Sv(=400 rem).

国际辐射防护委员会(ICRP)推荐的辐射控制进入区域中的工作人员的全身剂量上限是 20 mSv/a(=2 rem/a),这一标准已为大多数国家的辐射防护规章所采用.ICRP 同时还建议了放射源处理的**豁免限**(例如,对 ^{137}Cs 源是 10^4 Bq)以及从辐射区域卸载放射性物质的**清除水平**(例如,对含 ^{137}Cs 的固态或液态物质是 0.5 Bq/g).必须设立主管辐射防护的官员,其职责是监察各种辐射防护规章的执行.

3.2 辐 射 源

有多种多样的辐射源可用于探测器的测试.历史上,天然放射源最先用于探测器的测试.β 衰变中产生的电子或正电子具有连续的能谱.在 β^- 衰变中,核里中子的衰变方式是

$$n \to p + e^- + \bar{\nu}_e, \tag{3.20}$$

而在产生正电子的衰变中,放射性元素的质子发生以下衰变:

$$p \to n + e^+ + \nu_e. \tag{3.21}$$

俘获电子反应

$$p + e^- \to n + \nu_e \tag{3.22}$$

绝大多数导致子核的激发态.如果核激发能直接传递给原子的电子,则受激核成为单色 γ 射线源或单能电子源,它们产生于 K 或 L 壳层.这些转换电子的能量是 $E_{ex} - E_{binding}$,其中 E_{ex} 是核激发能,$E_{binding}$ 是原子壳层的结合能.内转换或原子壳层释放出电子的其他过程导致**俄歇电子**(Auger electron)的发射.当原子壳层的激发能传递给外壳层的电子并使其飞离原子时,发生的就是这种现象.例如,若一个核的激发能释放出一个 K 壳层电子,该空缺的电子态可被一个 L 壳层电子所填充.两个原子壳层的激发能之差值 $E_K - E_L$ 能够以特征 K_α X 射线的形式发射,或者直接传递给 L 壳层电子,后者于是获得能量 $E_K - 2E_L$.这样的电子称为俄歇电子.转换电子的典型能量为 MeV 量级,而俄歇电子能量在 keV 范围.

在大多数情况下,β 衰变并不到达子核的基态.激发的子核通过发射 γ 射线而退激发.γ 射线的发射体有众多选择,其能量覆盖 keV 到若干 MeV.湮没反应

$$e^+ + e^- \to \gamma + \gamma \tag{3.23}$$

能够产生 511 keV 的单色 γ 射线,别的湮没反应也能产生 γ 射线.

带电粒子(绝大多数是电子)在核的库仑场中减速导致的轫致辐射可产生能谱很宽的 γ 射线或 X 射线,X 射线管中发生的即是这种现象的典型.如果带电粒子在磁场中发生偏转,则发射同步辐射光子(**磁轫致辐射**).

有时需要用重电离粒子来测试探测器.为此,可使用放射源的 α 射线.由于 α 粒子的射程很短(空气中,约为 4 cm),故放射源必须十分靠近探测器,甚至直接集成到探测器的灵敏体积内.

为了检测探测器的耐辐照性,还常需要用中子束.**镭-铍源**提供 MeV 能区的中子.在镭-铍源中,^{226}Ra 衰变发射的 α 粒子与铍发生如下的相互作用:

$$\alpha + {}^9\text{Be} \to {}^{12}\text{C} + n. \tag{3.24}$$

光核反应也能产生中子.

表 3.3 列出了若干种对于探测器的测试十分常用的 α,β 和 γ 发射体[6-8].(对于 β 射线发射体,给出其连续能谱的最大能量;EC 表示电子俘获,大部分来自于 K 壳层.)

如果要检测气体探测器,利用 ^{55}Fe 源是十分方便的.^{55}Fe 核从 K 壳层俘获一个电子,从而发射能量为 5.89 keV 的锰的特征 X 射线.X 射线或 γ 射线并不能提供触发信号.如果希望用触发信号来检测气体探测器,应当寻找电子能量尽可能高的电子发射体.高能量电子射程长,能够贯穿探测器并射入触发计数器.^{90}Sr 衰变中产生的 ^{90}Y 的极大能量为 2.28 MeV,能贯穿约 4 mm 厚的铝.Sr/Y 放射源的性能很好,几乎不发射难以屏蔽的 γ 射线.如果需要达到更高的电子能量,可以利用 ^{106}Rh 源,它是 ^{106}Ru 的子核.该放射源的电子的最大能量为 3.54 MeV,能贯穿约 6.5 mm 厚的铝.**电子俘获**(EC)发射体 ^{207}Bi 发射单能转换电子,因而特别适合于能量刻度以及探测器能量分辨率的研究.常用的放射性源及其特性也在表 3.3 中给出.这些放射源的**衰变能级纲图**见附录 5.

如果需要能量更高或贯穿本领更强的辐射,可以借助加速器的试验束或利用宇宙辐射的 μ 子.

试验束能够提供具有确定动量和电荷的几乎所有种类粒子(电子、μ 子、π 介子、K 介子、质子……)的束流.这些束流大多通过高能质子与靶的相互作用而产生.由动量选择磁铁、选择特定种类粒子的束流定义闪烁体和切伦科夫计数器组成的适当的试验束设备,能够将次级束"修整"成实验学家所需要的状态.如果没有粒子加速器可供使用,则无所不在的宇宙线提供了有吸引力的探测器检测手段,尽管它的事例率要低得多.

海平面处宇宙线 μ 子的水平面通量近似为 $1/(\text{cm}^2 \cdot \text{min})$.接近垂直方向通过水平面的单位立体角的 μ 子通量是 $8 \cdot 10^{-3} \text{ cm}^{-2} \cdot \text{s}^{-1} \cdot \text{sr}^{-1}$[6,13].

表 3.3 常用放射源及其特征性质[5-12]

同位素	衰变模式/分支比	$T_{1/2}$	辐射能量 β, α	辐射能量 γ
$^{22}_{11}$Na	β^+ (89%)	2.6 a	β_1^+ 1.83 MeV(0.05%)	1.28 MeV
	EC (11%)		β_2^+ 0.54 MeV(90%)	0.511 MeV(湮没光子)
$^{55}_{26}$Fe	EC	2.7 a		Mn X 射线
				5.89 keV(24%)
				6.49 keV(2.9%)
$^{57}_{27}$Co	EC	267 d		14 keV(10%)
				122 keV(86%)
				136 keV(11%)
$^{60}_{27}$Co	β^-	5.27 a	β^- 0.316 MeV(100%)	1.173 MeV(100%)
				1.333 MeV(100%)
$^{90}_{38}$Sr	β^-	28.5 a	β^- 0.546 MeV(100%)	
→$^{90}_{39}$Y	β^-	64.8 h	β^- 2.283 MeV(100%)	
$^{106}_{44}$Ru	β^-	1.0 a	β^- 0.039 MeV(100%)	
→$^{106}_{45}$Rh	β^-	30 s	β_1^- 3.54 MeV(79%)	0.512 MeV(21%)
			β_2^- 2.41 MeV(10%)	0.62 MeV(11%)
			β_3^- 3.05 MeV(8%)	
$^{109}_{48}$Cd	EC	1.27 a	单色转换电子	88 keV(3.6%)
			63 keV(41%)	Ag X 射线
			84 keV(45%)	
$^{137}_{55}$Cs	β^-	30 a	β_1^- 0.514 MeV(94%)	0.662 MeV(85%)
			β_2^- 1.176 MeV(6%)	
$^{207}_{83}$Bi	EC	32.2 a	单色转换电子	0.570 MeV(98%)
			0.482 MeV(2%)	1.063 MeV(75%)
			0.554 MeV(1%)	1.770 MeV(7%)
			0.976 MeV(7%)	
			1.048 MeV(2%)	
$^{241}_{95}$Am	α	433 a	α 5.443 MeV(13%)	60 keV(36%)
			α 5.486 MeV(85%)	Np X 射线

宇宙线 μ 子的角分布大致遵循 $\cos^2\theta$ 规律,这里 θ 是相对于垂直方向的天顶角. μ 子几乎占了海平面全部带电宇宙线粒子的 80%.

习 题 3

1. 设某种放射性物质的 γ 放射性活度约为常数值 1 GBq. 每天释放的总能量为 1.5 MeV. 如果电离辐射被一质量 $m=10$ kg 的物质所吸收,试求每天的吸收剂量.

2. 在某核物理实验室的一次事故中,一个研究人员吸入了含有放射性同位素 ^{90}Sr 的尘埃,导致其身体经受的剂量率为 $1\ \mu$Sv/h. ^{90}Sr 的物理半衰期是 28.5 a,生物半衰期则只有 80 d. 该剂量率衰变到 $0.1\ \mu$Sv/h 的水平需要多长时间?

3. 有一袖珍剂量仪,其计数器体积为 2.5 cm^3,电容为 7 pF. 一开始它被充电到 200 V. 在到访某核电站之后,电压降至 170 V. 问该剂量仪的接受剂量为多少? (空气密度为 $\rho_L = 1.29 \cdot 10^{-3}$ g/cm^3.)

4. 在一反应堆建筑中测量到的氚的浓度是 100 Bq/m^3. 氚产生于体积 500 m^3 的污染区域. 试计算原始的氚浓度和总放射性活度.

5. 假定某工作区域内空气中 ^{60}Co 的浓度为 1 Bq/m^3. 按照人体年呼吸量为 8 000 m^3 计算,在这样的环境中将导致年摄入剂量为 8 000 Bq. 这一放射性活度相当于多大质量的 ^{60}Co 源($T_{1/2}(^{60}\text{Co}) = 5.24$ a, ^{60}Co 核质量为 $m_{Co} = 1 \cdot 10^{-22}$ g)?

6. 一个放射性活度存为 10^{17} Bq 的大型屏蔽海运集装箱(质量 $m=120$ t)由于发射电离辐射的缘故将会升温. 假设每天释放 10 MeV 能量并传递给集装箱,且在 24 h 内没有损失. 如果集装箱由铁制成,初始温度为 20 ℃,集装箱的温度将增加多少(铁的比热 $c=0.452$ kJ/(kg·K))?

7. 50 keV X 射线在铝中的吸收系数是 $\mu = 0.3$ (g/cm^2)$^{-1}$. 计算能将辐射水平降低到万分之一的铝屏蔽体的厚度.

8. 试比较在高山区(3 000 m)度假 4 个星期接受的辐射剂量和 X 射线质量屏蔽条件下人体胸透的 X 射线产生的辐射负荷.

9. ^{137}Cs 在人体中储存的生物半衰期约为 111 d ($T_{1/2}^{物理} = 30$ a). 假定由于一次辐射事故某工作人员摄入了一定量的 ^{137}Cs,相应的放射性活度为 $4 \cdot 10^6$ Bq. 计算三年之后该工作人员体内的 ^{137}Cs 含量.

10. 假设在医用肿瘤辐照的辐照设备的安装过程中,一个 10 Ci 的 ^{60}Co 源掉落下来,立刻被一名技师用无防护的手接住并放回原处. 试计算局部人体剂量并估计全身剂量值(手的照射时间约 60 s,全身照射时间约 5 min).

11. 某核物理实验室被某一放射性同位素所污染. **消污染规程**的有效率为 $\varepsilon =$

80%. 经过 3 次消污染规程后，仍然测量到 512 Bq/cm² 的残留**表面污染**。试计算初始污染量。第 3 次去污规程将表面污染减少了多少？

如果要将污染水平降至 1 Bq/cm²，需执行几次消污染规程？

参考文献

[1] Knoll G F. Radiation Detection and Measurement [M]. 3rd ed. New York: John Wiley & Sons Inc., 1999.

[2] Martin J E. Physics for Radiation Protection [M]. New York: John Wiley & Sons Inc., 2000.

[3] Pochin E. Nuclear Radiation: Risks and Benefits [M]. Oxford: Clarendon Press, 1983.

[4] Grupen C. Grundkurs Strahlenschutz [M]. Berlin: Springer, 2003.

[5] Martin A, Harbison S A. An Introduction to Radiation Protection [M]. 3rd ed. London: Chapman and Hall, 1987.

[6] Particle Data Group. Review of Particle Physics [J/OL]. Eidelman S, et al. Phys. Lett., 2004, 1/2/3/4 (B592): 1-1109; Yao W M, et al. J. Phys., 2006 (G33): 1-1232. http://pdg.lbl.gov.

[7] Browne E, Firestone R B. Table of Radioactive Isotopes [M]. New York: John Wiley & Sons Inc., 1986.

[8] Firestone R B, Shirley V S. Table of Isotopes [M]. 8th ed. New York: Wiley Interscience, 1998.

[9] Lederer C M. Table of Isotopes [M]. New York: John Wiley & Sons Inc., 1978.

[10] Landolt H, Börnstein R. Atomkerne und Elementarteilchen: Vol. 5 [M]. Berlin: Springer, 1952.

[11] Landolt-Börnstein. Group I Elementary Particles, Nuclei and Atoms [M/OL]. Berlin: Springer, 2004. www.springeronline.com.

[12] Weast R C, Astle M J. Handbook of Chemistry and Physics [M]. Boca Raton, Florida: CRC Press, 1979; 1987.

[13] Grupen C. Astroparticle Physics [M]. New York: Springer, 2005.

第4章 加速器

庞大的粒子加速器是粒子物理学家的"显微镜".[①]

——美国物理学会

加速器应用于众多的领域,诸如核物理和基本粒子物理、核医学中的肿瘤治疗、材料科学中的合金基本成分研究,以及食品保存等等.这里我们将主要讨论用于粒子物理实验的加速器[1-5].粒子加速器的其他应用将在第16章讨论.

历史上伦琴 X 射线阴极射线管是一种电子加速器,电子在高到 keV 的静电场中加速.利用静电场可以将带电粒子加速到几兆电子伏.

当前,用于粒子物理实验的加速器需要很高的能量.被加速的粒子必须是带电的,例如电子、质子或重离子.在某些情形下,特别是对撞机,还需要有反粒子.这类反粒子如正电子或反质子可以通过电子或质子的相互作用产生.经过粒子鉴别和动量选择之后,它们被传输到加速器系统中[6].

加速器可分为直线和环形两类.**直线加速器**(图 4.1)大多用作**同步加速器**的注入器,在同步加速器中,随着粒子动量的增加,主导磁场(magnetic guiding field)同步地增加,从而使粒子能够处于同一条轨道.主导磁场由偶极磁铁提供,洛伦兹力将粒子约束在其轨迹中.四极磁铁对粒子束起聚集作用.由于四极磁铁只在一个方向上对束流聚焦,而在其垂直方向起散焦作用,故必须使用一对四极磁铁才能达到整体的聚集效应.粒子能量的增加是在加速腔中实现的,射频产生器(例如速调管)将能量馈送给加速腔,这意味着粒子是在一个交替变化的电磁场中进行加速的.**场梯度**可以高达 10 MeV/m 以上.因为粒子沿着环形轨道传输,每一圈中粒子都处于加速的梯度,从而能够达到很高的能量.除了二极和四极磁铁之外,通常还有六极磁铁和校正线圈用于束流控制.为了进行束流诊断、调整和控制,需要有位置和束流损失监测器(图 4.2).几乎不需要强调的是,粒子必须在高真空的束流管道内飞行,才不至于因为与气体分子的电离碰撞而损失能量.

质子能达到的最大能量目前受到同步加速器中的主导磁场强度的限制,以及

[①] 原文:The "microscopes" of the particle physicist are enormous particle accelerators.

可利用的同步加速器的限制.利用大的偏转半径和超导磁铁可将质子加速并存储到 10 TeV 能区.

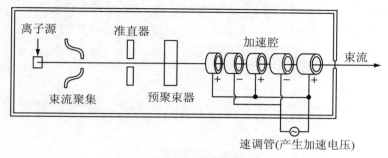

图 4.1 直线加速器简图
离子源发射的粒子被聚集和准直.离子源引出的连续粒子流被转换成
不连续的束团,然后引向加速腔.加速腔由速调管馈送能量

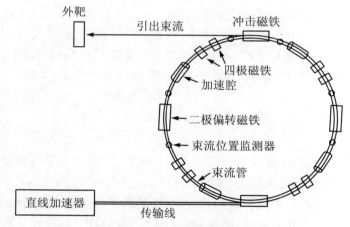

图 4.2 同步加速器装置简图
冲击磁铁将粒子束流从同步加速器中引出

电子同步加速器则不可能达到这么高的能量,因为质量很轻的电子通过发射同步辐射而损失其能量(同步辐射能量损失见 1.1.10 小节的讨论).这一能量损失正比于 γ^4/ρ^2,其中 γ 是电子的洛伦兹因子,ρ 是二极磁铁中的偏转半径.对于质子,只是因为其质量很大,故这一能量损失机制可以忽略不计.如果想将电子加速到 100 GeV 能区以上,必须利用直线加速器.就当前的技术而言,最大能量为几百吉电子伏的电子直线加速器的长度必须达到约 15 km,从而直线 $e^+ e^-$ 对撞机的总长度须为约 30 km[7].

以前,粒子物理实验大部分是以**固定靶方式**进行的.同步加速中的加速粒子被引向一个固定靶,靶中的粒子除了费米运动之外可视为处于静止状态.这类技术的优点是几乎任何物质都可以作为靶.发生相互作用的概率可以用靶的密度加以控制.其缺点是射弹粒子的大部分动能不能用于粒子的产生,因为碰撞的质心系能量相对较低.如果 $q_p = (E_{lab}, p_{lab})$ 和 $q_{target} = (m_p, 0)$ 分别为被加速质子和靶质子的四动量,当靶质子处于静止状态时,碰撞的质心系能量 $\sqrt{s}$ 可计算如下:

$$s = (q_p + q_{target})^2 = E_{lab}^2 + 2m_p E_{lab} + m_p^2 - p_{lab}^2$$
$$= 2m_p E_{lab} + 2m_p^2. \tag{4.1}$$

因为高能情形下有

$$m_p \ll E_{lab}, \tag{4.2}$$

故可得

$$\sqrt{s} = \sqrt{2m_p E_{lab}}. \tag{4.3}$$

当 1 TeV 质子束轰击质子靶时,可获得的质心系能量只有 43 GeV.大部分的质子能量很大程度上消耗于纵向动量的传递.

对撞机的情况则与此大不相同,在那里两个束流相向运动,束流能量相同但动量相反.这种情形下的质心系能量的公式是

$$s = (q_1 + q_2)^2 = (E_1 + E_2)^2 - |p_1 + p_2|^2, \tag{4.4}$$

式中 q_1, q_2 是两束对撞粒子的四动量.如果两个束流能量相同,如同在**粒子-反粒子对撞机**中那样,它们在同一束流管中运动,并且若 $p_2 = -p_1$,则可得

$$s = 4E^2 \tag{4.5}$$

或

$$\sqrt{s} = 2E. \tag{4.6}$$

在这种情形下,束流的全部能量都能用于粒子的产生.这些条件在**质子-反质子**或**电子-正电子对撞机**中得以应用.这种条件对于 pp 或 $e^- e^-$ 对撞也可近似地满足,但需付出使用两条真空束流管道的代价,因为这种情形下电荷相等的对撞束流必须在不同的束流管中相向运动,而在 p$\bar{p}$ 或 $e^+ e^-$ 对撞机中,两种粒子可以在同一束流管道中做相向运动.不过,在 pp 或 $e^- e^-$ 对撞机和 p$\bar{p}$ 或 $e^+ e^-$ 对撞机之间存在一种差别:由于重子态数和轻子数须守恒,pp 或 $e^- e^-$ 对撞机中的束流粒子(或等效的重子态或轻子态)亦将出现在末态中,所以并非全部质心系能量可用于粒子的产生.对于 $e^+ e^-$ 对撞机,还有另一个优点,即末态粒子的产生起源于一个**完全确定的量子态**.

如果需要不同于质子和电子的粒子束流,则这些粒子必须首先通过碰撞来产生.π介子、K介子和其他强作用粒子一般通过质子-核子碰撞产生,碰撞生成的次级粒子经过动量选择和粒子鉴别.次级 π 介子束通过其衰变 ($\pi^+ \to \mu^+ + \nu_\mu$) 亦可提供 μ 子束.当能量足够高时,这类 μ 子甚至可以传输到对撞机储存环中,实现 $\mu^+ \mu^-$ 对撞.对于 μ 子对撞机,由于其质量较大,它的优势是比 $e^+ e^-$ 对撞机的同步辐射能量损失要小得多.

高流强的质子加速器能够产生相当大流强的中微子流,可利用它们来进行中微子相互作用的研究. μ 子对撞机中由于 μ 子的衰变亦可产生强流中微子束,从而可用作**中微子工厂**.

固定靶的次级束流可以产生几乎所有种类的长寿命粒子($\pi, K, \Lambda, \Sigma, \cdots$). 在电子加速器中,可通过轫致辐射产生光子,因而 $\gamma\gamma$ 对撞机可以作为 $e^+ e^-$ 对撞机的派生装置而存在.

加速器实验中的一个重要参数是某一特定反应的预期事例数. 对于固定靶实验,相互作用率(单位时间的相互作用数) ϕ 依赖于单位时间内打击靶的束流粒子数 n、所研究的反应的截面 σ 和靶厚度 d:

$$\phi = \sigma \cdot N_A (\text{mol}^{-1})/\text{g} \cdot \rho \cdot n \cdot d (\text{s}^{-1}), \tag{4.7}$$

式中 σ 是每个核子的截面, N_A 是阿伏伽德罗常数, ρ 是以 g/cm^3 为单位的靶物质密度. 式(4.7)可改写为

$$\phi = \sigma L, \tag{4.8}$$

式中 L 称为**亮度**.

对撞机实验中情况比较复杂. 这里每一种束流都是另一种束流的靶. 这种情形下单位时间的相互作用数与对撞机的亮度有关,后者以每平方厘米、每秒的粒子数为单位. 如果 N_1 和 N_2 是两对撞束的粒子数, σ_x 和 σ_y 是束流的横向尺寸,则亮度 L 与这些参数的关系式是

$$L \propto \frac{N_1 N_2}{\sigma_x \sigma_y}. \tag{4.9}$$

N_1 和 N_2 是比较容易确定的. 束流横向尺寸的测量则比较困难. 当需要高的相互作用率时,两束粒子流必须在相互作用点完全重叠. 与亮度的确定有关的所有参数的精确测量不可能达到所希望的精度. 但是,由于亮度与相互作用率 ϕ 存在式(4.8)所示的关系,某种具有已知截面 σ 的过程可用来确定亮度.

在 $e^+ e^-$ 对撞机中,熟知的 QED 过程

$$e^+ e^- \to e^+ e^- \tag{4.10}$$

(**巴巴散射**,见图 4.3)有很大的反应截面,并可精确地加以测量. 因为该截面理论上确定到很高的精度,这样 $e^+ e^-$ 的亮度能够精确地加以确定($\delta L/L \ll 1\%$).

pp 或 p$\bar{\text{p}}$ 对撞机的亮度的确定则更为困难. 可以利用弹性散射进行刻度,或者利用 W 和/或 Z 产生. 在 Z 产生的情形下,可以利用 Z→ $\mu^+ \mu^-$ 衰变. 由于 Z 产生截面和 Z→$\mu^+ \mu^-$ 衰变分支比是众所周知的,可以从记录到的 $\mu^+ \mu^-$ 对数推导出亮度值.

在 $\gamma\gamma$ 对撞机中,QED 过程

$$\gamma\gamma \to e^+ e^- \tag{4.11}$$

图 4.3 t 道交换的巴巴散射费恩曼图

可作为亮度测量的基础. 遗憾的是,该过程仅对两个光子的一种自旋组态才是灵敏的,因此需要用其他过程(例如辐射

过程 γγ→e⁺e⁻γ)来确定总亮度.

如果所要求的能量超出了地球上的加速器可达到的上界,我们必须求助于**宇宙加速器**[8-10].利用宇宙线粒子进行的实验总是固定靶实验.为了在利用宇宙线质子进行的 pp 碰撞中获得 10 TeV 以上的质心系能量,宇宙线的能量需达到

$$E_{\text{lab}} \geqslant \frac{s}{2m_p} \approx 50 \text{ PeV}(= 5 \cdot 10^{16} \text{ eV}). \tag{4.12}$$

因为我们无法掌控宇宙线束流,只能容忍高能宇宙线粒子的低流强.

习 题 4

1. 大型强子对撞机中两束对头碰撞的质子的质心系能量是 14 TeV. 这相当于宇宙线实验中多高能量的质子与一静止质子的碰撞?

2. 电子回旋加速器的工作原理本质上像是一台变压器.高真空束流管中的电流像是一个次级绕组.主线圈感生一个电压

$$U = \int \mathbf{E} \cdot \mathrm{d}\mathbf{s} = |\mathbf{E}| \cdot 2\pi R = -\frac{\mathrm{d}\phi}{\mathrm{d}t} = -\pi R^2 \frac{\mathrm{d}B}{\mathrm{d}t}.$$

当电感强度增加 dB 时,被加速的电子获得能量

$$\mathrm{d}E = e\mathrm{d}U = e|\mathbf{E}|\mathrm{d}s = e \cdot \frac{1}{2}R\frac{\mathrm{d}B}{\mathrm{d}t}\mathrm{d}s = e \cdot \frac{R}{2}v\mathrm{d}B,$$

$$v = \frac{\mathrm{d}s}{\mathrm{d}t}. \tag{4.13}$$

如果电子能够被迫处在一闭合轨道上,则电子将获得能量

$$E = e\frac{R}{2}\int_0^B v\mathrm{d}B.$$

为此,需要有一个补偿离心力的校正磁场(steering field). 试计算该校正场对于时间依赖的加速场 B 的相对场强.

3. 质子储存环中可能发生的不可控的束流损失会导致严重的损伤.假设一束 7 TeV 的质子流($N_p = 2 \cdot 10^{13}$)倾注入长 3 m、壁厚 3 mm 的不锈钢管道内.束流的横向宽度假定是 1 mm. 3 mm 厚的束流管道吸收质子能量的 0.3%. 质子束击中束流管道将使束流管道发生什么变化?

4. LEP 的二极磁铁的最大磁场为 $B = 0.135$ T. 二极磁铁约占据了 27 km 长储存环的 2/3. 问 LEP 可储存的最大电子能量是多少?

5. 四极磁铁在加速器中用于束流聚集.令 z 是束流的方向.如果 l 是偏转磁铁的长度,则偏转角 α 为

$$\alpha = \frac{l}{\rho} = \frac{eB_y}{p} \cdot l.$$

为了达到聚集的目的,该偏转角必须正比于 x 方向的束流偏移(beam excursion):
$$\alpha \propto x \quad \Rightarrow \quad B_y \cdot l \propto x;$$
由于对称性,还应有 $B_x \cdot l \propto y$。

什么样的磁势满足这些条件？四极磁铁的表面形状应当是怎样的？

参考文献

[1] Edwards D A, Syphers M J. An Introduction to the Physics of High Energy Accelerators [M]. New York: John Wiley & Sons Inc., 1993.

[2] Chao A W, Tigner M. Handbook of Accelerator Physics and Engineering [M]. Singapore: World Scientific, 1999.

[3] Wille K. The Physics of Particle Accelerators: An Introduction [M]. Oxford: Oxford University Press, 2001.

[4] Lee S Y. Accelerator Physics [M]. Singapore: World Scientific Publishing Co., 1999.

[5] Wilson E J N. An Introduction to Particle Accelerators [M]. Oxford: Oxford University Press, 2001.

[6] Reiser M. Theory and Design of Charged Particle Beams [M]. New York: John Wiley & Sons Inc., 1994.

[7] Sands M. The Physics of Electron Storage Rings: An Introduction [M]. SLAC-R-121, UC-28 (ACC), 1970.

[8] Grupen C. Astroparticle Physics [M]. New York: Springer, 2005.

[9] Gaisser T K. Cosmic Rays and Particle Physics [M]. Cambridge: Cambridge University Press, 1991.

[10] Gaisser T K, Zank G P. Particle Acceleration in Cosmic Plasmas [C]// AIP Conference Proceedings. New York: Springer, 1997, 264 (264).

第 5 章 用于粒子探测的主要物理现象和基本的计数器类型

> 我们观测的并不是自然界本身,而是我们的审视方法所揭示的自然界.①
>   ——沃纳·海森伯②

一定种类的探测器并不一定只能进行一种测量.例如,分单元的量能器能够用来确定粒子的径迹;但是其最初的目的是测量能量.漂移室的主要目的是测量粒子的轨迹,但是这种装置也经常通过测量电离来用于粒子鉴别.有很多这一类的例子.

本章阐述用于粒子探测的主要物理原理,以及主要种类的计数器(探测器单元).用于测量特定的粒子特性的探测器将在后面几章介绍.文献[1]中可找到不同类型探测器的简要导言.

5.1 电离计数器

5.1.1 无放大功能的电离计数器

电离计数器是一种气体探测器,它测量的是带电粒子穿过探测器中的气体所产生的电离电荷量.对于中性粒子,通过它与电子或核的相互作用产生的次级带电粒子,亦可用这类装置来探测.将带电粒子电离所产生的荷电粒子对在电场中分离,并将电离产物分别引向阳极和阴极,引出它们相应的信号,就实现了带电粒子

---

① 原文:What we observe is not nature itself, but nature exposed to our method of questioning.
② Werner Heisenberg(1910~1976),德国物理学家,1932 年获诺贝尔物理学奖.　　——译者注

的测量. 如果一个粒子在**电离室**中被完全吸收, 这种类型的探测器则可测量该粒子的能量[2-3].

在最简单的情形下, 一个电离室由一对平行板电极构成, 它们放置在充以混合气体的气密容器内, 电子和离子可在混合气体中发生漂移. 两电极之间施加电压以产生均匀电场.

原则上, 计数器气体亦可以是液体甚至固体(固体电离室). 电离室的基本性质并不因介质的形态而发生改变.

我们假定, 一带电粒子与电极板平行地入射, 距离阳极的距离是 x_0 (图 5.1). 取决于粒子的种类和能量, 它将沿着其径迹产生电离, 产生一对电子-离子所需的平均能量 W 依赖于气体的特性(表 1.2).

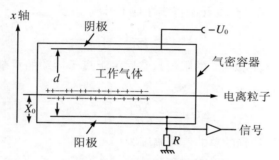

图 5.1 平板电离室的工作原理

施加在电极上的电压 U_0 提供了一个均匀电场

$$|E| = E_x = U_0/d. \tag{5.1}$$

以下我们假定所产生的电荷在电场中被全部收集, 并且不发生**次级电离**过程或可能的负电性混合气体中的**电子俘获**.

电离室的平行板电极的作用如同一个电容量为 C 的电容, 开始被充电到电压 U_0. 为简单起见, 我们假定负载电阻 R 非常大, 以至于电容可考虑为独立的. 设沿着离阳极距离 x_0 处粒子径迹所产生的电子-离子对数目为 N. 它们在电场中的漂移导致电极上产生感应电荷, 使电压产生一定的变化量 ΔU. 因此电容上储存的能量 $CU_0^2/2$ 按照以下方程将减小至 $CU^2/2$:

$$\frac{1}{2}CU^2 = \frac{1}{2}CU_0^2 - N\int_{x_0}^{x} qE_x \, dx, \tag{5.2}$$

$$\frac{1}{2}CU^2 - \frac{1}{2}CU_0^2 = \frac{1}{2}C(U+U_0)(U-U_0)$$
$$= -N \cdot q \cdot E_x \cdot (x - x_0). \tag{5.3}$$

但是, 电压的下降非常小, 故可有近似式

$$U + U_0 \approx 2U_0, \quad U - U_0 = \Delta U. \tag{5.4}$$

利用关系 $E_x = U_0/d$ 以及式(5.3), 可算得

$$\Delta U = -\frac{N \cdot q}{C \cdot d}(x - x_0). \tag{5.5}$$

信号幅度 ΔU 有来自于漂移速度快的电子和速度慢的离子两者的贡献. 如果 v^+ 和 v^- 分别表示离子和电子的常数**漂移速度**, $+e$ 和 $-e$ 是携带的电荷, 则我们有

$$\Delta U^+ = -\frac{Ne}{Cd}v^+ \Delta t,$$
$$\Delta U^- = -\frac{N(-e)}{Cd}(-v^-)\Delta t, \tag{5.6}$$

其中 Δt 是漂移时间. 对于离子, 有 $0 < \Delta t < T^+ = (d - x_0)/v^+$; 而对于电子, 有 $0 < \Delta t < T^- = x_0/v^-$. 应当指出, 电子和离子对信号的贡献具有相同的符号, 因为它们携带的电荷符号相反, 且漂移方向亦相反.

由于 $v^- \gg v^+$, 信号幅度开始将线性地上升到

$$\Delta U_1 = \frac{Ne}{Cd}(-x_0) \tag{5.7}$$

(电子将在时间 T^- 到达 $x = 0$ 的阳极), 然后由于离子运动的贡献信号幅度缓慢地增加,

$$\Delta U_2 = -\frac{Ne}{Cd}(d - x_0). \tag{5.8}$$

因此, 在时刻 $t = T^+$ 达到的总的信号幅度为

$$\Delta U = \Delta U_1 + \Delta U_2 = -\frac{Ne}{Cd}x_0 - \frac{Ne}{Cd}(d - x_0) = -\frac{N \cdot e}{C}. \tag{5.9}$$

该结果也可以从描述电容上电荷的方程 $\Delta Q = -N \cdot e = C \cdot \Delta U$ 导出, 这表示, 与电离室的推导相独立, 电容上的电荷 Q 由于收集的电离量 ΔQ 而减小, 从而导致电压改变幅度 $\Delta U = \Delta Q/C$.

以上这些陈述仅在电阻无穷大, 或者更准确一些说,

$$RC \gg T^-, T^+ \tag{5.10}$$

的情形下才正确. 当 $RC \neq \infty$ 时, 式 (5.6) 需修改为

$$\Delta U^+ = -\frac{Ne}{d}v^+ R[1 - e^{-\Delta t/(RC)}],$$
$$\Delta U^- = -\frac{N(-e)}{d}(-v^-)R[1 - e^{-\Delta t/(RC)}]. \tag{5.11}$$

在实际情形中, RC 通常大于 T^- 但小于 T^+. 在这种情形下, 我们得到[4]

$$\Delta U = -\frac{Ne}{Cd}x_0 - \frac{Ne}{d}v^+ R[1 - e^{-\Delta t/(RC)}], \tag{5.12}$$

如果 $RC \gg T^+ = (d - x_0)/v^+$, 则上式简化为方程 (5.9).

在电场强度为 500 V/cm 以及典型的漂移速度 $v^- = 5$ cm/μs 的情形下, 当漂移距离为 10 cm 时, 电子的收集时间为 2 μs, 而离子的收集时间约为 2 ms. 如果时间常数 $RC \gg 2$ ms, 则信号幅度与 x_0 无关.

对于许多实际应用而言,2 ms 的收集时间实在过于长了.如果通过对信号微分,从而只测量电子成分,则不但总的幅度将减小,而且幅度将依赖于电离产生点的位置,参见式(5.7).

这一缺点可在阳极和阴极之间安装一栅极来加以克服(**Frisch 栅极**[5]).如果带电粒子进入栅极和阴极之间较大的空间,所产生的电荷载荷子将首先在这个与阳极相屏蔽的区域内漂移.仅当电子贯穿过栅极之后,在工作电阻 R 上生成的信号才会上升.离子将不能在 R 上产生任何信号,因为它们的效应被栅极所屏蔽.结果这类具有 Frisch 栅极的电离室只测量电子信号,只要电离产生于栅极和阴极之间,这种方式下形成的信号与电离产生的区域就无关.

这类电离计数器非常适合于低能重粒子的探测.例如,5 MeV α 粒子将在充以氩气的 4 cm 厚的计数器中沉积其全部能量.由于对于氩,$W \approx 26$ eV(表 1.2),所产生的电子-离子对总数将为

$$N = 5 \cdot 10^6 \text{ eV}/26 \text{ eV} = 1.9 \cdot 10^5. \tag{5.13}$$

假定电容为 $C = 10$ pF,我们得到由电子产生的信号幅度为 $\Delta U \approx 3$ mV,该信号容易用相当简单的电子学加以测量.

图 5.2 显示了混合放射性同位素 ^{234}U 和 ^{238}U 发射的 α 粒子被 Frisch 栅极电离室记录到的脉冲幅度谱[4]. ^{234}U 发射的 α 粒子的能量为 4.77 MeV(72%)和 4.72 MeV(28%),而 ^{238}U 主要发射能量为 4.19 MeV 的 α 粒子.尽管同位素 ^{234}U 发射的两种 α 粒子能量相近而无法分辨,但是两种不同铀同位素发射的 α 粒子还是能清晰地区分开的.

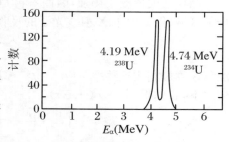

图 5.2 混合放射性同位素 ^{234}U/^{238}U 发射的 α 粒子用 Frisch 栅极电离室记录到的脉冲幅度谱[4]

电离室也能用于带有较高电荷量的粒子的能谱测量,因为这种情形下的沉积能量一般大于单电荷最小电离粒子的沉积能量.确实,最小电离粒子穿过同样 4 cm 氩气只沉积约 11 keV 能量,从而产生 400 对电子-离子对.而要测量如此之小的信号,将是一个极其困难的任务.

除了平板型电离室,还使用**圆柱形电离室**.由于电极的圆柱形结构,这种情形下的电场不再是常数,而是随着离阳极丝的距离 r 以 $1/r$ 上升(可参见著名的图书[6]):

$$E = \frac{\tau}{2\pi\varepsilon_0 r}\frac{r}{r}, \tag{5.14}$$

其中 τ 是阳极丝上的线电荷密度.通过积分求得电位分布:

$$U = U(r_i) - \int_{r_i}^{r} E(r) \mathrm{d}r. \tag{5.15}$$

这里 r_a 是圆柱形阴极的半径，r_i 是阳极丝半径(图 5.3). 考虑到边界条件 $U(r_i) = U_0$，$U(r_a) = 0$，利用计数器单位长度电容量 $C_\tau = 2\pi\varepsilon_0/\ln(r_a/r_i)$ 和 $U_0 = \tau/C_\tau$ 作为中间变量，方程(5.15)和(5.14)分别给出了 $U(r)$ 和 $E(r)$ 的表达式:

$$U(r) = \frac{U_0 \ln(r/r_a)}{\ln(r_i/r_a)}, \quad |E(r)| = \frac{U_0}{r\ln(r_a/r_i)}. \tag{5.16}$$

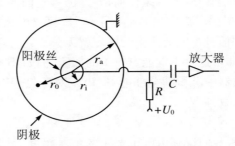

图 5.3 圆柱形电离室的工作原理

漂移速度依赖于场强，因而不再是常数. 如果电离产生于距计数器轴 r_0 处的局部区域(例如由于 X 射线光子的吸收)，则电子的漂移时间为

$$T^- = \int_{r_0}^{r_i} \frac{\mathrm{d}r}{v^-(r)}. \tag{5.17}$$

漂移速度可利用迁移率 μ ($v^- = \mu^- \cdot E$) 来表示，在迁移率不依赖于电场强度的近似之下，我们得到 ($v // (-E)$):

$$T^- = -\int_{r_0}^{r_i} \frac{\mathrm{d}r}{\mu^- \cdot E} = -\int_{r_0}^{r_i} \frac{\mathrm{d}r}{\mu^- \cdot U_0} r \ln(r_a/r_i)$$

$$= \frac{\ln(r_a/r_i)}{2\mu^- \cdot U_0}(r_0^2 - r_i^2). \tag{5.18}$$

在实际情况中，迁移率并不依赖于场强，所以电子的漂移速度并非是场强的线性函数. 因此，方程(5.18)仅仅是一种粗糙的近似. 相关的信号脉冲幅度可以用类似于式(5.2)，由

$$\frac{1}{2}CU^2 = \frac{1}{2}CU_0^2 - N\int_{r_0}^{r_i} q \cdot \frac{U_0}{r\ln(r_a/r_i)} \mathrm{d}r \tag{5.19}$$

到

$$\Delta U^- = -\frac{Ne}{C\ln(r_a/r_i)} \ln(r_0/r_i) \tag{5.20}$$

的方式计算，其中对漂移电子，有 $q = -e$，C 是探测器的电容. 可以清楚地看到，这种情况下信号脉冲幅度对于电离的产生点仅仅是对数依赖关系.

正离子的漂移对信号的贡献可用类似的方式求得:

$$\Delta U^+ = -\frac{Ne}{C} \frac{\ln(r_a/r_0)}{\ln(r_a/r_i)}. \tag{5.21}$$

由此可求得正离子和电子产生的脉冲幅度之比为

$$\frac{\Delta U^+}{\Delta U^-} = \frac{\ln(r_a/r_0)}{\ln(r_a/r_i)}. \tag{5.22}$$

假设电离产生于离阳极丝距离 $r_a/2$ 处,可得

$$\frac{\Delta U^+}{\Delta U^-} = \frac{\ln 2}{\ln(r_a/2r_i)}. \tag{5.23}$$

因为 $r_a \gg r_i$,故有

$$\Delta U^+ \ll \Delta U^-, \tag{5.24}$$

即对于一切实际情况(假定电离室受均匀照射),圆柱形电离室的绝大部分信号来源于电子的运动.对于典型的尺寸 $r_a = 1$ cm, $r_i = 15$ μm,信号比为

$$\Delta U^+ / \Delta U^- = 0.12. \tag{5.25}$$

电离室的脉冲持续时间有相当宽的变化范围,取决于混合气体的种类(例如 80%氩和 20% CF_4(四氟甲烷)的混合气体产生很快的脉冲,约 35 ns)[7].管状电离室的长度几乎不受限制,例如在 SLAC 中,一个长 3 500 m、形状如气体电介质电缆的探测器被用作束流损失监测器[8].

对于辐射防护而言,通常都是用**电流型**而非脉冲型的电离室来监测个人辐射剂量.这类**电离剂量仪**通常是一个圆柱形空气电容器.电容器被充电到某一电压值 U_0.在辐射的照射下,电容中产生的电荷载荷子将向电极漂移,并使电容部分放电.由此导致的电压下降就是吸收剂量的一种度量.直读式**袖珍剂量仪**(图 5.4)配备有电流计.在任何时间,利用内置光学系统可对放电的状态进行读出[9-10].

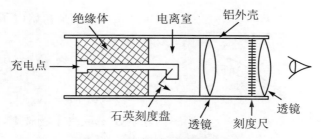

图 5.4 袖珍电离剂量仪的构造

5.1.2 正比计数器

在电离室中,入射粒子产生的初始电离只是被电场所收集.但是,如果计数器内的某些区域的电场强度很高,那么一个电子能够在两次碰撞之间获得足够的能量增益,从而会使别的原子被它电离.这样,电荷载荷子的数量就会增加.在圆柱状室中,由于电场强度的 $1/r$ 依赖关系(见方程(5.16)),最大的场强出现于直径很细的阳极丝周围.气体中的电荷放电的物理理论是由汤森(J. S. Townsend)建立的[11],文献[12-13]给出了一个好的导论.信号幅度增大了一个气体放大因子 A;

因此由式(5.9),可得

$$\Delta U = -\frac{eN}{C} \cdot A. \tag{5.26}$$

假定场强 E 在平均自由程长度 λ_0 之内并不改变,则电子在两次碰撞之间获得的能量增益是

$$\Delta E_{kin} = eE \cdot \lambda_0. \tag{5.27}$$

为了考察电离的增殖过程,我们采用一种简单的模型.当碰撞时电子能量 ΔE_{kin} 低于某个阈值 I_{ion} 时,电子将损失能量而不产生电离;而若 $\Delta E_{kin} > I_{ion}$,则总会产生电离.一个电子通过距离 $\lambda > \lambda_{ion} = I_{ion}/(eE)$ 而不发生碰撞的概率是 $e^{-\lambda_{ion}/\lambda_0}$.因为一个电子在单位长度内经受的碰撞次数是 $1/\lambda_0$,故单位长度的电离总数(称为第一汤森系数)可表示为

$$\alpha = \frac{1}{\lambda_0} e^{-\lambda_{ion}/\lambda_0}. \tag{5.28}$$

考虑到 λ_0 反比于气体压力 p,上式可改写为

$$\frac{\alpha}{p} = a \cdot e^{b/(E/p)}, \tag{5.29}$$

其中 a 和 b 是常数.尽管该模型相当简单,但只要 a 和 b 是通过实验确定的,它就合理地描述了观测到的函数依赖行为.

不同气体的第一汤森系数,对于某些惰性气体见图 5.5,对于氩气掺杂不同的有机蒸汽则示于图 5.6.高电场下以氩为基本成分的混合气体的第一汤森系数可查阅文献[14-15].

如果产生了 N_0 个初始电子,在点 x 处的粒子数 $N(x)$ 由

$$dN(x) = \alpha N(x) dx \tag{5.30}$$

算得为

$$N(x) = N_0 e^{\alpha x}. \tag{5.31}$$

第一汤森系数 α 取决于场强 E,从而取决于气体计数器中 x 的位置.于是,更一般的公式是

$$N(x) = N_0 \cdot e^{\int \alpha(x) dx}, \tag{5.32}$$

其中气体放大因子由下式给出:

$$A = \exp\left[\int_{r_k}^{r_i} \alpha(x) dx\right]. \tag{5.33}$$

式中积分下限 r_k 是距气体计数器中心的距离,在 r_k 处电场强度超过临界值 E_k,因而电荷放大效应开始显现;积分上限则为阳极丝半径 r_i.

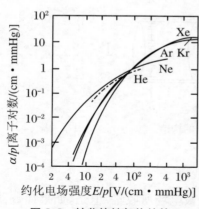

图 5.5 某些惰性气体的第一汤森系数[15-18]

计数器正比区的特征是**气体放大因子** A 等于常数.其结果是,测得的信号正比于所产生的电离量.正比模式下气体放大因子有可能达到 10^6,而典型的气体放

大因子的范围在 10^4 到 10^5 之间.

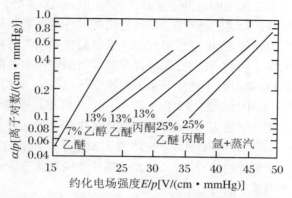

图 5.6 氩与某些有机蒸气的混合气体的第一汤森系数[16,19-20]

若令 U_{th} 为正比区开始时的阈电压,气体放大因子可以用探测器参数进行计算[16]:

$$A = \exp\left[2\sqrt{\frac{kLCU_0 r_i}{2\pi\varepsilon_0}}\left(\sqrt{\frac{U_0}{U_{th}}} - 1\right)\right], \tag{5.34}$$

其中 U_0 为阳极电压, $C = \dfrac{2\pi\varepsilon_0}{\ln(r_a/r_i)}$ 是单位长度计数器的电容, L 是标准气压和温度下、单位体积内的原子或分子数($N_A/V_{mol} = 2.69 \cdot 10^{19}/\text{cm}^3$), k 是取决于气体的一个常数,其数量级为 $10^{-17} \text{cm}^2/\text{V}$,它可由下式计算:

$$\alpha = \frac{k \cdot L \cdot E_e}{e}, \tag{5.35}$$

其中 E_e 是两次碰撞之间的平均电子能量(单位:eV)[16]. 在 $U_0 \gg U_{th}$ 的情形下,方程(5.34)可简化为

$$A = \text{const} \cdot e^{U_0/U_{ref}}, \tag{5.36}$$

这里 U_{ref} 是参考电压.

式(5.36)表明,气体放大因子随着阳极丝电压按指数形式上升. 气体放大因子的细致计算很困难[11, 21-30],但测量则很容易. 令 N_0 是正比计数器中产生的初始电子-离子对数,比如它们是由于吸收一个能量 E_γ 的 X 射线光子而产生的($N_0 = E_\gamma/W$, W 是产生一对电子-离子对所需的平均能量). 正比计数器输出电流的积分给出气体放大电荷量

$$Q = \int i(t) dt, \tag{5.37}$$

它也可由关系式 $Q = e \cdot N_0 \cdot A$ 给定. 从电流积分以及已知的初始电离 N_0 就容易算得气体放大因子 A.

高电场下电子与原子或分子的碰撞不只是能够产生电离,还能产生激发. 退激发过程往往伴随着光子的发射。这样的考虑仅在雪崩发展过程中产生的光子对雪崩发展自身不具有重要作用的情形下才是正确的。但是，这些光子将由于在气体或计数器壁中的光电效应而进一步产生电子，它们将对雪崩发展过程产生影响。除了初始电子的气体放大之外，光电过程引起的次级雪崩也必须考虑在内。为了处理包含光子的气体放大因子问题，我们首先将推导各级雪崩中产生的电荷载荷子数。

在第一级雪崩中，电离粒子产生 N_0 个初始电子。这 N_0 个初始电子的气体放大因子为 A。如果雪崩中产生的每个电子产生一个光电子的概率是 γ，那么通过光电过程产生的附加光电子数为 $\gamma(N_0 A)$。但这些光电子又经历气体放大，所以在第二级雪崩中，$(\gamma N_0 A) \cdot A = \gamma N_0 A^2$ 个气体放大光电子又将在气体放大过程中进一步产生 $(\gamma N_0 A^2)\gamma$ 个光电子，后者又将发生进一步的气体放大。因此在包含光子情形下的气体放大因子 A_γ 由

$$N_0 A_\gamma = N_0 A + N_0 A^2 \gamma + N_0 A^3 \gamma^2 + \cdots$$

$$= N_0 A \cdot \sum_{k=0}^{\infty} (A\gamma)^k = \frac{N_0 A}{1 - \gamma A} \tag{5.38}$$

算得为

$$A_\gamma = \frac{A}{1 - \gamma A}. \tag{5.39}$$

因子 γ 确定了包含光子情形下的气体放大因子，也称为**第二汤森系数**。

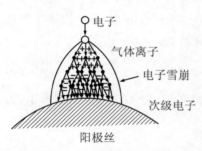

图 5.7 正比计数器阳极丝周围雪崩形成的图示

由于横向扩散，雪崩发展成液滴状

当所产生的电荷数量增加时，它们对外加电场的效应开始显现，从而出现饱和效应。当 $\gamma A \to 1$ 时，信号幅度将与初始电离无关。正比区，或者更确切地说，饱和正比区限定为气体放大因子 $A_\gamma = 10^8$ 左右的区域。

雪崩形成的过程发生于阳极丝临近处（图 5.7）。必须认识到，所产生的全部电荷量的一半出现在雪崩的最后一级！电子的平均自由程具有 μm 量级，因此按照方程(5.31)，总的雪崩形成过程只需要 $10\sim20\ \mu$m。结果，电荷的有效产生点（雪崩过程起始点）为

$$r_0 = r_i + k \cdot \lambda_0, \tag{5.40}$$

式中 k 是雪崩形成所需的平均自由程数。

正离子和电子的漂移所产生的信号幅度之比值由式(5.22)可确定为

$$\frac{\Delta U^+}{\Delta U^-} = \frac{-\dfrac{Ne}{C}\dfrac{\ln(r_a/r_0)}{\ln(r_a/r_i)}}{-\dfrac{Ne}{C}\dfrac{\ln(r_0/r_i)}{\ln(r_a/r_i)}} = \frac{\ln(r_a/r_0)}{\ln(r_0/r_i)} = R. \tag{5.41}$$

该比值中气体放大因子相互抵消，因为所产生的电子和离子数相等。

对于典型的数值 $r_a = 1 \text{ cm}, r_i = 20 \text{ }\mu\text{m}, k\lambda = 10 \text{ }\mu\text{m}$,该比值 $R \approx 14$,这意味着正比计数器中阳极丝上的信号主要是由离开阳极丝方向缓慢漂移的离子产生的,而不是由快速漂移向阳极丝方向的电子所产生的.

电子信号的**上升时间**可根据式(5.18)来计算.因为电子迁移率的范围在 $\mu^- = 100$ 和 $1\,000 \text{ cm}^2/(\text{V} \cdot \text{s})$ 之间,对于几百伏的阳极电压和前面提到的典型的探测器尺寸,上升时间具有 ns 量级.总的离子漂移时间 T^+ 可类似地由式(5.18)来计算:

$$T^+ = \frac{\ln(r_a/r_i)}{2\mu^+ \cdot U_0}(r_a^2 - r_0^2). \tag{5.42}$$

对于前面提到的典型的探测器尺寸,$U_0 = 1\,000$ V 以及标准气压下离子迁移率 $\mu^+ = 1.5 \text{ cm}^2/(\text{V} \cdot \text{s})$,离子漂移时间 T^+ 约为 2 ms.

另一方面,离子运动所感生的信号的时间依赖 $\Delta U^+(t)$ 是非线性的.由于阳极丝附近($r \approx r_i$)产生的离子漂移向点 r_1 所引起的电压下降,可由式(5.21)计算:

$$\Delta U^+(r_i, r_1) = -\frac{Ne}{C}\frac{\ln(r_1/r_i)}{\ln(r_a/r_i)}; \tag{5.43}$$

而该值与总的离子信号幅度之比为

$$R = \frac{\Delta U^+(r_i, r_1)}{\Delta U^+} = \frac{\ln(r_1/r_i)}{\ln(r_a/r_i)}. \tag{5.44}$$

由上式可以看到,大部分信号是在离子从阳极到阴极之间漂移一小段路程中形成的.作为例子,我们来计算离子从阳极($r = r_i = 20 \text{ }\mu\text{m}$)漂移到 $r_1 = 10 r_i$ 情形下的 R 值.公式(5.44)给出的值是 $R \approx 0.4$,而离子漂移这一段距离所需的时间仅为 $\Delta t^+(r_i, 10 r_i) \approx 0.8 \text{ }\mu\text{s}$.这意味着,当利用 RC 电路对信号进行微分(图 5.8)时,可以获得幅度较高且相当快的信号.

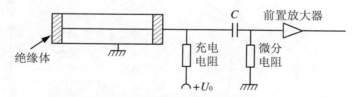

图 5.8 正比计数器的读出

当然,如果选择 $R_{\text{diff}} \cdot C \approx 1$ ns,我们甚至能够分辨正比计数器中电离的时间结构.

Raether 首次对**电子雪崩**进行了照相(图 5.9)[13,16,31-32].在这种情形下,云室中的雪崩变得可见,它呈现液滴状,尺寸较大的一头密集着正离子.正比计数器中一个雪崩的亮区的尺度远小于别的气体放电工作模式,比如盖革-缪勒或流光管中的亮区.

正比计数器特别适合于 X 射线的谱学研究.图 5.10 显示了 α 衰变 $^{241}_{95}\text{Am}$ →

$^{237}_{93}$Np* + α中锫激发核发射的 59.53 keV X 射线光子的能谱. 该能谱是用氙正比计数器测量的. 图中还能见到探测器物质的特征 X 射线谱线和**逃逸峰**[33]. 逃逸峰是由下述过程造成的. 入射的 X 射线对氙气的电离大多数情况下发生于 K 壳层, 所产生的光电子能量仅等于 X 射线能量减去 K 壳层的结合能. 如果 K 壳层的空缺被外层电子所填充, 则会发射出气体的特征 X 射线. 如果这些特征 X 射线也由于气体中的光电效应而被吸收, 则会观测到全吸收峰; 如果特征 X 射线离开计数器未被探测, 就形成逃逸峰(亦见 1.2.1 小节).

正比计数器也可用于 X 射线成像. 对于 X 射线同步辐射实验, 特殊设计的电极几何使得它具有高分辨率的一维或二维读出, 并可工作于高计数率的情形[34-35]. 利用气体中的有限雪崩实现电离辐射的电子成像具有广泛的应用领域, 包括宇宙线和基本粒子物理到生物和医学[36].

正比计数器的能量分辨率受到电子-离子对产生及其放大过程中涨落效应的限制. 雪崩形成局限于阳极丝附近的电离点, 它**并不沿着阳极丝传播**.

图 5.9 电子雪崩的照片重现[13,16,31-32]

照片显示了雪崩的形成. 云室中的雪崩变得可见(参见第 6 章), 它呈现液滴状, 尺寸较大的一头密集着正离子

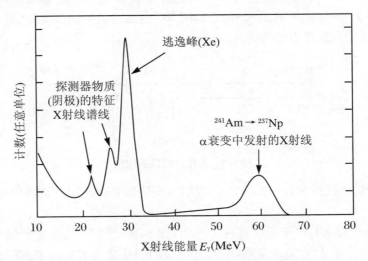

图 5.10 $^{241}_{95}$Am 的 α 衰变中发射的 59.53 keV X 射线光子的能谱(用氙正比计数器测量)[33]

5.1.3 盖革计数器

在正比计数器中,场强的增加导致雪崩形成过程中产生大量的光子。其结果是,通过光电效应进一步产生新的电子的概率增加。这一光电效应也能发生于远离产生初始雪崩的地点。光电效应所释放的这些电子将引发新的雪崩,由于后者,放电将沿着阳极丝传播[37-38](图 5.11)。

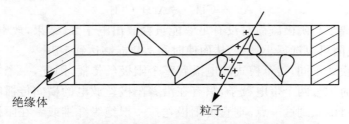

图 5.11 盖革计数器中,雪崩沿着阳极丝横向传播的图形表示

初始雪崩中每个电子产生一个光电子的概率(用 γ 表示)变得如此之大,以至于次级和第三级雪崩所产生的电荷载荷子的总数急剧地增加。结果,信号和初始电离之间的正比关系不再存在。释放出的电荷量不再依赖于初始电离的这样一个放电区域称为**盖革区**。信号仅仅取决于极间电压。在这种工作模式下,信号幅度相应于每一初始电离电子产生 10^8 到 10^{10} 个电子的电荷信号。

一个粒子穿过盖革计数器(也称为**盖革-缪勒计数器**[39])后,沿着整根阳极丝形成数量极大的电荷载荷子。其中的电子迅速被阳极丝吸收,但离子则形成实际上处于稳态的某种流管。正离子以低速向阴极移动。当与电极发生碰撞时,以某种确定的概率释放出新的电子,从而开始新一轮的放电。

因此,这种放电必须被中断。如果充电电阻 R 选得很大,以至于瞬间的阳极电压 $U_0 - IR$ 小于盖革区的阈值,就能使放电中断(电阻淬灭)。

结合电容 C,时间常数 RC 的选择必须使得所有的正离子到达阴极时电压一直处于下降状态。也就是 RC 相应于 ms 量级,这就强烈地削弱了计数器的计数率能力。

也可以将计数器的外加电压降低到离子漂移时间的盖革区阈值以下的水平,但是这也将造成长的死时间。如果电极的极性在一个短暂的时间间隔内发生交换,从而用短时间内变为负极的阳极丝吸收掉阳极丝附近产生的所有正离子,那么死时间能被缩短。

盖革计数器更普遍采用的淬灭方法是**自淬灭**。在自淬灭计数器中,淬灭气体被加入到工作气体(大多数情况下是惰性气体)之中。碳氢化合物如甲烷(CH_4)、乙烷(C_2H_6)、异丁烷(iC_4H_{10}),醇类如乙醇(C_2H_5OH)或二甲氧基甲烷($CH_2(OCH_3)_2$),或者卤化物如溴乙烷,都是合适的淬灭气体。这些淬灭气体吸收紫外区的光子(波长 100~200 nm),从而将它们的射程压缩到阳极丝半径的几倍

($\approx 100~\mu m$). 由于光子的射程很短，放电的横向传播只是沿着阳极丝进行并局限于阳极丝附近. 光子没有机会通过阴极上的光电效应释放出电子，因为它们在到达阴极之前就将被吸收.

在沿着阳极丝形成正离子的流管之后，外加电场由于这一空间电荷而下降，其下降量对应于雪崩发展终结所产生的电荷量. 漂移向阴极的正离子将沿途与淬灭气体分子发生碰撞而变为中性：

$$Ar^+ + CH_4 \to Ar + CH_4^+. \tag{5.45}$$

但淬灭气体离子与阴极碰撞时没有足够能量释放出电子来. 结果，放电自动停止. 因此，充电电阻可以选得小一些，从而使时间常数能够达到 $1~\mu s$.

与正比模式不同，盖革模式放电沿着整个阳极丝传播. 因此，一个盖革计数管中不可能同时记录两个带电粒子，只有在沿着阳极丝放电的横向传播能够被中断的情形下才可能做到这一点. 垂直于阳极丝拉一根绝缘纤维或者在阳极丝上放置一滴绝缘物质就能实现这种中断. 在这些地方，电场被强烈地扭曲，以至于雪崩的传播被停止. 这种局域的**有限盖革模式**使得若干个粒子击中同一根阳极丝且能够被同时记录下来. 但是，它的缺点是，接近绝缘纤维的区域对于粒子的探测是无效的. 无效区域的典型宽度是 5 mm. 同时穿过有限盖革区的几个粒子的读出要通过分段的阴极来实现.

5.1.4 流光管

在盖革计数器中，工作气体与淬灭气体的典型比例是 90：10. 阳极丝直径为 $30~\mu m$，阳极电压约为 1 kV. 如果显著地增加淬灭气体的成分，沿着阳极丝放电的横向传播可以被完全抑制住. 如同在正比计数器中一样，我们可以得到局域化的放电，并有获得大信号的优点（当阳极电压足够高时，气体放大 $\geqslant 10^{10}$），以至于无需前置放大器即可处理. 这类**流光管**（由 D. M. Khazins 研发的 Iarocci 管）[40-43]的"粗"阳极丝的直径一般在 50 到 $100~\mu m$ 之间. 所使用的混合气体是 $\leqslant 60\%$ 的氩气和 $\geqslant 40\%$ 的异丁烷. 利用纯异丁烷的流光管亦证明了可以很好地工作[44]. 在这种工作模式下，放电从正比区跃变到流光模式，避免了盖革放电.

图 5.12 显示了阳极丝直径为 $100~\mu m$、充以比例为 60：40 氩气/异丁烷的圆柱形计数器被 ^{90}Sr 源的电子照射所得到的幅度谱[45]. 当电压为相对较低的 3.2 kV 时，可以观测到电子产生的正比信号. 当电压上升到 3.4 kV 时，幅度高得多的流光信号与正比信号首次同时出现. 当电压进一步升高时，正比模式逐渐减少并趋于消失，以至于在 4 kV 以上只能观测到流光信号. 流光模式下收集到的电荷量并不依赖于初始电离.

从正比模式发展为流光模式是通过大量光子的产生达到的，这些光子在靠近原始雪崩的地方通过光电效应被重新吸收，成为新的次级和第三级雪崩的起始点，并与原始雪崩合并在一起.

图 5.13 中的照片[46]显示了正比计数器(a)、盖革计数器(b)和**自淬灭流光管**(c)中放电特征的差异. 图中箭头指示的是阳极丝的位置.

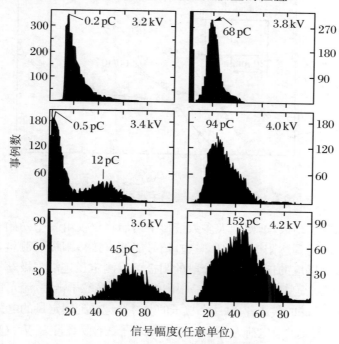

图 5.12 流光管中电荷信号的幅度谱
当电压增加时, 可清晰地看到正比模式向流光模式的转化[45]

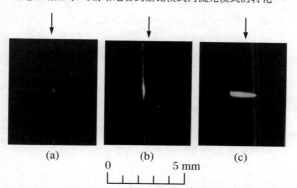

图 5.13 正比计数器(a)、盖革计数器(b)和自淬灭流光管(c)中的气体放电, 箭头指示的是阳极丝的位置[46]

图 5.14 显示了计数率对于计数器气体成分比例的依赖关系. 如上所述, 流光管必须工作于高电压(≈ 5 kV). 但是, 它具有很长的效率坪区(≈ 1 kV), 因而工作点稳定.

当然, 效率的起始点取决于所使用的甄别器的阈值. 效率坪区的上端一般由后续放电(after-discharges)和噪声确定. 不推荐使流光管工作于这一区域, 因为电子学噪声和后续放电会导致附加的死时间,从而降低计数器容许的计数率能力.

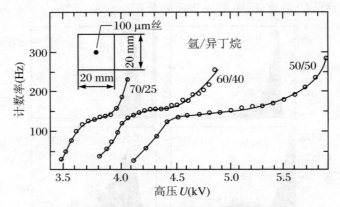

图 5.14　流光管计数率对于高压的依赖关系[45]

如果使用"粗"阳极丝,则绝大多数情形下雪崩将仅仅由一个初始电子所引起,放电将局限于电子到达阳极丝的那一边.信号能够直接被阳极丝测量,同时我们还可以记录阴极上感应的信号.利用分段的阴极可以测定径迹沿阳极丝的位置.

由于工作模式简单以及能够记录一根阳极丝上的多粒子击中,流光管成为量能器中抽样单元的受青睐的候选者.每一个粒子的通过会记录到固定量的电荷信号 Q_0. 如果一个流光管测量到的总电荷为 Q,那么穿过的粒子数容易算得为 $N = Q/Q_0$.

高压、计数器气体和阳极丝直径的选择决定了圆柱形计数器的放电模式,从而决定了其工作模式.图 5.15 完整地显示了不同的工作区域的放电模式(该图在文献[16]给出的放电模式图的基础上,由本书作者增加了一段辉光放电.)

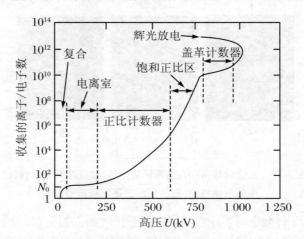

图 5.15　圆柱形气体探测器工作模式的特征

当高压增高到超过盖革区(对阳极丝直径很小的计数器)时,将导致辉光放电并使高压失效.这时计数器通常将损坏

5.2 液体电离计数器

与气体探测器相比,充以液体的电离室的优越性在于其密度因子高出上千倍。这意味着,一个相对论性粒子在这类介质中的能量吸收增大了上千倍,光子探测效率也增大了上千倍。因此,充以液体的电离室是取样型和均质型量能器的优良候选者[47-51]。

液氩(LAr)中产生一对电子-离子对的平均能量是 24 eV,液氙(LXe)中则是 16 eV。不过,一个技术上的困难是惰性气体只有在低温下才呈现液态。典型的工作温度是 LAr 的 85 K、LKr(液氪)的 117 K,以及 LXe 的 163 K。液态气体是均匀的,因而有优良的计数性能;但是若含有负电性杂质则会产生问题,故杂质必须保持在极低的水平,因为它们在高密度液体计数介质中的漂移速度很慢。为了使室能够工作,电子的吸收长度 λ_{ab} 必须与电极间的距离相当。这就必须使负电性气体,比如 O_2 的浓度减小到 1 ppm($\equiv 10^{-6}$)量级的水平。纯液体惰性气体中的漂移速度在 10 kV/cm 电场强度(**LAr 计数器**的典型值)下具有 0.4 cm/μs 量级。然而,加入少量的碳氢化合物(例如 0.5% 的 CH_4)能使漂移速度有显著的增加。这是由于分子气体的混入改变了平均电子能量。特别是冉邵尔极小值(Ramsauer minimum)附近的电子散射截面[17,52-56]强烈地依赖于电子的能量。所以很小的能量变化能够强烈地影响其漂移性质。

离子在液体中的迁移率极小。由于离子运动所感生的电荷的上升时间极其缓慢,所以很难用电子学的方法加以利用。

对于液体电离室,其电荷收集过程和输出信号可以用与气体电离计数器同样的方式加以考虑(见 5.1.1 小节)。通常,读出电子学的积分时间选择得比电子漂移时间要短得多。这会减小脉冲幅度,但是使信号变快并且减小对于电离产生点位置的依赖。

图 5.16 显示了用液氩电离室测量的 ^{207}Bi 转换电子的能谱。通过电子俘获 ^{207}Bi 核衰变到铅核的激发态。退激发时发射 570 keV 和 1 064 keV 光子,或者将该激发能传递给铅的 K 和 L 壳层(参见表 3.3,附录 5)。于是,谱中可见到相应于 570 keV 和 1 064 keV 核能级跃迁的 K 和 L 谱线。液氩室能够比较好地区分 K 和 L 壳层电子,能量分辨可达 $\sigma_E = 11$ keV[57]。

液态惰性气体电离室的工作需要有冷却装置。这一技术上的不利之处可以通过使用"暖"液体来加以克服。所谓"暖"液体指在室温下就处于液态的液体,对它的要求是相当严苛的:它必须有优良的漂移性质,并且负电性杂质水平极低(<1 ppb)。为了具有优良的漂移性质,"暖"液体的分子必须有高度的对称性(即

近似于球形). 某些有机物质如四甲基硅烷(TMS)或四甲基戊烷(TMP)适于作为"暖"液体[49,58-61].

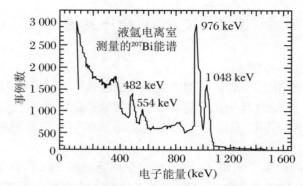

图 5.16　液氩电离室测量的 ^{207}Bi 同位素转换电子的能谱[57]
能谱也显示了 570 keV 和 1 064 keV 光子的康普顿边缘

获得更高的密度以将液体电离计数器应用于量能器的尝试,也获得了成功. 例如,如果 TMS 分子中的硅原子用铅或锡替代(四甲基铅 TML 或四甲基锡 TMT[62])就可达到此种目的. 与这类物质相关的可燃性和有毒性问题,在实际中可通过将液体封装在真空气密容器内的方法来解决. 这类"暖"液体显示出优良的**耐辐照性**. 由于氢占有很大的比例,它们也对量能器中的电子和强子的信号幅度具有补偿功能(参见第 8 章).

类同于圆柱形电离室,通过增高工作电压可以获得液体中的气体放大,对此也进行了研究. 在小的原型室中这一研究获得了成功,但没能在大尺度的完整探测器中得到重现[63-65].

最后应当提及,**固态氩**亦可以成功地用作电离室的工作介质[66].

5.3　固体电离计数器

固体探测器本质上是以固体作为计数器工作介质的电离室. 由于其密度远高于气体探测器,所以能够吸收粒子较高的能量. 带电粒子或光子在晶体中可产生电子空穴对. 将晶体置于电场之中,能够收集所产生的电荷载荷子.

固体探测器的工作原理基于**固体的能带模型**. 固体能带理论的导论可以在文献中找到,例如见文献[67]. 在这一理论架构中,整块晶体内单个原子或离子的分立电子能级合并成为若干能带,如图 5.17 所示. 按照泡利不相容原理,每一能带只能包含有限数量的电子.所以某些较低的能带被电子完全填满,而较高的能带则处于空缺状态,至少在低温下情况如此.处于最低位的、部分填满或空缺的能带称为**导带**,而最高的、完全填满的能带称为**价带**.价带顶端 V_V 与导带底端 V_C 之间的间隙称为**禁带**或**能隙**,其宽度为 $E_g = V_C - V_V$.

当"导带"被部分填满时,电子在电场作用下可以移动,于是,该固体是导体.这样的材料不能用来作为电离计数器.导带基本上处于空缺状态的固体习惯上区分为绝缘体(室温下比电阻率为 $10^{14} \sim 10^{22}\ \Omega\cdot cm$)和半导体($10^9 \sim 10^{-2}\ \Omega\cdot cm$).

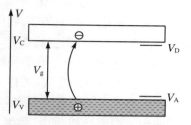

图 5.17 固态物质的能带结构

V_V 和 V_C 分别是价带的顶端和导带的底端;E_g 是禁带;V_A 和 V_D 分别是受主能级和施主能级

这些物质中电荷是由从价带激发到导带的电子所携带的.价带中相应的空缺称为**空穴**,后者在电场作用下也能够漂移.绝缘体与半导体之间的主要差别在于 E_g 的值不同.对于绝缘体,其典型值为 $E > 3\ eV$,而对于半导体,其值约为 $1\ eV$.

绝缘体没有被广泛用作电离计数器.其主要原因在于在大多数这类晶体中空穴的迁移率很低,并需要利用极高纯度的晶体.**杂质**会在宽能隙的固体中产生很深的陷阱,使晶体受辐照时产生极化.常用的固体电离计数器一般采用半导体.

材料的**比电阻率**由下式确定:

$$\rho = \frac{1}{e(n\mu_e + p\mu_p)}, \tag{5.46}$$

其中 n 和 p 分别是电子和空穴的浓度,而 μ_e 和 μ_p 是它们的迁移率,e 则是基本电荷.

在纯半导体中,电子浓度 n 等于空穴浓度 p.它们的值的近似表达式为

$$n = p \approx 5 \cdot 10^{15}(T\ K)^{3/2} e^{-E_g/(2kT)}, \tag{5.47}$$

式中 T 是以 K 表示的温度.对于硅,其带宽为 $E_g = 1.07\ eV$,在 $T = 300\ K$ 时,式(5.47)给出的结果为 $n \approx 2 \cdot 10^{15}\ cm^{-3}$.取 $\mu_e = 1\ 300\ cm^2\cdot s^{-1}\cdot V^{-1}$ 以及 $\mu_p = 500\ cm^2\cdot s^{-1}\cdot V^{-1}$,可求得比电阻率的估计值 $\rho \approx 10^5\ \Omega\cdot cm$.对于锗($E_g = 0.7\ eV$,$\mu_e = 4\ 000\ cm^2\cdot s^{-1}\cdot V^{-1}$,$\mu_p = 2\ 000\ cm^2\cdot s^{-1}\cdot V^{-1}$),比电阻率约低一个量级.材料中杂质几乎总是存在的,即使水平很低,这些数值也会显著地减小.

因此,半导体的特征之一是有相对高的暗电流.为了抑制暗电流,通常建造多层的探测器,各层使用不同性质的材料.各层材料中的电子和空穴浓度利用特定的掺杂技术有意向地加以改变.

锗和硅在外壳层有四个电子.如果一个外壳层有五个电子(例如磷或砷)的原子掺入到晶体晶格中,则对杂质原子的第五个电子的束缚很弱,并形成一个**施主能级** V_D,它处于紧挨着导带的下方(图 5.17).$V_C - V_D$ 差值的典型大小在 $0.05\ eV$

范围,这一电子很容易被提升到导带.含有这类杂质的材料具有高密度的自由电子,因此被称为 **n 型半导体**.

如果三价电子受主杂质,例如硼或铟,被掺入晶格,硅的一个能带将处于未完全填满的状态.这一**受主能级**处于价带边缘顶端上方 0.05 eV 附近(图 5.17 中的 V_A),它试图从相邻的硅原子吸收一个电子,从而在价带中产生一个空穴.这类材料具有高密度的自由空穴,被称为 **p 型半导体**.

我们来考察 p 型和 n 型半导体界面处的 pn 结发生的现象. n 型半导体中的电子扩散向 p 型半导体,而 p 型半导体中的空穴扩散向 n 型半导体.这就导致如图 5.18 所示的空间电荷分布的形成. n 型区域中的正电荷和 p 型区域中的负电荷所产生的电场,将自由电子和空穴从相反的方向拉出该电场区.于是,这一区域中自由载荷子的密度很低,被称为**耗尽区**或**耗尽层**.当不施加外电场时,载荷子的扩散导致一个接触电位差 U_c,其典型值约为 0.5 V.

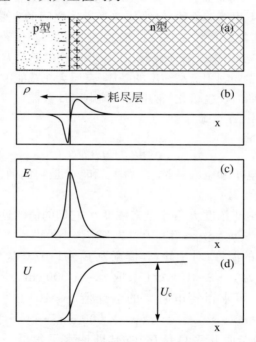

图 5.18 空间电荷分布的形成

(a) pn 半导体计数器的工作原理;(b) 包含所有种类电荷载荷子(自由电子和空穴、固定的、非补偿的正离子、在受主能级俘获的电子)的空间电荷分布;(c) 电场;(d) 电位分布.当不加外电场,最大电位等于接触电压 U_c.

pn 结具有二极管的性质.在正向偏压情形下,即 p 型区上外加一正电压,耗尽层缩短,产生大的直流电流.在**反向偏压**情形下,即 n 型区上外加一正电压,则耗尽层变长.文献[69]细致地阐述了 pn 结的物理现象,而它在半导体探测器中的应用则可以在文献[68]中找到.光子在耗尽层发生相互作用所释放的电子-空穴对,或者带电粒子穿过耗尽层所产生的电子-空穴对被电场分离,载荷子被电极收集,从而感生出电流脉冲.值得一提的是,耗尽层外产生的电子-空穴对并不导致电脉冲,因为 pn 结外的区域由于电荷载荷子密度很高,其电场可以忽略.

于是,一个有 pn 结的半导体装置可以用来作为电离探测器.该探测器收集的总电荷量正比于沉积于耗尽层的能量.通常,两个半导体层中的一层(p 或 n),比另一层有高得多的载荷子密度.这样,耗尽层实际上延伸到载荷子密度低的所有区域,即高阻区.在这种情形下,耗尽区的宽度 d 可以表示为[68]

$$d = \sqrt{2\varepsilon(U + U_c)\mu\rho_d}, \tag{5.48}$$

式中 U 是外加的**反向偏置电压**,ε 是材料的介电常数($\varepsilon = 11.9\varepsilon_0 \approx 1 \text{ pF/cm}$),$\rho_d$ 是低掺杂半导体的比电阻率,μ 是主要载荷子在低掺杂区的迁移率.对于 p 型掺杂硅,由式(5.48),可得

$$d \approx 0.3 \sqrt{U_n \cdot \rho_p} \, \mu\text{m}; \tag{5.49}$$

而对 n 型掺杂硅,则有

$$d \approx 0.5 \sqrt{U_n \cdot \rho_n} \, \mu\text{m}. \tag{5.50}$$

其中 U_n 是反向偏压(单位:V,$= U/\text{V}$),ρ_p 和 ρ_n 分别是 p 型和 n 型掺杂硅的比电阻率(单位:$\Omega \cdot \text{cm}$,$= \rho_d/(\Omega \cdot \text{cm})$).对于用作探测器的 n 型硅,室温下的典型值为 $\rho_n = 5 \cdot 10^3 \Omega \cdot \text{cm}$,在电压 $V = 100 \text{ V}$ 条件下给出的耗尽层厚度约为 350 μm.

半导体探测器的典型结构如图 5.19 所示(所谓的 **PIN 二极管结构**).最上层是高掺杂度的薄 p 型层(p^+),最下层是高掺杂度的薄 n 型层(n^+),两者之间是高阻的 i 层(i 指本征(intrinsic)导体或绝缘体,但事实上,i 层存在一定量但水平很低的 n 或 p 掺杂)①.

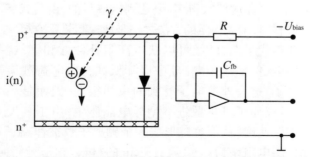

图 5.19 p-i-n 固体探测器结构原理图及其电荷灵敏前置放大器读出

---

① 通常只需要有很低浓度的掺杂剂原子就可以调节半导体的导电性质.如果加入很少量的掺杂剂原子(浓度$\approx 10^{-8}$),则称掺杂浓度低或轻度掺杂,用 n^- 或 p^- 来标记.如果加入数量较大的掺杂剂原子(浓度$\approx 10^{-4}$),则称掺杂浓度高或重度掺杂,标记为 n^+ 或 p^+.

在图 5.19 所示的例子中，pn 结出现在 p^+-$i(n)$ 边界处并延伸过全部 $i(n)$ 区直到 n^+ 层，后者起到一个电极的作用。通常，上部的 p^+ 层用一极薄的 SiO_2 膜加以屏蔽。

由于**半导体二极管**没有内在的放大功能，该装置的输出信号相当之小。例如，一个最小电离粒子穿过厚度 300 μm 的耗尽层，将产生 $3 \cdot 10^4$ 个电子-空穴对，相应的收集电荷量仅为 $4.8 \cdot 10^{-15}$ C。因此固体探测器信号的处理需要利用低噪声电荷灵敏放大器（如图 5.19 所示），并后接一个成形器（参见第 14 章）。为了压低电子学噪声，积分时间一般取得相当长——从几百纳秒到几十微秒。

这样一个探测器的电荷收集时间可以利用平均电场强度 $E = 10^3$ V/cm 以及电荷载荷子迁移率 $\mu = 10^3$ cm^2/(V·s) 来估计：

$$t_s = \frac{d}{\mu E} \approx 3 \cdot 10^{-8} \text{ s}. \tag{5.51}$$

信号的形状可以用类似于气体电离探测器的方式导出（参见 5.1.1 小节），但对于半导体，空穴与电子的迁移率的差别只有 2～3 倍，这与气体中离子的迁移率比电子低三个量级形成鲜明的对比。因此，半导体探测器的信号由空穴与电子这两类载荷子共同决定，收集的电荷量并不依赖于电离发生的地点。

对于 α 能谱或电子能谱测量，半导体计数器中的耗尽层应当十分靠近表面，以使它们在非灵敏物质中的能量损失达到极小。**面垒探测器**能够满足这一要求。这类探测器利用 n 型导电硅晶体制作，其表面经过特殊处理以产生一层超薄 p 型导电膜。一个几微米厚的真空镀金薄膜用作高压接触面。这一面同时作为带电粒子的入射窗。

耗尽区达到 1 mm 的半导体计数器被广泛地用于 α、低能 β 和 X 射线的探测和能谱测量。这类探测器可以工作于室温，也可以工作于低温以压低暗电流。在高能粒子物理中，硅探测器经常以条形、像素型或体素型计数器的形式作为高分辨径迹测量装置（参见第 7 章和第 13 章）。

对于 MeV 量程的 γ 和电子的能谱测量，以及 10～100 MeV 量程的 α 和质子的能量测量，需要的耗尽区厚度要大得多。要达到这些目的，由公式 (5.48)～(5.50) 可知，需要利用高内阻材料。增大内阻的方法之一是使探测装置冷却（参见式 (5.47)）。

在 20 世纪 60 年代早期，已经可以获得高阻补偿硅和锗。这些材料中，通过将锂漂移到 p 型导电（例如掺杂硼）硅中以降低纯自由电荷载荷子的浓度。锂的外壳层只有一个电子，这一外层电子受到的束缚很弱，因而是一个电子的施主。在约 400 ℃ 温度下，锂原子可扩散进 p 型导电晶体中。由于其尺寸很小，可以获得合理的锂原子扩散速度。从而可以形成一个硼离子数被锂离子补偿的区域。这种技术提供了耗尽层电阻率为 $3 \cdot 10^5$ Ω·cm 的材料，它与无任何杂质的硅的本征导电性近似相等。以这种方法，可以制备 p 区和 n 区均很薄而 i 区厚达 5 mm 的 p-i-n 结构。

从 20 世纪 80 年代早期开始，已经可以获得杂质浓度低到 10^{10} cm^{-3} 水平的高纯锗晶体（HPGe）。现如今，HPGe 探测器几乎已被 Ge(Li) 探测器所代替。

HPGe 探测器有一个额外的好处是,它只需要在工作时加以冷却,而 Ge(Li) 探测器必须始终处于冷却状态以防止锂离子从本征的导电区中扩散出来. 现如今,面积达 50 cm², 灵敏层厚度达 5 cm 的 HPGe 探测器已可从市面上购买,最大的同轴型 HPGe 探测器直径和长度均可达到 10 cm 左右[70]. 通常锗探测器工作于液氮的温度,即约 77 K.

半导体探测器的能量分辨可以近似地表示为三项平方和的平方根:

$$\sigma_E = \sqrt{\sigma_{eh}^2 + \sigma_{noise}^2 + \sigma_{col}^2}, \tag{5.52}$$

式中 σ_{eh} 表示电子-空穴对数的统计涨落, σ_{noise} 表示电子噪声的贡献, 而 σ_{col} 表示电荷收集效率不均匀性和其他技术效应的贡献.

对于固体计数器,如同气体探测器一样,所产生的电荷载荷子数的统计涨落小于泊松涨落 $\sigma_P = \sqrt{n}$. 单能峰的形状具有一定的不对称性,并且比高斯分布窄. 费诺因子 F(对硅和锗测得的值在 0.08 到 0.16 之间[68], 亦见第 1 章)将高斯方差修正为 $\sigma^2 = F\sigma_P^2$, 于是电子空穴对数的统计涨落对于能量分辨率的贡献(因为 E 正比于 n)可以表示为

$$\frac{\sigma_{eh}(E)}{E} = \frac{\sqrt{F\sigma_P^2}}{n} = \frac{\sqrt{n}\sqrt{F}}{n} = \frac{\sqrt{F}}{\sqrt{n}}. \tag{5.53}$$

因为电子-空穴对数为 $n = E/W$, W 是产生一对电荷载荷子所需的平均能量,所以可得

$$\frac{\sigma(E)}{E} = \frac{\sqrt{F \cdot W}}{\sqrt{E}}. \tag{5.54}$$

常用半导体的性质列于表 5.1.

表 5.1 常用半导体的性质[68,71]

性质		硅	锗
原子序		14	32
原子量		28.09	72.60
密度	(g/cm³)	2.33	5.32
介电常数		12	16
300 K 时的能隙	(eV)	1.12	0.67
0 K 时的能隙	(eV)	1.17	0.75
300 K 时的载荷子浓度	(cm³)	$1.5 \cdot 10^{10}$	$2.4 \cdot 10^{13}$
300 K 时的电阻	(Ωcm)	$2.3 \cdot 10^5$	47
300 K 时的电子迁移率	[cm²/(V·s)]	1 350	3 900
77 K 时的电子迁移率	[cm²/(V·s)]	$2.1 \cdot 10^4$	$3.6 \cdot 10^4$
300 K 时的空穴迁移率	[cm²/(V·s)]	480	1 900

续表

性质		硅	锗
77 K 时的空穴迁移率	[cm²/(V·s)]	$1.1 \cdot 10^4$	$4.2 \cdot 10^4$
300 K 时产生每电子-空穴对所需能量	(eV)	3.62	≈ 3, HPGe*
77 K 时产生每电子-空穴对所需能量	(eV)	3.76	2.96
77 K 时的费诺因子**		≈ 0.15	≈ 0.12

* 高纯锗(HPGe)工作于室温；

** 不同出版物中的费诺因子值有很大的差异, 见文献[68].

图 5.20 显示了 HPGe 探测器(Canberra GC 2518)测得的 ^{60}Co 放射源发射的光子的能谱[72]. 可清楚地观测到 ^{60}Co 的 1.17 MeV 和 1.33 MeV 两条 γ 射线, 能量分辨率则为 $E_\gamma = 1.33$ MeV 处的约 2 keV(*FWHM*)或 $FWHM/E_\gamma \approx 1.5 \cdot 10^{-3}$. 在这种情形下, 由于电子-空穴对数统计涨落对于能量分辨率造成的理论限制可以从式(5.54)加以估计. 对于 $E_\gamma = 1.33$ MeV, 利用数值 $W \approx 3$ eV 以及 $F \approx 0.1$, 可算得

$$\sigma(E)/E \approx 4.7 \cdot 10^{-4}, \quad \frac{FWHM}{E} = 2.35 \cdot \frac{\sigma(E)}{E} \approx 1.1 \cdot 10^{-3}. \quad (5.55)$$

该结果与实验测得的探测器参数相差不远.

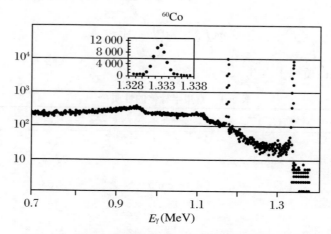

图 5.20　HPGe 探测器测得的 ^{60}Co 源的 γ 能谱(承蒙 V. Zhilich 供图)

两个峰对应于 ^{60}Co 的 1.17 MeV 和 1.33 MeV 的两条 γ 谱线, 而能谱中部的两个肩由两条全吸收谱线相关的康普顿边缘产生(参见表 3.3 和附录 5)

尽管这里只讨论了硅和锗半导体探测器, 但其他材料如砷化镓(GaAs)[73-74]、碲化镉(CdTe)和碲化镉-锌[75] 也可用作核和基本粒子物理领域中的粒子探测器.

为了比较固体探测器与其他计数器(参见 5.1 节、5.2 节和 5.4 节)的谱学性质,我们必须指出,固体中产生一对电子-空穴所需的能量仅为 $W\approx3$ eV. 按照式(5.53)和式(5.54),该参数原则上给出了能量分辨率的限制值. 对于气体和液体的惰性气体,W 约大 10 倍,即 $W\approx20\sim30$ eV, 而对闪烁计数器, 在光敏器件中产生一个光电子所需的能量在 $50\sim100$ eV 范围. 此外, 费诺因子($F\approx1$)在这里不起任何作用.

半导体计数器的特征是量子跃迁具有几电子伏特的量程. 如果能量吸收是以更细小的步阶进行的, 比如通过**超导体**中的库珀对的分裂, 那么能量分辨率能够进一步改善. 图 5.21 显示了 $T=400$ mK 下锰的 K_α 和 K_β X 射线光子在 $Sn/So_x/Sn$ 隧道结层所产生的电流脉冲的幅度分布. 在这种情形下, 可获得的能量分辨率已经显著地好于最优良的 Si(Li) 半导体计数器的结果.

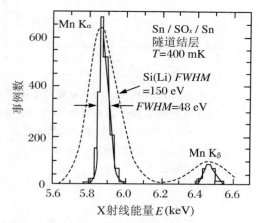

图 5.21 锰的 K_α 和 K_β X 射线光子在 $Sn/SO_x/Sn$ 隧道结层所产生的信号的幅度分布

作为比较, 点线显示了 Si(Li) 半导体探测器可获得的最好能量分辨率[76]

在更低的温度($T=80$ mK)下, 利用 HgCdTe 吸收体和 Si/Al 量能器构成的**辐射热测定仪**, 测得锰的 K_α 线的分辨率为 17 eV FWHM(图 5.22)[77-78].

利用辐射热测定仪, 通过温度的上升所记录到的 K_α 线的 X 射线沉积能量是 5.9 keV. 这类微型量能器必须具有极低的热容量, 必须工作在低温条件下. 在大多数情形下, 它们有一个表面积较大的吸收体(直径达几毫米), 并与一个半导体热敏电阻耦合. 沉积能量收集在吸收体中, 连同热敏电阻的读出构成一个全吸收量能器. 这类两单元辐射热测定仪使我们能获得极好的能量分辨率, 但是当前它们不能处理粒子的高计数率, 因为热信号的衰减时间约为 20 μs 量级. 与标准的量能器技术(基于电离电子的产生和收集)相比, 辐射热测定仪的巨大优势在于它原则上也能探测不具有电离能力或弱电离能力的粒子，比如慢磁单极子、弱作用重粒子（WIMP）、天体物理中微子，或作为大爆炸遗迹的原生中微子辐射，后者的能量约为 0.2 meV($\approx$1.9 K)，相应于 2.7 K 的微波背景辐射. 这类宇宙中微子的探测对于探测器的建造者形成了真正意义上的挑战. 利用大面积的超导 Nb/Al - AlO$_x$/Al/Nb **隧道结**也获得了 X 射线的极好的能量分辨率[79].

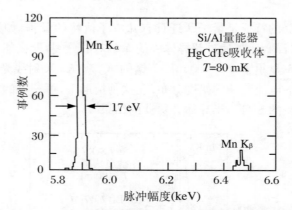

图 5.22 利用 HgCdTe 吸收体和 Si/Al 量能器构成的辐射热测定仪，测得源自锰的 K$_\alpha$ 和 K$_\beta$ 线的 5.9 keV 和 6.47 keV X 射线的幅度分布

K$_\alpha$ 线相应于 L 到 K 壳层的跃迁，K$_\beta$ 线相应于 M 到 K 壳层的跃迁[78]

5.4 闪烁计数器

闪烁体是测量核辐射的最古老的粒子探测器之一. 早期，当带电粒子打击硫酸锌屏幕时，利用所发射的闪光来探测粒子. 这类闪光是用肉眼来记录的. 曾有过报道，在喝了一杯浓咖啡后（可能有小剂量的士的宁），人眼的灵敏度能够显著地提高.

全黑的环境中经过足够长的人眼调节时间后，人眼一般能够感知约 15 个光子形成的闪光，条件是它们在 0.1 s 的时间内发射，且其波长与人眼敏感度最高的范围匹配.

0.1 s 的时间跨距大致对应于视觉感知的时间常数[80]. 查德威克（Chadwick）[81] 偶尔会引用 Henri 和 Bancels 的文章[82-83]，文中提到，人眼应当能够感知到约 3 eV 的能量沉积（相应于一个绿光光子）[84].

1949 年,新的可能性被开启,当时发现了**碘化钠晶体**是一种良好的闪烁体,并且可以生长到很大的尺寸[85]. 这种晶体与光电倍增管组合在一起得到成功的研发以进行 γ 射线谱学的研究[86].

闪烁计数器的测量原理基本上没有发生过什么变化. 闪烁体具有双重功能:首先它将粒子能量损失引起的晶体晶格的激发能转化为可见光;其次,它将这些光直接或通过光导引向光学接收器(光电倍增管、光子二极管等)[87-89]. 文献[87]详细地描述了闪烁探测器的物理原理和性能特征.

这类非直接探测的缺点是产生一个光电子所需的能量要远远大于固体电离探测器中产生一对电子-空穴所需的能量. 对于最好的闪烁计数器,这一能量约为 50 eV,而对于硅探测器,这一能量为 3.65 eV. 但是这一缺点可以通过建造大尺寸、大质量的探测器得到补偿,尺寸可达几十米,质量达上百吨,而闪烁材料具有相对较低的价格.

闪烁体的主要特征是:闪烁效率、光输出、闪烁光的发射谱和衰减时间. **闪烁效率** ε_{sc} 定义为闪烁体发射光子的能量与总吸收能量之比. **光输出** L_{ph} 定义为闪烁体中每 1 MeV 的吸收能量所发射的光子数. **发射谱**通常有一个(有时多于一个)特征波长 λ_{em} 处的极大值. 对于光的收集而言,折射率 $n(\lambda)$ 和光衰减长度 λ_{sc} 是重要的参数. 闪烁光的特征是一个快的上升之后跟随一个缓慢的、由闪烁体材料决定的特征**衰减时间** τ_D 的指数衰减. 通常需要用多于一种的指数成分来描述光脉冲形状. 在这种情形下,需要用若干个衰减时间 $\tau_{D,i}$ 来描述脉冲的后沿. 闪烁体材料可以是无机晶体、有机化合物液体和气体. 这些闪烁体材料中的闪烁机制本质上并不相同.

无机闪烁体大多数是晶体,纯晶体如 $Bi_4Ge_3O_{12}$, BaF_2, CsI 等,掺杂少量其他物质的有 $NaI(Tl)$, $CsI(Tl)$, $LiI(Eu)$ 等[90-91].

无机物质中的闪烁机制可以通过考察晶体中的能带来加以理解. 因为闪烁体对自身的发射光透明,导带中的自由电子数应当很少,且价带和导带之间的能隙足够宽,至少为几电子伏. 最常用的卤化物晶体是绝缘体. 价带被完全占满,而导带一般是空的(图 5.23). 价带和导带之间的能量差为 3~10 eV.

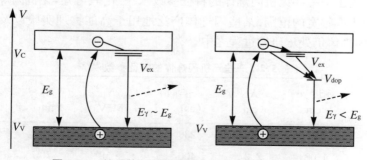

图 5.23 纯晶体(左图)和掺杂晶体(右图)中的能带

由于入射的带电粒子或 γ 射线在晶体中沉积能量,电子从价带转移到导带.电子在导带里可以自由穿过晶格.在这样的激发过程中,价带中出现一个空穴.电子可以与空穴复合,或者产生一个带空穴的束缚态,称为激子(exciton).**激子能级** V_{ex} 略低于导带的下沿 V_C.激子一段时间内在晶体中移动,然后能够通过与声子的碰撞而退激发,或者发生复合而发射一个能量相应于其激发能 E_{ex} 的光子.在室温下,发射光子的概率很低,而在低温下主要是这一机制确定了激子的寿命.所以,低温下碱金属卤化物的纯晶体有很高的闪烁效率.图 5.24 显示了纯 CsI 的光输出和衰减时间的温度依赖[92].由图可见,低温下光输出增大,而闪烁光的衰减时间变长.

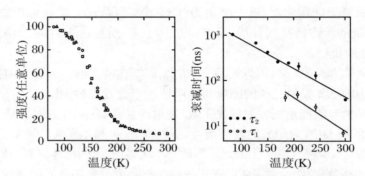

图 5.24 纯 CsI 晶体的光输出(左图)和衰减时间(右图)的温度依赖[92]

右图的两条曲线相应于两种衰减时间常数

为了改善室温下的闪烁效率,需要将掺杂剂小心地掺入到晶体晶格中以作为**激活中心**.这类掺杂剂能量上处于价带和导带之间,从而产生一个居间的能级 V_{dop}.激子或自由电子能够击中一个激活中心,使其结合能被传递出去(图 5.23).激活中心的激发能以晶格振动(声子)的形式传递给晶格,或者是发射光子.晶体中一定比例的沉积能量于是转化为光辐射.这些辐射光可通过光敏探测器转化为电压信号.闪烁体的衰减时间则取决于激发能级寿命.

表 5.2 列出了一些无机闪烁体的特征参数[93-98].由表可知,无机闪烁体的衰减时间和光输出有很宽的范围.某些闪烁体广泛地用于高能物理实验以及核谱学研究,而有些闪烁体仍处于研发过程之中[91,99].

表 5.2 一些无机闪烁体的特征参数[93-98]

闪烁体	密度 ρ (g/cm³)	X_0 (cm)	τ_D (ns)	L_{ph}, N_{ph} (每 MeV)	λ_{em} (nm)	$n(\lambda_{em})$
NaI(Tl)	3.67	2.59	230	$3.8 \cdot 10^4$	415	1.85
LiI(Eu)	4.08	2.2	1 400	$1 \cdot 10^4$	470	1.96
CsI	4.51	1.85	30	$2 \cdot 10^4$	315	1.95

续表

闪烁体	密度 ρ (g/cm³)	X_0 (cm)	τ_D (ns)	L_{ph}, N_{ph} (MeV^{-1})	λ_{em} (nm)	$n(\lambda_{em})$
CsI(Tl)	4.51	1.85	1 000	$5.5 \cdot 10^4$	550	1.79
CsI(Na)	4.51	1.85	630	$4 \cdot 10^4$	420	1.84
Bi$_4$Ge$_3$O$_{12}$ (BGO)	7.13	1.12	300	$8 \cdot 10^3$	480	2.15
BaF$_2$	4.88	2.1	0.7	$2.5 \cdot 10^3$	220	1.54
			630	$6.5 \cdot 10^3$	310	1.50
CdWO$_4$	7.9	1.06	5 000	$1.2 \cdot 10^4$	540	2.35
			20 000		490	
PbWO$_4$ (PWO)	8.28	0.85	10/30	70~200	430	2.20
Lu$_2$SiO$_5$ (Ce) (LSO)	7.41	1.2	12/40	$2.6 \cdot 10^4$	420	1.82

一些无机闪烁晶体的**发光光谱**示于图 5.25，同时给出了塑料闪烁体的光谱作为对比，后者一般比较窄．

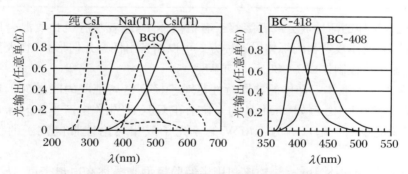

图 5.25 一些无机闪烁晶体和塑料闪烁体的发光光谱[94,98]

有机闪烁体是聚合塑料、液体，有时也可以是晶体，不过后者现在很少使用．塑料闪烁体材料现在使用得最为广泛，一般利用分子结构中含有苯环的聚合物．这类物质当带电粒子有能量沉积时会发光．但是其发射光位于紫外区，而且光的吸收长度很短，即荧光剂对它自身发射的光是不透明的．为了能使光电倍增管具有最高灵敏度波长范围的光输出（典型值为 400 nm），需要在基质中加入一到两种（有时甚至三种）荧光剂作为**波长位移质**．对于这类化合物，基本聚合物分子的激发通过非辐射的 Förster 机制[100]传递给第一荧光剂（fluorescent agent），后者退激发时发射波长较长的光.如果这一波长仍然没有完全调节到光阴极的灵敏区,为了实现光的提取,就需要在闪烁体中加入第二荧光剂,它吸收发生位移了的荧光,再发射更低频的、各向同性的荧光("**波长位移质**").于是,最后一种荧光剂成分的发射谱一般与光接收器的灵敏谱区相匹配[101].

表 5.3 列出了一些常用的**塑料闪烁体物质**的性质,并以有机晶体蒽作为对比.最好的塑料闪烁体是苯甲烯、聚甲基苯乙烯(PVT)和聚苯乙烯(PS).有时候,利用非闪烁体的基质如 PMMA(有机玻璃,也称"Plexiglas"或"Perspex"),再加入约 10%的添加物萘.这种闪烁体比 PVT 或 PS 作为基质的闪烁体便宜,且对自发射的光有很好的透明度,但是其光输出一般仅为最好的闪烁物质的一半或更少.有机闪烁体的特征是衰减时间短,典型值在 ns 量级.

表 5.3 一些有机闪烁体的特征参数[87,93-94,102-103]

闪烁体	基质	密度 ρ (g/cm³)	τ_D (ns)	L_{ph}, N_{ph} (MeV^{-1})	λ_{em} (nm)	$n(\lambda_{em})$
蒽		1.25	30	16 000	440	1.62
BC-408(BICRON)	PVT	1.032	2.1	10 000	425	1.58
BC-418(BICRON)	PVT	1.032	1.5	11 000	391	1.58
UPS-89(AMCRYS-H)	PS	1.06	2.4	10 000	418	1.60
UPS-91F(AMCRYS-H)	PS	1.06	0.6	6 500	390	1.60

有机闪烁体的活性成分或者溶解于有机液体中,或者与有机物质混合形成一种聚合结构.液体或塑料闪烁体以这种方式可以制备出任意几何形状.在大多数情形下,闪烁体薄板制作成 1~30 mm 的厚度.

所有固体和液体闪烁体的共同特性是对于极高电离密度的能量沉积具有非线性的响应[87,104,105].例如,5 MeV 的 α 粒子在 CsI(Tl)晶体中产生的闪烁光信号(对于沉积能量归一化),约为 1 MeV 的 γ 光子或相对论性带电粒子的信号的一半.

对于有机闪烁体,Birks[87]建议利用半经验模型来描述高电离密度 dE/dx 情形下的光输出的减少:

$$L = L_0 \frac{1}{1 + k_B \cdot dE/dx}, \qquad (5.56)$$

其中 dE/dx 是以 MeV/(g·cm^{-2})为单位的电离损失,k_B 是表征所用的闪烁物质特性的 **Birks 常数**.k_B 的典型值范围为$(1\sim 5)\cdot 10^{-3}$ g/(cm²·MeV).

气体闪烁计数器闪烁光的产生过程是,带电粒子在相互作用中使原子激发,然后这些原子通过发射光子衰变到基态[87,106].激发能级的寿命具有 ns 量级.由于密度低,故气体闪烁体中的光产额相对较低.但是,液氩(LAr)、液氪(LKr)和液氙

(LXe)是很有效的闪烁体[47,107]. 例如,液氩的光输出差不多与 NaI(Tl)晶体相同,但其衰减时间仅为 20 ns 左右. 但是,它们的最大发射光波长是 174 nm(对于 LAr,是 128 nm;对于 LKr,是 147 nm),这些光的探测非常困难,特别是考虑到必须在低温下工作.

闪烁计数器必须具有高的**光收集效率**和对于其全部探测体积的**均匀响应**. 为此,晶体中的光衰减应当很小,因此光衰减长度 λ_{sc} 成为闪烁体的一个极其重要的特征参数.

通常闪烁光可以通过表面积 S_{out} 的光敏器件从计数器的一面或两面加以收集, S_{out} 一般远小于计数器总的表面积 S_{tot}. 对于尺寸不太大(约 5 cm 或更小)的计数器,除光输出窗口之外的所有表面为漫反射表面能获得最佳的收集效率. 细的氧化镁粉末或多孔聚四氟乙烯膜可用作有效的反射剂. 对于具有近似等尺寸外形(例如接近球形或正方形)的计数器,光收集效率 η_C 可以用一简单的公式进行估计(参见习题 5 第 4 题),

$$\eta_C = \frac{1}{1+\mu/q}, \tag{5.57}$$

其中 $q = S_{out}/S_{tot}$, μ 是漫反射剂的吸收系数. 对于中等大小的晶体,漫反射剂的吸收系数可达 $\mu \approx 0.05 \sim 0.02$[108-109], 它对应于光收集效率 $\eta_C \approx 60\% \sim 70\%$.

图 5.26 显示了用 CsI(Tl)计数器测量 ^{137}Cs 放射源 662 keV γ 射线获得的典型能谱. 最右端的峰相应于光子的全吸收(参见第 1 章),通常称为**光电峰**. 平坦的康普顿连续区右端的**康普顿边缘**在光电峰的左侧. 在 184 keV 观测到的另一个峰是由光子在周围物质上散射回计数器再通过光电效应吸收所产生的. 这一反散射峰的能量相应于全吸收与康普顿边缘之间的差值. 能量分辨率由闪烁光在光敏器件中所产生的光电子数 N_{pe} 的统计涨落和电子学噪声所决定. 光电子数 N_{pe} 的计算公式为

$$N_{pe} = L_{ph} \cdot E_{dep} \cdot \eta_C \cdot Q_s, \tag{5.58}$$

式中 E_{dep} 是沉积能量, L_{ph} 是闪烁体中每兆电子伏吸收能量对应的光子数, η_C 为光子收集效率, Q_s 为光敏器件的量子效率. 能量分辨率公式则为

$$\frac{\sigma_{E_{dep}}}{E_{dep}} = \sqrt{\frac{f}{N_{pe}} + \left(\frac{\sigma_e}{E_{dep}}\right)^2 + \Delta^2}, \tag{5.59}$$

其中 f 是所谓的"过量噪声因子",用以描述光敏器件引入的统计涨落, σ_e 是读出电子学的噪声, Δ 表示闪烁体非线性响应、光收集非均匀性等其他因素的贡献.

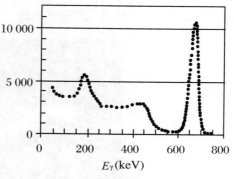

图 5.26 ^{137}Cs 源 662 keV γ 射线照射 CsI(Tl)计数器测得的能谱

1 cm^2 硅光二极管与尺寸 2·2·2(cm^3)的晶体耦合. 能量分辨率 $FWHM/E_\gamma$ 约为 6%

对于大尺寸,特别是长棒形或长片形的闪烁计数器,光收集的最佳方式是利用内(全)反射效应.为此,闪烁体的所有表面必须仔细地抛光.我们来考察平行管状的闪烁体,它的一个表面与一光敏器件具有完美的光学接触.不满足内反射条件的光穿透五个表面之一离开计数器,而其余的光则被光敏器件所收集.假设闪烁光子具有均匀的角分布,穿透每一表面离开闪烁体的光量由下式给定:

$$\frac{\Delta I}{I_{\text{tot}}} = \frac{1 - \cos\beta_{\text{ir}}}{2} = \frac{1}{2}\left(1 - \sqrt{1 - \frac{1}{n^2}}\right), \tag{5.60}$$

式中 β_{ir} 是内反射角, n 是闪烁体的折射率, I_{tot} 是计数器的总表面积, ΔI 是该表面的面积.于是光收集效率为

$$\eta_{\text{C}} = 1 - 5 \cdot \frac{\Delta I}{I_{\text{tot}}}. \tag{5.61}$$

对于大尺寸的计数器,由于大体积吸收或表面散射导致的闪烁光的损失不可忽略.对于高品质的闪烁体,考虑了这些效应后,其光衰减长度可达 2 m 左右.

通常,大面积闪烁体用若干个光电倍增管读出.这些光电倍增管的相对脉冲幅度可用来确定粒子的通过点,从而可以对测量到的光产额进行吸收效应的修正.

探测器使用的塑料闪烁体通常做成闪烁体板材型.闪烁光从闪烁体板端面出射,必须引向光电倍增管并与光敏器件的圆形几何相匹配.这种匹配用**光导**来实现.在最简单的情形下(图 5.27),光通过一个三角形光导(鱼尾)传输到光电倍增管的光阴极.利用鱼尾光导来达到光的完全传输,即无损失的光传输是不可能的.只有利用复杂的光导才能将闪烁体板端面的闪烁光引向光阴极而不至于有明显的光量损失(**绝热光导**).图 5.28 显示了绝热光导的工作原理($\text{d}Q = 0$,即没有光损失).该光导系统的每一单根光导只能有中等程度的弯转,因为被内反射约束在光导中的光当光导弯转过大时会损失掉.

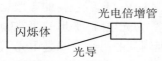

图 5.27 利用"鱼尾"光导进行光传输

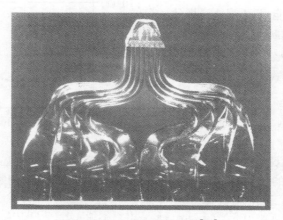

图 5.28 绝热光导的照片[110]

由于所谓的刘维尔(Liouville)定理,不可能将闪烁体端面的出射光无损失地聚集到面积很小的光阴极上,该定理说,"任意相空间的体积数(volume of phase space)在其时间和空间的演化过程中可以改变形式,但是它的大小保持不变".

5.5 光电倍增管和光电二极管

测量快速光信号最常用的设备是光电倍增管(PM).闪烁计数器释放的可见光或紫外光通过光电效应在光阴极中释放出电子.对于粒子探测器,通常使用半透明光阴极的光电倍增管.光阴极由一层极薄的半导体化合物(SbCs、SbKCs、SbRbKCs等)沉积在透明的输入窗内表面制备而成.

对于大多数计数器而言,光阴极上加的是负高压,尽管对某些种类的测量推荐使用相反的高压方式(阳极上加正高压).光电子被一引导电场聚集到第一打拿极,后者是电子倍增系统的一个组成部分.阳极一般处于地电位.光阴极与阳极之间的电压被一串电阻所分压.这一分压器提供了光阴极与阳极之间的所有打拿极以适当的电压,使得所加的负高压被线性地分配(图5.29).光电倍增管的工作及其应用的详尽描述可参见文献[111-112].

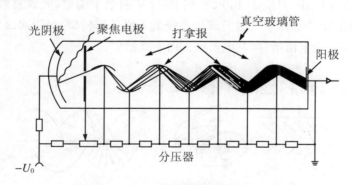

图5.29 光电倍增管的工作原理
电极系统安装于真空玻璃管内.光电倍增管通常用高磁导率材料制成的 μ 金属圆筒屏蔽杂散磁场(例如地磁场)

光电倍增管的一个重要参数是它的**量子效率**,即每个入射光子所产生的平均光电子数.对于最常用的双碱光阴极(掺有 Sb 的 Cs-K),它的量子效率对于波长约 400 nm 的光约达到 25%.值得指出的是,近年间量子效率达到 50% 的光阴极为 GaAs 和 GaInAsP 的光电倍增管可以在市场上买到.但是这类光电倍增管到目前为止不经常使用,它们受某些因素的限制.

图 5.30 显示了双碱光电阴极的量子效率与波长的函数关系[111]. 短波长光的量子效率下降,这是因为光电倍增管窗玻璃的透明度随着频率的增加(波长缩短)而减小. 只有利用 UV 透明的石英窗才能使量子效率延伸到短波长范围.

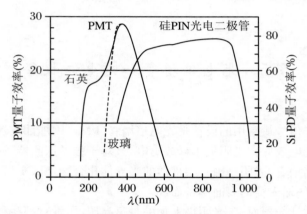

图 5.30 双碱光电阴极的量子效率与波长的函数关系[111]及其与硅 PIN 光电二极管的比较[113]

注意,光电倍增管和硅光电二极管的量子效率具有不同的标尺,它们标在图的左右两侧

打拿极必须具有高的**次级电子发射系数**(BeO 或 Mg-O-Cs). 对于两个打拿极之间典型的加速电压,对应于 100 eV 到 200 eV 的电子能量,大致发射 3~5 个次级电子[111]. 图 5.31 显示了几种打拿极系统的不同几何构型. 对于次级发射系数为 g 的 n 型打拿极光电倍增管,其电流放大由下式给定:

$$A = g^n. \tag{5.62}$$

对于典型值 $g=4$ 和 $n=12$,可得 $A = 4^{12} \approx 1.7 \cdot 10^7$.

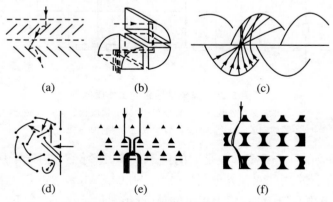

图 5.31 几种打拿极系统的几何构型[111]
(a) 软百叶帘式;(b) 盒式;(c) 线性聚集式;
(d) 圆形鼠笼式;(e) 丝网式;(f) 叶形片式

对应于光阴极处的一个光电子，在约 5 ns 时间内收集到达阳极的电荷为
$$Q = eA \approx 2.7 \cdot 10^{-12} \text{ C}, \tag{5.63}$$
从而阳极电流为
$$i = \frac{\mathrm{d}Q}{\mathrm{d}t} \approx 0.5 \text{ mA}. \tag{5.64}$$
如果光电倍增管端接一 50 Ω 的电阻，则得到一个电压信号：
$$\Delta U = R \cdot \frac{\mathrm{d}Q}{\mathrm{d}t} \approx 27 \text{ mV}. \tag{5.65}$$

这样就能很可靠地测量到一个光电子. 图 5.32 显示了线性聚焦式打拿极系统的一个光电倍增管的单光电子信号的脉冲幅度分布. 该分布的极大-极小值之比称为"峰谷比"，其值约等于 3. 峰宽度主要由第一打拿极发射的次级电子数量的泊松统计所决定. 谱左边的部分是由第一打拿极的热发射和电子学噪声所引起的.

光电倍增管对整个计数器能量分辨率的贡献主要由光电子数统计、量子效率的非均匀性和光阴极的光电子收集效率，以及过量噪声因子（excess noise factor）f 所决定（参见方程 (5.59)）. 对于光电倍增管，通常可忽略式 (5.59) 中的 Δ 项. 光电倍增管的过量噪声因子可表示为

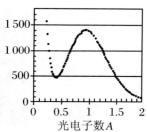

图 5.32 线性聚焦式打拿极系统光电倍增管的单光电子信号的阳极脉冲幅度分布

$$f = 1 + \frac{1}{g_1} + \frac{1}{g_1 g_2} + \cdots + \frac{1}{g_1 g_2 \cdots g_n} \approx 1 + \frac{1}{g_1}, \tag{5.66}$$

式中 g_i 是第 i 打拿极的增益.

光电倍增管信号的**上升时间**的典型值是 1～3 ns. 这一时间应当与光电子在光阴极产生直至到达阳极所需的时间相区别，后者称为**渡越时间**，它取决于光电管的种类，其典型值在 10～40 ns 范围.

电子到达阳极时间的**时间晃动**对于希望达到高的时间分辨会成为一个问题. 形成时间晃动的两个主要来源是光电子速度的变化以及从光电子产生点到第一打拿极的路径长度的差别，后者会有很大的涨落.

光电子速度的不同导致的时间晃动（或渡越时间的弥散, TTS）容易加以估计. 如果 s 表示光阴极到第一打拿极间的距离，则初始动能为 T 的电子到达第一打拿极的时间 t_1 可由下式导出：
$$s = \frac{1}{2} \frac{eE}{m} t_1^2 + t_1 \cdot \sqrt{2T/m}, \tag{5.67}$$
式中 E 是电场强度，m 是电子质量. 由此我们可估计 $T = 0$ 时光电子和平均动能为 T 的光电子的 t_1 之间的差：

$$\delta t = \frac{\sqrt{2mT}}{eE}. \tag{5.68}$$

对于 $T = 1 \text{ eV}$ 和 $E = 200 \text{ V/cm}$，得到的时间晃动为 $\delta t = 0.17$ ns. 对于光阴极直径为 50 mm 的快 XP2020 PM 管，这一时间弥散为 $\sigma_{TTS} = 0.25$ ns[114]. 由路径长度的不同决定的到达时间差强烈地依赖于光阴极的大小和形状. 对于 XP4512 光电管，其光阴极是平板型，阴极直径为 110 mm，该时间差达到 $\sigma_{TTS} = 0.8$ ns，而与之对照的是 XP2020 的时间差，仅为 0.25 ns[114].

对于大的光电倍增管，可达到的时间分辨率基本上由其路径长度差所限定. 神冈核子衰变和中微子实验中使用阴极直径为 20 in（英寸）的光电倍增管[115-116]，其路径长度差达到 5 ns. 对于这样的光电管，光阴极到第一打拿极间的距离是如此之长，以至于必须对地磁场加以很好的屏蔽，从而使得光电子能够到达第一打拿极. 图 5.33 显示了一个 8 in 光电倍增管的照片.

图 5.33　8 in 光电倍增管（R 4558）的照片[117]

为了获得位置灵敏度，光电倍增管的阳极可以划分成许多互相独立的小片（pad）或制作为一组条状（或两层相互交叉的条）[112]. 为了保留位置信息，打拿极系统必须将光阴极上的影像以极小的畸变进行传输. 要满足这一条件，该装置的打拿极系统应当尽可能地贴近阴极. 它可以制作成为一组若干层的细丝网或薄膜. 阳极像素的大小可以是 2 mm×2 mm，间距为 2.5 mm. 这类光电倍增管应用于医学中的伽马相机[118]以及高能物理实验[119-120].

利用微通道板作为放大系统（MCP-PMT），光电倍增管（通道板）中路径长度的涨落能够大大减小. 这类通道板的工作原理示于图 5.34[112]. 1 000 V 左右的电压施加于细玻璃管（直径 6～50 μm，长 1～5 mm），其内壁镀有阻性层. 入射光子在光阴极或微通道内壁上产生光电子. 如同通常的光电管中一样，光电子在（现在情形下是连续型的）打拿极中实现放大. 通道板包含大量（$10^4 \sim 10^7$）这样的微通道，它们制成为铅玻璃板的中孔. 微缩照片记录了直径为 12.5 μm 的一片通道板[121]，示于图 5.34. 具有单片 MCP 的光电倍增管的增益可达 $10^3 \sim 10^4$. 要想获得更高的增益可以将两片或三片 MCP 串式地集成到 MCP-PMT 中.

由于电子在纵向电场中的平均自由长度很短，所以与普通光电倍增管相比路径长度的涨落显著地减小. 在放大因子为 $10^5 \sim 10^6$ 的情形下，渡越时间差约为 30 ps[122].

普通光电倍增管事实上不能工作在强磁场环境下（除非有强的磁屏蔽），而磁场对于通道板的效应则比较小. 这与下述事实相关联：在通道板中，阴极与阳极间的距离要短得多. 但是，近期研发的透明丝网式打拿极的普通光电倍增管能够经得起中等强度的磁场.

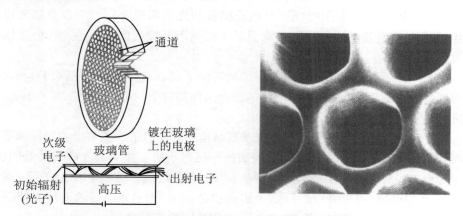

图 5.34 通道板的工作原理[112]（左图）和微通道的微缩照片[121]（右图）

通道板带来的一个问题是电子与通道板中剩余气体碰撞产生的正离子流向着光阴极方向移动.如果不阻止正离子到达光阴极,通道板的寿命将非常短.将极薄的厚度约 7 nm 的铝窗(对电子透明)安装在光阴极和通道板之间可以吸收掉正离子.用此方法可以保护光阴极免受离子的轰击.

一种非常有希望的光敏器件是混合型光电倍增管(HPMT)[123-124].这类装置只有一个光阴极和一个硅 PIN 二极管作为阳极.15～20 kV 的高压施加在光阴极与 PIN 二极管之间的间隙上.厚 150～300 μm 的二极管在反向偏压下会完全耗尽.被电场加速的光电子贯穿一极薄(约 500 Å)的顶部接触层而到达耗尽区,并产生多个电子-空穴对.这类装置的增益可达 5 000.图 5.35 显示了 HPMT 的设计布局以及用 HPMT 测得的闪烁光的幅度谱[125],可以清晰地分辨出对应于一定光电子数信号的峰(可与普通 PM 的图 5.32 对比).

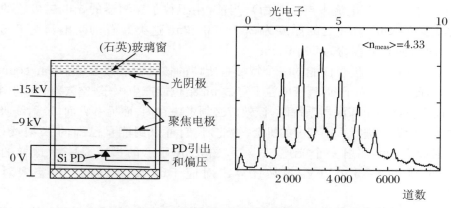

图 5.35 HPMT 的设计布局以及测得的闪烁光纤闪烁光的幅度谱

每一个峰对应于光阴极出射的一定数目的光电子[125]

当代电子学的最新发展使得能够将低增益的光敏器件用于粒子探测器．它们包括一级或两级打拿极的 PM 管（**光电三极管和光电四极管**）[126-128] 以及**硅光电二极管**．利用这类装置的主要原因是它们对于磁场不灵敏或低灵敏、紧凑、稳定性好以及价格低廉．

半导体光子探测器已经使用了很长的时间了，利用硅光电二极管（PD）和大尺寸闪烁晶体 CsI（Tl），NaI（Tl），BGO 的组合来探测粒子的可能性在 1982～1985 年间进行过讨论[129-130]．

PIN 光电二极管的主要工作原理及其结构非常类似于 5.3 节描述的硅粒子探测器（图 5.19）．其差别在于，耗尽区前面的一层对于所要探测的光应当是透明的．一个光电二极管包含一层极薄的高掺杂 p^+ 硅，后面跟随一层中等掺杂的、厚 200～500 μm n 型硅（称为 i 层），最后是一层高掺杂的 n^+ 型硅．p^+ 层的顶端安装一层 SiO_2 膜．整个结构附着在一陶瓷基片上，并用透明的窗覆盖．

进入耗尽区的光子贯穿到加上偏压 U_b 的 i 层，并在其中产生一电子-空穴对，两者被该区域中的电场分离．

光电二极管信号通常用电荷灵敏前置放大器（CSPA）读出，然后到达一个具有最优过滤性能的成形放大器（参见第 14 章）．这样一个电子学链的电子学噪声通常用下述等效噪声电荷来表征（亦见 14.9 节）：

$$\sigma_Q = \sqrt{2eI_D\tau + a\tau + \frac{b}{\tau}(C_p + C_{fb})^2}, \tag{5.69}$$

式中 τ 是成形时间，I_D 是光电二极管的暗电流，a 是输入前置放大器链的并联噪声的贡献，b 描述热噪声，C_p 是光二极管的电容，C_{fb} 是反馈电容．

从该公式可见，噪声水平主要取决于 CSPA 输入处的总电容．为了减小光电二极管的电容，耗尽层应当尽可能延长．另一方面，光电二极管的暗电流与耗尽层中由于热激发产生的电子-空穴对相关联．于是暗电流应当正比于耗尽区的体积（事实上，部分暗电流来自于表面）．当前，用于粒子探测器的光电二极管的面积为 0.5～4 cm^2，而 i 层的厚度为 200～500 μm．这类装置的暗电流为 0.5～3 nA/cm^2，而其电容约为 50 pF/cm^2．

半导体光电二极管性能的一个特征是所谓的**核计数器效应**（nuclear counter effect），即不仅是光子，而且带电粒子穿过 pn 结也能产生电子-空穴对．在利用光电二极管设计一个探测器系统时，该效应必须考虑在内．而另一方面，X 射线吸收提供了对计数器进行直接刻度的机会．为此，我们可以用能量已知的 X 射线（例如放射源[241]Am）照射一个光电二极管．图 5.36 显示的谱就是一个这样的例子．考虑到 W_{Si} = 3.65 eV，容易计算出对应于 60 keV 峰的电子-空穴对的数目．

由于固体电离计数器的工作原理类似于气体计数器，自然会想到将光电二极管应用于正比模式．应用于闪烁计数器的第一个光电二极管在 1991～1993 年间研发成功[131-133]. 当前, 这类雪崩光敏器件得到了相当广泛的应用[134].

雪崩光电二极管(APD)的工作原理示于图 5.37. 这一器件有复杂的掺杂分布, 在一定区域内形成高电场. 光子在产生一对电子-空穴对之前, 穿透几微米射入硅的 p 层. 该区域的弱电场将电子-空穴对分离开, 并使电子漂移向场强极高的 pn 结. 在 pn 结处电子可获得足够的能量并产生新的电子-空穴对. 对于现有的光电二极管而言, 由于碰撞电离, 这样一个器件能够获得的放大系数可达到 1 000.

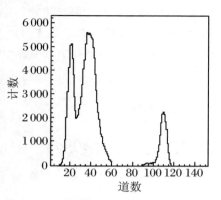

图 5.36 室温下 1 cm² 硅光二极管用 ²⁴¹Am 源的 X 射线照射得到的脉冲幅度分布

最右边的峰对应于能量为 60 keV 的光子, 而第二个宽峰产生于能量 15~30 keV 范围, 不能分开的 γ 射线和 X 射线谱线的叠加. 详见附录 5, 图 A5.10

由于雪崩放大是一个统计过程, 所收集电荷的统计涨落要高于初始光子数的泊松涨落, 它等于 $\sigma = \sqrt{f/n}$, 其中 f 是"过量噪声因子" (excess noise factor).

作为一级近似, 等效噪声电荷 σ_q 可表示为

$$\sigma_q^2 = 2e\left(\frac{I_{ds}}{M^2} + I_{db}f\right)\tau + 4kTR_{en}\frac{C_{tot}^2}{M^2}\frac{1}{\tau}, \tag{5.70}$$

式中 M 是雪崩放大系数, I_{ds} 是表面漏电导致的暗电流成分, I_{db} 是体积暗电流成分, τ 是成形时间, R_{en} 是放大器的等效噪声电阻, C_{tot} 是总输入电容(亦见 14.9 节).

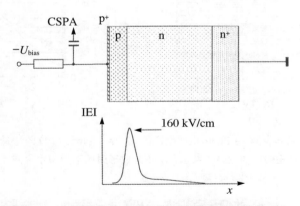

图 5.37 雪崩光电二极管的设计布局及电场强度分布

由公式(5.70)可知, 表面暗电流对于等效噪声电荷没有显著的贡献, 因为分母中 M 值很大. 体积暗电流一般相当小, 因为雪崩放大区前面的 p 层很薄.

假设雪崩发生于具有均匀电场的区域,$0<x<d$,我们来考察最简单的 APD 模型.电子和空穴都能够产生新的电子-空穴对,但是空穴的有效质量大,故其产生阈值要高得多.分别用 α_e 和 α_p 标记电子和空穴在单位漂移距离中产生电离的概率,对于电子电流(i_e)和空穴电流(i_p),可有以下方程:

$$\frac{\mathrm{d}i_e(x)}{\mathrm{d}x} = \alpha_e i_e(x) + \alpha_p i_p(x), \quad i_e(x) + i_p(x) = i_{tot} = 常数. \quad (5.71)$$

对于初始条件

$$i_e(0) = i_0, \quad i_p(d) = 0, \quad (5.72)$$

由该方程的解,得到放大系数

$$M = \frac{i_{tot}}{i_0} = \left(1 - \frac{\alpha_p}{\alpha_e}\right)\frac{1}{\mathrm{e}^{-(\alpha_e - \alpha_p)d} - \frac{\alpha_p}{\alpha_e}}. \quad (5.73)$$

量 α_e 和 α_p 与第一汤森系数类似(参见 5.1.2 小节),它们随着电场强度的增加而增加,从而增益按照式(5.73)而上升.若 α_p 足够大,满足条件

$$\mathrm{e}^{-(\alpha_e - \alpha_p)d} = \frac{\alpha_p}{\alpha_e}, \quad (5.74)$$

则 APD 将击穿.

图 5.38(a)显示了 "Hamamatsu Photonics" 生产的 5 mm×5 mm APD 的增益和暗电流对于偏压的依赖关系.图 5.38(b)则显示了噪声水平对于增益的依赖关系.

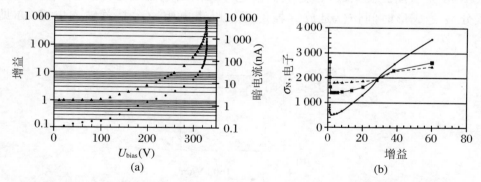

图 5.38　(a) "Hamamatsu Photonics"生产的 5 mm×5 mm APD 的增益(▲)和暗电流(◆)对于偏压的依赖关系;(b) 不同成形时间下噪声水平对于增益的依赖关系:2 μs(•),0.25 μs(■),0.1 μs(▲)

在满足条件 $\alpha_p \ll \alpha_e$ 的偏压范围内,APD 可考虑为一个多级放大器,每一级的放大系数等于 2.

文献[135-136]阐述了 APD 中物理过程的详尽理论.该理论给出的过量噪声因子的表达式为

$$f = K_{eff}M + (2 - 1/M)(1 - K_{eff}), \tag{5.75}$$

其中 K_{eff} 是一量级为 0.01 的常数.

与无放大功能的光电二极管相比,雪崩二极管有两个重要的优点:核计数器效应小得多,耐辐照性高得多[133-134]. 这两个优点都是由于雪崩区前的 p 层厚度很薄. APD 的量子效率基本上接近于普通的 PIN 光电二极管.

当偏压达到击穿的阈值时,APD 达到类似于盖革放电的状态(参见 5.1.3 小节). 如同盖革放电一样,输出信号并不依赖于输入的光量,而只受器件的电阻、电容的限制. 但是这一模式成为另一种有希望的光敏器件(称为**硅光电倍增管**)的基础. 这类器件由安装在一块公共基片上的一组盖革 APD 像素构成,每一像素边长为 $20 \sim 50\,\mu m$,基片总面积为 $0.1 \sim 1\,mm^2$. 当闪烁光的光子总数不太大时,输出脉冲正比于光子总数,放大系数可达约 10^6[137].

5.6 切伦科夫计数器

当一带电粒子以速度 v 穿过折射率为 n 的介质(v 超过介质中的光速 c/n)时,它会发射一种特征电磁辐射,称之为切伦科夫辐射[138-139]. 之所以发射切伦科夫辐射,是由于带电粒子使其路径上的原子发生极化而成为电偶极子. 电偶极场的时间变化导致电磁辐射的发射. 只要 $v<c/n$,电偶极子就沿着粒子路径对称地排列,这样电偶极场对于全部偶极子的积分就等于 0,因而不发生辐射. 但是,当粒子以速度 $v>c/n$ 运动时,对称性遭到破坏,导致偶极矩不为 0,这就导致辐射的发生. 图 5.39 是 $v<c/n$ 和 $v>c/n$ 情形下不同极化的图示[140-141].

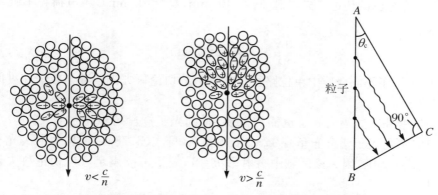

图 5.39 切伦科夫效应的图示[140-141]和切伦科夫角的几何测定

切伦科夫辐射对能量损失的贡献比式(1.11)所示的电离和激发要小,即使对最小电离粒子亦是如此.对于 $Z \geqslant 7$ 的气体,切伦科夫辐射导致的能量损失小于最小电离粒子电离损失的 1%.对于轻的气体(He,H),大约是 5%[21-22].

发射的切伦科夫光子与带电粒子径迹之间的夹角可以根据简单的论证求得(图 5.39).当粒子穿过的距离为 $AB = t\beta c$ 时,光子前进了 $AC = t \cdot c/n$.因此可得

$$\cos \theta_c = \frac{c}{n\beta c} = \frac{1}{n\beta}. \tag{5.76}$$

对于切伦科夫辐射的发射,存在一个**阈效应**.仅当 $\beta > \beta_c = 1/n$ 时才能发射切伦科夫辐射.在阈值处,切伦科夫辐射向前方发射.当 β 增加时,**切伦科夫角**亦增大;当 $\beta = 1$ 时,达到其极大值,即

$$\theta_c^{\max} = \arccos \frac{1}{n}. \tag{5.77}$$

从而,波长为 λ 的切伦科夫辐射要求 $n(\lambda) > 1$.极大发射角 $\theta_c^{\max}$ 对于气体而言很小(对于空气,$\theta_c^{\max} \approx 1.4°$),而对于密集介质则变大(对于普通玻璃,约为 $45°$).

若固定粒子能量,则阈值洛伦兹因子取决于粒子质量.因此切伦科夫辐射的测量适用于粒子鉴别.

当 $n(\lambda) > 1$ 时,单位路径长度发射的波长 λ_1 到 λ_2 之间的切伦科夫光子数可表示为

$$\frac{dN}{dx} = 2\pi \alpha z^2 \int_{\lambda_1}^{\lambda_2} \left[1 - \frac{1}{n(\lambda)^2 \beta^2} \right] \frac{d\lambda}{\lambda^2}, \tag{5.78}$$

式中 z 是产生切伦科夫辐射的粒子的电荷,α 是精细结构常数.

忽略介质的色散(即 n 与波长 λ 无关),可得

$$\frac{dN}{dx} = 2\pi \alpha z^2 \cdot \sin^2 \theta_c \cdot \left(\frac{1}{\lambda_1} - \frac{1}{\lambda_2} \right). \tag{5.79}$$

对于可见光范围的切伦科夫辐射($\lambda_1 = 400\ \text{nm}, \lambda_2 = 700\ \text{nm}$),单电荷粒子($z = 1$)的公式为

$$\frac{dN}{dx} = 490 \sin^2 \theta_c\ \text{cm}^{-1}. \tag{5.80}$$

图 5.40 显示了不同介质中单位路径长度发射的切伦科夫光子数与粒子速度间的函数关系[142].

如果紫外区的辐射光子也能加以探测,则光子产额可以增加 2~3 倍.尽管切伦科夫辐射光子谱分布呈现 $1/\lambda^2$ 依赖关系(见式(5.78)),但切伦科夫光子达不到 X 射线范围,因为该区域中折射率 $n = 1$,故不可能满足产生切伦科夫辐射的条件.

为了获得切伦科夫计数器中产生的光子数的正确值,方程(5.78)必须对于 $\beta \cdot n(\lambda) > 1$ 的区域求积分.同时还必须考虑到光收集系统的响应函数,才能得出

到达光子探测器的光子数.

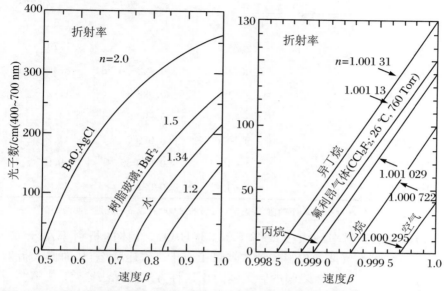

图 5.40 不同介质中单位路径长度发射的切伦科夫光子数与粒子速度间的函数关系[142]

一切透明物质都可作为候选的切伦科夫辐射体. 特别是, 切伦科夫辐射可以在所有闪烁体或用作读出的光导中发射. 不过, 闪烁光近似地比切伦科夫光强 100 倍. 通过利用各种固体、液体和气体辐射体, 可以覆盖很大范围的折射率值 (表 5.4).

表 5.4 切伦科夫辐射体汇编[1, 143]

物 质	$n-1$	β 阈值	γ 阈值
固态钠	3.22	0.24	1.029
钻石	1.42	0.41	1.10
含铅玻璃 (SFS1)	0.92	0.52	1.17
氟化铅	0.80	0.55	1.20
氧化铝	0.76	0.57	1.22
铅玻璃	0.67	0.60	1.25
聚苯乙烯	0.60	0.63	1.28
树脂玻璃 (Lucite)	0.48	0.66	1.33
硼硅酸盐 (Pyrex)	0.47	0.68	1.36
氟化锂	0.39	0.72	1.44

续表

物 质	$n-1$	β 阈值	γ 阈值
水	0.33	0.75	1.52
液氮	0.205	0.83	1.79
气凝硅胶	0.007~0.13	0.993~0.884	8.46~2.13
戊烷(STP)	$1.7 \cdot 10^{-3}$	0.998 3	17.2
CO_2(STP)	$4.3 \cdot 10^{-4}$	0.999 6	34.1
空气(STP)	$2.93 \cdot 10^{-4}$	0.999 7	41.2
H_2(STP)	$1.4 \cdot 10^{-4}$	0.999 86	59.8
He(STP)	$3.3 \cdot 10^{-5}$	0.999 97	123

气体折射率指 0 ℃,1 atm(STP)下的值.固态钠对于波长 2 000 Å 以下的光是透明的[144-145].

普通液体的折射率约大于或等于 1.33(H_2O),气体的折射率小于或等于 1.002(戊烷).虽然气体切伦科夫计数器可工作于高气压状态,从而增大折射率,但 $n=1.33$ 和 $n=1.002$ 之间的巨大间隙用这种方法仍无法覆盖.

不过,利用**气凝硅胶**能够覆盖折射率的这一缺失范围.气凝硅胶是 $m(SiO_2)$ 和 $2m(SiO_2)$ 的相混合物,这里 m 是一整数.气凝硅胶形成一种带气泡的多孔结构.气凝硅胶中的气泡直径比光的波长小,因此光"看到"的是空气和形成气凝胶结构的固体的平均折射率.气凝硅胶的密度可以制备在 $0.1 \sim 0.6 \text{ g/cm}^3$ 之间[1,101,146],而折射率在 1.01~1.13 范围.气凝硅胶的密度(单位:g/cm^3)与折射率之间存在一个简单的关系式[147-148]:

$$n = 1 + 0.21\rho \text{ (g/cm}^3\text{)}. \tag{5.81}$$

在阈式探测器及测量辐射角度依赖的探测器中,切伦科夫效应用来进行粒子鉴别.**微分式切伦科夫计数器**实际上提供了粒子速度的直接测量.微分式切伦科夫计数器只接收速度在一定范围内的粒子,其工作原理如图 5.41 所示[4,149-151].

速度高于 $\beta_{min} = 1/n$ 的粒子都被接受.当速度增加时,切伦科夫角亦增大,最后达到辐射体的内反射临界角 θ_t,于是光不能逃逸出空气光导.内反射临界角可根据斯涅尔(Snell)折射定律计算

$$\sin \theta_t = \frac{1}{n}. \tag{5.82}$$

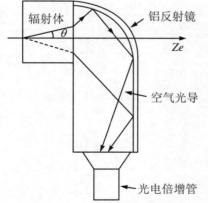

图 5.41 微分式(Fitch type)切伦科夫计数器的工作原理[149-151]

第5章 用于粒子探测的主要物理现象和基本的计数器类型

因为

$$\cos\theta = \sqrt{1-\sin\theta^2} = \frac{1}{n\beta}, \tag{5.83}$$

故可探测的最大速度为

$$\beta_{\max} = \frac{1}{\sqrt{n^2-1}}. \tag{5.84}$$

对于聚苯乙烯辐射体($n=1.6$),$\beta_{\min}=0.625$,而 $\beta_{\max}=0.80$.由此,这样一个微分式切伦科夫计数器所选择的速度窗约为 $\Delta\beta=0.17$.如果对微分式切伦科夫计数器的光学系统进行优化以消除色差(DISC 计数器,DIScriminating Cherenkov counter[152]),速度分辨可达到 $\Delta\beta/\beta=10^{-7}$.本书第9章将讨论几类主要的切伦科夫探测器.

5.7 穿越辐射探测器(TRD)

速度低于切伦科夫阈值的带电粒子也能发射电磁辐射.当带电粒子穿过介电性质不同的不同介质界面时能够发射这种电磁辐射[153].例如,当带电粒子从真空或空气中穿过界面进入电介质时,就发生这种现象.与带电粒子的总能量损失相比,**穿越辐射**导致的能量损失小到可以忽略.

一个带电粒子向着一界面运动,它的镜像电荷向反方向运动,形成电偶极子,其电场强度随时间而变化,即随着粒子的移动而改变(图5.42).当粒子进入介质时场强消失.时间依赖的偶极子电场导致了电磁辐射的发射.

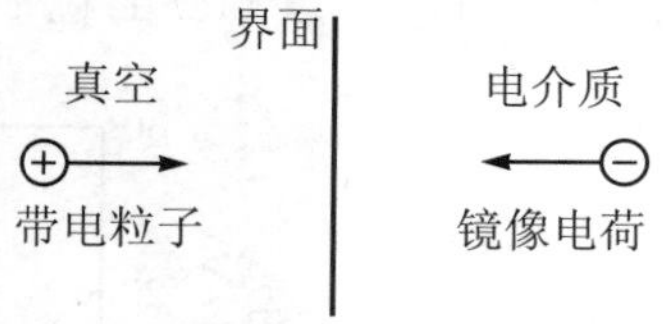

图 5.42 界面处产生穿越辐射的图解

发生这种介质界面发射可以这样理解:虽然粒子通过界面时电位移矢量 $\boldsymbol{D}=\varepsilon\varepsilon_0\boldsymbol{E}$ 发生连续的变化,但是电场强度并不连续变化[154-156].

单个界面(粒子从真空穿越到介电常数为 ε 的介质)上辐射的能量正比于入射带电粒子的洛伦兹因子[157-159]:

$$S = \frac{1}{3}\alpha z^2 \hbar\omega_p \gamma, \quad \hbar\omega_p = \sqrt{4\pi N_e r_e^3 m_e c^2/\alpha}, \tag{5.85}$$

其中 N_e 是介质中的电子密度,r_e 是经典电子半径,$\hbar\omega_p$ 是**等离子能量**(plasma energy).对于常用的塑料辐射体(苯乙烯或相似的物质),我们有

$$\hbar\omega_p \approx 20\text{ eV}. \tag{5.86}$$

当频率

$$\omega > \gamma\omega_p \tag{5.87}$$

时,辐射产额迅速下降. 发射的能量 $\hbar\omega$ 高于一定阈值 $\hbar\omega_0$ 的穿越辐射光子数为

$$N_\gamma(\hbar\omega > \hbar\omega_0) \approx \frac{\alpha z^2}{\pi}\left[\left(\ln\frac{\gamma\hbar\omega_p}{\hbar\omega_0} - 1\right)^2 + \frac{\pi^2}{12}\right]. \tag{5.88}$$

每一界面处发射一个 X 射线光子的概率在 $\alpha = 1/137$ 的量级.

在带电粒子穿越大量的界面,如多孔介质或周期性排列的薄片和空气间隙的情形下,所产生的穿越辐射光子数会相应地增多.

穿越辐射的有吸引力的特征是穿越辐射光子的能量随着粒子的洛伦兹因子(即能量)的增加而增加,而不只是正比于粒子速度[160-161]. 因为用于粒子鉴别的多数过程(电离能量损失、飞行时间、切伦科夫辐射等)依赖于速度,所以对于相对论性粒子($\beta\to 1$)仅有中等的鉴别能力,因此穿越辐射的 γ 依赖效应对于高能粒子的鉴别是极具价值的.

另一个优点是,穿越辐射光子处于 X 射线范围[162]. 穿越辐射能量的增加正比于洛伦兹因子,主要是由于 X 射线光子平均能量的增加,而来源于光子强度的增加的贡献很小. 图 5.43 显示了一种典型的辐射体中穿越辐射光子平均能量对电子动量的依赖关系[152].

穿越辐射光子的发射角反比于洛伦兹因子:

$$\theta = \frac{1}{\gamma_{\text{particle}}}. \tag{5.89}$$

对于薄膜和气隙的周期性安排,会出现干涉效应,它产生一个 $\gamma\approx 1\,000$ 的有效阈行为[163-164],即 $\gamma < 1\,000$ 的粒子几乎不发射穿越辐射光子.

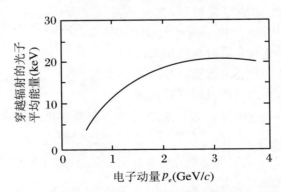

图 5.43 标准的辐射体安排中,穿越辐射光子平均能量对电子动量的典型依赖关系[152]

穿越辐射探测器(TRD)的一种典型安排示于图 5.44. TRD 由一组原子序数 Z 尽可能低的介质薄片构成. 由于光子吸收截面对于 Z 的强烈依赖($\sigma_{\text{photo}}\propto Z^5$),如果原子序数 Z 不尽可能低,穿越辐射光子将不可能从辐射体中逃逸出

来.穿越辐射光子必须用对 X 射线光子效率高的探测器来记录.充氪气或氙气的多丝正比室满足这一要求,因为这些气体有高的原子序,可有效地吸收 X 射线.

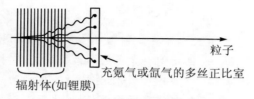

图 5.44　穿越辐射探测器的工作原理

在图 5.44 所示的装置中,带电粒子穿过辐射体后也穿过了光子探测器,产生了额外的电离和激发导致的能量沉积.这一能量损失叠加在穿越辐射的能量沉积之上.图 5.45 显示了高度相对论性电子在(a)辐射体有气隙和(b)辐射体无气隙这两种情形下,穿越辐射探测器中的能量损失分布.在这两种情形下,辐射体中的物质量是相等的.对于第一种情形,由于气隙的存在,能够发射穿越辐射光子,导致电子平均能量损失增加;而对于第二种情形,只测量电子的电离能损[152].

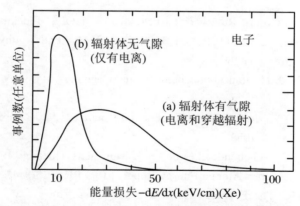

图 5.45　高能电子在(a)辐射体有气隙和(b)辐射体无气隙两种情形下,穿越辐射探测器中的典型能量损失分布

习　题　5

1. 盖革-缪勒计数器(死时间为 500 μs)在一强辐射场中测得的计数率为 1 kHz.问经死时间修正后的计数率为多少?

2. 在实际情形中,半导体计数器中的能量测量受某种厚度为 d 的死层的影响,死层位于灵敏体积前方,其厚度通常未知.怎样在实验上确定 d 值?

3. 切伦科夫角通常用粒子速度 β 和折射率 n 按下式确定:

$$\cos\Theta = \frac{1}{n\beta}.$$

但是它忽略了发射的切伦科夫光子在入射粒子上的反冲.写出考虑了反冲效应后的切伦科夫角的严格关系式.

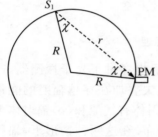

图 5.46 第 4 题的图示

4. 一个探测器由一半径为 R、充以液体闪烁体的球状容器构成,闪烁光用一光阴极面积 $S_p \ll S_{tot} = 4\pi R^2$ 的光电倍增管读出(图 5.46).容器内表面除读出窗之外都覆盖以漫反射物质,反射效率为 $1-\mu$.若漫反射由朗伯定律(Lambert's law)[165]描述:$dJ = (J_0/\pi) \cdot \cos\chi \cdot d\Omega$,其中 J_0 是反射光的总量,χ 是观测线与表面法线之间的夹角,试估计光的收集效率.设探测器受到均匀的照射.

参考文献

[1] Particle Data Group. Review of Particle Physics [J/OL]. Eidelman S, et al. Phys. Lett., 2004, 1/2/3/4 (B592): 1-1109; Yao W M, et al. J. Phys., 2006 (G33): 1-1232. http://pdg.lbl.gov.

[2] Rossi B, Staub H. Ionization Chambers and Counters [M]. New York: McGraw-Hill, 1949.

[3] Wilkinson D M. Ionization Chambers and Counters [J]. Cambridge: Cambridge University Press, 1950.

[4] Allkofer O C. Teilchendetektoren [M]. München: Thiemig, 1971.

[5] Frisch O R. British Atomic Energy Report [R]. BR-49, 1944.

[6] Feynman R. The Feynman Lectures on Physics: Vol. 2 [M]. Reading, MA: Addison-Wesley, 1964.

[7] McCormick D. Fast Ion Chambers for SLC [M]. SLAC-Pub-6296, 1933.

[8] Fishman M, Reagan D. The SLAC Long Ion Chamber for Machine Protection [J]. IEEE Trans. Nucl. Sci., 1967 (NS-14): 1096-1098.

[9] Sauter E. Grundlagen des Strahlenschutzes [M]. Berlin: Siemens AG, 1971; München: Thiemig, 1982.

[10] Hunt S E. Nuclear Physics for Engineers and Scientists [M]. New York: John Wiley & Sons Inc., 1987.

[11] Townsend J S. Electricity in Gases [M]. Oxford: Clarendon Press, 1915.

[12] Brown S C. Introduction to Electrical Discharges in Gases [M]. New York: John

Wiley & Sons Inc., 1966.

[13] Raether H. Electron Avalanches and Breakdown in Gases [M]. London: Butterworth, 1964.

[14] Sharma A, Sauli F. A Measurement of the First Townsend Coefficient in Ar-based Mixtures at High Fields [J]. Nucl. Instr. Meth., 1992 (A323): 280-283.

[15] Sharma A, Sauli F. First Townsend Coefficient Measured in Argon Based Mixtures at High Fields [J]. Nucl. Instr. Meth., 1993 (A334): 420-424.

[16] Sauli F. Principles of Operation of Multiwire Proportional and Drift Chambers [M]. CERN-77-09, 1977, and references therein.

[17] Brown S C. Basic Data of Plasma Physics [M]. Cambridge, MA: MIT Press, 1959; New York: John Wiley & Sons Inc., 1959.

[18] von Engel A. Ionization in Gases by Electrons in Electric Fields [M]//Flügge S. Handbuch der Physik, Elektronen-Emission; Gasentladungen I, Bd. XXI. Berlin: Springer, 1956.

[19] Arefev A, et al. A Measurement of the First Townsend Coefficient in CF_4, CO_2, and CF_4/CO_2-Mixtures at High, Uniform Electric Field [M]. RD5 Collaboration, CERN-PPE-93-082, 1993.

[20] Bagge E, Allkofer O C. Das Ansprechvermögen von Parallel-Platten Funlenzählern für schwach ionisierende Teilchen [J]. Atomenergie, 1957 (2): 1-17.

[21] Sitar B, Merson G I, Chechin V A, et al. Ionization Measurements in High Energy Physics (in Russian) [M]. Moskau: Energoatomizdat, 1988.

[22] Sitar B, Merson G I, Chechin V A, et al. Ionization Measurements in High Energy Physics: Springer Tracts in Modern Physics, Vol. 124 [M]. Berlin: Springer, 1993.

[23] Huxley L G, Crompton R W. The Diffusion and Drift of Electrons in Gases [M]. New York: John Wiley & Sons Inc., 1974.

[24] Kowalski T Z. Generalised Parametrization of the Gas Gain in Proportional Counters [J]. Nucl. Instr. Meth., 1986 (A243): 501-504; On the Generalised Gas Gain Formula for Proportional Counters [J]. Nucl. Instr. Meth., 1986 (A244): 533-536; Measurement and Parametrization of the Gas Gain in Proportional Gounters [J]. Nucl. Instr. Meth., 1985 (A234): 521-524.

[25] Aoyama T. Generalised Gas Gain Formula for Proportional Counters [J]. Nucl. Instr. Meth., 1985 (A234): 125-131.

[26] Rose H E, Korff S A. Investigation of Properties of Proportional Counters [J]. Phys. Rev., 1941 (59): 850-859.

[27] Williams A, Sara R I. Parameters Effecting the Resolution of a Proportional Counter [J]. Int. J. Appl. Radiation Isotopes, 1962 (13): 229-238.

[28] Charles M W. Gas Gain Measurements in Proportional Counters [J]. J. Phys., 1972 (E5): 95-100.

[29] Zastawny A. Gas Amplification in a Proportional Counter with Carbon Dioxide [J]. J. Sci. Instr., 1966 (43): 179-181; Nukleonika, 1966 (11): 685-690.

[30] Kristov L G. Measurement of the Gas Gain in Proportional Counters [J]. Doklady Bulg. Acad. Sci., 1947 (10): 453-457.

[31] Loeb L B. Basis Processes of Gaseous Electronics [M]. Berkeley: University of California Press, 1961.

[32] Schröder G A. Discharge in Plasma Physics [G]//Haydon S C. Summer School Univ. of New England. Armidale: The University of New England, 1964.

[33] Salehi M. Nuklididentifizierung durch Halbleitersperktrometer [D]. University of Siegen, 1990.

[34] Aulchenko V, et al. Fast, Parallax-free, one-coordinate X-ray detector OD-3 [J]. Nucl. Instr. Meth., 1998 (A405): 269-273.

[35] Smith G C, et al. High Rate, High Resolution, Two-Dimensional Gas Proportional Detectors for X-Ray Synchrotron Radiation Experiments [J]. Nucl. Instr. Meth., 1992 (A323): 78-85.

[36] Charpak G. Electronic Imaging of Ionizing Radiation with Limited Avalanches in Gases: Noble-Lecture 1992 [R/J]. CERN-PPE-93-25, 1993; Rev. Mod. Phys., 1993 (65):591-598.

[37] Geiger H. Method of Counting α and β-Rays [J]. Verh. d. Deutsch. Phys. Ges., 1913 (15): 534-539.

[38] Rutherford E, Geiger H. An Electrical Method of Counting the Number of α-Particles from Radio-active Substances [J]. Proc. R. Soc. Lond., 1908 (81): 141-161.

[39] Geiger H, Müller W. Das Elektronenzählrohr [J]. Z. Phys., 1928 (29): 839-841; Technische Bemerkungen zum Elektronenzählrohr [J]. Z. Phys., 1929 (30): 489-493

[40] Alekseev G D, Khazins D B, Kruglov V V. Selfquenching Streamer Discharge in a Wire Chamber [J]. Lett. Nuovo Cim., 1979 (25): 157-160; Fiz. Elem. Chast. Atom. Yadra, 1982 (13): 703-748; Investigation of Selfquenching Streamer Discharge in a Wire Chamber [J]. Nucl. Instr. Meth., 1980 (177): 385-397.

[41] Iarocci E. Plastic Streamer Tubes and Their Applications in High Energy Physics [J]. Nucl. Instr. Meth., 1983 (217): 30-42.

[42] Battistoni G, et al. Operation of Limited Streamer Tubes [J]. Nucl. Instr. Meth., 1979 (164): 57-66.

[43] Alekseev G D. Investigation of Self-Quenching Streamer Discharge in a Wire Chamber [J]. Nucl. Instr. Meth., 1980 (177): 385-397.

[44] Baumgart R, et al. The Response of a Streamer Tube Sampling Calorimeter to Electrons [J]. Nucl. Instr. Meth., 1985 (A239): 513-517; Performance Characteristics of an Electromagnetic Streamer Tube Calorimeter [J]. Nucl. Instr.

Meth., 1987 (A256): 254-260; Interactions of 200 GeV Muons in an Electromagnetic Streamer Tube Calorimeter [J]. Nucl. Instr. Meth., 1987 (A258): 51-57; Test of an Iron/Streamer Tube Calorimeter with Electrons and Pions of Energy between 1 and 100 GeV [J]. Nucl. Instr. Meth., 1988 (A268): 105-111.

[45] Baumgart R, et al. Properties of Streamers in Streamer Tubes [J]. Nucl. Instr. Meth., 1984 (222): 448-457.

[46] Dubna:Self Quenching Streamers Revisited [J]. CERN-Courier, 1981, 21 (8): 358.

[47] Doke T. A Historical View on the R & D for Liquid Rare Gas Detectors [J]. Nucl. Instr. Meth., 1993 (A327): 113-118.

[48] Doke T. Liquid Radiation Detectors [J]. Nucl. Instr. Meth., 1993 (A327): 3-226.

[49] Virdee T S. Calorimeters Using Room Temperature and Noble Liquids [J]. Nucl. Instr. Meth., 1992 (A323): 22-33.

[50] Grebenuk A A. Liquid Noble Gas Calorimeters for KEDR and CMD-2M Detectors [J]. Nucl. Instr. Meth., 2000 (A453): 199-204.

[51] Jeitler M. The NA48 Liquid-Krypton Calorimeter [J]. Nucl. Instr. Meth., 2002 (A494): 373-377.

[52] Ramsauer C, Kollath R. Die Winkelverteilung bei der Streuung langsamer Elektronen an Gasmolekülen [J]. Ann. Phys., 1931 (401): 756-768.

[53] Ramsauer C, Kollath R. Über den Wirkungsquerschnitt der Edelgasmoleküle gegenüber Elektronen unterhalb 1 Volt [J]. Ann. Phys., 1929 (395): 536-564.

[54] Ramsauer C. Über den Wirkungsquerschnitt der Gasmoleküle gegenüber langsamen Elektronen [J]. Ann. Phys., 1921 (64): 513-540.

[55] Brüche E, et al. Über den Wirkungsquerschnitt der Edelgase Ar, Ne, He gegenüber langsamen Elektronen [J]. Ann. Phys., 1927 (389): 279-291.

[56] Normand C E. The Absorption Coefficient for Slow Electrons in Gases [J]. Phys. Rev., 1930 (35): 1217-1225.

[57] Acosta D, et al. Advances in Technology for High Energy Subnuclear Physics. Contribution of the LAA Project [J]. Riv. del Nuovo Cim., 1990, 13 (10/11): 1-228. Anzivino G, et al. The LAA Project [J]. Riv. del Nuovo Cim., 1990, 13 (5): 1-131.

[58] Engler J, Keim H, Wild B. Performance Test of a TMS Calorimeter [J]. Nucl. Instr. Meth., 1986 (A252): 29-34.

[59] Albrow M G, et al. Performance of a Uranium/Tetramethylpentane Electromagnetic Calorimeter [J]. Nucl. Instr. Meth., 1988 (A265): 303-318.

[60] Ankowiak K, et al. Construction and Performance of a Position Detector for the UA1 Uranium-TMP Calorimeter [J]. Nucl. Instr. Meth., 1989 (A279):83-90.

[61] Pripstein M. Developments in Warm Liquid Calorimetry [M]. LBL-30282, Lawrence-Berkeley Laboratory, 1991. Aubert B, et al. Warm Liquid Calorimetry

[C]. Proc. 25th Int. Conf. on High Energy Physics, Singapore, 1991, Vol. 2: 1368-1371. Aubert B, et al. A Search for Materials Compatible with Warm Liquids [J]. Nucl. Instr. Meth., 1992 (A316): 165-173.

[62] Engler J. Liquid Ionization Chambers at Room Temperatures [J]. J. Phys. G: Nucl. Part. Phys., 1996 (22): 1-23.

[63] Bressi G, et al. Electron Multiplication in Liquid Argon on a Tip Array [J]. Nucl. Instr. Meth., 1991 (A310): 613-617.

[64] Muller R A, et al. Liquid Filled Proportional Counter [J]. Phys. Rev. Lett., 1971 (27): 532-536.

[65] Derenzo S E, et al. Liquid Xenon-Filled Wire Chambers for Medical Imaging Applications [M]. LBL-2092, Lawrence-Berkeley Laboratory, 1973.

[66] Aprile E, Giboni K L, Rubbia C. A Study of Ionization Electrons Drifting Large Distances in Liquid and Solid Argon [M]. Harvard University Preprint, May 1985.

[67] Kittel C. Introduction to Solid State Physics [M]. 8th ed. New York: Wiley Interscience, 2005; Einführung in die Festkörperphysik [M]. München: Oldenbourg, 1980.

[68] Knoll G F. Radiation Detection and Measurement [M]. 3rd ed. New York: John Wiley & Sons Inc., 1999; 2000.

[69] Sze S M. Physics of Semiconductor Devices [M]. 2nd ed. New York: Wiley, 1981.

[70] Sangsingkeow P, et al. Advances in Germanium Detector Technology [J]. Nucl. Instr. Meth., 2003 (A505): 183-186.

[71] Bertolini G, Coche A. Semiconductor Detectors [M]. Amsterdam: Elsevier-North Holland, 1968.

[72] Zhilich V. Private communication.

[73] Beaumount S P, et al. Gallium Arsenide Microstrip Detectors for Charged Particles [J]. Nucl. Instr. Meth., 1992 (A321): 172-179.

[74] Ayzenshtat A I, et al. GsAs as a Material for Particle Detectors [J]. Nucl. Instr. Meth., 2002 (A494): 120-127.

[75] Redus R H, et al. Multielement CdTe Stack Detectors for Gamma-Ray Spectroscopy [J]. IEEE Trans. Nucl. Sci., 2004, 51(5): 2386-2394.

[76] Walenta A H. Strahlungsdetektoren: Neuere Entwicklungen und Anwendungen [J]. Phys. Bl., 1989 (45): 352-356.

[77] Kelly R, McCammon D, et al. High Resolution X-Ray Spectroscopy Using Mircrocalorimeters [M]. NASA-Preprint LHEA 88-026, 1988; X-Ray Instrumentation in Astronomy [J]. Proc. S. P. I. E., 1988 (982): 219-224. McCammon D, et al. Cryogenic microcalorimeters for high resolution spectroscopy: Current status and future prospects [J]. Nucl. Phys., 1991 (A527): 821C-824C.

[78] Cardone F, Celani F. Rivelatori a Bassa Temperature Superconduttori per la Fisica

delle Particelle di Bassa Energia [J]. Il Nuovo Saggiatore, 1990, 6(3): 51-61.

[79] Matsumura A, et al. High Resolution Detection of X-Rays with a Large Area Nb/Al-Al O_x/Al/Nb Superconducting Tunnel Injection [J]. Nucl. Instr. Meth., 1991 (A309): 350-352.

[80] Hertz G. Lehrbuch der Kernphysik [M]. Leipzig: Bd.1, Teubner, 1966.

[81] Chadwick J. Observations Concerning Artifical Disintegration of Elements [J]. Phil. Mag., 1926, 7(2): 1056-1061.

[82] Henri V, des Bancels J L. Photochimie de la Rétine [J]. Journ. de Physiol. et de Pathol. Gén., 1911 (XIII): 841-858; Anwendung der physikalisch-chemischen Untersuchungsmethoden auf das Studium verschiedener allgemein-biologischer Erscheinungen [J]. Journ. de Physiol. et de Pathol. Gén., 1904 (2).

[83] Baylor D A. Photoreceptor Signals and Vision: Proctor Lecture [J]. Investigative Ophthalmology and Visual Science, 1987 (28): 34-49.

[84] Kohlrausch K W F. Radioaktivität [M]. Wien W, Harms F. Handbuch der Experimentalphysik: Band 15. Leipzig: Akademische Verlagsanstalt, 1928.

[85] Hofstadter R. Alkali Halide Scintillation Counters [J]. Phys. Rev., 1948 (74): 100-101; Erratum: Alkali Halide Scintillation Counters [J]. Phys. Rev., 1948 (74): 628.

[86] Hofstadter R, McIntyre J A. Gamma-Ray Spectroscopy with Crystals of NaI(Tl) [J]. Nucleonics, 1950 (7): 32-37.

[87] Birks J B. The Theory and Practice of Scintillation Counting [M]. Oxford: Pergamon Press 1964,1967; Scintillation Counters. Oxford: Pergamon Press, 1953.

[88] Hildenbrand K D. Scintillation Detectors [M]. Darmstadt GSI-Preprint GSI 93-18, 1993.

[89] Norman E B. Scintillation Detectors [M]. LBL-31371, Lawrence-Berkeley Laboratory, 1991.

[90] Hofstadter R. Twenty-Five Years of Scintillation Counting IEEE Scintillation and Semiconductor Counter Symposium [R]. Washington DC, HEPL Report No.749, Stanford University, 1974.

[91] Novotny R. Inorganic Scintillators: A Basic Material for Instrumentation in Physics [J]. Nucl. Instr. Meth., 2005 (A537): 1-5.

[92] Amsler C, et al. Temperature Dependence of Pure CsI: Scintillation Light Yield and Decay Time [J]. Nucl. Instr. Meth., 2002 (A480):494-500.

[93] Scintillation Materials & Detectors, Catalogue of Amcrys-H, Kharkov, Ukraine, 2000.

[94] Scintillation Detectors, Crismatec, Catalogue, 1992.

[95] Holl I, Lorenz E, Mageras G. A Measurement of the Light Yield of Some Common Inorganic Scintillators [J]. IEEE Trans. Nucl. Sci.,1988, 35 (1): 105-109.

[96] Melcher C L, Schweitzer J S. A Promising New Scintillator: Ceriumdoped Luthe-

tium Oxyorthosilicate [J]. Nucl. Instr. Meth., 1992 (A314): 212-214.
[97] Moszynski M, et al. Large Size LSO:Ce and YSO:Ce Scintillators for 50 MeV Range γ-ray Detector [J]. IEEE Trans. Nucl. Sci., 2000, 47 (4): 1324-1328.
[98] Globus M E, Grinyov B V. Inorganic Scintillation Crystals: New and Traditional Materials, Kharkov (Ukraine), Akta, 2000.
[99] Melcher C L. Perspectives on the Future Development of New Scintillators [J]. Nucl. Instr. Meth., 2005 (A537): 6-14.
[100] Förster T. Zwischenmolekulare Energiewanderung und Fluoreszenz [J]. Ann. Phys., 1948 (2): 55-67.
[101] Kleinknecht K. Detektoren für Teilchenstrahlung [M]. Stuttgart: Teubner, 1984; 1987; 1992. Detectors for Particle Radiation [M]. Cambridge: Cambridge University Press, 1986.
[102] Saint-Gobain, Crystals and Detectors, Organic Scintillators: General Characteristics and Technical Data; www.detectors.saint-gobain.com.
[103] Physical Properties of Plastic Scintillators; www.amcrys-h.com/plastics; www.amcrys-h.com/organics.htm.
[104] Murray R B, Meyer A. Scintillation Response of Activated Inorganic Crystals to Various Charged Particles [J]. Phys. Rev., 1961 (122): 815-826.
[105] Mengesha W, et al. Light Yield Nonproportionality of CsI(Tl), CsI(Na) and YAP [J]. IEEE Trans. Nucl. Sci., 1998, 45(3): 456-460.
[106] Dolgoshein B A, Rodionov B U. The Mechanism of Noble Gas Scintillation [M]// Elementary Particles and Cosmic Rays, No. 2. Moscow: Atomizdat, 1969: Sect. 6.3.
[107] Doke T, Masuda K. Present Status of Liquid Rare Gas Scintillation Detectors and Their New Application to Gamma-ray Calorimetry [J]. Nucl. Instr. Meth., 1999 (A420): 62-80.
[108] Mouellic B. A Comparative Study of the Reflectivity of Several Materials Used for the Wrapping of Scintillators in Particle Physics Experiments [M]. CERN-PPE-94-194, CERN, 1994.
[109] Pichler B J, et al. Production of a Diffuse very High Reflectivity Material for Light Collection in Nuclear Detectors [J]. Nucl. Instr. Meth., 2000 (A442): 333-336.
[110] Nuclear Enterprises, Scintillation Materials, Edinburgh, 1977.
[111] Flyct S O, Marmonier C. Photomultiplier Tubes: Principles & Applications [M]. Brive: Photonis, 2002.
[112] Hamamatsu Photonics K. K., Editorial Committee. Photomultipliers Tubes, Basics and Applications [M]. 2nd ed. Hamamatsu, 1999.
[113] Si Photodiode, Catalogue, Hamamatsu Photonics K. K. Solid State Division [M]. Hamamatsu, 2002.

[114] Photomultiplier Tubes [M]. Brive: Catalogue Photonis, 2000.

[115] Hirata K S, et al. Observation of a Neutrino Burst from the Supernova SN 1987 A [J]. Phys. Rev. Lett., 1987 (58): 1490-1493.

[116] Hirata K S, et al. Observation of ^{8}B Solar Neutrinos in the Kamiokande II Detector [R]. Inst. f. Cosmic Ray Research, ICR-Report 188-89-5, 1989.

[117] Hamamatsu Photonics K. K. Measure Weak Light from Indeterminate Sources with New Hemispherical PM [M]. CERN-Courier, 1981, 21(4): 173; private communication by Dr. H. Reiner, Hamamatsu Photonics, Germany.

[118] Blazek K, et al. YAP Multi-Crystal Gamma Camera Prototype [J]. IEEE Trans. Nucl. Sci., 1995, 42 (5): 1474-1482.

[119] Bibby J, et al. Performance of Multi-anode Photomultiplier Tubes for the LHCb RICH detectors [J]. Nucl. Instr. Meth., 2005 (A546): 93-98.

[120] Aguilo E, et al. Test of Multi-anode Photomultiplier Tubes for the LHCb Scintillator Pad Detector [J]. Nucl. Instr. Meth., 2005 (A538): 255-264.

[121] Philips. Imaging: From X-Ray to IR [M]. CERN-Courier, 1983, 23 (1): 35.

[122] Akatsu M, et al. MCP-PMT Timing Property for Single Photons [J]. Nucl. Instr. Meth., 2004 (A528): 763-775.

[123] Anzivino G, et al. Review of the Hybrid Photo Diode Tube (HPD) an Advanced Light Detector for Physics [J]. Nucl. Instr. Meth., 1995 (A365): 76-82.

[124] D'Ambrosio C, Leutz H. Hybrid Photon Detectors [J]. Nucl. Instr. Meth., 2003 (A501): 463-498.

[125] D'Ambrosio C, et al. Gamma Spectroscopy and Optoelectronic Imaging with Hybrid Photon Detector [J]. Nucl. Instr. Meth., 2003 (A494): 186-197.

[126] Grigoriev D N, et al. Study of a Calorimeter Element Consisting of a CsI(Na) Crystal and a Phototriode [J]. Nucl. Instr. Meth., 1996 (A378): 353-355.

[127] Beschastnov P M, et al. The Results of Vacuum Phototriodes Tests [J]. Nucl. Instr. Meth., 1994 (A342): 477-482.

[128] Checchia P, et al. Study of a Lead Glass Calorimeter with Vacuum Phototriode Readout [J]. Nucl. Instr. Meth., 1986 (A248): 317-325.

[129] Grassman H, Lorenz E, Mozer H G, et al. Results from a CsI(Tl) Test Calorimeter with Photodiode Readout between 1 GeV and 20 GeV [J]. Nucl. Instr. Meth., 1985 (A235): 319-325.

[130] Dietl H, et al. Reformance of BGO Calorimeter with Photodiode Readout and with Photomultiplier Readout at Energies up to 10 GeV [J]. Nucl. Instr. Meth., 1985 (A235): 464-474.

[131] Fagen S J. The Avalanche Photodiode Catalog [M]. Camarillo, CA93012: Advanced Photonix Inc., 1992.

[132] Lorenz E, et al. Test of a Fast, Low Noise Readout of Pure CsI Crystals with Ava-

lanche Photodiodes [C]// Proc. 4th Int. Conf. on Calorimetry in High-energy Physics, La Biodola, Italy, 19-25 September 1993: 102-106.

[133] Lorenz E, et al. Fast Readout of Plastic and Crystal Scintillators by Avalanche Photodiodes [J]. Nucl. Instr. Meth., 1994 (A344): 64-72.

[134] Britvich I, et al. Avalanche Photodiodes Now and Possible Developments [J]. Nucl. Instr. Meth., 2004 (A535): 523-527.

[135] McIntyre R J. Multiplication Noise in Uniform Avalanche Diodes [J]. IEEE Trans. on Electron Devices, 1966 (ED-13): 164-168.

[136] Webb P P, McIntyre R J, Conradi J. Properties of Avalanche Photodiodes [J]. RCA Review, 1974 (35): 234-278.

[137] Otte A N, et al. A Test of Silicon Photomultipliers as Readout for PET [J]. Nucl. Instr. Meth., 2005 (A545): 705-715

[138] Cherenkov P A. Visible Radiation Produced by Electrons Moving in a Medium with Velocities Exceeding that of Light [J]. Phys. Rev., 1937 (52): 378-379.

[139] Cherenkov P A. Radiation of Particles Moving at a Velocity Exceeding that of light, and some of the Possibilities for Their Use in Experimental Physics. Frank I M. Optics of Light Sources Moving in Refractive Media. Tamm I E. General Characteristics of Radiations Emitted by Systems Moving with Super Light Velocities with some Applications to Plasma Physics, Nobel Lectures 11 December, 1958, publ. in Nobel Lectures in Physics 1942-1962, Elsevier Publ. Comp., New York, 1964: 426-440 (Cherenkov); 471-482 (Tamm); 443-468 (Frank).

[140] Marmier P, Sheldon E. Physics of Nuclei and Particles: Vol. 1 [M]. New York: Academic Press, 1969.

[141] Jelley J V. Cherenkov Radiation and Its Applications [M]. London: Pergamon Press, 1958.

[142] Grupen C, Hell E. Lecture Notes, Kernphysik [R]. University of Siegen, 1983.

[143] Weast R C, Astle M J. Handbook of Chemistry and Physics [M]. Boca Raton, Florida: CRC Press, 1979; 1987.

[144] Born M, Wolf E. Principles of Optics [M]. New York: Pergamon Press, 1964.

[145] Ashcroft N W, Mermin N D. Solid State Physics [M]. New York: Holt-Saunders, 1976.

[146] Danilyuk A F, et al. Recent Results on Aerogel Development for Use in Cherenkov Counters [J]. Nucl. Instr. Meth., 2002 (A494): 491-494.

[147] Poelz G, Reithmuller R. Preparation of Silica Aerogel for Cherenkov Counters [J]. Nucl. Instr. Meth., 1982 (195): 491-503.

[148] Nappi E. Aerogel and Its Applications to RICH Detectors, ICFA Instrumentation Bulletin and SLAC-JOURNAL-ICFA-17-3 [J]. Phys. B Proc. Suppl., 1998 (61): 270-276.

[149] Bradner H, Glaser D A. Methods of Particle Identification for High Energy Physics Experiments [C]// 2nd United Nations International Conference on Peaceful Uses of Atomic Energy, A/CONF.15/P/730/Rev.1, 1958.

[150] Biino C, et al. A Glass Spherical Cherenkov Counter Based on Total Internal Reflection [J]. Nucl. Instr. Meth., 1990 (A295): 102-108.

[151] Fitch V, Motley R. Mean Life of K^+ Mesons [J]. Phys. Rev., 1956 (101): 496-498; Lifetime of τ^+ Mesons [J]. Phys. Rev., 1957 (105): 265-266.

[152] Fabjan C W, Fischer H G. Particle Detectors [M]. CERN-EP-80-27, 1980.

[153] Ginzburg V L, Tsytovich V N. Transition Radiation and Transition Scattering [M]. Bristol: Inst. of Physics Publishing, 1990.

[154] Bodek A, et al. Observation of Light Below Cherenkov Threshold in a 1.5 Meter Long Integrating Cherenkov Counter [J]. Z. Phys., 1983 (C18): 289-306.

[155] Allison W W M, Cobb J H. Relativistic Charged Particle Identification by Energy Loss [J]. Ann. Rev. Nucl. Sci., 1980 (30): 253-298.

[156] Allison W W M, Wright P R S. The Physics of Charged Particle Identification: dE/dx, Cherenkov and Transition Radiation [M]. Oxford University Preprint OUNP 83-35, 1983.

[157] Particle Data Group. Barnett R M, et al. Phys. Rev., 1996 (D54): 1-708; Eur. Phys. J., 1998 (C3): 1-794; Eur. Phys. J., 2000 (C15): 1-878.

[158] Fernow R C. Brookhaven Nat. Lab. Preprint BNL-42114, 1988.

[159] Paul S. Particle Identification Using Transition Radiation Detectors [M]. CERN-PPE-91-199, 1991.

[160] Dolgoshein B. Transition Radiation Detectors [J]. Nucl. Instr. Meth., 1993 (A326): 434-469.

[161] Ginzburg V L, Frank I M. Radiation of a Uniformly Moving Electron due to Its Transitions from One Medium into Another [J]. JETP, 1946 (16): 15-29.

[162] Garibian G M. Macroscopic Theory of Transition Radiation [C]// Proc. 5th Int. Conf. on Instrumentation for High Energy Physics, Frascati, 1973: 329-333.

[163] Artru X, et al. Practical Theory of the Multilayered Transition Radiation Detector [J]. Phys. Rev., 1975 (D12): 1289-1306.

[164] Fischer J, et al. Lithium Transition Radiator and Xenon Detector Systems for Particle Identification at High Energies [R/J]. JINR-Report D13-9164, Dubna, 1975; Nucl. Instr. Meth., 1975 (127): 525-545.

[165] Glassner A S. Surface Physics for Ray Tracing [M]//Glassner A S. Introduction to Ray Tracing. New York: Academic Press, 1989: 121-160.

第 6 章 历史上的径迹探测器

人们应当寻找事物的真相,而不是寻找自己认定的事物应有的面貌.[①]
——阿尔伯特·爱因斯坦[②]

本章中我们将简要地介绍若干种历史上的粒子探测器.它们主要是宇宙线和粒子物理中早期使用过的光学装置.即便如此,某些这样的探测器被"重新利用于"近期的基本粒子物理实验,比如核乳胶用于 τ 中微子(ν_τ)的发现,全息读出的气泡室用于短寿命强子的测量,这些光学装置现如今主要收集进展览会的示范性实验或放在物理研究所展示大厅中以吸引人们的注意力(如火花室或扩散云室).

6.1 云 室

云室("威尔逊云室")是用于径迹和电离测量的最古老的探测器之一[1-4]. 1932 年安德森通过强磁场(2.5 T)下工作的云室在宇宙线中发现了正电子. 五年之后,安德森和尼德梅厄(Neddermeyer)又是利用云室在宇宙线中发现了 μ 子.

云室是一种容器内充以气体-蒸气混合气(例如空气-水蒸气、氩气-酒精蒸气)的装置,混合气体处于蒸气的饱和气压. 当一带电粒子穿过云室时,会产生电离的踪迹. 云室气体的电离过程中产生的正离子的寿命比较长(约 ms). 因此,当粒子穿过之后,可以从闪烁计数器的符合计数引出一个触发信号,由它触发云室的快速膨胀.通过绝热膨胀,混合气体的温度降低,因而蒸气处于过饱和状态,后者以正离子为核心冷凝成液滴,从而形成粒子径迹. 由液滴形成的径迹被照明并拍照. 图 6.1

---

① 原文:A man should look for what is, and not for what he thinks should be.
② Albert Einstein(1879~1955),德国理论物理学家,1921 年获诺贝尔物理学奖.　　　　——译者注

显示了云室的一个完整的膨胀循环.

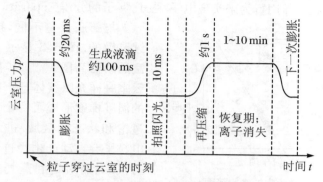

图 6.1 云室的一个膨胀循环[5]

确定一次循环时长的特征时间是电离过程中生成的冷凝核的寿命(约 10 ms),液滴生长到大小能被拍照所需的时间(约 100 ms),以及云室记录一个事例后复原到能再记录下一个事例所需的时间. 最后的一段时间可能非常长,因为云室灵敏体积内缓慢运动的正离子必须清除掉. 此外,云室必须通过对气体-蒸气混合气的再压缩转换成初始状态.

循环时间全程可以从 1 min 到 10 min,因此限制了这类云室在宇宙线领域寻找稀有事例的应用.

图 6.2 显示了宇宙线 μ 子在多板云室引起的电子级联[6-7].

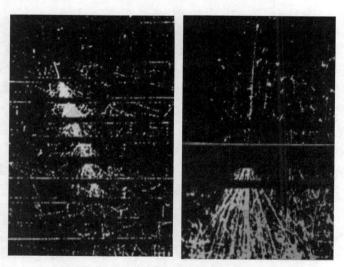

图 6.2 宇宙线 μ 子在多板云室中引起的广延大气簇射核心的电磁级联(可能通过 μ 子韧致辐射)[6-7]

多板云室本质上是一种用照相作为读出的取样量能器(参见第 8 章"量能

器"). 这种情形下将铅板引入云室,用于广延大气簇射实验,目的是通过电子、强子和 μ 子的不同相互作用行为来实现电子/强子/μ 子的分辨(separation)①.

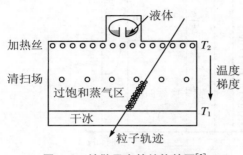

图 6.3 扩散云室的结构简图[5]

与膨胀云室不同,扩散云室是持续灵敏的. 图 6.3 显示了一个**扩散云室**的结构简图[5,8-11]. 扩散云室与膨胀云室一样充以气体-蒸气混合气. 恒定的温度梯度形成了一个蒸气持续处于过饱和状态的区域. 进入该区域的带电粒子会自动产生径迹而无需额外的触发. 具有过饱和蒸气的这一区域的宽度(即能够形成径迹的区域)可以是 5～10 cm. 一个清扫场将正离子从云室中移除.

获得持续灵敏这一优点所付出的代价是灵敏区很小. 因为该室不能使用触发信号,故所有的事例包括不感兴趣的本底事例都被记录下来.

由于触发云室长的循环时间和照相记录的缺点,这类探测器现如今很少使用.

6.2 气 泡 室

气泡室[12-17]与云室一样属于可视的探测器,因而需要对事例进行光学记录. 这种观测方法包括费时又乏味的气泡室照片分析,这肯定对实验的统计性构成限制. 不过,气泡室能够对于高度复杂的事例以高空间分辨率进行记录和重建. 因此,它特别适合于研究稀有事例(例如中微子相互作用);尽管如此,气泡室现在还是被纯电子学读出的探测器所取代了.

在气泡室中,接近沸点的液体(氢、氘、氖、丙烷、氟利昂)保存在压力容器内. 在期望的事例到来之前,通过活塞的收缩实现室体积的膨胀. 室的膨胀导致压力的减小,从而使气泡室液体超过其沸点温度. 在此**过热液态**下,一带电粒子如果进入气泡室,沿着粒子径迹就会形成一连串的气泡.

---

① resolution(分辨、分辨率)和 separation(分辨、辨识)习惯上都译为分辨,但是两者的含义是有明显区别的. resolution 通常指探测装置对某个所测物理量的测量精度,例如位置分辨率、空间分辨率、能量分辨率、动量分辨率、时间分辨率等等. separation 则通常仅用于不同粒子之间的区分(粒子分辨),在两(多)种粒子质量未知的情形下,通过它们的直接测量量,如飞行时间(TOF)、动量、电离损失 dE/dx、切伦科夫辐射角和量能器沉积能量等,推算出不同粒子的"观测质量"或推断其粒子种类(即粒子质量),实现不同粒子的区分或辨识. 或许用"辨识"作为 separation 的汉译较为贴切,但目前学界还是用"分辨"这种译法. ——译者注

入射粒子所产生的正离子起到形成气泡的核的作用. 这些核的寿命仅为 $10^{-11}\sim10^{-10}$ s. 对于通过入射粒子来触发气泡室的膨胀而言, 这一时间太短了. 因此在粒子到达之前, 气泡室就需要处于过热状态. 但是气泡室可以用于加速器, 在那里探测器中粒子的到达时间是已知的, 从而气泡室可以及时地膨胀(**同步化**).

在过热状态下, 气泡会生长, 直到膨胀结束, 气泡生长才停止. 这一刻, 用闪光对气泡照明并拍照. 图 6.4 显示了气泡室的工作原理[5,8]. 容器的内壁必须极其光滑, 使得液体只能在形成气泡的地方, 也就是沿着粒子的径迹才能"沸腾", 而不能在室壁上沸腾.

气泡室的重复时间可以长到 100 ms, 它取决于室的大小.

膨胀之前的气泡室压力为几大气压. 为了使气体转化为液态, 必须使其迅速冷却. 由于存储了大量气体, 利用氢泡室的实验具有潜在的危险性, 因为若工作气体从泡室泄漏的话, 有可能形成爆炸性的氢氧混合气. 同样, 使用有机液体的气泡室的工作亦具有

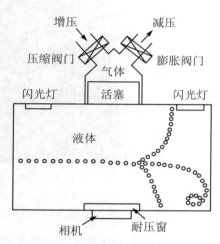

图 6.4 气泡室的结构简图[5,8]

危险性, 因为它们在运行中必须加热, 而它们是可燃的. 气泡室通常工作在高磁场下(几特斯拉). 这使得气泡室能够高精度地测量粒子动量, 因为它有优良的空间分辨. 此外, 径迹的气泡密度正比于电离能量损失 dE/dx. 对于 $p/m_0 c = \beta\gamma \ll 4$ 的情形, 该能量损失可近似地表示为

$$\frac{dE}{dx} \propto \frac{1}{\beta^2}. \tag{6.1}$$

若粒子动量已知, 而粒子速度利用能量损失的测量来确定, 则可实现粒子的鉴别.

图 6.5 显示了气泡室中的带电粒子的径迹. 可以看到一个中性粒子的衰变呈现 "V" 字形(可推测为 $K^0 \to \pi^+ + \pi^-$), 而 δ 电子在横向磁场作用下做螺旋线运动.

为了研究质子的光生反应, 很自然, 最佳的选择是充纯氢. 充氘可以获得中子的光生反应结果, 因为不存在纯中子液体(也许中子星是个例外). 中子的光核截面由下式确定:

$$\sigma(\gamma, n) = \sigma(\gamma, d) - \sigma(\gamma, p). \tag{6.2}$$

如果打算研究中性 π 介子的产生, 则气泡室需要充辐射长度 X_0 小的物质, 因为 π^0 衰变为两个光子, 光子则需通过它所形成的电磁簇射加以探测. 在这种情形下, 氙

或氟利昂可以选为气泡室气体.

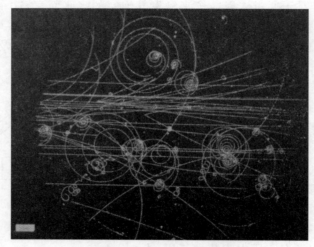

图 6.5 气泡室中的带电粒子的径迹

可以看到入射粒子与气泡室液体的相互作用产生了 δ 电子, 它在横向磁场作用下做螺旋线运动

表 6.1 列举了气泡室的一些重要的充填气体及其特征参数[5,19].

表 6.1 气泡室液体的特性[5,19]

气泡室充液	沸点 T(K)	蒸气压 (bar)	密度 (g/cm³)	辐射长度 X_0(cm)	核作用长度 λ_I
^{4}He	3.2	0.4	0.14	1 027	437
^{1}H$_2$	26	4	0.06	1 000	887
D$_2$	30	4.5	0.14	900	403
^{20}Ne	36	7.7	1.02	27	89
C$_3$H$_8$(丙烷)	333	21	0.43	110	176
CF$_3$Br(氟利昂)	303	18	1.5	11	73

如果我们希望利用泡室研究核作用, 则核作用长度 λ_I 应当尽可能短. 这种情形下应当使用重液体, 如氟利昂.

如果实验的主要目的是分析复杂事例和稀有事例, 那么气泡室是一种优良的探测装置. 例如, 在宇宙线实验中首次找到 Ω^- 粒子存在的线索之后, 在气泡室实验中能够确定无疑地发现它.

但是近年间气泡室的应用被其他装备电子学的探测器所替代. 其原因在于气泡室存在严重的内在缺陷, 列举如下:

(1) 气泡室不能触发.

(2) 气泡室不能用于存储环实验,因为利用这类探测器难以达到 4π 几何覆盖.同时压力容器所要求的"厚"入口窗导致的多次散射使得不可能有好的动量分辨率.

(3) 在高能量下,气泡室的质量不够大,不足以阻止所产生的粒子.这使得它不能用作电子或强子量能器,因为簇射粒子将会从探测器体积中逃逸出去,这还没有提及困难和冗长乏味的簇射分析工作.

(4) 气泡室中动量高于几 GeV/c 的 μ 子的鉴别不可能实现,因为 μ 子看起来与 π 介子具有几乎相同的比能量损失.只有利用附加的探测器(外部 μ 子探测器)才能实现 π/μ 鉴别.

(5) 磁场中弯曲径迹的弦长一般不足以对高动量粒子的动量实现精确的测量.

(6) 由于气泡室照片分析极为费时,需要高统计量的实验事实上无法进行.

但是,气泡室仍然在外靶(固定靶实验)和非加速器实验中使用.由于其几微米的高本征空间分辨率,气泡室在这些实验中可用作顶点探测器[20-21].

为了能够在气泡室中测量短寿命,气泡尺寸必须是有限制的.这意味着所研究的事例必须在气泡形成后气泡尺寸很小时迅速拍照,从而保证有好的空间分辨率,相应地有好的时间分辨率.无论如何,气泡尺寸必须小于粒子的衰减长度.

利用全息记录技术能够实现三维事例重建[22].利用这类高分辨气泡室,能够精确地测定短寿命粒子的寿命.对于空间分辨率 $\sigma_x = 6~\mu$m,衰变时间测量误差可达

$$\sigma_\tau = \frac{\sigma_x}{c} = 2 \cdot 10^{-14}~\text{s}. \tag{6.3}$$

气泡室对于高能强子碰撞和中微子相互作用领域的研究作出了重要的贡献.

6.3 流 光 室

流光管表示一种具有特定工作模式的特定圆柱形计数器,与其不同,**流光室**一般是用照相记录事例的大体积探测器[24-28].流光室中两个平板电极间充以工作气体.当一带电粒子穿过时,电极间施加一高幅度、上升时间和持续时间均短暂的高压脉冲.图 6.6 描述了这样一个探测器的工作原理.

在最常用的工作模式中,粒子射入室的方向近似地垂直于电场.每一个电离电子在均匀的极强电场中引发一个朝向阳极的雪崩.由于电场是时间依赖的(高压脉冲幅度约为 500 kV,上升和衰减时间约为 1 ns,脉冲持续时间约为几纳秒),

在高压脉冲衰减之后雪崩的形成就中断了. 如同在流光管中一样, 电压脉冲的高幅度导致大的气体放大(约 10^8), 但是流光仅延展于很小的空间区域内. 自然, 在雪崩发展过程中, 大量气体原子被激发, 然后原子退激发而发射光子, 从而形成发光流光. 一般这些流光并不如图 6.6 所示的那样在侧面照相, 而是通过一个由透明丝网做成的电极. 在这一投影中, 长条形的流光呈现为一串表征带电粒子径迹的亮点.

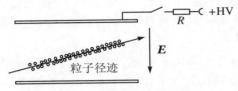

图 6.6 流光室的工作原理

流光室工作的关键在于产生一个具有所需要的性质的高压信号. 它的上升时间必须极短(ns), 否则脉冲的前沿将使电离电子偏离粒子的原径迹. 很慢的脉冲前沿将使得它成为一种清扫场, 导致粒子径迹的位移. 流光的发展只有在非常强的电场中才能发生(约 30 kV/cm). 但是流光的发展必须在短时间之后中断, 使得流光不至于生长得过大以至于产生火花. 过大的流光意味着空间分辨率会很坏. 将 Marx 发生器通过适当的电路(**传输线**, Blumlein 电路, 火花隙)连接到流光室, 可提供高幅度的短信号作为合适的高压脉冲[24,26].

对于快重复事例率的情形, 流光形成过程中产生的大量电子成为一个问题. 利用清扫场清除室体积中的这些电子需要的时间过于长了, 因此需要在工作气体中加入负电性成分. 负电性淬灭剂如 SF_6 或 SO_2 被证明具有良好的性能. 这些淬灭剂使得室的循环时间达到几百毫秒. 流光形成过程中产生的正离子并不产生问题, 因为它们的迁移速度慢, 不可能引发新的流光放电.

流光室给出品质优良的图像. 同时, 靶可以安装在流光室内以获得位于探测器灵敏体积内的相互作用顶点.

图 6.7 显示了流光室内一个反质子与氖核的相互作用, 其中产生了一个正 π 介子. 该 $π^+$ 做逆时针螺旋线运动并衰变为一个 μ 子, 后者同样在横向磁场中做螺旋线运动, 最终衰变为一个正电子并从室中逃逸[18].

在流光室的不同工作模式下, 粒子的入射方向与探测器电场方向的夹角在 ±30° 之内. 就如前面已经提到的那样将形成若干非常短的流光, 但现在这些流光会互相合并, 并沿着粒子径迹形成一条等离子体通道(plasma channel). (这种变异的流光室也称为**径迹火花**

图 6.7 流光室内一个反质子与氖核的相互作用

其中产生了一个正 π 介子. 该 $π^+$ 衰变为一个 μ 子, 后者最终衰变为一个正电子并从室中逃逸[18]

室[8,28].)因为高压脉冲非常短,电极间不会产生火花,从而只能从电极引出极低的电流[5,8,24].

流光室非常适合于记录复杂的事例,但是,其缺点是分析工作十分费时.

6.4 氖闪光管室

氖闪光管室也是一类放电室[17,29-32].若干充以氖或氖-氦的玻璃管(1 atm)、玻璃球(Conversi 管)或用聚丙烯挤压成的长方形截面塑料管放置在两块金属电极之间构成氖闪光管室(图 6.8).

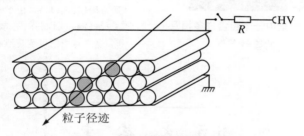

图 6.8 氖闪光管室的工作原理

带电粒子穿过氖闪光管堆叠后,高压脉冲加载在一对电极上,引发粒子穿过的氖管中的气体放电.这一气体放电沿着氖管的长度方向传播,导致整个管子中的辉光放电.典型管子的长度约为 2 m,直径在 5~10 mm 范围.辉光放电可以被高电压的跟随脉冲加强,这样,对氖闪光管拍照而结束测量.但是,纯电子学记录方式也是可用的,这需要借助于氖管表面的拾取电极("Ayre-Thompson"技术[33-34]).这些拾取电极提供的大信号能够直接处理而无需附加前置放大器.

室的空间分辨可达几毫米,它取决于管子的直径.该类探测器的记忆时间约为 20 μs;然而其死时间相当长,在 30~1 000 ms 范围.由于存在管壁,一层氖闪光管的效率约限制在 80%.若想得知三维坐标值,需要利用多层相互交叉的氖闪光管.

由于这类探测器具有相对较长的死时间,它们主要用于宇宙线实验中寻找核衰变,或者用于中微子实验.图 6.9 显示了氖闪光管室中一个包含许多相互平行的宇宙线 μ 子的簇射[35-36].图 6.10 中显示了八层聚丙烯挤压成的塑料管中观察到的单个 μ 子的径迹[37].

氖闪光管室的变种是球形的 Conversi 管[30-31].它们是直径近似为 1 cm 的球形氖管.多层 Conversi 管以阵列的形式排列在两块电极之间,其中的一层做成为透明的栅格,用于测量广延大气簇射实验中粒子的横向分布[8,38].

图 6.9　氖闪光管室中一个包含许多相互平行的 μ 子的簇射[35-36]

图 6.10　多层聚丙烯挤压成的塑料管中观察到的单个 μ 子的径迹

这类挤压塑料管极为廉价,因为它们通常用作包装材料.由于它们不是专为粒子径迹测量而制作的,故其形状并不规则,这一点由图可清楚地看到

6.5　火　花　室

在多丝正比室和漂移室发明之前,**火花室**是最常用的、可触发的径迹探测器([8,17,39-43]及[17]中的文献).

火花室中若干平行放置的平板安装在充有气体的容器内.典型地利用氦-氖混合气作为工作气体.各平板交替地接地和连接到高压源(图 6.11).通过放置在火花室上方和下方的两个闪烁计数器的符合来触发高压脉冲,并施加在每一对平板的第二块平板电极上.在粒子穿过的地点发生火花放电,实现气体放大.这样的气体放大系数在 $10^8 \sim 10^9$ 范围.当气体放大系数低于此范围时将不能产生火花,而高于此范围时火花会出现在不希望的位置(例如产生于将平板隔开的垫块处).放电通道沿着电场线形成.但是,当夹角为 30°时,如同在径迹火花室中一样,会沿着粒子的轨迹感生出等离子体通道[8].

在两次放电之间,利用**清扫场**将所产生的离子从探测区域中清除.如果粒子穿过室和高压信号之间的时间延迟约小于 100 μs 的记忆时间,火花室的效率接近于 100%.当然,清扫场同样清除了探测器体积中的初始电离.由此,粒子穿过室和施加高压信号之间的时间延迟必须选择得尽可能地短,以达到高的探测效率.同样,高压脉冲的上升时间必须很短,不然的话,它的前沿在达到产生火花的临界场强之前会成为清扫场.

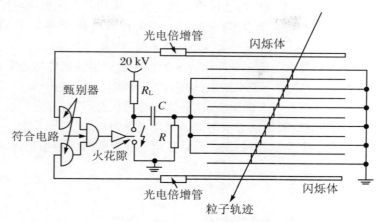

图 6.11 多板火花室的工作原理

图 6.12 显示了多板火花室中一个宇宙线 μ 子的径迹[5,44].

如果若干个粒子同时贯穿火花室,则所有粒子形成一条火花痕迹的概率随着粒子数增加而急剧下降.这是由如下事实所决定的:第一个火花使充电电容的大部分电荷放电,使得能形成下一个火花的电压或能量变小.这一问题可通过限制火花产生的电流加以解决.在**限流火花室**中,部分导电的玻璃板被安装在金属电极的前面,用以防止高流强火花放电.这类玻璃火花室可获得高的多径迹效率[45-46].

火花室除了照相记录之外(为实现事例的三维重建,必须立体照相),纯电子学读出同样是能够实现的.

如果把电极做成丝层,如同在多丝正比室中那样,可以通过放电丝的识别来获得径迹的坐标.这一方法需要有大量的**丝**以获得高的空间分辨率.另一方面,径迹重建可借助于**磁致伸缩读出**得以简化.

火花放电表示的是一种时间依赖的电流 dI/dt.电流信号沿着丝传播,并到达与丝方向垂直延伸的一根**磁致伸缩延迟线**.这一磁致伸缩延迟线直接位于室丝之上而不存在欧姆接触.电流信号及其关联的时间依赖磁场 dH/dt 在磁致伸缩延迟线上产生磁致伸缩,即局部的长度变化,这种变化在时空中以其特征的声速进行传播.在处于磁致伸缩延迟线末端的拾取

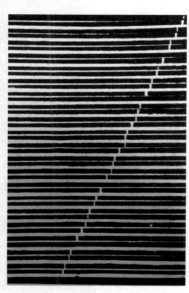

图 6.12 多板火花室中一个宇宙线 μ 子的径迹[44]

线圈,磁致伸缩的机械信号转化为时间依赖的磁场信号 dH/dt,从而产生可探测的电压脉冲.磁致伸缩延迟线中声波传播时间的测量可用来识别放电丝的编号,从而确定放电丝的空间坐标.典型的声速约是 5 km/s,对应于空间分辨 200 μm量级[8,47].

丝火花室中识别放电丝的一种略微古老的方法是利用**铁氧体磁心**来确定放电丝.这一方法中每根丝穿过一个小铁氧体磁心[8].铁氧体磁心处于某一定态.丝的火花放电导致铁氧体磁心状态的跳变.铁氧体磁心的状态通过读出丝加以记录.在事例读出之后,跳变的铁氧体磁心状态被清零丝复原为初态.

对于所有类型的火花室,清扫场必须将正离子从探测器体积中清除,这会导致几毫秒的死时间.

6.6 核 乳 胶

核乳胶中的带电粒子径迹可用照相方法记录[48-52].核乳胶由包含细的银卤化物(溴化银和氯化银)晶粒的胶质基片构成.带电粒子在乳胶中产生潜影.由于电离过程中释放出的自由电荷载荷子的作用,某些卤化物分子在乳胶中还原出金属银.

在此后的显影过程中,银卤化物晶粒发生化学还原.这对已经受到扰动并部分还原的那些微晶(核)会首先产生作用,使之转化为银元素.在定影过程中,剩余的银卤化物被溶解并被清除.因此电荷影像转化成银元素颗粒,得以稳定下来.

乳胶的分析通常在显微镜下用肉眼观察,但也可以利用电荷耦合器件(CCD)相机和半自动模式识别装置来进行.全自动乳胶分析系统也已经进行研发[53].

核乳胶的灵敏度必须足够高,以使最小电离粒子的能量损失在粒子径迹上足以产生单个的银卤化物微晶.常见的在市场上购买的光学胶片不具备这种性能.此外,形成径迹的银颗粒和银卤化物微晶必须足够小,以达到高空间分辨率.高灵敏度和颗粒的小尺寸是相互抵触的要求,因此需要作某种折中.大多数核乳胶中的银颗粒的尺寸为 0.1~0.2 μm,远小于在市场上购买的胶片(1~10 μm).银卤化物(大多数情况下是溴化银)在乳胶中的质量分数大约为 80%.

对于面积大到 50 cm×50 cm 的乳胶,其典型厚度是 20~1 000 μm.在显影、定影、冲洗和熨干的过程中,必须十分仔细,避免损失其本征的高空间分辨率.特别是必须很好地控制乳胶可能的收缩效应.

由于乳胶具有高的密度($\rho = 3.8$ g/cm^3),与此相关,其辐射长度较短($X_0 = 2.9$ cm),核乳胶叠特别适用于探测电磁级联.另一方面,强子级联则难以用这种核乳胶叠进行研究,因为核作用长度要长得多($\lambda_I = 35$ cm).

单个或多个粒子穿过核乳胶的效率接近于100%。乳胶是长期灵敏的,但无法用触发驱动。它们一直并至今仍然使用于许多宇宙线实验中[51]。但是,它们也适用于加速器实验中作为高空间分辨率($\sigma_x \approx 2~\mu m$)顶点探测器,研究短寿命粒子的衰变。

图 6.13 显示了 228.5 GeV 铀核在核乳胶中的相互作用产生的高多重性复杂事例的高分辨性能[54]。

图 6.14 显示了铁核和重核($Z \approx 90$)在核乳胶中产生的电离效应的剖面图[55]。

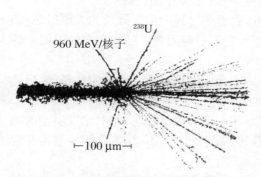

图 6.13 能量 228.5 GeV 的铀核在核乳胶中的相互作用[54]

图 6.14 铁核和重核($Z \approx 90$)在核乳胶中产生的电离效应的剖面图[55]

偶然地,核乳胶也用于需要有极高空间分辨率的加速器实验中,研究稀有事例,例如寻找 τ 中微子(参见第 10 章"中微子探测器")。

此外,乳胶技术在过去的几十年间对于宇宙线物理、高能重离子碰撞、超核物理、中微子振荡领域,以及粲夸克物理和底夸克物理的研究,都作出了重大的贡献[56]。

6.7 银卤化物晶体

核乳胶的缺点是探测器的灵敏体积通常很小。几年前,生产大尺寸的**氯化银晶体**成为可能。这就能够建造类似于核乳胶的另一类被动型的探测器。带电粒子在氯化银晶体中沿着其径迹产生 Ag^+ 和电子。Ag^+ 在晶格中的迁移是极其有限的。它们通常占据正常晶格电子之间的位置,从而形成一个晶格缺陷。来自于导带的自由电子与 Ag^+ 结合而还原为金属银。这些银原子进一步吸附 Ag^+,形成银团簇。为了稳定这类银团簇,在粒子穿过晶体期间或之后的瞬间,必须用光照射晶体以提供结合

Ag⁺所需的自由电子(**粒子径迹保存**).通常利用波长为 600 nm 左右的光可以做到这一点[57].如果取数时没有用光照射晶体,粒子径迹将消退.原则上,这一照射可以用一外部信号来触发,这样做可以将感兴趣的事例与本底区分开来.在这一意义上,氯化银晶体中的事例是可以通过触发来记录的,这一点与核乳胶或塑料探测器不同.

即使没有用光照射晶体,仍然有一定数量的 Ag⁺ 占据正常晶格电子之间的位置.少量的氯化镉掺和剂用来减小这一不希望有的银的浓度.这使得在晶格缺陷上形成本底银核的可能性达到极小,从而降低 AgCl 晶体中的"噪声".

为了使银团簇生长为微观可见的尺寸,在显影过程中用短波长的光照射 AgCl 晶体.这样能在导带中进一步产生自由电子,它们可与附着于已经存在的银团簇的 Ag⁺ 结合.

径迹放大的这种过程(**径迹制作**,track decoration)产生一条稳定的径迹,后者可在显微镜下进行观测.

与塑料探测器一样,氯化银探测器显示了一定的阈值效应.相对论性质子的能量损失对于产生氯化银晶体中可显影的径迹而言太小了.不过,氯化银探测器非常适合于测量重核($Z \geqslant 3$)的径迹.

显微镜下核径迹的费时分析可以用自动化模式识别方法来替代,这种方法与核乳胶和塑料探测器中的方法类似[58-60].氯化银晶体中可达到的空间分辨率与核乳胶可以相比拟.

6.8　X 射线胶片

乳胶室,即核乳胶叠,当用于宇宙线实验时通常配备有附加的大面积 **X 射线胶片**[61-63].X 射线胶片与核乳胶的主要区别是,前者有较小的颗粒尺寸:50～200 nm(0.05～0.2 μm),而厚度则为 7～20 μm[64].这类工业 X 射线胶片能够探测高能电磁级联(参见第 8 章"量能器"),并利用光度测量法来确定产生这些级联的电子或光子的能量.用 X 射线胶片间隔以铅片构建的叠层可以达到此目的.电磁级联的纵向和横向发展可以根据 X 射线胶片的黑度分布进行推断.

应用于宇宙线实验的 X 射线胶片主要用来探测 TeV 能区的光子和电子.强子级联很难用 X 射线胶片叠来探测.但是,强子级联可以通过强子簇射中的 π^0 成分($\pi^0 \rightarrow \gamma\gamma$)来标记.这一点与以下事实相关联:光子和电子可产生准直的窄级联,在 X 射线胶片上产生黑点;而强子级联由于次级粒子有较大的横向动量,在 X 射线胶片上散布面积较大,因此没有超过能使胶片变黑的阈值.

簇射发展的极大区域的饱和效应(中心黑区)使得沉积能量 E 和光度仪测定的黑度 D 不呈现线性关系[64]. 对于典型的 X 射线胶片, 在 TeV 能区两者的关系是

$$D \propto E^{0.85}. \tag{6.4}$$

黑度的径向分布可以相当高的精度确定粒子的贯穿点.

6.9 热释光探测器

热释光探测器用于辐射防护领域[65-67]以及宇宙线实验.

热释光探测器中粒子的探测基于如下事实:电离辐射在一定的晶体中使得电子从价带转移向导带, 这些电子在导带中可以占据稳定的能态[68]. 在辐射防护领域, 使用的保存剂量信息的介质是锰或钛激活的氟化钙(CaF_2)或氟化锂(LiF)晶体. 晶体受辐照后存储的能量正比于吸收剂量. 将热释光剂量仪加热到 200~400 ℃ 范围的某一温度, 可使这一存储能量以发射光子的方式释放出来, 所产生的光子数正比于吸收的能量剂量.

在宇宙线实验中, 热释光胶片(与 X 射线胶片类似)用来测量高能电磁级联. 热释光探测器由玻璃或金属表面镀以热释光粉末层制作而成. 热释光胶片上的微晶颗粒尺寸越小, 可达到的空间分辨率就越好. 电子级联中的电离粒子可产生稳定的热释光中心. 利用红外激光对热释光胶片扫描, 可以确定热释光胶片上的能量沉积的位置. 在扫描过程中, 发射光子的强度需用光电倍增管来测定. 如果空间分辨不受激光斑点的径向大小的限制, 则分辨率约可达到几微米量级[69].

除了辐射防护领域广泛使用的掺杂氟化钙或氟化锂晶体以及存储荧光粉(storage phosphors)之外, 宇宙线实验主要利用 $BaSO_4$, Mg_2SiO_4 和 $CaSO_4$ 作为热释光材料. 热释光剂量仪测量累积吸收剂量, 但是宇宙线实验中必须测量单个的事例.

在这样的实验中, 热释光胶片与铅吸收片相互间隔地制作成叠层, 这类似于 X 射线胶片或乳胶片叠层. 待测的强子、光子或电子在热释光量能器中产生强子或电磁级联. 强子级联中产生的中性 π 介子很快(约 10^{-16} s 内)衰变为两个光子, 从而产生相应的次级电磁级联. 与强子级联有较宽的横向分布不同, 电磁级联中的能量沉积在相当小的区域内, 由此可对电磁级联进行记录. 这就是这类探测器中电磁级联可直接测量, 而强子级联只能通过其 π^0 的成分进行测量的原因. 热释光探测器对于粒子的探测显示了能量阈值效应. 对于掺杂铕的 $BaSO_4$ 热释光胶片, 该阈值近似地为 1 TeV 每事例[69].

6.10 辐射光致发光探测器

银激活磷酸盐玻璃被电离辐射照射后,如果用紫外光照射,会发射确定频率区间内的荧光辐射.荧光辐射的强度是电离辐射的能量沉积的一种测度.电离粒子在玻璃中产生的 Ag^+ 是稳定的发光中心.利用紫外光"读出"能量沉积并不会抹掉探测器中的能量损失的信息[68].最常使用的磷酸盐玻璃探测器是 Yokota 玻璃,它的成分是 45% $AlPO_3$、45% $LiPO_3$、7.3% $AgPO_3$ 和 2.7% B_2O_3,对于银的质量分数为 3.7%的情形,其典型密度为 $2.6\ g/cm^3$.这类磷酸盐玻璃探测器主要用于辐射防护领域进行剂量测量.

利用紫外激光扫描二维辐射光致发光片,通过测量荧光产额的位置分布能够确定能量沉积的空间分布.如果记录单个事例,如同热释光探测器一样,需要约 1 TeV 量级的阈能.在这种情形下,探测器可达到的空间分辨率受限于扫描系统的分辨率.

6.11 塑料探测器

高荷电量粒子射入固体会损坏其径迹处的局部结构.这种局部损坏可通过蚀刻使其强化而可见.无机晶体、玻璃、塑料、矿物甚至金属等固体都可以用于此种目的[70-74].材料的受损坏部位与蚀刻剂的反应远远强于无损坏部位,从而形成**蚀刻锥**.

如果**蚀刻过程**不中断,始生于塑料表面的诸多蚀刻锥将合并在一起,并在粒子径迹点处形成一个孔.蚀刻处理同时也去除了一部分表面物质.

图 6.15[75] 显示了美国国家航空和宇宙航行局的一次飞行任务中,和平号太空站上受照射的 CR-39 **塑料核径迹探测器**中径迹的微缩照片.照片中心部位处的径迹宽度约为 15 μm[75].

对于斜入射的粒子,蚀刻锥呈现椭圆形.

重离子能量通常利用包含大量薄片的叠层来测定.材料的辐射损伤,如同带电粒子的能量损失一样,正比于粒子电荷的二次方,同时依赖于粒子的速度.

塑料探测器显示出阈值效应:质子和 α 粒子产生的辐射损伤比较小,通常不足以产生可蚀刻的径迹.结果,在初级宇宙线中重离子($Z \geqslant 3$)的探测和测量将不会受高本底质子和 α 粒子的干扰.对于固定的蚀刻时间,蚀刻锥的大小是粒子能量损失的一种测度.因此,当粒子速度已知时,可用蚀刻锥的大小来确定核的电荷.因此,把塑料探测器叠层放置在气球中,飞行于气压为几克每平方厘米的高空,能够测定初级宇宙线的元素丰度.

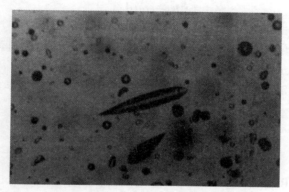

图 6.15 塑料核径迹探测器中宇宙线径迹的微缩照片

典型的宽度约为 10 μm 量级[75]

塑料探测器也可以用来寻找磁单极子,按照理论,磁单极子应当能产生强电离.这种实验也可以在质子储存环中进行,由于塑料探测器的阈行为,高本底的单荷电粒子并不影响磁单极子的寻找.

与塑料探测器类似,矿物也能长时间地保存局部的辐射损伤.这就导致了一种可能性,通过自发裂变事例的计数来确定含铀矿物的年代.如果矿物年代用该法进行标定,这些矿物中宇宙辐射产生的径迹数指明,在过去的 100 万年间宇宙线强度没有显著的变化($\leqslant 10\%$)[76-77].

显微镜下对塑料探测器进行分析是极其麻烦的.不过,塑料片中的粒子径迹信息也可以利用 CCD 相机通过显微镜对准塑料薄片观测以达到数字化.然后,数字化的事例利用自动化模式重建程序进行处理[74].

利用小的 MoS_2 芯片,核探测器可具有超高的空间分辨率.高能核贯穿 MoS_2 芯片,由于局部辐射损伤会在其表面上产生若干小坑(crater).利用扫描隧道显微镜分析这些小坑,空间分辨率可达 10 Å 量级,双径迹分辨率则为 30~50 Å[78].

习 题 6

1. 某一半径为 r 的球面表面上的饱和蒸气压 p_r 大于某一平面表面的饱和蒸

气压 p_∞. 为了使云室有品质好的径迹, 要求达到 $p_r/p_\infty = 1.001$. 根据这一条件, 在充以空气和水蒸气 (空气和酒精蒸气) 的云室中会形成多大尺寸的液滴? (水和酒精的表面张力分别是 72.8 和 22.3 dyn/cm.)

2. 某一放电室的气体放大系数用第一汤森系数表征, 该系数描述的是每个初始电离电子在距离 $\mathrm{d}x$ 内导致的电子数量的增殖:

$$\mathrm{d}n = \alpha n \mathrm{d}x.$$

另一方面, 一部分电子会吸附在室内的负电性气体上 (吸附系数为 β). 试计算放大距离为 d, 总电荷增量为 $(n_e + n_\mathrm{ion})/n_0$ 时电子和负离子的数目, 其中 n_0 是初始电离数 ($n_0 = 100 \mathrm{~cm}^{-1}$, $\alpha = 20 \mathrm{~cm}^{-1}$, $\beta = 2 \mathrm{~cm}^{-1}$, $d = 1 \mathrm{~cm}$).

3. 在厚度为 500 μm ($X_0 = 5 \mathrm{~cm}$) 的核乳胶中, 电子的平均平面投影散射角为 $\sqrt{\langle \theta^2 \rangle} = 5°$. 试计算电子的动量.

参考文献

[1] Wilson C T R. On a Method of Making Visible the Paths of Ionizing Particles [J]. Proc. R. Soc. Lond., 1911 (A85): 285-288; Expansion Apparatus for Making Visible the Tracks of Ionizing Particles in Gases: Results Obtained [J]. Proc. R. Soc. Lond., 1912 (A87): 277-292.

[2] Wilson C T R. Uranium Rays and Condensation of Water Vapor [J]. Cambridge Phil. Soc. Proc., 1897 (9): 333-336; Phil. Trans. R. Soc. Lond., 1897 (189): 265-268; On the Condensation Nuclei Produced in Gases by the Action of Röntgen Rays, Uranium Rays, Ultra-Violet Light, and Other Agents [J]. Proc. R. Soc. Lond., 1898/1899 (64): 127-129.

[3] York C M. Cloud Chambers [M]//Flügge S. Handbuch der Physik: Band XLV. Berlin: Springer, 1958: 260-313.

[4] Rochester G D, Wilson J G. Cloud Chamber Photographs of Cosmic Radiation [M]. London: Pergamon Press, 1952.

[5] Allkofer O C. Teilchendetektoren [M]. München: Thiemig, 1971.

[6] Wolter W. Private communication, 1969.

[7] Wiemken U. Untersuchungen zur Existenz von Quarks in der Nähe der Kerne Großer Luftschauer mit Hilfe einer Nebelkammer [D]. University of Kiel: Wiemken U, University of Kiel, 1972; Sauerland K. Private communication, 1993.

[8] Allkofer O C, Dau W D, Grupen C. Spark Chambers [M]. München: Thiemig, 1969.

[9] Langsdorf A. A Continuously Sensitive Cloud Chamber [J]. Phys. Rev., 1936 (49): 422-434; Rev. Sci. Instr., 1939 (10): 91-103.

[10] Ljapidevski V K. Die Diffusionsnebelkammer [J]. Fortschr. der Physik, 1959 (7): 481-500.

[11] Cowan E W. Continuously Sensitive Diffusion Cloud Chamber [J]. Rev. Sci. Instr.,

1950 (21): 991-996.

[12] Glaser D A. Some Effects of Ionizing Radiation on the Formation of Bubbles in Liquids [J]. Phys. Rev., 1952 (87): 665.

[13] Glaser D A. Bubble Chamber Tracks of Penetrating Cosmic Ray Particles [J]. Phys. Rev., 1953 (91): 762-763.

[14] Glaser D A. Progress Report on the Development of Bubble Chambers [J]. Nuovo Cim. Suppl., 1954 (2): 361-364.

[15] Glaser D A. The Bubble Chamber [M]//Flügge S. Handbuch der Physik: Band XLV. Berlin: Springer, 1958: 314-341.

[16] Betelli L, et al. Particle Physics with Bubble Chamber Photographs [M]. CERN/INFN-Preprint, 1993.

[17] Galison P. Bubbles, Sparks and the Postwar Laboratory [C]// Proc. Batavia Conf. 1985; Pions to Quarks, 1989: 213-251.

[18] CERN Photo Archive.

[19] Kleinknecht K. Detectors for Particle Radiation [M]. 2nd ed. Cambridge: Cambridge University Press, 1998; Detektoren für Teilchenstrahlung, Wiesbaden: Teubner, 2005.

[20] Bolte W J, et al. A Bubble Chamber for Dark Matter Detection: the COUPP project status [J]. J. Phys. Conf. Ser., 2006 (39): 126-128.

[21] Ju Y L, Dodd J R, Willis W J, et al. Cryogenic Design and Operation of Liquid Helium in Electron Bubble Chamber [J]. AIP Conf. Proc., 2006 (823): 433-440.

[22] Bingham H, et al. Holography of Particle Tracks in the Fermilab 15-Foot Bubble Chamber [J]. E-632 Collaboration, CERN-EF-90-3, 1990; Nucl. Instr. Meth., 1990 (A297): 364-389.

[23] Kittel W. Bubble Chambers in High Energy Hadron Collisions [M]. Nijmegen Preprint HEN-365, 1993.

[24] Rice-Evans P. Spark, Streamer, Proportional and Drift Chambers [M]. London: Richelieu Press, 1974.

[25] Eckardt V. Die Speicherung von Teilchenspuren in einer Streamerkammer [D]. University of Hamburg, 1971.

[26] Bulos F, et al. Streamer Chamber Development [R]. SLAC-Technical-Report, SLAC-R-74, UC-28, 1967.

[27] Rohrbach F. Streamer Chambers at CERN During the Past Decade and Visual Techniques of the Future [R]. CERN-EF-88-17, 1988.

[28] Charpak G. Principes et Essais Préliminaires D'un Nouveau Détecteur Permettant De Photographier la Trajectoire des Particules Ionisantes Dans un Gas [J]. J. Phys. Rad., 1957 (18): 539-547.

[29] Conversi M. The Development of the Flash and Spark Chambers in the 1950's [R].

CERN-EP-82-167, 1982.

[30] Conversi M, Gozzini A. The "Hodoscope Chamber": A New Instrument for Nuclear Research [J]. Nuovo Cim., 1955 (2): 189-195.

[31] Conversi M, et al. A New Type of Hodoscope of High Spatial Resolution [J]. Nuovo Cim. Suppl., 1956 (4): 234-239.

[32] Conversi M, Frederici L. Flash Chambers of Plastic Material [J]. Nucl. Instr. Meth., 1978 (151): 93-106.

[33] Ayre C A, Thompson M G. Digitization of Neon Flash Tubes [J]. Nucl. Instr. Meth., 1969 (69): 106-110.

[34] Dalton C G, Krausse G J. Digital Readout for Flash Chambers [J]. Nucl. Instr. Meth., 1979 (158): 289-297.

[35] Ashton F, King J. The Electric Charge of Interacting Cosmic Ray Particles at Sea Level [J]. J. Phys., 1971 (A4): L31-L33.

[36] Ashton F. Private communication, 1991.

[37] Sonnemeyer J. Staatsexamensarbeit [D]. Universität Siegen, 1979.

[38] Trümper J, Böhm E, Samorski M. Private communication, 1969.

[39] Keuffel J W. Parellel Plate Counters [J]. Rev. Sci. Instr., 1949 (20): 202-211.

[40] Fukui S, Miyamoto S. A New Type of Particle Detector: The Discharge Chamber [J]. Nuovo Cim., 1959 (11): 113-115.

[41] Allkofer O C, et al. Die Ortsbestimmung geladener Teilchen mit Hilfe von Funkenzählern und ihre Anwendung auf die Messung der Vielfachstreuung von Mesonen in Blei [J]. Phys. Verh., 1955 (6): 166-171; Henning P G. Die Ortsbestimmung geladener Teilchen mit Hilfe von Funkenzählern [D/J]. University of Hamburg, 1955; Atomkernenergie, 1957 (2): 81-89.

[42] Bella F, Franzinetti C, Lee D W. On Spark Counters [J]. Nuovo Cim., 1953 (10): 1338-1340; Bella F, Franzinetti C. Spark Counters [J]. Nuovo Cim., 1953 (10): 1461-1479.

[43] Cranshaw T E, De Beer J F. A Triggered Spark Counter [J]. Nuovo Cim., 1957 (5): 1107-1116.

[44] Kaftanov V S, Liubimov V A. Spark Chamber Use in High Energy Physics [J]. Nucl. Instr. Meth., 1963 (20): 195-202.

[45] Attenberger S. Spark Chamber with Multi-Track Capability [J]. Nucl. Instr. Meth., 1973 (107): 605-610.

[46] Kajikawa R. Direct Measurement of Shower Electrons with "Glass-Metal" Spark Chambers [J]. J. Phys. Soc. Jpn, 1963 (18): 1365-1373.

[47] Gavrilov A S, et al. Spark Chambers with the Recording of Information by Means of Magnetostrictive Lines [J]. Instr. Exp. Techn., 1966 (6): 1355-1363.

[48] Kinoshita S. Photographic Action of the α-Particles Emitted fron Radio-Active Sub-

stances [J]. Proc. R. Soc. Lond., 1910 (83): 432-453.

[49] Shapiro M M. Nuclear Emulsions [M]//Flügge S. Handbuch der Physik: Band XLV. Berlin: Springer, 1958: 342-436.

[50] Reinganum R. Streuung und Photographische Wirkung der α-Strahlen [J]. Z. Phys., 1911 (12): 1076-1081.

[51] Perkins D H. Cosmic Ray Work with Emulsions in the 40's and 50's [R]. Oxford University Preprint OUNP 36/85, 1985.

[52] Powell C F, Fowler P H, Perkins D H. The Study of Elementary Particles by the Photographic Method [M]. London: Pergamon Press,1959.

[53] Aoki S, et al. Fully Automated Emulsion Analysis System [J]. Nucl. Instr. Meth., 1990 (B51): 466-473.

[54] Simon M. Lawrence Berkeley Lab. XBL-829-11834. Private communication, 1992.

[55] Rochester G D. Atomic Nuclei From Outer Space [R]. British Association for the Advancement of Science, December 1970: 183-194; Rochester G D, Turver K E. Cosmic Rays of Ultra-high Energy [J]. Contemp. Phys., 1981 (22): 425-450; Rochester G D, Wolfendale A W. Cosmic Rays at Manchester and Durham [J]. Acta Phys. Hung., 1972 (32): 99-114.

[56] Sacton J. The Emulsion Technique and Its Continued Use [D]. University of Brussels, Preprint, IISN 0379-301X/IIHE-93.06, 1993.

[57] Wendnagel Th. University of Frankfurt am Main, private communication, 1991.

[58] Childs C, Slifkin L. Room Temperature Dislocation Decoration Inside Large Crystals [J]. Phys. Rev. Lett., 1960, 5 (11): 502-503; A New Technique for Recording Heavy Primary Cosmic Radiation and Nuclear Processes in Silver Chloride Single Crystals [J]. IEEE Trans. Nucl. Sci., 1962, NS-9 (3): 413-415.

[59] Wendnagel Th, et al. Properties and Technology of Monocrystalline AgCl-Detectors; 1. Aspects of Solid State Physics and Properties and Technology of AgCl-Detectors; 2. Experiments and Technological Performance [C]//Francois S. Proc. 10th Int. Conf. on SSNTD, Lyon 1979. London: Pergamon Press, 1980.

[60] Noll A. Methoden zur Automatischen Auswertung von Kernwechselwirkungen in Kernemulsionen und AgCl-Kristallen [D]. University of Siegen, 1990.

[61] Lattes C M G, Fujimoto Y, Hasegawa S. Hadronic Interactions of High Energy Cosmic Rays Observed by Emulsion Chambers [R]. ICR-Report-81-80-3, University of Tokyo, 1980.

[62] Mt. Fuji Collaboration (Akashi M, et al.). Energy Spectra of Atmospheric Cosmic Rays Observed with Emulsion Chambers [R]. ICR-Report-89-81-5, University of Tokyo, 1981.

[63] Nishimura J, et al. Emulsion Chamber Observations of Primary Cosmic Ray Electrons in the Energy Range 30-1000 GeV [J]. Astrophys. J., 1980 (238): 394-409.

[64] Ohta I, et al. Characteristics of X-Ray Films Used in Emulsion Chambers and Energy Determination of Cascade Showers by Photometric Methods [C]. 14th Int. Cosmic Ray Conf. München: Vol. 9, München, 1975: 3154-3159.

[65] McKinley A F. Thermoluminescence Dosimetry [J]. Bristol: Adam Hilger Ltd, 1981.

[66] Oberhofer M, Scharmann A. Applied Thermoluminescence Dosimetry [M]. Bristol: Adam Hilger Ltd, 1981.

[67] Horowitz Y S. Thermoluminescence and Thermoluminescent Dosimetry [M]. CRC Press, 1984.

[68] Sauter E. Grundlagen des Strahlenschutzes [M]. Berlin/München: Siemens AG, 1971; Grundlagen des Strahlenschutzes. München: Thiemig, 1982.

[69] Okamoto Y, et al. Thermoluminescent Sheet to Detect the High Energy Electromagnetic Cascades [C]// 18th Int. Cosmic Ray Conf., Bangalore, Vol. 8, 1983: 161-165.

[70] Fleischer R L, Price P B, Walker R M. Nuclear Tracks in Solids: Principles and Application [M]. Berkeley: University of California Press, 1975.

[71] Fowler P H, Clapham V M. Solid State Nuclear Track Detectors [M]. Oxford: Pergamon Press, 1982.

[72] Granzer F, Paretzke H, Schopper E. Solid State Nuclear Track Detectors: Vols. 1 & 2 [M]. Oxford: Pergamon Press, 1978.

[73] Enge W. Introduction to Plastic Nuclear Track Detectors [J]. Nucl. Tracks, 1980 (4): 283-308.

[74] Heinrich W, et al. Application of Plastic Nuclear Track Detectors in Heavy Ion Physics [J]. Nucl. Tracks Rad. Measurements, 1988, 15(1/2/3/4): 393-400.

[75] Ahmed A, Oliveaux J. Life Science Data Archive [OL]. Johnson Space Center, Houston, 2005. http://lsda.jsc.nasa.gov/scripts/photoGallery/detail_result.cfm?image_id=1664.

[76] Lang M, Glasmacher U A, Neumann R, et al. Etching Behaviour of Alpha-Recoil Tracks in Natural Dark Mica Studied via Artificial Ion Tracks [J]. Nucl. Instr. Meth., 2003 (B209): 357-361.

[77] Miller J A, Horsfall J A C, Petford N, et al. Counting Fission Tracks in Mica External Detectors [J]. Pure and Applied Geophysics, 1993, 140(4).

[78] Xiaowei T, et al. A Nuclear Detector with Super-High Spatial Resolution [J]. Nucl. Instr. Meth., 1992 (A320): 396-397.

第7章 径迹探测器

某些科学家发现或认为,抽烟能激发灵感;另一些科学家则认为喝咖啡或威士忌能激发灵感.因此我没有理由不接纳这样的看法:某些人可通过观测或重复的观测来获取灵感.①

——卡尔·R·玻普②

粒子轨迹的测量对于任何高能物理实验都是极端重要的.这种测量提供了关于相互作用点、不稳定粒子衰变路径、角分布和动量(当粒子在磁场中飞行时)的信息.第6章已经描述了直到70年代早期广泛使用于粒子物理的若干种径迹探测器.

多丝正比室的发明开辟了一个新的纪元[1-2].当前,新型气体丝室和微结构探测器在各种径迹探测器中几乎占据了统治地位.

半导体探测器的快速进展导致越来越多的高能物理实验使用基于半导体微条或像素探测器的径迹系统,特别是对于需要极高空间精度的实验.

7.1 多丝正比室

多丝正比室(MWPC)[1-4]基本上是一种由多个正比计数器构成的无间隔物的平面形探测器(图7.1).其电场的形状与圆柱形正比计数器中的电场略有不同(图7.2)[5-6].

当丝的坐标为 $y=0, x=0, \pm d, \pm 2d, \cdots$ 时,电位分布可近似地用解析式表

---

① 原文:Some scientists find, or so it seems, that they get their best ideas when smoking; others by drinking coffee or whiskey. Thus there is no reason why I should not admit that some may get their ideas by observing or by repeating observations.

② Karl R. Popper(1902~1994),英国哲学家,生于奥地利.　　　　　　　　　　——译者注

示为[6]

$$U(x,y) = \frac{CV}{4\pi\varepsilon_0}\left\{\frac{2\pi L}{d} - \ln\left[4\left(\sin^2\frac{\pi x}{d} + \sinh^2\frac{\pi y}{d}\right)\right]\right\}, \quad (7.1)$$

其中 L 和 d 的定义见图 7.1，V 是阳极电压，ε_0 是自由空间的介电常数（$\varepsilon_0 = 8.854 \cdot 10^{-12}$ F/m），C 是单位长度的电容，由下面的公式给定：

$$C = \frac{4\pi\varepsilon_0}{2[\pi L/d - \ln(2\pi r_i/d)]}, \quad (7.2)$$

式中 r_i 是阳极丝半径.

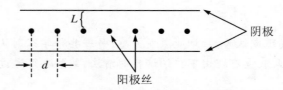

图 7.1　多丝正比室的结构简图

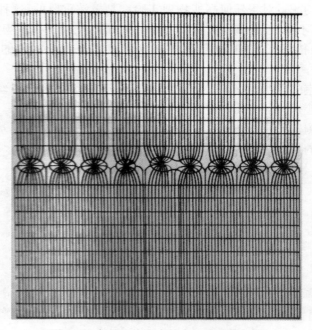

图 7.2　多丝正比室中的电场及其等位线
其中一根阳极丝的微小位移对电场分布的影响清晰可见[5-6]

多丝正比室中雪崩的形成过程与正比计数器中完全相同. 因为对于每一根阳极丝而言, 大部分电荷是在丝附近产生的, 信号主要产生于缓慢地向阴极方向漂移的正离子, 见式 (5.41) 和图 5.8. 如果阳极信号用高时间分辨的示波器或快模数转换器 (闪电式 ADC) 读出, 多丝正比室中粒子径迹的电离结构亦能够加以分辨.

多丝正比室中雪崩形成的时间演变可阐述如下(图 7.3). 初始电离电子向阳极丝漂移(图 7.3(a)), 电子在丝附近的强电场中被加速, 在两次碰撞之间的路程中可获得足够的能量, 使气体原子产生进一步的电离. 在该时刻开始形成雪崩(图 7.3(b)). 电离过程中, 电子和正离子产生于同一地点. 当正离子的空间电荷使外电场减小到某临界值以下时, 电荷载荷子的放大效应停止. 产生电荷载荷子以后, 电子云和离子云向相反方向漂移(图 7.3(c)). 电子云向阳极丝方向漂移, 并由于横向扩散而变宽. 取决于初始电子的入射方向, 次级电子在阳极丝附近的密度分布呈现一定的不对称性. 流光管中这种不对称性甚至更加明显. 在这种情形下, 由于利用粗阳极丝, 以及对光子的强烈吸收, 雪崩的形成完全局限于初始电子入射的阳极丝附近(亦见图 5.7 和图 5.13)(图 7.3(d)). 最后, 离子云沿径向离开阳极丝, 漂移向阴极(图 7.3(e)).

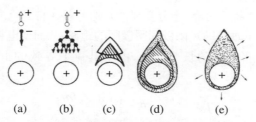

图 7.3　电子雪崩的时间演化和空间发展过程

在大多数情形下, 直径 10 μm 到 30 μm 之间的镀金钨丝用来作为阳极. 典型的阳极丝间距是 2 mm. 阳极丝到阴极间的距离为 10 mm 量级. 单根阳极丝作为一个独立的探测器. 阴极可以由金属薄片或丝层构成.

用于正比计数器工作的所有气体和混合气体, 即惰性气体如氩气、氙气与二氧化碳、甲烷、异丁烷及其他碳氢化合物的混合物, 都可以作为多丝正比室的**工作气体**使用[7-9]. 多丝正比室典型的气体放大达到 10^5. 为了获得快的信号, 需利用电子迁移率高的气体. 例如, 文献[10]利用充 $CF_4 + 10\% i-C_4H_{10}$ 混合气体的正比室, 时间分辨达到 4.1 ns.

在大多数室中, 处理丝上的模拟信号不会带来什么益处, 而只是对入射粒子信号设置阈值. 在这种工作模式下, 多丝正比室只是作为径迹探测器使用. 对于阳极丝间隔 $d = 2$ mm 的情形, 空间分辨率的方均根偏差由下式(见式(2.6))给定:

$$\sigma(x) = \frac{d}{\sqrt{12}} = 577 \ \mu m. \tag{7.3}$$

限制丝间距 d 减小的基本原因在于长阳极丝间存在**静电斥力**. MWPC 的建造必须考虑到静电斥力的效应. 仅当**丝张力** T 满足关系式

$$V \leqslant \frac{d}{lC} \sqrt{4\pi\varepsilon_0 T} \tag{7.4}$$

时,中心丝的位置才是稳定的,这里 V 是阳极电压,d 是丝间距,l 是丝长度,C 是公式(7.2)表示的单位长度探测器的电容[11-12](图 7.1). 利用该公式和式(7.2),可计算出丝稳定所要求的丝张力

$$T \geqslant \left(\frac{V \cdot l \cdot C}{d}\right)^2 \cdot \frac{1}{4\pi\varepsilon_0} \tag{7.5}$$

$$\geqslant \left(\frac{V \cdot l}{d}\right)^2 \cdot 4\pi\varepsilon_0 \left\{\frac{1}{2[\pi L/d - \ln(2\pi r_i/d)]}\right\}^2. \tag{7.6}$$

对于丝长度 $l = 1$ m,阳极电压 $V = 5$ kV,阳极和阴极间的距离 $L = 10$ mm,阳极丝间距 $d = 2$ mm,以及阳极丝直径 $2r_i = 30$ μm,由方程(7.6)给出的最小机械丝张力为 0.49 N,相应于丝用质量约 50 g 的物体拉紧.

较长的丝必须用更大的力拉紧,如果丝不能承受大的张力,则必须在一定的距离处加上支撑,但这会产生局部失效区.

要使 MWPC 工作稳定可靠,十分重要的是保持丝在自身重力作用下的下垂量不要太大[13]. 阳极丝的下垂将缩短阳极到阴极间的距离,从而使电场的均匀性变差.

拉紧张力 T、水平放置的长 l 的丝,由于其重力导致的下垂量为[14](亦见习题 7 第 5 题)

$$f = \frac{\pi r_i^2}{8} \cdot \rho \cdot g \frac{l^2}{T} = \frac{lmg}{8T}, \tag{7.7}$$

式中 m, l, ρ 和 r_i 分别是不加支撑的丝的质量,长度,密度和半径,g 是重力加速度,T 是以 N 为单位的丝的张力.

取前面提到的例子中的数值,镀金钨丝($r_i = 15$ μm,$\rho_w = 19.3$ g/cm^3)在丝的中央产生的下垂量为

$$f = 34 \text{ μm}, \tag{7.8}$$

当阳极和阴极间的距离为 10 mm 量级时,这样的下垂量是可以接受的.

多丝正比室的空间分辨相对较差,约 600 μm 量级. 它只能给出与丝垂直方向的坐标,而不能给出沿着丝方向的位置. 将阴极分段并测量各阴极段的感应信号可以改善室的位置测定性能. 例如,阴极可以构建为平行条状、长方块状("马赛克型计数器")或丝层(图 7.4).

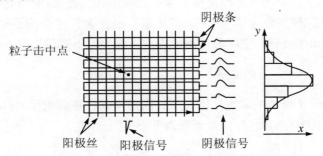

图 7.4 多丝正比室阴极读出的图示

除阳极信号之外,现在同时记录阴极条上的感应信号.沿丝方向的坐标通过电荷重心给定,后者从阴极条的感应信号推导.利用这种方法,沿丝方向的空间分辨率约可达到 50 μm,具体数值依赖于阴极的分段方式.在多径迹击中的情形下,另一(第二)个阴极亦需要分段以消除模糊性.

图 7.5 显示了两个粒子同时通过同一个多丝正比室的情形.如果只有一个阴极做了分段,阳极丝和阴极条的信息能够重建出四个可能的径迹坐标,然而其中两个是"幽灵(ghost)坐标".借助于第二个分段阴极平面的信号可以排除这两个幽灵坐标.如果利用多个阴极片替换阴极条,则可以成功地重建大量同时射入的粒子径迹.当然这会导致电子学道数的大量增加.

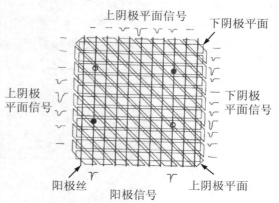

图 7.5 两个粒子同时通过同一个多丝正比室,消除模糊性的图解

随着气体微结构室的发展,多丝正比室位置分辨率以及**容许计数率**获得了进一步的进展.7.4 节将对气体微结构室进行讨论.

7.2 平面漂移室

漂移室的工作原理示于图 7.6.粒子穿过室的瞬间与电荷云到达阳极丝的时间之间的时间间隔 Δt 依赖于粒子穿过室的地点.如果 v^- 是电子的常数漂移速度,则有如下的线性关系式:

$$x = v^- \cdot \Delta t, \tag{7.9}$$

或者**漂移速度**沿着漂移路径发生变化,则有

$$x = \int v^-(t) \mathrm{d}t. \tag{7.10}$$

为了产生合适的漂移场,在相邻的阳极丝之间需引入场丝.

与多丝正比室相比,漂移时间的测量使得漂移室阳极丝的数量可以显著地减少,或者,利用小的阳极丝间距可以显著地改善**空间分辨率**.一般说

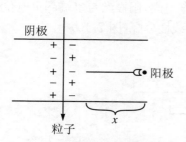

图 7.6 漂移室的工作原理

来,这两种优点可以同时达到[15].当漂移速度为 $v^- = 5\ \text{cm}/\mu\text{s}$,电子学时间分辨率为 $\sigma_t = 1\ \text{ns}$ 时,可达到的空间分辨率为 $\sigma_x = v^- \sigma_t = 50\ \mu\text{m}$.但是,空间分辨率不仅包含电子学时间分辨率的贡献,还包含漂移电子扩散和初始电离过程统计涨落的贡献.初始电离过程统计涨落在阳极丝附近是最重要的(图 7.7[5,16]).

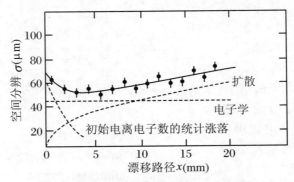

图 7.7 漂移室空间分辨与漂移路径的函数关系

对于粒子径迹垂直于室的情形,沿着粒子径迹产生的电子-离子对数目的统计涨落成为一个重要因素.靠近阳极丝的电子-离子对并不一定产生在阳极与位丝的连线上.电荷载荷子产生的空间涨落对于靠近阳极丝附近的粒子轨迹导致较大的漂移路径差异,而它们对远处的粒子径迹则影响很小(图 7.8).

当然,时间测量不能对穿过阳极丝左边和右边的粒子作出鉴别.将两层叠合的漂移单元相互错开单元宽度的一半,可以分辨这种**左右模糊性**(图 7.9).

漂移室可以做得很大[17-19].对于大的漂移空间,阳极丝与室端部负电位

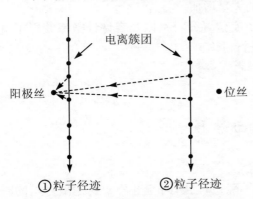

图 7.8 "近丝"和"远丝"粒子径迹漂移路径差异的图示

这可以解释空间分辨对于初始电离统计涨落的依赖性

之间利用与阴极条相连接的一串电阻链实现电位的线性分配(图 7.10).

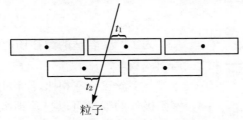

图 7.9 漂移室中左右模糊性的分辨

大面积漂移室可达到的最好空间分辨率主要受机械精度的限制.大面积漂移室空间分辨率的典型值为 200 μm.小漂移室空间分辨率可达到 20 μm.在这种情形下,电子学的时间分辨率和电子向阳极漂移过程中的扩散是主要的限制因素.沿丝方向坐标的确定同样可借助于多个阴极片来实现.

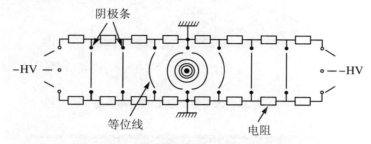

图 7.10　大面积漂移室中电场形成的图解

只有一根阳极丝的大面积漂移室(80 cm×80 cm)中漂移时间 t 与漂移距离间的关系示于图 7.11[19].室的工作气体是 93%氩和 7%异丁烷的混合气体.

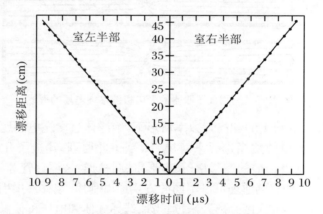

**图 7.11　只有一根阳极丝的大面积漂移室(80 cm×80 cm)中
漂移时间与漂移距离间的关系**[19]

大面积漂移室场的成形也可以通过在绝缘室壁表面的正离子吸附来达到.在这类室中,绝缘薄膜安装在朝向漂移空间的大面积阴极上(图 7.12).在正高压施加于阳极丝之后不久,场的品质不足以使整个室体积内电子的漂移获得好的空间分辨率(图 7.13(a)).入射粒子产生的正离子现在开始沿着电场线向负电极漂移.电子则被阳极丝吸收,而正离子将堵在阴极绝缘体的内壁上,从而迫使电场线从该区域移开.经过一段时间后("充电时间")不再有电场线终止于室阴极内壁的表面,从而就形成了理想的漂移场构型(图7.13(b))[20-21].如果室壁并非完全绝缘,即体电阻或面电阻为有限值,则某些电场线仍将终止于室壁(图 7.13(c)).在这种情形下,尽管电场并未达到理想的品质,但避免了阴极的过度充电,因为室壁有一定的导电性或透明性,能够移走过剩的表面电荷.

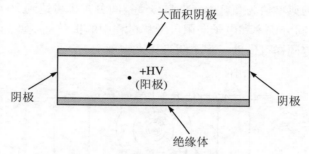

图 7.12 无电极漂移室的构建原理

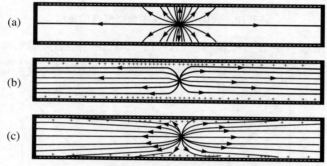

图 7.13 利用离子吸附的无电极漂移室电场的形成

在充电时间长(约 1 h)和高计数率情形下,绝缘体过度充电问题带来的困难可以通过阴极上电介质的适当选择来解决[22].基于此原理,建造了几何形状极为不同、漂移距离很长(>1 m)的漂移室(长方形室、圆柱形室、漂移管等等)[23-26].

漂移室中电子漂移的原理可以不同的方式加以利用.漂移室中引入一个栅极可将漂移区自身与气体放大区分离开来.适当地选择气体和电压可使漂移区中的漂移速度非常低,以至于带电粒子径迹的电离结构能够用电子学方法分辨清楚而无需很大的花费(这是**时间扩展室**的基本原理)[27-28].利用非常小的阳极丝间距容许单位面积内有高的计数率,因为在这种情形下,每根丝的计数率仍处于合理范围之内.

感应漂移室[29-31]可利用小间距的阳极-位丝获得高空间分辨.阳极上电子雪崩的形成在临近的拾取电极(pickup electrode)上感应出电荷信号,后者可用来同时确定粒子的入射角和实现左右模糊性的分辨.由于阳极和位丝的间距小,感应漂移室同样是高计数率实验的一种很好的选择对象,例如在高重复频率储存环中(如德国电子同步加速器中心 DESY 的强子-电子储存环,HERA)研究电子-质子的相互作用.可处理的粒子束流高达 10^6 mm^{-2} · s^{-1}.

有限的漂移时间也有利于确定探测器中的一个事例是不是我们感兴趣的事例.例如,这一点可以在**多级雪崩室**中得到实现.图 7.14 显示了多级雪崩室的工作原理[32]. 该探测器由两个多丝正比室(MWPC 1 和 2)组成,它们的气体放大做得相对较小(约 10^3). 穿过探测器的所有粒子在这两个正比室中产生的信号都相对较弱. 在 MWPC 1 中,雪崩产生的电子以一定的概率传输到两个正比室之间的漂移区. 取决于该漂移空间的宽度,这些电子要经过几百纳秒才到达第二个多丝正比室. 漂移空间的末端由一层丝栅极形成,该栅极利用对感兴趣事例灵敏的某个外部逻辑信号控制的电压信号才能打开. 在这种情形下,由于 10^3 的气体放大因子漂移电子进一步放大,于是在 MWPC 2 中气体放大达到 $10^6 \cdot \varepsilon$,这里 ε 是 MWPC 1 中产生的一个电子传输到漂移空间的平均传输概率. 如果 ε 足够大(例如大于 0.1), MWPC 2 中的信号将大到足以触发该探测器的普通的读出电子学. 但是,这样的"气体延迟"现在主要靠纯粹的电子学延迟电路来实现.

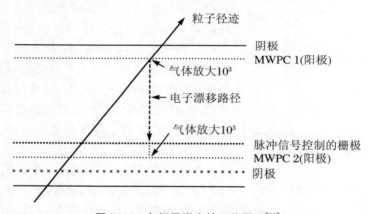

图 7.14 多级雪崩室的工作原理[32]

正负电子储存环和未来质子-质子对撞机的实验需要大面积的室用于 μ 子的探测. μ 子室有多种选项,例如多层流光管. 为了精确地重建寻找中的希格斯粒子的衰变产物,必须在非常大的面积中具备极高的空间分辨率. 这种要求可利用漂移室组件来实现[33-34].

7.3 圆柱形丝室

对于储存环实验,人们研发了圆柱形探测器,它能够满足具有尽可能大的覆盖立体角,即**密封性**(hermeticity)的要求. 在早期实验中,使用了多间隙火花室(见第 6 章)和多丝正比室,但现在,几乎全都使用漂移室来测量粒子轨迹和确定带电粒子的比电离.

这样的探测器有若干种:圆柱形漂移室的丝层形成圆柱形表面;放射形室(jet chamber)的漂移空间在方位角方向分割成若干个扇形区域;时间投影室的灵敏区域中除工作气体外没有其他物质,粒子轨迹信息漂移向两端的圆形端板探测器.

工作在磁场中的圆柱形漂移室能够测定带电粒子的动量.带电粒子的横动量 p 可由轴向磁场和径迹的偏转半径 ρ 来计算(见第 11 章):

$$p(\text{GeV}/c) = 0.3B(\text{T}) \cdot \rho(\text{m}). \tag{7.11}$$

7.3.1 圆柱形正比室和漂移室

图 7.15 显示了**圆柱形漂移室**结构的原理图.所有的丝沿着轴向拉伸(z 方向,即磁场方向).对于圆柱形漂移室,两根阳极丝之间有一根位丝.两个相邻的读出层被一圆柱形位丝层隔开.在结构最简单的圆柱形漂移室中,单个的漂移单元是梯形的,其周边由 8 根位丝围成.图 7.15 显示的是 $r\varphi$ 平面上的投影,r 是离室中心的距离,φ 是方位角.除这种梯形漂移单元之外,也使用其他几何形状的漂移单元[35].

在所谓的**开放式梯形单元**中,位丝平面上第二根位丝是空的(图 7.16).

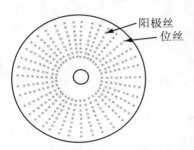

图 7.15 圆柱形漂移室结构图
显示的是沿丝方向观察的平面投影图

利用闭合式单元可改善电场的品质,其代价是增加了丝的数量(图 7.17).前两种单元结构的一种折中是六角形结构的单元(图 7.18).在所有这些单元结构中,位丝的直径($\approx 100\,\mu\text{m}$)都要比阳极丝直径($\approx 30\,\mu\text{m}$)粗.

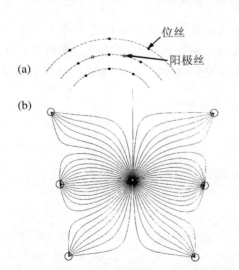

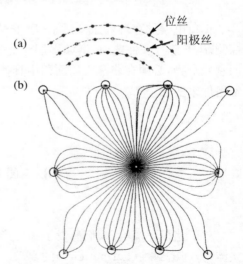

图 7.16 (a) 开放式漂移单元几何形状图形;
(b) 开放式漂移单元中的电场线[36]

图 7.17 (a) 闭合式漂移单元几何形状图形;
(b) 闭合式漂移单元中的电场线[36]

所有的丝都拉伸在两块端面板之间,端面板承受所有丝的全部张力.对于有几千根阳极丝和位丝的大型圆柱丝室而言,这一张力能够达到几吨.

到目前为止,所叙述的结构都不能测定沿丝方向的坐标.因为这些结构中不可能将阴极丝分段,所以人们研发了其他方法来测定沿丝方向的坐标.测定 z 坐标的方法之一是**电荷分配法**,它需要测量到达阳极丝两端的信号.由于丝有一定的电阻(典型值为 5~10 Ω/cm),所以丝两端接受到的电荷取决于雪崩的位置.于是比值 $(q_1 - q_2)/(q_1 + q_2)$(q_1, q_2 是相应的电荷)确定了粒子的击中点[37-38].同时,阳极丝上的信号到达丝两端的传输时间可以测量到类似的精度.电荷分配法的精度约为丝长度的 1% 量级.快电子学用来测量传输时间可达到类似的精度.

测量沿着灵敏丝方向的雪崩位置的另一种方法是利用**螺旋形丝延迟线**,它的直径小于 2 mm,平行于灵敏丝拉伸[39].对于大探测器系统而言,这一方法机械上比较复杂,沿丝方向的精度为 0.1% 量级.如果延迟线放置在两根很靠近的阳极丝之间,它还能分辨左右模糊性.更精细复杂的延迟线读出甚至能达到更高的空间分辨率[40-41].

然而,还有第四种可能性来确定沿丝方向的 z 坐标.在这种情形下,一些阳极丝并不严格地沿圆柱轴线方向拉伸,而是与该轴线有一个小的倾斜角(**斜丝**).若**倾角**为 γ(图 7.19),则垂直于这些阳极丝方向的空间分辨率 $\sigma_{r,\varphi}$ 可按下式转化为沿轴丝方向的分辨率 σ_z:

$$\sigma_z = \frac{\sigma_{r,\varphi}}{\sin \gamma}. \tag{7.12}$$

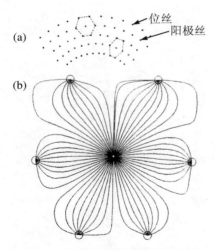
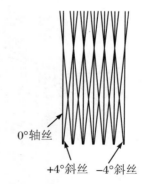

图 7.18 (a) 六角形漂移单元几何形状图形;(b) 六角形漂移单元中的电场线[36]

图 7.19 利用斜丝确定沿阳极丝(轴丝)方向坐标的图解

相应于典型的 $r\varphi$ 分辨率 200 μm,当倾角 $\gamma \approx 4°$ 时,z 向分辨率约为 $\sigma_z = 3$ mm.在这种情形下,z 向分辨率并不依赖于丝的长度.倾角的大小受最大容许的单元横向尺寸的限制.有斜丝的圆柱形漂移室也称为**双曲线丝室**,因为相对于轴向阳极丝而言,斜丝呈现为双曲线下垂.

当所有这些类型的漂移室的漂移电场与磁场相垂直时,必须对洛伦兹角予以特别的注意(参见 1.4 节).

图 7.20 显示了存在和不存在轴向磁场条件下,一个开放的长方形漂移单元中的电子漂移轨迹[42-43].

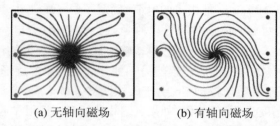

(a) 无轴向磁场　　　　(b) 有轴向磁场

图 7.20　一个开放的长方形漂移单元中的电子漂移轨迹

图 7.21 是一个圆柱形多丝正比室中一次正负电子相互作用(PLUTO 实验)产生的粒子径迹的重建 $r\varphi$ 投影图[44].其中图(a)显示了起源于 $e^+e^- \rightarrow q\bar{q}$ 过程(夸克-反夸克对产生)的、清晰的两喷注结构;图(b)则显示了一个从美学观点来看特别有兴趣的正负电子湮灭事例.在这种情形下,径迹重建的实现仅仅利用了击中的阳极丝,而没有利用漂移时间的信息(参见 7.1 节).当然,这种方法所获得的空间分辨率不能与漂移室的空间分辨率相竞争.

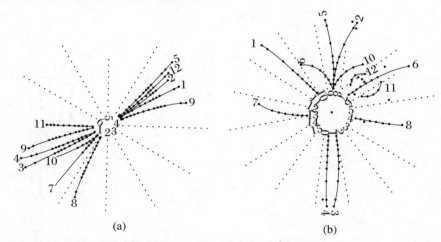

图 7.21　PLUTO 中心探测器测到的正负电子相互作用产生的多径迹事例[44]

也可以用多层的所谓**稻草管室**来构建圆柱形多丝正比室(图 7.22)[45-49].这种稻草管室通常用作储存环实验中的顶点探测器[50-51].这类稻草管室用镀铝聚酯薄膜制成.稻草管直径在 5～10 mm 范围,通常工作于过压状态.这类探测器的空间分辨率约为 30 μm.

建造这类室可以使断丝造成的风险极小化.在常规的圆柱形室中,一根断丝会使探测器的很大一个区域不能工作[52].与此相反,在稻草管室中,只有断丝的那根稻草管不工作.

由于稻草管直径很小,稻草管室是高计数率实验的候选探测器[53].由于电子漂移距离短,它们可以工作在高磁场下而空间分辨不会显著地变坏[54].

利用**多丝漂移组件**(multiwire drift modules)可以建造结构极为紧凑的高空间分辨室(图 7.23)[51,55-56].

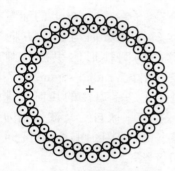

图 7.22　薄壁稻草管室的圆柱形结构[45,47]

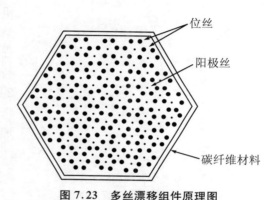

图 7.23　多丝漂移组件原理图
在六角形结构中,每一根阳极丝被 6 根位丝包围.70 个漂移单元集成在直径仅 30 mm 的碳纤维材料制成的容器内[55]

在这一示例中,70 个漂移单元集成在直径仅 30 mm 的六角形构件中.图 7.24 显示了单个漂移单元内电场和等位线的结构[55].图 7.25 显示了穿过这样的多丝漂移组件的单粒子径迹[55].

图 7.24　多丝漂移组件的一个六角形漂移单元中电场和等位线的计算值[55]

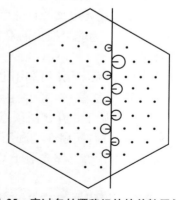

图 7.25　穿过多丝漂移组件的单粒子径迹
圆圈表示到达被击中阳极丝的漂移时间测量值.粒子径迹与所有的漂移圆圈相切[55]

7.3.2 放射形(Jet)漂移室

现如今,对撞机实验中使用的圆柱形漂移室可以有多达 50 层的阳极丝.通常利用这类室中多次的 dE/dx 测量来实现 π 介子和 K 介子的鉴别.

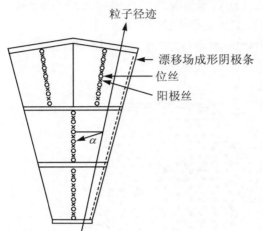

图 7.26 放射形漂移室的一个扇区

本图由本书作者对文献[35,57-59]中的相应结构图按实际情形进行修改而成.只在扇区的一边画出了形成漂移场的阴极条(为简单起见,不至于使图看起来过于繁复,两个内环 1 和 2 只画了 5 根阳极丝,外环 3 只画了 6 根阳极丝)

放射形漂移室特别适合于这种任务:这类室中电离能量损失的精确测量是通过尽可能多的阳极丝上比电离的测定来实现的. PETRA 对撞机上 JADE 实验[57-58]的中心探测器测定带电粒子在 48 层丝上的能量损失,这些丝拉伸方向与磁场方向平行.漂移室的圆柱形体积被分割成 24 个径向扇区(radial segments).图 7.26 画出了一个扇区的几何安排的原理简图,该扇区自身又被分割为若干个更小的漂移区间,每个区间有 16 根阳极丝.

漂移场的形成是依靠两个扇区间边界处的阴极条建立的.电场垂直于阳极丝平面,且垂直于磁场方向.因此,电子沿着**洛伦兹角**方向漂移,洛伦兹角由电场、磁场强度和漂移速度决定.对于 JADE 实验,螺旋线磁场 B 的大小为 0.45 T,洛伦兹角为 $\alpha = 18.5°$.为了使单次能量损失测量达到最好的精度,漂移室工作气体的压力为 4 atm.这一过压状态同时压低了初始电离统计涨落对空间分辨率的影响.然而,重要的是工作气压不能过高,这是因为能量损失的对数上升(它是粒子分辨的基础)会由于密度效应的出现而减小.

沿丝方向坐标的确定可利用电荷分配法实现.

在 JADE 漂移室中,正负电子相互作用产生的粒子径迹的 $r\varphi$ 投影示于图 7.27[57-58].起始于相互作用顶点的每根径迹的 48 个击中坐标能够清楚地识别出来.该室中的左右模糊性是利用不同层阳极丝的错位来实现的(亦见图 7.28). 一个更大的放射形漂移室安装于 CERN 大型正负电子对撞机 LEP 的 OPAL 探测器中[60].

MARK II 探测器的放射形漂移室的结构(图 7.28[61-62])与 JADE 室非常相似.在该探测器中,粒子径迹产生的电离由阳极丝收集.阳极丝之间的位丝和场丝层产生漂移场.漂移单元末端处场的品质通过附加的位丝来改善.处于磁场中的该放射形漂移室中的漂移轨迹示于图 7.29[61-62].

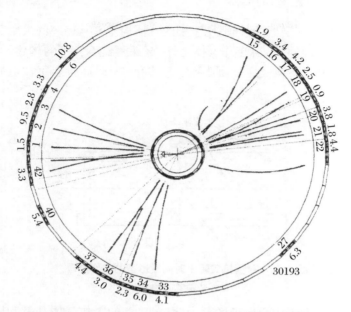

图 7.27　JADE 中心探测器[57-58]中，正负电子对撞（胶子产生：
$e^+ + e^- \to q + \bar{q} + g$ 导致三喷注）产生的粒子径迹的 $r\varphi$ 投影
弯曲径迹对应于带电粒子，点线径迹对应于中性粒子，
后者不受磁场的偏转，不被室所记录

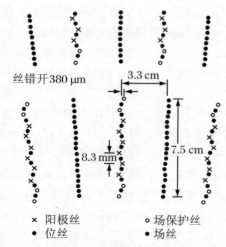

× 阳极丝　　○ 场保护丝
● 位丝　　　● 场丝

图 7.28　MARK Ⅱ 探测器的放射形漂移室
的漂移单元几何安排[61-62]

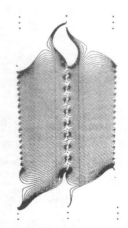

图 7.29　处于磁场中的放射形漂移室的
一个漂移单元中漂移轨迹的计
算值[61-62]

7.3.3 时间投影室(TPC)

当今,在圆柱形探测器(同样适用于别的几何构型)中,径迹的最精美的记录是利用**时间投影室**实现的[63]. 除工作气体之外,该探测器不含别的构建元素,因此在减小多次散射和光子转换效应方面达到了最优化[64]. 时间投影室构造原理的侧视图见图 7.30.

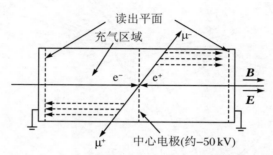

图 7.30 对撞机实验中时间投影室的工作原理[63]

为简单起见,没有画出束流管道

整个时间投影室被中心电极区分为两半. 典型的工作气体是氩和甲烷的混合气体(90∶10).

带电粒子产生的初始电离沿着平行于磁场的方向漂移向室两侧的端面板,在大多数情形下,它们是多丝正比探测器. 磁场抑制了垂直于磁场方向的扩散效应.

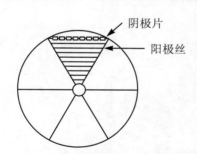

图 7.31 端面板多丝正比室中阴极片(pad)读出的工作原理

图中显示了一个扇区的阳极丝和多个阴极片

这一点是通过作用在漂移电子上的磁场力达到的,其结果是使漂移电子围绕磁场做螺旋线运动. 对于典型的电场和磁场强度值,相应的拉莫尔半径小于 $1\,\mu m$. 初始电子到达两侧端面板的时间给定了沿圆柱轴向的 z 坐标. 一块端面板的布局图示于图 7.31.

初始电离的气体放大发生在阳极丝附近,阳极丝沿方位角方向拉伸. 原则上径向坐标 r 可以由击中丝(对于短丝而言)的位置求得. 为了获得三维坐标,端面多丝正比室的阴极通常分割成许多阴极片. 因此,径向坐标由击中的阴极片的位置读出来提供. 此外,阴极片还提供了沿着阳极丝的坐标,从而确定了方位角 φ. 这样,对于电离过程中产生的每一个初始电子团簇,时间投影室能够测定其坐标 r,φ 和 z,即三维空间点.

阳极丝上的模拟信号提供了比电离能量损失(specific energy loss)的信息,因而能够用于粒子鉴别. 磁场的典型值约为 1.5 T,电场强度则为 $20\,kV/m$. 由于这样的结构中电场平行于磁场,故洛伦兹角为 0,电子漂移方向平行于 E 和 B(不存在"$E×B$ 效应").

但是,端面板处的气体放大过程中产生的大量正离子必须漂移过相当长的距离回到中心电极,这会引发问题. 正离子漂移导致的强空间电荷使漂移场的品质变差. 这一问题可以通过在漂移区域与端面多丝正比室之间额外加入一个"门栅"来克服(图 7.32).

门在通常情形下是关闭的,仅当一个感兴趣事例的外部触发信号到达后的一段短时间之内才打开. 当门处于关闭状态时,门阻止离子漂移回漂移区间. 因此探测器灵敏区域中电场的品质保持不变[35]. 这意味着,门具有双重的作用. 一方面,当没有感兴趣事例的外部触发信号到达时,来自漂移区域的电子将被阻止进入多丝正比室端面板的气体放大区. 另一方面,对于感兴趣事例的气体放大信号,正离子则被阻止漂移回探测器灵敏区间. 图 7.33 显示了 ALEPH 实验 TPC 中门的工作原理[65].

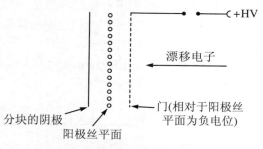

图 7.32 时间投影室中的"门栅"原理

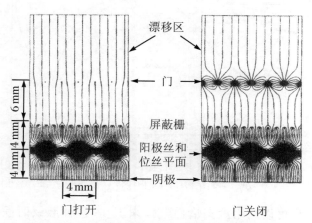

图 7.33 ALEPH 实验 TPC 中门的工作原理[65]

当门打开时,电离电子能够进入气体放大区. 但当门关闭时,正离子被限制在气体放大区内. 同时,当门关闭时还禁止漂移区的电子进入气体放大区. 对于一个感兴趣的事例,门首先被打开,以容许初始电子进入气体放大区;然后门被关闭,以阻止雪崩过程中产生的正离子漂移回探测器灵敏区

时间投影室可以做得很大(直径≥3 m,长度≥5 m). 这时它包含大量的模拟读出道(阳极丝数≈5 000,阴极片数≈50 000). 每根径迹可获得几百个样本,从而确保曲率半径的精确测定,并能够精确地测量能量损失,后者对于粒子鉴别具

有根本的重要性[65-67]. 时间投影室的缺点在于不能处理高的粒子流强,因为探测器体积内电子的漂移时间达 40 μs(漂移路径为 2 m),而模拟信号的读出也需要几微秒.

大的时间投影室中可获得的典型空间分辨率为 $\sigma_z = 1$ mm, $\sigma_{r,\varphi} = 160$ μm. 特别是 z 坐标的分辨率需要有漂移速度的精确知识. 不过,这一分辨率可以用紫外激光产生的电离径迹来进行刻度和监测.

图 7.34 显示了 ALEPH 时间投影室中一个电子-正电子湮灭事例的 $r\varphi$ 投影[65-66].

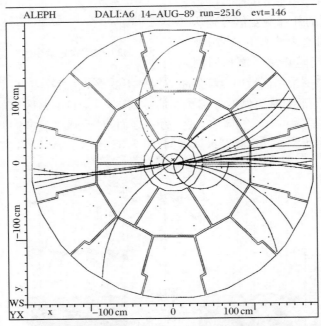

图 7.34 ALEPH 时间投影室中一个电子-正电子湮灭事例的 $r\varphi$ 投影[65-66]
端面板探测器呈现为两个环形结构,由 6 个内环和 12 个外环多丝正比室扇区构成

时间投影室也可以利用液态惰性气体来工作. 这种**液氩时间投影室**相当于具有三维事例重建功能的气泡室的电子学替代物. 此外,它们能够同时作为长期灵敏的量能器型探测器使用(参见第 8 章),并可利用液态惰性气体中产生的闪烁光提供一个内生触发信号(见 5.4 节)[68-73]. 与气泡室照片类似,电子学分辨率为 100 μm 量级. 但是,因为在工作介质中没有气体放大效应,大型液氩 TPC 的运行需要极纯的液氩(杂质<0.1 ppb, 1 ppb ≡ 10^{-9})以及高性能的低噪声前置放大器. 几千吨液氩的 TPC,是目标包括寻找核子衰变到太阳中微子观测的地下实验室中研究稀有现象的好的候选探测器[74-75].

利用液氙的自触发时间投影室也已经成功地运行[76-77].

7.4 微结构气体探测器

多丝正比室如果不是在计数器体积中拉伸多根阳极丝,而是阳极做成绝缘表面或半导体表面上的多个条形或点形的形态,则探测器的建造将大为简化,稳定性和灵活性也大大增强.这种装置的容许计数率可提高一个量级以上[78-79].当前这类**微结构气体探测器**已经广泛使用,许多新的、有前景的装置正在研究之中[80-82].

微条气体室(MSGC)是一类小型化的多丝正比室,它的大小约为通常的多丝正比室的1/10(图7.35).节距(pitch)的典型尺寸是 $100\sim 200~\mu m$ 之间,而充气的间隙在 $2\sim 10~mm$ 范围.因为借助于电子蚀刻技术电极结构可以做得很小,所以上述要求是可以达到的.丝则用蒸镀在薄基片上的条来替代.阴极条放置在阳极条之间,这种安排使场的品质得到改善,且正离子能够快速地移除.阴极分成扇区或做成条形或像素的平面[83-84],能够实现二维读

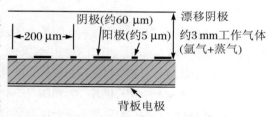

图7.35 微条气体探测器的布局简图

出.电极结构除了能够安装在陶瓷基片上之外,也可以安装在塑料薄片上.利用这种方式,可以建造很轻、很灵便的探测器,并具有很高的空间分辨率.可能的缺点是绝缘塑料结构的静电充电效应会使电场发生变化,可能导致放大性能具有时间依赖性[85-90].

微条气体室的增益可达 10^4.该装置的空间分辨率对于软 X 射线形成的类点电离达到 $20\sim 30~\mu m$(均方根值).当最小电离带电粒子穿过探测器时,空间分辨率取决于入射角,主要由初始电离的统计涨落决定[91].

除了优良的空间分辨率之外,这类**微条探测器**的显著优点是低的死时间(雪崩中产生的正离子漂移非常短的距离就到达阳极附近的阴极条),辐射损伤减小(每个读出单元的灵敏面积小),且容许计数率高.

微条正比室还可以工作于漂移模式(见7.2节).

但是,MSGC 易于老化和受放电的损伤[92].为了避免这些问题,出现了许多不同的微结构探测器设计建议.这里我们考察其中的两种,即目前许多实验组采用的 Micromegas[93] 和 GEM[94] 探测器.这两种设计都显示了优良的性能.

Micromegas 探测器的设计示于图7.36.带电粒子在宽 $2\sim 5~mm$ 转换间隙中释放的电子漂移向增殖间隙(multiplication gap).一个阴极细丝网以及一个

阳极读出条或读出片结构形成这一宽 50～100 μm 间隙的边界. 利用一排节距约为 1 mm 的绝缘台柱使阴极与阳极间的距离保持为常数.

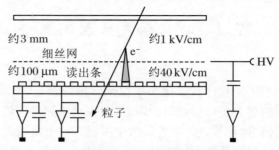

图 7.36 Micromegas 探测器简图[11,95]

增殖间隙中的高电场(30～80 kV/cm)提供了 10^5 的增益. 因为雪崩中产生的大部分离子被邻近的阴极所收集，这类装置具有优良的时间性能[96]和高容许计数率[97].

另一种提供电荷放大的结构称为**气体电子倍增器（GEM）**. 绝缘聚酰亚胺 (kapton)薄片(约 50 μm)的两面镀以金属膜，薄片上有化学方法产生的大量小孔，直径为 50～100 μm，节距为 100～200 μm. 薄片两面的金属膜处于不同的电位，使得小孔中发生气体增殖过程. 图 7.37 和图 7.38 分析显示了 GEM 的结构以及电场分布. 用 GEM 构建的探测器包含了一个漂移阴极（将一层 GEM 与别的 GEM 层隔开），以及一个阳极读出结构，如图 7.37 所示. 电子由于电场的作用漂移向 GEM 层，在 GEM 层小孔处高电场作用下开始形成雪崩. 大部分次级电子将向阳极漂移，而大部分离子被 GEM 电极所收集. 一层 GEM 的增益只能达到几千，但这已足够探测薄气体层中的最小电离粒子了. 利用两层或三层 GEM 叠合的探测器，总的增益就很可观，而每一层的增益相对较低，这种结构有良好的稳定性和较高的放电阈值[95,98-99].

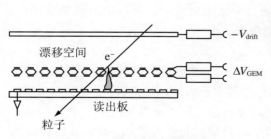

图 7.37 GEM 探测器的布局

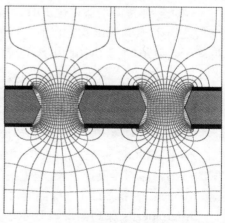

图 7.38 GEM 探测器的电场分布[11,94]

7.5 半导体径迹探测器

半导体径迹探测器基本上就是一组由 5.3 节描述的半导体二极管. 这类探测器家族的主要特征在许多评述性论文中进行过讨论[100-102].

固体径迹探测器的电极分割成条形或片形. 图 7.39 显示了一个具有顺序 (sequential) 阴极读出的硅微条探测器的工作原理[103].

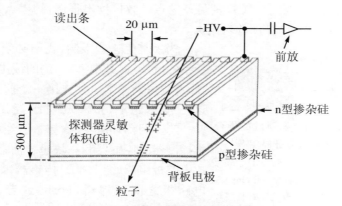

图 7.39 硅微条探测器的结构简图
所有读出条均处于负电位. 读出条之间是电容耦合(不按比例, 图引自[103])

穿过耗尽层的一个最小电离粒子在其每 1 μm 路径上平均产生 90 个电子-空穴对. 对于典型的探测器厚度 300 μm, 总的收集电荷将远高于电子学的噪声水平. 最优节距的大小由载荷子的扩散和 δ 电子的弥散所决定, 典型值是 25 μm.

读出条上的电荷分布使得空间分辨率可达到 10 μm 量级, 甚至更好[100-102]. 为了减少电子学道数, 每隔一条或两条才读出一条阴极上的电荷. 由于相邻读出条之间存在大的电容, 所谓的**悬浮条**(floating strip)贡献了重心值. 这类硅微条计数器通常在储存环实验中作为顶点探测器, 用来测定不稳定强子的 ps 量级的寿命, 以及标记复杂末态中的短寿命介子. 将硅微条探测器放置在相互作用点附近的这种使用方法, 能达到泡室或核乳胶的高分辨能力(见第 6 章), 但利用了纯粹的电子学读出. 由于硅微条探测器的高空间分辨率, 可以比较容易地重建次级顶点, 并与初级相互作用点区分开.

为了测量第二维坐标, 探测器灵敏体积的 n^+ 一侧也可以分割成与读出条垂直的条形. 这种做法遇到一些技术上的困难, 不过可以用更复杂的结构加以克服[101-102]. 微条探测器读出电子学包含了专门研制的、固定在传感器板上的芯片. 每个芯片包含一组前置放大器和一个利用多路技术(multiplexing techniques)将信号传向数字转换器的电路.

如果一个硅片分割成矩阵状的多个小片,后者相互之间用位阱实现电屏蔽,复杂事例所产生的能量沉积存储在多个阴极片中,可以逐个像素地读出. 由于顺序方式的数据处理,读出时间很长. 但是,这提供了垂直于束流方向平面上的二维影像. 当像素尺寸为 $20\ \mu m \times 20\ \mu m$ 时,可获得 $5\ \mu m$ 的空间分辨率. 由于阴极片间的电荷耦合,这类硅探测器也称为**电荷耦合器件**(CCD). 市场购买的外部尺寸 $1\ cm \times 1\ cm$ 的 **CCD 探测器**约有 10^5 个像素[35,106-108]. 市场上的高性能数码相机像素数高达千万.

但是,CCD 探测器有某些限制. 其耗尽层一般很薄,约为 $20 \sim 40\ \mu m$,这意味着每个最小电离粒子只产生少量的电子-空穴对,从而要求 CCD 必须冷却以使暗电流保持在可接受的低水平. CCD 的另一缺点是数据读出很慢,约零点几毫秒,使得这类装置很难应用于高亮度的对撞机.

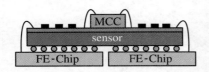

图 7.40 ATLAS 探测器研发的混合像素探测器设计简图[109]

传感器板包含多个 $50\ \mu m \times 400\ \mu m$ 像素,它们通过铟柱与前端芯片(FE-chip)连接. 传感器顶上软的混合聚酰亚胺膜层载有附加的电子元件和模块控制芯片(MCC)

为了避免这些限制,我们必须回到图 7.39 所示的设计,但其中 p^+ 一侧的读出条分割成像素,并且每个像素单独连接一个前置放大器. 对这一技术进行了研发并已经用于 LHC 实验[109-111]. 目前,混合像素技术已经相当成熟. 这类探测器由传感器和一块包含前端电子学的集成电路板组成(图 7.40). 传感器(sensor)和集成电路板之间用焊料(PbSn)或者铟柱(indium bump bonds)互连.

这类探测器现在正在建造以应用于 LHC 实验[110-111]以及 X 射线计数系统[112-113]. 对于高 Z 半导体的医学成像传感器,则利用了碲化镉(锌)或砷化镓晶体[114].

对于混合像素探测器,像素尺寸的极限约为 $50\ \mu m \times 50\ \mu m$. 更有前途的是单片电路(monolithic)像素探测器技术,其中传感器和前端电子学集成到同一片硅晶里. 当前这一技术尚处于研发阶段[115-116]. 值得一提的是,基本上像素探测器每一像素的电容很低. 按照式(5.69),这使得电子学噪声很低.

硅微条探测器也可作为**固体漂移室**来工作. 这类探测器的评述文章可参见文献[100, 117-119]. 硅漂移室的工作原理如图 7.41 所示.

通常延展到探测器整个表面的 n^+ 欧姆触

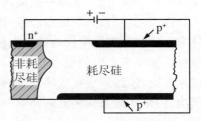

图 7.41 横向耗尽(sideward depletion)硅漂移室的构造原理

点,现在集中到一个特定的位置,它可以放置在非耗尽导通区的任何地方.于是 p^+ 层二极管可以放置在硅晶片的两边.当在 n^+ 触点与 p^+ 层之间施加足够高的电压时,导通区将耗尽,并缩回到 n^+ 电极附近.用这种方法造成一个位阱,电子可以通过扩散向 n^+ 读出触点移动.所产生的空穴则漂移向最接近的 p^+ 触点.

现在,如果具有平行于探测器表面分量的电场施加在这样的结构上,就成为一个硅漂移室,一个光子或一个带电粒子在耗尽层中所产生的诸多电子被延伸到位阱的漂移场引向 n^+ 阳极.这种分级的电位可以通过将 p^+ 电极分割为电位不同的若干个电极条来达到(图 7.42)[100,119].

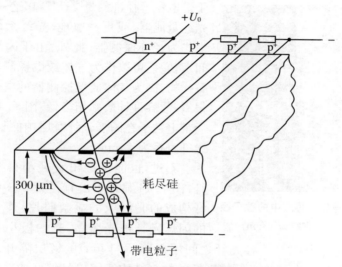

图 7.42 分级电位的硅漂移室[100,117-119]

在严酷的辐射环境下,硅探测器将受到辐射损伤(见第 12 章"老化"效应).这对于高亮度对撞机是特别重要的问题,需要有耐辐照性能优良的硅探测器[100].

硅条、硅像素或立体像素探测器在许多不同的领域中是极其有用的.它们的尺寸小,粒度高,具有低本征噪声,经过特殊处理后有良好的耐辐照性,使得它们成为用途特别广泛的高分辨率探测器.它们现在已经用于许多粒子物理实验的中心区域作为顶点探测器,以及在非常成功的卫星任务(如钱德拉卫星、XMM 牛顿卫星)中用作焦平面探测器.许多其他领域,如医学(康普顿相机)、艺术、材料科学和工程学中的重要应用,说明了这类探测器的应用范围十分宽广.

7.6 闪烁光纤径迹室

多根闪烁光纤逐一分别读出提供了优良的空间分辨率,甚至能超过漂移室的空间分辨率[120,122]. 类似地,内充液体闪烁体的毛细管(**通心粉**,macaroni)能够用于带电粒子径迹测量[123-124]. 在这一方面,闪烁光纤量能器,或更一般地,光纤系统也可以考虑作为径迹探测器. 此外,由于闪烁光衰减时间短,它们可以作为气体放电探测器的现实的替代物,因为气体放电探测器的电子漂移速度很慢,故容许计数率相当低. 图 7.43 显示了一个带电粒子在闪烁光纤叠层中的径迹. 这里的光纤直径为 1 mm[125].

图 7.43 闪烁光纤叠层中的粒子径迹(光纤直径为 1 mm)[125]

不过,也能生产出直径小得多的闪烁光纤. 图 7.44 显示了由直径为 60 μm 的闪烁光纤构成的光纤束的显微照片. 其中只有中心的闪烁光纤被光照亮. 光的极小一部分被散射到邻近的光纤中[126-127]. 各光纤之间用极薄(3.4 μm)的镀层隔开. 但是,这类光纤系统的光学读出方式必须使光纤的粒度结构能够以足够好的精度相互区分开来,即利用光学像素系统[128].

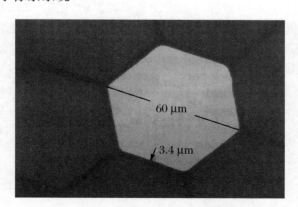

图 7.44 7 根闪烁光纤构成的光纤束的显微照片

光纤直径为 60 μm。只有中心的光纤被光照亮.各光纤之间用极薄(3.4 μm)的低折射率的镀层光学地隔离,以通过内反射将光约束在光纤内.只有一小部分光被散射到邻近的光纤中[126-127]

这种光纤束的安排对于要求高时间分辨率、高空间分辨率和粒子计数率很高的实验而言,是一种优良的候选径迹探测器.图 7.45 显示了不同公司出品的闪烁光纤束不同的构型[129].图 7.46 显示了由 8 000 根闪烁光纤(直径为 30 μm)构成的叠层中带电粒子的空间分辨率.所达到的单径迹分辨率为 35 μm,两径迹分辨率为 83 μm[130].

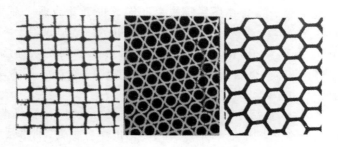

图 7.45 不同公司出品的闪烁光纤束

左图:20 μm,Schott (Mainz);中图:20 μm,US Schott (Mainz);右图:30 μm 闪烁光纤,Kyowa Gas (Japan)[129]

在高辐射环境中,闪烁体的透明度会变差[131].然而,也有耐辐射性相当好的闪烁体材料[132-133](亦见第 12 章关于"老化"效应的讨论).

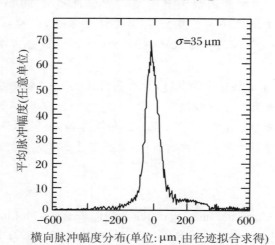

横向脉冲幅度分布(单位:μm,由径迹拟合求得)

图 7.46 8 000 根闪烁光纤(直径为 30 μm)构成的叠层中带电粒子的横向脉冲幅度分布

习 题 7

1. 一个不稳定粒子在储存环实验的束流管道中衰变为两个带电粒子,用一个三层漂移室测得它们的漂移时间为 T_1^i, T_2^i, T_3^i ($T_1^1 = 300$ ns, $T_2^1 = 195$ ns, $T_3^1 = 100$ ns, $T_1^2 = 400$ ns, $T_2^2 = 295$ ns, $T_3^2 = 200$ ns). 两条径迹间的夹角为 $\alpha = 60°$. 假定所有丝的分辨率相同,试估计利用两条径迹重建的顶点的不确定性(漂移速度 $v = 5$ cm/μs).

2. 在一闪烁光纤(直径为 1 mm)构成的径迹室中,我们想要将横截面为 $A = 20$ cm×20 cm 的一个区域中闪烁光纤所占的比例尽可能高. 利用圆柱形光纤,这一比例的极大值等于多少? 对于这么大横截面的径迹室,需要多少根光纤?

3. 假设某个时间投影室的空间分辨率为 100 μm. 在该室中,电场和磁场通常是平行的. 如果垂直于 B 方向的极大电子速度是 10 cm/μs,要使漂移电子的拉莫尔(Larmor)半径远小于空间分辨率(例如小于 10 μm),问磁场强度需要多强?

4. 用正比计数器测量 ^{241}Am 源发射的 60 keV X 射线. 计数器的电容为 180 pF. 如果与阳极丝相连的放大器需要输入幅度达到 10 mV 才能有好的信噪比性能,要求气体增益多大? 在充氩气的计数器中,产生一个电子-离子对的平均能量是 $W = 26$ eV. 问 60 keV 谱线的本征能量的分辨率多大(氩气的费诺因子 $F = 0.17$)?

5. 某多丝正比室的丝张力为 50 g,镀金钨丝丝长 $l = 1$ m,直径 30 μm. 试计算重力作用下丝的下垂量.

该问题通常用变分法求解[134-140]. 避开这一具体解法不谈,这里关键的假设是丝的局域水平力和垂直力确定了丝的斜率,而丝自身是非弹性的.

参考文献

[1] Charpak G. Electronic Imaging of Ionizing Radiation with Limited Avalanches in Gases: Nobel Lecture 1992 [R/J]. CERN-PPE-93-25, 1993; Rev. Mod. Phys., 1993 (65): 591-598.

[2] Charpak G, et al. The Use of Multiwire Proportional Chambers to Select and Localise Charged Particles [J]. Nucl. Instr. Meth., 1968 (62): 202-268.

[3] Bartl W, Neuhofer G, Regler M. Proc. 6th Int. Conf. on Wire Chambers [J]. Nucl. Instr. Meth., 1992 (A323).

[4] Charpak G, et al. Some Developments in Operation of Multiwire Proportional Chambers [J]. Nucl. Instr. Meth., 1970 (80): 13-34.

[5] Sauli F. Principles of Operation of Multiwire Proportional and Drift Chambers [R]. CERN-77-09, 1977, and references therein.

[6] Erskine G A. Electrostatic Problems in Multiwire Proportional Chambers [J]. Nucl. Instr. Meth., 1972 (105): 565-572.

[7] Va'vra J. Wire Chamber Gases [R]. SLAC-Pub-5793, 1992.

[8] Va'vra J. Wire Chamber Gases [J]. Nucl. Instr. Meth., 1992 (A323): 34-47.

[9] Chang Y H. Gases for Drift Chambers in SSC/LHC Environments [J]. Nucl. Instr. Meth., 1992 (A315): 14-20.

[10] Anashkin E V, et al. Z-Chamber and Trigger of the CMD-2 Detector [J]. Nucl. Instr. Meth., 1992 (A323): 178-183.

[11] Particle Data Group(Eidelman S, et al). Review of Particle Physics [J/OL]. Phys. Lett., 2004, 1/2/3/4 (B592): 1-1109; Yao W M, et al. J. Phys., 2006 (G33): 1-1232. http://pdg.lbl.gov.

[12] Trippe T. Minimum Tension Requirement for Charpak-Chamber Wires [R]. CERN NP Internal Report 69-18, 1969. Schilly P, et al. Construction and Performance of Large Multiwire Proportional Chambers [J]. Nucl. Instr. Meth., 1971 (91): 221-230.

[13] Chew M, et al. Gravitational Wire Sag in Non-Rigid Drift Chamber Structures [J]. Nucl. Instr. Meth., 1992 (A323): 345-349.

[14] Netz H. Formeln der Technik [M]. München/Wien: Hanser, 1983.

[15] Walenta A H, et al. The Multiwire Drift Chamber: A New Type of Proportional Wire Chambers [J]. Nucl. Instr. Meth., 1971 (92): 373-380.

[16] Filatova A, et al. Study of a Drift Chamber System for a K-e Scattering Experiment at the Fermi National Accelerator Lab. [J]. Nucl. Instr. Meth., 1977 (143): 17-35.

[17] Becker U, et al. A Comparison of Drift Chambers [J]. Nucl. Instr. Meth., 1975 (128): 593-595.

[18] Rahman M, et al. A Multitrack Drift Chamber with 60 cm Drift Space [J]. Nucl. Instr. Meth., 1981 (188): 159-163.

[19] Mathis K. Test einer großflächigen Drifkammer [D]. University of Siegen, 1979.

[20] Allison J, Bowdery C K, Rowe P G. An Electrodeless Drift Chamber [R]. Int. Report, Univ. Manchester MC 81/33, 1981.

[21] Allison J, et al. An Electrodeless Drift Chamber [J]. Nucl. Instr. Meth., 1982 (201): 341-357.

[22] Budagov Yu A, et al. How to Use Electrodeless Drift Chambers in Experiments at Accelerators [J]. Nucl. Instr. Meth., 1987 (A255): 493-500.

[23] Franz A, Grupen C. Characteristics of a Circular Electrodeless Drift Chamber [J]. Nucl. Instr. Meth., 1982 (200): 331-334.

[24] Becker Ch, et al. Wireless Drift Tubes, Electrodeless Drift Chambers and Applications [J]. Nucl. Instr. Meth., 1982 (200): 335-343.

[25] Zech G. Electrodeless Drift Chambers [J]. Nucl. Instr. Meth., 1983 (217): 209-212.

[26] Dörr R, Grupen C, Noll A. Characteristics of a Multiwire Circular Electrodeless Drift Chamber [J]. Nucl. Instr. Meth., 1985 (A238): 238-244.

[27] Walenta A H, Paradiso J. The Time Expansion Chamber as High Precision Drift Chamber [R]. Proc Int. Conf. on Instrumentation for Colliding Beam Physics; Stanford; SLAC-Report SLAC-R-250 UC-34d, 1982; SL-82-07, 1982: 1-29.

[28] Anderhub H, et al. Operating Experience with the Mark J Time Expansion Chamber [J]. Nucl. Instr. Meth., 1988 (A265): 50-59.

[29] Roderburg E, et al. The Induction Drift Chamber [J]. Nucl. Instr. Meth., 1986 (A252): 285-291.

[30] Walenta A H, et al. Study of the Induction Drift Chamber as a High Rate Vertex Detector for the ZEUS Experiment [J]. Nucl. Instr. Meth., 1988 (A265): 69-77.

[31] Roderburg E, et al. Measurement of the Spatial Resolution and Rate Capability of an Induction Drift Chamber [J]. Nucl. Instr. Meth., 1992 (A323): 140-149.

[32] Imrie D C. Multiwire Proportional and Drift Chambers: From First Principles to Future Prospects [R]. Lecture delivered at the School for Young High Energy Physicists, Rutherford Lab., September 1979.

[33] Peshekhonov V D. Wire Chambers for Muon Detectors on Supercolliders [J]. Nucl. Instr. Meth., 1992 (A323): 12-21.

[34] Faissner H, et al. Modular Wall-less Drift Chambers for Muon Detection at LHC [J]. Nucl. Instr. Meth., 1993 (A330): 76-82.

[35] Kleinknecht K. Detektoren für Teilchenstrahlung [M]. Stuttgart: Teubner, 1984; 1987; 1992. Detectors for Particle Radiation [M]. Cambridge: Cambridge University Press, 1986.

[36] Schmidt S. Private communication, 1992.

[37] Kuhlmann W R, et al. Ortsempfindliche Zählrohre [J]. Nucl. Instr. Meth., 1966 (40): 118-120.

[38] Foeth H. Hammarström R, Rubbia C. On the Localization of the Position of the Particle Along the Wire of a Multiwire Proportional Chamber [J]. Nucl. Instr. Meth., 1973 (109): 521-524.

[39] Breskin A, et al. Two-Dimensional Drift Chambers [J]. Nucl. Instr. Meth., 1974 (119): 1-8.

[40] De Graaf E J, et al. Construction and Application of a Delay Line for Position Readout of Wire Chambers [J]. Nucl. Instr. Meth., 1979 (166): 139-149.

[41] Atencio L G, et al. Delay-Line Readout Drift Chamber [J]. Nucl. Instr. Meth.,

1981 (187): 381-386.

[42] Jaros J A. Drift and Proportional Tracking Chambers [R]. SLAC-Pub-2647, 1980.

[43] de Boer W, et al. Behaviour of Large Cylindrical Drift Chambers in a Superconducting Solenoid [J/C]. Proc. Wire Chamber Conf., Vienna, 1980; Nucl. Instr. Meth., 1980 (176): 167-180.

[44] PLUTO Collaboration, Criegee L, Knies G. e^+e^--Physics with the PLUTO Detector [J]. Phys. Rep., 1982 (83): 151-280.

[45] Toki W H. Review of Straw Chambers [R]. SLAC-Pub-5232, 1990.

[46] Aulchenko V M, et al. Vertex Chamber for the KEDR Detector [J]. Nucl. Instr. Meth., 1989 (A283): 528-531.

[47] Biino C, et al. A Very Light Proportional Chamber Constructed with Aluminised Mylar Tubes for Drift Time and Charge Division Readouts [J]. IEEE Trans. Nucl. Sci., 1989 (36): 98-100.

[48] Alekseev G D, et al. Operating Properties of Straw Tubes [J]. JINR-Rapid Communications, 1990 (2): 27-32.

[49] Bychkov V N, et al. A High Precision Straw Tube Chamber with Cathode Readout [J]. Nucl. Instr. Meth., 1993 (A325): 158-160.

[50] Villa F. Vertex Detectors [M]. New York: Plenum Press, 1988.

[51] Saxon D H. Multicell Drift Chambers [J]. Nucl. Instr. Meth., 1988 (A265): 20-32.

[52] Roderburg E, Walsh S. Mechanism of Wire Breaking Due to Sparks in Proportional or Drift Chambers [J]. Nucl. Instr. Meth., 1993 (A333): 316-319.

[53] Kadyk J A, Va'vra J, Wise J. Use of Straw Tubes in High Radiation Environments [J]. Nucl. Instr. Meth., 1991 (A300): 511-517.

[54] Becker U J, et al. Fast Gaseous Detectors in High Magnetic Fields [J]. Nucl. Instr. Meth., 1993 (A335): 439-442.

[55] Bouclier R, et al. Fast Tracking Detector Using Multidrift Tubes [J]. Nucl. Instr. Meth., 1988 (A265): 78-84.

[56] Gouz Yu P, et al. Multi-Drift Module Simulation [J]. Nucl. Instr. Meth., 1992 (A323): 315-321.

[57] Bartel W, et al. Total Cross-Section for Hadron Producting by e^+e^- Annihilation at PETRA Energies [J]. Phys. Lett., 1979 (B88): 171-177.

[58] Drumm H, et al. Experience with the JET-Chamber of the JADE Detector at PETRA [J]. Nucl. Instr. Meth., 1980 (176): 333-334.

[59] Wagner A. Central Detectors [J]. Phys. Scripta, 1981 (23): 446-458.

[60] Biebel O, et al. Performance of the OPAL Jet-Chamber [R1J]. CERN-PPE-92-55, 1992; Nucl. Instr. Meth., 1992 (A323): 169-177.

[61] Sauli F. Experimental Techniques [R]. CERN-EP-86-143, 1986.

[62] Bartelt J. The New Central Drift Chamber for the Mark II Detector at SLC [C]// Contribution to the 23rd Proc. Int. Conf. on High Energy Physics, Berkeley, 1986, Vol. 2: 1467-1469.

[63] Nygren D R. Future Prospects of the Time Projection Chamber Idea [J]. Phys. Scripta, 1981 (23): 584-596.

[64] Lohse T, Witzeling W. The Time-Projection Chamber [M]//Sauli F. Instrumentation in High Energy Physics. Singapore: World Scientific, 1992; The Time-Projection Chamber [J]. Adv. Ser. Direct. High Energy Phys., 1992 (9): 81-155.

[65] ALEPH Collaboration, Decamp D, et al. ALEPH: A Detector for Electron-Positron Annihilations at LEP [J]. Nucl. Instr. Meth., 1990 (A294): 121-178.

[66] Atwood W B, et al. Performance of the ALEPH Time Projection Chamber [J]. Nucl. Instr. Meth., 1991 (A306): 446-458.

[67] Sacquin Y. The DELPHI Time Projection Chamber [J]. Nucl. Instr. Meth., 1992 (A323): 209-212.

[68] Rubbia C. The Liquid Argon Time Projection Chamber: A New Concept for Neutrino Detectors [R]. CERN-EP-77-08, 1977.

[69] Benetti P, et al. The ICARUS Liquid Argon Time Projection Chamber: A New Detector for ν_τ-Search [R]. CERN-PPE-92-004, 1992.

[70] Bettini A, et al. The ICARUS Liquid Argon TPC: A Complete Imaging Device for Particle Physics [J]. Nucl. Instr. Meth., 1992 (A315): 223-228.

[71] Pietropaolo F, et al. The ICARUS Liquid Argon Time Projection Chamber: A Full Imaging Device for Low Energy e^+e^- Colliders [R]. Frascati INFN-LNF 91-036 (R), 1991.

[72] Buehler G. The Liquid Argon Time Projection Chamber [C]// Proc. Opportunities for Neutrino Physics at BNL, Brookhaven, 1987: 161-168.

[73] Seguinot J, et al. Liquid Xenon Ionization and Scintillation: Studies for a Totally Active-Vector Electromagnetic Calorimeter [J]. Nucl. Instr. Meth., 1992 (A323): 583-600.

[74] Benetti P, et al. A Three Ton Liquid Argon Time Projection Chamber [R/J]. INFN-Report DFPD 93/EP/05, University of Padua, 1993; Nucl. Instr. Meth., 1993 (A332): 395-412.

[75] Rubbia C. The Renaissance of Experimental Neutrino Physics [R]. CERN-PPE-93-08, 1993.

[76] Carugno G, et al. A Self Triggered Liquid Xenon Time Projection Chamber [J]. Nucl. Instr. Meth., 1992 (A311): 628-634.

[77] Aprile E, et al. Test of a Two-Dimensional Liquid Xenon Time Projection Chamber [J]. Nucl. Instr. Meth., 1992 (A316): 29-37.

[78] Oed A. Position Sensitive Detector with Microstrip Anode for Electron Multiplica-

tion with Gases [J]. Nucl. Instr. Meth., 1988 (A263): 351-359.

[79] McIntyre P M, et al. Gas Microstrip Chambers [J]. Nucl. Instr. Meth., 1992 (A315): 170-176.

[80] Sauli F. New Developments in Gaseous Detectors [R]. CREN-EP-2000-108, 2000.

[81] Shekhtman L. Micro-Pattern Gaseous Detectors [J]. Nucl. Instr. Meth., 2002 (A494): 128-141.

[82] Hoch M. Trends and New Developments in Gaseous Detectors [J]. Nucl. Instr. Meth., 2004 (A535): 1-15.

[83] Angelini F, et al. A Microstrip Gas Chamber with True Two-dimensional and Pixel Readout [R/J]. INFN-PI/AE 92/01, 1992; Nucl. Instr. Meth., 1992 (A323): 229-235.

[84] Angelini F. A Thin, Large Area Microstrip Gas Chamber with Strip and Pad Readout [J]. Nucl. Instr. Meth, 1993 (A336): 106-115.

[85] Angelini F, et al. A Microstrip Gas Chamber on a Silicon Substrate [R/J]. INFN, Pisa PI/AE 91/10, 1991; Nucl. Instr. Meth., 1992 (A314): 450-454.

[86] Angelini F, et al. Results from the First Use of Microstrip Gas Chambers in a High Energy Physics Experiment [R]. CERN-PPE-91-122, 1991.

[87] Schmitz J. The Micro Trench Gas Counter: A Novel Approach to High Luminosity Tracking in HEP [R]. NIKHEF-H/91-14, 1991.

[88] Bouclier R, et al. Microstrip Gas Chambers on Thin Plastic Supports [R]. CERN-PPE-91-227, 1991.

[89] Bouclier R, et al. Development of Microstrip Gas Chambers on Thin Plastic Supports [R]. CERN-PPE-91-108, 1991.

[90] Bouclier R, et al. High Flux Operation of Microstrip Gas Chambers on Glass and Plastic Supports [R]. CERN-PPE-92-53, 1992.

[91] van den Berg F, et al. Study of Inclined Particle Tracks in Micro Strip Gas Counters [J]. Nucl. Instr. Meth., 1994 (A349): 438-446.

[92] Schmidt B. Microstrip Gas Chambers: Recent Developments, Radiation Damage and Long-Term Behavior [J]. Nucl. Instr. Meth., 1998 (A419): 230-238.

[93] Giomataris Y, et al. MICROMEGAS: A High-Granularity Position-Sensitive Geseous Detector for High Particle-Flux Environments [J]. Nucl. Instr. Meth., 1996 (A376): 29-35.

[94] Sauli F. GEM: A New Concept for Electron Amplification in Gas Detectors [J]. Nucl. Instr. Meth., 1997 (A386): 531-534.

[95] Sauli F. Progress with the Gas Electron Multiplier [J]. Nucl. Instr. Meth., 2004 (A522): 93-98.

[96] Peyaud B, et al. KABES: A Novel Beam Spectrometer for NA48 [J]. Nucl. Instr. Meth., 2004 (A535): 247-252.

[97] Thers D, et al. Micromegas as a Large Microstrip Detector for the COMPASS Experiment [J]. Nucl. Instr. Meth., 2001 (A469): 133-146.

[98] Buzulutskov A, Breskin A, Chechik R, et al. The GEM Photomultiplier Operated with Noble Gas Mixtures [J]. Nucl. Instr. Meth., 2000 (A443): 164-180. (Triple-GEM introduction. High-gain operation of the triple-GEM in pure noble gases and their mixtures. GEM-based photomultiplier with CsI photocathode.)

[99] Bondar A, Buzulutskov A, Grebenuk A, et al. Two-Phase Argon and Xenon Avalanche Detectors Based on Gas Electron Multipliers [J]. Nucl. Instr. Meth., 2006 (A556): 273-280. (GEM operation at cryogenic temperatures, including in the two-phase mode.)

[100] Lutz G. Semiconductor Radiation Detectors [M]. Berlin: Springer, 1999.

[101] Dijkstra H, Libby J. Overview of Silicon Detectors [J]. Nucl. Instr. Meth., 2002 (A494): 86-93.

[102] Turala M. Silicon Tracking Detectors: Historical Overview [J]. Nucl. Instr. Meth., 2005 (A541): 1-14.

[103] Horisberger R. Solid State Detectors [R]. Lectures given at the Ⅲ ICFA School on Instrumentation in Elementary Particles Physics, Rio de Janeiro, July 1990, and PSI-PR-91-38, 1991.

[104] Straver J, et al. One Micron Spatial Resolution with Silicon Strip Detectors [R]. CERN-PPE-94-26, 1994.

[105] Turchetta R. Spatial Resolution of Silicon Microstrip Detectors [J]. Nucl. Instr. Meth., 1993 (A335): 44-58.

[106] Burrows P N. A CCD Vertex Detector for a High-Energy Linear e^+e^- Collider [J]. Nucl. Instr. Meth., 2000 (A447): 194-201.

[107] Cargnelli M, et al. Performance of CCD X-ray Detectors in Exotic Atom Experiments [J]. Nucl. Instr. Meth., 2004 (A535): 389-393.

[108] Kuster M, et al. PN-CCDs in a Low-Background Environment: Detector Background of the Cast X-Ray Telescope [C]// Conference on UV, X-ray and Gamma-ray Space Instrumentation for Astronomy, San Diego, California, 1-3 August 2005. e-Print Archive: physics/0508064.

[109] Wermes N. Pixel Detector for Particle Physics and Imaging Applications [J]. Nucl. Instr. Meth., 2003 (A512): 277-288.

[110] Erdmann W. The CMS Pixel Detector [J]. Nucl. Instr. Meth., 2000 (A447): 178-183.

[111] Antinori F. A Pixel Detector System for ALICE [J]. Nucl. Instr. Meth., 1997 (A395): 404-409.

[112] Amendolia S R, et al. Spectroscopic and Imaging Capabilities of a Pixellated Photon Counting System [J]. Nucl. Instr. Meth., 2001 (A466): 74-78.

[113] Fischer P, et al. A Counting Pixel Readout Chip for Imaging Applications [J]. Nucl. Instr. Meth., 1998 (A405): 53-59.

[114] Lindner M, et al. Comparison of Hybrid Pixel Detectors with Si and GaAs Sensors [J]. Nucl. Instr. Meth., 2001 (A466): 63-73.

[115] Holl P, et al. Active Pixel Matrix for X-ray Satellite Mission [J]. IEEE Trans. Nucl. Sci., 2000, NS-47 (4): 1421-1425.

[116] Klein P, et al. A DEPFET Pixel Bioscope for the Use in Autoradiography [J]. Nucl. Instr. Meth., 2000 (A454): 152-157.

[117] Gatti E, et al. Proc. Sixth European Symp. on Semiconductor Detectors, New Developments in Radiation Detectors [J]. Nucl. Instr. Meth., 1993 (A326).

[118] Gatti E, Rehak P. Semiconductor Drift Chamber: An Application of a Novel Charge Transport Scheme [J]. Nucl. Instr. Meth., 1984 (A225): 608-614.

[119] Strüder L. High-Resolution Imaging X-ray Spectrometers [M]//Besch H J, Grupen C, Pavel N, et al. Proceedings of the 1st International Symposium on Applications of Particle Detectors in Medicine, Biology and Astrophysics, SAMBA'99, 1999: 73-113.

[120] Simon A. Scintillating Fiber Detectors in Particle Physics [R]. CERN-PPE-92-095, 1992.

[121] Adinolfi M, et al. Application of a Scintillating Fiber Detector for the Study of Short-Lived Particles [R/J]. CERN-PPE-91-66 (1991); Nucl. Instr. Meth., 1991 (A310): 485-489.

[122] Autiero D, et al. Study of a Possible Scintillating Fiber Tracker at the LHC and Tests of Scintillating Fibers [J]. Nucl. Instr. Meth., 1993 (A336): 521-532.

[123] Bähr J, et al. Liquid Scintillator Filled Capillary Arrays for Particle Tracking [R/J]. CERN-PPE-91-46, 1991; Nucl. Instr. Meth., 1991 (A306): 169-176.

[124] Bozhko N I, et al. A Tracking Detector Based on Capillaries Filled with Liquid Scintillator [J]. Serpukhov Inst., High Energy Phys., 1991, 91-045; Nucl. Instr. Meth., 1992 (A317): 97-100.

[125] CERN. Tracking by Fibers [J]. CERN-Courier, 1987, 27 (5): 9-11.

[126] Working with High Collision Rates [J]. CERN-Courier, 1989, 29 (10): 9-11.

[127] D'Ambrosio C, et al. Reflection Losses in Polystyrene Fibers [J]. Nucl. Instr. Meth., 1991 (A306): 549-556. Private communication by C. D'Ambrosio, 1994.

[128] Salomon M. New Measurements of Scintillating Fibers Coupled to Multianode Photomultipliers [J]. IEEE Trans. Nucl. Sci., 1992 (39): 671-673.

[129] Scintillating Fibers [J]. CERN-Courier, 1990, 30 (8) : 23-25.

[130] Acosta D, et al. Advances in Technology for High Energy Subnuclear Physics. Contribution of the LAA Project [J]. Riv. del Nuovo Cim., 1990, 13 (10/11): 1-228; Anzivino G, et al. The LAA Project [J]. Riv. del Nuovo Cim., 1990, 13 (5): 1-131.

[131] Marini G, et al. Radiation Damage to Organic Scintillation Materials [R]. CERN-85-08, 1985.

[132] Proudfoot J. Conference Summary: Radiation Tolerant Scintillators and Detectors [R]. Argonne Nat. Lab. ANL-HEP-CP-92-046, 1992.

[133] Britvich G I, et al. Investigation of Radiation Resistance of Polystyrene-Based Scintillators [J]. Instr. Exp. Techn., 1993 (36): 74-80.

[134] O'Connor J J, Robertson E F. Catenary [OL]. www-gap.dcs.st-and.ac.uk/~history/Curves/Catenary.html, 1997.

[135] Catenary [OL]. http://mathworld.wolfram.com/Catenary.html, 2003.

[136] The Schiller Institute. Two Papers on the Catenary Curve and Logarithmic Curve (Acta Eruditorium, 1691, Leibniz G W, translated by Beaudry P) [OL]. www.schillerinstitute.org/fid_97-01/011_catenary.html, 2001.

[137] Hanging chain [OL]. www.math.udel.edu/MECLAB/UndergraduateResearch/Chain/Main_Page.html.

[138] Peters Th. Die Kettenlinie [OL]. www.mathe-seiten.de, 2004.

[139] http://mathsrv.ku-eichstaett.de/MGF/homes/grothmann/Projekte/Kettenlinie/.

[140] Die Mathe-Redaktion. Die Kettenlinie als Minimalproblem [OL]. http://matheplanet.com/default3.html?article=506, 2003.

第 8 章 量 能 器

绝大部分粒子在量能器中结束其生命的旅程[①].

——佚名

在当代高能物理中,粒子能量测量方法必须覆盖 20 个数量级的能量大动态范围. 极小能量(meV)的探测对天体物理中寻找大爆炸遗迹是极其重要的. 在能谱的另一端,人们要测量能量高达 10^{20} eV 的宇宙线粒子,它们认为是来自于银河系外的星系.

量能器方法意味着粒子能量在大块物质中被全部吸收,并对其沉积能量进行测量. 我们以一个 10 GeV μ 子作为例子. μ 子穿过物质时主要通过原子的电离损失其能量,其他相互作用的贡献可以忽略. 要吸收 μ 子的全部能量,需要有 9 m 长的铁或 8 m 长的铅. 这将是相当大块的材料!

另一方面,高能光子、电子和强子与介质的相互作用会产生次级粒子,从而导致簇射的发展. 粒子能量非常有效地沉积在物质之中,因此高能物理中量能器广泛用于探测电磁和强子簇射. 与此相对应,这类探测器称为**电磁和强子量能器**.

但是,在极高能量($\geqslant 1$ TeV)下,μ 子量能器也成为可能,这是因为 TeV μ 子在铁和铅的相互作用过程中能量损失正比于 μ 子的能量(参见第 1 章). 这一技术适用于极高能的对撞机($\geqslant 1$ TeV μ 子能量).

8.1 电磁量能器

8.1.1 电子-光子级联

MeV 能量范围能谱的占主导地位的相互作用过程,对于光子而言是光电效应

---

① 原文：Most particles end their journey in calorimeters.

和康普顿效应,对于带电粒子则是电离和激发.在高能(高于 100 MeV)下,电子几乎仅仅通过轫致辐射损失其能量,而光子则通过电子-正电子对产生损失其能量[1](见1.2节).

能量 E 的电子辐射损失可由下述简化公式描述:

$$-\left(\frac{dE}{dx}\right)_{rad} = \frac{E}{X_0}, \tag{8.1}$$

式中 X_0 是辐射长度.光子的电子-正电子对产生的概率可表示为

$$\frac{d\omega}{dx} = \frac{1}{\lambda_{prod}} e^{-x/\lambda_{prod}}, \quad \lambda_{prod} = \frac{9}{7} X_0. \tag{8.2}$$

考察簇射发展的一个方便的尺度是按辐射长度归一化的距离 $t = x/X_0$.

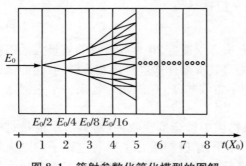

图 8.1 簇射参数化简化模型的图解

电子级联的最重要的性质可以利用一个非常简化的模型[2-3]得到理解.令 E_0 是射入一大块物质的光子的能量(图8.1).

经过一个辐射长度之后,光子产生一 e^+e^- 对;电子和正电子经过一个辐射长度之后,各自产生一个轫致辐射光子,后者又转化为一对电子和正电子.我们假定在每次增殖过程中,能量在两个粒子间是对称分配的.在深度 t 处,簇射粒子(电子、正电子和光子)的数量为

$$N(t) = 2^t, \tag{8.3}$$

其中第 t 代粒子中每个粒子的能量由下式给定:

$$E(t) = E_0 \cdot 2^{-t}. \tag{8.4}$$

簇射粒子的增殖当 $E_0/N > E_c$ 时会继续下去.当粒子能量下降到临界值 E_c 以下时,吸收过程(例如电子的电离,或光子的康普顿效应和光电效应)起到主导作用.粒子的增殖在这一阶段达到簇射的极大位置 t_{max},即

$$E_c = E_0 \cdot 2^{-t_{max}}. \tag{8.5}$$

由此可得

$$t_{max} = \frac{\ln(E_0/E_c)}{\ln 2} \propto \ln(E_0/E_c). \tag{8.6}$$

我们以 1 GeV 光子在 CsI 晶体探测器中产生的簇射作为例子.利用临界值 $E_c \approx$ 10 MeV,可得簇射极大处的粒子数为 $N_{max} = E_0/E_c = 100$,簇射极大的深度约为 $6.6 X_0$.

在簇射极大深度之后,若电子和正电子(本章中此后统称为电子)的能量低于 E_c,则会在 X_0 之内停止,但能量相同的光子穿过的距离则要长得多.图 8.2 给出了 CsI 和铅中光子相互作用长度的能量依赖.

由图 8.2 可见，这一函数有一个位于 1 MeV 和 10 MeV 之间的很宽的极大，宽度约为 $3X_0$．邻近 E_c 的簇射极大处的光子能量正好处于这一范围．于是，为了吸收簇射极大处产生的 95% 的光子，必须附加 $7X_0 \sim 9X_0$ 的物质，这意味着一个具有高簇射包容量的量能器厚度至少应为 $14X_0 \sim 16X_0$．吸收体中的能量沉积是电子和正电子电离能损的结果．由于相对论性电子的 $(dE/dx)_{ion}$ 值几乎与能量无关，薄层吸收体中的能量沉积正比于穿过该薄层的电子和正电子数．

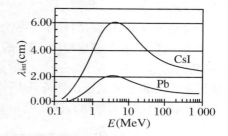

图 8.2　CsI 和铅中光子的相互作用长度[4]

这一极为简单的模型已经正确地描述了电磁级联的最重要的定性特征．

(1) 为了吸收入射光子的绝大部分能量，量能器的总厚度需大于 $10X_0 \sim 15X_0$．

(2) 簇射极大的位置随能量缓慢地增加．故而量能器的厚度随能量的对数而增加，不像 μ 子量能器那样需随能量正比地增加．

(3) 能量泄漏主要由软光子逃逸出量能器侧面（横向泄漏）或背部（后向泄漏）所造成．

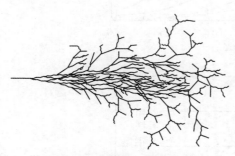

图 8.3　电磁级联的图形表示
波形线代表光子，实线代表电子或正电子

在实际情形中，簇射发展要复杂得多，如图 8.3 所示．簇射发展的精确描述是一件困难的任务．早期曾经花费了很大的努力来发展一种解析的描述方法[5]．当前，由于计算机能力的增强，簇射发展的精确描述是用蒙特卡洛模拟实现的．

基于蒙特卡洛程序包 EGS[6-7]，电磁级联中的能量沉积的纵向分布可以用近似公式合理地描述：

$$\frac{dE}{dt} = E_0 b \frac{(bt)^{a-1} e^{-bt}}{\Gamma(a)}, \tag{8.7}$$

其中 $\Gamma(a)$ 是欧拉 Γ 函数，定义为

$$\Gamma(g) = \int_0^\infty e^{-x} x^{g-1} dx. \tag{8.8}$$

伽马函数有如下性质：

$$\Gamma(g+1) = g\Gamma(g). \tag{8.9}$$

式 (8.7) 中 a 和 b 是模型参数，E_0 是入射粒子能量．在该近似下，簇射发展的极大出现于 t_{max} 处，

$$t_{max} = \frac{a-1}{b} = \ln(E_0/E_c) + C_{\gamma e}, \tag{8.10}$$

其中对于光子产生的簇射，$C_{\gamma e}=0.5$；对于电子入射，则有 $C_{\gamma e}=-0.5$。对于重吸收体如铁和铅，参数 b 的模拟计算得到的结果是 $b\approx 0.5$。参数 a 依赖于能量，可从式 (8.10) 导出。

实验测量得到的分布与程序包 EGS4[1,6] 的蒙特卡洛模拟结果十分相符。对于能量大于 1 GeV、簇射深度超过 $2X_0$ 的电子和光子，式(8.7)提供了一个合理的近似；在其他情形下则仅给出一个粗糙的估计。物质中不同入射能量的电子**级联的纵向发展**示于图 8.4 和图 8.5。由于不同物质的 E_c 值不同，这些分布略微依赖于物质(即使深度以 X_0 为单位)，这从图 8.4(b)中可以看出。

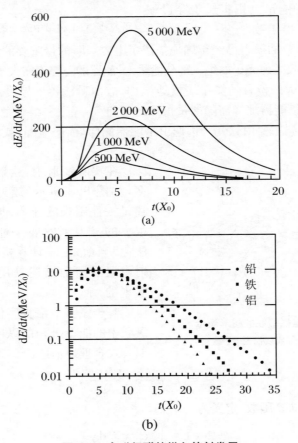

图 8.4 电磁级联的纵向簇射发展

(a) 式(8.7)的近似结果；(b) 用 EGS4 蒙特卡洛模拟计算 10 GeV 电子在铝、铁和铅中的簇射[11]

轫致辐射和正负电子对产生所对应的粒子角分布是非常窄的(参见第 1 章)。其特征角的大小为 $m_e c^2/E_\gamma$ 量级。这就是**电磁级联的横向宽度**主要由多次散射所决定的原因，后者用**莫里哀半径**表征：

$$R_M = \frac{21\ \text{MeV}}{E_c} X_0\ (\text{g/cm}^2). \tag{8.11}$$

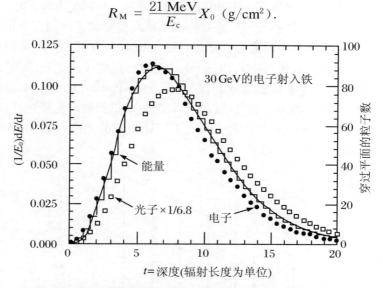

图 8.5 利用 EGS4 模拟计算得到的 30 GeV 电子在铁中产生的
电磁级联的纵向簇射发展[1,6]
实线直方图表示能量沉积;黑点和空心方块分别表示能量高于
1.5 MeV 的电子数和光电子数;曲线是近似式(8.7)的计算结果

图 8.6 显示了 6 GeV 的电子在铅量能器中级联的纵向和横向发展[12-13]. 电磁簇射的横向宽度随着纵向簇射深度的增加而增加. 能量的绝大部分沉积在相对窄的簇射核心区. 一般而言,大约 95% 的簇射能量集中在簇射轴周围半径 $R(95\%) = 2R_M$ 的圆柱内,该半径几乎与入射粒子的能量无关. 该包容半径对于物质种类的依赖关系隐含在式(8.11)中出现的临界能量和辐射长度之中.

簇射的另一个重要特征量是穿过簇射深度为某个确定值的平面的电子和光子数. 考虑到簇射中的能量沉积由带电粒子的电离能损所决定:

$$\left(\frac{dE}{dx}\right)_{\text{ion}} \cdot X_0 = E_c, \tag{8.12}$$

可对电子数 N_e 做一简单估计. 其结果是

$$N_e(t) = \frac{1}{E_c} \frac{dE}{dt}. \tag{8.13}$$

但是,众多簇射粒子的相当大部分能量较低. 由于只有超过某个确定阈值的电子才能被探测到,簇射粒子的有效数量要少得多. 图 8.5 显示了一个 30 GeV 的电子在铁中产生的簇射中,能量高于 1.5 MeV 的电子和光子的数量以及 dE/dt 的值[1]. 可以看到,在这种情形下,N_e 的值只有公式(8.13)预期值的一半左右.

在极高能量下,致密介质中电磁级联的发展受到 **Landau-Pomeranchuk-Migdal(LPM)效应**的影响[14-15]. 该效应预期,高能电子产生的低能光子产额在致密介质中受到抑制.当电子与核相互作用而产生轫致辐射光子时,电子与核之间的纵向动量传递非常小.于是,海森伯测不准原理要求这种相互作用必定发生在距离相当长的区域,称为**形成区**(formation zone).当电子在穿越该距离过程中受到扰动时,光子的发射便会中断.对于极端致密的介质,散射中心间的距离小于波函数的空间延伸度,这种现象就会发生.Landau-Pomeranchuk-Migdal 效应预期,在致密介质中电子的多次散射足以抑制轫致辐射谱低能段光子的产生.该效应的正确性已被 SLAC 的 25 GeV 电子轰击不同靶物质的实验所证实.光子数量的压低与 LPM 效应的预期一致[16-17].

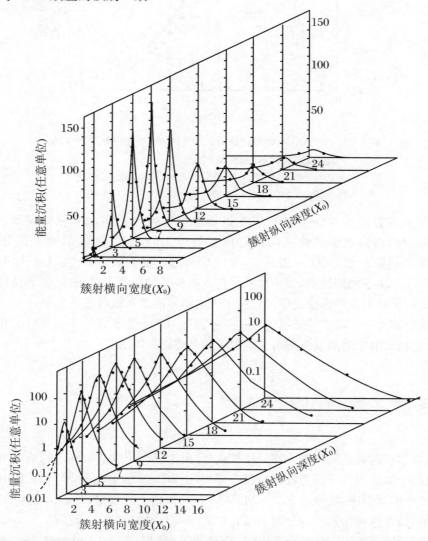

图 8.6　6 GeV 的电子在铅中的级联的纵向和横向发展[12-13]

上图是线性坐标,下图是对数坐标

LPM效应对于极高能宇宙线实验是重要的,并且在高能加速器和储存环(如LHC)的量能器设计中需要加以考虑.

8.1.2 均质量能器

构建均质量能器的物质材料同时具有吸收体和探测物质的性能.这意味着,事实上量能器的全部体积对于沉积能量都是灵敏的.这类量能器基于对闪烁光(闪烁晶体、液态惰性气体)、电离(液态惰性气体)和切伦科夫光(铅玻璃或重透明晶体)的测量.

电磁量能器的主要参数是对于电子和光子的能量和位置分辨率.能量分辨率 σ_E/E 由物理因素(如能量泄漏的涨落和光电子数的统计涨落)和技术因素(如晶体的非均匀性)一起加以确定.

对于所有种类的量能器,能量分辨率都存在一个起源于能量泄漏的涨落和第一相互作用点位置涨落的公共贡献项.能量分辨率可表示为

$$\sigma_{\text{int}}^2 = \sigma_1^2 + \sigma_r^2 + \sigma_l^2 + \sigma_b^2, \tag{8.14}$$

其中 σ_1 由第一相互作用点的位置涨落所确定,σ_r 是后向泄漏的贡献,σ_l 是横向泄漏的贡献,σ_b 是由于反照率(albedo)涨落导致的泄漏.物质中光子在第一次转换前的平均路程是 $9/7X_0$,弥散量约为 X_0.弥散的存在意味着量能器的有效厚度对于每个事例都不相同.研究图 8.6 中不断变化的曲线,我们可以估计 σ_1 的值为

$$\sigma_1 \approx \left(\frac{\mathrm{d}E}{\mathrm{d}t}\right)_{t=t_{\text{cal}}} X_0, \tag{8.15}$$

其中 t_{cal} 是量能器的总厚度.显然,当能量增加时,σ_1 变大.

如前所述,能量泄漏主要是由于 $1\sim10$ MeV 的低能光子.反照率通常很小(小于初始能量的 1%),由此导致的对于能量分辨率的贡献可以忽略.乍看之下,量能器的横向尺寸应该选择得大到必须使横向能量泄漏可以忽略的程度.然而在真实的实验中,一个事例包含若干甚至很多个粒子,对每个粒子其横向大小应当限定于几 R_M 之内.横向能量泄漏所占的份额实际上与光子能量无关.即便如此,逃逸的光子数随着光子能量的增加而增加,相对涨落 σ_l/E_0 应当减小.

σ_r/E_0 的值是能量的缓变函数.通常,σ_l 和 σ_r 两项合并起来考虑.在 Wigmans 的书中可以找到关于簇射发展及其涨落的物理过程的详细评述[11].

晶体量能器利用重闪烁晶体制成(参见5.4 节表5.2).这类探测器通常建成为单元横向尺寸为 $R_M\sim 2R_M$ 的描迹仪.于是簇射能量沉积在一组晶体中,称为**团簇**(cluster).光的读出利用光电倍增管、真空光电三极管或硅光电二极管实现(见 5.5 节).第 13 章介绍了这一种类的一个量能器.利用这类量能器获得了目前最好的能量分辨率[18-22].

量能器中测得的典型能谱示于图 8.7[23].对于高分辨的探测器系统,能谱一般是不对称的,在低能端有相当长的"尾巴",能量分辨率习惯上参数化为

$$\sigma_E = \frac{FWHM}{2.35}. \tag{8.16}$$

该不对称分布可以用对数高斯函数作为近似:

$$dW = \exp\left\{-\frac{\ln^2[1-\eta(E-E_p)/\sigma]}{2s_0^2} - \frac{s_0^2}{2}\right\}\frac{\eta dE}{\sqrt{2\pi}\sigma s_0}, \tag{8.17}$$

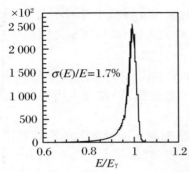

图 8.7 量能器测得的 $4\sim 7$ GeV 光子的典型能谱[23]

实线表示公式(8.17)的近似结果

其中 E_p 是峰值对应的能量, $\sigma = \frac{FWHM}{2.35}$, η 是不对称参数, s_0 可表示为

$$s_0 = \frac{2}{\xi}\mathrm{arsinh}\frac{\eta\xi}{2}, \tag{8.18}$$

$$\xi = 2.35.$$

当 $\eta \to 0$ 时,该分布变成高斯型.

不同的近似表达式被用于描述量能器分辨率的能量依赖. 图 8.8 显示了用 $16X_0$ CsI 晶体制作的量能器对于范围从 20 MeV 到 5.4 GeV 的光子测得的能量分辨率[24]. 每块晶体利用两个 2 cm² 的光电二极管做光读出. 能量分辨率可近似为

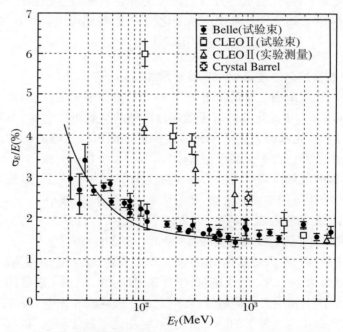

图 8.8 量能器能量分辨率作为入射光子能量的函数[24]

实线是蒙特卡洛模拟的结果. 对于 Belle 的数据,利用的是 5×5 晶体阵列,阈值为 0.5 MeV

$$\frac{\sigma_E}{E} = \sqrt{\left(\frac{0.066\%}{E_n}\right)^2 + \left(\frac{0.81\%}{\sqrt[4]{E_n}}\right)^2 + (1.34\%)^2}, \quad E_n = E/\mathrm{GeV}, \quad (8.19)$$

其中正比于 $1/E$ 的项表示电子学噪声的贡献.

在讨论高能实验中使用的晶体量能器时,我们必须提到 KTEV 实验的量能器,它使用了约 3 200 块纯 CsI 晶体,长度为 50 cm($27X_0$)[22]. 该装置打算用来探测能量高达 80 GeV 的光子,对于能量高于 5 GeV 的光子,能量分辨率达到令人印象深刻的好于 1% 的程度. 图 8.9 是该量能器对于典型的 $K_L \to \pi^0 \pi^0$ 衰变事例测量到的能量团簇的一个视图. 所有的光子都清晰地分开了.

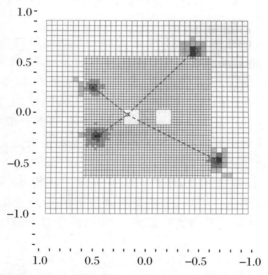

图 8.9 KTEV 量能器对于典型的 $K_L \to \pi^0 \pi^0$ 衰变测量到的能量团簇的一个视图[22]

每个量能器组件截面积外端(内端)为 5 cm×5 cm (2.5 cm×2.5 cm). 图中,被击中的晶体涂上了阴影

目前,这类量能器最复杂精细的设计研发用于 CERN LHC 质子-质子对撞机的 CMS 实验探测器[25]. CMS 电磁量能器组合了 80 000 个钨酸铅(PbWO$_4$ 或 PWO)晶体,加上其他子探测器,包括强子量能器及其外围的超导螺线管磁铁,后者产生 4 T 的磁场. 这类晶体之所以被选择作为探测器介质(表 5.2),是由于其短的辐射长度(0.89 cm)、小的莫里哀半径(2.19 cm)、闪烁光衰减时间短以及高耐辐照性能. 但是,整块晶体的光输出相对较低,约为 50 光子/MeV,这对读出方法构成了很强的限制. 探测器桶部的晶体尺寸是 22 mm×22 mm×230 mm($R_M \times R_M \times 26X_0$),端盖的晶体尺寸是 30 mm×30 mm×220 mm. 桶部的光读出利用两个 5 mm×5 mm 雪崩光电二极管(APD)实现. 选择 APD 作为读出器件,除了它的本征增益(CMS 中增益为 50)、体积小、对磁场不敏感这些特性之外,还因为它们显示了低的核计数器

效应以及高的抗辐射性能.对于 CMS,研发了一种特别优化了的装置[27].由于端盖部位的辐射本底远高于桶部,故选择真空光电三极管(VPT)作为端盖组件的光子探测器.

CMS 电磁量能器的能量分辨率可以近似为

$$\frac{\sigma_E}{E} = \frac{a}{\sqrt{E}} \oplus \frac{b}{E} \oplus c, \tag{8.20}$$

其中 a 代表光电子数统计涨落的贡献(有时称为随机项),b 代表电子学噪声,c 代表刻度的不确定性和晶体不均匀性的贡献(记号 $\oplus$ 表示求平方和).桶部(端盖)的设计目标是 $a = 2.7\%(5.7\%)$,$b = 155\text{ MeV}(205\text{ MeV})$,$c = 0.55\%(0.55\%)$.这些指标被模型测试所肯定.

晶体量能器的缺点之一是其高的价格以及生成大尺寸晶体的困难.为了避免这些困难,可以利用**铅玻璃**块代替晶体来制作均质量能器.典型的铅玻璃(Schott SF-5 或 Corning CEREN 25)的性质为:密度约为 4 g/cm³,辐射长度 $X_0 \approx 2.5$ cm,折射率 $n \approx 1.7$.电子在这种玻璃中的切伦科夫辐射阈能 $T_{cl}^e \approx 120$ keV,这意味着切伦科夫光子总数正比于铅玻璃吸收体中簇射产生的所有带电粒子的总径迹长度.由于电子-光子簇射中的能量沉积是由电子的电离损失决定的,它也正比于总径迹长度,所以可以认为切伦科夫光子总数正比于沉积能量.

但是,与通常的闪烁体相比,切伦科夫的光量要小得多(约 0.001 量级).这使得**铅玻璃量能器**的能量分辨率中光电子数统计涨落的贡献比较大.CERN 的 OPAL 实验[29]将铅玻璃用于端盖量能器,所报道的能量分辨率为

$$\frac{\sigma_E}{E} = \frac{5\%}{\sqrt{E\text{ (GeV)}}}, \tag{8.21}$$

其中随机项占主要地位.近期费米实验室的 SELEX 实验制成了一个高性能的铅玻璃量能器[30].但应当指出,目前均质切伦科夫量能器变得少见了.其主要理由可能是取样量能器方面的进展(后面加以讨论),它们现在达到了相同程度的能量分辨率.

将电离室的阵列浸入液氙[31-32]或液氪[33-34]可构建均质电离量能器(亦见 5.2 节).这类量能器达到的能量分辨率接近于晶体探测器.NA48 实验的液氪量能器[33]的能量分辨率用公式(8.20)作为近似,其参数值为

$$a = 3.2\%, \quad b = 9\%, \quad c = 0.42\%. \tag{8.22}$$

该装置用作 10~100 GeV 能区的光子探测器.另一个例子是 KEDR 实验的液氙量能器[32].探测器原型达到的能量分辨率同样用公式(8.20)描述,其参数为 $a = 0.3\%$,$b = 1.6\%$,$c = 1.6\%$[35].

液氙或液氪量能器的前几层可以设计成一系列的细条或电离室.于是光子转换点的横向位置可以很高的精度加以测定.例如,文献[35]中光子的空间分辨率测定为 $\sigma_r \approx 1$ mm,几乎与光子能量无关.

在纵向不分段的量能器中,光子角度(或坐标)通常利用校正后的能量沉积重心来测量:

$$\theta_\gamma = \frac{\sum \theta_i E_i}{\sum E_i} F_\theta(\varphi,\theta,E), \quad \varphi_\gamma = \frac{\sum \varphi_i E_i}{\sum E_i} F_\varphi(\varphi,\theta,E), \quad (8.23)$$

其中 E_i, θ_i, φ_i 分别是第 i 个量能器单元的沉积能量和角坐标.校正函数(F)通常可以写为只含能量和只含角度的两个函数的乘积.角度分辨率依赖于能量和量能器的粒度(granularity).一个普遍性的限制因素是由一个簇射中粒子数目的有限性所造成的.由于簇射截面几乎与能量无关,故簇射横向位置的不确定性可粗略地估计为

$$\sigma_{lp} = \frac{R_M}{\sqrt{N_{tot}}} = \frac{R_M}{\sqrt{E/E_c}}, \quad (8.24)$$

其中 E_c 是临界能量.对于 CsI 晶体和 $E_\gamma = 1$ GeV 光子,可得 $\sigma_{lp} \approx 4$ mm.该值与实验结果符合得极好.角分辨率的典型能量依赖(BaBar 探测器[20]的结果)显示于图 8.10.能量依赖可参数化为

$$\sigma(\theta) = \frac{4.2 \text{ mrad}}{\sqrt{E \text{ GeV}}}. \quad (8.25)$$

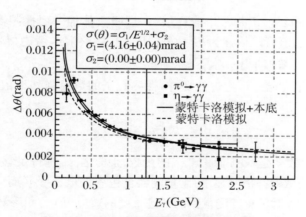

图 8.10 BaBar 探测器量能器的角分辨率

最下面的曲线是蒙特卡洛模拟的结果,最上面的曲线包含了本底.中间的曲线是数据的拟合值,拟合参数示于图中的小框[20]

8.1.3 取样量能器

如果能量分辨率不是关键性的指标,则取样量能器是一种简单而又经济的测量光子能量的方法.让我们重新审视最简单的簇射模型,并且将一个薄片型计数器放置在厚度对应于簇射极大值深度的厚吸收体的后面.在这样一个朴素的模型中,

穿过薄片计数器的电子数,由式(8.5)和式(8.6)可知为 $N_{max}=E_\gamma/E_c$ 的 2/3,因为 N_{max} 在电子、正电子和光子之间均等地分配.计数器信号的幅度通常正比于带电粒子数.对于铅吸收体($E_c=7.4\text{ MeV}$)和 1 GeV 的光子,我们得到 $N_e\approx 90$.该数值的相对涨落为

$$\frac{\sigma(N_e)}{N_e}=\frac{1}{\sqrt{N_e}}\approx 10\%, \quad (8.26)$$

与之对应的能量分辨率并不太坏.当然,簇射发展的真实形态要复杂得多(参见图 8.3 和图 8.4).在实际的模型中,穿过一定深度处平面的电子数要比公式(8.26)估计的值少得多.

为了利用上面所讨论的概念,我们通常将量能器设计为多个薄计数器间隔以吸收体的阵列.这类量能器称为**取样量能器**,因为只进行了能量沉积的取样测量.除了通常的能量泄漏的涨落之外,这类量能器的能量分辨率还受到取样涨落的影响.

如果探测器测量的是能量,探测器只记录簇射粒子的径迹段,则各层探测器与径迹段的交叉点数为

$$N_{tot}=\frac{T}{d}, \quad (8.27)$$

其中 T 是总径迹长度,d 是一个取样层(一层吸收体加一层探测器)的厚度.根据公式(8.12),T 的值可以估计为 $T=(E_\gamma/E_c)\cdot X_0$.例如,考虑 $d=X_0$,我们可得 $N_{tot}\approx 135$,取样涨落则是 $1/\sqrt{N_{tot}}\approx 8.6\%$.

事实上,如早先已经讨论过的那样,探测粒子的数目强烈地依赖于探测阈值.可测到的径迹长度可以参数化为[36]

$$T_m=F(\xi)\cdot\frac{E_\gamma}{E_c}\cdot X_0 \quad (\text{g/cm}^2), \quad (8.28)$$

式中 $T_m\leqslant T$,参数 ξ 是探测能量阈 ε_{th} 的函数.但是若 ε_{th} 选得足够小($\approx$MeV),则 $\xi(\varepsilon_{th})$ 对于 ε_{th} 的依赖并不明显.对于量能器全包容的电磁级联而言,函数 $F(\xi)$ 已经考虑了截断参数对于总的测量到的径迹长度的效应.$F(\xi)$ 可参数化为[36]

$$F(\xi)=[1+\xi\ln(\xi/1.53)]e^\xi, \quad (8.29)$$

其中

$$\xi=2.29\cdot\frac{\varepsilon_{th}}{E_c}. \quad (8.30)$$

利用由公式(8.28)给定的测量到的径迹长度,径迹段的数量为

$$N=F(\xi)\cdot\frac{E_\gamma}{E_c}\cdot\frac{X_0}{d}. \quad (8.31)$$

这里我们忽略了以下因素:由于多次散射,簇射粒子对于簇射轴存在一定的夹角 θ.因此,有效的取样厚度不是 d,而是 $d/\cos\theta$.不过平均值 $\langle 1/\cos\theta\rangle$ 不是很大,在 1 与 1.3 之间,具体值取决于能量 E_γ.

利用泊松统计,取样的涨落效应使能量分辨率限制在

$$\left[\frac{\sigma(E_\gamma)}{E_\gamma}\right]_{\text{samp}} = \sqrt{\frac{E_c \cdot d}{F(\xi) \cdot E_\gamma \cdot X_0 \cdot \cos\theta}}. \tag{8.32}$$

由式(8.32)可知,某一给定物质建造的取样量能器按照$\sqrt{d/E_\gamma}$的关系改善其能量分辨率.但是,式(8.32)没有考虑到电子贯穿两层或多层探测器平面所导致的关联效应.当$d \ll X_0$时,这一关联效应变得相当重要,并限制了小d情形下能量分辨率的改善.

对于致密介质构建的取样量能器,文献[11]提出了关于**取样涨落**的更为精确而简单的表达式:

$$\frac{\sigma_{\text{samp}}}{E} = \frac{2.7\%}{\sqrt{E\,(\text{GeV})}}\sqrt{\frac{s\,(\text{mm})}{f_{\text{samp}}}}, \tag{8.33}$$

这里s是灵敏层的厚度,f_{samp}是所谓的**取样份额**(sampling fraction),它等于最小电离粒子在灵敏层中的电离损失与灵敏层和吸收体中的电离损失总和的比值.图8.11显示了某些量能器的能量分辨率与$\sqrt{s/f_{\text{samp}}}$值的函数关系[11].不论怎样,这些经验公式只能用作初步的估计和对于取样量能器特征的一般性了解,其最终的参数需要依靠蒙特卡洛模拟来计算.

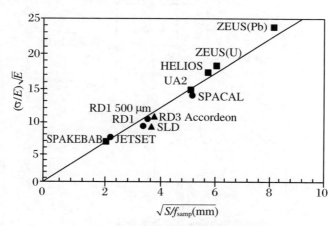

图 8.11 一些取样量能器的能量分辨率
实线表示近似表达式(8.33)的结果[11](能量单位是 GeV,纵坐标值是百分数)

作为取样量能器的灵敏单元,可以利用充气气体室、液氩电离室、"暖"液体(例如 TMS)和闪烁体.电离过程中大能量传递产生的能量沉积会使能量分辨率进一步变差.这类朗道涨落对于薄层探测器特别重要.如果每层探测器的平均能量损失用δ表示,则电离损失的朗道涨落对于能量分辨率的贡献为[36-37]

$$\left[\frac{\sigma(E)}{E}\right]_{\text{朗道涨落}} \propto \frac{1}{\sqrt{N}\ln(k\cdot\delta)}, \tag{8.34}$$

其中 k 为常数, δ 正比于每层探测器的物质密度.

由于电离损失的涨落在气体中远高于致密介质,故利用气体计数器的量能器能量分辨率(能量为 1 GeV 时, $\sigma_E/E \approx 5\% \sim 20\%$)比液氩或闪烁体取样量能器要差.

在**流光管量能器**中,只要粒子入射方向与簇射轴方向(认为垂直于探测器平面)之间的夹角不太大,径迹就基本上全都被探测到了.每一条电离径迹都形成一条流光,这与沿着径迹所产生的电离量无关.因此,朗道涨落事实上对于这类探测器的能量分辨率不起作用[9].

一般说来,闪烁体或液氩取样量能器的能量分辨率优于气体探测器的取样量能器.液氩取样量能器的各层可以安排为平面室或更复杂的形状(**手风琴型**).液氩取样量能器对于 1 GeV 能量可达到的能量分辨率为 $8\% \sim 10\%$[38-39].

如果能够获得足够量的光(量能器一般都满足这一要求),则闪烁体板端面射出的光可以被一根外接的波长位移棒吸收.波长位移质吸收入射光后,各向同性地再发射波长更长的光,后者被引向光敏装置(图 8.12).

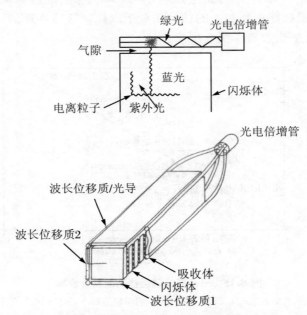

图 8.12 闪烁体的波长位移质读出以及量能器的两步波长位移质读出

极其重要的是,在闪烁体表面与波长位移棒之间需留有一小的气隙.否则,波长位移之后重新各向同性地发射的光将不能通过内反射被约束在波长位移棒之内.光的这种传输方法通常必定导致相当大的光损失;典型的转换值是 $1\% \sim 5\%$. 不过现在可以获得单镀层或多镀层闪烁体以及光导纤维.这类光纤的结构和工作原理示于图 8.13[40-41]. 这类光纤可以长距离传输光且光损失很小. 捕获光的份额的典型值对于单镀层光纤是 3%,对于多镀层光纤可达 6%. 镀层光纤光导可以用胶与闪烁体无气隙地黏接.

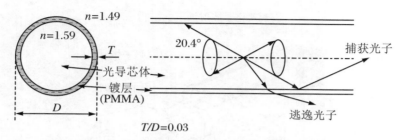

图 8.13 闪烁光和光导纤维的结构和工作原理[40-41]

由吸收体板和闪烁体片构成的常规取样量能器也可用波长位移棒或光纤与闪烁体板垂直地耦合进行读出[42-44]. 利用波长位移读出技术能够建造相当紧凑的量能器.

用于量能器的闪烁计数器不一定是闪烁体板与吸收层相间的形式. 例如,也可以是嵌入多根闪烁光纤的铅板阵列[45-46]. 在这种情形下,读出大为简化,因为闪烁光纤的弯曲度可以相当大,光仍可内反射而不受损失. 从而可用闪烁光纤直接读出或通过光导光纤耦合到光电倍增管(**意大利式细面条(spaghetti)量能器**). KLOE 探测器的闪烁光纤型量能器的能量分辨率达到 $\sigma_E/E = 5.7\%/\sqrt{E(\text{GeV})}$. 除了高分辨率之外,由于塑料闪烁体具有短的光衰减时间,这类量能器提供了对于光子的精确定时性能[46]. 最近,为 KOPIO 实验研发的"**烤羊肉串(shashlik)型取样量能器**"所报道的能量分辨率甚至好到 $4\%/\sqrt{E(\text{GeV})}$[43].

闪烁体读出也可以将波长位移光纤插入平板闪烁片中铣成的凹槽来加以实现(**瓦片型量能器**)[47-49].

8.2 强子量能器

原则上,**强子量能器**的工作原理与电磁量能器相似,其主要差别在于强子量能器中纵向发展由平均核作用长度 λ_I 决定,它可用下式作粗略的估计[1]

$$\lambda_I \approx 35 \text{ g/cm}^2 A^{1/3}. \tag{8.35}$$

对于大多数探测器物质,λ_I 远大于描述电子-光子级联行为的辐射长度 X_0. 这是强子量能器远大于电磁簇射计数器的原因.

通常,电子和强子量能器被集成为一个探测器.例如,图 8.14[50] 显示了一个铁-闪烁体量能器,其中电子和强子的波长位移读出是互相分离的.电子部分的深度是 14 个辐射长度,而强子部分对应于 3.2 个相互作用长度.

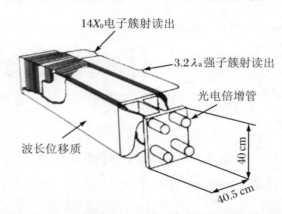

图 8.14 带有波长位移读出的铁-闪烁体量能器的典型装置[50]

强子级联除了有较长的**纵向发展**之外,其**横向宽度**也比电磁级联要大得多.电子簇射的横向结构主要由多次散射决定,而在强子级联中,横向结构由核作用中大的横动量传递所决定.强子级联中的典型过程示于图 8.15.

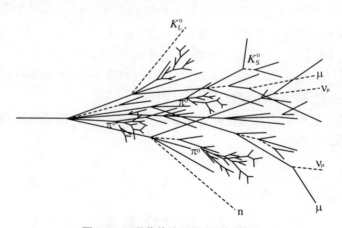

图 8.15 吸收体中强子级联的图示

250 GeV 的光子和质子在地球大气层中所产生的级联具有不同的结构形态,这由图 8.16 可以清晰地观察到[51].这里所显示的结果是根据蒙特卡洛模拟获得的.

强子级联中次级粒子的产生是由非弹性强子过程引起的.所产生的次级粒子主要是带电粒子和中性 π 介子,也产生 K 介子、核子和其他强子,但数量较少.每次相互作用的平均粒子多重数随能量的变化不大($\propto \ln E$).次级粒子的平均横动量可表征为

$$\langle p_T \rangle \approx 0.35 \text{ GeV}/c. \tag{8.36}$$

平均非弹性参数,即相互作用中传递给次级粒子的能量比例约为 50%.

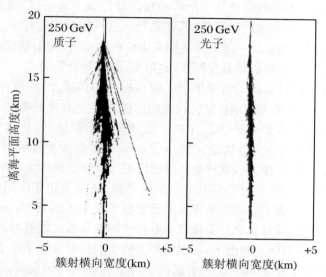

图 8.16 250 GeV 的光子和质子在地球大气层中产生的电磁级联和强子级联的不同发展形态的蒙特卡洛模拟[51]

强子级联中次级粒子的很大一部分是中性 π 介子,它们约占每次非弹性碰撞中产生的 π 介子数量的 1/3. 中性 π 介子在极短的时间内(约 10^{-16} s)衰变为两个能量相当高的光子,由此引发强子级联中的次级电磁级联. 因此,在第一次碰撞后,1/3 的能量以电磁簇射的形态沉积下来,在第二个增殖阶段,这部分能量的总比例 f_{em} 将是

$$\frac{1}{3} + \left(1 - \frac{1}{3}\right)\frac{1}{3} = 1 - \left(1 - \frac{1}{3}\right)^2, \tag{8.37}$$

并以此类推. 对于飞离的强子,此推理同样适用. 如果一个强子簇射由 n 代相互作用构成,则电磁簇射沉积能量所占的比例为

$$f_{em} = 1 - \left(1 - \frac{1}{3}\right)^n. \tag{8.38}$$

假定 n 随着入射强子能量的增加而增加,可以看到,f_{em} 将相应地增大.

当然这种考虑是相当朴素的. 文献[52]分析了这一过程,并建议使用以下表达式:

$$f_{em} = 1 - \left(\frac{E}{E_0}\right)^{k-1}, \tag{8.39}$$

其中 E 是入射强子能量,E_0 是一个依赖于物质的参数,在 0.7 GeV(对铁)到 1.3 GeV (对铅)之间变化,k 的值在 0.8~0.85 范围. 详细的描述参见文献[11].

但是 π^0 的产生存在很大的涨落,它基本上由第一次非弹性相互作用的性质所决定.

强子簇射中一部分能量通过带电强子的电离损失沉积下来,用 f_{ion} 表示.

与电子和光子的电磁能量几乎全部被探测器记录下来不同,强子级联中的相当部分的能量是探测不到或者说是"**不可见**"的,这一比例用记号 f_{inv} 表示. 这与以下的事实相关:强子能量的一部分需要用来击碎核的束缚. 这一**核结合能**是由初级和次级强子提供的,它对探测器探测到的"可见"能量没有贡献.

此外,在核束缚被击碎的情形下产生射程极短的核碎片. 在取样量能器中,这些核碎片对于信号没有贡献,因为它们在到达探测层之前就被吸收了. 再则,长寿命或稳定的中性粒子,如中子、K_L^0、中微子能够逃逸出量能器,从而使"可见"能量进一步减小. π 介子的衰变产物是 μ 子,μ 子和 K 介子在大多数情形下只在量能器中沉积一小部分能量(参见本章开始部分的讨论). 所有这些效应导致的结果是,强子测量的能量分辨率明显地差于电子能量的测量,这是由相互作用和粒子产生性质的差异所决定的. 强子级联的**不可见能量份额**估计为 $f_{\text{inv}} \approx 30\% \sim 40\%$[11].

有必要提醒的是,只有电磁能量和带电粒子的能量损失能够被量能器所记录. 因此对于能量相同的强子和电子,一般情形下强子的信号要弱于电子的信号.

图 8.17 显示了 100 GeV π 介子在铁中产生的簇射的纵向发展[53],并与蒙特卡洛模拟计算和经验近似公式的结果进行比较. 钨量能器对于不同能量的 π 介子产生的簇射的沉积能量分布则示于图 8.18[54-58]. 10 GeV/c π 介子在铁中的簇射横向分布示于图 8.19.

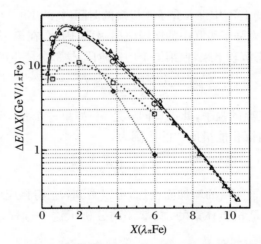

图 8.17 100 GeV π **介子在铁中产生的强子簇射的纵向能量分布**

深度 X 以相互作用长度 λ_I 为单位. 圆圈和三角形是实验数据,菱形表示蒙特卡洛模拟计算值. 点线表示用公式(8.7)和最优的 a 和 b 值所作的简单拟合,其他曲线则是形式更为复杂的近似. 十字叉和方框分别表示电磁簇射和非电磁部分的贡献[53]

所谓的强子级联长度取决于对这一名词如何定义.但不论如何定义,该长度随着入射粒子能量的增加而增加.图 8.20 显示了不同定义下簇射长度和强子级联重心对于能量的依赖关系[55].一种可能的定义是,当在深度 t 处平均只记录到等于或少于一个粒子,该 t 值作为簇射长度的定义.按照该定义,50 GeV π 介子的簇射在铁-闪烁体量能器中的簇射长度近似为 120 cm 铁的"长度".另一种定义是包含一定比例(例如 95%)的初始能量的深度作为簇射长度.对于 50 GeV π 介子的簇射,95%能量包容度给出的是 70 cm 铁的长度.簇射的纵向重心随能量只是对数地增加.图 8.20 也给出了簇射重心的位置.

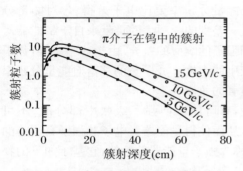

图 8.18 π 介子在钨中产生的簇射的纵向发展[56-57]
实线是蒙特卡洛模拟的结果[58]

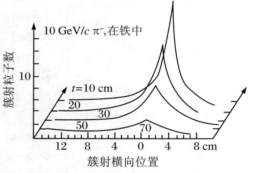

图 8.19 10 GeV/c π 介子在铁中簇射的横向分布[59]

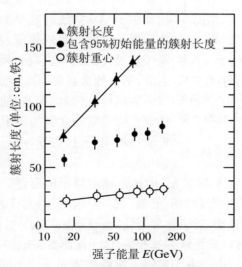

图 8.20 不同定义下簇射长度和强子级联重心对于能量的依赖关系[55]

在铁中,95%纵向包容长度可以近似地表示为[2]

$$L(95\%) = [9.4\ln(E/\text{GeV}) + 39]\text{ cm}. \qquad (8.40)$$

这一估计值如果用相互作用长度 λ_I 作为单位也可以表征其他物质中的强子的簇射长度.

与此类似,级联的**横向分布**可以用径向宽度来表征.强子簇射的横向分布起初很窄,随着量能器深度的增加而变宽(图 8.19).对于两种不同能量的 π 介子在铁中产生的簇射,95%包容度的量能器横向半径与簇射纵向深度间的函数关系示于图 8.21[55].

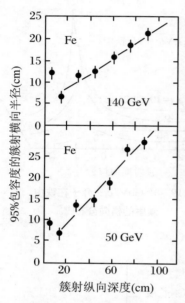

图 8.21 对两种不同能量的 π 介子在铁产生的簇射,包容度 95%的强子簇射的横向半径与纵向深度间的函数关系[55]

强子簇射总宽度是横向半径的 2 倍

由于强子簇射发展过程中存在大的涨落,强子测量的能量分辨率要比电子差得多.对能量分辨率的这一差别的一项大的贡献来自于量能器对于电子和强子的响应的差异.由于这一差异,强子簇射中产生的中性 π 介子数的涨落对能量分辨率产生了显著的效应.

然而,有可能取回强子级联中部分的"不可见"能量,从而使得量能器对电子和强子有同等的响应.这称为强子量能器的**补偿**,它基于如下的物理原理[11,60-61].

如果用铀作为吸收物质,核作用将在其中产生中子.这些中子能够引起其他靶核的裂变,由此产生更多的中子,并由于核跃迁而释放出 γ 射线.这些中子和 γ 射线的能量如果记录下来,则能够增强强子簇射信号的幅度.不同于铀的裂变过程是吸热过程的其他吸收物质,也会产生中子和 γ 射线.适当地选择取样探测器的种类,其中的 γ 射线可以对可见(即可探测)能量产生贡献;而中子能够在探测器的含氢物质中通过(n,p)反应产生低能反冲质子.这些反冲质子同样也增强了强子的信号.

对于能量低于 1 GeV 的情形,即使是铀取样量能器,强子级联中损失的能量也不能取回.通过适当的组合(铀/液氩、铀/铜/闪烁体)对于能量超过几吉电子伏的强子簇射能够达到补偿.对于非常高的能量(≥100 GeV),甚至能够发生**过补偿**现象.限制取样时间可以避免这类过补偿.由于探测器层中的饱和效应使电子信号降低,也会导致过补偿.由于电子和强子级联的横向结构不同,饱和效应对电子信号和强子信号的影响是不同的.

最好的强子取样量能器(例如铀/闪烁体、铀/液氩)所达到的能量分辨率为[62]

$$\frac{\sigma(E)}{E} = \frac{35\%}{\sqrt{E(\text{GeV})}}. \tag{8.41}$$

但是,近期为 LHC 研发的探测高能强子的强子量能器甚至在无补偿的情形下都达到了相当好的能量分辨率.例如 ATLAS 探测器,量能器总厚度为 $8.2\lambda_I$,对 π 介子的能量分辨率约为 $42\%/\sqrt{E(\text{GeV})}$,而 e/h 比(初始能量相同的电子和强子所产生的簇射沉积能量的比值)的测量值约为 $1.37^{[63]}$.能量分辨率参数化表达式中一个可能的常数项对于强子级联通常可以很安全地予以忽略,因为大的取样涨落对能量分辨率起主导作用.仅对极高能量(约 1 000 GeV)的情形,常数项对能量分辨率才有贡献.

强子量能器可达到的能量分辨率随探测层(取样平面)的数目增加而改善,这一点与电磁量能器类似.实验上,我们发现吸收体厚度 $d < 2$ cm 的铁并不能使能量分辨率有所改善[2].取决于用途以及可获得的财政资源,有多种取样探测器可供选择采用.量能器取样单元的可能选择是闪烁体、液氩或液氙层、多丝正比室、正比管层、闪光管室、流光管、盖革-缪勒管(有限放电——"有限盖革模式")、平行板室和"暖"液体(即室温液体)层(参见第 5 章),也可利用高压电离室[64].对于吸收体物质,最常用的是铀、铜、钨和铁,不过铝和大理石量能器也有建造和运行.

量能器的显著特征之一是其能量分辨率 $\sigma(E)/E$ 随能量增大依 $1/\sqrt{E}$ 因子改善,这一点与动量谱仪明显不同,后者的动量分辨率 σ_p/p 随动量的增加线性地变差.此外,即使对于高能量,量能器也是比较紧凑的,因为簇射长度随粒子能量的增加只是对数地增加.

在宇宙线实验中,涉及能区 $> 10^{14}$ eV 的初级宇宙线中的质子、重核和光子的能量测定,需要考虑各种各样的量能器测量方法来应对粒子强度很低的困难.宇宙线粒子在地球大气层引发强子和电磁级联(图 8.16),它们可以用不同的方法进行探测.广延大气簇射的能量传统上是通过海平面处横向分布的取样加以确定的.这一经典方法的能量测定精度很明显不高[65].如果记录下大气层中产生的簇射粒子的闪烁光或切伦科夫光(与 16.12 节对照),则可获得较好的能量分辨率.为了观测非常稀有的极高能宇宙线,需要有尽可能大的探测器体积.在这种情形下,可以探测到宇宙线簇射所产生的氮的闪烁光[66-67].但是这两种方法,即切伦科夫光和闪烁光的探测都需要在无月光的黑夜进行,因为它们的光产额很低.

一种可能的出路或解决方法是探测广延大气簇射产生的射频波段(40～80 MHz)区的**地球磁场同步辐射**(geosynchrotron radiation),这种辐射是大量簇射粒子在地球磁场作用下发生偏转所产生的[68-69].利用**声学探测技术**来测量高能广延大气簇射也是可能的[70].

对于高能宇宙线中微子或 μ 子的能量测定可以考虑替代的方法.这些粒子容易贯穿地球大气层,所以我们可以利用海洋和深湖的清澈、高度透明的水,甚至极地冰作为切伦科夫介质.高能 μ 子(> 1 TeV)的能量损失主要通过轫致辐射和直接电子对产生(图 1.6).这两种能量损失过程都与 μ 子的能量成正比.利用深水中一个屏蔽了阳光的三维光电倍增管阵列进行能量损失的测量,可以确定 μ 子的能量.与此类似,如果电子中微子或 μ 子中微子在水中发生非弹性相互作用而产生电子或 μ 子,则能够粗略地确定中微子的能量;对于产生电子的情形,引发电磁级联,对于产生 μ 子的情形,产生的信号正比于能量损失.在这种情形下,深海、湖水或极冰均是相互作用的靶子,同时也是相互作用产物所产生的切伦科夫光的探测器.中微子相互作用中产生的电子和 μ 子相当好地保持了中微子的入射方向.因此,这些深水中微子探测器同时也是**中微子望远镜**,使人们得以进入 TeV 能区的中微子天文领域[71-73].

8.3 量能器的刻度和监测

在当代粒子物理实验中,信息以数字化数据的形式进行收集(参见第 15 章).对于一个事例,量能器第 i 个单元测量到的脉冲幅度与该单元中的沉积能量 E_i 间的关系为

$$E_i = \alpha_i (A_i - P_i), \tag{8.42}$$

其中 P_i 是台阶,即信号的起始幅度,α_i 是刻度系数.于是,为使量能器具有好的性能,通常要实施以下步骤:

(1) 在 ADC 输入端没有任何信号的情形下,由脉冲产生器提供一个触发("随机触发事例"),以**测定台阶**.

(2) 将测试脉冲馈送到电子学链的输入端,实现电子学道控制.

(3) **监测**刻度系数 α_i 的稳定性.

(4) 绝对**能量刻度**,即测定 α_i 的值.

一般而言,式(8.42)的依赖关系可以是非线性的.这种情形下需要用更多的刻度系数来描述 E/A 关系.

在进行真实的物理实验之前,通常利用粒子种类和动量均为已知的加速器试验束对量能器单元和组件的参数进行研究.通过改变束流的能量,能够测试量能器的线性,并获得簇射的特征参数.对设计用于低能目的的量能器如半导体探测器,其刻度通常利用放射源.经常使用的是 K 线发射源,比如 ^{207}Bi,它具有确定的单能电子或 γ 射线,可以利用全吸收峰进行刻度.

除了能量刻度之外,量能器信号对于粒子入射位置、入射角度的依赖关系,以及粒子在磁场中的行为也极其重要.特别是,对于气体取样层的量能器,磁场效应能够导致电子螺旋线运动,这会显著地影响到刻度.在气体取样层量能器中,由于

死时间或恢复时间的效应,粒子计数率对于信号幅度能够产生影响.因此,量能器的全面刻度需要有关于各种参数依赖关系的广泛知识.

大型实验包含有大量的量能器组件,并不是每个组件都可用试验束进行刻度.如果一部分组件用试验束进行了刻度,其余组件可以用刻度了的组件作参照进行调整.这种相对刻度可利用最小电离粒子即 μ 子来进行,μ 子可以贯穿多个量能器组件.在铀量能器中,铀的天然放射性导致的稳定的噪声也可用来进行相对刻度.如果气体取样量能器使用非放射性的吸收体物质,也可利用放射性惰性气体如 ^{85}Kr 进行测试和相对刻度.

闪烁体量能器的最佳刻度方法是将光量确定的光信号(例如通过光发射二极管 LED)传送给探测层,然后记录光电倍增管的输出信号.为了避免入射光的强度变化,例如不同的光二极管的光产额会有所不同,可以使用单个光源(例如激光),将它的光通过多路光纤分配给各闪烁计数器.

一旦一个复杂的量能器系统完成了刻度,就必须保证各个刻度系数不发生变化;如果发生了变化,则刻度系数的漂移必须加以监测.刻度的时间稳定性可以利用宇宙线 μ 子来检查.在某些情形下,某些量能器组件的位置是无偏向地确定的,这些组件中的宇宙线 μ 子的强度可能不足以实现稳定性的精确控制.因此,必须周期性地进行参照测量,将经过刻度的参照信号送入各个探测层或各个读出电子学的输入端.闪烁晶体量能器的刻度和监测可以利用宇宙线 μ 子来实现,文献 [74-75] 对此进行了讨论.

在气体取样量能器中,信号输出原则上只随气体参数和高压的变化而发生改变.在这种情形下,充以所使用的工作气体的一个测试室可用以监测.为此,一个放射源特征 X 射线照射的测试室的输出电流、脉冲计数率或能谱需进行连续的测量.这一测试室测得的 X 射线能量的变化反映了刻度的时间依赖,后者可以通过调整高压来予以补偿.

在某些实验中,总有一些粒子可用来进行刻度或监测.例如,弹性 Bhabha 散射($e^+e^- \to e^+e^-$)可以对 e^+e^- 散射实验中的电磁量能器进行刻度,因为末态粒子(忽略辐射效应)的能量已知等于束流能量.与此类似,反应 $e^+e^- \to q\bar{q}$(如果希望与初态辐射无关,可以通过一个质量已知的共振态,如 m_Z)继之以夸克的强子化,可以用来检查强子量能器的性能.最后,μ 子对产生($e^+e^- \to \mu^+\mu^-$)的末态 μ 子动量是已知的(在高能情形下等于束流动量),由于它有几乎平坦的角分布($d\sigma/d\Omega \propto 1+\cos^2\theta$,$\theta$ 是 e^- 与 μ^- 之间的夹角),末态 μ 子可以到达所有的探测器组件.

应当指出,量能器中吸收的一个电子或强子的能量分布在一簇晶体中.总的沉积能量可表示为求和量:

$$E = \sum_{i=1}^{M} \alpha_i A_i, \qquad (8.43)$$

其中假定台阶已经作了扣除.于是刻度系数由函数 L 的极小值确定:

$$L = \sum_{k=1}^{N} \left(\sum_{i=1}^{M} \alpha_i A_{ik} - E_{0k} \right)^2, \tag{8.44}$$

式中第一个求和号是对选定作刻度的 N 个事例求和，A_{ik} 是第 i 个量能器单元对第 k 个事例的响应，E_{0k} 是第 k 个事例中已知的入射粒子能量. 对所有的 α_j，要求：

$$\frac{\partial L}{\partial \alpha_j} = 0, \tag{8.45}$$

我们可得到确定刻度常数所需的一组线性方程组：

$$\sum_{i=1}^{M} \alpha_i \left(\sum_{k=1}^{N} A_{jk} A_{ik} \right) = \sum_{k=1}^{N} E_{0k} A_{jk}. \tag{8.46}$$

8.4 低温量能器

到目前为止，所描述的量能器可以用于 MeV 量级直到极高能粒子的能谱研究. 对于许多研究而言，量程为 1～1 000 eV 的极低能粒子的探测具有很大的重要性. 这类低能粒子的量能器用来探测和寻找低能宇宙线中微子、弱作用重粒子（WIMP）或其他暗物质（不发光物质）的候选粒子、天体物理和材料科学的 X 射线谱，以及其他实验中的单光子谱（single-optical-photon spectroscopy）[76-79]. 在过去的 20 年间，实验粒子物理的这一领域迅速地发展起来，至今已经实施几十个这样的项目[80-81].

为了降低探测阈值并同时改善量能器的能量分辨率，很自然要利用**量子跃迁**（quantum transition）来替换电离或电子-空穴对产生效应，量子跃迁发生所需的能量更低（参见 5.3 节）.

固体材料中的**声子**在温度 100 mK 左右时能量约为 10^{-5} eV. 低温下其他种类的准粒子是超导体中的**库珀对**，它们是两个自旋相反的电子形成的束缚态，其行为像玻色子，在低温足够低的情形下形成玻色凝聚. 在超导体中，库珀对结合能的范围在 $4 \cdot 10^{-5}$ eV（铱）和 $3 \cdot 10^{-3}$ eV（铌）之间. 因此，即使是非常低的能量沉积也将产生大量的声子，或者大量击碎的库珀对. 但是，为了避免这些量子过程的热激发，这类量能器必须在极低温度下工作，典型温度是 mK 量级. 因此，这类量能器称为**低温探测器**. 低温量能器主要可以区分为两大类：第一类是用于超导材料或适当的晶体中的准粒子的探测器，第二类是用于绝缘体中的声子探测器.

一种探测方法是基于这样的事实：当探测器单元足够小时，物质的超导性会被能量沉积破坏. 这是过热超导颗粒的工作原理[82]. 在这种情形下，低温量能器

可由大量直径为 μm 量级的超导球做成. 如果这些超导颗粒置入磁场之中, 低能粒子的能量沉积可将一个特定的颗粒从超导态转化为常导电态, 而这一跃迁可以通过 Meissner 效应的压低加以探测. 磁场原先不进入处于超导态的颗粒, 现在则穿过处于常导电态的颗粒. 超导态到常导电态的跃迁可利用拾波线圈(pickup coil)耦合给高灵敏放大器, 或利用 SQUID(超导量子干涉器件)加以探测[83]. 这类量子干涉器件是对磁场效应极度灵敏的探测装置. SQUID 的工作原理基于 Josephson 效应, 后者表示被薄绝缘层隔开的两层超导体之间存在隧道效应. 与通常已知的(例如 α 衰变中)单粒子隧道效应不同, Josephson 效应涉及的是库珀对的隧道效应. 在 Josephson 结处, 发生了隧道流的干涉效应, 而这种效应能够受到磁场的影响. 这类干涉效应的结构与磁通量量子(magnetic flux quanta)的大小相关[84-86].

探测准粒子的一种替代方法是让它们通过两层超导体之间的绝缘薄片直接隧道贯穿(超导-绝缘-超导(SIS)转变)[87]. 在这种情形下, 产生的问题是需要将不希望有的漏电流保持在一个极低的水平.

与库珀对不同, 绝缘体中的能量沉积所激发产生的声子可以用经典的量能器方法进行探测. 若 ΔE 是吸收能量, 则它所导致的温度上升为

$$\Delta T = \Delta E/(mc), \tag{8.47}$$

其中 c 是比热容, m 是量能器的质量. 如果这些量能器的测量是在极低温度下进行的, c 可能非常小(低温下, 晶格对比热的贡献正比于 T^3), 这一方法也适用于单个粒子的探测. 在实际的实验中, 温度变化用热敏电阻测定, 它实质上是一个嵌入或固定于超纯晶体里的 NTC(负温度系数)电阻. 晶体用作吸收体, 即待测射线的探测器. 由于声子的能量是离散值, 可以预期热能的涨落也是离散值, 它可以用电子学滤波技术加以探测.

图 8.22 是这类量能器工作原理的图示[88].

通过这种方法在 15 mK 低温下用纯粹的热探测器测量了大 TeO_2 晶体中的 α 粒子和 γ 射线, 其热敏电阻的读出对于 5.4 MeV α 粒子达到的 FWHM 能量分辨率为 4.2 keV[89]. 人们还研发了同时测量热能和电离信号的专门的辐射热测量计(bolometer)[90-91].

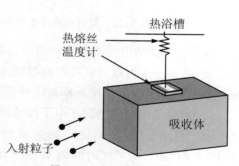

图 8.22 低温量能器图示
基本成分是入射粒子的吸收体、探测热信号的温度计和连接热浴槽的热熔丝[88]

热探测器提供了改善能量分辨率的一种途径. 例如, 对于一个低温 20 mK 下的 1 mm 立方硅晶体, 其热容为 $5 \cdot 10^{-15}$ J/K, FWHM 能量分辨率约为 0.1 eV(对应于 $\sigma = 42$ meV)[92].

低温技术、粒子物理和天体物理领域的协同努力可能会导致令人激动和超出预想的结果。一种令人感兴趣的目标是探测能量约为 200 μeV 的大爆炸遗迹中的中微子。

当前，低温量能器大多数情形下用于寻找**弱作用重粒子**（WIMP）。WIMP 的相互作用截面极小，因此须将可能的本底减少到极低的水平。遗憾的是，低温探测器中 WIMP 传递给靶核的能量仅约为 10 keV 量级。将 WIMP 信号与局部放射性引起的本底鉴别开来的一种性能优良的方法是利用闪烁晶体如 $CaWO_4$、$CdWO_4$ 或 $ZnWO_4$。这些闪烁体能够同时测量低温下的光产额和 WIMP 相互作用产生的声子产额。WIMP-核子散射导致的**核反冲**主要产生声子以及极少量的闪烁光，而在**电子反冲**中则可产生相当数量的闪烁光。这类低温探测器系统的示意图见图 8.23[88]。

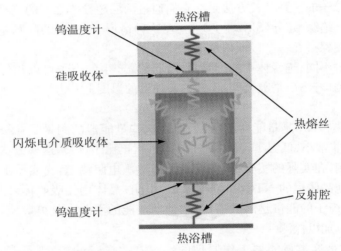

图 8.23　同时探测声子和闪烁光的低温探测器的示意图[88]

粒子在闪烁电介质晶体中被吸收。闪烁光用硅晶片探测，而声子用两个钨温度计测量，其中一个可耦合到硅探测器以增强探测器的灵敏度。整个探测器装置封装在一个反射腔内并工作在 mK 量级的低温下。

$CaWO_4$ 低温量能器对于电子反冲和核反冲的响应示于图 8.24[88,93]。电子反冲是用 ^{57}Co 源的 122 keV 和 136 keV 光子和 ^{90}Sr β 源照射晶体所产生的（图 8.24(a)）。为了同时模拟 WIMP 相互作用，探测器用锔-铍源的中子轰击以产生声子和闪烁光，结果如图 8.24(b)所示。光子或电子所导致的电子反冲对应的光输出（它们成为寻找 WIMP 的主要本底）相当高，而中子导致的核反冲提供了强的声子信号，但光产额很低。可以推测，WIMP 相互作用将与中子散射信号看起来类似，因此如果在光子-声子产额散点图上采用适当的截断，可以达到相当好的本底排除率。然而，该图同时表明了，能量低于 20 keV 的电子反冲的压低变得相当困难.

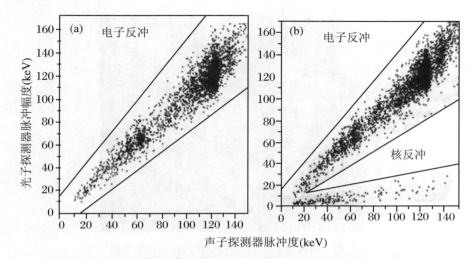

图 8.24 CaWO$_4$ 晶体光探测器的光子脉冲幅度与声子脉冲幅度的散点图
(a) 仅显示探测器对光子和电子的响应;(b) 还包含了中子相互作用的贡献.
图中画实线的目的仅仅是便于肉眼观看[88,93]

基于**过热超导颗粒**中的能量吸收的低温探测器装置示于图 8.25[94]. 超导颗粒和拾波线圈组成的系统可围绕一个垂直于磁场的轴做 360°的旋转. 它用来研究达到超导态的临界场强与超导颗粒相对于磁场取向的依赖关系. 该系统成功地探测了处于 ^{4}He 和 ^{3}He 温度下的锡、锌和铝颗粒的量子跃迁. 图 8.26 显示了锡颗粒的微缩照片[82,95]. 目前已经能够制造直径小到 5 μm 的锡颗粒.

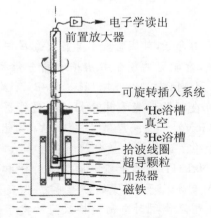

图 8.25 基于过热超导颗粒(SSG)的
低温探测器实验装置[94]

已经证明,利用过热超导颗粒制成的探测器,可以确定无疑地探测最小电离粒子[95].

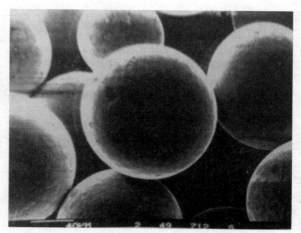

图 8.26 直径为 $130\ \mu m$ 的锡颗粒用作低温量能器
小量的能量吸收能使颗粒加热到足以从超导态转变为
常导态,从而产生可探测的信号[82]

从超导态到常导态的跃迁的信号幅度约为 $100\ \mu V$,恢复时间为 $10\sim 50$ ns. 这些事实指明了,**超导条形计数器**(superconducting strip counter)是下一代粒子物理实验的微顶点探测器的可能候选者[96].

习 题 8

1. 某实验中产生一个 η 介子,其实验室系总能量为 $E_0 = 2\,000$ MeV. 试估计量能器测得的 η 质量峰的宽度,量能器的能量分辨率和角分辨率分别为 $\sigma_E/E = 5\%$ 和 $\sigma_\theta = 0.05$ rad ($m_\eta = 547.51$ MeV).

2. 1 GeV(100 MeV) 光子的能量利用 NaI(Tl) 量能器进行测量,其能量分辨率为 $\sigma_E/E = 1.5\%/(E\ \text{GeV})^{1/4}$. 将一厚度 $L = 0.5 X_0$ 的铝片放在量能器的前面,脉冲幅度分布将有什么变化? 试估计能量分辨率各为多大.

3. 利用长 $15 X_0$ 的 NaI(Tl) 晶体量能器测量 π 介子和电子的能量沉积,试估计粒子能量 $E = 500$ MeV 时 π 介子/电子的分辨能力. 假定主要的混合效应是 π 与核的电荷交换,当 π 与核相互作用时电荷交换反应的发生概率为 50%. 在电荷交换反应中,荷电 π 介子转化为中性 π 介子,后者引发电磁级联.

参考文献

[1] Particle Data Group (Eidelman S, et al). Review of Particle Physics [J/OL]. Phys. Lett., 2004, 1/2/3/4 (B592): 1-1109. Yao W M, et al. J. Phys., 2006 (G33): 1-1232. http://pdg.lbl.gov.

[2] Kleinknecht K. Detektoren für Teilchenstrahlung [M]. Stuttgart: Teubner, 1984; 1987; 1992. Detectors for Particle Radiation [M]. Cambridge: Cambridge University Press, 1986.

[3] Allkofer O C, Grupen C. Introduction Ⅱ: Cosmic Rays in the Atmosphere [M] // Bruzek A, Pilkuhn H. Lectures on Space Physics 1. Gütersloh: Bertelsmann Universitätsverlag, 1973: 35-54.

[4] Nemets O F, Gofman Yu V. Spravochnik po yadernoi fizike [M]. Kiev: Naukova dumka, 1975.

[5] Rossi B. High Energy Particles [M]. Englewood Cliffs: Prentice-Hall, 1952.

[6] Nelson W R, et al. The EGS4 Code System [R]. SLAC-R-265, 1985.

[7] Longo E, Sestili I. Monte Carlo Calculation of Photon-Initiated Electromagnetic Showers in Lead Glass [J]. Nucl. Instr. Meth., 1975 (128): 283-307; Erratum, ibid., 1976 (135): 587-590.

[8] Baumgart R. Messung und Modellierung von Elektron- und Hadron-Kaskaden in Streamerrohrkalorimetern [D]. University of Siegen, 1987.

[9] Baumgart R, et al. Performance Characteristics of an Electromagnetic Streamer Tube Calorimeter [J]. Nucl. Instr. Meth., 1987 (A256): 254-260.

[10] Akchurin N, et al. Electromagnetic Shower Profile Measurements in Iron with 500 MeV Electrons [J]. Nucl. Instr. Meth., 2001 (A471): 303-313.

[11] Wigmans R. Calorimetry: Energy Measurement in Particle Physics [M]. Oxford: Clarendon Press, 2000.

[12] Iwata S. Calorimeters [R]. Nagoya University Preprint DPNU-13-80, 1980.

[13] Iwata S. Calorimeters (Total Absorption Detectors) for High Energy Experiments at Accelerators [R]. Nagoya University Preprint DPNU-3-79, 1979.

[14] Landau L D. The Collected Papers of L. D. Landau [M]. London: Pergamon Press, 1965. Migdal A B. Bremsstrahlung and Pair Production in Condensed Media at High Energies [J]. Phys. Rev., 1956 (103): 1811-1820.

[15] Konishi E, et al. Three Dimensional Cascade Showers in Lead Taking Account of the Landau-Pomeranchuk-Migdal Effect [R]. Inst. for Cosmic Rays, Tokyo, ICR Report 36-76-3, 1976.

[16] Photon Theory Verified after 40 Years [J]. CERN-Courier, 1994, 34 (1): 12-13.

[17] Becker-Szendy R, et al (SLAC-E-146 Collaboration). Quantummechanical Suppression of Bremsstrahlung [R]. SLAC-Pub-6400, 1993.

[18] Oreglia M, et al. Study of the Reaction $\psi' \to \gamma\gamma J/\psi$ [J]. Phys. Rev., 1982 (D25): 2259-2277.

[19] Blucher E, et al. Tests of Cesium Iodide Crystals for Electromagnetic Calorimeter [J]. Nucl. Instr. Meth., 1986 (A249): 201-227.

[20] Aubert B. The BaBar Detector [J]. Nucl. Instr. Meth., 2002 (A479): 1-116. Lewandowski B. The BaBar Electromagnetic Calorimeter [J]. Nucl. Instr. Meth., 2002 (A494): 303-307.

[21] Abashian A, et al (Belle collaboration). The Belle Detector [J]. Nucl. Instr. Meth., 2002 (A479): 117-232.

[22] Shanahan P N. The Performance of a New CsI Calorimeter for the KTeV Experiment at Fermilab [C]// Proc. of the Sixth Int. Conf. on Calorimetry in High Energy Physics, Frascati, 8-14 June 1996. Frascati Physics Series, Vol. Ⅵ, 1996. Prasad V. Performance of the Cesium Iodide Calorimeter at the KTeV Experiment at Fermiab [J]. Nucl. Instr. Meth., 2001 (A461): 341-343.

[23] Shwartz B A. Performance and Upgrade Plans of the Belle Calorimeter [C]// Proc. of the 10th Int. Conf. on Calorimetry in Particle Physics, Pasadena, 25-29 March 2002: 182-186.

[24] Ikeda H, et al. A Detailed Test of the CsI(Tl) Calorimeter for Belle with Photon Beams of Energy between 20 MeV and 5.4 GeV [J]. Nucl. Instr. Meth., 2000 (A441): 401-426.

[25] The Compact Muon Solenoid Technical Proposal [R]. CERN/LHCC 94-38, 1994.

[26] 9. CMS ECAL Technical Design Report [R]. CERN/LHCC 97-33, 1997.

[27] Deiters K, et al. Properties of the Avalanche Photodiodes for the CMS Electromagnetic Calorimeter [J]. Nucl. Instr. Meth., 2000 (A453): 223-226.

[28] Ghezzi A. Recent Testbeam Results of the CMS Electromagnetic Calorimeter [J]. Nucl. Phys. B Proc. Suppl., 2006 (B150): 93-97.

[29] http://opal.web.cern.ch/Opal/.

[30] SELEX collaboration (Balatz M Y, et al). The Lead-Glass Electromagnetic Calorimeter for the SELEX Experiment [J]. FERMILAB-TM-2252, July 2004: 42; Nucl. Instr. Meth., 2005 (A545): 114-138.

[31] Doke T. A Historical View on the R&D for Liquid Rare Gas Detectors [J]. Nucl. Instr. Meth., 1993 (A327): 113-118.

[32] Grebenuk A A. Liquid Noble Gas Calorimeters for KEDR and CMD-2M Detectors [J]. Nucl. Instr. Meth., 2000 (A453): 199-204.

[33] Jeitler M. The NA48 Liquid-Krypton Calorimeter [J]. Nucl. Instr. Meth., 2002 (A494): 373-377.

[34] Aulchenko V M, et al. Investigation of Electromagnetic Calorimeter Based on Liquid Krypton [J]. Nucl. Instr. Meth., 1990 (A289): 468-474.

[35] Aulchenko V M, et al. The Test of the LKR Calorimeter Prototype at the Tagged Photon Beam [J]. Nucl. Instr. Meth., 1997 (A394): 35-45.

[36] Amaldi U. Fluctuations in Calorimetric Measurements [J]. Phys. Scripta, 1981 (23): 409-424.

[37] Fabjan C W. Calorimetry in High Energy Physics [M]//Ferbel T. Proceedings on Techniques and Concepts of High Energy Physics. New York: Plenum, 1985: 281; CERN-EP-85-54, 1985.

[38] Axen D, et al. The Lead-Liquid Argon Sampling Calorimeter of the SLD Detector [J]. Nucl. Instr. Meth., 1993 (A328): 472-494.

[39] Aubert B, et al. Construction, Assembly and Tests of the ATLAS Electromagnetic Barrel Calorimeter [J]. Nucl. Instr. Meth., 2006 (A558): 388-393.

[40] Scintillation materials, Catalogue, Kuraray Co. Ltd., 2000.

[41] Scintillation products, Scintillating optical fibers, Saint-Gobain brochure, Saint-gobain ceramics & plastics Inc., 2005.

[42] Barreiro F, et al. An Electromagnetic Calorimeter with Scintillator Strips and Wavelength Shifter Read Out [J]. Nucl. Instr. Meth., 1987 (A257): 145-154.

[43] Atoian G S, et al. Development of Shashlyk Calorimeter for KOPIO [J]. Nucl. Instr. Meth., 2004 (A531): 467-480.

[44] The LHCb Collaboration, LHCb Calorimeters: Technical Design Report [R]. CERN/LHCC 2000-0036, LHCb TDR 2, 2000, CERN, Geneve.

[45] Acosta D, et al. Lateral Shower Profiles in a Lead Scintillating-Fiber Calorimeter [J]. Nucl. Instr. Meth., 1992 (A316): 184-201.

[46] Adinolfi M, et al. The KLOE Electromagnetic Calorimeter [J]. Nucl. Instr. Meth., 2002 (A482): 364-386.

[47] Fujii Y. Design Optimisation, Simulation, and Bench Test of a Fine-Granularity Tile/Fiber EM Calorimeter Test Module [C]//Seogwipo 2002, Linear colliders: 588-591. International Workshop on Linear Colliders (LCWS 2002), Jeju Island, Korea, 26-30 August 2002.

[48] Hara K, et al. Design of a 2×2 Scintillating Tile Calorimeter Package for the SDC Barrel Electromagnetic Tile/Fiber Calorimeter [J]. Nucl. Instr. Meth., 1996 (A373): 347-357.

[49] Aota S, et al. A Scintillating Tile/Fiber System for the CDF Upgrade em Calorimeter [J]. Nucl. Instr. Meth., 1995 (A352): 557-568.

[50] Bleichert B M, et al. The Response of a Simple Modular Electron/Hadron Calorimeter to Electrons [J]. Nucl. Instr. Meth., 1982 (199): 461-464.

[51] Weekes T C. Very High Energy Gamma-Ray Astronomy [J]. Phys. Rep., 1988 (160): 1-121.

[52] Gabriel T A, et al. Energy Dependence of Hadronic Activity [J]. Nucl. Instr.

Meth., 1994 (A338): 336-347.

[53] Amaral P, et al. Hadronic Shower Development in Iron-Scintillator Tile Calorimetry [J]. Nucl. Instr. Meth., 2000 (A443): 51-70.

[54] Holder M, et al. A Detector for High Energy Neutrino Interactions [J]. Nucl. Instr. Meth., 1978 (148): 235-249.

[55] Holder M, et al. Performance of a Magnetized Total Absorption Calorimeter Between 15 GeV and 140 GeV [J]. Nucl. Instr. Meth., 1978 (151): 69-80.

[56] Cheshire D L, et al. Measurements on the Development of Cascades in a Tungsten-Scintillator Ionization Spectrometer [J]. Nucl. Instr. Meth., 1975 (126): 253-262.

[57] Cheshire D L, et al. Inelastic Interaction Mean Free Path of Negative Pions in Tungsten [J]. Phys. Rev., 1975 (D12): 2587-2593.

[58] Grant A. A Monte Carlo Calculation of High Energy Hadronic Cascades in Iron [J]. Nucl. Instr. Meth., 1975 (131): 167-172

[59] Friend B, et al. Measurements of Energy Flow Distributions of 10 GeV/c Hadronic Showers in Iron and Aluminium [J]. Nucl. Instr. Meth., 1976 (136): 505-510.

[60] Wigmans R. Advances in Hadron Calorimetry [R]. CERN-PPE-91-39, 1991.

[61] Leroy C, Rancoita P. Physics of Cascading Shower Generation and Propagation in Matter: Principles of High-Energy, Ultrahigh-Energy and Compensating Calorimetry [J]. Rep. Prog. Phys., 2000 (63): 505-606.

[62] Bernstein A, et al. Beam Tests of the ZEUS Barrel Calorimeter [J]. Nucl. Instr. Meth., 1993 (336): 23-52.

[63] Puso P, et al. ATLAS Calorimetry [J]. Nucl. Instr. Meth., 2002 (A494): 340-345.

[64] Denisov S, et al. A Fine Grain Gas Ionization Calorimeter [J]. Nucl. Instr. Meth., 1993 (A335): 106-112.

[65] Baillon P. Detection of Atmospheric Cascades at Ground Level [R]. CERN-PPE-91-012, 1991.

[66] Kleifges M, the Auger Collaboration. Status of the Southern Pierre Auger Observatory [J]. Nucl. Phys. B Proc. Suppl., 2006 (150): 181-185.

[67] High Resolution Fly's Eye [OL]. http://hires.physics.utah.edu/; www.telescopearray.org/.

[68] Falcke H, et al. LOPES Collaboration, Detection and Imaging of Atmospheric Radio Flashes from Cosmic Ray Air Showers [J]. Nature, 2005 (435): 313-316.

[69] Grupen C, et al. Radio Detection of Cosmic Rays with LOPES [J]. Braz. J. Phys., 2006, 36 (4A): 1157-1164.

[70] Gao X, Liu Y, Du S. Acoustic Detection of Air Shower Cores [C]// 19th Intern. Cosmic Ray Conf., 1985, Vol. 8: 333-336.

[71] Barwick S, et al. Neutrino Astronomy on the 1 km^2 Scale [J]. J. Phys., 1992 (G18): 225-247.

[72] Totsuka Y. Neutrino Astronomy [J]. Rep. Progr. Phys., 1992, 55 (3): 377-430.
[73] Spiering Chr. Neutrinoastronomie mit Unterwasserteleskopen [J]. Phys. Bl., 1993, 49 (10): 871-875.
[74] Achasov M N, et al. Energy Calibration of the NaI(Tl) Calorimeter of the SND Detector Using Cosmic Muons [J]. Nucl. Instr. Meth., 1997 (A401): 179-186.
[75] Erlez E, et al. Cosmic Muon Tomography of Pure Cesium Iodide Calorimeter Crystals [J]. Nucl. Instr. Meth., 2000 (A440): 57-85.
[76] Pretzl K. Cryogenic Calorimeters in Astro and Particle Physics [J]. Nucl. Instr. Meth., 2000 (A454): 114-127.
[77] Previtali E. 20 years of Cryogenic Particle Detectors: Past, Present and Future [J]. Nucl. Phys. B Proc. Suppl., 2006 (A150): 3-8.
[78] Fiorini E. Introduction or "Low-Temperature Detectors: Yesterday, Today and Tomorrow" [J]. Nucl. Instr. Meth., 2004 (A520): 1-3.
[79] Nucciotti A. Application of Cryogenic Detectors in Subnuclear and Astroparticle Physics [J]. Nucl. Instr. Meth., 2006 (A559): 334-336.
[80] Niinikoski T O. Early Developments and Future Directions in LTDs [J]. Nucl. Instr. Meth., 2006 (A559): 330-333.
[81] Waysand G. A Modest Prehistory of Low-Temperature Detectors [J]. Nucl. Instr. Meth., 2004 (520): 4-10.
[82] Pretzl K P. Superconducting Granule Detectors [J]. Particle World, 1990 (1): 153-162.
[83] Trofimov V N. SQUIDs in Thermal Detectors of Weakly Interacting Particles [R]. Dubna-Preprint E8-91-67, 1991.
[84] Kittel C. Introduction to Solid State Physics [M]. 8th ed. New York: Wiley Interscience, 2005; Einführung in die Festkörperphysik, Oldenbourg, München/Wien, 1980.
[85] Ashcroft N W, Mermin N D. Solid State Physics [M]. New York: Holt-Saunders, 1976.
[86] Hellwege K H. Einführung in die Festkörperphysik [M]. Berlin: Springer, 1976.
[87] Primack J R, Seckel D, Sadoulet B. Detection of Cosmic Dark Matter [J]. Ann. Rev. Nucl. Part. Sci., 1988 (38): 751-807.
[88] Bavykina I. Investigation of $ZnWO_4$ Crystals as an Absorber in the CRESST Dark Matter Search [D]. University of Siegen, March 2006.
[89] Alessandrello A. A Massive Thermal Detector for Alpha and Gamma Spectroscopy [J]. Nucl. Instr. Meth., 2000 (A440): 397-402.
[90] Yvon D, et al. Bolometer Development, with Simultaneous Measurement of Heat and Ionization Signals [R]. Saclay-Preprint CEN-DAPNIA-SPP 93-11, 1993.
[91] Petricca F, et al. CRESST: First Results with the Phonon-Light Technique [J].

Nucl. Instr. Meth., 2006 (A559): 375-377.
[92] Fiorini E. Underground Cryogenic Detectors [J]. Europhys. News, 1992 (23): 207-209.
[93] Meunier P, et al. Discrimination between Nuclear Recoils and Electron Recoils by Simultaneous Detection of Phonons and Scintillation Light [J]. Appl. Phys. Lett., 1999, 75(9): 1335-1337.
[94] Frank M, et al. Study of Single Superconducting Grains for a Neutrino and Dark Matter Detector [J]. Nucl. Instr. Meth., 1990 (A287): 583-594.
[95] Janos S, et al. The Bern Cryogenic Detector System for Dark Matter Search [J]. Nucl. Instr. Meth., 2005 (A547): 359-367.
[96] Gabutti A, et al. A Fast, Self-Recovering Superconducting Strip Particle Detector Made with Granular Tungsten [J]. Nucl. Instr. Meth., 1992 (A312): 475-482.

第 9 章 粒子鉴别

让现代物理学以完美的定论来预言一切是不可能的,因为从根源上说它论述的是概率现象.①

——亚瑟·爱丁顿爵士②

粒子探测器除了测量特征量比如动量和能量值之外,它的又一个任务是确定粒子的种类.这实际上意味着确定粒子的质量和电荷.一般说来,这需要将若干个探测器的信息组合起来才能够完成.

例如,质量为 m_0 的荷电粒子在磁场中的曲率半径 ρ 通过以下关系式提供了粒子动量 p 和电荷 z 的信息:

$$\rho \propto \frac{p}{z} = \frac{\gamma m_0 \beta c}{z}. \tag{9.1}$$

速度 $\beta = v/c$ 可以通过飞行时间的测量并利用以下关系式获得:

$$\tau \propto \frac{1}{\beta}. \tag{9.2}$$

电离和激发导致的能量损失可近似地描述为(参见第 1 章)

$$-\frac{dE}{dx} \propto \frac{z^2}{\beta^2} \ln(\alpha\gamma\beta) \tag{9.3}$$

其中 α 是依赖于物质的一个常数.能量测量给出的是动能

$$E_{\text{kin}} = (\gamma - 1)m_0 c^2, \tag{9.4}$$

因为通常测量的不是总能量而是动能.

公式(9.1)~(9.4)包含了三个未知量,即 m_0、β 和 z;洛伦兹因子 γ 与速度有关系式 $\gamma = 1/\sqrt{1-\beta^2}$.这三个量的测量值原则上足以正确地确定一个粒子.在基本粒子物理领域内,最常遇到的带电粒子电荷 $z = 1$.在这种情形下,两个量的测量值足以确定粒子的种类.但是对于高能粒子,速度的确定并不能提供足够的信息,

---

① 原文:It is impossible to trap modern physics into predicting anything with perfect determinism because it deals with probabilities from the outset.

② Sir Arthur Eddington(1882~1944),英国天体物理学家. ——译者注

因为对于所有的相对论性粒子，β 非常接近于 1 而与粒子质量无关，因而 β 不能鉴别质量不同的粒子．

在大型实验中，一个通用探测器的所有系统都通过各自测量的相关参数对**粒子鉴别**作出贡献，这些相关参数的信息组合成联合似然函数（参见第 15 章）．这类似然函数用作判据来鉴别和区分不同的粒子．在实际情形中，粒子鉴别总是不完善的．我们假定，需要在存在粒子种类 II 的高本底情形下选出粒子种类 I（π 对 K，电子对强子，等等）．于是任何选择判据的特征可以表示为：在将粒子种类 II 误判为 I 具有确定的概率 p_{mis} 的条件下，对于粒子种类 I 的鉴别效率为 $\varepsilon_{\mathrm{id}}$．

9.1 带电粒子鉴别

实验粒子物理的典型任务之一是在利用磁谱仪测量粒子动量的情形下鉴别带电粒子．

9.1.1 飞行时间计数器

测定粒子速度的一种直接方法是测量该粒子在相距 L 的两点之间的飞行时间（TOF）．提供"起始"信号和"停止"信号的两个计数器确定这两个点，或者粒子产生的时刻和一个停止计数器确定这两个点．在后一种情形下，与束流-束流对撞或束流-靶碰撞同步的"起始"信号可以通过加速器系统来产生．高能粒子实验中的 TOF 探测器的详尽评述可参见文献[1-2]．

当具有相同动量但质量为 m_1 和 m_2 的两个粒子飞过距离 L 时，其飞行时间差值为

$$\Delta t = L\left(\frac{1}{v_1} - \frac{1}{v_2}\right) = \frac{L}{c}\left(\frac{1}{\beta_1} - \frac{1}{\beta_2}\right). \tag{9.5}$$

利用关系式 $pc = \beta E$，我们得到

$$\Delta t = \frac{1}{pc^2}(E_1 - E_2) = \frac{L}{pc^2}(\sqrt{p^2c^2 + m_1^2c^4} - \sqrt{p^2c^2 + m_2^2c^4}). \tag{9.6}$$

因为这种情形下 $p^2c^2 \gg m_{1,2}^2c^4$，将开根项作展开，可得

$$\Delta t = \frac{Lc}{2p^2}(m_1^2 - m_2^2). \tag{9.7}$$

假设要求对质量分辨达到的显著性为 $\Delta t = 4\sigma_t$，即要求飞行时间差等于时间分辨率的 4 倍．在这种情形下，当飞行距离为 1 m、时间分辨率为 $\sigma_t = 100$ ps（例如，利用闪烁计数器可达到这样的时间分辨率）时，可以实现动量高达 1 GeV/c 的 π/K 分辨[1-2]．对于更高的动量，由于 $\Delta t \propto 1/p^2$，飞行时间系统的飞行距离需要更长．

第9章 粒子鉴别

当前高能物理中,**TOF 测量**的充分发展并广泛使用的技术建立在光电倍增管读出的塑料闪烁计数器基础之上(参见 5.4 节).其典型的装置见图 9.1.与相互作用点相关联的束流通过信号是 TDC(时间-数字转换器)的起始信号.光电倍增管阳极的输出信号作为"停止"信号,它被馈送给一个甄别器,当输入脉冲超过某个确定的阈值时,甄别器产生一个标准的(逻辑)输出脉冲.甄别器的输出端与 TDC 的"停止"信号输入端相连.信号的幅度利用 ADC(幅度-数字转换器)测量.由于过阈的时刻通常依赖于脉冲高度,过阈时刻的测量值有助于数据离线处理中的修正.

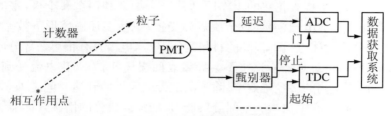

图 9.1 飞行时间测量原理图

时间分辨率可以用以下公式作为近似:

$$\sigma_t = \sqrt{\frac{\sigma_{sc}^2 + \sigma_1^2 + \sigma_{PM}^2}{N_{eff}} + \sigma_{el}^2}, \tag{9.8}$$

其中 σ_{sc} 是闪烁光持续时间的贡献,σ_1 是由于粒子击中点的不同和闪烁光子发射角的不同导致的穿越时间变化,σ_{PM} 是光电子渡越时间弥散的贡献,N_{eff} 是 PM 光阴极产生的有效光电子数,σ_{el} 则是电子学对时间分辨率的贡献.N_{eff} 通常小于光电子总数,因为某些光电子发射角过大,它们到达光电倍增管第一打拿极的时间过迟对于信号的产生不起作用.总光电子数由式(5.58)给定,式中沉积能量 E_{dep} 正比于闪烁体的厚度.对于大尺寸的计数器,光衰减长度对于获得大的 N_{eff} 值成为一个关键因素.

对于长的计数器,测得的时间取决于粒子穿过计数器的点 x:

$$t_m = t_0 + \frac{x}{v_{eff}}, \tag{9.9}$$

其中 v_{eff} 是闪烁体中的有效光速.为了补偿这一依赖性,可以测量闪烁体棒两端的时间.于是这两个测量时间的平均值 $(t_1 + t_2)/2$ 至少是部分地实现了对于粒子击中位置依赖性的补偿.利用径迹测量系统提供的击中点位置的信息,可以实现进一步的修正.

对于长 2~3 m,截面为(5~10) cm×(2~5) cm 的计数器,可达到的时间分辨率约为 100 ps[3-6].GlueX 实验的 TOF 计数器报道的时间分辨率甚至好到 40~60 ps[7].

近期报道了基于探测切伦科夫光的 TOF 计数器的非常有希望的结果[8-9].在这种情形下,光持续的时间极短.此外,光子路径长度的变化与闪烁光的情形相比要小,因为所有的切伦科夫光子相对于粒子轨迹以相同的角度发射.为了说明这一点,在文献[10]中,4 cm×4 cm×1 cm 的玻璃板用一微通道板(MCP)光电倍增管来耦合(参见 5.5 节),达到的时间分辨率约为 6 ps.

时间测量的另一种装置是**平板火花室**.平板火花室由两块平板电极构成,两个电极间施加一恒定电压,其值超过正常气压下的静电击穿电压.该室一般工作于略微过压的状态,于是平板火花室本质上是一个无触发的火花室.如同火花室一样,穿过该室的带电粒子的电离将产生一个雪崩,后者发展成为连接两块电极板的导电等离子体通道.阳极电流的迅速增加可以通过一个电阻来产生上升时间极短的电压信号.该电压脉冲可以作为火花室中带电粒子到达时间的非常精确的定时信号.

图 9.2 显示了平板火花室的工作原理[1,11-12].如果利用金属电极,室的总电容将在一次火花中被放电.这会导致金属表面受损,也使多径迹情形下效率变低.但是,如果电极利用比体电阻率很高的材料制作[13-14],电极只有很小一部分面积通过该火花放电(Pestov 计数器).这将不会导致表面损坏,因为火花电流受到了抑制.这种方法也保证了高的多径迹效率.除了测定带电粒子的到达时间之外,如果对阳极加以分段,平板火花室也具有空间分辨能力.加淬灭成分的惰性气体能够抑制二次火花的形成,因而这种气体被广泛地作为火花室的工作气体.

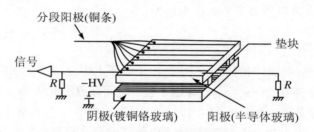

图 9.2 平板火花室的工作原理[11-12]
在许多情形下,阳极镀以半导体材料或比体电阻率很高的材料

结构合理的平板火花室具有优良的时间分辨率($\sigma_t \leqslant 30$ ps)[15].但是,它要求电极间隙小到 100 μm 量级.因而大面积火花室的生产要求非常精密的机械加工,以确保平行电极具有高的表面品质.

如果将半导体电极材料代之以涂石墨的玻璃板,平板火花室也可以工作于低气体放大区,通常称为**阻性板室**(RPC).这类室通常工作于流光模式或雪崩模式[1,16-17].除了涂石墨的玻璃板之外,也可以利用具有适当表面电阻率的其他材料,例如胶木、合成树脂.这类阻性板室也能给出非常快的信号,因而也像闪烁计数器一样可以用作具有高时间分辨率的触发信号.如果阻性板室的电极被分段,它们也可提供良好的位置分辨.

平板火花室和阻性板室一般不能工作于高计数率的场合.如果气体放大被进一步降低到 10^5 量级,就不可能发展出火花或流光.这类工作模式是**平行板雪崩室**(PPAC 或 PPC)的特征[18-21].这类平行板雪崩室电极间距离的典型值约为 1 mm 量级,也显示有高的时间分辨率(约 500 ps);如果工作于正比模式,则同时具有优良的能量分辨率[22].与火花室和阻性板室相比,平行板雪崩室的另一附加的优点是能够工作于高计数率的场合,因为其气体放大系数低.

以上所述的所有这些种类的室的共同点是电极间隙小,因而它们具有优良的时间分辨率.局部放电的计数器的现状及其应用可参阅评述性论文[23].

9.1.2 利用电离损失鉴别粒子

由于比电离能量损失取决于粒子能量,故可以利用比电离能量损失来鉴别粒子(参见第1章).动量范围为 $0.1 \sim 100~\text{GeV}/c$ 的电子、μ 子、π 介子、K 介子和质子在 1 cm 厚的氩-甲烷(80%∶20%)层中的平均能量损失示于图 9.3[24-25]. 可以立即清楚地看到,根据能量损失的测量来进行 μ/π 分辨实际上是不可能的,因为它们的质量过于接近.但是 $\pi/K/p$ 分辨则是可行的.1 atm 下气体中的能量损失的对数上升($\propto \ln \gamma$,见式(1.11))约为最小电离粒子能量损失的 50%~60%[25-26]. 应当指出,固体物质中 dE/dx 的相对论性上升几乎完全被密度效应所压制.因此,固体探测器,如半导体或闪烁体只能在低 β 情形下利用 dE/dx 进行粒子鉴别.

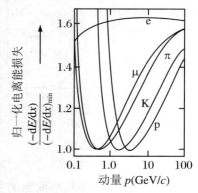

图 9.3 电子、μ 子、π 介子、K 介子和质子的平均能量损失,最小电离能损失归一到 1[24]

利用 dE/dx 进行**粒子鉴别**的关键问题在于电离损失的涨落(参见第 1 章). 50 GeV/c 的 π 介子和 K 介子在 1 cm 厚的氩-甲烷(80%∶20%)混合物层中的典型能量损失分布示于图 9.4(a).在气体介质中,该分布的宽度(FWHM)在 40%~100%范围.对于 3 GeV 电子,用小间隙的多丝室测量到的真实分布示于图 9.4(b)[27]. 为了改善分辨,需要对粒子的 dE/dx 进行多次测量.

然而,带有很长高能尾巴的不对称能量损失分布使得能量损失直接测量值不能做简单的平均处理.长高能尾巴的起因是单次的 δ 电子发射能够带走的能量 ε_δ 明显地高于平均能量损失.广泛采用的"**截断平均**"法将所有的单次能量损失测量值中数值最大的一部分(通常是 30%~60%)排除在外,然后对剩余的值求平均.该方法排除了偶然产生的高能 δ 电子导致的高能量传递.有时也将最低的 dE/dx 测量值(典型的比例为 10%)舍弃,以使得能量损失分布接近于高斯型.对于能量为 50 GeV 的 π 介子、K 介子和质子进行约 100 次的 dE/dx 测量,所获得的能量损失分辨率为[28]

$$\frac{\sigma(dE/dx)}{dE/dx} \approx 2\% \sim 3\%. \tag{9.10}$$

增加 dE/dx 的测量次数 N 可以使分辨率依 $1/\sqrt{N}$ 关系得到改善,这表示要使

dE/dx 分辨率改善 2 倍,测量次数 N 需要增加到原来的 4 倍. 不过对于总长度固定的探测器,存在一个最优的测量次数. 如果探测器分割成过多的 dE/dx 测量层,每一层中的能量损失变得过小,则会使其涨落增大. 典型地,高能物理实验中使用的漂移室的 dE/dx 分辨率在 3%~10% 范围内[2,26].

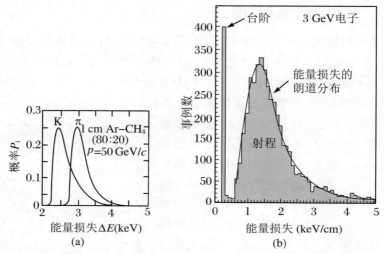

图 9.4 (a) 50 GeV/c 的 π 介子和 K 介子在 1 cm 厚的氩-甲烷 (80%:20%) 层中的能量损失分布;(b) 3 GeV 电子用小间隙的多丝室测量到的分布[27]

参见 1.1 节中对图 1.3 的讨论

dE/dx 分辨率也随探测器气体气压的增加而得到改善. 但必须注意,不能将气压增加过高,否则,能量损失的对数性上升效应将由于密度效应的显现而减弱,而对数性上升效应是粒子鉴别的基础. 能量损失的增加约为 1 atm 下最小电离值的 55%. 对于 7 atm 的情形,它减小到 30%.

与利用测量次数很多的大样本能量损失的截断平均法相比,另一种更为精细的方法是基于似然函数,它能提供更为精确的结果. 令 $p_\pi(A)$ 是 π 介子在单个灵敏层中产生的信号幅度值的概率密度函数(PDF). 每个粒子产生一组幅度值 $A_i (i=1,2,\cdots,N)$ 的信号. 于是 π 介子的似然函数可写为

$$L_\pi = \prod_{i=1}^{N} p_\pi(A_i). \tag{9.11}$$

当然,这一表达式仅在各层中的测量值统计上独立的假设下才成立. 一般而言,不同测量层的 PDF 可以是不同的. 与此类似,一组幅度值 A_i 的 K 介子的似然函数可表示为

$$L_K = \prod_{i=1}^{N} p_K(A_i). \tag{9.12}$$

于是,对于粒子种类(π介子或K介子)的两种备择假设进行选择的最有效的参数是奈曼(Neyman)和皮尔逊(Pearson)所建议的似然比(详见文献[29])

$$R_L = \frac{L_\pi}{L_\pi + L_K}. \qquad (9.13)$$

似然比方法的计算相当费时,但是它利用了所有可获得的信息,给出了比截断平均法更好的结果.

图 9.5 显示了混合粒子束的能量损失测量的结果[24]. 该图清晰地表明了,利用 dE/dx 抽样进行粒子分辨只对最小电离值以下的区域($p<1$ GeV/c)或相对论性上升的区域有效. 图 9.6 是不同动量范围内利用"截断平均"法进行粒子鉴别的图示. 这些结果是利用 ALEPH TPC 探测器获得的,每条径迹产生多达 344 次 dE/dx 测量. 利用"60%截断平均"得到的分辨率 $\sigma(\mathrm{d}E/\mathrm{d}x)/(\mathrm{d}E/\mathrm{d}x)$ 约为 4%[30].

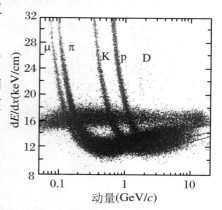

图 9.5 混合粒子束的能量损失测量结果[24]

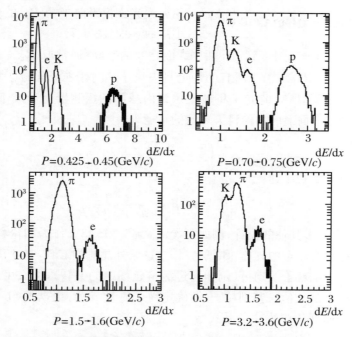

图 9.6 不同动量范围的电子、π 介子、K 介子和质子在 ALEPH 时间投影室中的截断能量损失分布[31]

9.1.3 利用切伦科夫辐射鉴别粒子

切伦科夫计数器的基本原理已在 5.6 节中加以阐述.这类装置在高能物理实验中广泛地用于粒子鉴别.气体阈式计数器通常应用于固定靶实验(例如参见文献[32]).气凝胶的多单元系统(参见 5.6 节)用于 4π 几何构型的探测器.第 13 章中详尽地描述了一个这样的系统.文献[33,35]考察了其他一些例子.这类计数器提供了能量达 $2.5\sim3$ GeV 的 π/K 分辨.

虽然微分式切伦科夫计数器提供了较好的粒子鉴别,但普通的微分式切伦科夫计数器不能应用于粒子能够在 4π 空间中产生的储存环实验.这种情形下适用的是 RICH 计数器(环像切伦科夫计数器,ring imaging Cherenkov counters)[36-37]. RICH 设计的一个例子示于图 9.7[38].在此例子中,半径 R_S 的球面镜的曲率中心与相互作用点重合,它将辐射体中产生的切伦科夫光锥投影向半径 R_D 的球面探测器上形成环像(图 9.7).

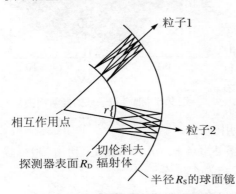

图 9.7 RICH 计数器的工作原理[38]

辐射体充满了半径 R_S 到 R_D 两个球面之间的空间.通常取 $R_D = R_S/2$,因为球面镜的焦距 $f = R_S/2$.由于所有的切伦科夫光子相对于粒子轨迹以相同的锥角 θ_c 从球心向外发射,所有的光子将被聚焦到内球面的探测器上形成细的环像.容易计算出探测器表面上的切伦科夫环像的半径为

$$r = f \cdot \theta_c = \frac{R_S}{2} \cdot \theta_c. \tag{9.14}$$

测量 r 就能够确定粒子速度:

$$\cos\theta_c = \frac{1}{n\beta} \Rightarrow \beta = \frac{1}{n\cos(2r/R_S)}. \tag{9.15}$$

应当指出,还有许多其他的设计,例如可参阅文献[39-43].作为切伦科夫辐射体,通常使用的材料有较重的气体,如氟利昂,或透紫外晶体如 CaF_2 或 LiF 等等.

如果已知带电粒子的动量(例如通过测量磁场中的偏转),那么可以根据切伦科夫环像半径 r 的数值来鉴别粒子(即确定粒子质量 m_0).根据式(9.15),可由半径 r 求得粒子速度 β,进而由关系式

$$p = \gamma m_0 \beta c = \frac{m_0 c\beta}{\sqrt{1-\beta^2}} \tag{9.16}$$

确定质量 m_0.

RICH 计数器最关键的问题在于如何实现大表面探测器的切伦科夫光子的高

效率探测.因为我们不仅仅对光子的探测感兴趣,还关注它们的坐标测量,因此必须使用位置灵敏的探测器.工作气体包含光敏蒸气混合气的多丝正比室是一种常用的解决方案.第一代 RICH 探测器使用的蒸气添加物如三乙胺(TEA:$(C_2H_5)_3N$)的电离能为 7.5 eV,四个[二甲基氨基]乙烯(TMAE:$[(CH_3)_2N]_2C=C_5H_{12}N_2$)的电离能为 5.4 eV;每一切伦科夫环像产生 5~10 个光电子.TEA 对于能量范围 7.5~9 eV 的光子灵敏,需要用 CaF_2 或 LiF 晶体窗;而 TMAE 光电离由 5.5~7.5 eV 的光子所产生,可以使用石英窗.图 9.8 显示了一个 RICH 计数器对于 200 GeV/c 的 π/K 分辨.由于相同动量下 K 的速度低于 π,由式(9.14)和式(9.15)可知,K 产生的切伦科夫环像半径较小[44].

快的重离子可获得质量较好的**切伦科夫环像**,因为产生的光子数正比于入射粒子电荷的二次方.图 9.9[45] 显示了一个相对论性重离子产生的切伦科夫环像的早期测量.从中也观测到了环像的中心,因为光子探测器中的电离损失导致环像中心处的高度能量沉积(图 9.7).杂散信号通常不出现于切伦科夫环像的位置,它们是由于重离子与室内气体的相互作用产生的 δ 射线所引起的.

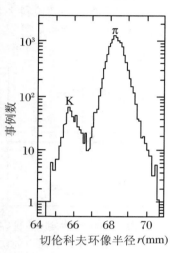

图 9.8 200 GeV/c 的 π/K 混合束流产生的切伦科夫环像半径的分布

切伦科夫光子用充以氦气(83%)、甲烷(14%)和 TEA(3%)的多丝正比室探测.CaF_2 晶体对于紫外光具有高透明度,用作入口窗[44]

图 9.10[46] 显示了单能共线粒子束的 100 个共线事例所产生的切伦科夫环像.四个方框表示四块氟化钙晶体的尺寸(每个 10 cm×10 cm),它们作为光子探测器的入口窗.粒子的电离损失由切伦科夫环像的中心处可以观测到.

目前,TEA 和 TMAE 仍然广泛地用作光转换体,但固体 CsI 光阴极越来越广泛地在 RICH 探测器中得到应用.除了气体或晶体辐射体之外,近年来气凝胶也被用作切伦科夫介质.当代的 RICH 系统中,常常使用单阳极或多阳极的常规和混合型光电倍增管(参见评述性论文[25,43,47-48]及其中的文献).CsI 光阴极的微结构气体探测器(见 7.4 节)也是 RICH 系统光子探测器的好

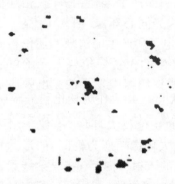

图 9.9 一个相对论性重离子在 RICH 计数器中的切伦科夫环像[45]

的候选者.对于当代的 RICH 探测器,其每个切伦科夫环像光电子数的典型数量为 10~30,而其切伦科夫角分辨率为 $\sigma_{\theta_c}\approx 1$ mrad[40,49].图 9.11(a)显示了 HERA-B RICH 探测器的多通道 PMT 系统测量得到的、两个相交的切伦科夫环像[50].图(b)显示了重建的切伦科夫角对于粒子动量的依赖关系.对于动量为 10 GeV 的粒子,达到的角分辨率为 $\sigma_{\theta_c}\approx 1$ mrad.

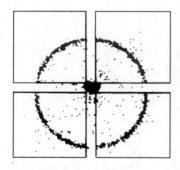

图 9.10　100 个共线事例在 RICH 计数器中的切伦科夫环像的叠加
四个方框表示光子探测器的四块氟化钙晶体入口窗[46]

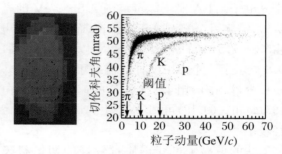

图 9.11　(a) HERA-B RICH 探测器的多通道 PMT 系统测量得到的、两个相交的切伦科夫环像;(b) 该探测器中重建的切伦科夫角[50]

甚至获得高能电子或光子引发的电磁级联产生的切伦科夫环像也是可能的.辐射体中级联发展所产生的次级粒子非常接近入射粒子的方向.次级粒子都是高度相对论性的,因而产生半径相等的、相互重叠的切伦科夫光同心环像.图 9.12 显示了一个 5 GeV 电子所产生的清晰的切伦科夫环像[51].所产生的大量切伦科夫光子可以通过位置灵敏探测器中发生的光电效应加以探测.

图 9.12　高能(5 GeV)电子产生的切伦科夫环像[51]

这样的切伦科夫环像(当粒子斜入射时,切伦科夫环像畸变为椭圆)的形状和位置可以用来确定 γ 射线天文学领域中高能 γ 射线的入射方向[52];在 γ 射线天文学领域中,宇宙线源中的高能光子在地球大气层引发电磁级联.利用切伦科夫环像鉴别粒子的另一个例子来自中微子物理.大气中微子研究的一个重要方向是中微子产生的 μ 子和电子的正确识别.图 9.13 和图 9.14 显示了 SNO 实验中一个中微子引发的事例($\nu_\mu + N \to \mu^- + X$),继而(0.9 μs 之后)发生次级衰变 $\mu^- \to e^- + \bar{\nu}_e + \nu_\mu$.该实验包含一个球形容器,内存 1 000 t 重水,用 10 000 个 PMT 进行观测[53].可以清楚地看到大体积中微子探测器的粒子鉴别性能.

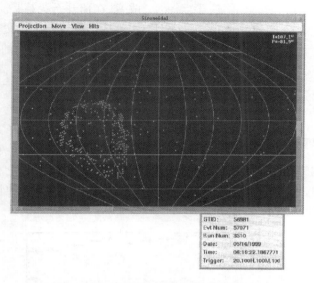

图 9.13　SNO 实验里中微子产生的 μ 子[53]

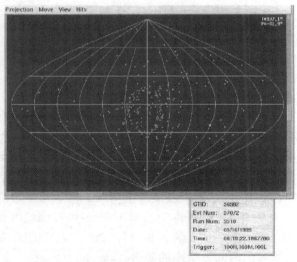

图 9.14　μ 中微子产生了 μ 子,后者的次级衰变产生电子,
电子产生切伦科夫环像[53]

新一代的切伦科夫探测器利用辐射体中的内反射以及光电倍增管实现光子的读出. 图 9.15 是 DIRC(内反射切伦科夫光探测器, Detector of Internally Reflected Cherenkov light)的基本概念的图示,它被研发用于 BaBar 探测器的粒子鉴别[54]. 该探测器的辐射体是截面为长方形的石英棒. 粒子产生的切伦科夫光的大部分由于内

反射而被保留在石英棒内.光子角度在传播中不会因为多次反射向石英棒边界而改变.在离开石英棒后,光子被放置于石英棒边缘一定距离处的光电倍增管所探测.当然,该系统的石英棒应当有很高的表面品质以及高的加工精度.对光子到达时间进行测量,这有助于排除本底.

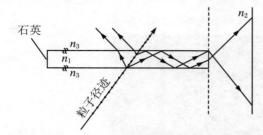

图 9.15 DIRC 计数器的工作原理[54]

BaBar 探测器的 DIRC 系统包含 144 块石英棒,石英棒长 4.9 m,高 17 mm,宽 35 mm,用 895 个光电倍增管观测.探测到的切伦科夫光子数的范围为 20～50,取决于径迹的入射极角.如图 9.16 所示,这种情形下能够实现 1～4 GeV 的可靠的 π/K 分辨[54-55].

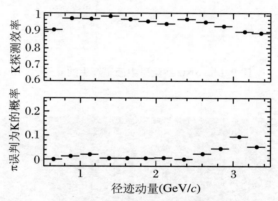

图 9.16 π/K 分辨效率(上图)和误判概率(下图)[55]

如上所述,DIRC 的基本概念是测量飞离石英棒的光子的两个坐标值,其中之一由石英棒端面给定,另一个由光子在光子探测器上的击中位置给定.但是,要确定切伦科夫角也只需要两个不同的变量就足够了,一个是光子的空间坐标,另一个是光子的传播时间,因为我们已经从径迹系统知道了粒子径迹的位置和方向.这些是进一步发展切伦科夫环像技术(称为传播时间计数器(TOP, time-of-propagation counter))的基本概念[56].这类装置相当有前途,且比 DIRC 要紧凑得多,但是它对于单个光子有极高的时间分辨率的要求,即好于 50 ps.

9.1.4 穿越辐射探测器

许多当前正进行中的和计划进行的实验里[58-62],**穿越辐射**效应[57]用来进行高能粒子的鉴别.

我们来考察一个实例,即 ATLAS 穿越辐射径迹室(TRT, transition-radiation tracker).这一复杂系统是当前最大的穿越辐射探测器[62].该 TRT 是 ATLAS 内探测器的一部分,同时用作带电粒子径迹测量和电子/π介子分辨.它由370 000个圆柱形漂移管(稻草管)构成.稻草管用表面覆盖导电层的聚酰亚胺薄膜制作,稻草管作为圆柱形正比漂移计数器的阴极.稻草管中心直径为30 μm 的镀金钨丝作为阳极.各层稻草管之间间隔以聚丙烯薄膜或纤维作为辐射体.稻草管中充以混合气体 70%Xe+27%CO_2+3%O_2,该混合气体对 X 射线有高吸收性能和适当的计数特性.

坐标测量是通过漂移时间的测量实现的,空间分辨率约为 130 μm.电子/π介子分辨是根据能量沉积实现的.TRT 中穿越辐射光子的典型能量是 8~10 keV,而最小电离粒子在一根稻草管中的平均沉积能量约为 2 keV(参见图 9.17 左半部).对于一条粒子径迹,能量超过某个给定阈值的稻草管的数目可以定义为一个粒子分辨参数.图 9.18 显示了一个模拟的衰变事例:$B_d^0 \to J/\psi K_s$,$J/\psi \to e^+ e^-$,$K_s \to \pi^+ \pi^-$.可以看到,电子径迹的高能击中数大于 π 径迹的高能击中数.用一稻草管室原型测量得到的分辨效率示于图 9.17.当电子效率为 90%时,π 介子误判为电子的概率是 1.2%[63-64].

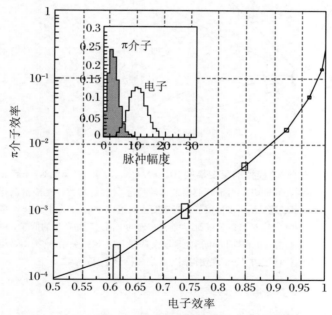

图 9.17 用一稻草管室原型测量得到的电子/π介子分辨

嵌入的小图显示了电子/π介子在单根稻草管中的能量沉积[63]

TRD 探测器广泛地应用于宇宙线实验,特别是地球大气层高度以上的宇宙线测量中.对于这类实验,需要有大灵敏体积而重量较轻的装置,TRD 探测器恰好满足这些要求[65].使用或计划使用于 HEAT,PAMELA 和 AMS 实验的这类 TRD 探测器可以参阅文献[66-68].应当指出,穿越辐射光子数随着粒子的 z^2 而增加,这使得 TRD 探测器对于极高能离子的探测和鉴别非常有用. TRD 的这一特性也可用于粒子天体实验,例如用于高能宇宙线化学成分的确定(参见文献[69-70]).

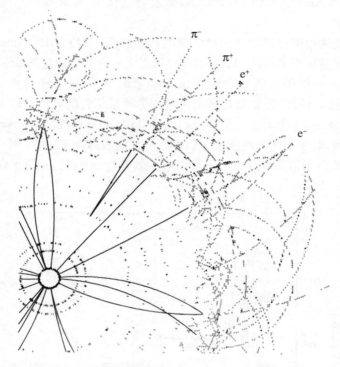

图 9.18　一个模拟的衰变事例:$B_d^0 \to J/\psi K_s$, $J/\psi \to e^+ e^-$, $K_s \to \pi^+ \pi^-$

实线表示 TRT 以外的探测器的重建径迹. π 径迹的特征是能量沉积低,而电子径迹显示了多根稻草管有高能量沉积(黑点表示大于 6 keV,穿越辐射击中)[62]. 还可以观察到,大能量传递的电离过程中产生的低能 δ 电子会产生高能量沉积,因为电离能量损失具有 $1/\beta^2$ 依赖关系. 这类不希望有的"穿越辐射击中"的出现使得图形识别和粒子鉴别复杂化

9.2　量能器鉴别粒子

量能器除了测定能量之外,还能够鉴别电子和强子. 电磁级联簇射的纵向和横向发展用辐射长度 X_0 来表征,而强子级联簇射的纵向和横向发展则用尺度大得

多的核作用长度 λ_I 来表征.量能器的电子/强子分辨就是根据两类级联簇射的这些特征量的差别来实现的.

与 TOF、dE/dx、切伦科夫或穿越辐射技术不同,**量能器粒子鉴别**具有"破坏性",也就是说,经过量能器之后不可能对粒子进行进一步的测量了.绝大多数粒子在量能器中结束了其旅程,只有 μ 和中微子是可能的例外.

图 9.19 显示了 100 GeV 的电子和 π 介子在流光管量能器中形成的簇射的纵向发展[71].本质上,粒子分辨方法是根据能量沉积的纵向和横向分布的差异来进行的.

(1) 因为对于所有量能器常用的物质而言,核作用长度 λ_I 要比辐射长度 X_0 长得多,故量能器中电子发生相互作用要早于强子相互作用.于是,电子在量能器的前部沉积大部分的能量.通常,电磁和强子量能器是分立的,电磁量能器中的沉积能量与粒子动量的比值作为电子/强子分辨的一个参数.在纵向分段量能器的情形下,簇射发展的起始点可以作为另一个分辨判据.

(2) 强子级联远宽于电磁簇射(参见图 8.6 和图 8.19).在一个紧凑型的铁量能器中,95% 的电磁能量包容在半径为 3.5 cm 的圆柱之内.对于强子级联,包容 95% 能量的横向半径大致为该数值的 5 倍量级,具体数值取决于强子能量.根据电磁和强子级联不同的横向行为,可以导出典型的特征紧凑性参数.

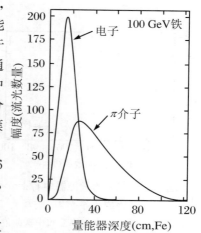

图 9.19　100 GeV 的电子和 π 介子在流光管量能器中形成的簇射的纵向发展的对比[71]

(3) 最后,簇射的纵向重心可以用来作为电子/强子分辨的又一个判据.

在电子-π 介子混合束流中,每一个分辨参数都可以用来定义对应于粒子假设是电子或 π 介子的似然函数.利用包含所有分辨参数函数的联合似然函数,能够使量能器获得更好的电子/π 介子分辨.但是必须考虑到,不同的分辨判据之间可能是强关联的.图 9.20 表明,对于电子和 π 介子两种假设,这类联合参数的分布只有较小的重叠区[72-73].图 9.21 显示了给定电子效率条件下的 e/π 误判概率[72-73].在这一例子中,当粒子能量为 75 GeV 时,电子接收效率为 95% 时对应的 π 介子污染为 1%.利用更复杂精细的量能器,量能器方法可以达到的 π 介子污染低至 0.1%.

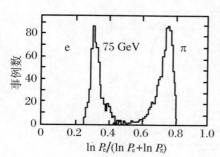

图 9.20　流光管量能器中的电子/π 介子分辨[72-73]

图 9.22 显示了一个晶体量能器对于低能粒子的分辨本领.数据是用 CMD-2 探测器获取的,研究质心系能量约 0.8 GeV 处的过程 $e^+e^- \to e^+e^-$,$\mu^+\mu^-$,$\pi^+\pi^-$.该二维图呈现的是 CsI 晶体电磁量能器测量的末态粒子的能量分布[74]. e^+e^- 事例集中在图右上部,而最小电离粒子 $\mu^+\mu^-$,$\pi^+\pi^-$ 以及一小部分宇宙线本底聚集在左下部.由于 π 介子的核作用,$\pi^+\pi^-$ 的分布有高能端的长尾巴.电子与其他种类的粒子能够清晰地区分开来.可以注意到,当事例末态是两种同类型的两个粒子时,事例的分辨品质可以显著地改善.

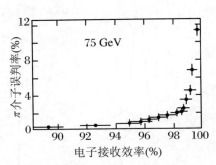

图 9.21 流光管量能器中 e/π 误判概率[72-73]

电子接收效率是概率分布中截断值以下部分所占的比例. π 介子误判率是一个 π 介子被上述判据判选成电子的概率

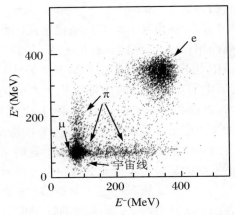

图 9.22 CMD-2 探测器中 CsI 晶体量能器测量的 $e^+e^- \to e^+e^-$,$\mu^+\mu^-$,$\pi^+\pi^-$ 过程末态粒子的能量分布[74]

实验的质心系能量约为 0.8 GeV

高能 μ 子利用它在量能器中低的沉积能量和长的射程,可以同时与 π 介子和电子识别开来. 图 9.23 显示了 50 GeV 电子和 μ 子的幅度分布[71]. 由该图可以清楚地看到,可以实现清晰的电子/μ 子分辨.

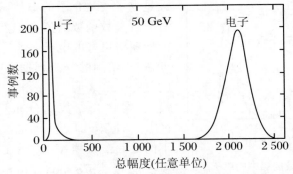

图 9.23 流光管量能器中 50 GeV 电子和 μ 子的幅度分布[71]

在一个流光管量能器中，10 GeV 的 π 介子、μ 子和电子的数字化击中图案示于图 9.24[75]. 工作于 10~20 GeV 以下能区的探测器通常配置 μ 子射程测量系统而不是强子量能器. 这类系统通常由多个吸收片与灵敏层的夹层组成（例如参见第 13 章）. 这样，动量已知的粒子种类的识别可以通过所测粒子射程与预期的 μ 子射程的对比以及通过横向击中图案来实现.

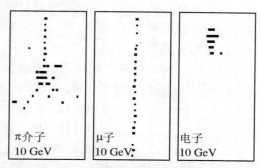

图 9.24 一个流光管强子量能器中 10 GeV 的 π 介子、μ 子和电子的数字化击中图案（图中的点表示击中的流光管）[75]

对于较高的束流能量，μ 子发生大能量传递过程（即 μ 子轫致辐射）的概率增大了[76-81]. 尽管这类过程仍然相当稀有，但是在纯粹的量能器测量中，它们还是会导致少量的 μ/e 误判概率.

由于高能 μ 子（>500 GeV）在物质中的能量损失是大能量传递过程（轫致辐射、直接电子对产生、核相互作用）占主导地位，而这类能量损失正比于 μ 子的能量（参见式 (1.74)），我们甚至可以建造高能 μ 子的量能器，测量其中的 μ 子能量损失可以确定入射 μ 子的能量. μ 子量能器的这一可能性肯定将应用于极高能质子-质子对撞实验（大型强子对撞机 (LHC)，$\sqrt{s} = 14$ TeV; ELOISATRON, $\sqrt{s} = 200$ TeV[82]）. μ 子能量测定的量能器方法亦可应用于深水和深冰实验作为中微子望远镜.

9.3 中子探测器

对于不同能量的中子，需要用不同的探测技术来测量. 这些方法中共通的一点是通过中子的相互作用产生带电粒子，然后利用探测器通过"常规"的相互作用过程如电离或闪烁体中的光产生来测量这些带电粒子[83-85].

对于低能中子（$E_n^{kin} < 20$ MeV），可以利用以下转换反应：

$$n + {}^6Li \rightarrow \alpha + {}^3H, \quad (9.17)$$
$$n + {}^{10}B \rightarrow \alpha + {}^7Li, \quad (9.18)$$
$$n + {}^3He \rightarrow p + {}^3H, \quad (9.19)$$
$$n + p \rightarrow n + p. \quad (9.20)$$

这些反应的截面强烈地依赖于中子能量,见图 9.25[85].

对于能量在 20 MeV $\leqslant E_n \leqslant$ 1 GeV 范围内的中子,可以利用式(9.20)所示的弹性(n,p)散射产生的反冲质子来探测中子.高能($E_n >$ 1 GeV)中子通过非弹性相互作用产生强子级联,后者很容易识别.

为了能将中子与其他粒子区分开,**中子计数器**基本上总是由一种禁止带电粒子的反符合计数器与实际测量中子的探测器所构成.

热中子($E_n \approx 1/40$ eV)容易利用充以三氟化硼气体(BF$_3$)的电离室或正比计数器加以探测.为了使这类计数器也能测量高能中子,中子首先需要进行慢化(即降低能量),否则,中子的相互作用截面就过于小了(图 9.25).非热中子的慢化最好利用包含多个质子的材料来实现,因为中子能够将其很大部分的能量传递给质量相同的碰撞粒子.在中子与重核的碰撞中,基本上只发生小部分能量传递的弹性散射.石蜡或水是优先选择的慢化物质.因此,非热中子的中子探测器用这类材料加以覆盖.利用 BF$_3$ 计数器,中子探测效率可达到 1%量级.

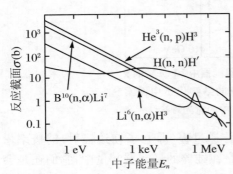

图 9.25 中子反应截面与中子能量的函数依赖(1 b = 10^{-24} cm^2)[85]

热中子也可以通过裂变反应(n,f)(f 表示裂变)进行探测.图 9.26 显示了两个特制的正比计数器,其内壁覆盖了硼或铀的薄镀层,使得中子引发(n,α)或(n,f)反应[83].为了慢化快中子,这类计数器被安装在石蜡桶之内.

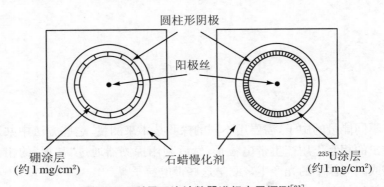

图 9.26 利用正比计数器进行中子探测[83]

热中子或**准热中子**也可以利用固体探测器来探测.为此,氟化锂(^{6}LiF)涂层被蒸镀到半导体计数器的表面.根据方程(9.17),中子会在该表面产生α粒子和氚核.这些粒子很容易用固体探测器来探测.

掺杂铕的碘化锂(LiI(Eu))闪烁计数器同样很好地适用于中子探测,因为按照式(9.17)产生的α粒子和氚核可以通过它们在闪烁体中产生的闪烁光加以测量.慢中子或能量 MeV 量级的中子可以用充^{3}He 和 Kr 混合气的高气压多丝正比室通过反应(9.19)来加以测量.

对于**慢中子**,由于动量守恒,反应(9.19)产生的^{3}H 和 p 方向相反.根据反应的运动学规律,可以求得 $E_p = 0.57$ MeV,$E(^3H) = 0.19$ MeV.

按照反应(9.19)建造的典型的中子计数器广泛地应用于辐射防护领域,通常利用聚乙烯球作为慢化剂,用^{3}He 反冲正比探测器进行测量.由于反应(9.19)的截面是强烈地能量依赖的,这类计数器的性能和灵敏度可以用慢化剂中的中子吸收体加以改善.利用特殊的气体(主要是^{3}He/CH$_4$),反冲质子和反冲氚核的产额能够进行优化.慢化剂的参数可以用适当的中子输运模拟程序计算加以确定[86].

对于 50 keV~10 MeV 能区的中子,可达到的典型灵敏度为几个计数每纳希[沃特],弥散度约为 ±30%.对于更低能量的中子(10 meV~100 eV),灵敏度不可避免地有更大的变化范围(参见图 9.27,文献[87-88]).

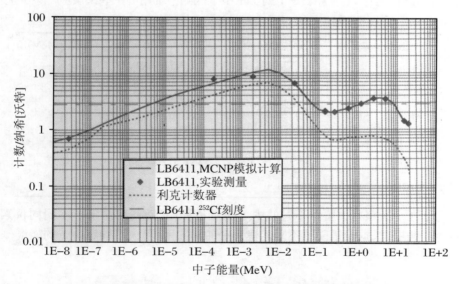

图 9.27 用聚乙烯屏蔽的^{3}He 正比计数器中子探测灵敏度的能量依赖[87-88]

由于大量慢化剂的存在,^{3}He 计数器对于 α,β 或 γ 辐射的灵敏度极低,因此即使在其他辐射本底的环境下,^{3}He 计数器仍然是一种适合于进行可靠的中子测量的理想探测器.

可能的应用是在核电站或医院中作为中子计量仪,因为相对于 β 或 γ 射线而言,中子的**相对生物效应**相当高,故需要对中子剂量进行单独的测量.还可以想象到的应用是搜查放射性中子放射源(例如武器级的钚)的非法运输,或者搜查隐藏的、难以探测的放射源,因为 α、β 或 γ 辐射容易屏蔽而中子难以屏蔽,这就提供了一种跟踪放射性材料的可能性[87-88].

式(9.20)所示的弹性反冲反应亦可应用于包含富氢成分(例如 $CH_4 + Ar$)的多丝正比室.中子计数器的尺寸应当大于反冲质子的极大射程(典型气体中该值为 10 cm)[89].固体中的质子射程缩短了,大致反比于密度(参见 1.1.9 小节).

根据式(9.20),能量为 1~100 MeV 的中子也可以通过反冲质子的产生(即通过 $H(n,n')H'$ 反应)用有机闪烁计数器来探测.但是该反应的截面随着中子能量的增加而迅速下降(图 9.25),从而导致中子探测效率相应地下降.对于 10 MeV 的中子,其 np 散射截面约为 1 b).于是,对厚 1 cm 的有机闪烁体(假定密度 $\rho = 1.2\,\mathrm{g/cm^3}$),自由质子的摩尔分数为 30%,可达到的中子的探测效率约为 2.5%.

在某些应用中(例如在辐射防护领域),**中子能量**的测量极其重要,因为中子的相对生物效应是强烈地能量依赖的.中子能量的测量通常用阈探测器实现.这类探测器由载有某种同位素的薄片构成,该同位素仅与超过某个阈能的中子发生反应.这类反应中释放出来的粒子或带电核可以通过蚀刻技术用塑料探测器(硝化纤维(cellulose-nitrate)或醋酸纤维(cellulose-acetate)薄片)加以探测,并用显微镜或自动化模式识别方法进行分析(见 6.11 节).表 9.1 列出了中子探测中常用的一些阈反应.

表 9.1 用于中子能量测量的阈反应[83]

反 应	阈能(MeV)	反 应	阈能(MeV)
^{234}U 裂变	0.3	^{56}Fe(n,p)^{56}Mn	3.0
^{236}U 裂变	0.7	^{27}Al(n,α)^{24}Na	3.3
^{31}P(n,p)^{31}Si	0.72	^{24}Mn(n,p)^{24}Na	4.9
^{32}S(n,p)^{32}P	0.95	^{65}Cu(n,2n)^{64}Cu	10.1
^{238}U 裂变	1.3	^{58}Ni(n,2n)^{57}Ni	12.0
^{27}Al(n,p)^{27}Mg	1.9		

为了在一次照射中覆盖不同的中子能量量程,我们利用喷涂了不同同位素的塑料薄片叠层.根据能量阈值不同的薄片中的计数率,可大致确定中子的能谱[83].

习 题 9

1. 3,4 和 5 GeV/c 的 π 介子在合成树脂、气凝硅胶、派热克斯玻璃和铅玻璃中的切伦科夫角多大？

题 1 表

	折射率
合成树脂	1.49
气凝硅胶	1.025～1.075
派热克斯玻璃	1.47
铅玻璃	1.92

2. 试计算 2.2 GeV/c 的 K 介子每厘米水中发射的可见光区（400～700 nm）的切伦科夫辐射能量.

3. 试设计一个水切伦科夫探测器，使其对 5 GeV/c 的质子能收集到 12 个光电子. 假设光电倍增管的量子效率为 20%，光收集效率是 25%，光阴极到第一打拿极的传递概率是 80%.

4. 一个 3 GeV/c 的质子穿过合成树脂. 试利用该能区的 dE/dx 近似估计 δ 射线发射的可见光子数. 假定辐射体厚度为 $x = 10$ g/cm² （相当于 6.71 cm）.

5. 相对论性粒子在空气（$n = 1.000\,295$）中的切伦科夫角是 1.4°. 在利用大气切伦科夫成像望远镜的实验中，实验报道的典型的切伦科夫角为 1°左右. 原因是什么？

6. 在一粒子鉴别实验中，用一个 300 μm 硅计数器测量能量损失 dE/dx，而能量用全吸收量能器测量. 对于 10 MeV 动能的 μ/π 混合束，测得的乘积 $\Delta E \cdot E_{\rm kin}$ = 5.7 MeV². 这一乘积值是由 μ 还是由 π 产生的？（$\rho_{\rm Si}$ = 2.33 g/cm³, $Z_{\rm Si}$ = 14, $A_{\rm Si}$ = 28, $I_{\rm Si}$ ≈ 140 eV.）

用同一个装置用来鉴别动能 100 MeV 的铍同位素 ⁷Be 和 ⁹Be，其结果是 $\Delta E \cdot E_{\rm kin}$ = 3 750 MeV². 该结果是由哪一种铍同位素产生的？为什么在该铍同位素束流中不出现 ⁸Be？（m(⁷Be) = 6.55 GeV/c^2, m(⁹Be) = 8.42 GeV/c^2.）

参考文献

[1] Klempt W. Review of Particle Indentification by Time of Flight Techniques [J]. Nucl. Instr. Meth., 1999 (A433): 542-553.

[2] Bonesini M. A Review of Recent Techniques of TOF Detectors [C]// Proc. 8th Int. Conf. on Advanced Technology and Particle Physics (ICATPP 2003): Astroparticle, Particle, Space Physics, Detectors and Medical Physics Applications, Como, Italy, 6-10 October 2003, Como 2003, Astroparticle, Particles and Space Physics, Detectors and Medical Physics Applications: 455-461.

[3] Kubota Y, et al. The CLEO II Detector [J]. Nucl. Instr. Meth., 1992 (A320): 66-113.

[4] Kichimi H, et al. The BELLE TOF System [J]. Nucl. Instr. Meth., 2000 (A453): 315-320.

[5] Paus Ch, et al. Design and Performance Tests of the CDF Time-of-Flight System [J]. Nucl. Instr. Meth., 2001 (A461): 579-581. Cabrera S, et al. The CDF Time of Flight Detector [R]. FERMILAB-CONF-03-404-E, 2004.

[6] Osteria G, et al. The Time-of-Flight System of the PAMELA Experiment on Satellite [J]. Nucl. Instr. Meth., 2004 (A535): 152-157.

[7] Denisov S, et al. Characteristics of the TOF Counters for GlueX Experiment [J]. Nucl. Instr. Meth., 2002 (A494): 495-499.

[8] Akatsu M, et al. MCP-PMT Timing Property for Single Photons [J]. Nucl. Instr. Meth., 2004 (A528): 763-775.

[9] Enari Y, et al. Cross-talk of a Multi-anode PMT and Attainment of sigma Approx. 10-ps TOF Counter [J]. Nucl. Instr. Meth., 2005 (A547): 490-503.

[10] Inami K, et al. A 5 ps TOF-Counter with an MCP-PMT [J]. Nucl. Instr. Meth., 2006 (A560): 303-308.

[11] Kleinknecht K. Detektoren für Teilchenstrahlung [M]. Stuttgart: Teubner, 1984; 1987; 1992. Detectors for Particle Radiation [M]. Cambridge: Cambridge University Press, 1986.

[12] Braunschweig W. Spark Gaps and Secondary Emission Counters for Time of Flight Measurement [J]. Phys. Scripta, 1981 (23): 384-392.

[13] Babykin M V, et al. Plane-Parallel Spark Counters for the Measurement of Small Times; Resolving Time of Spark Counters [J]. Sov. J. Atomic Energy, 1956 (Ⅳ): 627-634. Atomic Energy, Engineering, Physics and Astronomy and Russian Library of Science. Springer, 1956, 1 (4): 487-494.

[14] Parkhomchuck V V, Pestov Yu. N, Petrovykh N V. A Spark Counter with Large Area [J]. Nucl. Instr. Meth., 1971 (A93): 269-270.

[15] Badura E, et al. Status of the Pestov Spark Counter Development for the ALICE Experiment [J]. Nucl. Instr. Meth., 1996 (A379): 468-471.

[16] Crotty I, et al. Investigation of Resistive Plate Chambers [J]. Nucl. Instr. Meth., 1993 (A329): 133-139.

[17] Cerron-Zeballos E, et al. A Very Large Multigap Resistive Plate Chamber [J]. Nucl. Instr. Meth., 1999 (A434): 362-372.

[18] Peisert A, Charpak G, Sauli F, et al. Development of a Multistep Parallel Plate Chamber as Time Projection Chamber Endcap or Vertex Detector [J]. IEEE Trans. Nucl. Sci., 1984 (31): 125-129.

[19] Astier P, et al. Development and Applications of the Imaging Chamber [J]. IEEE Trans. Nucl. Sci., 1989 (NS-36): 300-304.

[20] Peskov V, et al. Organometallic Photocathodes for the Parellel-Plate and Wire

Chambers [J]. Nucl. Instr. Meth., 1989 (A283): 786-791.

[21] Izycki M, et al. A Large Multistep Avalanche Chamber: Description and Performance [C/J]. Proc. 2nd Conf. on Position Sensitive Detectors, London, 4-7 September 1990. Nucl. Instr. Meth., 1991 (A310): 98-102.

[22] Charpak G, et al. Investigation of Operation of a Parallel Plate Avalanche Chamber with a CsI Photocathode Under High Gain Conditions [R/J]. CERN-PPE-91-47, 1991. Nucl. Instr. Meth., 1991 (A307): 63-68.

[23] Pestov Yu N. Review on Counters with Localised Discharge [J]. Nucl. Instr. Meth., 2002 (A494): 447-454.

[24] Marx J N, Nygren D R. The Time Projection Chamber [J]. Physics Today, October 1987: 46-53.

[25] Va'vra J. Particle Identification Methods in High-Energy Physics [J]. Nucl. Instr. Meth., 2000 (A453): 262-278.

[26] Hauschild M. Progress in dE/dx Techniques Used for Particle Indentification [J]. Nucl. Instr. Meth., 1996 (A379): 436-441.

[27] Affholderbach K, et al. Performance of the New Small Angle Monitor for BAckground (SAMBA) in the ALEPH Experiment at CERN [J]. Nucl. Instr. Meth., 1998 (A410): 166-175.

[28] Lehraus I, et al. Performance of a Large Scale Multilayer Ionization Detector and Its Use for Measurements of the Relativistic Rise in the Momentum Range of 20-110 GeV/c [J]. Nucl. Instr. Meth., 1978 (153): 347-355.

[29] Eadie W T, et al. Statistical Methods in Experimental Physics [M]. Amsterdam: Elsevier-North Holland, 1971.

[30] Atwood W B, et al. Performance of the ALEPH Time Projection Chamber [J]. Nucl. Instr. Meth., 1991 (A306): 446-458.

[31] Ngac A. Diploma Thesis. University of Siegen, 2000.

[32] Link J M, et al. Cherenkov Particle Identification in FOCUS [J]. Nucl. Instr. Meth., 2002 (A484): 270-286.

[33] Barnyakov A Yu, et al. Development of Aerogel Cherenkov Detectors at Novosibirsk [J]. Nucl. Instr. Meth., 2005 (A553): 125-129.

[34] Tonguc B, et al. The BLAST Cherenkov Detectors [J]. Nucl. Instr. Meth., 2005 (A553): 364-369.

[35] Cuautle E, et al. Aerogel Cherenkov Counters for High Momentum Proton Indentification [J]. Nucl. Instr. Meth., 2005 (A553): 25-29.

[36] Seguinot J, Ypsilantis T. Photo-Ionization and Cherenkov Ring Imaging [J]. Nucl. Instr. Meth., 1977 (142): 377-391.

[37] Nappi E, Ypsilantis T. Experimental Techniques of Cherenkov Light Imaging [C/J]. Proc. of the First Workshop on Ring Imaging Cherenkov Detectors, Bari, Italy 1993.

Nucl. Instr. Meth., 1994 (A343): 1-326.

[38] Fabjan C W, Fischer H G. Particle Detectors [R]. CERN-EP-80-27, 1980.

[39] Abe K, et al. Operational Experience with SLD CRID at the SLC [J]. Nucl. Instr. Meth., 1996 (A379): 442-443.

[40] Artuso M, et al. Construction, Pattern Recognition and Performance of the CLEO Ⅲ LiF-TEA RICH Detector [J]. Nucl. Instr. Meth., 2003 (A502): 91-100.

[41] Matteuzzi C. Particle Identification in LHCb [J]. Nucl. Instr. Meth., 2002 (A494): 409-415.

[42] Jackson H E. The HERMES Dual-Radiator RICH Detector [J]. Nucl. Instr. Meth., 2003 (A502): 36-40.

[43] Va'vra J. Cherenkov Imaging Techniques for the Future High Luminosity Machines [R]. SLAC-Pub-11019, September 2003.

[44] Ekelöf T. The Use and Development of Ring Imaging Cherenkov Counters [R]. CERN-PPE-91-23, 1991.

[45] Stock R. NA35-Collaboration. Private communication, 1990.

[46] Sauli F. Gas Detectors: Recent Developments and Applications [R]. CERN-EP-89-74, 1989; Le Camere Proporzionali Multifili: Un Potente Instrumento Per la Ricera Applicata [J]. Il Nuovo Saggiatore, 1986 (2): 2-26.

[47] Seguinot J, Ypsilantis T. Evolution of the RICH Technique [J]. Nucl. Instr. Meth., 1999 (A433): 1-16.

[48] Piuz F. Ring Imaging Cherenkov Systems Based on Gaseous Photo-Detectors: Trends and Limits around Particle Accelerators [J]. Nucl. Instr. Meth., 2003 (A502): 76-90.

[49] Piuz F, et al. Final Tests of the CsI-based Ring Imaging Detector for the ALICE Experiment [J]. Nucl. Instr. Meth., 1999 (A433): 178-189.

[50] Arino I, et al. The HERA-B Ring Imaging Cherenkov Counter [J]. Nucl. Instr. Meth., 2004 (A516): 445-461.

[51] Cherenkov Telescopes for Gamma-Rays [J]. CERN-Courier, 1988, 28 (10): 18-20.

[52] Lorenz E. Air Shower Cherenkov Detectors [J]. Nucl. Instr. Meth., 1999 (A433): 24-33.

[53] Sudbury Neutrino Observatory home page [OL]. www.sno.phy.queensu.ca/sno/events/.

[54] Adam I, et al. The DIRC Particle Identification System for the BABAR Experiment [J]. Nucl. Instr. Meth., 2005 (A538): 281-357.

[55] Schwiening J. The DIRC Detector at the SLAC B-factory PEP-Ⅱ: Operational Experience and Performance for Physics Applications [J]. Nucl. Instr. Meth., 2003 (A502): 67-75.

[56] Enari Y, et al. Progress Report on Timer-of-Propagation Counter: A New Type of Ring Imaging Cherenkov Detector [J]. Nucl. Instr. Meth., 2002 (A494): 430-435.

[57] Ginzburg V L, Frank I M. Radiation of a Uniformly Moving Electron due to Its Transitions from One Medium into Another [J]. JETP, 1946 (16): 15-29.

[58] Bassompierre G, et al. A Large Area Transition Radiation Detector for the NOMAD Experiment [J]. Nucl. Instr. Meth., 1998 (A403): 363-382.

[59] Barish K N, et al. TEC/TRD for the PHENIX Experiment [J]. Nucl. Instr. Meth., 2004 (A522): 56-61.

[60] www-alice.gsi.de/trd/.

[61] Jackson J D. Classical Electrodynamics [M]. 3rd ed. New York: John Wiley & Sons, 1998. Yuan L C L, Wu C S. Methods of Experimental Physics: Vol. 5A [M]. New York: Academic Press, 1961: 163. Allison W W M, Wright P R S. The Physics of Charged Particle Indentification: dE/dx, Cherenkov Radiation and Transition Radiation [M]// Ferbel T. Experimental Techniques in High Energy Physics. Menlo Park, CA: Addison-Wesley, 1987: 371.

[62] ATLAS Inner Detector Community, Inner Detector. Technical Design Report: Vol. II [R]. ATLAS TDR 5, CERN/LHCC 97-17, 1997. Fido Dittus, private communication, 2006.

[63] Mitsou V A for the ATLAS collaboration. The ATLAS Transition Radiation Tracker [C]// Proc. of 8th Int. Conf. on Advanced Technology and Particle Physics: ICATPP 2003: Astroparticle, Particle, Space Physics, Detectors and Medical Physics Applications, Como, Italy, 6-10 October 2003: 497-501.

[64] Akesson T, et al. ATLAS Transition Radiation Tracker Test-Beam Results [J]. Nucl. Instr. Meth., 2004 (A522): 50-55.

[65] Müller D. Transition Radiation Detectors in Particle Astrophysics [J]. Nucl. Instr. Meth., 2004 (A522): 9-15.

[66] Barwick S W, et al. The High-Energy Antimatter Telescope (HEAT): An Instrument for the Study of Cosmic-Ray Positrons [J]. Nucl. Instr. Meth., 2004 (A400): 34-52.

[67] Ambriola M, PAMELA Collaboration. Performance of the Transition Radiation Detector of the PAMELA Space Mission [J]. Nucl. Phys. B Proc. Suppl., 2002 (113): 322-328.

[68] Spada F R. The AMS Transition Radiation Detector [J]. Int. J. Mod. Phys., 2005 (A20): 6742-6744.

[69] L'Heureux J, et al. A Detector for Cosmic-Ray Nuclei at Very High Energies [J]. Nucl. Instr. Meth., 1990 (A295): 246-260.

[70] Gahbauer F, et al. A New Measurement of the Intensities of the Heavy Primary Cosmic-Ray Nuclei around 1 TeV amu [J]. Astrophys. J., 2004 (607): 333-341.

[71] Baumgart R. Messung und Modellierung von Elektron- und Hadron-Kaskaden in Streamerrohrkalorimetern [D]. University of Siegen, 1987.

[72] Schäfer U. Untersuchungen zur Magnetfeldabhängigkeit und Pion/Elektron Unterscheidung in Elektron-Hadron Kalorimetern [D]. University of Siegen, 1987.

[73] Baumgart R, et al. Electron-Pion Discrimination in an Iron/Streamer Tube Calorimeter up to 100 GeV [J]. Nucl. Instr. Meth., 1988 (272): 722-726.

[74] Akhmetshin R R, et al. Measurement of $e^+e^- \to \pi^+\pi^-$ Cross-section with CMD-2 around ρ-meson [J]. Phys. Lett., 2002 (B527): 161-172.

[75] ALEPH Collaboration, Decamp D, et al. ALEPH: A Detector for Electron-Positron Annihilations at LEP [J]. Nucl. Instr. Meth., 1990 (A294): 121-178.

[76] Grupen C. Electromagnetic Interactions of High Energy Cosmic Ray Muons [J]. Fortschr. der Physik, 1976 (23): 127-209.

[77] Lohmann W, Kopp R, Voss R. Energy Loss of Muons in the Energy Range 1-10.000 GeV [R]. GERN-85-03, 1985.

[78] Sakumoto W K, et al. Measurement of TeV Muon Energy Loss in Iron [J]. University of Rochester UR-1209, 1991; Phys. Rev., 1992 (D45): 3042-3050.

[79] Baumgart R, et al. Interaction of 200 GeV Muons in an Electromagnetic Streamer Tube Calorimeter [J]. Nucl. Instr. Meth., 1987 (A258): 51-57.

[80] Zupancic C. Physical and Statistical Foundations of TeV Muon Spectroscopy [R]. CERN-EP-85-144, 1985.

[81] Tannenbaum M J. Comparison of Two Formulas for Muon Bremsstrahlung [R]. CERN-PPE-91-134, 1991.

[82] Nappi E, Seguinot J. INFN Eloisatron Project: 42nd Workshop On Innovative Detectors for Supercolliders [M]. Singapore: World Scientific, 2004.

[83] Sauter E. Grundlagen des Strahlenschutzes [M]. Berlin/München: Siemens AG, 1971; München: Thiemig, 1982.

[84] Schneider W. Neutronenmeßtechnik [M]. Berlin: Walter de Gruyter, 1973.

[85] Neuert H. Kernphysikalische Meßverfahren [M]. Karlsrube: G. Braun, 1966.

[86] Forster R A, Godfrey T N K. MCNP: A General Monte Carlo Code for Neutron and Photon Transport [M]//Version 3A. Briesmeister J F. Los Alamos, LA 739-6M, Rev. 2, 1986. Hendricks J S, Briesmeister J F. Recent MCNP Developments [J]. IEEE Trans. Nucl. Sci., 1992 (39): 1035-1040.

[87] Klett A. Plutonium Detection with a New Fission Neutron Survey Meter [J]. IEEE Trans. Nucl. Sci., 1999 (46): 877-879.

[88] Klett A, et al. Berthold Technologies [C]// 3rd International Workshop on Radiation Safety of Synchrotron Radiation Sources: RadSynch'04 SPring-8, Mikazuki, Hyogo, Japan, 17-19 November 2004.

[89] Marmier P. Kernphysik I [M]. Zürich: Verlag der Fachvereine, 1977.

第 10 章 中微子探测器

中微子物理很大程度上是一种通过观察"乌有"的事物而能学到很多东西的艺术.①

——黑姆·哈拉利②

10.1 中微子源

中微子的探测具有挑战性. 由于中微子的相互作用截面极小, 为了提供可探测的事例率, 中微子探测器必须十分庞大. 10 GeV 中微子与核子的散射截面每核子约为 $7 \cdot 10^{-38}$ cm^2. 因此对于 10 m 厚的铁靶, 其相互作用概率

$$R = \sigma \cdot N_A(\text{mol}^{-1})/g \cdot d \cdot \rho \tag{10.1}$$

(σ 为核截面, N_A 为阿伏伽德罗常量, d 为靶厚, ρ 为密度) 仅为

$$R = 7 \cdot 10^{-38} \text{ cm}^2 \cdot 6.023 \cdot 10^{23} \text{ g}^{-1} \cdot 10^3 \text{ cm} \cdot 7.6 \text{ g} \cdot \text{cm}^{-3}$$
$$= 3.2 \cdot 10^{-10}. \tag{10.2}$$

因此, 即使在一个庞大的探测器中, 发生中微子相互作用的概率也非常小. 对于低能中微子, 情况甚至更糟. 对于 100 keV 的太阳中微子, 它与核子的散射截面约为

$$\sigma(\nu_e N) \approx 10^{-45} \text{ cm}^2/\text{核子}. \tag{10.3}$$

这些中微子与我们的行星地球发生中心对撞的相互作用概率仅约为 $4 \cdot 10^{-12}$. 除了低的作用截面之外, 阈效应亦起到重要的作用. 几万电子伏能量的中微子处于逆 β 衰变($\bar{\nu}_e + p \rightarrow n + e^+$)反应阈值以下, 要产生这类反应, 反中微子的最小能量需达到 1.8 MeV. 因此, 要想获得可测量的相互作用事例率, 中微子流强必须足够高而

---

① 原文: Neutrino physics is largely an art of learning a great deal by observing nothing.
② Haim Harari(1940~), 以色列理论物理学家.   ——译者注

能量不能太低.

中微子是在**弱作用**和弱衰变中产生的[1-3]. 反应堆中微子产生于核的 β 衰变：

$$n \to p + e^- + \bar{\nu}_e \quad (\beta^- \text{ 衰变}), \tag{10.4}$$

$$p \to n + e^+ + \nu_e \quad (\beta^+ \text{ 衰变}), \tag{10.5}$$

$$p + e^- \to n + \nu_e \quad (\text{电子俘获}). \tag{10.6}$$

这样产生的中微子的典型能量为 MeV 量级.

恒星通过核聚变产生能量，且只产生电子中微子，主要通过质子-质子聚变：

$$p + p \to d + e^+ + \nu_e, \tag{10.7}$$

部分通过 ^{7}Be 的电子俘获反应

$$^7\text{Be} + e^- \to {^7\text{Li}} + \nu_e, \tag{10.8}$$

以及硼的衰变

$$^8\text{B} \to {^8\text{Be}} + e^+ + \nu_e. \tag{10.9}$$

太阳中微子的能量从 keV 能区延伸到约 15 MeV.

初级宇宙线引发的广延大气簇射在地球大气层中也产生大量中微子，其中 π 介子和 K 介子是产生 μ 中微子的源头：

$$\pi^+ \to \mu^+ + \nu_\mu, \tag{10.10}$$

$$\pi^- \to \mu^- + \bar{\nu}_\mu, \tag{10.11}$$

$$K^+ \to \mu^+ + \nu_\mu, \tag{10.12}$$

$$K^- \to \mu^- + \bar{\nu}_\mu. \tag{10.13}$$

μ 子的衰变还能产生电子中微子：

$$\mu^+ \to e^+ + \nu_e + \bar{\nu}_\mu, \tag{10.14}$$

$$\mu^- \to e^- + \bar{\nu}_e + \nu_\mu. \tag{10.15}$$

大气中微子可以达到很高的能量($\geqslant$GeV).

超新星爆发是非常强的中微子源. 这些中微子起源于质子和电子融合的去轻子化过程(deleptonisation phase)

$$p + e^- \to n + \nu_e, \tag{10.16}$$

它只能产生电子中微子，而 $e^+ e^-$ 相互作用产生虚的 Z 玻色子通过弱衰变则可产生所有种类的中微子：

$$e^+ e^- \to Z \to \nu_\alpha + \bar{\nu}_\alpha \quad (\alpha = e, \mu, \tau). \tag{10.17}$$

地球上的加速器或宇宙加速器的**倾束实验**(beam dump experiment)中，短寿命强子的弱衰变能够产生高能中微子. 高能中微子的产生总截面随能量线性地上升，直到 Z 或 W 粒子交换的传播子效应使截面达到饱和为止.

最后，大爆炸曾是中微子的丰富产生源. 在宇宙膨胀过程中，这些中微子冷却到当前的温度 1.9 K，对应于能量约 0.16 MeV[4-5].

10.2 中微子反应

中微子可以通过与核子的弱相互作用加以探测. 对于不同味道的中微子, 存在相应的特征**带电流相互作用**:

$$\nu_e + n \to e^- + p, \tag{10.18}$$
$$\bar{\nu}_e + p \to e^+ + n, \tag{10.19}$$
$$\nu_\mu + n \to \mu^- + p, \tag{10.20}$$
$$\bar{\nu}_\mu + p \to \mu^+ + n, \tag{10.21}$$
$$\nu_\tau + n \to \tau^- + p, \tag{10.22}$$
$$\bar{\nu}_\tau + p \to \tau^+ + n. \tag{10.23}$$

与此对应的**中性流相互作用**对于中微子的探测没有多少帮助, 因为大部分能量被末态中微子带走了.

不过, 中微子与原子电子的中性流相互作用能够用来探测中微子:

$$\nu_\alpha + e^- \to \nu_\alpha + e^- \quad (\alpha = e, \mu, \tau), \tag{10.24}$$

其中中微子的部分能量传递给了末态电子, 而后者是可以测量的. 对于反中微子, 这类反应也是可能的, 特别是质心系能量足够高的 $\bar{\nu}_e e^-$ 散射, 还能产生 μ 子和 τ 轻子:

$$\bar{\nu}_e + e^- \to \mu^- + \bar{\nu}_\mu, \tag{10.25}$$
$$\bar{\nu}_e + e^- \to \tau^- + \bar{\nu}_\tau. \tag{10.26}$$

前面已经指出, 各类中微子相互作用的截面都非常小, 特别是低能中微子. 为了规避这一问题, 基本粒子物理实验中应用了丢失能量或丢失动量的方法, 即利用一个事例中探测器探测到的所有粒子的信息来推断中微子的味道和四动量. 这一方法需要知道该反应可获得能量的知识. 例如, 若在 e^+e^- 对撞中产生一对 W 粒子:

$$e^+ + e^- \to W^+ + W^-, \tag{10.27}$$

其中一个 W 粒子发生强衰变($W^- \to u\bar{d}$), 而另一个 W 粒子发生轻子衰变($W^+ \to \mu^+ + \bar{\nu}_\mu$), 如果 e^+e^- 对撞的质心系能量已知, 则 $\bar{\nu}_\mu$ 的能量和动量可以从探测到的粒子的四动量推算出来. 中微子的味道可以从所产生的 μ 子明确地知道.

10.3 中微子探测的历史

20世纪50年代，Cowan 和 Reines[6]通过以下反应发现了 $\bar{\nu}_e$：
$$\bar{\nu}_e + p \to e^+ + n, \tag{10.28}$$
其中正电子是利用湮灭过程
$$e^+ + e^- \to \gamma + \gamma \tag{10.29}$$
加以鉴别的，该过程产生两个能量为 511 keV、背对背的光子，每个光子与中子俘获后激发核的 γ 衰变产生的光子进行延迟符合。这一"Poltergeist"实验中使用的中微子探测器由一个大的液体闪烁计数器构成。

与电子中微子不同，μ 子中微子是 Lederman, Schwarts 和 Steinberg[7] 在 1962 年通过著名的"两类中微子实验"首次发现的：
$$\nu_\mu + n \to \mu^- + p, \tag{10.30}$$
在该实验中，大型火花室探测器很容易将 μ 子与电子区分开来，因为 μ 子只产生直线径迹，而电子（如果在反应中产生的话）将产生电磁级联（参见第16章），后者在火花室中将显示出完全不同的径迹形态。

τ 中微子的存在是从 e^+e^- 相互作用中观测到的 μ, e 事例间接地推断出来的[8]：
$$\begin{aligned} e^+ + e^- &\to \tau^+ + \tau^- \\ &\hookrightarrow e^- + \bar{\nu}_e + \nu_\tau \\ &\hookrightarrow \mu^+ + \nu_\mu + \bar{\nu}_\tau. \end{aligned} \tag{10.31}$$

2000 年，DONUT 实验实现了 τ 中微子的直接观测：
$$\nu_\tau + N \to \tau^- + X, \tag{10.32}$$
其中的 τ^- 立即衰变，这就使第三代轻子家族得以完整[9]。由于 τ 的寿命很短，该实验需要具有很高空间分辨率的大质量、细粒度的探测器。这一要求通过大体积核乳胶探测器来达到，而它需要冗长乏味的扫描以找出 τ 的衰变顶点。

10.4 中微子探测器

中微子探测总是非直接的测量。中微子经受相互作用产生带电粒子、激发核或

第 10 章 中微子探测器

激发原子,后者才能被标准的测量技术加以探测.最简单的方式是中微子计数.它是放射化学实验的基础,通过这种方法,霍姆斯特克金矿(Homestake Mine)中的氯实验首次探测到了太阳中微子[10-11].

如果中微子超过了某一确定的阈能量,将发生以下反应:

$$\nu_e + {}^{37}Cl \rightarrow {}^{37}Ar + e^-, \tag{10.33}$$

其中氯核中的一个中子转化为质子.氩同位素被清除出探测器体积外,并用一本底事例率极低的正比计数器进行计数.然后氩同位素经受电子俘获:

$$^{37}Ar + e^- \rightarrow {}^{37}Cl + \nu_e, \tag{10.34}$$

使氯处于激发原子态.后者通过发射特征 X 射线或俄歇电子转化为基态,最终,特征 X 射线或俄歇电子的探测成为中微子探测得以实现的证据.探测太阳中微子的镓实验沿用了类似的思路.

图 10.1 显示了 GALLEX 实验[12]中的正比管探测器,其中测量的是中微子产生的 ^{71}Ge 的放射性衰变,与 Ray Davis 所做的氯实验中对于 ^{37}Ar 的计数方式类似.

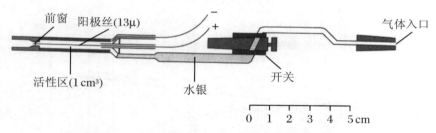

图 10.1　GALLEX 实验[12]中的正比管探测器

其中测量的是中微子产生的 ^{71}Ge 的放射性衰变,与 Ray Davis 氯实验的探测方式类似.所产生的 ^{71}Ge 借助于水银以甲锗烷(GeH$_4$)的形态压缩进正比管中.甲锗烷(70%)与氙(30%)混合以增强对特征 X 射线的光子吸收[13]

高能中微子的量能器型中微子探测器基于中微子-核子相互作用中产生的末态强子总能量的测量.这类量能器绝大多数是夹层型的,由相间的靶层和活性探测层(例如闪烁体)组成,与强子量能器的结构类似.当然,也可以构建靶层同时亦是活性探测层的全吸收型量能器.CERN 的大型中微子探测器(CDHS 和 Charm)是取样型探测器,而 KARMEN 和 SuperKamiokande(超级神冈)则是测量切伦科夫和闪烁光的大体积、全吸收型装置.量能器必须不仅对强子,而且对电子或 μ 子(取决于所探测的中微子的味道)亦需灵敏.

CDHS 国际合作研究组使用的取样量能器的照片示于图 10.2[14].该实验的径迹重建能力可通过图 10.3 中的双 μ 事例显示出来[14]. KARMEN 实验(图 10.4)是全吸收闪烁量能器的一个实例.探测器的中心部分是一个注有 65 000 L 液体闪烁体的不锈钢容器.端面的光电倍增管读出的细节在图 10.4 中加以解释[15].

图 10.2　CDHS 实验的照片[14]

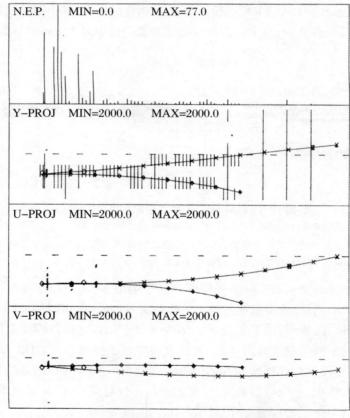

图 10.3　CDHS 探测器中双 μ 事例的事例显示[14]
在这一事例重建中,给出了能量沉积和不同投影面中的 μ 径迹

如果全吸收型或取样型量能器系统的活性成分能够提供某种空间信息,就能够在这样的中微子径迹探测器中对不同的末态产物进行鉴别. 在如

这样的反应中,贯穿性强的粒子鉴别为 μ 子,并且或许能够分辨末态强子,当径迹系统工作于磁场甚至可确定动量. NOMAD 实验(图 10.5 和图 10.6)与 CDHS 和 Charm 实验一样,都提供了这类信息[16].

$$\nu_\mu + N \rightarrow \mu^- + 强子 \qquad (10.35)$$

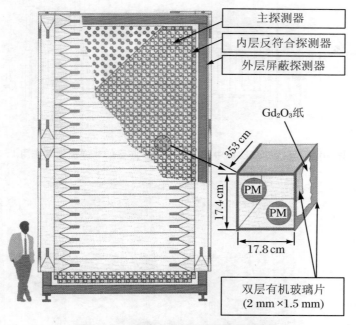

图 10.4　KARMEN 探测器实验装置

　　探测器构建为一个大体积的液体闪烁体量能器. 探测器中心部分是一个注有 65 000 L 液体闪烁体的不锈钢容器. 端面的光电倍增管读出的细节示于图的右下部[15]

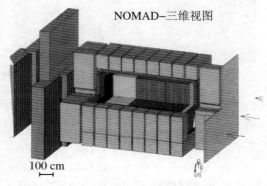

图 10.5　NOMAD 实验简图[16]

经典类型的、同时实现能量和动量测量的中微子探测器是大体积气泡室及附带

的外层 μ 子鉴别器. 处于强磁场中的大型欧洲气泡室(BEBC)的照片示于图 10.7[17]. 该泡室可以注入不同的液体, 所以可以按照实验者的需要变更作用靶.

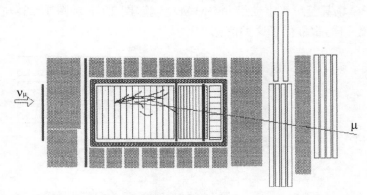

图 10.6　NOMAD 实验中的 μ 子中微子产生的非弹性相互作用[16]

图 10.7　大型欧洲气泡室(BEBC)的照片[17](照片来源于 CERN)

气泡室照片使我们能获得中微子相互作用末态产物非常详细的信息, 其代价是要进行冗长乏味的扫描. 图 10.8 显示了 Argonne 实验室利用 12 ft(英尺)氢气泡室对于中微子的世界首次观测[18]. 不可见的中微子击中一个质子, 在那里产生三条粒子径迹. 中微子转化为 μ 子, 在气泡室中呈现为一条长径迹. 短径迹则是质子.

图 10.9 是泡室能够提供丰富信息的一个例证. 该图显示了一个 μ 子中微子在注以氖-氢混合液的 BEBC 泡室中产生的带电流非弹性相互作用[19]. 相互作用的末态中除了 μ 子, 还形成了许多强子, 其中有中性 π 介子, 后者衰变为两个高能光

子,导致电磁级联. 带电粒子径迹在方向垂直于照片平面的 3.5 T 磁场作用下发生偏转.

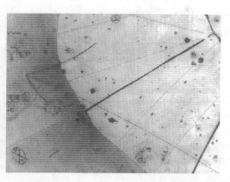

图 10.8　Argonne 实验室中 12 ft 氢气泡室对于中微子的世界首次观测

不可见的中微子击中一个质子,在那里产生三条粒子径迹. 中微子转化为 μ 子,呈现出一条长径迹. 短径迹则是质子. 第三条径迹是碰撞中产生的 π 介子: $\nu_\mu + p \to \mu^- + p + \pi^+$ (照片来源于 Argonne 国家实验室[18])

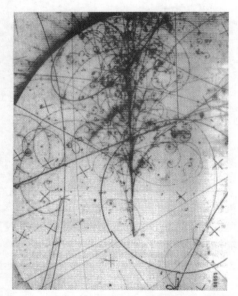

图 10.9　一个 μ 子中微子在注以氖-氢混合液的 BEBC 泡室中产生的带电流非弹性相互作用

末态中除了 μ 子,还形成了许多强子,其中有中性 π 介子,后者衰变为两个高能光子,导致电磁级联. 带电粒子径迹在方向垂直于照片平面的 3.5 T 磁场作用下发生偏转[19] (照片来源于 CERN)

近期,核乳胶在中微子相互作用领域中重新得到使用.核乳胶提供了 μm 量级的空间分辨率,对于 ν_τ 相互作用的鉴别和测量需要达到这样高的分辨率. τ 轻子的 $c\tau_\tau = 87\ \mu$m,它的鉴别需要有极好的空间分辨率,因为必须明确无疑地、同时地确定 τ 轻子的产生顶点和衰变顶点.图 10.10 和图 10.11 显示了 DONUT 实验中 ν_τ 探测的原理简图以及一个真实的事例[20-21].重建的事例显示给出了 ν_τ 相互作用的不同投影图.

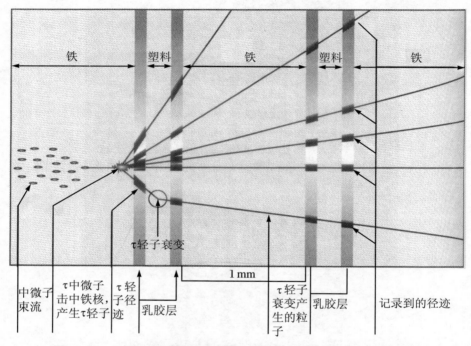

图 10.10 ν_τ 探测的原理简图;蒙费米 E872 实验供图,ν_τ 的直接观测[20]

10^{12} 个 τ 中微子穿过 DONUT 探测器,大约只有 1 个与铁核发生相互作用

太阳中微子或超新星爆发产生的中微子的探测是利用大型水切伦科夫探测器实现的.这类探测器中只能测量 ν_e 或 $\bar\nu_e$,因为太阳中微子或超新星中微子的能量不足以产生 e^+,e^- 以外的轻子.典型的反应是

$$\nu_e + e^- \to \nu_e + e^- \tag{10.36}$$

或

$$\bar\nu_e + p \to e^+ + n, \tag{10.37}$$

其中的末态电子或正电子可被探测到.

如果能够获得高能中微子,如初级宇宙线与大气的相互作用和 π 介子、K 介子衰变所产生的中微子,就能够产生高能电子和 μ 子,它们很容易利用大容积水切伦科夫计数器加以鉴别.末态带电粒子产生的切伦科夫光利用大型光电倍增管装置进行测

量,大型光电倍增管装置覆盖了探测器端面的很大一部分,使得能量测量和空间重建变得容易实现.图 10.12 显示了超级神冈的大容积水切伦科夫计数器,其中心探测器被一反符合屏蔽层所包围,用来禁止大气层中产生的残余带电粒子[22].

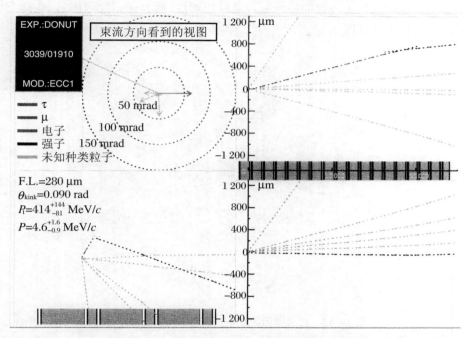

图 10.11　DONUT 实验中 τ 中微子的探测;蒙费米 E872 实验供图,ν_τ 的直接观测[21]

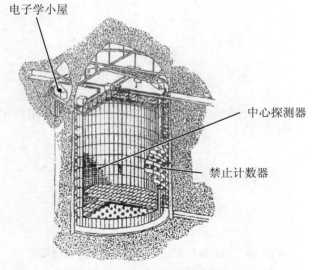

图 10.12　超级神冈探测器原理简图[22]

图 10.13(图 10.14)显示了一个电子中微子(μ子中微子)的相互作用所产生的一个电子(μ子)的信号[22]. 超级神冈探测器的桶部被打开,圆柱形探测器的圆形上部和下部被放置在适当的位置. 电子在水中引发电磁簇射. 因此它们产生的切伦科夫光图案在切伦科夫环像的边缘呈现某种模糊性, 而μ子不导致簇射, 从而产生清晰的切伦科夫环像图案.

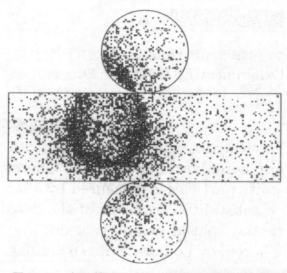

图 10.13 超级神冈实验中一个电子的特征信号[22]

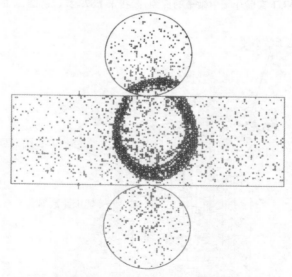

图 10.14 超级神冈实验中一个μ子的特征信号[22]

由于存在大气中微子的严重本底, 对来自我们的银河系及河外星系的宇宙线源中产生的中微子探测被限定于 TeV 能区. 预期这类中微子的流强很低,所以必须使用庞大的探测器. 大体积的水或冰切伦科夫探测器(Baikal, AMANDA, IceCube, ANTARES, NESTOR 或 NEMO)正在准备或已经正在获取数据. 其测量原理是探测 $\nu_\mu N$ 相互作用产生的高能 μ 子, 在 TeV 能区, μ 子通过轫致辐射和直接电子对产生导致的能量损失正比于 μ 子能量, 从而给量能器提供信息. 图 10.5 显示了南极冰层 AMANDA-II 探测器的设计布局[23], 图 10.16 是一个宇宙线中微子通过 μ 子-中微子相互作用产生的上行 μ 子的实例[24]. 到目前为止, 运行中的大体积的水或冰切伦科夫探测器只观察到大气 ν_μ 中微子.

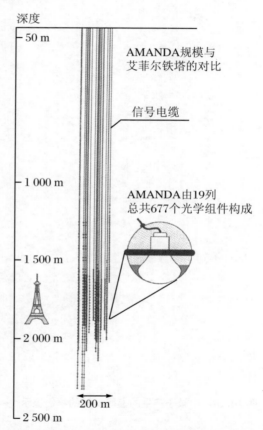

图 10.15　南极冰层 AMANDA-II 探测器阵列的简图[23]

微波波段的黑体光子(blackbody photon)的观测和测量提供了关于宇宙结构和演化的重要宇宙学信息. 大爆炸中微子具有的能量与 2.7 K 微波光子的能量可以比拟, 这类中微子的测量对探测器建造者提出了挑战. 目前还找不到适当的技术或方法来探测这类 MeV 量级的原始中微子.

中微子物理基本上是一个与加速器、宇宙线或反应堆实验相关联的议题. 当前,中微子振荡框架下的中微子传播已经为人们所理解[25],中微子也能作为探针用来寻找地壳中的石油或碳氢化合物,研究地球的内部结构,或者通过测量天然放射性同位素铀(^{238}U)、钍(^{232}Th)和钾(^{40}K)衰变中产生的地球中微子(geoneutrino)来帮助澄清放射性对于地球热量生成的贡献这样的问题.

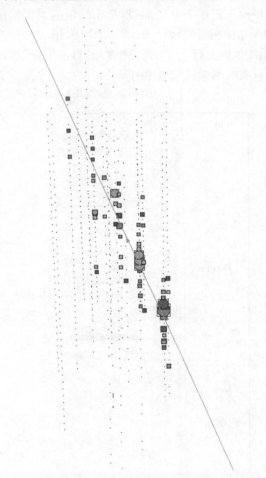

图 10.16　中微子产生的上行 μ 子的事例显示[24]

习　题　10

1. 太阳通过下述反应将质子转化为氦:
$$4p \rightarrow {}^4He + 2e^+ + 2\nu_e.$$

描述太阳在地球表面照射功率的太阳常数是 $P \approx 1\,400\text{ W/m}^2$. 该聚变反应获得的能量 26.1 MeV 与氦的结合能略有不同 ($E_B(^4\text{He}) = 28.3\text{ MeV}$),因为该反应中产生的中微子带走了部分能量. 问有多少太阳中微子到达地球表面?

2. 如果太阳电子中微子由于振荡转化为 μ 子中微子或 τ 子中微子,原则上它们可以通过反应

$$\nu_\mu + e^- \rightarrow \mu^- + \nu_e, \quad \nu_\tau + e^- \rightarrow \tau^- + \nu_e$$

进行测量. 试求能够发生这些反应的阈能. (假定靶电子处于静止状态.)

3. 太阳中微子能够导致辐射照射剂量. 利用关系式

$$\sigma(\nu_e N) \approx 10^{-45}\text{ cm}^2/\text{核子},$$

计算太阳中微子在人体中产生的相互作用次数 (组织密度 $\rho \approx 1\text{ g/cm}^3$). 人体中的中微子相互作用为

$$\nu_e + N \rightarrow e^- + N',$$

其中辐射损伤由电子引起. 假定中微子能量的一半传递给电子,试估计太阳中微子对人体的年剂量. 剂量当量定义为

$$H = (\Delta E/m) w_R$$

(m 是人体质量,w_R 是辐射权因子,电子的权因子等于 1,$[H] = 1\text{ Sv} = 1 w_R\text{J/kg}$, ΔE 是人体中的能量沉积). 试求太阳中微子对人体的年剂量当量,并与环境天然辐射导致的正常剂量 $H_0 \approx 2\text{ mSv/a}$ 进行比较.

4. 试求处于静止状态的 π 介子衰变和 K 介子轻子衰变中 ($\pi^+ \rightarrow \mu^+ + \nu_\mu$, $K^+ \rightarrow \mu^+ + \nu_\mu$) 产生的 μ 子和中微子的能量.

5. 超新星 1987A 在同一时刻发射两个能量分别为 E_1 和 E_2 的电子中微子,假定静质量为 m_0. 令超新星 SN 1987A 到地球的距离为 r,试求这两个中微子到达地球的时间差;假定对于中微子 $m_0 c^2 \ll E$ 成立,怎样根据该时间差来推断中微子质量?

6. 我们的银河系中的一个点源产生如下能谱的中微子被认为是现实可能的:

$$\frac{dN}{dE_\nu} = 2 \cdot 10^{-11} \frac{100}{E_\nu^2(\text{TeV}^2)} \cdot \text{cm}^{-2} \cdot \text{s}^{-1} \cdot \text{TeV}^{-1}. \qquad (10.38)$$

由此求得中微子积分流强

$$\Phi_\nu(E_\nu > 100\text{ TeV}) = 2 \cdot 10^{-11}\text{ cm}^{-2} \cdot \text{s}^{-1}. \qquad (10.39)$$

试求 IceCube 实验中 ($d = 1\text{ km} = 10^5\text{ cm}$, $\rho(\text{冰}) \approx 1\text{ g/cm}^3$, $A_{\text{eff}} = 1\text{ km}^2$) > 100 TeV 的中微子的年相互作用率.

参考文献

[1] Bahcall J N. Neutrino Astrophysics [M]. Cambridge: Cambridge University Press, 1989.

[2] Klapdor-Kleingrothaus H V, Zuber K. Particle Astrophysics [M]. Bristol: Institute of

Physics Publishing, 2000.

[3] Klapdor-Kleingrothaus H V, Zuber K. Teilchenphysik ohne Beschleuniger [M]. Stuttgart: Teubner, 1995.

[4] Peacock J A. Cosmological Physics [M]. Cambridge: Cambridge University Press, 1999.

[5] Adhya P, Chaudhuri D R, Hannestad S. Late-Time Entropy Production from Scalar Decay and the Relic Neutrino Temperature [J]. Phys. Rev., 2003 (D68): 1-6.

[6] Reines F, Cowan C L, Harrison F B, et al. Detection of the Free Antineutrino [J]. Phys. Rev., 1960 (117): 159-173. Cowan C L, Reines F, Harrison F B, et al. Detection of the Free Neutrino: A Confirmation [J]. Science, 1956 (124): 103-104.

[7] Danby G, Gaillard J M, Goulianos K, et al. Observation of High Energy Neutrino Reactions and the Existence of Two Kinds of Neutrinos [J]. Phys. Rev. Lett., 1962 (9): 36-44.

[8] Perl M, et al. Evidence for Anomalous Lepton Production in $e^+ - e^-$ Annihilation [J]. Phys. Rev. Lett., 1975 (35): 1489-1492.

[9] Kodama K, et al. Detection and Analysis of Tau-Neutrino Interactions in DONUT Emulsion Target [J]. Nucl. Instr. Meth., 2002 (A493): 45-66.

[10] Bahcall J N, Davis R Jr. Essays in Nuclear Astrophysics [M]. Cambridge: Cambridge University Press, 1982.

[11] Davis R Jr. A Half Century with Solar Neutrinos: Nobel Lecture [R]//Frängsmyr T. Les Prix Nobel. Stockholm, 2003.

[12] Wink R, et al. The Miniaturised Proportional Counter HD-2(Fe)/(Si) for the GALLEX Solar Neutrino Experiment [J/OL]. Nucl. Instr. Meth., 1993 (A329): 541-550. www.mpi-hd.mpg.de/nuastro/gallex/counter.gif.

[13] Hampel W. Private communication, 2006.

[14] CERN-Dortmund-Heidelberg-Saclay Collaboration (Knobloch J, et al). Wailea 1981, Proceedings, Neutrino'81, Vol.1, 421-428 [R/OL]. http://knobloch.home.cern.ch/knobloch/cdhs/cdhs.html. Private communication by J. Knobloch.

[15] KARMEN Collaboration (Kretschmer W, for the collaboration). Neutrino Physics with KARMEN [J/OL]. Acta Phys. Polon., 2002 (B33): 1775-1790. www-ikl.fzk.de/www/karmen/karmen_e.html.

[16] NOMAD Collaboration (Cardini A, for the collaboration). The NOMAD Experiment: A Status Report [R/J/OL]. Prepared for 4th International Workshop on Tau Lepton Physics (TAU 96), Estes Park, Colorado, 16-19 September 1996. Nucl. Phys. B Proc. Suppl., 1997 (55): 425-432. http://nomadinfo.cern.ch/.

[17] Reinhard H P (CERN). First Operation of Bebc [C/OL]//Frascati 1973, Proceedings, High Energy Instrumentation Conference, Frascati 1973: 87-96. Status and Problems of Large Bubble Chambers, Frascati 1973: 3-12. www.bo.infn.it/

antares/bolle _ proc/foto. html. http://doc. cern. ch/archive/electronic/cern/others/PHO/photo-hi/7701602. jpeg. Photo credit CERN.
[18] www. anl. gov/OPA/news96arch/new961113. html.
[19] Williams W S C. Nuclear and Particle Physics [M]. Oxford: Clarendon Press, 1991.
[20] www. fnal. gov/pub/inquiring/physics/neutrino/discovery/photos/signal_low. jpg.
[21] www-donut. fnal. gov/web_pages/.
[22] Kajita T, Totsuka Y. Observation of Atmospheric Neutrinos [J]. Rev. Mod. Phys., 2001 (73): 85-118.
[23] AMANDA Collaboration (Hanson K, et al.). July 2002, 3pp., Prepared for 31st International Conference on High Energy Physics (ICHEP 2002), Amsterdam, The Netherlands, 24-31 July 2002, Amsterdam 2002, ICHEP 126-8[C/OL]. http://amanda.uci.edu. Private communication by Spiering Chr, 2003, Walck, Hulth P O, 2007.
[24] AMANDA Collaboration. Christian Spiering. Private communications, 2004.
[25] Bilenky S M, Pontecorvo B. Lepton Mixing and Neutrino Oscillations [J]. Phys. Rep., 1978 (41): 225-261.

第 11 章 动量测量和 μ 子探测

我相信粒子必定有其自身的真实性,这种真实性与观测无关.也就是说,电子有其自旋、位置等性质,这些性质的存在与我们是否测量它们无关.因此,我相信月亮一直悬于天穹,即使我不对它凝望.①

——阿尔伯特·爱因斯坦

动量测量,特别是 μ 子的探测,是粒子物理、天文学或天体物理的所有实验的一个重要方面.极高能宇宙线当前处于寻找"空间加速器"的天体粒子物理的前沿.这类问题可以通过地平面上广延大气簇射的探测,即测量原初宇宙线在地球大气层中导致强子级联所产生的次级电子、μ 子和强子来加以研究.探测器必须运行多年,以勾勒出实验地点能观察到的、银河系中高能宇宙线源的分布.有若干个实验致力于研究这类大气簇射,它们利用大型探测器阵列来测量电子和 μ 子.除了水切伦科夫和闪烁计数器之外,典型的这类探测装置还利用有限流光管[1]和阻性板室[2].

在过去的几十年中,高能物理领域里 μ 子的研究及轻子和强子的精密测量导致了许多重要的发现.有显示度的发现可以列举如下:LEP 探测器对于中微子代数的测定、粲粒子的产生(J/ψ)、电弱玻色子($W^\pm$,Z)和顶夸克(t)的观测等.虽然这些粒子的强子衰变道有较高的分支比,但强子的测量和鉴别是困难的.在我们写作本书的同时,大型强子对撞机 LHC 正在建造过程中②(CERN,日内瓦),对于粒子物理标准模型的理解方面的进展使得我们相信,希格斯粒子物理以及如超对称那样的新现象应当在约几太电子伏的质量标度上显现出来.ATLAS,CMS,ALICE 以及 LHCb 等实验装置具有大到几千平方米的 μ 子探测表面积,能够标记新物理存在的信号.精密实验如研究 B 物理的 Belle 和 BaBar 同样必须依赖于有效的 μ

---

① 原文:I think that a particle must have a separate reality independent of the measurements. That is, an electron has spin, location, and so forth even when it is not being measured. I like to think that the moon is there even if I am not looking at it.

② 当前 LHC 已经建成并运行多年,获得了许多物理成果,包括发现了疑似的希格斯粒子. ——译者注

子鉴别和精确的动量测量. μ 子可以利用强的贯穿本领加以鉴别,而有待精确测量的相关参数是能量和动量. TeV 量程以上的 μ 子能量可以利用量能器方法测量,因为高能量下 μ 子的能量损失以韧致辐射和直接电子对产生为主,两者都正比于 μ 子能量.

与所有的带电粒子一样,μ 子动量通常用磁谱仪测定.洛伦兹力使粒子沿着围绕磁场方向的圆形或螺旋线轨迹运动.粒子径迹的弯转半径由磁场强度和垂直于磁场的粒子动量分量所决定.对于不同的实验要求,利用不同的磁谱仪来实现.

11.1 固定靶实验磁谱仪

固定靶实验(与储存环实验不同)的**磁谱仪**的基本装置示于图 11.1. 一般而言,种类已知、能量亦已知的粒子射入靶体,由于相互作用在其中产生各种次级粒子.谱仪的目的是测量带电次级粒子的动量.

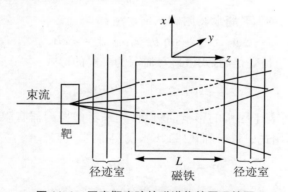

图 11.1 固定靶实验的磁谱仪的原理简图

令磁场 $\boldsymbol{B}$ 沿着 y 轴,即 $\boldsymbol{B}=(0,B_y,0)$,而原始粒子的入射方向取为平行于 z 轴.在强作用中,传递给次级粒子的典型**横动量**是

$$p_T \approx 350 \text{ MeV}/c, \tag{11.1}$$

其中

$$p_T = \sqrt{p_x^2 + p_y^2}. \tag{11.2}$$

在一般情形下,$p_x \ll p_z$,$p_y \ll p_z$,其中出射粒子的动量用 $\boldsymbol{p}=(p_x,p_y,p_z)$ 描述.在最简单的情形下,射入谱仪的粒子轨迹用放置于进入磁铁前和离开磁铁后的径迹探测器来测定.由于磁场沿着 y 轴,带电粒子的偏转发生在 xz 平面.图

11.2 画出了该平面中的一条带电粒子径迹.

洛伦兹力提供了指向偏转半径方向的向心加速度 v^2/ρ. 我们这样选择坐标系:粒子以平行于 z 轴的方向射入谱仪,即 $|\boldsymbol{p}| = p_z = p$,其中 $\boldsymbol{p}$ 是待测的粒子动量. 于是对于 $\boldsymbol{p} \perp \boldsymbol{B}$,可得

$$\frac{mv^2}{\rho} = evB_y. \tag{11.3}$$

其中 m 是质量,v 是速度,ρ 是磁场中径迹的弯转半径. 从式(11.3),立即得到弯转半径

$$\rho = \frac{p}{eB_y}. \tag{11.4}$$

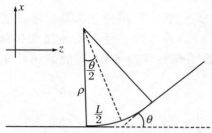

图 11.2 磁场中的一条带电粒子径迹

利用粒子物理和天体粒子物理中普遍采用的标准单位,该公式可写为

$$\rho(\mathrm{m}) = \frac{p(\mathrm{GeV}/c)}{0.3B(\mathrm{T})}. \tag{11.5}$$

粒子循着弯转半径为 ρ 的圆形轨迹穿过磁铁,不过与磁铁长度 L 相比,ρ 一般很大. 因此,偏转角 θ 可用下式作为近似:

$$\theta = \frac{L}{\rho} = \frac{L}{p}eB_y. \tag{11.6}$$

带电粒子由于磁场的偏转将获得附加的横动量:

$$\Delta p_x = p \cdot \sin\theta \approx p \cdot \theta = LeB_y. \tag{11.7}$$

如果磁场强度沿 L 是变化的,式(11.7)需写为一般的形式:

$$\Delta p_x = e\int_0^L B_y(l)\mathrm{d}l. \tag{11.8}$$

动量测定的精度受若干因素的影响. 我们首先来考虑探测器有限径迹分辨对于动量测定的影响. 利用式(11.4)和式(11.6),我们得到

$$p = eB_y \cdot \rho = eB_y \cdot \frac{L}{\theta}. \tag{11.9}$$

由于入射粒子和出射粒子的径迹都是直线行进的,偏转角 θ 实际上是一待测量. 由关系式

$$\left|\frac{\mathrm{d}p}{\mathrm{d}\theta}\right| = eB_yL \cdot \frac{1}{\theta^2} = \frac{p}{\theta}, \tag{11.10}$$

我们得到

$$\frac{\mathrm{d}p}{p} = \frac{\mathrm{d}\theta}{\theta} \tag{11.11}$$

以及

$$\frac{\sigma(p)}{p} = \frac{\sigma(\theta)}{\theta}. \tag{11.12}$$

第 11 章 动量测量和 μ 子探测

我们假定,为了确定偏转角 θ_{def},我们测定了四个径迹坐标,即磁铁前、后各两个坐标(虽然对于圆形轨道,原则上三个坐标就足够了). 如果测定磁铁前、后各两个坐标的每一对位置测量仪间的距离为 d(图 11.3),那么入射角、出射角和偏转角可分别表示为

$$\vartheta_{\text{in}} \approx \frac{x_2 - x_1}{d}, \quad \vartheta_{\text{out}} \approx \frac{x_4 - x_3}{d}, \tag{11.13}$$

$$\theta_{\text{def}} = \vartheta_{\text{out}} - \vartheta_{\text{in}} \approx \frac{x_2 - x_1 - x_4 + x_3}{d}. \tag{11.14}$$

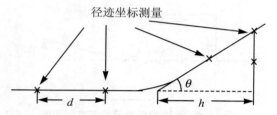

图 11.3 确定径迹测量误差的图示

如果所有的径迹测量有相同的测量误差 $\sigma(x)$,则求得的偏转角的方差为

$$\sigma^2(\theta) \propto \sum_{i=1}^{4} \sigma_i^2(x) = 4\sigma^2(x), \tag{11.15}$$

并有

$$\sigma(\theta) = \frac{2\sigma(x)}{d}. \tag{11.16}$$

利用式(11.12),可得

$$\frac{\sigma(p)}{p} = \frac{2\sigma(x)}{d} \frac{p}{LeB_y} = \frac{p(\text{GeV}/c)}{0.3 \, L(\text{m})} B(T) \cdot \frac{2\sigma(x)}{d}. \tag{11.17}$$

由式(11.17)可知,**动量分辨率** $\sigma(p)$ 正比于 p^2. 举例来说, $L = 1$ m, $d = 1$ m, $B = 1$ T, $\sigma_x = 0.2$ mm,我们可求得

$$\frac{\sigma(p)}{p} = 1.3 \cdot 10^{-3} p \, (\text{GeV}/c). \tag{11.18}$$

取决于径迹探测器的品质,我们可获得下式所示的动量分辨率:

$$\frac{\sigma(p)}{p} = (10^{-3} \sim 10^{-4}) \cdot p(\text{GeV}/c). \tag{11.19}$$

在宇宙线实验中,成为惯例的是定义所谓的**最大可探测动量**(mdm),由下式表示:

$$\frac{\sigma(p_{\text{mdm}})}{p_{\text{mdm}}} = 1. \tag{11.20}$$

对于动量分辨率由式(11.19)给定的磁谱仪,其最大可探测动量是

$$p_{\text{mdm}} = 1 \sim 10 \text{ TeV}. \tag{11.21}$$

动量测量通常是在**空气隙磁铁**中实现的.在这种情形下,多次散射的效应很小,只对低动量粒子才影响到测量精度.由于 μ 子具有高贯穿能力,μ 子动量也可以利用**固体铁磁铁**进行分析.但是对于这类应用,多次散射的影响不能忽略.

贯穿厚度为 L 的固体铁磁铁的 μ 子由于多次散射而获得横动量 Δp_T^{MS},它可表示为

$$\Delta p_T^{MS} = p \cdot \sin\theta_{rms} \approx p \cdot \theta_{rms} = 19.2\sqrt{\frac{L}{X_0}} \text{ MeV}/c \tag{11.22}$$

(图 11.4 和式(1.53),对于 $p \gg m_0 c$ 以及 $\beta \approx 1$).

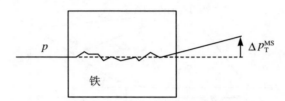

图 11.4 多次散射导致的误差的图示

由于磁偏转发生在 x 方向,只有多次散射的误差在该方向上的投影才具有重要性:

$$\Delta p_x^{MS} = \frac{19.2}{\sqrt{2}}\sqrt{\frac{L}{X_0}} \text{ MeV}/c = 13.6\sqrt{\frac{L}{X_0}} \text{ MeV}/c. \tag{11.23}$$

多次散射效应对于动量分辨率造成的限制,由多次散射导致的偏转与磁场的偏转值之比给定[3]:

$$\left.\frac{\sigma(p)}{p}\right|^{MS} = \frac{\Delta p_x^{MS}}{\Delta p_x^{magn}} = \frac{13.6\sqrt{L/X_0} \text{ MeV}/c}{e\int_0^L B_y(l)\,dl}. \tag{11.24}$$

洛伦兹力导致的偏转角 θ 和多次散射导致的偏转角都与动量成反比.因此,在这种情形下,动量分辨率并不依赖于粒子的动量.

对于固体铁磁谱仪($X_0 = 1.76 \text{ cm}$),典型的磁场值是 $B = 1.8 \text{ T}$,由式(11.24)求出的动量分辨率为

$$\left.\frac{\sigma(p)}{p}\right|^{MS} = 0.19 \cdot \frac{1}{\sqrt{L(\text{m})}}. \tag{11.25}$$

对于 $L = 3 \text{ m}$,有

$$\left.\frac{\sigma(p)}{p}\right|^{MS} = 11\%. \tag{11.26}$$

该式仅包含**多次散射**对于动量分辨率的贡献.此外,还必须考虑由于位置测量的不确定性导致的动量测量误差.该误差可由式(11.17)求得,或根据弧形径迹的**弓高**(sagitta),即弧线与连接弧线两端弦线间的最大距离来确定(图 11.5)[4].弓高 s 与磁场中的弯转半径 ρ 和磁偏转角 θ 有关:

$$s = \rho - \rho\cos\frac{\theta}{2} = \rho\left(1 - \cos\frac{\theta}{2}\right). \tag{11.27}$$

由关系式 $1 - \cos(\theta/2) = 2\sin^2(\theta/4)$，可得

$$s = 2\rho\sin^2\frac{\theta}{4}. \tag{11.28}$$

由于 $\theta \ll 1$，弓高可以近似地表示为 (θ rad)

$$s = \frac{\rho\theta^2}{8}. \tag{11.29}$$

为简单起见，以下我们用 B 来代替 B_y。对于 θ 和 ρ，根据式 (11.9) 和式 (11.4)，弓高可以表示为

$$s = \frac{\rho}{8} \cdot \left(\frac{eBL}{p}\right)^2 = \frac{eBL^2}{8p}. \tag{11.30}$$

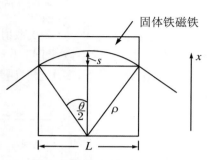

图 11.5 动量测量的弓高方法的图示

如果明确地写出各个量的单位，则有

$$s(\mathrm{m}) = \frac{0.3B(\mathrm{T})[L(\mathrm{m})]^2}{8p\,(\mathrm{GeV}/c)}. \tag{11.31}$$

弓高的确定至少需要三个位置的测量值 x_i ($i = 1, 2, 3$)，它们可以从三个径迹探测器获得，分别放置在磁铁的入口 (x_1) 和出口 (x_3)，另一个在磁铁的中心 (x_2)。

由关系式

$$s = x_2 - \frac{x_1 + x_3}{2}, \tag{11.32}$$

并假定所有探测器有相同的径迹测量误差 $\sigma(x)$，可立即导出

$$\sigma(s) = \sqrt{\frac{3}{2}}\sigma(x). \tag{11.33}$$

因此，由径迹测量误差导致的动量分辨率为

$$\left.\frac{\sigma(p)}{p}\right|_{\text{径迹误差}} = \frac{\sigma(s)}{s} = \frac{\sqrt{\frac{3}{2}}\sigma(x)(\mathrm{m}) \cdot 8p\,(\mathrm{GeV}/c)}{0.3B(\mathrm{T})[L(\mathrm{m})]^2}. \tag{11.34}$$

如果径迹不只是在 3 个点而是在等分磁铁长度 L 的 N 个点进行测量，可以证明，由径迹测量误差导致的动量分辨率可表示为

$$\left.\frac{\sigma(p)}{p}\right|_{\text{径迹误差}} = \frac{\sigma(x)(\mathrm{m})}{0.3B(\mathrm{T})[L(\mathrm{m})]^2}\sqrt{720/(N+4)} \cdot p\,(\mathrm{GeV}/c). \tag{11.35}$$

对于 $B = 1.8$ T, $L = 3$ m, $N = 4$ 和 $\sigma(x) = 0.5$ mm，由式 (11.35) 给出

$$\left.\frac{\sigma(p)}{p}\right|_{\text{径迹误差}} \approx 10^{-3} \cdot p\,(\mathrm{GeV}/c). \tag{11.36}$$

如果 N 个测量的间距为 k，即

$$L = k \cdot N \tag{11.37}$$

并且 $N \gg 4$,则有

$$\left.\frac{\sigma(p)}{p}\right|_{\text{径迹误差}} \propto [L(\text{m})]^{-5/2} \cdot [B(\text{T})]^{-1} \cdot p\,(\text{GeV}/c). \tag{11.38}$$

要求得动量测量的总误差,多次散射和径迹分辨的误差需要加以合并. 对于前面提到的固体铁磁谱仪的参数,图 11.6 画出了按照式(11.26)和式(11.36)算出的这两者的贡献. 在低动量下,多次散射误差占主导地位;在高动量下,径迹测量误差占主导地位.

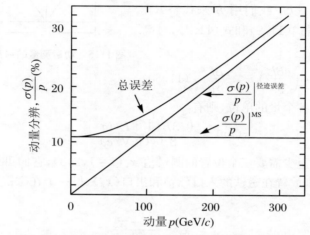

图 11.6 固体铁磁谱仪中多次散射和径迹测量误差对动量分辨的贡献

对于空气间隙的磁铁,由多次散射导致的误差贡献自然要小很多. 将式(11.24)应用于空气隙磁铁的情形($X_0 = 304$ m),可以得到

$$\left.\frac{\sigma(p)}{p}\right|^{\text{MS}} = 1.4 \cdot 10^{-3} / \sqrt{L(\text{m})}, \tag{11.39}$$

这意味着,当 $L = 3$ m 时,有

$$\left.\frac{\sigma(p)}{p}\right|^{\text{MS}} = 0.08\%. \tag{11.40}$$

对于一个实际的实验,我们必须考虑使 μ 子动量分辨率变坏的另一种效应. 特别是在高能情形下,μ 子会经历电磁相互作用,在固体铁磁铁的情形下有时会发生大的能量传递,例如轫致辐射和直接电子对产生. 此外,μ 子会经历光核作用. 单能 μ 子束由于轫致辐射和对产生而损失能量,导致"辐射尾巴". 一个 200 GeV 的 μ 子在 2 m 长的固体铁磁铁中,能量传递大于 10 GeV 的概率已达 3%[6]. 对于 1 TeV 的 μ 子在 2 m 长的铁中,该概率增加到 12%[7]. 一个 μ 子所产生的次级粒子也可能从固体铁磁铁中逸出,从而使偏转的 μ 子的径迹重建问题复杂化. μ 子与物质相互作用导致 μ 子三重产生的反应亦会出现,但概率很小:

$$\mu + 核 \rightarrow \mu + \mu^+ + \mu^- + 核'. \tag{11.41}$$

图 11.7 显示了高能宇宙线 μ 子在 ALEPH 探测器中产生的这一过程. 在这种情形下,找出正确的出射 μ 子将十分困难.

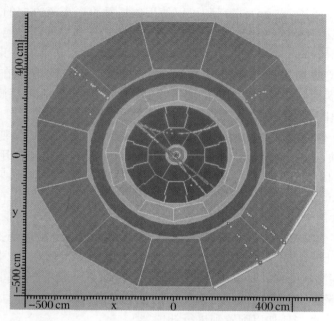

图 11.7 宇宙线 μ 子在 ALEPH 探测器中产生的
μ 子三重产生过程

μ 子对是在螺旋线磁场回流轭铁中产生的. 一个在铁中产生的次级 μ 子的弯转方向与在中心探测器中的弯转方向相反[8]

11.2 专用磁谱仪

固定靶实验的长处是可以从初级靶产生**次级束流**. 这类次级束由多种不同的粒子组成, 因此, 我们可以利用中微子、μ 子、光子或 K_L^0 束进行实验. 但是, 固定靶实验的缺点是可获得的质心系能量相对较小. 因此高能物理领域的研究通常是在储存环中进行的. 在储存环实验中, 若对撞束能量相同, 动量相反, 且两个束流的交叉角为 0, 则质心系与实验室系是相同的. 事例率一般比较低, 因为与固定靶实验相比较, 靶的密度很低(其中的一个束流是另一个束流的"靶子"). 但是, 在对撞机和固定靶实验两者之间存在重要的差别: 在对撞机实验中, 相互作用的末态产物发射向整个 4π 立体角, 而在固定靶实验中, 作用产物仅在粒子入射方向周围的窄的锥角内发射.因而,与固定靶实验形成对照的是,储存环探测器一般需要覆盖相互作用点周围整个 4π 立体角.这种**密封性**(hermeticity)使得单个事例的完全重建成为可能.

取决于储存环的种类,可以考虑使用不同的磁场构型.

对于质子-质子(或 pp)储存环,可以使用磁场垂直于束流方向的二极磁铁.由于这样的二极磁铁也会使束流发生偏转,这一影响必须利用补偿线圈加以校正.补偿线圈也是偶极磁场,但是它具有反向的磁场梯度,从而对于储存环束流的纯效应等于 0.但这类磁场构型在正负电子储存环中很少使用,除非是在低能的情形下[9],因为强偶极场会导致发射强的同步辐射,而储存环的运行和探测器的安全运行不能容许强同步辐射的存在.

如果相互作用点两侧的两个偶极磁铁具有反向的磁场梯度,则它们成为自补偿偶极磁铁.在这种情形下,补偿自动满足,其代价是在相互作用点附近形成强烈的非均匀磁场,这使得径迹重建变得相当复杂.另一方面,如果利用**环形磁铁**(toroidal magnet),那么束流在磁场为零的区域穿过谱仪.但是,在环形磁铁内圆柱上的多次散射使动量分辨变坏.

在绝大多数情形下会选择**螺线管磁场**,这时,除了很小的束流交叉角或电子感应加速振荡(betatron oscillation)之外,束流基本上平行于磁场(如图 11.7 所示)[8].因此探测器的磁铁对束流没有影响,只产生非常小或不产生同步辐射.在这两种情形下都必须考虑到,探测器中使用的任何磁谱仪都已经成为加速器的一个组成部分,应当适当地加以配置和进行补偿.

径迹探测器安装在磁场线圈内部,因此也做成圆柱形.纵向磁场仅对所生成的粒子的横向动量分量起作用,使得动量分辨率可由式(11.35)计算,其中 $\sigma(x)$ 是垂直于束流轴线的平面上的坐标分辨率.图 11.8 显示了从相互作用点射出的两条径迹在垂直于束流的平面("$r\varphi$ 平面")上的投影,以及在平行于束流的平面("rz 平面")上的投影.径迹的特征参数是极角 θ、方位角 φ 和径向坐标 r,即与相互作用点的距离.图 11.9 显示了 CERN 的 CMS 合作研究组对一条模拟 μ 子径迹的重建图像[10].图 11.10 则显示了 ATLAS 实验中一个模拟的超对称粒子产生事例,其中两个 μ 子向左侧逃逸[11].

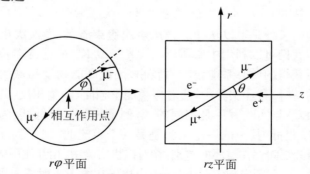

图 11.8　螺线管探测器中的径迹重建(事例为 $e^+e^- \to \mu^+\mu^-$)

如果在磁场 B 之内,沿着总长度为 L 的径迹以精度 $\sigma_{r\varphi}$ 作 N 次坐标测量,则由于径迹测量误差引起的横动量分辨率可由式(11.35)计算如下[5]:

$$\left.\frac{\sigma(p)}{p_{\rm T}}\right|_{\text{径迹误差}} = \frac{\sigma_{r\varphi}({\rm m})}{0.3B({\rm m})(L({\rm m}))^2}\sqrt{\frac{720}{N+4}} \cdot p_{\rm T}({\rm GeV}/c). \quad (11.42)$$

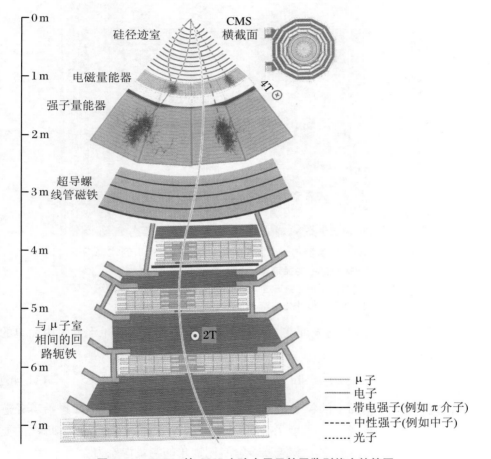

图 11.9 CERN 的 CMS 实验中显示粒子鉴别能力的简图

从作用顶点射出的一个 μ 子被中心螺线管磁铁所偏转.在外部磁谱仪中,该 μ 子径迹明显地反向弯转[10]

除径迹误差之外,还必须考虑多次散射导致的误差.对于非相对论性速度的一般情形,它可由式(11.24)算得:

$$\left.\frac{\sigma(p)}{p_{\rm T}}\right|_{\rm MS} = 0.045\,\frac{1}{\beta}\,\frac{1}{B({\rm T})\,\sqrt{L({\rm m})X_0({\rm m})}}, \quad (11.43)$$

其中 X_0 是粒子穿过的物质的平均辐射长度.

粒子的总动量由 $p_{\rm T}$ 和极角 θ 计算:

$$p = \frac{p_{\mathrm{T}}}{\sin\theta}. \tag{11.44}$$

如同在横平面中一样,极角的测量包含了径迹的误差和多次散射的误差.

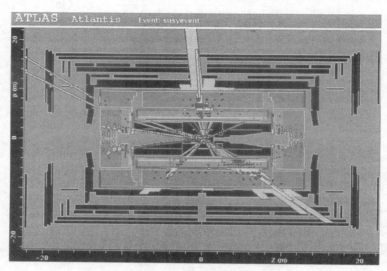

图 11.10　ATLAS 实验中一个模拟的超对称粒子产生事例,以及不同子探测器中的径迹重建

其中两个高能 μ 子向左侧逃逸[11]. ATLAS 的中心部分处于螺线管磁场, 而外部子探测器利用环形磁铁

如果径迹探测器中 z 坐标的测定精度是 $\sigma(z)$,则极角的测量误差可由简单的几何关系推导如下:

$$\sigma(\theta) = \sin^2\theta \frac{\sigma(z)}{r} = (\sin 2\theta)\frac{\sigma(z)}{2z}. \tag{11.45}$$

(对于高能粒子, rz 平面上的粒子径迹是一条直线,参见图 11.11.)如果沿着径迹长度 L 对粒子径迹作 N 次等间距的测量,每次的测量误差是 $\sigma(z)$,则极角的测量误差为[4-5]

$$\sigma(\theta)\big|_{\text{径迹误差}} = \frac{\sigma(z)}{L}\sqrt{\frac{12(N-1)}{N(N+1)}}. \tag{11.46}$$

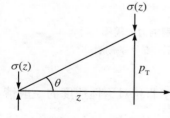

图 11.11　只用两个坐标值确定一条径迹的情况下,极角测量误差的图示

p_{T} 是相对于束流的横动量

该公式中 z 是径迹长度在 z 方向上的投影,通常它与径迹的横向长度具有相同的量级. 式(11.46)只描述径迹测量误差. 此外,我们必须考虑多次散射导致的误差,由式(1.50)可知它等于

$$\sigma(\theta)\big|_{\text{MS}} = \frac{0.013\,6}{\sqrt{3}} \cdot \frac{1}{p(\mathrm{GeV}/c)} \cdot \sqrt{\frac{l}{X_0}}, \tag{11.47}$$

其中 l 是径迹长度(以辐射长度为单位),并假定 $\beta = 1$. 因子 $1/\sqrt{3}$ 的起源参见文献 [12-13].

螺线管磁场中一般使用横向质量极低的气体探测器. 因此,由多次散射导致的动量测量误差只起到很小的作用. 式 (11.42) 表明动量分辨率随乘积 BL^2 而改善. 当径迹长度固定时,动量分辨率随径迹测量点次数的改善因子近似等于 $1/\sqrt{N}$.

过去,多丝正比室或漂移室用作 μ 子谱仪的粒子径迹室. 为了覆盖大的面积,也可以使用数字读出的流光管、μ 子漂移管或阻性板室,它们通常被插入磁铁的槽中. 对于 CERN 大型强子对撞机的诸多实验,设想的动量分辨率对于 $p > 300 \text{ GeV}/c$ 的粒子是 $\Delta p/p < 10^{-4} \times p/(\text{GeV}/c)$. 由于阻性板室具有优良的时间分辨率,它们也可用作 μ 子的触发.

习 题 11

1. 1 TeV μ 子在 3 m 厚固体铁磁铁中的平均能量损失为多大?

2. 在气体探测器中,径迹重建往往受到 δ 电子的阻碍,后者在磁场中打圈,从而导致多个击中. 对于 LHC 实验,每次束流对撞产生多达 100 条径迹并不少见. 低动量电子的问题并不严重,因为它们所产生的螺旋线只占据很小的体积. 高动量电子则只是略有偏转. 只有 δ 电子的弯转半径在 5 cm 到 20 cm 之间时会产生麻烦. 试估计每次束流对撞在一个直径为 3 m,磁场为 2 T,充以 1 atm 氩气的径迹探测器中所产生的弯转半径在 5 cm 到 20 cm 之间的 δ 射线的数目. 假定产生 δ 射线的带电粒子能量很高($\gg 10 \text{ GeV}$).

3. 利用**双聚焦半圆磁谱仪**可以进行高分辨的 β 射线谱学研究[14-16]. 该谱仪中的磁场具有轴向对称性,但径向不均匀:
$$B(\rho) = B(\rho_0)\left(\frac{\rho_0}{\rho}\right)^n \quad (0 < n < 1),$$
其中 ρ_0 是中心轨道的弯转半径. 在经过偏转角
$$\Theta_\rho = \frac{\pi}{\sqrt{1-n}}$$
后达到径向聚焦,轴向经过偏转角
$$\Theta_\varphi = \frac{\pi}{\sqrt{n}}$$
后达到聚焦[16].

(1) 试求主导磁场的径向依赖,确定达到双聚焦的角度.

(2) 在一个参数值为 $\rho_0 = 50 \text{ cm}, \mathrm{d}E/\mathrm{d}x(10 \text{ keV}) = 27 \text{ keV/cm}$,气压 $p =$

10^{-3} Torr 的谱仪中,一个 10 keV 的电子遭受的平均能量损失为多大?它对应于发生多少次电离过程?

4. 大多数对撞机利用四极磁铁将束流聚焦到相互作用点,因为横向尺寸小的束流具有高的亮度.磁场弯转本领必须正比于带电粒子偏离其理想轨道的距离,即偏离中心轨道较远的粒子要比接近中心轨道的粒子获得更强的偏转.

已经证明,弯转角 θ 依赖于磁场的长度 l 以及弯转半径 ρ(见式(11.6)):

$$\theta = \frac{l}{\rho} = \frac{l}{p}eB_y \propto x, \quad 即 \quad B_y \cdot l \propto x,$$

其中 B_y 是导致 x 方向产生聚焦的磁场强度.垂直于 x 方向,需要有强度为 B_x 的弯转场,它满足如下关系:

$$\theta \propto B_x l \propto y.$$

出于实际理由,四极磁铁长度 l 是固定的.为了使四极子产生的磁场具有上述所需要的性质,四极磁铁的轭铁应该做成怎样的形状?

参考文献

[1] KASCADE-Grande, Antoni T, Bercuci A, et al. A Large Area Limited Streamer Tube Detector for the Air Shower Experiment, KASCADE-Grande [J]. Nucl. Instr. Meth., 2003 (533): 387-403.

[2] Bacci C, et al. Performance of the RPC's for the ARGO Detector Operated at the YANGBAJING laboratory (4300 m a.s.l.), Prepared for 6th Workshop on Resistive Plate Chambers and Related Detectors (RPC 2001), Coimbra, Portugal, 26-27 November 2001 [C/J]. Nucl. Instr. Meth., 2003 (A508): 110-115.

[3] Kleinknecht K. Detectors for Particle Radiation [M]. 2nd ed. Cambridge: Cambridge University Press, 1998. Detektoren für Teilchenstrahlung [M]. Wiesbaden: Teubner, 2005.

[4] Kleinknecht K. Detektoren für Teilchenstrahlung [M]. Stuttgart: Teubner, 1984; 1987; 1992. Detectors for Particle Radiation [M]. Cambridge: Cambridge University Press, 1986.

[5] Glückstern R L. Uncertainties in Track Momentum and Direction due to Multiple Scattering and Measurement Errors [J]. Nucl. Instr. Meth., 1963 (24): 381-389.

[6] Baumgart R, et al. Interaction of 200 GeV Muons in an Electromagnetic Streamer Tube Calorimeter [J]. Nucl. Instr. Meth., 1987 (A258): 51-57.

[7] Grupen C. Electromagnetic Interactions of High Energy Cosmic Ray Muons [J]. Fortschr. der Physik, 1976 (23): 127-209.

[8] CosmoALEPH Collaboration (Maciuc F, et al.) Muon-Pair Production by Atmospheric Muons in CosmoALEPH [J]. Phys. Rev. Lett., 2006 (96): 1-4.

[9] Baru S E, et al. Experiments with the MD-1 Detector at the e^+e^- Collider VEPP-4

in the Energy Region of Upsilon Mesons [J]. Phys. Rep., 1996 (267): 71-159.

[10] CMS Collaboration. http://cmsinfo.cern.ch/Welcome.html/. http://cmsinfo.cern.ch/Welcome.html/CMSdocuments/DetectorDrawings/Slice/CMS_Slice.gif.

[11] ATLAS Collaboration. http://atlantis.web.cern.ch/atlantis/.

[12] Particle Data Group. Review of Particle Properties [J]. Phys. Lett., 1990 (239): 1-516.

[13] Particle Data Group. Review of Particle Properties [J]. Phys. Rev., 1992 (D45): 1-574; Phys. Rev., 1992 (D46): 5210 (Errata).

[14] Siegbahn K. Alpha, Beta and Gamma-Ray Spectroscopy: Vols.1 and 2 [M]. Amsterdam: Elsevier-North Holland, 1968.

[15] Hertz G. Lehrbuch der Kernphysik [M]. Leipzig: Bd. 1, Teubner, 1966.

[16] Svartholm N, Siegbahn K. An Inhomogeneous Ring-Shaped Magnetic Field for Two-Directional Focusing of Electrons and Its Applications to β-Spectroscopy [J]. Ark. Mat. Astron. Fys. Ser., 1946, Nr.21 (A33): 1-28. Svartholm N. The Resolving Power of a Ring-Shaped Inhomogeneous Magnetic Field for Two-Directional Focusing of Charged Particles [J]. Ark. Mat. Astron. Fys. Ser., 1946, Nr. 24 (A33):1-10. Siegbahn K, Svartholm N. Focusing of Electrons in Two Dimensions by an Inhomogeneous Magnetic Field [J]. Nature, 1946 (157): 872-873. Svartholm N. Velocity and Two Directional Focusing of Charged Particles in Crossed Electric and Magnetic Fields [J]. Phys. Rev., 1948 (74): 108-109.

第 12 章 老化和辐照效应

如果我们出生时的年龄是 80 岁，往下活到 18 岁，人生将会幸福得多.①

——马克·吐温②

12.1 气体探测器中的老化效应

气体探测器中的老化过程就如同人的老化一样复杂和不可预测.

多丝正比室或漂移室中的雪崩形成可以考虑为微等离子体放电. 在一个电子雪崩的等离子体中，室气体、蒸气添加物和可能的污染物被部分地分解，结果是形成有害自由基(分子碎片). 然后，这些**自由基**能够形成长链分子，即发生**聚合作用**. 这些聚合物会附着在丝室的电极上，因此，对于固定的极间电压，气体放大系数会减小，这就是室的老化效应. 当有一定量的电荷沉积在阳极或阴极上时，室的性能明显下降，以至于探测器不能再用于精确测量(例如用以进行粒子鉴别的能量损失的测量).

老化现象对应用于**严酷辐射环境**的气体探测器构成严重的问题，例如对 CERN 的大型强子对撞机的高粒子强度的实验，情况就是如此. 不仅探测器的混合气体必须适当地加以选择，探测器系统的其他成分和构建材料也必须选择具有极强的耐辐照性能.

现在要问，对于尚不完全了解的气体探测器老化现象，哪些过程是重要的? 可

---

① 原文：Life would be infinitely happier if we could only be born at the age of eighty and gradually approach eighteen.

② Mark Twain(1835~1910)，美国幽默作家. ——译者注

第 12 章 老化和辐照效应

以采取哪些步骤来延长室的寿命?

老化过程是极其复杂的. 关于老化问题的不同的实验结果进行相互比较是极其困难的, 因为老化现象依赖于许多参数, 而每一个实验通常有不同的参数. 不论怎样, 尽管时至今日对老化过程还未能达到详尽的理解, 但还是能够得出某些明确的结论. 与丝室老化现象相关联的主要参数可表述如下[1-13].

一个多丝正比室、漂移室, 或更普遍地说气体探测器, 一般充以一种惰性气体与一种或几种附加蒸气的混合气体. 存在于室气体中或探测器构建材料中释出的**污染物**是不可能完全避免的. 在这样的气体环境中, 紧挨着阳极附近形成的电子雪崩会产生大量的分子. 击碎共价分子键所需的能量一般比电离位低 3 个量级. 如果雪崩产生的电子或光子击碎了气体分子键, 通常会形成偶极矩很大的自由基. 由于电极附近的电场强度很强, 这些自由基大多附着在阳极上, 并随着时间的推移形成导电性很差甚至不导电的**阳极包衣** (coating), 它的存在会使电极出现噪声. 导电的阳极沉积物也会使阳极直径变粗, 从而降低气体放大. 由于自由基具有较大的化学活性, 阳极上能够以这种方式产生不同的化合物. 聚合作用的速率预期正比于自由基的密度, 后者则正比于雪崩中的电子密度. 因此聚合效应将随着阳极上电荷沉积的增加而增加. 但是, 并不仅仅阳极受到影响. 在聚合形成的过程中, 举例来说, 形成了正的聚合物, 后者向阴极缓慢地迁移. 这种现象被沉积于平面型阴极上的"丝阴影"(wire shadows)图案所证实[1-2].

典型的沉积物由碳、薄氧化层或硅的化合物所组成. 薄的金属氧化层对光子极端灵敏. 如果在阴极上形成了这样的薄金属氧化层, 即使是低能的光子也能通过光电效应从阴极中打出自由电子来. 这些光电子通过气体放大使得阳极上的电荷沉积增加, 从而加速老化过程. 电极上的沉积物甚至在室的建造过程中就会形成, 例如手指印. 同时, 使用的工作气体即使纯度很高, 也可能在制备过程中受到微小油滴或硅尘埃 (SiO_2) 的污染. 几 ppm 的这类污染能够导致显著的老化效应.

一旦电极上形成了沉积物的包衣, 电极包衣上发射的次级电子就能够在沉积层和电极之间产生高电场(**Malter 效应**[14]). 其结果是, 这种强电场会导致电极发射电子, 从而使室的寿命缩短.

什么是目前导致老化或加速老化的最敏感的参数? 建造室的时候应当考虑哪些预防措施? 同时, 采用什么方法可以清洁(复活)老化了的丝也是一个令人感兴趣的问题.

一般而言, 可以认为不含任何污染物的高纯气体能够推迟老化效应. 气体应当对聚合作用具有抗拒力. 但是, 只有在对室材料和进入室体的气体管道的除气能够确保防止污染的情形下, 使用极高纯的气体才有意义.

这类预防措施对于运行周期很长、探测器很少有机会检修的高强度对撞机的严酷环境尤为重要.气体探测器必须能够经受$10^{15} \sim 10^{16}$ cm^{-2}的粒子积分通量,室丝上每年的电荷沉积约达 1 C/cm.

在标准的多丝正比室中,这一限定值可通过一定种类的混合气体、仔细设计的室结构和仔细选择的室材料来达到.图 12.1 显示了一个清洁的单丝正比室在利用两种不同的混合气体的情形下,增益随辐照量的变化[15].经过 0.2 C/cm 的电荷沉积后,标准的氩气-甲烷混合气(90:10)的增益损失已经十分明显,而经过 1 C/cm 的电荷沉积,氩气-二甲醚((CH_3)$_2$O)混合气(90:10)的增益损失仍小于 10%.

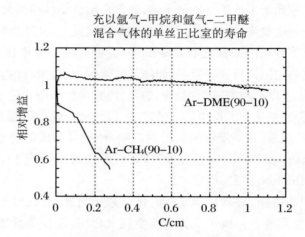

图 12.1 充以氩气-甲烷和氩气-二甲醚混合气体的一个清洁的单丝正比室的增益随辐照量的变化[15]

图 12.2 显示了充以乙烷(C_2H_6)和光敏气体 TEA(三乙胺,$(C_2H_5)_3N$)混合气的多丝正比室的老化性质[16],TEA 通常用于气体环像切伦科夫计数器(RICH)中探测切伦科夫光子.增益的变化与阳极丝的直径相关联,这并不令人奇怪,因为沉积物对于直径小的丝产生的效应最大.对于小到 1 mC/cm 的电荷照射量,阳极丝的增益损失已经相当可观.

图 12.3 显示了丝直径为 20 μm 的室充以 TEA 和 TMAE(Tetrakis-dimethyl-amino ethylene,[(CH_3)$_2$N]$_2$C = C[N(CH_3)$_2$]$_2$)气体时增益的比较[16].TMAE 的老化速率比 TEA 要快得多.在 TMAE 情形下,观察到的电极包衣也能导致 Malter 效应,这一点在图中已经指明.这类探测器只能使用在处于低辐照环境的气体切伦科夫计数器中.

除了多丝正比室和漂移室之外,微结构探测器或气体电子倍增器也经常被使用.这里,不仅减少增益损失这样的老化效应是重要的,保持良好的空间分辨率和良好的时间特性也同样重要.

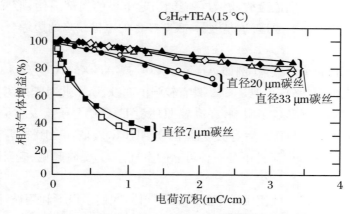

图 12.2 充以 C_2H_6 + TEA 混合气、阳极丝直径不同的多丝正比室的老化效应随阳极上沉积电荷的变化[16]

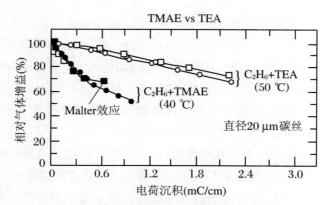

图 12.3 阳极丝直径 $20~\mu m$ 的室充以 C_2H_6 + TEA 和 C_2H_6 + TMAE 气体时,多丝正比室老化效应对于阳极丝上沉积电荷依赖性的比较[16]

很自然地,会在实验室条件下利用 X 射线、γ 射线或电子进行探测器原型的老化试验.此外,对于低事例率的对撞机,例如 CERN 的大型正负电子对撞机 LEP,也已经有了老化效应的经验.这种条件下运行的探测器在高强度强子束情形下可能不能工作,在那种条件下电离密度会超过电子束情形下电离密度的许多倍(高达最小电离粒子的 100 倍).特别是,α 粒子和高 Z、低速的核反冲产物会导致极高的电荷密度,它们或许会产生流光甚至形成放电.高强度也将导致**空间电荷效应**,这肯定会导致增益的损失.

火花的产生是特别危险的,因为它们能引起电极的局部损伤,形成低阻通道,从而导致进一步放电的通道.这是因为,火花产生的电极缺陷的边缘会形成局部场强的增强.

应用于高计数率的气体,例如 $Ar(Xe)/CO_2$ 或 $Ar(Xe)/CO_2/O_2$. CF_4 混合气也显示了不大的老化效应,但是 CF_4 具有较强的腐蚀性,因此对于探测器和气体系统的构建材料的选择形成了限制.在高辐照环境下,CF_4 分子会发生分解,从而产生氟自由基和氢氟酸(HF),后者会侵蚀室体(Al,Cu,玻璃,G-10 板等).没有证据能够证明 CF_4 在强辐照条件下是一种可靠的室气体.为保险起见,应当避免使用碳氢化合物.

对于大型探测器系统使用昂贵的氙混合气体,我们不得不利用循环系统,其中需要利用特定的净化元件来去除长寿命的自由基.同时,利用 Ar/CO_2 混合气进行清洗也可能有帮助.

除了不希望有的污染之外,添加氧或水的原子或分子对于延迟老化或许有正面影响.

对于可能的**硅污染物**需要加以特别的关注.硅是地球上最经常出现的元素之一,它包含于建造室体的许多种材料(如 G-10(玻璃纤维加固的环氧树脂)、各种油类、润滑剂、橡胶、黏合剂、油脂、O 圈、分子筛)和尘埃中.硅通常还以硅烷(SiH_4)或四氟化硅(SiF_4)的形态包含在气瓶中.硅能够与碳氢化合物污染物结合在一起形成碳化硅;氧硅酸盐有很高的质量和低挥发性,几乎不可能从室体中清除.这两种化合物最容易沉积在电极上.

除了避免室气体中存在不希望有的污染物,并且仔细地选择构建室体和气体系统的材料之外,我们还推荐使用某些特征结构以抑制老化效应.

与阴极丝层相比较,较大的阴极表面通常有较小的表面电场.因此,与阴极丝相比,连续的阴极表面倾向于使沉积过程减缓.细阴极丝上的沉积效应明显地快于粗的阳极丝.同时,仔细地选择电极材料对于室的寿命会有很大的影响.镀金钨丝具有很强的抗污染性,而高阻材料(Ni/Cr/Al/Cu 合金)制作的丝倾向于与污染物或其衍生物发生反应,这会导致激烈的老化效应.

加入水蒸气或丙酮至少能够部分地分解某些污染物和沉积物.丝上的肉眼可见的沉积物可以用精细地加以控制的火花"燃烧"掉.另一方面,打火会导致碳纤维(**须状物**)的形成,它使室的寿命明显地缩短,甚至引起丝的断裂.

图 12.4 显示了阳极丝沉积物的一些样品[3].一方面,我们可以看到程度不同的阳极丝包衣,它们会改变阳极的表面电阻.另一方面,须状的聚合结构也明显可

见,它们将极大地损害阳极丝附近场的品质,甚至导致打火.

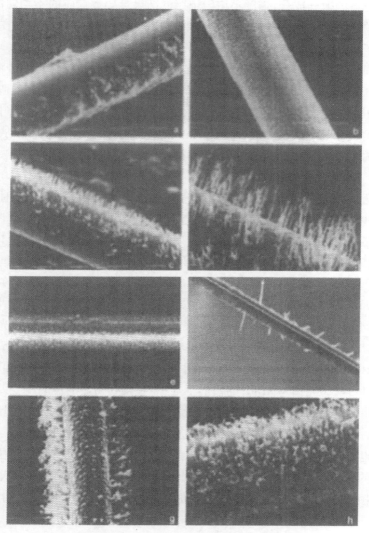

图 12.4　阳极丝沉积物的一些样品[3]

12.2　闪烁体的耐辐照性

对于闪烁体、切伦科夫介质、波长位移物质和读出光纤,由于自然老化和辐照效应,其性能容易退化.高辐射场将使透明介质光输出减少,透射率降低.如果闪烁体用作量能器的取样成分,强度不均匀辐照的结果会导致响应的不均匀性.光损失和**透明度**的降低将使能量分辨率中的常数项贡献增大,特别对于工作在强辐射环境中的强子量能器,情况更是如此.

辐照损伤可能对于探测器的结构细节(闪烁体材料和闪烁体板厚度的选择)以及工作特征(如波长的选择)也是敏感的.闪烁体片是密封于真空中或是暴露在空气(氧气)中可能也会有所区别.利用 X 射线、γ 射线或电子进行耐辐照性的测试,可能不能给出在强子或重电离粒子的高辐照环境下行为的确定结论.从短期的高剂量辐照测试来推断总剂量相等但剂量率低得多的长期特性,这种方法本身就很成问题.

在高吸收剂量的情形下,闪烁体光输出性能和透明度都会变差.对这一效应的了解很少,但是通常将它归为辐射引起的颜色中心的产生.由于透明度下降,闪烁体总的光输出的减少强烈地依赖于计数器的大小和形状.文献[17]对于常用的闪烁体如 BC-408、BC-404 和 EJ-200(长 6 cm)进行了研究.经过吸收剂量 600 Gy(60 krad)的照射之后,发现光输出减少了 10%~14%.对于许多种新型和已有的闪烁体材料在 γ 射线辐照下的损伤进行了详尽的研究[18].当吸收剂量为 34 kGy(3.4 Mrad)时,著名的 NE-110 聚乙烯甲苯闪烁体保留了原始光输出的约 60%.光输出变差的效应强烈地依赖于材料的化学成分.最好的聚苯乙烯闪烁体在吸收 100 kGy(10 Mrad)的剂量后,保留了原始光输出的 70%~80%.但是在吸收剂量 2~3 kGy(200~300 krad)的情形下,已经观察到明显的透明度变差的现象.

应当指出,辐射损伤并不仅仅依赖于总吸收剂量,同时也依赖于剂量率.经过几周时间后,在某些闪烁体中可观察到光输出的某种程度的恢复.

用于电磁量能器(见第 8 章)的无机闪烁晶体可忍受的辐射量范围很宽[19].辐射导致的主要后果是透明度变差,输出信号对于计数器的形状和大小显示出强烈的依赖.应当指出,某些材料在辐照后经过一段时间可观察到性能的部分恢复.

广泛使用的碱金属卤化物晶体,比如 CsI 和 NaI,具有中等的抗辐照性能[20-21].图 12.5 给出了几块长 30 cm 的 CsI(Tl)晶体光输出的典型的剂量依赖关系[21].这些晶体可用于几十戈[瑞](几千拉德)吸收剂量的场合,对于低能实验,这样的剂量通常已经足够了.

某些氧化物闪烁晶体显示出好得多的耐辐照性.曾经有过报道[22-23],利用专门技术生长的 BGO 晶体可以使用于吸收剂量 0.8~1 MGy(80~100 Mrad)的 γ 辐射环境.钨酸铅晶体将使用在吸收剂量预期达到每年 10 kGy(1 Mrad)的 CMS 电磁量能器中[24].

与固体探测器材料不同,液体闪烁体显示出优良的抗辐照性能.这可能是由于重电离粒子的打击导致的**错位**(dislocation)在液体中易于恢复.

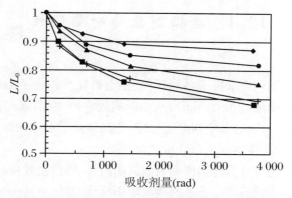

图 12.5　几块长 30 cm 的 CsI(Tl) 晶体相对光输出 L/L_0 对吸收剂量的依赖关系[21]

12.3　切伦科夫计数器的耐辐照性

一般而言,对于切伦科夫介质,除了受辐照后透明度整体变差之外,还造成透明度对于频率依赖性的改变,后者导致平均的有效折射率的变化以及非均匀性,它们可以使这类探测器的性能显著地下降.

作为一个例子,经常用于量能器的铅玻璃在几十戈[瑞](几千拉德)吸收剂量的照射下,其透明度的损失就十分可观.但是铈掺和剂能够显著地改善耐辐照性能,掺铈铅玻璃能够忍受的剂量达 100 Gy(10 krad)[25].

为了建造具有高耐辐照性能的切伦科夫计数器,我们可以利用石英作为切伦科夫辐射体.CMS 强子前向量能器是将石英光纤嵌入到铁吸收体中,该量能器原型的测试表明,1 MGy(100 Mrad) 的吸收剂量对于波长为 450 nm 的光经过 1 m 距离的衰减量约增加了 30%[26].

12.4 硅探测器的耐辐照性

硅探测器的性能同样取决于辐照环境. 重电离粒子或中子会使硅晶格中的原子发生位错而产生**间隙**(interstitial),从而影响到它的性能. 强电离粒子将在局部区域沉积大量电荷, 从而导致空间电荷效应. 当高能强子在硅探测器中由于核反应产生核反冲时, 也会产生空间电荷效应.

硅中的辐射损伤可分为体损伤和表面损伤两类. 体位错效应将使**漏电流**增大. 信号粒子所产生的电荷载荷子会被这些缺陷所捕捉, 空间电荷会累积起来, 这就需要改变工作电压. 如果足够的能量传递给了反冲原子, 后者就能够产生位错, 从而形成位错簇(dislocation cluster).

表面的辐射损伤能够导致表面层的电荷累积, 其结果是表面电流的增加. 在硅像素探测器中, 这会影响到像素之间的绝缘性能.

体损伤导致反向偏压电流(reverse-bias current)的增加. 由于该效应强烈地依赖于温度, 故适度的冷却可以减小这一效应. 由于探测器中空间电荷的累积, 故收集所产生的信号电荷所需的工作电压起初随着积分通量的增加而降低, 直到正、负空间电荷达到平衡为止. 当积分通量很大时, 负空间电荷起主要作用, 则所需的工作电压升高. 硅像素或硅条探测器可承受的工作电压约可达 500 V.

图 12.6 给出了由辐射导致的多种硅探测器反向电流的增加与辐射强度的函数关系, 辐射强度以 1 MeV 中子当量 Φ_{eq} 为单位[27-28]. 当硅探测器在经受辐照后进行退火处理时, 该函数关系可以用一简单的方程表示:

$$I(A) = \alpha \cdot \Phi_{eq}(cm^{-2}) V(cm^3), \qquad (12.1)$$

其中 $\alpha = (3.99 \pm 0.03) \times 10^{-17}$ A·cm.

通过强冷却可以极大地抑制硅中缺陷的迁移. 另一方面, 氧的掺入具有"捕捉"硅晶格中空穴的效果, 也能够捕捉间隙. 与标准的不含氧的硅探测器相比, 这类**含氧硅探测器**即使在中度冷却的情形下, 耐辐照性能也会大大增强[29].

前面已经提到, 硅探测器的辐照损伤可以导致的效应有: 漏电流的增加、有效掺杂质的变化或捕获态的产生等, 这些效应在辐照结束后会随时间而减小. 对硅探测器的辐照损伤性质的"改善"强烈地依赖于计数器的储存温度. 辐照损伤的部分恢复称为"退火". 例如, 如果辐照所产生的空穴能够重新被硅间隙所填满, 晶体甚至能够重新恢复如新. 通常, 缺陷也会被转化为损害程度较轻的、较为稳定的缺陷类型[30]. 术语"退火"本身已经表明,一般说来,缺陷在一定的温度之下是相当稳定的. 如果超过某个特定的"退火温度",缺陷就会消失. 这类缺陷的特征性质在高温下会下降, 这种现象甚至在辐照停止后一年的很长时间内都会发生. 退火过程的细节相当复杂, 人们对它的了解也很差.

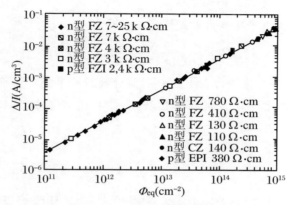

图 12.6 用不同技术生产的多种硅探测器由于经受积分通量 Φ_{eq} 的照射导致的反向电流的增加

测量是在 80 min、60 ℃ 的热处理后进行的[28]

另一方面, 硅探测器也可以经受"锻炼"以耐受高剂量水平. "增强耐辐射性" (radiation hardening) 的概念是利用某种技术使得硅材料处于辐照环境下性质能够不发生显著的变化. 可以通过不同的途径来达到此目的: 通过控制掺杂剂, 或者通过硅材料耐辐射装置结构的设计来产生稳定的缺陷.

当我们试图改善硅探测器的耐辐射性能时, 要永远记住, 探测器相关的读出电子学通常总是集成有硅芯片的, 它们与探测器一样暴露在辐射场中. 因此在设计一个耐辐照的硅探测器的时候, 必须同时考虑到探测器自身和读出电子学这两个方面的问题.

对于强辐射环境下使用的硅探测器和读出电子学, 它们的位置又处于实验人员不容易达到的地方, 例如像 LHC 实验, 必须事先设定充分的安全因子以确保装置具有所需要的性能[31-32].

习 题 12

1. 辐照产生的缺陷在辐照停止后, 在安静状态下按以下关系减少:

$$N_d(t) = N_d(0)e^{-t/\tau},$$

其中衰减时间 τ 取决于放射性能量 E_a 以及退火温度 T：

$$\tau(T) = \tau_0 e^{E_a/(kT)}.$$

在室温下退火，衰减时间会是 $1\,a\,(E_a = 0.4\,\text{eV}, kT = 1/40\,\text{eV})$。如果衰减时间要减少到 1 个月，环境温度需要增加多少？

2. 正比管中的电子信号由下式给定：

$$\Delta U^- = -\frac{Ne}{C\ln(r_a/r_i)}\ln(r_0/r_i),$$

其中 r_0 是产生电荷的位置，r_a 和 r_i 分别是计数器外半径和阳极丝半径（$r_a/r_i = 100, r_0/r_i = 2$）。由于导电性沉积的出现，阳极丝直径增加了 10%，试求增益的损失。

参考文献

[1] Kadyk J A, Va'vra J, Wise J. Use of Straw Tubes in High Radiation Environments [J]. Nucl. Instr. Meth., 1991 (A300): 511-517.

[2] Va'vra J. Review of Wire Chamber Ageing [J]. Nucl. Instr. Meth., 1986 (A252): 547-563, and references therein.

[3] Kadyk J A. Wire Chamber Aging [J]. Nucl. Instr. Meth., 1991 (300): 436-479.

[4] Bouclier R, et al. Ageing of Microstrip Gas Chambers: Problems and Solutions [J]. Nucl. Instr. Meth., 1996 (A381): 289-319.

[5] Proceedings of the Workshop on Radiation Damage to Wire Chambers, LBL-21170, Lawrence-Berkeley Laboratory, 1986: 1-344 [C].

[6] Proceedings of the International Workshop on Ageing Phenomena in Gaseous Detectors [J]. Nucl. Instr. Meth., 2003 (A515): 1-385.

[7] Kotthaus R. A Laboratory Study of Radiation Damage to Drift Chambers [J]. Nucl. Instr. Meth., 1986 (A252): 531-544.

[8] Algeri A, et al. Anode Wire Ageing in Proportional Chambers: The Problem of Analog Response [R/J]. CERN-PPE-93-76, 1993; Nucl. Instr. Meth., 1994 (A338): 348-367.

[9] Wise J. Chemistry of Radiation Damage to Wise Chambers [D]. LBL-32500 (92/08), Lawrence-Berkeley Laboratory, 1992.

[10] Fraga M M, et al. Fragments and Radicals in Gaseous Detectors [J]. Nucl. Instr. Meth., 1992 (A323): 284-288.

[11] Capéans M, et al. Ageing Properties of Straw Proportional Tubes with a Xe-CO_2-CF_4 Gas Mixture [R/J]. CERN-PPE-93-136, 1993; Nucl. Instr. Meth., 1994

(A337): 122-126.

[12] Titov M, et al. Summary and Outlook of the International Workshop on Aging Phenomena in Gaseous Detectors, DESY, Hamburg, Germany, 2-5 October 2001, hep-ex/0204005; ICFA Instrum [C/J]. Bull., 2002 (24): 22-53.

[13] Titov M. Radiation Damage and Long-Term Aging in Gas Detectors [R]. Physics/0403055, 2004.

[14] Malter L. Thin Film Field Emission [J]. Phys. Rev., 1936 (50): 48-58.

[15] Capeans M. Aging and Materials: Lessons for Detectors and Gas Systems, International Workshop on Aging Phenomena in Gaseous Detectors, DESY, Hamburg, Germany, 2-5 October 2001 [J]. Nucl. Instr. Meth., 2003 (A515): 73-88.

[16] Va'vra J. Wire Ageing with the TEA Photocathode [R/J]. SLAC-Pub-7168, 1996; Nucl. Instr. Meth., 1997 (A387): 183-185.

[17] Li Zhao, et al. Properties of Plastic Scintillators after Irradiation [J]. Nucl. Instr. Meth., 2005 (A552): 449-455.

[18] Vasil'chenko V G, et al. New Results on Radiation Damage Studies of Plastic Scintillators [J]. Nucl. Instr. Meth., 1996 (A369): 55-61.

[19] Zhu R Y. Radiation Damage in Scintillating Crystals [J]. Nucl. Instr. Meth., 1998 (A413): 297-311.

[20] Hryn'ova T, et al. A Study of the Impact of Radiation Exposure on Uniformity of Large CsI(Tl) Crystals for the BABAR Detector [J]. Nucl. Instr. Meth., 2004 (A535): 452-456.

[21] Beylin D M, et al. Study of the Radiation Hardness of CaI(Tl) Scintillation Crystals [J]. Nucl. Instr. Meth., 2005 (A541): 501-515.

[22] Vasiliev Ya V, et al. BGO Crystals Grown by a Low Thermal Gradient Czochralski Technique [J]. Nucl. Instr. Meth., 1996 (A379): 533-535.

[23] Peng K C, et al. Performance of Undoped BGO Crystals under Extremely High Dose Conditions [J]. Nucl. Instr. Meth., 1999 (A427): 524-527.

[24] The Compact Muon Solenoid Technical Proposal [R]. CERN/LHCC 94-38, 1994.

[25] Kobayashi M, et al. Radiation Hardness of Lead Glasses TF1 and TF101 [J]. Nucl. Instr. Meth., 1994 (A345): 210-212.

[26] Dumanoglu I, et al. Radiation Hardness Studies of High OH⁻ Quartz Fibers for a Hadronic Forward Calorimeter of the Compact Muon Solenoid Experiment at the Large Hadron Collider [C]//Proc. 10th Int. Conf. on Calorimetry in Particle Physics, Pasadena California, USA, 2002. Singapore: Word Scientific, 2002: 521-525.

[27] Turala M. Silicon Tracking Detectors: Historical Overview [J]. Nucl. Instr. Meth., 2005 (A541): 1-14.

[28] Lindström G, et al. Radiation Hard Silicon Detectors Developments by the RD48 (ROSE) Collaboration [J]. Nucl. Instr. Meth., 2001 (A466): 308-326.
[29] Spieler H. //Eidelman S, et al. Phys. Lett., 2004, 1/2/3/4 (B592): 262-263.
[30] Lutz G. Semiconductor Radiation Detectors [M]. Berlin: Springer, 1999.
[31] Radiation Hardness Assurance. http://lhcb-elec.web.cern.ch/lhcb-elec/html/radiation_hardness.htm. Civinini C, Focardi E. Procs. 7th Int. Conf. on Large Scale Applications and Radiation Hardness of Semiconductor Detectors [J]. Nucl. Instr. Meth., 2007 (A570): 225-350.
[32] Leroy C, Rancoita P G. Particle Interaction and Displacement Damage in Silicon Devices Operated in Radiation Environments [J]. Rep. Proc. Phys., 2007 (70): 493-625.

第 13 章　通用探测器实例:Belle

在物理学中,我们的职责是:借助于少数几个基本原理,以简单的方式看待事物,理解大量复杂的现象.[①]

——史蒂文·温伯格[②]

当今的高能物理实验通常需要一种至少由多个子系统组成的、实现多个目标的实验装置.这类装置(一般称为"探测器")包含众多的灵敏通道,它们是测量对撞产生的诸多粒子的特性或初态粒子的衰变所必需的.一组典型的探测器性质包括寻迹的能力,即顶点坐标和带电粒子角度的测量、带电粒子动量的测量、粒子能量的测定和粒子鉴别.一个极其重要的系统是触发系统,它用来探测感兴趣事例是否出现,并产生一个信号来启动从相关的通道读取信息.由于高能物理实验通常运行数月或数年,重要的任务是监测和控制探测器的诸多参数并保证其尽可能的稳定.为了实现这一目标,探测器通常配置了所谓的**慢控制系统**,它连续不停地记录数百个实验参数,如果其中的某些参数超出了一定的边界值,就对实验者发出警告.

为了控制积累数据统计量、计算截面和衰变率的过程,还必须配备亮度测量系统(亮度的定义参见第 4 章).

本章讨论称为 Belle 的一个通用探测器.建造于日本筑波 KEK 的能量不对称高亮度 B 介子工厂 KEKB 上的 Belle 探测器实验,目的是研究 B 介子衰变中的 CP 破坏. KEKB e^+e^- 对撞机[1]包含电子(8 GeV)和正电子(3.5 GeV)两个分离的环,安装于周长约 3 km 的同一个隧道内.目前的亮度约为 1.6×10^{34} cm$^{-2}\cdot$s^{-1},在 2 A 正电子流强和 1.5 A 电子流强下达到.

Belle 探测器建造于 1994~1998 年.探测器从 1999 年开始运行,时至今日(2007 年初),该实验收集了约 700 fb^{-1} 的积分亮度.

---

① 原文:Our job in physics is to see things simply, to understand a great many complicated phenomena, in terms of a few simple principles .

② Steven Weinberg(1933~),美国理论物理学家,1979 年获诺贝尔物理学奖.　　　　——译者注

13.1 Belle 子探测器

Belle 探测器的布局示于图 13.1,该探测器的详尽描述参见文献[2]. 本章中介绍的大部分结果都取自该文献.

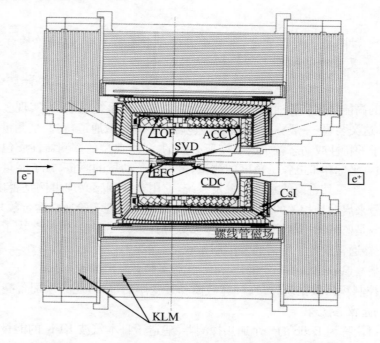

束流管	双层 0.5 mm 壁厚铍管,氦气冷却
SVD	3 层双面 300 μ 硅探测器
CDC	50 阳极丝层(18 斜丝层),3 阴极丝层
ACC	960 + 228 气凝硅胶单元,n = 1.01~1.03
TOF	4 cm 厚闪烁体,128ϕ 扇区
CsI	6 624 + 1 152 + 960 CsI(Tl)晶体,长 30 cm
螺线管磁场	1.5 T
KLM	14 层(RPC 超层加 4.7 cm 铁)
EFC	160(13.7 cm) + 160(12.4 cm)BGO 晶体

图 13.1 Belle 探测器示意图[2]

束流管道内电子束和正电子束的交叉角为 ± 11 mrad. 束流管道的中心部分

第13章 通用探测器实例:Belle

($-4.6\text{ cm}\leqslant z\leqslant 10.1\text{ cm}$)是内直径为30 mm的双层壁的铍管.内壁与外壁的间距为2.5 mm,作为冷却用的氦气通道.每层壁的厚度是0.5 mm.

B介子衰变顶点用紧挨着束流管外沿放置的硅顶点探测器(SVD)测量.带电粒子的寻迹依靠50层丝的漂移室(中心漂移室,CDC)来实现.粒子鉴别基于CDC和气凝硅胶切伦科夫计数器(ACC),以及径向放置于中心漂移室外沿的飞行时间计数器(TOF)中的dE/dx测量来实现.电磁簇射利用掺杂铊的碘化铯计数器阵列(CsI(Tl),电磁量能器,ECL)探测.上述子探测器都处于直径为3.4 m的超导螺线管磁铁之内,后者提供1.5 T的轴向磁场.

μ子和K_L介子用内插于轭铁的阻性板计数器阵列来鉴别(K_L和μ子探测系统,KLM).探测器覆盖的θ角范围为17°~150°,这里θ是相对于束流轴线的极角.部分未覆盖的小角度区域配置了一对锗酸铋(BGO)晶体阵列(电子前向量能器,EFC),它们放置于前向和后向的聚焦四极透镜的低温恒温器的表面.

13.1.1 硅顶点探测器(SVD)

由于Belle实验感兴趣的大多数粒子的动量为1 GeV/c或以下,顶点的分辨率主要取决于多次库仑散射.这一点成为探测器设计中严苛的限制性因素.特别是**顶点探测器**的最内层必须安装在尽可能接近相互作用点的位置,其支撑结构质量必须很低且有刚性,读出电子学必须安放在寻迹区域之外.设计还必须禁得起超过每年200 krad(2 kGy)的高束流本底.这种水平的辐照剂量会导致电子学的高水平噪声,并使硅探测器的漏电流增大.此外,束流本底会造成高的单次击中计数率.为了减小计数率和漏电流效应,要求电子学的成形时间短,而前端集成电路的输入FET噪声则需要较长的成形时间来使其减到最小(参见14章),电子学的成形时间(目前设置为500 ns)需要兼顾两者的平衡加以确定.

从1999年开始,开发了若干个版本的SVD[3].目前使用的探测器SVD-2.0[4]示于图13.2.它是四层桶部设计,覆盖的极角范围是17°<θ<150°.每一层构建为相互独立的阶梯形结构.阶梯形结构由氮化硼支撑筋加固的**双面硅条探测器**(DSSD)构成.

使用于当前SVD中的双面硅条探测器是Hamamatsu Photonics专门为Belle研制的S4387微条探测器.耗尽层的厚度是300 μm,施加于p层和n层的偏压分别是-40 V和$+40$ V.条的节距对于p层是75 μm,它用于z坐标的测量;对于n层是50 μm,它用于φ坐标的测量.读出道总数是110 592.

该探测器的读出链基于VA1TA集成电路,它安装在陶瓷混合电路(ceramic hybrid)内并与DSSD相连[5].VA1TA芯片利用0.35 μm基本尺寸单元制作.它包含128个读出通道.单元的小尺寸保证了芯片有良好的耐辐照性能.每一通道包含有一个电荷灵敏前置放大器,后面连接一个CR-RC成形放大器.成形放大器的输出送至跟踪保持电路(track and hold circuit),后者由电容和CMOS开关构成.触发信号到来后,模拟信息被传输给存储电容,然后这些存储电容上的信息被顺序读出.该芯片的重要特征是它具有超过 20 Mrad(200 kGy)的极好的耐辐照性能.

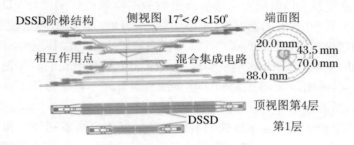

图 13.2　硅顶点探测器 SVD-2.0

后端电子学是由闪电式模拟数字变换器(FADC)、数字信号处理器(DSP)和现场可编程门阵列(FPGA)构成的一个系统,安装于标准的 6U VME 板上.数字信号处理器在线地实现共模噪声的扣除、数据稀疏化和数据格式化等功能.

图 13.3 显示了参数分辨对于粒子动量的依赖关系.目前的硅顶点探测器的分辨可近似地用以下式子表示:

$$\sigma_{r\varphi}(\mu m) = \sqrt{22^2 + \left[\frac{36}{p(\text{GeV}/c)\beta\sin^{3/2}\theta}\right]^2}, \quad (13.1)$$

$$\sigma_z(\mu m) = \sqrt{28^2 + \left[\frac{32}{p(\text{GeV}/c)\beta\sin^{5/2}\theta}\right]^2}. \quad (13.2)$$

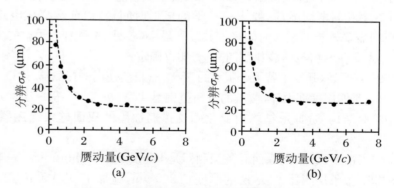

图 13.3　参数分辨对于粒子动量的依赖关系

(a) $r\varphi$ 投影;(b) z 投影.利用宇宙线 μ 子进行测量.虚线表示近似公式的计算值.赝动量对于 $r\varphi$ 投影是 $p\beta\sin^{3/2}\theta$,对于 z 投影是 $p\beta\sin^{5/2}\theta$

13.1.2　中心漂移室(CDC)

CDC 的结构示意图如图 13.1 所示[6].它在 z 方向上是不对称的,目的是提供 $17°<\theta<150°$ 的角度覆盖.最长的丝长度达 2 400 mm.CDC 的内、外半径分别

第 13 章　通用探测器实例:Belle

是 102 mm 和 874 mm. 前向和后向比较小的部分呈圆锥状,目的是在避开加速器器件的情况下获得最大的接收度.

该室有 50 层圆柱形的阳极丝层和 8 400 个漂移单元,配置为 6 个轴向超层和 5 个小角度斜丝超层. 每个斜丝超层中的倾角使得 z 坐标测量能力达到最大化,同时使得沿丝方向增益的变化保持在 10% 以下. 因此,斜丝倾角在 -57 mrad 到 +74 mrad 之间变化.

单个的漂移单元接近方形,除了最内的两层,它们的极大漂移距离在 8 mm 到 10 mm 范围,径向宽度则在 15.5 mm 到 17 mm 范围(图 13.4). 最内两层的漂移单元比其他单元要小,尺寸是 5 mm×5 mm. 灵敏丝用的是直径为 30 μm 的镀金钨丝,使漂移电场达到极大. 为了减少物质量,场丝采用无镀层的铝丝. 直径选择 126 μm 以使丝表面电场保持在 20 kV/cm 以下,从而避免辐射损伤(参见第 12 章). 总的丝张力为 3.5 t,由两块铝制端面板和连接两端面板的强化碳纤维板(CFRP)圆柱面结构加以支撑.

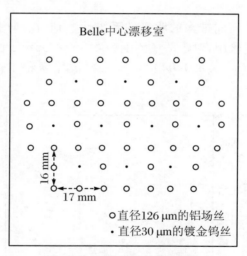

图 13.4　Belle CDC 单元结构

为了尽可能减小多次库仑散射对于动量分辨率的贡献,利用低 z 气体极为重要. 因为低 z 气体的光电效应截面小于以氩气为基本成分的混合气体,使用低 z 气体的额外好处是减小了同步辐射造成的本底. 50% 氦气与 50% 乙烷的混合气体被选择为 CDC 的工作气体. 该混合气有很长的辐射长度(640 m),在相对较低的电场下漂移速度即达到饱和(4 cm/μs)[7-8]. 这对于方形单元的漂移室是重要的,因为这样的几何构型使电场存在很大的不均匀性. 利用达到饱和漂移速度的气体使得刻度相对简单,并有助于室性能的稳定和可靠. 即使该混合气体有低的 z 值,比例很大的乙烷成分仍然提供了良好的 dE/dx 分辨[9].

CDC 的电子学在文献[10]中作了介绍. 信号由安装在探测器内的 Radeka 型

前置放大器进行放大,然后通过约 30 m 长的双绞线电缆送给电子学间的成形-甄别-QTC(电荷(Q)-时间(T)变换)模块.该模块接收信号并对之成形和甄别,继而实现电荷-时间变换.在变换的同时该模块产生一个逻辑输出,它的前沿确定了漂移时间,其宽度则正比于输入脉冲幅度.这一技术是常见的 TDC/ADC 读出方案相当简单的扩展,但是仅仅利用 TDC 就能够同时测量信号的时间和电荷信息.由于多次命中 TDC(multihit TDC)工作于公共停止模式(common stop mode),这里我们不再需要长的延迟;而在利用触发信号产生的开门信号进行的 ADC 读出中,模拟信号通常需要有长的延迟.

图 13.5 显示了利用宇宙线测得的空间分辨率与漂移距离间的函数关系.对于穿过漂移空间中心附近的径迹,空间分辨率好于 100 μm.利用宇宙线 μ 子测得的动量分辨率与横动量间的函数关系可近似地表示为

$$\frac{\sigma_{p_T}}{p_T}(\%) = \sqrt{[(0.201 \pm 0.003) p_T(\text{GeV}/c)]^2 + [(0.290 \pm 0.006)/\beta]^2}.$$

(13.3)

没有观察到粒子电荷不同带来的明显的系统性差别.在利用过程 $e^+ e^- \to \mu^+ \mu^-$ 产生的 μ 子进行的实验中,对于动量范围为 $4 \sim 5.2$ GeV/c 的 μ 子,测得的动量分辨率是 $\sigma_{p_T}/p_T = (1.64 \pm 0.04)\%$.这一数值比蒙特卡洛模拟的结果要差一些.

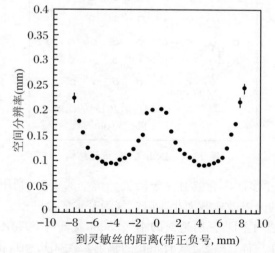

图 13.5 空间分辨与漂移距离间的函数关系

中心漂移室中的 dE/dx 测量用来进行粒子鉴别.所谓的截断平均方法用以估计最可几能量损失.每条径迹测得的多个 dE/dx 值中数值最大的 20% 被舍弃,其余的数值求平均.这种方法使得 dE/dx 值的朗道分布长尾巴的影响达到极小化.对于 $0.4 \sim 0.6$ GeV/c 的动量范围,测得的 (dE/dx) 分辨率是 7.8%,而对于

Bhabha 和 μ 子对事例则约是 6%.

13.1.3 气凝胶切伦科夫计数器系统(ACC)

粒子鉴别,特别是 $\pi^{\pm}$,$K^{\pm}$ 的鉴别能力,对于 B 介子中 CP 破坏的理解起着关键性的作用.气凝硅胶阈式切伦科夫计数器阵列被选为 Belle 粒子鉴别系统的一个组成部分,以扩展动量覆盖范围,使其超过 CDC 的 dE/dx 测量和飞行时间系统(TOF)的飞行时间测量的动量覆盖范围.

位于 Belle 探测器中心部位的**气凝硅胶切伦科夫计数器系统(ACC)**的结构示于图 13.6[11-12].ACC 的桶部由 960 个计数器组件构成,在 φ 方向分割为 60 个单元;其前向端盖部分由 228 个计数器组件构成,沿径向分为 5 层同心圆.所有的计数器放置为放射形半塔状结构,指向相互作用点.为了在整个运动学范围内获得好的 π/K 分辨,气凝硅胶的折射率选择在 1.01 和 1.03 之间,具体数值取决于极角的范围.

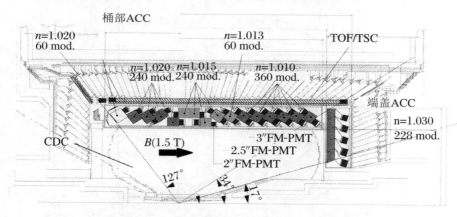

图 13.6 ACC 系统的几何结构(mod.表示组件)

每个计数器包含 5 个气凝硅胶瓦片,堆叠在尺寸约为 12 cm×12 cm×12 cm、厚 0.2 mm 的薄铝盒内.由于 ACC 工作在 Belle 探测器的 1.5 T 强磁场下,**细网格光电倍增管(FM PMT)**与该铝盒侧面的气凝硅胶直接耦合,用来探测切伦科夫光,充分发挥这类光电倍增管具有的有效面积大、增益高的优点[13].

气凝硅胶已使用在若干个实验中,但使用了几年之后它的透明度会变差.这一现象可归因为气凝硅胶的亲水性.为了阻止这种效应,人们研发和生产了一种特殊的气凝硅胶,通过将表面羟基改变为三甲基硅烷基使其高度疏水[14].这种处理的结果使得 Belle ACC 使用的气凝硅胶在它制成四年之后依然保持透明.

用这种工艺生产的所有气凝硅胶瓦片对其光学透明度、非散射光的透射比、折射率和尺寸等数据都进行了检查.

FM PMT 是由 Hamamatsu Photonics 生产的.每个 FM PMT 有 1 个硼硅酸盐玻璃窗、1 个双碱光电阴极、19 级细网格打拿极和 1 个阳极.ACC 中用了直径为

2,2.5 和 3 in 的三种 FM PMT. 对于 400 nm 波长的光,光阴极的平均量子效率是 25%. 细网格打拿极的光学接收度,即孔的面积与总面积之比约为 50%.

19 级细网格打拿极的 FM PMT 在中等 HV 值(<2 500 V)下即有很高的增益(约 10^8). FM PMT 的增益随着磁场强度的增强而降低. 对于平行于磁场方向放置的 FM PMT,其增益在 1.5 T 磁场下减小到无磁场情形下的 1/200;当方向与磁场方向倾斜时增益稍有上升.

ACC 系统的性能示于图 13.7,图中显示了桶部 ACC 对于 Bhabha 事例的 $e^\pm$ 径迹所测得的脉冲幅度分布,以及强子事例中的候选 $K^\pm$ 的脉冲幅度分布,其中候选 $K^\pm$ 是由飞行时间和 dE/dx 测量值确定的[15]. 该图表明高能电子与阈值之下的粒子之间能够清晰地分辨开来,同时也表明了数据与蒙特卡洛模拟之间符合得很好[16].

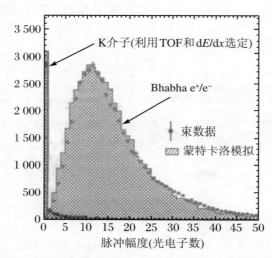

图 13.7 桶部 ACC 观测到的电子和 K 介子的脉冲幅度谱

脉冲幅度以光电子为单位. 候选 K 介子由 dE/dx 和 TOF 测量值确定. 蒙特卡洛模拟的结果用阴影线表示

13.1.4 飞行时间计数器(TOF)

对于 1.2 m 路径,时间分辨率 100 ps 的 TOF 系统对于动量低于 1.2 GeV/c 的粒子分辨是有效的, Υ(4S) 衰变产生的粒子的 90% 处于该动量范围. 除了粒子鉴别之外, TOF 计数器为触发系统提供一个快信号,以产生 ADC 的门信号和 TDC 的停止信号.

TOF 系统由 128 个 TOF 计数器和 64 个薄触发闪烁计数器(TSC)组成. 两个梯形 TOF 计数器与一个 TSC 相互径向间隔 1.5 cm 构成一个组件. 总共 64 个 TOF/TSC 组件放置在距相互作用点半径 1.2 m 处,其极角覆盖范围为 34°~120°. 能达到 TOF 计数器的最小横向动量约为 0.28 GeV/c. 组件的尺寸示于图 13.8.

这些组件各自独立地安装在桶部 ECL 容器的内壁上. TOF 计数器与 TSC 之间引入 1.5 cm 的间距,是为了通过 TOF 和 TSC 计数器的符合将飞行时间系统与光子转换本底隔离开来. TSC 计数器中光子转换产生的电子和正电子,在该间距中由于在 1.5 T 磁场的作用下发生螺旋线运动,而无法到达 TOF 计数器.

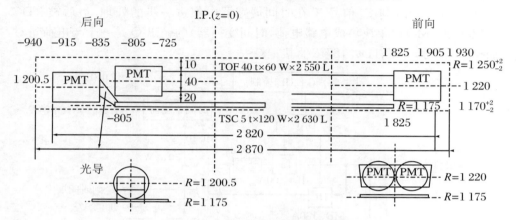

图 13.8 Belle TOF 系统的示意图

选择了直径 2 in、24 级打拿极的 Hamamatsu(HPK)R6680 型细网光电倍增管(FM PMT)用于 TOF 计数器. 这些 FM PMT 在 1.5 T 磁场、高压低于 2 800 V 的情形下具有 3×10^6 的增益. 双碱光电阴极有效直径为 39 mm,覆盖了每个 TOF 计数器端部面积的 50%. 渡越时间弥散量(transit-time spread)是 320 ps(rms),上升和下降时间分别是 3.5 ns 和 4.5 ns,脉冲宽度(FWHM)约为 6 ns. FM PMT 附着在 TOF 计数器的两端,其间的空气间隙约为 0.1 mm. 在 TSC 计数器中,PMT 用胶与后向端面的光导相黏接. 在 TOF 计数器中,闪烁体与 PMT 间的空气间隙有助于选择先到达的光子,并减小 FM PMT 增益的饱和效应,后者可能会在极高事例率的大脉冲情形下出现. 与计数器轴线成大角度到达的光子由于内反射而不可能离开闪烁体,所以不会到达 PMT. 用这种方法,可以只选择穿越时间较短、时间弥散较小的光子.

TOF 和 TSC 闪烁体(BC408,Bicron)用一层 45 μm 厚的聚乙烯薄膜(Tedlar)包裹起来,以保证光密性并保护闪烁体表面. 这层薄包装膜使得相邻的 TOF 计数器间的死空间达到极小. 有效光衰减长度约为 3.9 m,而有效的光传播速度是 14.4 cm/ns. 对穿过计数器的每一个最小电离粒子(MIP),TSC 计数器接受到的光电子数相当程度上取决于粒子的穿越位置,但对于整个计数器而言要超过 25 个光电子. 这就保证了,即便利用 0.5 MIP 作为名义甄别水平,TOF 触发信号仍具有 98% 的高效率.

单路 TOF 前端电子学的框图示于图 13.9. 每个光电倍增管的信号被分为两路. 一路送给电荷-时间变换器,然后送至多次命中 TDC 进行电荷测量. 另一路产生对应于两个不同阈值的信号:高电平(HL)和低电平(LL). 两个 LeCroy

MVL107(单块集成电路电压比较器,Monolithic Voltage Comparator)用作甄别器,阈电平对于 HL 设置在 0.3～0.5 MIP,对于 LL 设置在 0.05～0.1 MIP. LL 输出提供 TOF 定时信号,而 HL 输出提供触发信号. HL 被用来产生一个 LeCroy MQT300A Q-T 转换的自开门信号以及 LL 输出的开门信号. 一个公共触发用于 MQT300A 的台阶刻度. 信号 T 在时间展宽器中作进一步的处理,最后被 TDC 1877S 读出. MQT(单块集成电路电荷-时间变换器)的输出 Q 是一个与电荷量对应的定时信号,它被 TDC 1877S 直接记录.

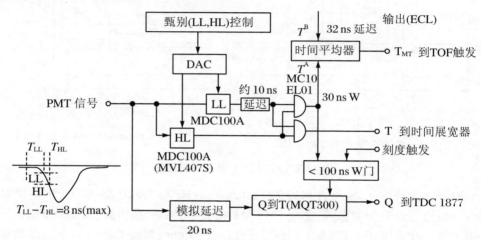

图 13.9 单路 TOF 前端电子学的框图

为了获得高的时间分辨率,在离线数据处理中采用了如下的时间晃动(time-walk)修正公式:

$$T_{obs}^{twc} = T_{raw} - \left[\frac{z}{V_{eff}} + \frac{S}{\sqrt{Q}} + F(z) \right], \tag{13.4}$$

其中 T_{raw} 是 PMT 的信号时间,z 是粒子击中 TOF 计数器的位置,V_{eff} 是闪烁体中的有效光速,Q 是信号的电荷,S 是时间晃动系数,T_{obs}^{twc} 是经过时间晃动修正的测量时间,以及

$$F(z) = \sum_{n=0}^{n=5} A_n z^n. \tag{13.5}$$

对于 $n=0,1,\cdots,5$,系数 $1/V_{eff}$,S 和 A_n 根据实验数据来确定.

对过程 $e^+ e^- \rightarrow \mu^+ \mu^-$ 中的 μ 子测得的计数器时间分辨率约为 100 ps,略微依赖于 z 值. 该时间分辨率满足了设计的目标. 即使在渡越时间弥散为 320 ps 的情形下仍然能达到这样的时间分辨率,因为每个最小电离粒子产生的光电子数约为 200. 因此,由于大的光电子数统计量,渡越时间弥散对于时间分辨率的贡献大为减小. 图 13.10 显示了强子事例中动量低于 1.2 GeV/c 的径迹的质量分布. 质量 m 利用如下公式计算:

$$m^2 = \left(\frac{1}{\beta^2} - 1\right)P^2 = \left[\left(\frac{cT_{\text{obs}}^{\text{twc}}}{L_{\text{path}}}\right)^2 - 1\right]P^2, \tag{13.6}$$

其中 P 和 L_{path} 分别是粒子的动量和路径长度,由 CDC 径迹拟合所确定.可以观察到三个清晰的峰,对应于 $\pi^{\pm}$,$K^{\pm}$ 和质子.数据点与 $\sigma_{\text{TOF}} = 100$ ps 的蒙特卡洛预期值(直方图)有很好的一致性.

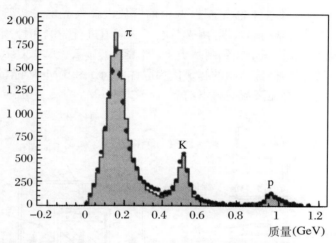

图 13.10 对于低于 $1.2\,\text{GeV}/c$ 的动量,TOF 测量对应的粒子质量分布

13.1.5 电磁量能器(ECL)

由于 B 介子衰变产物的三分之一是 π^0 和其他中性粒子,它们产生的光子能量在 20 MeV~4 GeV 范围内,因此探测器的一个极其重要的部分是**高分辨量能器**. CsI(Tl)闪烁晶体被选为量能器材料,因为 CsI(Tl)有高的光输出、短的辐射长度、好的机械性质和适中的价格.量能器的主要任务是:

(1) 以高效率探测 γ 光子;
(2) 精确测定光子的能量和坐标;
(3) 分辨电子/强子;
(4) 产生一个适当的触发信号;
(5) 亮度的在线和离线测量.

电磁量能器(ECL)由长 3.0 m、内半径为 1.25 m 的桶部和离相互作用点距离 $z = 2.0$ m(前向部分)和 $z = -1.0$ m(后向部分)的圆环形端盖所组成.量能器覆盖的极角范围为 $12.4° < \theta < 155.1°$,但其中存在桶部与两个端盖之间两个约 1°的间隙.

桶部呈现向着相互作用区投射的塔状结构.它包含 29 种不同类型的 6 624 块 CsI(Tl)组件.每块晶体呈截断的金字塔形,平均尺寸是截面 6 cm×6 cm,长 30 cm ($16.2X_0$).端盖总共包含 69 种 2 112 块 CsI 晶体.晶体总共有 8 736 块,总质量约为 43 t.

每块晶体用一层厚 200 μm 的 Gore-Tex 多孔聚四氟乙烯包裹,并覆盖一层厚 50 μm 的镀铝聚乙烯膜。两个 10 mm×20 mm 的 Hamamatsu S2744-08 光二极管通过一块 1 mm 厚的丙烯酸片用胶黏接在晶体的背面,用作光读出。之所以使用丙烯酸片,是因为发现光电二极管与 CsI 直接胶黏接在温度变化时会脱开,可能是因为硅和 CsI 的热膨胀系数不同。附着在丙烯酸片上的 LED 可以将光脉冲入射到 CsI 晶体中以监测光学条件的稳定性。两个前置放大器与光电二极管相连接。测试脉冲被送到前置放大器的输入端,用来对电子学通道进行监测和控制。一个铝屏蔽的前置放大器盒用螺钉固定在铝制基板上。图 13.11 显示了单个 CsI(Tl) 计数器的机械装配。该计数器的信号产额的测量值为晶体中每沉积 1 MeV 能量输出约 5 000 个光电子。噪声水平在无束流情形下约等价于 200 keV。

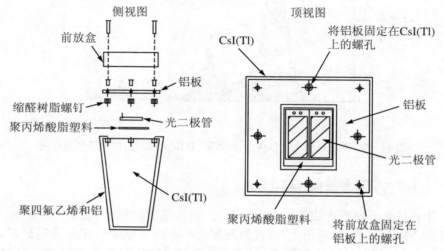

图 13.11 ECL 计数器的机械装配

桶部的晶体安装于内、外两个圆筒之间用厚度 0.5 mm 铝隔板壁制作的蜂巢状结构内。外圆筒、两个端部圆环和加强筋用不锈钢制成,形成支撑晶体重量的刚性结构。内圆筒用厚度为 1.6 mm 的铝板制作,以尽可能减少量能器前面的非探测物质量。整个支撑结构是气密的,并充以干燥空气以对 CsI(Tl) 晶体提供一个低湿度(5%)的环境。前置放大器的发热量总共为 3 kW,用液体冷却系统带走。为使电子学稳定地工作,要求工作温度低于 30 ℃,并具有 ±1 ℃ 的稳定性。端盖部分的支撑结构与桶部类似。

读出电子学的框图示于图 13.12。前置放大器的输出通过 10 m 长的 50 Ω 双绞电缆传输到成形电路,在那里同一块晶体输出的两路信号相加。相加信号然后分成两路:一路用来作为能量测量的主要数据获取,另一路用于触发电子学。用于能量测量的主信号以时间常数 $\tau = 1\ \mu s$ 进行成形,并送给安装于同一电路板上的一个电荷-时间(Q-T)变换器 LeCroy MQT300A。Q-T 变换器的输出通过双绞电缆传输到电子学间中的多次命中 TDC 插件(LeCroy 1877S)进行数字化. 触发信号则用一较小的时间常数进行成形, 并且约 16 路(lines)被合并起来形成一个模拟求和信号用作一级(level-1)触发.

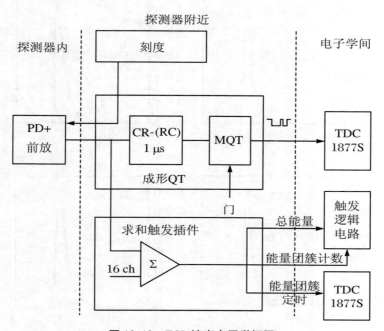

图 13.12　ECL 读出电子学框图

利用 Bhabha 事例($e^+e^- \to e^+e^-$)和正负电子湮灭为双光子的事例($e^+e^- \to \gamma\gamma$)进行绝对能量刻度. 利用一个包含 $N_{e^+e^-}$ 个 Bhabha 事例的样本, 通过对 χ^2 求极小得到第 j 个计数器的刻度常数 g_j:

$$\chi^2 = \sum_k^{2N_{e^+e^-}} \left[\frac{E_k(\theta)f(\theta) - \sum_j g_j E_j}{\sigma} \right]^2, \quad (13.7)$$

其中 E_k 是散射电子的预期能量. 求和号遍及所有的电子和正电子. χ^2 的值在不对称的对撞机中是 θ 的函数. 函数 $f(\theta)$ 是对于簇射泄漏和量能器前方物质量效应的修正因子, 由蒙特卡洛模拟加以确定. χ^2 的极小化是通过一个约 8 000 × 8 000 稀疏矩阵的求逆来实现的. 在这一刻度中, 每个计数器中约有 100 个事例.

图 13.13 表明, 对于 4~7 GeV 能量范围的电子, 从整个量能器中收集到的 Bhabha 事例($e^+e^- \to e^+e^-$)求得的平均能量分辨率约为 1.7%. 该能量范围内的能量分辨率没有太大变化, 因为量能器的能量泄漏随能量增加而增加, 而簇射中的粒子数也增加了, 这两个效应在一定程度上相互补偿.

强子事例中的双光子不变质量分布示于图 13.14(a)和(b). 观测到了 π^0 和 η 介子名义质量处两个清晰的峰; 对于 π^0 达到的质量分辨率为 4.8 MeV, 对于 η 则约为 12 MeV.

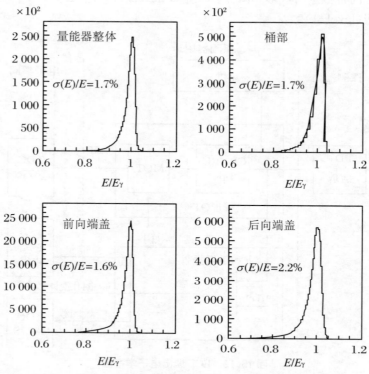

图 13.13　由 Bhabha 事例样本测得的能量分辨率:量能器整体、桶部、前向端盖和后向端盖

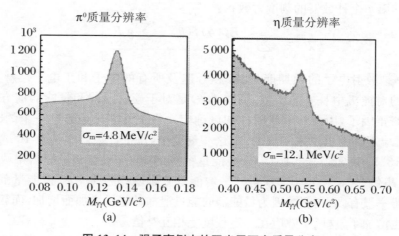

图 13.14　强子事例中的双光子不变质量分布
(a) $\pi^0 \to \gamma\gamma$;(b) $\eta \to \gamma\gamma$. 其中每个光子在桶部区域的沉积能量要求大于 30 MeV

13.1.6 K_L 和 μ 子探测系统(KLM)

KLM 探测系统设计用来在高于 600 MeV/c 的宽广动量区间内以高的效率鉴别 K_L 和 μ 子.围绕相互作用点的桶部区覆盖的极角范围是 $45°\sim125°$,前向和后向端盖将覆盖的极角范围扩展到 $20°\sim155°$.

KLM 探测系统由多层交替放置的带电粒子探测器和厚 4.7 cm 的铁板所构成.15 层探测器和 14 层铁板构成八边形的桶部区,而前向和后向端盖各有 14 层探测器.对于垂直于探测器表面正入射的粒子,这些铁板提供了总共 3.9 相互作用长度的物质量.此外电磁量能器 ECL 提供了额外的 0.8 相互作用长度的物质量使 K_L 发生转换.在铁或 ECL 中,发生相互作用的 K_L 产生电离粒子簇射.该簇射的位置确定了 K_L 的飞行方向,但簇射的大小并不能够对于 K_L 能量构成有效的测量.多层带电粒子探测器和铁板使得能够根据射程和横向散射来实现对于 μ 子和带电强子($\pi^\pm$ 或 $K^\pm$)之间的鉴别.与发生强相互作用的强子相比,平均地说,μ 子穿过的距离要长得多,横向偏离要小得多.

带电粒子在 KLM 探测系统中是由玻璃电极的阻性板计数器(RPC)探测的[17-18].阻性板计数器由两块高体电阻($\geqslant 10^{10}$ $\Omega\cdot$cm)的平行板电极构成,其间充以气体.在流光模式下,一个粒子穿越气隙将在气体中产生流光,导致平板电极局部放电.这一局部放电在外部的收集条(pickup strip)上感应出信号,后者被用来记录电离的位置和时间.

图 13.15 显示了一个超层的截面图,超层中两个 RPC 夹在相互正交的、分别带有 θ 和 φ 收集条的两个接地平面之间,后者作为信号参照并提供适当的阻抗.两个 RPC 和两个读出平面作为一个单元结构被装进一个铝盒,厚度小于 3.7 cm.两个 RPC 的信号被上

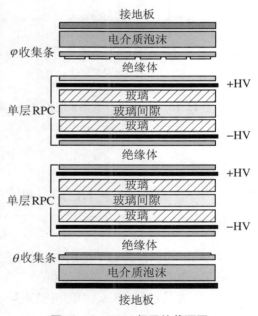

图 13.15 KLM 超层的截面图

端和下端的铜收集条所收集,给出粒子径迹的一个三维空间点.粒子穿过铁块时,多次散射的典型值是几厘米.这一因素决定了 KLM 空间分辨率投影值的尺度.桶部各层的收集条的宽度是不同的,但大致宽度为 50 mm,长度则从 1.5 m 直至 2.7 m.

这种双层设计提供了冗余的测量,即使单层 RPC 探测效率相对较低(90%~

95%),超层(双层)的测量效率可达 98% 以上.

利用宇宙线测量了超层的探测效率和分辨率.宇宙线 μ 子的动量利用中心漂移室和 1.5 T 的螺线管磁场测定.500 MeV/c 以下的 μ 子不能到达 KLM 系统.一个粒子的测量射程与 μ 子的预期射程的比较使得我们能够确定该粒子可视为 μ 子的似然值.在图 13.16(a) 中,显示了似然值大于 0.7 情形下,μ 子探测效率与动量的关系曲线.部分带电 π 介子和 K 介子会被误判为 μ 子.e^+e^- 对撞数据中的 $K_S \to \pi^+\pi^-$ 事例样本用来确定这一误判率.在似然值大于 0.7 的情形下,π 介子误判为 μ 子的概率示于图 13.16(b).当动量大于 1.5 GeV/c 时,我们发现 μ 子的鉴别效率大于 90%,误判概率小于 2%.

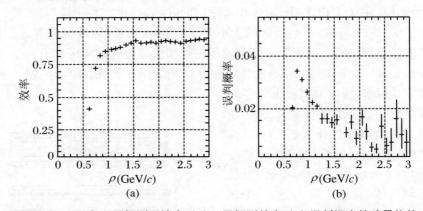

图 13.16 K_L 和 μ 子探测系统中,(a) μ 子探测效率,(b) 误判概率的动量依赖

13.2 粒子鉴别

在 Belle 探测器的**粒子鉴别**中,利用了所有子探测器的信息.

电子利用以下鉴别量进行鉴别:

(1) 电磁量能器(ECL)中的沉积能量与中心漂移室(CDC)测得的带电径迹动量比值;

(2) ECL 中的簇射横向形状;

(3) ECL 中的团簇与带电径迹由 CDC 外延到 ECL 的位置间的匹配;

(4) CDC 测定的 dE/dx;

(5) 气凝硅胶切伦科夫计数器系统(ACC)中的光产额;

(6) 飞行时间系统(TOF)测定的飞行时间.

各个鉴别量的概率密度函数(PDF)预先已经确定. 对于每一条径迹, 根据这些 PDF 计算出对应的似然概率, 并组合为最终的输出似然值. 似然值的计算考虑到了动量和角度依赖. 效率和误判概率显示于图 13.17, 其中 $e^+e^- \to e^+e^- e^+e^-$ 真实事例用来确定电子的测定效率, 真实数据中的 $K_S \to \pi^+\pi^-$ 衰变用来计算误判率. 对于大于 1 GeV/c 的动量, 电子鉴别效率保持在 90% 以上, 而误判概率保持在 0.2%～0.3% 范围.

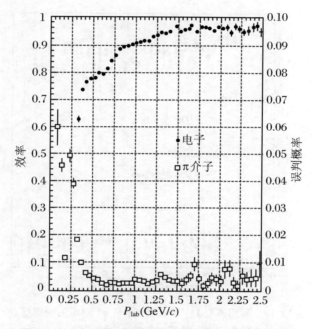

图 13.17 电子鉴别效率(圆点)和带电 π 介子的误判概率(方框)(注意:效率和误判概率的标尺不同)

K/π 分辨是通过近似于相互独立的三种测量信息的组合来实现的:

(1) CDC 测定的 dE/dx;

(2) TOF 测量;

(3) ACC 中测定的光电子数(N_{pe}).

如同电子鉴别(EID)一样, 对于每一条径迹, 首先计算每一种测量值的似然函数, 由三个似然函数的乘积得到该径迹视为一个 K 介子或 π 介子的似然概率 P_K 或 P_π. 通过对似然比(PID)

$$PID(K) = \frac{P_K}{P_K + P_\pi}, \quad PID(\pi) = 1 - PID(K), \tagno{13.8}$$

选定截断值来鉴别一个粒子是 K 介子或 π 介子.

K/π 分辨的有效性利用粲衰变 $D^{*+} \to D^0 \pi^+$, $D^0 \to K^-\pi^+$ 来显示. D^{*+} 衰变产

生的特征慢 π^+ 使得这类衰变事例的选择无需依靠粒子鉴别而具有好的信噪比(大于30).因此探测器性能可以利用 D 的衰变产物 K 介子和 π 介子来直接进行测试,衰变产物 K 介子和 π 介子可以通过它们对于慢 π^+ 的相对电荷进行标记.在动量 $0.5\sim4.0\,\text{GeV}/c$ 范围内,桶部区测得的 K 效率和 π 的误判概率作为径迹动量的函数绘于图 13.18.该图中所采用的似然比截断值是 $PID(K)\geqslant0.6$.对于该动量范围的大部分区域,测得的 K 效率超过 80%,而 π 的误判概率保持在 10% 以下.

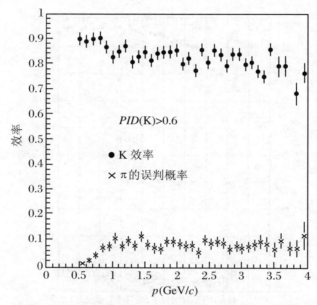

图 13.18 利用衰变 $D^{*+}\to D^0(K\pi)+\pi^+$ 测定的桶部区的 K 效率和 π 的误判概率

似然比截断值是 $PID(K)\geqslant0.6$

13.3 数据获取电子学和触发系统

在亮度为 $10^{34}\,\text{cm}^{-2}\cdot\text{s}^{-1}$ 的情形下,感兴趣的物理过程产生的总事例率约为 100 Hz. Bhabha 和 $e^+e^-\to\gamma\gamma$ 事例样本被收集来测量亮度并对探测器响应进行刻度,但是,因为它们的事例率极高,这些触发事例率必须预先减小到 1%. 由于束流强度高,所研究的事例伴随有很高的束流相关本底,后者主要由丢失的电子和正电子所产生.因此触发条件应当使本底事例率处于数据获取系统容许的范围之内(最高 500 Hz),而对感兴趣的物理事例有高的效率.重要的是必须有冗余触发以便在不同的触发条件下保持这种高效率.设计和研发的 Belle 触发系统能够满足这些要求.

Belle 触发系统由一级(level-1)硬件触发和一个软件触发组成.图 13.19 是 Belle 一级触发系统的示意图[19].它由各子探测器触发系统和称为总判选逻辑(Global Decision Logic,GDL)的中央触发系统所构成.各子探测器触发系统分为两类:径迹触发和能量触发.中心漂移室和飞行时间系统用以产生带电粒子的触发信号.CDC 提供径迹的 $r\varphi$ 和 rz 触发信号.ECL 触发系统提供基于总能量沉积和晶体击中的团簇计数的触发信号.这两类触发都具有充分的冗余.KLM 触发提供关于 μ 子的附加信息.各子探测器并行地处理事例信号,并将触发信息提供给 GDL,在那里所有信息结合起来给出事例类型的特征.

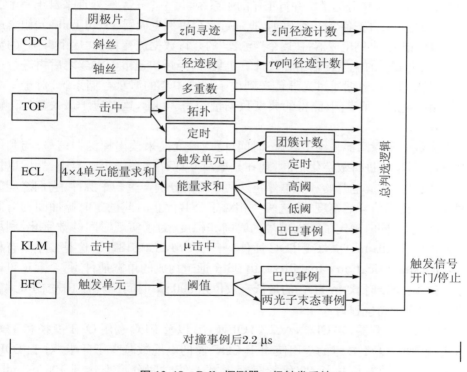

图 13.19　Belle 探测器一级触发系统

触发系统在事例出现后 2.2 μs 的固定时间内提供一个触发信号.该触发信号用作 ECL 读出的门信号,以及中心漂移室 TDC 的停止信号,从而给出 T_0.因此,具有好的定时精度是十分重要的.触发的定时主要由 TOF 触发所决定,TOF 触发的时间晃动(time jitter)小于 10 ns.ECL 触发信号还用作事例不存在 TOF 触发情形下的定时信号.为了保持 2.2 μs 的滞后时间(latency),要求每个子探测器的触发信号出现于 GDL 输入端的最大延迟时间是 1.85 μs.在总判选逻辑的输入端进行定时的调整，其结果是 GDL 保留固定的 350 ns 处理时间来形成最终的触发信号．Belle 触发系统，包括大部分子探测器触发系统，以流水线方式工作，其时钟与 KEKB 加速器 RF 信号同步．基本系统时钟（base system clock）是 16 MHz，即 509 MHz RF 的 32 分频．对事例需要进行快处理的系统，高频时钟 32 MHz 和 64 MHz 也是可以获得的．

Belle 触发系统广泛地利用了可编程逻辑芯片、Xilinx 现场可编程门阵列（FPGA）和复杂可编程逻辑器件（CPLD）芯片，它们构成了大部分的触发逻辑，并减少了硬件模块种类的数量．

为了满足数据获取的需求，使触发系统能工作于 500 Hz 且死时间小于 10%，人们研发了一种分布式的并行系统（distributed parallel system）．该系统的总体方案示于图 13.20．整个系统分为 7 个并行工作的子系统，每一个子系统处理来自于一个子探测器的数据．来自于各个子系统的数据通过一个事例生成器（event builder）组合成一个单事例记录，事例生成器将"逐个探测器"的并行数据流变换为"逐个事例"的数据流．事例生成器的输出传输给在线计算机集群，经过快速事例重建之后再进行一级事例过滤．然后，数据通过光纤传送到位于计算中心的海量存储系统．对于一个 $B\bar{B}$ 或 $q\bar{q}$ 产生的强子事例，测得的典型数据量约为 30 kB，这对应于最大数据传输率 15 MB/s．

大多数的子探测器采用了电荷-时间（Q-T）变换来读出探测器信号．与利用 ADC 对信号幅度进行数字化不同，现在是电荷立即存储在一个电容中，然后以恒定的速率放电．在放电开始和放电停止这两个时刻分别产生一个脉冲，它们之间的时间间隔正比于信号的幅度．将这两个相对于公共停止时间的定时脉冲间的时间间隔数字化，就同时确定了输入信号的时间和幅度．为了实现时间的数字化，利用了多重击中（multi-hit）快总线 TDC 插件——LeCroy LRS1877S．这是一个具有稀疏化功能（sparsification capability）、由 96 个通道构成的单宽插件，每个通道可以记录多达 16 个定时脉冲．TDC 的最低有效位是 500 ps．时间窗具有 16 位的可编程长度，这相应于满量程为 32 μs．

大多数子探测器，如 CDC，ACC，TOF，ECL 以及 EFC 利用 Q-T 变换和 TDC 技术进行读出．Q-T 技术的应用使于 CDC 丝的电缆数减少了一半．对于 TOF，利用一个将脉冲宽度拉长 20 倍的时间展宽器使时间分辨率达到 100 ps．对于 ECL，利用三种不同的量程使动态范围达到 16 bit．信号被分路后分别送给三个增益不同的前置放大器．然后每个信号被送到 Q-T 变换电路．对于小信号，我们得到四个输出信号，一路触发信号和来自三个通道的信号．每个通道的信号与触发信号间的时间间隔正比于脉冲幅度．当信号幅度超过某一给定值时，相应的时间间隔将超过一个预先设定的门宽度（溢出），于是不产生输出脉冲．所以对于大幅度的信号，我们只能见到触发脉冲和一个来自低增益通道的时间脉冲．于是对于 ECL 脉冲，数字化之后我们能够通过时间信号的数目来确定模拟信息．

KLM 收集条的信息也利用同类的 TDC 读出.收集条的信号通过多路转接器传输给串行线,并被 TDC 作为时间脉冲而记录下来.对这些脉冲进行解码以重建出被击中的收集条.与此类似,来自每个子探测器(包括中间阶段)的触发信号利用 TDC 记录下来.所有这些触发信号给予我们完整的信息进行触发研究.

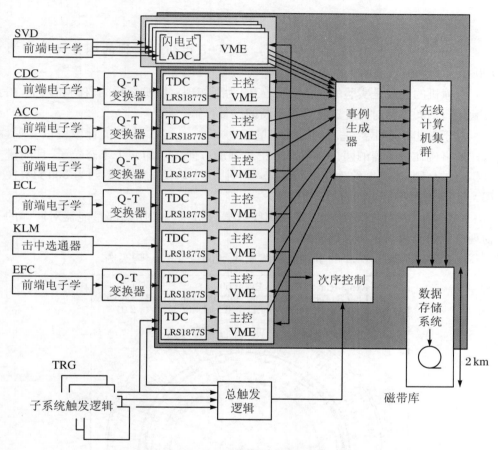

图 13.20 Belle DAQ 系统的概貌

为 Belle 研发的、符合快总线标准的 TDC 读出子系统可应用于除硅顶点探测器(SVD)之外的所有子探测器.一个快总线处理器接口(FPI)用来控制这些 TDC 插件,而 VME 主机箱中的读出系统控制器控制该 FPI.读出软件运行于 Motorola 68040 CPU 模块 MVME162 的 VxWorks 实时操作系统.数据被传输到同一 VME 机箱中的事例生成传送器.该子系统的总传输率约为 3.5 MB/s.

13.4 亮度测量和探测器性能

Belle 探测器于 1999 年开始运行,到 2007 年初收集到的积分亮度约为 700 fb^{-1}.

对撞机的**亮度**是实验的一个重要参数.为了实现对撞机运行的监测和调整,在实验运行期间需要对亮度进行连续不断的测量.

对于 Belle 探测器,亮度的在线测量通过 $e^+e^- \to e^+e^-$ 事例的计数得以实现,这样的事例在量能器的两个端盖部分记录到反方向飞行的两个末态粒子,且能量沉积超过高阈.当亮度约为 10^{34} cm$^{-2}\cdot$s^{-1} 时,这类事例的事例率约为 300 Hz,在 10 s 时间内能够达到合理的统计精度.

一定时间内的总积分亮度,是在离线数据分析阶段利用桶部量能器对同样的物理过程的测量信息加以确定的.

图 13.21 和图 13.22 的事例显示给出了事例重建的一些实例.

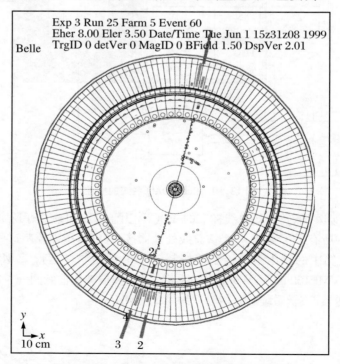

图 13.21 一个 e^+e^- 弹性散射事例($r\varphi$ 投影)

第 13 章 通用探测器实例：Belle

Belle 实验产生了海量的物理数据. 最重要的结果是 B 介子衰变中 CP 破坏的观测[20]和若干新粒子的发现[21].

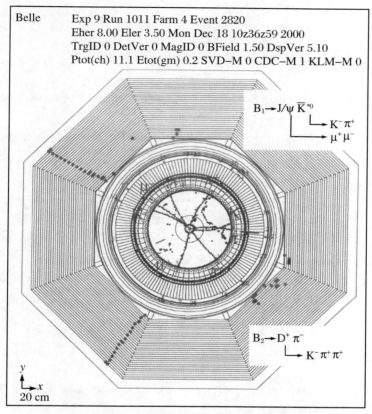

图 13.22 一个完全重建的 $e^+e^- \to B\bar{B}$ 事例

习 题 13

1. π 束穿过长 1.5 m、充有 3 atm CO_2 的切伦科夫计数器. 问动量多大时计数器的效率达到 50%？（假设：光电倍增管的量子效率为 20%，光的几何收集效率为 100%，阴极到打拿极的传输概率为 80%.）

2. 在正负电子对撞实验中，记录到四个末态光子（$E_{\gamma_1} = 1$ GeV, $E_{\gamma_2} = 1.5$ GeV, $E_{\gamma_3} = 1.7$ GeV, $E_{\gamma_4} = 0.5$ GeV）. 根据量能器中的击中位置，还确定了相互间的夹角：$\angle(\gamma_1, \gamma_2) = 6.3°$, $\angle(\gamma_1, \gamma_3) = 12.7°$, $\angle(\gamma_1, \gamma_4) = 160.0°$, $\angle(\gamma_2, \gamma_3) = 23.5°$, $\angle(\gamma_2, \gamma_4) = 85.0°$, $\angle(\gamma_3, \gamma_4) = 34.6°$. 问这些光子末态是否由某些中间共振态衰

变所产生?

3. 倘若相对论性粒子的能量不太高,某飞行时间系统可对具有确定动量的粒子束流进行粒子鉴别:

$$\Delta t = \frac{Lc}{2p^2}(m_2^2 - m_1^2),$$

其中 Δt 是质量为 m_1 和 m_2 的两个粒子飞过距离 L 的飞行时间差,p 是粒子动量。

问:如果粒子是相对论性的并且质量接近($m_1 \approx m_2$),质量分辨率的表达式可如何表示?

在 $L = 1$ m、时间分辨率 $\Delta t = 10$ ps 的情形下,对于动量 1 GeV/c 的 μ/π 混合束,试估计质量分辨率的具体数值。

4. Belle 探测器中正电子束和电子束在相互作用区对撞的能量分别为 3.5 GeV 和 8 GeV。试计算质心系总能量 E_{CM}。

5. 若利用粒子在束流管道中剩余气体上的轫致辐射来确定粒子的损失,试估计 KEKB 储存环中束流的平均寿命。KEKB 储存环的周长约为 3 km,束流管道中气压约为 10^{-7} Pa。假定当粒子损失的能量大于 1%时会偏离束流。

6. 设亮度 $L = 10^{34}$ cm$^{-2} \cdot$ s^{-1},μ 子的探测局限在质心系中极角 $\theta_0 = 30°$ 到 $\pi - \theta_0 = 150°$ 的基准范围内,试估计 Belle 探测器中反应 e$^+$e$^- \to \mu^+\mu^-$ 产生的 $\mu^+\mu^-$ 对事例率。

参考文献

[1] Kurokawa S, Kikutani E. Overview of the KEKB Accelerators [J]. Nucl. Instr. Meth., 2003 (A499): 1-7.

[2] Abashian A, et al (Belle Collaboration). The Belle Detector [J]. Nucl. Instr. Meth., 2002 (A479): 117-232.

[3] Kawasaki T. The Belle Silicon Vertex Detector [J]. Nucl. Instr. Meth., 2002 (A494): 94-101.

[4] Abe R, et al. Belle/SVD2 Status and Performance [J]. Nucl. Instr. Meth., 2004 (A535): 379-383.

[5] Friedl M, et al. Readout, First-and Second-Level Triggers of the New Belle Silicon Vertex Detector [J]. Nucl. Instr. Meth., 2004 (A535): 491-496.

[6] Hirano H, et al. A High-Resolution Cylindrical Drift Chamber for the KEK B-factory [J]. Nucl. Instr. Meth., 2000 (A455): 294-304.

[7] Uno S, et al. Study of a Drift Chamber Filled with a Helium-Ethane Mixture [J]. Nucl. Instr. Meth., 1993 (A330): 55-63.

[8] Nitoh O, et al. Drift Velocity of Electrons in Helium-based Gas Mixtures Measured with a UV Laser [J]. Jpn. J. Appl. Phys., 1994 (33): 5929-5932.

[9] Emi K, et al. Study of a dE/dx Measurement and the Gas-Gain Saturation by a Prototype Drift Chamber for the BELLE-CDC [J]. Nucl. Instr. Meth., 1996 (A379): 225-231.

[10] Fujita Y, et al. Test of Charge-to-Time Conversion and Multi-hit TDC Technique for the BELLE CDC Readout [J]. Nucl. Instr. Meth., 1998 (A405): 105-110.

[11] Iijima T, et al. Aerogel Cherenkov Counter for the BELLE Experiment [J]. Nucl. Instr. Meth., 1996 (A379): 457-459.

[12] Sumiyoshi T, et al. Silica Aerogel Cherenkov Counter for the KEK B-factory Experiment [J]. Nucl. Instr. Meth., 1999 (A433): 385-391.

[13] Iijima T, et al. Study on fine-mesh PMTs for Detection of Aerogel Cherenkov Light [J]. Nucl. Instr. Meth., 1997 (A387): 64-68.

[14] Yokoyama H, Yokogawa M. Hydrophobic Silica Aerogels [J]. J. Non-Cryst. Solids, 1995 (186): 23-29.

[15] Iijima T, et al. Aerogel Cherenkov Counter for the BELLE Detector [J]. Nucl. Instr. Meth., 2000 (A453): 321-325.

[16] Suda R, et al. Monte-Carlo Simulation for an Aerogel Cherenkov Counter [J]. Nucl. Instr. Meth., 1998 (A406): 213-226.

[17] Cardarelli R, et al. Progress in Resistive Plate Counters [J]. Nucl. Instr. Meth., 1988 (A263): 20-25.

[18] Antoniazzi L, et al. Resistive Plate Counters Readout System [J]. Nucl. Instr. Meth., 1991 (A307): 312-315.

[19] Ushiroda Y, et al. Development of the Central Trigger System for the BELLE Detector at the KEK B-factory [J]. Nucl. Instr. Meth., 1999 (A438): 460-471.

[20] Abe K, et al (Belle Collaboration). Observation of Large CP Violation in the Neutral B Meson System [J]. Phys. Rev. Lett., 2001 (87): 1-7. Evidence for CP-Violating Asymmetries in $B^0 \to \pi^+ \pi^-$ Decays and Constraints on the CKM Angle φ_2 [J]. Phys. Rev., 2003 (D68): 1-15.

[21] Choi S K, Olsen S L, et al (Belle Collaboration). Observation of a New Narrow Charmonium State in Exclusive $B^+ \to K^+ \pi^+ \pi^- J/\psi$ Decays [J]. Phys. Rev. Lett., 2003 (91): 1-6. hep-ex/0309032, 2003. Observation of the $\eta_c(2S)$ in Exclusive $B \to KK_s K^- \pi^+$ Decays [J]. Phys. Rev. Lett., 2002 (89): 102001.

第14章 电子学

一切应当做得尽可能地简单,但不能简单化.[①]

——阿尔伯特·爱因斯坦

14.1 引　言

电子学是所有现代探测器系统的一个关键组成部分.虽然各类实验和与之相关的电子学系统可能很不相同,但电子学读出和信噪比优化的基本原理对所有系统都是适用的.本章将就电子学噪声、信号处理和数字电子学进行介绍,但限于篇幅,只能作一简短的回顾.关于半导体探测器电子学的详细讨论可参阅文献[1].关于探测器、信号处理和电子学的教材可在万维网[2]上查阅.

前端电子学和信号处理系统的功能在于:

(1) 获取来自探测器的电信号.典型地,这是一个窄电流脉冲.

(2) 调整系统的时间响应,以实现对下列所述各项的优化:

① 最小可探测到的信号(探测有击中或无击中);

② 能量测量;

③ 事例率;

④ 到达时间(时间测量);

⑤ 对探测器脉冲形状的不灵敏性;

⑥ 以上某些项的结合.

[①]　原文:Everything should be made as simple as possible, but not simpler.

(3) 将信号数字化并予存储,用于后续分析处理.

通常,以上各项不可能同时做到最佳,而是必须作出某些折中.一个电子学读出系统,除了这些基本功能以外,其他一些考虑也同样重要甚至更重要,例如耐辐照性、低功耗(便携式系统、大型探测器阵列、卫星系统)、坚固性,最后相当重要的是系统的成本.

本章由美国加利福尼亚劳伦茨伯克利国家实验室 Helmuth Spieler 提供.

14.2 系 统 示 例

图 14.1 给出了一个辐射探测器系统的组成部件和功能.探测器将带电粒子(或光子)沉积的能量转换成电信号.这种转换可以通过多种方法来实现.对采用直接探测法的探测器,如半导体探测器、丝室,或其他类型的电离室,能量是沉积在吸收体中并转换成电荷对,电荷对的数目与吸收的能量成正比.信号电荷可能非常小,对于 1 keV 的 X 射线,在半导体探测器中约为 50 aC(5×10^{-17} C),在典型的高能径迹探测器中,通常沉积的能量约为 4 fC(4×10^{-15} C),因此探测器的信号必须要放大.探测器信号的大小遵循统计涨落,电子学噪声还将进一步叠加在信号上,使信号性能变差.这些涨落将在下面讨论,这里我们需要指出的是探测器和前置放大器必须仔细设计,从而将电子学噪声减到最小.一个关键的参数是并联在前放输入端的总电容,即探测器电容和放大器输入电容之和.**信-噪比**随电容的减少而增大.电子学噪声的贡献与下一级即脉冲成形级的关系也很大,这一级决定了系统的带宽,因此也就决定了总的电子学噪声的贡献.成形级同时确定了脉冲的持续时间,这也就决定了系统能够接纳的最大信号率.成形电路的输出送至**模拟-数字转换器**(ADC),后者把模拟信号的幅度转换成数字数据,以适合于后续电路的数据存储和处理.

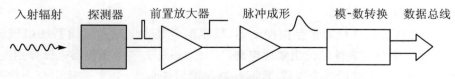

图 14.1 探测器的基本功能

辐射被探测器吸收并转换成电信号,这是一小信号,它在前置放大器中被积分后送至脉冲成形电路,接着被数字化以便后续存储和分析闪烁探测器(图 14.2)采用间接探测的原理,将吸收的能量先转换成可见光.闪烁光子的数目正比于吸收的能量.闪烁光由光电倍增管(PMT)进行探测,PMT 由光阴极和电子倍增器组成.光阴极在吸收光子后释放出电子,释放出的电子的数目正比于入射的闪烁光子的数目.这样,闪烁体吸收的能量就转换成了电信号,电信号所携带的电荷量就正比于吸收的能量.光阴极释放出的电子经电子倍增器后,数量大增,这样 PMT 的输出信号就是一个电流脉冲,该脉冲对时间积分的结果就包含有信号电荷,其电荷量的大小正比于吸收的能量.在图 14.2 中,PMT 的输出脉冲被直接送到一个阈甄别器,当信号幅度超过预设的阈值时,甄别器就给出一个输出信号,用作计数或时间测量.电子倍增器能提供足够大的增益,所以不再需要有前置放大器.这是用于快塑料闪烁体的一个典型的实验安排.在能量测量中,例如用 NaI(Tl)闪烁体进行能量测量时,信号将被送至脉冲成形电路和 ADC,如图 14.1 所示.

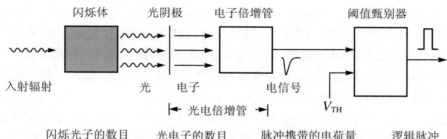

图 14.2 闪烁探测器吸收的能量被转换成可见光

闪烁光子通常由光电倍增管探测,后者能提供足够的增益来直接驱动一阈甄别器

如果脉冲形状不随信号电荷而变化,则其峰值大小即脉冲幅度就是信号电荷的度量,所以这种测量叫**脉冲幅度分析**.脉冲成形电路可以有多种功能,下面进行讨论.功能之一就是用来调整脉冲形状以适合于后级 ADC 的变换.因为 ADC 需要一定的时间才能获取信号,所以输入脉冲不应太窄,同时应该有一个逐渐平滑的峰.在闪烁探测器系统中,成形电路经常就是一个积分器,并且是 ADC 的第一级,所以不经意的话是看不到它的.这样的系统显得很简单,因为 PMT 的输出可以直接送至电荷灵敏 ADC.

一个探测器阵列通常是由探测器、模拟信号处理电路和读出系统组成的.图 14.3 是一个有代表性的**读出集成电路**(IC)的方块图.各个探测器电极分别连接到模拟信号处理电路的各个通道.数据存储在模拟流水线①中等待读出命令.变量读指针和写指针(R/W)允许读和写同时进行.感兴趣的时间窗口中的信号被数字

---

① 并行处理指令流或同时处理数据的一种形式.

化,然后与数字阈比较,最后被读出.电路中还包含有测试电路,用来产生测试脉冲,将其注入输入端,用以模拟探测器输出信号.在系统建立过程中这一设置很有用处,它也是在芯片装配前对其进行测试的一个关键功能.模拟控制电平由**数-模转换器**(DAC)来设置.如图 14.4 所示,多个 IC 连到一条公共控制和数据输出总线.每个 IC 都被赋予一个确定的地址,这一地址用于向该 IC 发出控制命令和对该 IC 进行片上测试.读出是顺序进行的,这通过令牌传递来进行控制. IC1 是主芯片,它的读出由控制总线上的一个触发命令来启动,在 IC1 完成了写数据后,它就把令牌传递给 IC2,后者又把令牌传递给 IC3,下面依次进行.当最后一个芯片完成它的数据读出时,令牌就又回到主芯片 IC1,准备进入下一个周期.读出数据流的第一个数据是头标志,以表明这是新的一帧数据的开始.每个 IC 的数据都将标有芯片编号和通道编号.标识方法可以多种多样.如图 14.4 所示,数据读出是面向事例的,也就是说在一个外部设定的时间间隔内(例如图 14.3 中模拟缓冲器中的一段时间)出现的所有击中都一起读出.关于数据获取系统的简略讨论,见文献[3].

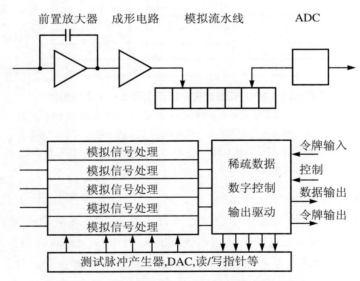

图 14.3 一个典型的读出集成电路(IC)的方块图
上半部是模拟处理链.控制信号是借助于令牌①从一个芯片传送到下一个芯片的

在束流对撞实验中,仅仅一小部分对撞束团能产生有意义的事例.确定是否为有意义的事例所需要的时间典型地是 μs 量级,所以由多次束团对撞形成的击中信

---

① 在令牌传递技术中,只有具有令牌的那部分电路才允许通信.这部分电路中的信息被读出后,令牌就被传递到下一个单元,使其能够与外部通信.

息必须暂存在芯片中,由对撞束标志或时间标志来进行识别.一旦接收到触发信号,仅仅有意义的信号才被数字化和读出("稀疏"读出)[①].这样就可使用比对撞速率要慢的 ADC.也可以读出模拟信号,然后在外部进行数字化,这样输出的信息流就是一系列字头和模拟脉冲.还有一种信息处理方式是只记录是否击中.阈比较器如果有输出就表明有一个信号,且被记录在保持有对撞序号的数字流水线中.

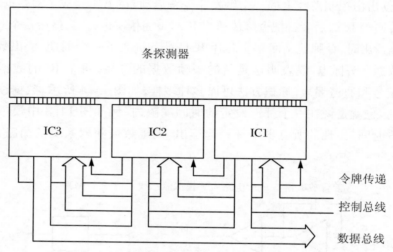

图 14.4　多个 IC 组合在一起用于读出一个条探测器

最右边的 IC1 是主芯片.控制总线上的一条命令启动数据读出.当 IC1 把它的全部数据已送至数据总线时,它就把令牌传递给 IC2.当 IC2 也已完成将其数据写进数据总线时,它接着就把令牌传递给 IC3,依次地,IC3 又将令牌传递至主芯片 IC1

图 14.5 给出了装配在一混合电路上的一组 IC 近景照片,该混合电路使用的是柔性聚酰亚胺基板[4].将 IC 连接到混合电路上的连线清晰可见.IC 上的通道间距大约为 50 μm,通过一个转接器连接到间距为 80 μm 的硅条探测器.芯片之间的空间放置旁路电容和控制总线,这些总线把信号从一个芯片传递到下一个芯片.

---

① 稀疏读出是指在一个电子学系统中,只有包含相关信息的那部分电路才被读出,这是加快读出速度的一种方法.

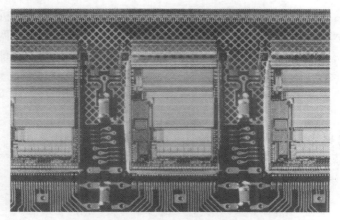

图 14.5 装配在一混合电路板上的一组 IC 近景照片（电路板使用的是柔性聚酰亚胺基板[4]）

三个大的长方形块是读出芯片,每个芯片有 128 个通道.在芯片内可以清楚地看到不同电路块的结构,例如,在上面是 128 个并行的模拟处理链.上边沿的 128 个输入端连接到一个转接器,以便从读出电路上大约 50 μm 的线间距过渡到硅条探测器上 80 μm 的线间距.电源、数据和控制线在下边沿连接.读出芯片间的旁路电容（顶部和底部有闪亮接点的矩形小元件）连接到芯片边沿的焊点上,以减少串联电感对芯片电路的影响.(接)地平面设计成菱形栅格以减少物质量(承蒙 A. Ciocio 提供照片)

14.3 探测限制

可探测到的最小信号和幅度测量精度受到统计涨落的限制.在探测器中形成的信号大小是有涨落的,即使吸收的能量固定不变也是如此.此外,电子学噪声引起基线涨落,叠加在信号上就改变了峰值的大小.图 14.6(a)给出了一个典型的噪声波形,噪声的幅度大小和时间分布是随机的.当噪声叠加在信号上时就改变了信号的幅度大小和时间的关系,如图 14.6(b)所示.由图可以看出,噪声水平决定了能够分辨的最小信号.

在一个优化的系统中,涨落的时间尺度与信号本身的时间尺度是可以比较的,所以峰值的大小在平均值上下随机涨落,这种情况如图 14.7 所示,图中给出了在四个不同时刻观测到的同一个信号,可以明显看到峰值的涨落,也可看到噪声对时间测量的影响.如果定时信号由阈甄别器给出（信号超过一确定阈值时产生一个输出),信号前沿幅度的涨落就会导致定时时刻的移动.如果是通过分析信号的重心来给出到达时刻,定时信号也会移动(请比较图 14.7 中右侧的上、下两个图).由此可见,对于所有的测量——观测有无信号、能量测量、定时或定位测量,信-噪比都是很重要的.

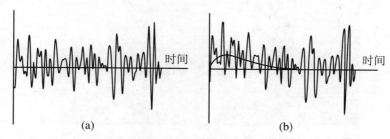

图 14.6 随机噪声(a)和信号 + 噪声(b)的波形

在(b)中,信号峰值等于 rms(方均根)噪声电平($S/N = 1$).作为比较,图中给出了无噪声信号

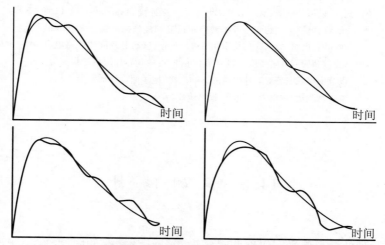

图 14.7 信-噪比大约为 20 时,在四个不同时刻取样得到的脉冲信号 + 噪声的波形

作为比较,图中同时给出了无噪声的信号

14.4 探测器信号的获取

探测器信号通常是一个窄电流脉冲 $i_s(t)$,典型的持续时间是在一个很宽的范

围内变化的,从薄硅探测器的 100 ps 到无机闪烁体的几微秒.但是,有意义的物理量通常是沉积的能量,所以必须对电流脉冲进行积分:

$$E \propto Q_s = \int i_s(t) dt. \tag{14.1}$$

对于一个线性系统,这一积分可以在任一级上进行,我们可以:

(1) 在探测器电容上积分;

(2) 使用积分型前置放大器("电荷灵敏"放大器);

(3) 将电流脉冲放大,然后利用积分型 ADC("电荷灵敏"ADC);

(4) 对电流脉冲迅速取样和数字化并进行数值积分.

对于大系统而言,前三项通常最为有效.

14.4.1 信号积分

图 14.8 显示了一个电离室中信号的形成,该电离室连接到一个具有很高输入电阻的放大器.电离室内可充以气体、液体或固体(例如硅探测器).可移动的电荷载流子向着它们各自的电极运动,就改变了探测器两电极上的感应电荷,两电极形成的电容为 C_d.如果放大器的输入电阻 R_i 很小,则探测器放电时间常数 $\tau = R_i(C_d + C_i)$ 就小,放大器将感知到一个信号电流(C_i 是放大器的动态输入电容).但是,如果输入时间常数比电流脉冲的持续时间大,则电流脉冲将在电容上积分,由此在放大器输入端形成的电压是

$$V_i = \frac{Q_s}{C_d + C_i}, \tag{14.2}$$

信号幅度大小与探测器的电容有关.对于探测器的电容可变的系统,例如,硅条长度可变的硅径迹室或局部耗尽型的半导体探测器,它们的电容随所加偏压而变化,我们就必须进行校准处理.但是,对于广泛用于探测器读出的电荷灵敏放大器,其输出信号的幅度实际上与输入电容无关,这就克服了上述问题.

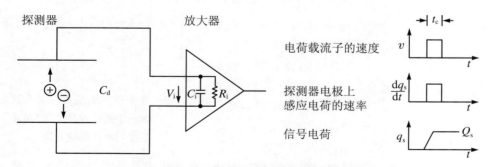

图 14.8 电离室中的电荷收集和信号积分

图 14.9 是电荷积分**反馈放大器**的原理图,它由一个电压增益为 $-A$ 的反向放大器和一个从输出端连接到输入端的反馈电容 C_f 组成.为了简化计算,设放大器

的输入阻抗无限大,这样就无电流流入放大器的输入端.如果输入信号在放大器的输入端产生一个电压 v_i,放大器输出端的电压将为 $-Av_i$.这样,反馈电容两端的电压差为 $v_f = (A+1)v_i$,积累在 C_f 上的电荷则为 $Q_f = C_f v_f = C_f(A+1)v_i$.因为无电流流入放大器,所有信号电流必定是全部对反馈电容进行充电,故 $Q_f = Q_i$.这样,放大器输入端就呈现为如下的一个"动态"输入电容

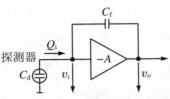

图 14.9　电荷灵敏放大器的原理图

$$C_i = \frac{Q_i}{v_i} = C_f(A+1). \tag{14.3}$$

每单位输入电荷产生的输出电压是

$$A_Q = \frac{dv_o}{dQ_i} = \frac{Av_i}{C_i v_i} = \frac{A}{C_i} = \frac{A}{A+1} \cdot \frac{1}{C_f} \approx \frac{1}{C_f} \quad (A \gg 1), \tag{14.4}$$

所以电荷增益是由易于控制的元件——反馈电容决定的.

信号电荷 Q_s 将分布在探测器电容 C_d 和动态输入电容 C_i 之间.测量到的电荷与信号电荷之比为

$$\frac{Q_i}{Q_s} = \frac{Q_i}{Q_d + Q_i} = \frac{C_i}{C_d + C_i} = \frac{1}{1 + C_d/C_i}, \tag{14.5}$$

所以动态输入电容必须比探测器电容大很多.

积分放大器的另一个优点是易于进行电荷标定.如图 14.10 所示,在输入端加一个测试电容,一阶跃电压通过测试电容向输入结注入一确定的电荷量.如果动态输入电容 C_i 比测试电容 C_T 大得多,则阶跃电压将几乎全部加在测试电容 C_T 的两端,这样就向输入端注入了电荷量 $C_T \Delta V$.

上面的讨论假定了放大器具有无限快的响应速度,它们对信号的响应是瞬间完成的.但实际上放大器的带宽是有限的,这就是说,对所加信号要有一个响应时间.如果一个阶跃电压加到放大器的输入端,输出并不是瞬间就有响应,因为首先必须对内部电容进行充电,如图 14.11 所示.对一个简单的放大器,时间响应是由一个时间常数 τ 决定的,τ 相应于截止频率(角频率) $\omega_u = 1/\tau = 2\pi f_u$.在频域中,一个简单的单级放大器在达到截止频率 f_u 前,增益是一个常数,其后则与频率成反比地

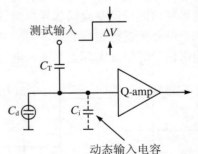

图 14.10　在电荷灵敏放大器输入端加一个测试电容,实现简单的绝对电荷标定方法

减少,并有一个 90° 的附加相移.在这种情况下,增益和带宽的乘积是一个常数,这样,外推到单位增益就可得到增益-带宽乘积 $\omega_0 = A_{v0} \cdot \omega_u$.实际上,放大器由多级组成,每一级都对频率响应有贡献.但当用作反馈放大器时,只有一个时间常数起主要作用,其他级必定有高得多的截止频率.放大器总的响应如图 14.11

所示,但这里未考虑高频时出现附加角频率的情况.

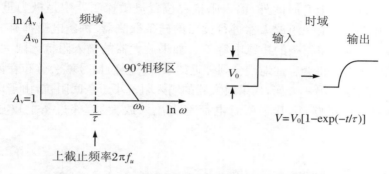

图 14.11 放大器的时间常数 τ 影响到频率和时间响应
放大器的截止频率是 $\omega_u = 1/\tau = 2\pi f_u$. 时间响应和频率响应两者完全是等效的表述

与频率有关的增益和相位影响到电荷灵敏放大器的输入阻抗.在低频段,增益是常数,输入呈现电容性,如方程(14.3)所示.在高频时,出现附加的 90°相移,放大器的相移与反馈电容上电压和电流之间 90°的相位差共同作用的结果,就导致了放大器呈电阻性输入阻抗:

$$Z_i = \frac{1}{\omega_0 C_f} \equiv R_i. \tag{14.6}$$

这样,在低频,即 $f \ll f_u$ 时,电荷灵敏放大器的输入呈电容性,而在高频,即 $f \gg f_u$ 时,则呈电阻性.

对于辐射探测器,合适的放大器的角频率总是比有兴趣的频率要低很多,所以输入阻抗是电阻性的,这就容许我们来简单地计算时间响应.探测器电容通过反馈放大器的电阻性输入阻抗放电,放电时间常数为

$$\tau_i = R_i C_d = \frac{1}{\omega_0 C_f} \cdot C_d. \tag{14.7}$$

由此我们看到,电荷灵敏放大器的上升时间随探测器电容的增加而增加.因为电荷起初储存在探测器电容上,所以放大器的响应可以慢于探测器电流脉冲的持续时间,但须快于后续脉冲成形电路的达峰时间.反馈电容应该远小于探测器电容.如果 $C_f = C_d/100$,则放大器的增益-带宽乘积必定是 $100/\tau_i$,故上升时间常数若为 10 ns,则增益-带宽乘积必为 $\omega = 10^{10}$ s$^{-1} \triangleq 1.6$ GHz.运用常规运算放大器的反馈理论可得出同样的结果.

通过并联反馈减少输入阻抗的方法引出了**虚地**的概念.如果增益无限大,则输入阻抗是零.在 kHz 范围,虽然可以实现很高的增益($10^5 \sim 10^6$ 量级),但在相应于探测器信号的频率上,增益要小得多.对于条形探测器系统,其典型的电荷灵敏放大器的输入阻抗在 kΩ 量级.对功率耗散进行了优化设计的快放大器,可实现输入阻抗 100~500 Ω[5].但上面这些放大器哪一个也不具有合格的"虚地",所以虚地

这个概念要慎用.

除了确定信号上升时间外,输入阻抗在位置灵敏探测器中是极为重要的. 图 14.12 给出了一个由一组放大器进行读出的硅条探测器. 每条电极都有一个对背板的电容 C_b 和对相邻条的边缘电容 C_{ss}. 如果放大器的输入阻抗无限大, 则在一个条上感应的电荷将会容性地耦合到邻近的条上, 这样, 信号就会分布在许多条上(由 C_{ss}/C_b 决定). 另一方面, 如果放大器的输入阻抗小于条间阻抗, 由于电流总是流经最低阻抗的通路, 则几乎所有电荷都将流入放大器, 邻近条上仅显现出小信号.

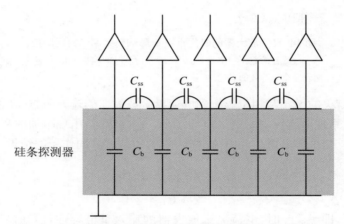

图 14.12 为保持硅条探测器的位置分辨,读出放大器必须有低输入阻抗,以防止信号电荷散布到邻近电极上

14.5 信 号 处 理

就像在 14.1 节中指出的那样,信号处理的目的之一是通过调整信号的谱分布和电子学噪声来改善信-噪比. 但是, 对于许多探测器来说, 决定分辨能力的并非电子学噪声. 对利用光电倍增管进行信号读出和放大的探测器而言, 情况就尤为如此. 例如, 在测量 511 keV γ 射线的 NaI(Tl) 闪烁探测器中(如正电子发射断层成像系统), 会产生 25 000 个闪烁光子. 由于反射损失, 大约 15 000 个光子能到达光阴极. 这样, 大约有 3 000 个电子到达第一打拿极. 经电子倍增器的倍增, 在阳极将产生大约 3×10^9 个电子. 信号的统计离散是由增益链中的最小电子数决定的, 也就是说, 是由到达第一打拿极的 3 000 个电子决定的, 故分辨是 $\sigma_E/E = 1/\sqrt{3\,000} \approx$ 2%, 在阳极这相当于 $3 \times 10^9 \times 2\% \approx 6 \times 10^7$ 个电子. 在任何一个设计合理的系统

中,这个值比电子学噪声要大得多,图 14.13(a)表明了这一情形.在此情况下,获取信号和提高计数率就成了脉冲处理系统最主要的目标.图 14.13(b)给出了小信号高分辨探测器的情况,具体例子是半导体探测器、光二极管或电离室.对这些探测器,低噪声是至关重要的.基线涨落可以有许多起因,如外部干扰、电子学设计的不完善等等,但基本限制是电子学噪声.

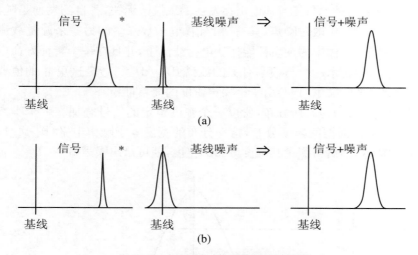

图 14.13　信号和基线涨落正交相加

对于像闪烁探测器或正比室这样的探测器,信号幅度的变化大(a),基线噪声通常可忽略不计,而对于像半导体探测器或液-氩电离室,信号幅度的变化小,基线噪声的影响就至关重要

14.6　电子学噪声

考虑有一电流在两电极之间的样品中流过,也就是有 n 个电子以速度 v 运动.感应电流的大小与两电极间的间距 l 有关(遵循"拉摩(Ramo)定理"[1,6]),故

$$i = \frac{nev}{l}. \tag{14.8}$$

该电流的涨落由 i 的全微分给出,即

$$\langle \mathrm{d}i \rangle^2 = \left(\frac{ne}{l}\langle \mathrm{d}v \rangle\right)^2 + \left(\frac{ev}{l}\langle \mathrm{d}n \rangle\right)^2, \tag{14.9}$$

等式右边两项是正交相加,因为它们是统计不相关的.由此可以看出,对总噪声的贡献有两个机制,即速度的涨落和电子数的涨落.

速度的涨落源于热运动.由于热激发,在平均漂移速度上叠加有随机速度的涨落.这个**热噪声**由普朗克黑体波谱的长波区来描述,这里波谱的谱密度,也就是单位带宽的功率是一个常数(**白噪声**).

电子数目的涨落可以在许多情况下出现.来源之一是载流子的流动受到势垒发射的限制.在半导体二极管中,热电子发射或电流流动就是这方面的例子.一个载流子越过势垒的概率与任何其他正在发射的载流子无关,各自的发射是随机的,并且互不关联.这叫作**散粒噪声**,具有"白"谱.电子数涨落的另一来源是载流子的俘获.晶格缺陷或气体中的杂质都能捕获电荷载流子,并且在一个特征寿命以后又释放它们,这就导出了一个与频率有关的波谱 $dP_n/df = 1/f^\alpha$,这里 α 的值典型地是在 0.5 和 2 之间.文献[1]给出了谱噪声密度的简单推导.

噪声的幅度分布是高斯分布,所以一个幅度恒定的信号叠加在一个噪声基线上,将给出一个高斯型的幅度分布,这一分布的宽度等于噪声电平(图14.14).注入一个脉冲信号,然后再测量其幅度分布的宽度,就可给出噪声电平.

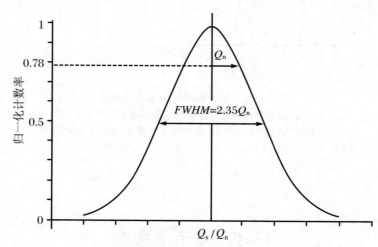

图 14.14 重复测量信号电荷量得到高斯分布,其标准偏差等于方均根(rms)噪声电平 Q_n

谱宽经常以 1/2 最大值处的全宽度(FWHM)来表示,它是标准偏差的 2.35 倍

14.6.1 热噪声(约翰孙噪声)

由速度涨落所引起的噪声最通常的例子是电阻的噪声.谱的噪声功率密度对频率的关系是

$$\frac{dP_n}{df} = 4kT, \tag{14.10}$$

式中 k 是波尔兹曼常数,T 是绝对温度.因为电阻 R 的功率 P 可以通过电压或电流来表示,即

$$P = \frac{V^2}{R} = I^2 R, \tag{14.11}$$

故谱的电压和电流噪声密度分别是

$$\frac{dV_n^2}{df} \equiv e_n^2 = 4kTR \quad \text{和} \quad \frac{dI_n^2}{df} \equiv i_n^2 = \frac{4kT}{R}. \tag{14.12}$$

对系统的相关频率范围，也就是对带宽进行积分，就可得到总的噪声。如果放大器与频率有关的增益是 $A(f)$，则在其输出端总的噪声电压是

$$v_{on}^2 = \int_0^\infty e_n^2 A^2(f) df. \tag{14.13}$$

因为谱的各噪声分量是非相关的，所以必须对噪声功率，也就是对电压的平方进行积分。总的噪声随带宽的增加而增加。因为带宽小相应于上升时间大，所以提高脉冲测量系统的速度将增大噪声。

14.6.2 散粒噪声

散粒噪声的谱密度正比于平均电流 I，

$$i_n^2 = 2eI, \tag{14.14}$$

式中 e 是电子电荷。要注意的是，跟热电子和半导体二极管一样，对于散粒噪声，载流子的注入是相互独立的。流过欧姆导体的电流并不携带散粒噪声，因为任一局部电荷密度的涨落所建立起来的电场，都能很容易地吸引附加载流子去平衡这一扰动。

14.7 信噪比与探测器电容的关系

基本噪声源表现为电压或电流的涨落。但是，我们想要获得的信号是电荷，为了进行比较，必须把信号表示为电压或电流。图 14.8 所示的电离室给出了这一表示。就像已指出的那样，当输入时间常数 $R_i(C_d + C_i)$ 大于探测器电流脉冲的持续时间时，信号电荷就积分在输入电容上，由此得到的信号电压是 $V_s = Q_s/(C_d + C_i)$。假定放大器的输入噪声电压是 V_n，则信噪比是

$$\frac{V_s}{V_n} = \frac{Q_s}{V_n(C_d + C_i)}. \tag{14.15}$$

这是一个很重要的结果——对于一给定的电荷量，信噪比与输入结的总电容成反比。但要注意，若输入电容为零，则不能给出无限大的信噪比。就像在文献[1]中给出的那样，只有当输入时间常数约大于探测器电流脉冲宽度的 10 倍时，上述关系才成立。信噪比与电容的关系具有普遍性，与放大器类型无关。因为反馈不能改善信噪比，方程(14.15)对于电荷灵敏放大器也成立，虽然这时电荷信号是常数，但噪

声随总输入电容的增加而增加(见文献[1]).在噪声分析中,反馈电容加入到总输入电容(无源电容,不是动态输入电容),所以 C_f 取值要小.

14.8 脉冲成形

脉冲成形有两个相互抵触的目的.第一个目的是限制带宽以给出合适的测量时刻.带宽太高将增大噪声而不增大信号.典型地,脉冲成形电路是把探测器的窄脉冲转换成比较宽的脉冲,使信号在最大值(达峰时刻)附近有一个比较平滑的峰部,如图 14.15 所示.信号幅度是在达峰时刻 T_P 测得的.

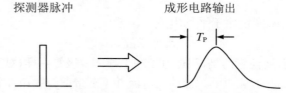

图 14.15 在能量测量中,脉冲处理器典型地是把探测器的窄电流脉冲转换成达峰时间为 T_P 的比较宽的脉冲

第二个目的是限制脉冲宽度,使得连续的信号脉冲都能被测到而不发生堆积(pile-up),如图 14.16 所示.减少脉冲的持续时间就能增加允许的信号率,但这是以增大电子学噪声为代价的.

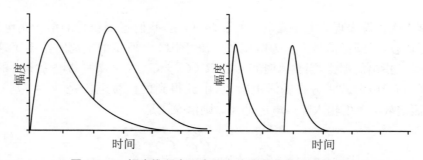

图 14.16 幅度堆积出现在两个脉冲有重叠的时候(左)
减少成形时间可以使第一个脉冲在第二个脉冲到达前就已回到基线

在设计成形电路时,必须使这些互为冲突的目标平衡.通常,许多不同的考虑最终会形成一个教科书上所没有的折中,"最佳成形"取决于应用的要求.

图 14.17 给出了一个简单的成形电路.高通滤波器通过引入一个衰减时间常

数 τ_d 来设置脉冲的持续时间,后面接着的时间常数为 τ_i 的低通滤波器则使上升时间增大,从而限制了噪声带宽.高通滤波器经常称为"微分器",因为它通过微分而形成窄脉冲.相应地,低通滤波器通常称为"积分器".因为高通滤波器是用 CR 电路来实现其功能的,而低通滤波器是使用 RC 电路来实现其功能的,所以这种成形电路称为 CR-RC 成形电路.虽然脉冲成形电路通常要更完善、更复杂,但 CR-RC 成形电路包含了所有脉冲成形电路最本质的特性,这就是低频下限和高频上限.

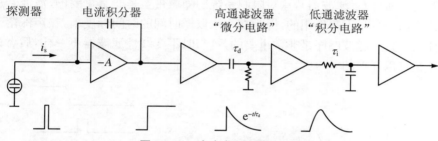

图 14.17 脉冲成形系统的组成

探测器的信号电流被积分,形成衰减时间很长的阶跃脉冲.后续高通滤波器("微分电路")限制了脉冲宽度,低通滤波器("积分电路")增大了脉冲的上升时间,使其成为具有平滑顶部的脉冲

简单的 CR-RC 成形电路的输出信号,在达峰后缓慢地回到基线.对于同样的达峰时间,如果脉冲成形得比较对称,就能允许比较高的信号率.为此,已研制出一些很先进的电路,但在概念上方法都很简单,就是使用多个积分器,如图 14.18 所示.图中积分和微分时间常数所采用的标绘方法,是用来实现对不同的时间常数都在同一点达峰.注意达峰时间是一个关键的设计参数,因为它不但在极大程度上决定了噪声带宽,而且它还必须与探测器的响应时间相适应.

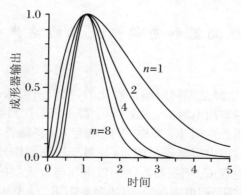

图 14.18 CR-nRC 成形电路中脉冲形状与积分器数目的关系

时间常数是用积分器数目标出的,以保持同一达峰时间

另一种类型的成形电路是关联双采样器,如图 14.19 所示.这种类型的成形电路广泛应用在单片集成电路中,因为许多 CMOS 工艺(见 14.11.1 小节)只提供电容和开关,而不提供电阻.这是时-变滤波器的一个例子.图 14.18 中描述的 CR-nRC 滤波器对信号是连续起作用的,而关联双采样的滤波参数是随时间而改变的.输入信号叠加在缓慢涨落的基线上.为了去除基线涨落的影响,在信号到达前,先对基线进行采样.接着,再对叠加在基线上的信号进行采样,从这一采样中减去先前对基线采样的结果,就得到了对信号的采样结果.这里重要的是滤波器要置于采样器的前面(前置滤波器),这对限制系统的噪声带宽是非常重要的.滤波若放在采样器后面进行是不起作用的,因为在小于取样时间的时间标度上,噪声涨落是去除不掉的.这里,滤波顺序是非常重要的,这与时不变线性滤波器不一样,后者的滤波顺序是可以互换的.

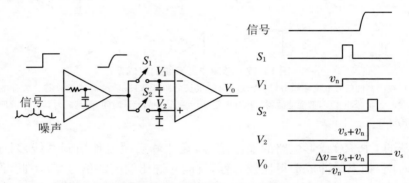

图 14.19 使用关联双采样的成形电路原理

v_s 和 v_n 分别是信号和噪声电压

14.9 探测器和前端放大器的噪声分析

为了确定脉冲成形电路是如何影响信噪比的,我们来考虑一下图 14.20 所示的探测器前端电路.探测器用电容 C_d 表示,对于许多辐射探测器来说,这是合适的模型.探测器的偏置电压经电阻 R_b 提供.旁路电容 C_b 将偏置电源线上的外部干扰短路到地.对高频信号该电容呈现低阻抗,故对于探测器信号来说,偏置电阻的"远端"连接到地.耦合电容 C_c 把探测器的偏置电压与放大器的输入端隔离开来,这就是这一电容也称为"阻塞"电容的原因.串联电阻 R_s 代表从探测器到放大器输入端所呈现的电阻,这包括探测器电极的电阻、连线电阻、用于保护放大器免受高压瞬变影响的电阻("输入保护"电阻),以及输入晶体管的寄生电阻.

偏置电阻的作用经常会被误解,下面的叙述给出了对它的制约.通常认为,在探测器中产生的信号电流流过 R_b,待测量的是这一电流在其上产生的电压降.如果时间常数 $R_b C_d$ 小于成形电路的达峰时间 T_P,则探测器由于通过 R_b 放电,很大一部分信号就会被丢失掉.这样,我们就要求 $R_b C_d \gg T_P$,或 $R_b \gg T_P/C_d$. 偏置电阻必须足够大,以阻止信号电荷流过,使得放大器能获得全部信号.

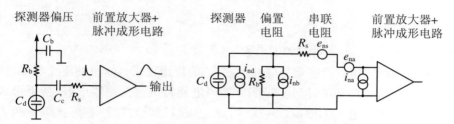

图 14.20 探测器前端电路及其用于噪声分析的等效电路

为了分析这一电路,设想采用的是电压放大器,这样所有的噪声贡献就可作为出现在放大器输入端的噪声电压来计算.分析步骤包括:(1)确定出现在放大器输入端的由各个噪声源形成的所有噪声电压的频率分布;(2)对成形电路(为简单起见,设定为 CR-RC 成形电路)的频率响应进行积分,并确定在成形电路输出端的总噪声电压;(3)确定对于一个已知输入信号电荷的输出信号.等效噪声电荷(ENC)是当 $S/N=1$ 时的信号电荷.

用于噪声分析的**等效电路**(图 14.20 的右侧)包括了电流噪声源和电压噪声源.探测器漏电流的"散粒"噪声 i_{nd} 由一个电流噪声产生器与探测器电容的并联来表示.前面已经指出,电阻的噪声模型可以是电压产生器或电流产生器.通常,并联在输入端的电阻的作用相当于噪声电流源,串联在输入端的电阻相当于引入一个噪声电压源(这就是探测器研究领域的一些人员把电流和电压噪声分别称为**并联噪声**和**串联噪声**的原因).由于电容 C_b 可将电流涨落直通到地,所以偏置电阻有效地与放大器输入端并联,这样,偏置电阻就像是一个电流产生器 i_{nb},它的噪声电流跟探测器的散粒噪声电流有相同效果.并联电阻也能作为噪声电压源的模型来处理,而作用效果仍像是一个电流源.选择适当的模型仅仅是为了简化计算.任何其他的并联电阻都可用同样的方法来处理.相反,串联电阻 R_s 起电压产生器的作用.放大器的电子学噪声可通过其输入端的电压和电流源的组合来充分描述,如图中 e_{na} 和 i_{na} 所示.

这样,各项噪声源可归结如下:

$$探测器偏置电流:i_{nd}^2 = 2eI_d;$$

$$并联电阻:i_{nb}^2 = \frac{4kT}{R_b};$$

$$串联电阻:e_{ns}^2 = 4kTR_s;$$

放大器: e_{na}, i_{na}.

式中 e 是电子电荷, I_d 是探测器偏置电流, k 是波尔兹曼常数, T 是温度. 典型的放大器的噪声参数 e_{na} 是 $nV/\sqrt{Hz}$ 量级, i_{na} 是从 $fA/\sqrt{Hz}$ (场效应晶体管) 到 $pA/\sqrt{Hz}$ (双极晶体管) 量级. 在高频 (大于 kHz 量级) 时, 放大器趋于呈现"白噪声"谱, 而在低频时表现为过度噪声, 其谱密度为

$$e_{nf}^2 = \frac{A_f}{f}, \tag{14.16}$$

式中噪声系数 A_f 是与器件有关的参数, 其数量级为 $10^{-10} \sim 10^{-12}$ V^2.

图中两个噪声电压产生器串联在一起, 总的作用效果是简单的正交相加. 白噪声分布仍然保持为白噪声. 但是, 一部分噪声电流将流过探测器电容, 结果形成了与频率有关的噪声电压 $i_n/(\omega C_d)$, 这样, 原先探测器散粒噪声和偏置电阻两者的白谱就变成与频率的倒数 $1/f$ 有关. 当存在一个放大器链 $A(f)$ 的时候, 所有噪声源的频率分布就会被这组放大器组合的频率响应进一步改变. 在放大器输出端对累计的噪声谱积分, 并将它与一个已知输入信号的输出电压进行比较, 就可得到信噪比. 在此例中, 成形电路是一个简单的 CR-RC 电路, 对于一个给定的微分时间常数, 当积分时间常数等于微分时间常数, 即 $\tau_i = \tau_d \equiv \tau$ 时, 信噪比有最大值. 输出脉冲此时在 $T_P = \tau$ 时有最大幅值.

虽然基本的噪声源是电流或电压, 但因为辐射探测器典型地用于测量电荷, 为方便起见, 系统的噪声水平常以等效噪声电荷 Q_n 来表示. 如前所述, 这等于信噪比为 1 时的探测器信号. 等效噪声电荷通常以库仑表示, 或以相应的电子数表示, 或以等效的沉积能量 (eV) 表示. 对于上面的电路, 等效噪声电荷是

$$Q_n^2 = \frac{e^2}{8}\left[\left(2eI_d + \frac{4kT}{R_b} + i_{na}^2\right) \cdot \tau + (4kTR_s + e_{na}^2) \cdot \frac{C_d^2}{\tau} + 4A_f C_d^2\right]. \tag{14.17}$$

前面的因子 $e^2/8 = \exp(2)/8 = 0.924$, 把噪声归一化到了信号增益. 第一项考虑了所有噪声电流源, 并且随成形时间的增加而增加. 第二项考虑了所有噪声电压源, 它们随成形时间的增加而减少, 但随探测器电容的增加而增加. 第三项是放大器 $1/f$ 噪声的贡献, 跟电压源一样, 也是随探测器电容的增加而增加. $1/f$ 项与成形时间无关, 因为对 $1/f$ 谱, 总的噪声取决于上截止频率与下截止频率的比, 这仅与成形电路的结构有关, 而与成形时间无关.

等效噪声电荷可以表示成适用于各类脉冲成形电路的更普遍的形式:

$$Q_n^2 = i_n^2 F_i T_S + e_n^2 F_v \frac{C^2}{T_S} + F_{vf} A_f C^2, \tag{14.18}$$

式中 F_i, F_v 和 F_{vf} 与成形电路所确定的脉冲形状有关, T_S 是特征时间, 例如 CR-nRC 成形脉冲的达峰时间, 或关联双采样中前置滤波器的时间常数. C 是在放大器输入端包括放大器的输入电容在内的总的并联电容. 形状因子 F_i 和 F_v 容易计

算得到：

$$F_i = \frac{1}{2T_s}\int_{-\infty}^{\infty}[W(t)]^2 dt, \quad F_v = \frac{T_s}{2}\int_{-\infty}^{\infty}\left[\frac{dW(t)}{dt}\right]^2 dt. \quad (14.19)$$

对于时不变脉冲成形，$W(t)$ 简单地就是输出信号的峰值归一化到 1 时，系统的冲击响应(在示波器上看到的输出信号).对于时变成形电路，上面的方程同样适用，但 $W(t)$ 是由不同的方式来确定的，文献[7-10]给出了比较详细的描述.

具有相等时间常数 $\tau_i = \tau_d$ 的 CR-RC 成形电路，其 $F_i = F_v = 0.9, F_{vf} = 4$，与成形时间常数无关，故对于图 14.17 中的电路，方程(14.18)成为

$$Q_n^2 = \left(2q_e I_d + \frac{4kT}{R_b} + i_{na}^2\right)F_i T_s + (4kTR_s + e_{na}^2)F_v \frac{C^2}{T_s} + F_{vf}A_f C^2. \tag{14.20}$$

脉冲成形电路可以设计得用来减少电流噪声的影响，例如可用来减少辐射损伤.增加脉冲的对称性，可减少 F_i，增加 F_v，例如，对于具有一次 CR 微分，四次级联 RC 积分的成形电路，可给出 $F_i = 0.45$ 和 $F_v = 1.0$.

图 14.21 给出了等效噪声电荷是如何受成形时间影响的.当成形时间短时，电压噪声是主要的，而当成形时间长时，则主要是电流噪声.在电流和电压噪声的贡献相等处，噪声最小.由于存在 $1/f$ 噪声，噪声在最小值附近的变化变得比较平缓.由图可以看出，当探测器电容增大时，电压噪声的贡献将增大，噪声最小值将向成形时间增大的方向移动，增大了最小噪声值.

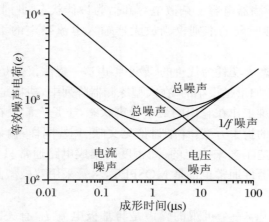

图 14.21　等效噪声电荷与成形时间的关系

当成形时间小(高带宽)时，等效噪声电荷主要由电压噪声决定，而当成形时间大(积分时间长)时，电流噪声的贡献是主要的.当电压和电流噪声的贡献相等时，总噪声有最小值.$1/f$ 噪声的贡献与成形时间无关，它使得噪声最小值的两侧变得比较平缓.增大电压或电流噪声的贡献都会使噪声最小值发生变化.作为一例，图中给出了增大电压噪声的结果

我们可以使用下面的方程(14.21)来快速估算噪声电荷,该方程假定电路设计采用了场效应晶体管(FET)放大器(i_{na}可忽略不计)和简单的 CR-RC 成形电路,达峰时间为 τ. 方程中噪声的单位是电子电荷 e,C 是放大器输入端总的并联电容,包括 C_d、所有杂散电容和放大器的输入电容.

$$Q_n^2 = 12\left(\frac{e^2}{nA \cdot ns}\right)I_d\tau + 6 \cdot 10^5\left(\frac{e^2 k\Omega}{ns}\right)\frac{\tau}{R_b} + 3.6 \cdot 10^4\left(\frac{e^2 \, ns}{pF^2 \cdot nV^2/Hz}\right)e_n^2\frac{C^2}{\tau}. \tag{14.21}$$

减少探测器的电容和漏电流,合理地选择输入电路的各个电阻,选择最佳成形时间常数,可减少噪声电荷.一个设计合理的放大器的噪声参数主要取决于输入器件,输入级放大器通常最好选用快速高增益的晶体管.

在场效应晶体管中,结型场效应晶体管(JFET)和金属氧化物半导体场效应晶体管(MOSFET)的噪声电流的贡献很小,在使用这些晶体管时,通过减少探测器的漏电流,增大偏置电阻,就容许增大成形时间,从而可相应地降低噪声.等效输入噪声电压是 $e_n^2 \approx 4kT/g_m$,这里 g_m 是跨导①,它随工作电流的增大而增大.当电流一定时,若减少沟道长度,则跨导增大,所以采用新工艺来减少特征尺寸是有益的.当沟道长度给定,如果器件工作在最大跨导,则可有最小噪声.如果要求较低的噪声,可以增加器件宽度(等效于将多个器件并联),这就增大了跨导(和要求的电流),减少了相应的噪声电压,但增加了输入电容.当总输入电容增加到某一程度时,由此造成的噪声电压的增加就会超过上述噪声电压的减少.当场效应晶体管的输入电容等于外部电容(探测器电容+杂散电容)时,为最佳状态,此时噪声电压最小.要注意的是,这种容性匹配的准则仅当放大器输入电流噪声的贡献可以忽略时才适用.

容性匹配是以增大功耗为代价的.最小噪声这一提法仅仅是表面的,在工作电流很小时,噪声的增加量是很小的.在大型探测器阵列中,功耗是很严峻的问题,所以场效应晶体管很难工作在它们的最小噪声状态,于是人们便在噪声和功耗之间寻找一个可以接受的折中方案(详细讨论见文献[1]).同样,输入器件的选择也经常是由可实现的制造工艺来决定的.高密度的集成电路通常只集成有 MOSFET,这也就决定了输入器件通常也都是 MOSFET,尽管采用双极型晶体管也许会获得比较好的性能.

对双极型晶体管,一个可观的噪声是与基极电流 I_B 有关的散粒噪声:$i_{nB}^2 = 2eI_B$. 因为 $I_B = I_C/\beta_{DC}$(这里 I_C 是集电极电流,β_{DC} 是直流电流的增益),所以散粒噪声的贡献是随器件电流的增加而增加的.另一方面,等效输入噪声电压为

$$e_n^2 = \frac{2(kT)^2}{eI_C}, \tag{14.22}$$

---

① 跨导是输出端电流的变化与输入端相应电压变化之比,$g_m = \Delta I_{out}/\Delta V_{in}$.

这一噪声随集电极电流的增加而减少,在集电极电流为

$$I_C = \frac{kT}{e} C \sqrt{\beta_{DC}} \sqrt{\frac{F_v}{F_i}} \frac{1}{T_s}$$

时,有最小噪声值

$$Q_{n,min}^2 = 4kT \frac{C}{\sqrt{\beta_{DC}}} \sqrt{F_i F_v}. \tag{14.23}$$

对于 CR-RC 成形电路,并当 $\beta_{DC}=100$ 时,

$$I_C = 260 \left(\frac{\mu A \cdot ns}{pF} \right) \cdot \frac{C}{T_s},$$

此时有

$$Q_{n,min} \approx 250 \left(\frac{e}{\sqrt{pF}} \right) \cdot \sqrt{C}. \tag{14.24}$$

这时可以达到的最小噪声与成形时间无关(不同于场效应晶体管),但这仅在最佳集电极电流 I_C 时才成立,而这一电流与成形时间有关.

双极晶体管的输入电容通常比探测器电容(当 $e_n \approx 1 \text{ nV}/\sqrt{Hz}$ 时,为 1 pF 量级)要小得多,并且大大地小于噪声相近的场效应晶体管的输入电容.由于晶体管输入电容要计入总输入电容,所以这是一个优点.要注意的是,容性匹配不适用于双极晶体管,因为它们的噪声电流的贡献是可观的.由于存在基极电流噪声,采用双极晶体管时,成形时间最好要短,对于一定的噪声电平,这时双极晶体管要求的功耗也低于场效应晶体管.

当输入噪声电流可以忽略时,噪声则随探测器电容的增加而线性增加.其噪声斜率是

$$\frac{dQ_n}{dC_d} \approx 2e_n \cdot \sqrt{\frac{F_v}{T}}, \tag{14.25}$$

这与前置放大器(e_n)和成形电路(F_v, T)有关.零截距可用来确定放大器的输入电容与输入结的任何附加电容之和.

实际噪声电平的范围很大,对于电荷耦合器件(CCD),在成形时间大时小于 $1e$,对大电容的液氩量能器,则可高达约 $10^4 e$. 硅微条探测器典型地工作在约 10^3 个电子,而具有快速读出电子学的像素探测器的噪声为 100~200 个电子.在文献 [1] 中对晶体管噪声有更详细的讨论.

14.10 时 间 测 量

前面讨论的脉冲高度测量强调的是信号电荷的测量.**时间测量**则是要最优

化地确定信号出现的时间.虽然跟幅度测量一样,信噪比是重要的,但对于时间测量,决定性的参数不是信噪比,而是斜率噪声比.图 14.22 给出了一个脉冲前沿,该脉冲被送至一称为**前沿触发器**的阈甄别器(比较器).瞬间的信号电平受到噪声的调制,图中的影带表明了调制后信号的变化.由于调制后信号的涨落,过阈时间也就产生了涨落.通过简单的几何投影,可得到定时时刻的变化或**晃动**(jitter)为

$$\sigma_t = \frac{\sigma_n}{(dS/dt)_{S_T}} \approx t_r \frac{\sigma_n}{S}, \tag{14.26}$$

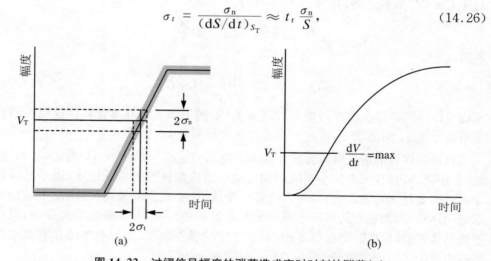

图 14.22 过阈信号幅度的涨落造成定时时刻的涨落(a)
对于实际脉冲,其斜率随幅度而变化,当触发电平设置在最大斜率处时,定时晃动最小

式中 σ_n 是方均根噪声,信号的导数 dS/dt 是在触发电平 S_T 处给出的.为了增加 dS/dt 而不引起过大的噪声,放大器的带宽应该与探测器信号的上升时间相匹配.

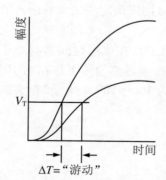

图 14.23 信号越过固定阈的时间与信号幅度有关

这就形成了所谓的"时间游动"

如果放大器的带宽为 f_u(图 14.11),则其上升时间(10%~90%)是

$$t_r = 2.2\tau = \frac{2.2}{2\pi f_u} = \frac{0.35}{f_u}. \tag{14.27}$$

例如,带宽为 350 MHz 的示波器的上升时间为 1 ns. 当有几级放大器级联时(这种情况通常是必需的),总的上升时间是各级上升时间的正交相加:

$$t_r \approx \sqrt{t_{r1}^2 + t_{r2}^2 + \cdots + t_{rn}^2}. \tag{14.28}$$

提高信噪比可改善时间分辨,所以尽可能减少输入端的总电容也是很重要的.当信噪比大时,时间晃动可比上升时间小得多.

影响时间分辨的第二个因素是时间游动(time walk),即定时信号随信号幅度而移动,如图 14.23 所

示.这可通过硬件或软件等各种办法来进行修正.关于时间测量的更详细的教材可参阅文献[1,11].

14.11 数字电子学

模拟信号利用脉冲连续可变的特性来提供信息,如脉冲的幅度或形状.数字信号有恒定的幅度,在某一特定的时刻信号是否存在是可以判断出来的,也就是说,在某一时刻信号是处于下面两种状态中的哪一种:"低"还是"高".但这仍然包含着一个模拟过程,因为信号是否存在是由信号电平在某一时刻是否超过了阈值来确定的.

14.11.1 逻辑单元

图 14.24 给出了在数字电路中使用的几个功能("逻辑"功能).**与门**只有当它的所有输入都为高时才有输出.**或门**只要当它的任一输入为高时就给出一个输出.**异或门**(XOR)则是仅当一个输入为高时才给出一个输出.

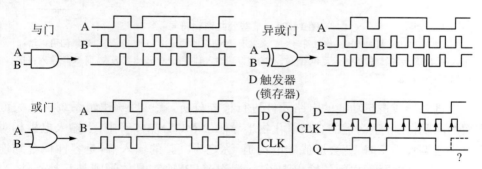

图 14.24 基本逻辑功能包括逻辑门(与门、或门、异或门)和触发器
与门和 D 触发器的输出表明:输入信号之间在时间上很小的相对移动往往就能决定输出状态

这些逻辑单元通常都可实现反相输出,例如,与门、或门反相后就分别称为**与非门、或非门**.D 触发器是有两个稳定状态的存储电路,它用来记录在时钟输入端(CLK)发生信号跳变时,在数据输入端 D 是否有信号存在.这一器件通常叫作**锁存器**.反相输入和输出用一小圆圈或加一横杠来表示,如 $\overline{Q}$ 是触发器的反相输出,如图 14.25 所示.

逻辑电路基本上是由放大器组成的,所以它们也有带宽限制.图 14.24 中的与门脉冲序列给出了一个常见的问题.图中在输入端 A 变高的同时输入端 B 的第三个脉冲变低,取决于两者在时间上重叠的程度,有可能产生一个窄脉冲输出,对于这一输出后续电路可能识别得了,也可能识别不了.对于异或门来说,当两个脉冲几乎同时到达时,这种情况也会发生.对 D 触发器,D 输入端电平的改变要能被识别,必须有一个最小的建立时间,如果小于这个建立时间,则 D 输入端电平的改变在欲识别的时刻就可能识别不了.这种极端情况的事例可能非常稀少,因此不太被注意.但是对于一个复杂的系统,若干"毛刺"的组合有可能使系统"死机",这时必须使系统重新复位.已制定出来的数据传输协议就是用来检测这类出错(奇偶校验、汉明纠错码等等),使得出错的数据能够被剔除掉.

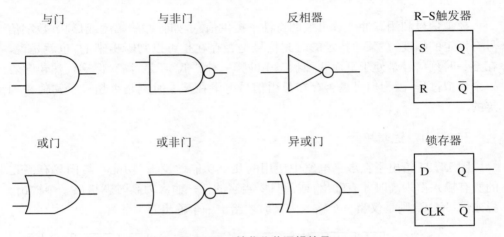

图 14.25 某些公共逻辑符号

反相输出用小圆圈或用一横杠符号"—"来表示,如锁存器的输出 $\bar{Q}$.如有需要,逻辑门可以增加输入端.R-S 触发器(R-S 表示复位-置位)在响应 S 端输入时,将把 Q 输出置为高,而 R 端输入将把 Q 输出复位到低

通过对形成逻辑功能的电路元件进行检查分析,就可理解逻辑系统一些关键方面的问题.在 n 型沟道的金属氧化物半导体(NMOS)晶体管中,当输入电极相对于该沟道偏置为正时,就会形成导电沟道.称之为"门"的输入端,是容性耦合到连接于"漏极"和"源极"之间的输出沟道.p 型沟道(PMOS)晶体管则是互补器件,当门偏置得相对于源极为负时才形成导电沟道.

互补型 MOS(CMOS)逻辑同时使用了 NMOS 和 PMOS 晶体管,如图 14.26 所示.在反相器中,当输入为低时,下面的晶体管(NMOS)截止,而上面的晶体管(PMOS)则导通,故输出连接到 V_{DD},这样输出为高.因为不论当 NMOS 晶体管还是 PMOS 晶体管截止时,从 V_{DD} 到地的电流通路就都被截断了,所以不论输出为高态还是低态,功率消耗都为零.只有当输入电平在跃变期间其电平处于大约 $V_{DD}/2$ 时,两个晶体管都导通,此时才有电流流过.这样,CMOS 逻辑电路的功率消耗要大大地低于 NMOS 和 PMOS 电路,后面两种电路无论在高态还是低态或其他逻辑状态都是要吸取电流的.但是,这种功耗的减少只有在逻辑电路中才能获得.CMOS

模拟放大器基本上并不比 NMOS 和 PMOS 电路更节省功耗,然而 CMOS 可以组成更有效的电路拓扑结构.

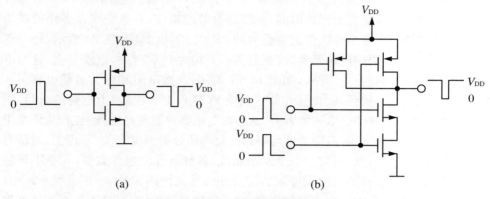

图 14.26　CMOS 反相器(a)和与非门(b)

14.11.2　传输延迟和功耗

如图 14.27 所示,逻辑元件总是和其他电路在一起工作.连线电阻连同总负载电容增大了逻辑脉冲的上升时间,从而延迟了脉冲跃过逻辑阈的时间.消耗在连线电阻 R 上的能量是

$$E = \int i^2(t) R \, dt. \tag{14.29}$$

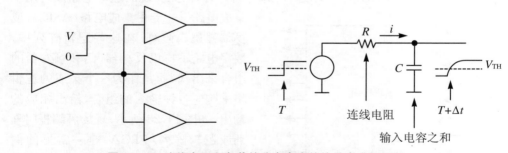

图 14.27　连线电阻和负载的分布电容使信号产生了延迟

一次跃变期间的电流是

$$i(t) = \frac{V}{R} \exp\left(-\frac{t}{RC}\right), \tag{14.30}$$

故每次跃变(正或负)消耗的能量是

$$E = \frac{V^2}{R} \int_0^\infty \exp\left(-\frac{2t}{RC}\right) dt = \frac{1}{2} C V^2. \tag{14.31}$$

当脉冲频率为 f 时,在正、负跃变中总的功耗是

$$P = fCV^2. \tag{14.32}$$

因此,功耗随时钟频率和逻辑摆幅平方的增加而增加.

快速逻辑操作在时间上有严格的要求.来自多个通路的逻辑信号,要完成某种逻辑操作,就必须有适当的到达时间.要实现有效的操作,对这些来自多路的逻辑信号,必须维持一个最小可接受的重叠时间和建立时间,如图 14.24 所示.每一逻辑电路都有一个有限的传输延迟,其延迟大小与电路负载有关,也就是说,这与电路必须驱动多少负载有关.此外,如图 14.27 所示,连线电阻和容性负载也将引入延迟,延迟大小与连接到某引线(外部连线或 PCB 板上的连线)上电路的数目、引线长度和印制板基材的介电常数有关.依靠对电路和连线延迟进行控制,从而来维持正确定时,必须非常小心,因为这与电路变化和所处的温度有关.原理上,对所有这些变化都可进行仿真,但对于一个复杂系统,各种条件的组合太多,几乎不可能通过仿真来一一进行检测.稳妥可靠的解决办法是使用同步系统,在这种系统中,所有跃变的定时都是由一个主时钟来确定的.这种处理方法,通常不是要把速度提到最高,同时也还需要一些附加电路,但是增加了可靠性.不过,聪明的设计者常常使用异步逻辑,有时是成功的,有时则不成功.

14.11.3 逻辑阵列

包含有基本逻辑块的商业集成电路是容易得到的,例如,在一个封装中可含有四个与非门或两个触发器.这些集成电路可以组合起来形成一个简单的数字系统.但是,复杂的逻辑系统不再用单个门电路来设计,取而代之的是其逻辑功能用高级语言来描述(例如 VHDL[①]),用设计库来进行综合,由此实现的逻辑电路成为用户集成电路——**专用集成电路**(ASIC),或可编程逻辑阵列.在这些逻辑阵列中,数字电路不再以反相器、门和触发器的组合来出现,而是作为一个集成的逻辑块来响应各种输入的组合,给出相应的输出,如图 14.28 所示.现场可编程门阵列或逻辑阵列(FPGA)是一常见的例子.有代表性的 FPGA 有 512 个可用的输入和输出引脚,约 10^6 个门和 100 K 的存储量.现代设计工具已考虑到了传输延迟、连线长度、负载以及与温度的关系.设计软件还能产生"测试矢量",

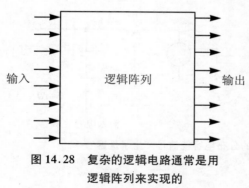

图 14.28 复杂的逻辑电路通常是用逻辑阵列来实现的

这种逻辑阵列是一个集成块,在响应某给定的输入组合时,给出所要求的输出

---

① 指 VHSIC 硬件描述语言;VHSIC 是其高速集成电路的英文缩写.

用来测试已设计完成的部件.只要实现的方法适当,设计一个复杂的数字电路,无论是作为 ASIC,还是逻辑阵列或者门阵列,都能做到一次成功.

14.12 模拟-数字转换

为便于数据存储和后续分析,成形电路输出的模拟信号必须数字化.在探测器系统中使用的**模拟-数字转换器**(ADC 或 A/D)的重要参数如下:

(1) 分辨率:数字化输出的"粒度";
(2) 微分非线性:数字化增量均匀的程度;
(3) 积分非线性:数字化输出对模拟输入成比例的程度;
(4) 转换时间:模拟信号转换成数字输出所需要的时间;
(5) 计数率性能:前一个转换完成后,在不引起转换出错的情况下,能开始下一个转换的快速程度;
(6) 稳定性:变换参数不随时间而变化的程度.

在工业数据获取和控制系统中使用的仪表 ADC,对大多数这些参数都有要求.但探测器系统更强调的是微分非线性和计数率性能.计数率性能之所以重要,是因为探测器信号经常是随机出现的,这与在有些系统中信号是按有规律的间隔进行采样是不同的.跟放大器一样,如果直流增益不能精确地等于高频增益,基线就将移动.此外,对每一个脉冲,ADC 都需要一定的时间基线才能回到静态电平.对于幅度大致相等的周期性信号,这些基线的变化对每一个脉冲都是相同的,但对幅度变化的随机脉冲序列,瞬间的基线电平对每一个脉冲都是不同的,这样就扩展了被测信号.

在概念上,最简单的技术是**闪电式变换**(flash conversion),如图 14.29 所示.信号并行地送到一组阈电压比较器.各个阈电平由电阻分压器设置.对各路比较器的输出进行编码,编码的结果应当是:在具有最高阈电平的比较器输入超过阈值时,给出正确的码位图.阈电平可以设置得具有线性变换的特性,这时每一个码位都相应于同一个模拟增量;也可以设置得具有非线性变换的特性,这时码位的增量与绝对电平值成正比,作为一例,这在量程范围内可给出恒定的相对分辨.

这种方法的很大优点是速度快;转换是一步进行的,转换时间容易做到小于 10 ns.缺点是元器件数量多,功耗大,因为每个变换小区间就需要一个比较器.例如,一个 8 bit 的转换器就需要有 256 个比较器.变换总是单调的,微分非线性是由阈电压分压器中一串电阻的匹配程度决定的.因为只要求相对匹配,所以这种结构对于单片集成电路来说,可以得到很好的匹配.一个 8 bit 的闪电式 ADC 变换速率可以做到大于 500 MS/s(兆次取样/秒),功耗大约为 5 W.

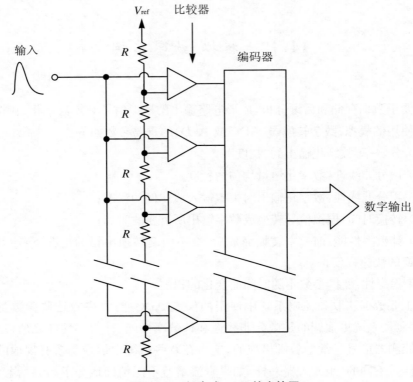

图 14.29　闪电式 ADC 的方块图

最常用的技术是逐次逼近 ADC,如图 14.30 所示.输入脉冲送至脉冲展宽器,后者跟随输入脉冲的变化而变化,直至达到其峰值,然后保持峰值.展宽器的输出送到一比较器,比较器的参考电平由数-模转换器(DAC)提供.工作时 DAC 的设置从最高有效位开始(即先将最高有效位置 1——译者注).若此时比较器有输出,也就是若 DAC 输出小于脉冲高度,则 ADC 最高有效位置 1;依此,DAC 的设置逐次向低位推进,每设置一次,只要比较器有输出,就将 ADC 相应位置 1.这样 n bit 的分辨就要求 n 步变换,从而产生 2^n 个小间隔.这一技术对电路利用率高,速度相当快.目前,变换时间为 μs 量级的高分辨 ADC(16~20 bit)是容易得到的,变换时间为 1 μs(1 MS/s)的 16 bit ADC 功耗大约是 100 mW.

对逐次逼近式 ADC 通常的制约是微分非线性(DNL),因为设置 DAC 电平的电阻必须非常精确.对于一个 13 bit 的 ADC,若要求 $DNL<1\%$,则确定 2^{12} 电平的电阻必须精确到小于 2.4×10^{-6}.由于这一限制,对于高分辨的逐次逼近式转换器,其微分非线性典型地是 10%~20%,并且经常超过确保单调响应所要

求的 0.5 LSB(最低有效位).

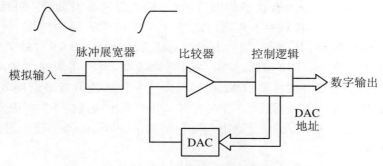

图 14.30　逐次逼近 ADC 原理

DAC 连续地给比较器提供与 $2^n, 2^{n-1}, \cdots, 2^0$ 成比例的电平,如果比较器输出为高(DAC 输出<脉冲高度),则 ADC 相应位置为 1

威尔金森(Wilkinson)ADC[12] 是精密脉冲数字化传统的主流部件,其工作原理如图 14.31 所示.信号的峰值幅度由峰检测器和脉冲展宽器来共同获得,并将其转移到一存储电容.峰检测器的输出启动下面的转换过程:

(1) 将存储电容与展宽器断开;

(2) 接通一电流源,对电容以电流 I_R 线性放电;

(3) 使电容线性放电的同时,令一计数器开始工作,用来记录时钟脉冲数,直到电容上的电压达到基线电平 V_{BL} 为止.

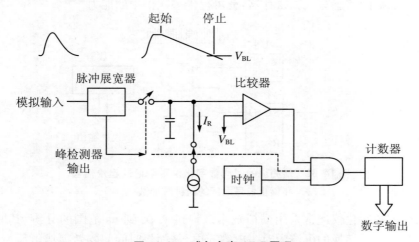

图 14.31　威尔金森 ADC 原理

在获取峰值幅度后,峰检测器的输出启动变换过程.计数器在对时钟脉冲计数的同时,存储电容以恒定电流放电.当电容放电到基线电平 V_{BL} 时,比较器输出变低,变换过程结束

电容放电所需要的时间是脉冲高度的线性函数,故计数器的计数值提供

了数字化的脉冲高度.时钟脉冲由晶体振荡器提供,脉冲间的时间间隔非常均匀,因此这种电路本身具有极好的微分线性.缺点是变换时间 T_C 相对较长,它与脉冲高度成正比,即 $T_C = n \times T_{clk}$,这里道数 n 相应于脉冲高度.例如,频率为 100 MHz 的时钟,其周期 T_{clk} = 10 ns,对于 13 bit(n = 8 192)的 ADC,最大变换时间 T_C = 82 μs. 100 MHz 是典型的时钟频率,但已实现在时钟频率大于 400 MHz 时,仍有极好的性能($DNL < 10^{-3}$).这一技术能有效地利用电路,并且功耗低.威尔金森 ADC 已设计建造在具有 128 个读出通道的 IC 中,用于硅微条探测器[13]的读出.每个 ADC 使通道长度仅增加了 100 μm,每个读出通道附加的功耗仅为 300 μW.

14.13 时间-数字转换器(TDC)

一个时钟产生器与一个计数器组合在一起,就可构成一个最简单的**时间-数字转换器**,如图 14.32 所示.计数器在起始和停止信号之间对时钟脉冲计数,这就实时地给出了起始信号和停止信号之间的时间间隔.这种方法受计数器速度的限制,按目前的技术,只能大约达到 1 GHz,这样给出的时间分辨是 1 ns.利用停止脉冲将计数器的瞬间状态写入一寄存器,就可提供多次击中的能力.

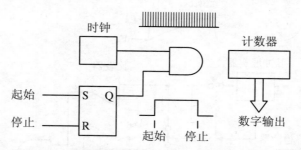

图 14.32 最简单的时间数字化仪基于记录起始信号和停止信号之间的时钟脉冲数

高分辨数字化仪通常采用模拟技术来提供从 ps 到 ns 范围的分辨,其原理是通过一个可开关切换的电流源对一电容充电,从而将时间间隔转换成电压量.起始脉冲接通电流源,停止脉冲则断开电流源,这样在电容 C 上形成的电压是 $V = Q/C = I_T(T_{stop} - T_{start})/C$,这一电压由一 ADC 进行数字化.实现这一数字化的一种方便的方法如图 14.33 所示,在停止脉冲到来后,将电流源切换到一较小的放电电流 I_R,同时采用威尔金森 ADC 进行数字化.这种方法分辨高,但代价是死时间长,

第14章 电子学

无多次击中能力.

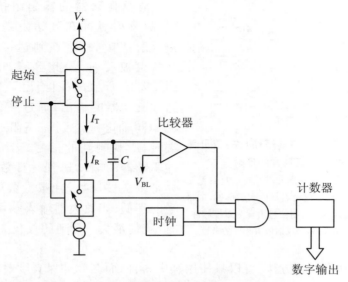

图 14.33 时间-幅度转换器与 ADC 组合在一起,构成了一个具有 ps 分辨能力的时间数字化仪

存储电容 C 在 $T_{\text{start}} - T_{\text{stop}}$ 期间由电流 I_T 充电,接着由威尔金森 ADC 放电

14.14 信 号 传 输

信号通过**传输线**从一个单元传输到另一个单元,这些传输线通常是同轴电缆或扁带电缆.当传输线未采用其特性阻抗进行端接时,信号就会被反射.当信号沿着电缆传输时,瞬间电压与电流之比就等于电缆的特性阻抗 $Z_0 = \sqrt{L/C}$,这里 L 和 C 分别是电缆每单位长度的电感和电容.典型的特性阻抗对同轴电缆是 50 Ω 或 75 Ω,对扁带电缆约为 100 Ω.如果在接收端电缆被连接到一个不等于其特性阻抗的电阻,则不同的电压与电流之比就会建立起来,这时就会出现反射信号.如果终端电阻小于线阻抗,则在终端电阻上的电压就比较小,反射电压波将有相反的符号.如果终端电阻大于线阻抗,则电压波以相同的极性反射.相反,当终端电阻小于线阻抗时,反射波中的电流有相同的符号;当终端电阻大于线阻抗时,反射波中的电流有相反的符号.电压反射如图 14.34 所示.在发送端,反射脉冲在 2 倍于电缆的传输延迟后出现.由于电解质的存在,传输速度为 $v = c/\sqrt{\varepsilon}$,对典型的同轴电缆

和扁带电缆,其传输延迟是 5 ns/m.

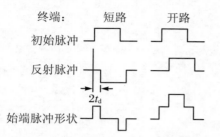

图 14.34 当传输线终端短路(左)或开路(右)时电压脉冲的反射

当接收端短路时,在发送端测得的反射波是符号相反且被电缆往返延迟了两次的脉冲.如果总的延迟小于脉冲宽度,则信号表现为双极脉冲.相反,如果接收端开路,则反射波有相同的极性.

电缆驱动器的输出阻抗通常为低阻,故反射脉冲在到达发送端后,又将被反射回接收端,在到达接收端后,将又一次被反射,如此等等.这种情况如图 14.35 所示,该图给出了当一个低阻脉冲驱动器的输出,通过一条 4 m 长的 50 Ω 同轴电缆连到一高阻放大器输入端时,所观测到的信号.若是将低阻脉冲驱动器的输出送到一计数器,一个脉冲将多次被计数,计数次数取决于阈电平的高低.当放大器输入端用 50 Ω 端接时,反射消失,看到的仅仅是原先 10 ns 宽的脉冲.

电缆端接有两种方法,可以只使用其中一种,而在脉冲保真度要求严格的地方,两种可以一起使用.如图 14.36 所示,端接电阻可以加在接收端也可以加在发送端.若加在接收端,则当信号脉冲到达这一端时,就被其端接电阻所吸收.若加在发送端,脉冲在接收端被反射,但此反射脉冲在发送端被端接电阻吸收,这样在接收端就看不到二次反射.当在发送端端接时,其串联电阻和电缆的阻抗形成一电压分压器,原始脉冲将衰减为原来的 1/2.但在接收端,脉冲以相同极性反射,这样,发送来的脉冲和反射脉冲的叠加就提供了原初的幅度.

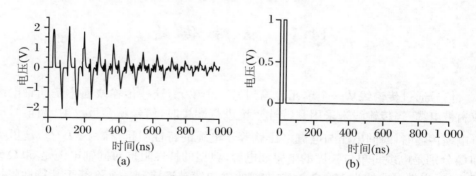

图 14.35 (a)当低阻驱动器通过一 4 m 长的同轴电缆连接到一放大器时,在放大器处观测到的信号.电缆的阻抗是 50 Ω,放大器输入阻抗是 1 kΩ 与 30 pF 的电容并联.当接收端用 50 Ω 恰当端接时,反射波消失(b)

上面的叙述使用了具有低输出阻抗、高输入阻抗的电压放大器.也可使用电流放大器来进行阐述(但通常很少采用).这时放大器具有高输出阻抗、低输入阻抗,并联端接电阻要加在发送端,串联端接电阻要加在接收端.

终端匹配永远不可能做得很完善,特别是在高频时,杂散电容的影响将很大.例如,10 pF 的电容在 100 MHz 时的电抗是 160 Ω. 这样,在要求严格的应用中,经常是串联和并联终端同时使用,尽管这时脉冲幅度将减少 50%. 在 μs 区域,放大器输入端通常设计成高阻,而定时放大器往往在内部端接,在实际使用时应检查清楚情况是否如此. 作为一经验规则,只要电缆(或通常的连线)的传输延迟超过信号上升时间的百分之几,就需适当端接.

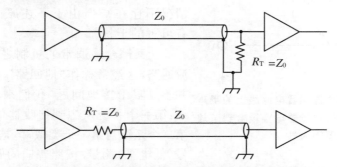

图 14.36 电缆可以在接收端端接(上图,并联端接)或在发送端端接(下图,串联端接)

14.15 干扰和拾取

前面的讨论分析了探测器和前端电子学固有的随机噪声源. 对于一个实际系统,外部噪声经常限制了可获得的探测阈或能量分辨. 跟随机噪声一样,电路"拾取"的外部干扰同样要引起基线涨落. 可能的外部干扰源有很多,如电台、电视台、本地射频(RF)产生器、系统时钟、与触发信号和数据读出有关的信号瞬变等等. 而且,这些不希望出现的干扰信号可以通过很多途径进入我们的系统. 由于篇幅所限,这里不能全面地对干扰问题进行论述,下面仅给出一些关键的干扰拾取机制的例子. 关于对干扰问题比较详细的讨论可参阅文献[1-2]. 在文献[14]中,Ott 给出了对外部干扰比较常用的处理方法,约翰孙和格雷厄姆所著的教科书[15-16]给出了关于信号传输和设计实例的许多有用细节.

14.15.1 干扰拾取机制

在探测器系统中,最灵敏的节点是输入结. 图 14.37 表明了耦合到探测器背板上的一个很小的假信号是如何能注入可观的电荷的. 偏置电压的任一变化 ΔV 将直接地在探测器背板上注入一电荷 $\Delta Q = C_d \Delta V$. 假定硅条探测器的条长为 10 cm，则从背板到一个条的电容 C_d 大约为 1 pF. 如果噪声电平是 1 000 个电子（1.6×10^{-16} C），则 ΔV 必须比 $Q_n/C_d = 160\ \mu V$ 小得多. 这一干扰可能会从偏置电源的噪声（某些电压源噪声很大；开关电源可以是干净的，

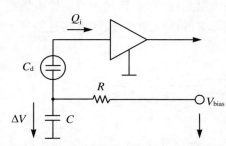

图 14.37 探测器偏置电源线上的噪声通过探测器电容耦合到了放大器输入端

但绝大部分是不干净的）引入，也可能会是地平面上的噪声通过电容 C 的耦合而引入. 暂且假定地平面是"干净"的（这种情况不存在），但由于下述原因它也会携有可观的干扰.

交叉耦合最通常的机制之一是公共电流通路，这经常称作"地回路". 但这种现象并不只限于接地问题. 我们来考虑两个系统：第一个系统从源到接收器传输大电流. 第二个系统与第一个类似，但是要进行小信号（低电平）测量. 按照普遍的做法，两个系统连接到一条粗实的地总线上，如图 14.38 所示. 因为电流要流过具有最小电阻的通路，所以从源 V_1 发出的大电流也将流过地总线. 虽然地总线是粗实的，但其电阻并不为零，所以流过地系统的大电流将产生一电压降 ΔV.

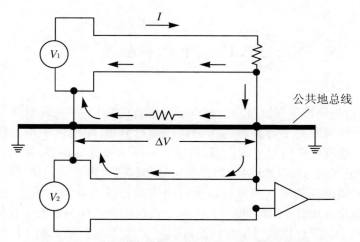

图 14.38 共用的电流通路对不同电路引入公共电压降

在第二个系统（源 V_2）中，信号源和接收器两者也都是连接到该地系统的. 由第一个系统造成的电压降 ΔV 现在是与信号通路串联的，所以这时接收器测量到的信号是 $V_2 + \Delta V$. 因此交叉耦合并不是由接地本身所引起的，而是由于公共回路所致. 但是公共回路之所以带来问题，是由于建立了公用电流通路. 这一机制不仅仅限于具有外部地总线的大系统，在印制电路板和微电子的集成电路中，这种现象也会发生. 在高频时，由于趋肤效应和电感作用而使阻抗增加. 要注意的是，对于高

频信号,连线也会形成容性耦合,这时即使没有直流通路,但由于安装结构或相邻导电平面所形成的寄生电容,也足以形成闭合回路.

处理这个问题的传统方法是减少共用通路的阻抗,这就产生了采用**铜编织网**的解决方案.但由于系统中的变化经常会改变电流通路,所以这一解决方法不是很可靠.而且,在许多探测器系统中,例如在径迹探测器系统中,不允许附加物质,所以最好要避开产生这一问题的根源.

14.15.2 补救技术

图 14.39 给出了一个探测器与一个多级放大器的连接图.信号通过确定的电流通路在放大器中一级一级地传输.维持信号通路的完整性在这里非常重要,由于这里与接地无关,所以图 14.39 完全没有给出任何地连接.该信号传输链最关键的部分有两处:一是输入端,它是最灵敏的节点;二是输出驱动级,它往往要传送最大电流.电路图通常并不是画得像图 14.39 那样,底部的一条共用线通常都表示地线.例如,在图 14.37 中,探测器的信号电流流过电容 C,再通过"地"而到达放大器的回路节点.很显然,十分重要的一点是要控制好这一通路,使有害电流远离这一区域.

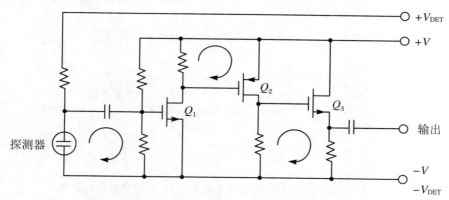

图 14.39 信号从探测器传输到放大器输入级,然后经过本地电流回路逐级向后传输

但是过多的**接地**,就可能会使电路元器件不能相对于它们的环境浮置起来.容性耦合总是存在的,不同电位两点之间的任一容性耦合将会感应出信号.这一情况如图 14.40 所示,它代表了固定在支撑/冷却体上的各个探测器模块,干扰会通过固接件的寄生电容耦合进来,要减少耦合,关键是要减少这一电容,并且要控制支撑体相对于探测器模块的电位.实现这一目标实际上是一大挑战,不是总能成功地得到满足.然而,如果在设计一开始就注意到信号通路和电位参考,较之在设计完成后再试图去修改一个有缺憾的设计,要容易得多.由于电流通路的相互影响加重了寻找和**排除故障**的工作,故做了"错"事有时也会给系统带来改进.再者,有时仅一个错误就能毁坏系统的性能,如果这个错误在系统设计的一开始就已被引入,我

们就只好妥协地接受这一事实.然而,虽然这个领域充满了神秘,但基本物理学仍然是适用的.

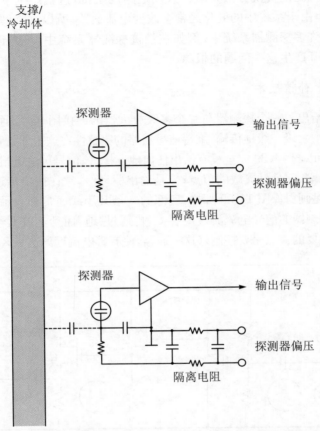

图 14.40 当相对电位和杂散电容未被控制时,探测器或探测器模块与它们的环境之间的容性耦合将引入干扰

14.16 结 论

信号处理是现代探测器系统的关键部分.对于小信号,当电子学噪声将决定探测阈或分辨的时候,正确的设计就特别重要.良好地理解了关于噪声最佳化的设计方法,对于一个实际的实验系统,能实现的噪声水平可以与预期的噪声水平在百分之几的范围内一致.但是,系统设计必须非常小心地避免外来干扰.

习 题 14

1. 一个飞行时间系统，其起始探测器的时间分辨率为 100 ps，停止探测器的时间分辨率为 50 ps. 总的时间分辨率是多少？

2. 考虑一个谱仪系统，它的分辨率由电子学噪声决定.

（1）电流噪声的贡献是 120 eV，电压噪声的贡献是 160 eV. 总噪声是多少？

（2）探测器经冷却后，电流噪声是 10 eV，电压噪声维持在 160 eV 不变. 这时总噪声是多少？

3. 一台 X 射线谱仪系统，用来分辨放射源 ^{203}Hg 的 Tl $K_{\alpha 1}$ 和 $K_{\alpha 2}$ 发射. $K_{\alpha 1}$ 和 $K_{\alpha 2}$ 的能量分别是 72.87 keV 和 70.83 keV，强度大致相等.

（1）请确定将两个 X 射线峰分开所要求的能量分辨率.

（2）探测器的本征能量分辨率是 $\sigma_{\text{det}} = 160$ eV. 容许的电子学噪声的贡献是多少？

4. 一台谱仪系统的前端电子学元器件如图 14.20 所示. 硅探测器吸入反向偏置电流 100 nA，其电容为 100 pF. 偏置电阻为 $R_b = 10$ MΩ，探测器和前置放大器输入端之间总的连线电阻为 10 Ω. 前置放大器的等效输入噪声电压为 $1\ \text{nV}/\sqrt{\text{Hz}}$，$1/f$ 噪声和电流噪声可忽略不计.

（1）系统采用简单的 CR-RC 脉冲成形电路，其积分和微分时间常数均为 1 μs. 以电子数和以 eV 为单位表示的电子学噪声分别是多少？各个噪声源的贡献分别是多大？

（2）假定 CR-RC 成形电路的达峰时间可调，积分和微分时间常数都调成相等. 当成形时间为 1 μs 时，噪声电流和噪声电压的贡献分别是多少？请确定时间常数取何值时噪声最小.

（3）利用在（2）中确定的具有最佳成形时间的 CR-RC 成形电路，若要求总噪声变坏不大于 1%，偏置电阻的最小值应为多少？

5. 加在一电压灵敏放大器输入端的脉冲信号的幅度为 10 mV，上升时间为 10 ns（10%～90%）. 放大器等效输入噪声的方均根值为 10 μV. 放大器的输出送至一简单的阈比较器.

（1）假定比较器的阈值设定为 5 mV. 问定时晃动是多少？

（2）保持 5 mV 的阈不变. 当信号从 10 mV 变化到 50 mV 时，比较器的输出将移动多少？作为近似，可采用下面理想的线性跃变：

$$t(V_T) = \frac{V_T}{V_S} t_r + t_0,$$

式中 t_0 是脉冲达到其峰值的 10% 所需要的时间(即 1 ns)。

参考文献

[1] Spieler H. Semiconductor Detector Systems [M]. Oxford: Oxford University Press, 2005.
[2] www-physics.lbl.gov/~spieler.
[3] Butler J. Triggering and Data Acquisition General Considerations [C]// Instrumentation in Elementary Particle Physics, AIP Conf. Proc., 2003 (674): 101-129.
[4] Kondo T, et al. Construction and Performance of the ATLAS Silicon Microstrip Barrel Modules [J]. Nucl. Instr. Meth., 2002 (A485): 27-42.
[5] Kipnis I, Spieler H, Collins T. A Bipolar Analog Front-End Integrated Circuit for the SDC Silicon Tracker [J]. IEEE Trans. Nucl. Sci., 1994, NS-41 (4): 1095-1103.
[6] Ramo S. Currents Induced by Electron Motion [J]. Proc. IRE, 1939 (27): 584-585.
[7] Goulding F S. Pulse Shaping in Low-Noise Nuclear Amplifiers: A Physical Approach to Noise Analysis [J]. Nucl. Instr. Meth., 1972 (100): 493-504.
[8] Goulding F S, Landis D A. Signal Processing for Semiconductor Detector [J]. IEEE Trans. Nucl. Sci., 1982, NS-29 (3): 1125-1141.
[9] Radeka V. Trapezoidal Filtering of Signals from Large Germanium Detectors at High Rates [J]. Nucl. Instr. Meth., 1972 (99): 525-539.
[10] Radeka V. Signal, Noise and Resolution in Position-Sensitive Detectors [J]. IEEE Trans. Nucl. Sci., 1974, NS-21: 51-64.
[11] Spieler H. Fast Timing Methods for Semiconductor Detectors [J]. IEEE Trans. Nucl. Sci., 1982, NS-29 (3): 1142-1158.
[12] Wilkinson D H. A Stable Ninety-Nine Channel Pulse Amplitude Analyser for Slow Counting [J]. Proc. Cambridge Phil. Soc., 1950, 46 (3): 508-518.
[13] Garcia-Sciveres M, et al. The SVX3D Integrated Circuit for Dead-Timeless Silicon Strip Readout [J]. Nucl. Instr. Meth., 1999 (A435): 58-64.
[14] Ott H W. Noise Reduction Techniques in Electronic Systems [M]. 2nd ed. New York: Wiley, 1988.
[15] Johnson H, Graham M. High-Speed Digital Design [M]. Upper Saddle River: Prentice-Hall PTR, 1993.
[16] Johnson H, Graham M. High-Speed Signal Propagation [M]. Upper Saddle River: Prentice-Hall PTR, 2002.

第15章 数据分析[①]

> 没有大理石硬的大量细颗粒(称之为"事实"或"数据"),就不能拼成马赛克;但单个的颗粒并不那么重要,重要的是你将它们排成某种图案,然后打散它们再重新排列.[②]
>
> ——亚瑟·凯斯特勒[③]

15.1 引　言

数据分析以及据此得出相关的实验结果是进行粒子物理和粒子天体物理实验的目的. 这涉及**探测器原始数据**的处理以获得各种各样的末态物理对象,然后应用选择判据来获取和研究感兴趣的信号过程,同时将与信号相似的本底过程排除或降低到某种可知或可处理的水平. 这样一个过程通常称为**分析**. 进行物理分析或者是为了测量某个已知的物理量(例如某一不稳定粒子的寿命),或者是为了确定数据是否与某一物理假设相容(例如存在希格斯玻色子). 但是在数据分析的每一个阶段,有各种"高级"问题将粒子物理和粒子天体物理的分析与粗放式的信号处理方法区分开来.

[①] 本章由 CERN 的 Steve Armstrong (目前在 Société Générale de Surveillance (SGS))撰写,是由 Siegen 的 Armin Böhrer 撰写的本书第 1 版"数据分析"一章的更新版.

[②] Without the hard little bits of marble which are called "facts" or "data" one can not compose a mosaic; what matters, however, are not so much the individual bits, but the successive patterns into which you arrange them, then break them up and rearrange them.

[③] Arthur Koestler(1905~1983),匈牙利散文家、小说家、自传文学家　　　　——译者注.

15.2 探测器原始数据的重建

一切物理分析从数据获取系统获得的探测器原始数据所提供的信息作为出发点.在当代对撞机或宇宙线实验中,这些探测器原始数据由探测器电子学信号的数字化输出所构成.穿过探测器的粒子在探测器有效探测成分中产生击中,后者感应出探测器电子学信号.当代的探测器通常具有高的粒度,使得每个粒子在每个子探测器系统中产生几十个甚至几百个击中.

称为**事例重建**过程的目的在于,根据与这些击中相关联的二进制数据来产生有意义的物理对象,同时处理来自探测器自身的电子学噪声以及与末态粒子穿过探测器物质相关联的物理过程.在事例重建过程中,探测器原始数据还必须与其他预先设定的数据结合起来.**探测器描述**需包含有效探测器组分的几何构型、位置和方向等的详尽信息.刻度和校准(alignment)数据包含影响探测器性能的各种成分相关的物理量(例如气体纯度、高压值、温度等等);通常,这些数据在称为一个**运行段**(run)的一段特定取数时间内被视为常数.

在前面各章中,已经介绍了多种多样的探测器技术.作为说明,从每一种探测器可以获取的信息举例如下:

(1) 硅微条探测器(SMD) 如 7.5 节所述,穿过 SMD 的粒子使硅材料发生电离,产生电子-空穴对,后者漂移向嵌入的收集条,从而产生可测量的信号.原始数据包括信号区附近的收集条记录到的脉冲,利用这些脉冲值可以进行内插.收集条的局域位置和硅晶片的整体位置的知识结合起来,可以获得二维或三维坐标值.

(2) 多丝正比室(MWPC) 如 7.1 节所述,穿过 MWPC 的粒子使气体发生电离.电子引发雪崩,后者的电荷被电极收集,从而产生一个信号.原始数据包括漂移时间、丝位置和阴极片位置,以及脉冲到达时间和丝两端的电荷量.将这些输入量与刻度常数如漂移速度、对撞时间 t_0 结合起来,可以获得电子引发的雪崩在与丝垂直方向平面上的位置和沿丝方向的位置.当将丝的整体位置包含进来时,可以求得三维坐标值.

(3) 时间投影室(TPC) 如 7.3.3 小节所述,穿过 TPC 的带电粒子在室气体中留下粒子电离的踪迹.电离电子向包含 MWPC 的端面板漂移.原始数据包括漂移时间和信号到达丝和阴极片的等时面,由此可确定 z 和 φ 坐标.若与丝和阴极片的位置信息结合起来,可以确定 r 的位置.击中的脉冲幅度也可以包含在内,当考虑粒子沿着一条推定的径迹飞行,则可给出 dE/dx 的信息,从而提供有价值的粒子鉴别.

（4）电磁和强子量能器（参见第 8 章）　在许多高能物理实验中,能量测量是利用电磁和强子能量器共同完成的.通常,利用取样型的量能器,其吸收物质与探测室或闪烁体材料夹层式地放置,提供一个正比于沉积能量的模拟信号.粒子穿过探测器的位置精度由量能器单元数（或量能器粒度）所限定.粒度由量能器的本征性质（例如电磁、强子以及强子补偿）以及可处理的读出道数（例如 LHC 的 ATLAS 实验中的液氩电磁量能器具有超过 $2 \cdot 10^5$ 个量能器单元）所确定.沉积能量超过某一确定阈值的每个单元被读出,并成为探测器原始数据的一部分.当这些单元的位置信息与刻度信息一起加以考虑时,这些单元可能形成能量团簇以确定局部的能量沉积.

（5）飞行时间（TOF）探测器　闪烁体、阻性板室（RPC）、平面火花计数器或火花室通常具有高精度记录带电粒子到达时间的能力.如果这类探测器相互之间或与相互作用点之间的距离放置得足够远,它们能够提供有价值的时间信息,与粒子动量的测量相结合,就能够用来进行粒子鉴别.这类探测器也常常用作触发计数器.

（6）专用的粒子鉴别探测器　除了前面讨论过的 TPC 和 TOF 探测器之外,由切伦科夫探测器和穿越辐射探测器可获得额外的粒子鉴别信息,切伦科夫探测器中记录的是切伦科夫环像的位置和直径,而穿越辐射探测器测量带电粒子穿越介电常数不同的介质时产生的 X 射线光子的产额.

对于当代的对撞机探测器实验,要求有高的**粒度**（granularity）和**密封性**（hermeticity）.因此,电子学通道的总数很容易就超过 10^8,当利用前端和中间电子学对它们进行处理时,一个原始事例的数据量将达到若干兆字节.在寻找已知的物理现象或新物理的稀有信号时,需要有大量的数据,这就要求有高的相互作用事例率,例如 LHC 的相互作用事例率达 40 MHz.为了将它减小到 100 Hz 范围以便存储下来进行离线分析,就需要有一个通常由硬件和软件组成的、复杂的多级触发系统.

一旦数据写入存储设备,就必须对事例进行进一步的处理.原始事例数据被送给重建算法软件对事例进行处理.老一代的实验（例如 LEP 实验）利用 FORTRAN 编程语言.当前和今后的实验将它们的重建软件移植为面向对象的语言,如 C＋＋和 Java.在以上这两种情形中,事例重建都给出了基本的物理对象,例如径迹探测器中带电粒子的径迹,或量能器中的团簇能量沉积（**能量流对象**）.这些基本的物理对象构成了数据分析的基本构建模块,这将在下面进行进一步的讨论.

15.3 分析面临的挑战

一旦获得了数据分析所需的重建物理对象，就需要设计**选择判据**（selection criteria）并将它们应用于分析。通常这些选择判据是根据相关的物理过程的蒙特卡洛模拟以及探测器对末态物理对象的响应的模拟来设计的。选择判据的选定通常需要考虑多个互补的挑战性因素之间的平衡。

第一个挑战性因素是优化和提高信号过程的统计显著性，目的在于达到对于信号的高探测效率以及对于本底的高排除能力。通常，这类选择判据是对于一系列运动学特征量进行**截断**判选，这些运动学特征量是根据末态物理对象的四动量导出的。额外的判据可施加于别的特征量，比如粒子鉴别信息。信号效率越高，本底排除能力越强，获得物理结果所需的数据量就越少。在数据获取机会受到限制或十分费钱的年代，通过使用先进的多变量分析方法来充分挖掘数据中的信息。

第二个挑战是选择判据的确定对于物理结果带来的系统不确定性的理解。如果描述所研究的物理过程运动学行为的模型在蒙特卡洛模拟中是有缺陷的，而选择判据是建立在这种模拟的基础之上，这就使最终的结果产生了偏差（bias）。这一类的不确定性称为**理论**系统不确定性。如果探测器响应的模型不完善，将会有进一步的偏差引入到最终结果中，这称为**实验**系统不确定性。最后，在利用复杂的大探测器的年代，模拟事例样本的大小通常受到计算机资源的限制。通常在模拟中，在应用了选择判据之后，只保留了相关物理过程的为数不多的重要事例。这一限制导致了关于最终结果的统计性的系统不确定性。

在当代的高统计实验中，对于可能的系统不确定性的细致估计应当给予特别的关注。作为例子，我们来考察 Belle 合作研究组近期发表的一篇文章，该文描述了 τ 轻子的一种稀有衰变 $\tau^- \to \varphi K^- \nu_\tau$ 的首次观测[1]（参见第 13 章）。分析基于 401 fb^{-1} 的数据样本，对应于质心系能量 10.58 GeV 处产生的 3.58×10^8 个 $e^+ e^- \to \tau^+ \tau^-$ 事例。对于这一项研究，所选择的事例是：一个 τ 轻子衰变为纯轻子末态（标记侧），另一个 τ 轻子衰变为 $K^+ K^- K^\pm \nu_\tau$ 末态（信号侧）。为了获得所研究的衰变的事例数，对 $K^+ K^-$ 不变质量谱（包含被探测器分辨函数弥散化的 φ 介子峰以及一个平滑的本底）进行了拟合。然后，扣除来自 $\tau^- \to \varphi \pi^- \nu_\tau$ 衰变和 $q\bar{q}$ 连续态的本底之后，得出信号事例数（通常称为信号产额）$N_{sig} = 573 \pm 32$。可以看到，N_{sig} 的统计不确定性大于 $\sqrt{N_{sig}}$。图 15.1 显示了这一拟合的结果。

由此，可按以下公式求得分支比：

$$B = \frac{N_{\text{sig}}}{2N_{\tau^+\tau^-}\varepsilon},\tag{15.1}$$

其中 $N_{\tau^+\tau^-}$ 是产生的 $\tau^+\tau^-$ 对数,ε 是由蒙特卡洛模拟得到的探测效率. 其结果是

$$B = (4.05 \pm 0.25) \cdot 10^{-5},\tag{15.2}$$

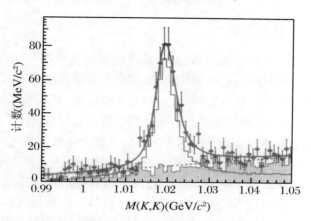

图 15.1 稀有衰变 $\tau^- \to \varphi K^- \nu_\tau$ 的 $K^+ K^-$ 不变质量分布
带误差杆的圆点表示数据. 画阴影线的直方图表示来自 $\tau^+\tau^-$ 和 $q\bar{q}$ 本底的蒙特卡洛模拟的预期值. 直方图表示分支比 $B(\tau^- \to \varphi \pi^- \nu_\tau) = 4 \cdot 10^{-5}$ 情形下信号的蒙特卡洛模拟预期值[1]

其中误差是统计误差,仅仅由选择到的信号事例数和扣除的本底事例数确定. 系统不确定性估计如下. 公式(15.1)分子中信号产额的系统误差等于 0.2%,通过改变 φ 介子的宽度值以及改变本底参数化的形状来确定. $N_{\tau^+\tau^-}$ 的系统不确定性来源于积分亮度的不确定性(1.4%)和过程 $e^+e^- \to \tau^+\tau^-(\gamma)$ 理论截面知识的不完善(1.3%). 占主导地位的不确定性来自于探测效率,它受到多种因素的影响:触发效率(1.1%)、寻迹效率(4%)、轻子和 K 介子的鉴别效率(分别为 3.2%和 3.1%)、$\varphi \to K^+ K^-$ 的衰变分支比(1.2%)以及蒙特卡洛统计涨落(0.5%). 假定以上各项贡献互不关联,将它们平方相加再开根求得总的系统不确定性为 6.5%. 于是求得分支比为

$$B = (4.05 \pm 0.25 \pm 0.26) \cdot 10^{-5}.\tag{15.3}$$

应当指出,上述各项不确定性中的多数是利用不同的数据控制样本确定的.

15.4 分析模块

对探测器原始数据重建所提供的各种标准末态物理对象相关的物理量应用特定

的选择判据,通常可以区分或识别不同的物理分析.在识别了这些对象和确定了相关参数(例如四动量、对于某个原点的碰撞参数或长寿命粒子的衰变点等)之后,可以确定与物理结果相关的物理量.本节讨论高能对撞机通用探测器实验的数据分析中最经常遇到的对象.这里所介绍的方法同样适用于宇宙线和粒子天体物理实验.

15.4.1 带电粒子径迹

存在各种各样的探测器技术,能够帮助重建穿过探测器一定体积的带电粒子的轨迹(此后称之为**径迹**).这些探测器可以统称为**径迹系统**,径迹是根据该系统中测得的空间坐标进行重建的.径迹系统一般处于强磁场,其基准体积中每一点的磁场强度均为已知的,这样可以对粒子的动量和电荷进行测量.

高能碰撞或高能相互作用产生的事例所包含的带电粒子数可以是几十到几千中的任何数值,这些粒子在径迹系统中留下相应的击中.为了显示情况的极端复杂性,图 15.2 显示了未来的 ATLAS 实验的内探测器中的一个事例.该探测器是一个典型的当代径迹室,由多个同心子探测器构成,各子探测器利用了不同的技术.它组合了位于内半径的高分辨硅像素和硅微条探测器(像素和硅径迹室(SCT))以及位于外半径的稻草管径迹室(穿越辐射径迹室(TRT)).图 15.2 是一个具有典型带电粒子多重数的模拟事例在横向平面上的事例显示.径迹室处于 2 T 轴向磁场的包围中,磁场方向平行于束流轴线.测得的原始空间坐标用圆点表示,而重建的径迹用穿过相关的空间坐标点的曲线表示.

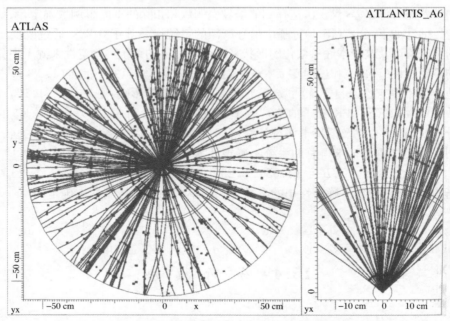

图 15.2　ATLAS 实验中内探测器的一个典型事例的带电粒子径迹重建[2]

第 15 章 数据分析

模式识别算法的工作是将径迹探测器的所有击中组合在一起,首先形成二维或三维坐标,依据这些二维或三维坐标可以找出若干候选径迹.然后,面临的挑战就是怎样将这些坐标值分组来形成径迹.有两种极端的可能性.

直接方法是考察全部击中的一切可能的组合,这种方法过于费时.对于上千个击中,其一切可能的组合数极其巨大,且必须对所有可能的候选径迹都进行验证,使得一个击中不被几根径迹重复使用.另一种极端的观点是全局方法,所有的径迹一次性同时确定.对于空间中互相接近的若干个点,其特征值(例如坐标)被输入一个 n 维直方图.属于同一条径迹的击中点应当在参数空间中相互靠近.一个简单的例子是来自于相互作用点的径迹在无磁场情形下的径迹重建.对所有的点 i 和 j,计算比值 $(y_i - y_j)/(x_i - x_j)$(图 15.3)并标绘于直方图中,该比值会在直线径迹对应的斜率值处显示出峰值.

实际问题中使用的方法处于这两种极端之间.方法的可实现性强烈地依赖于室的结构和所研究的物理问题.

普遍采用的方法之一是所谓的**路径方法**.利用两个相互错开的双层漂移管构成的 μ 子室作为例子(图 15.3),很容易说明该方法的原理.对于磁场外的一个带电粒子,其重建的空间坐标基本在一条直线上.对位于宽度大致相当于空间分辨率(mm 或 cm)的一条路径上的四个点的排列进行列表,可以找出可能的径迹.

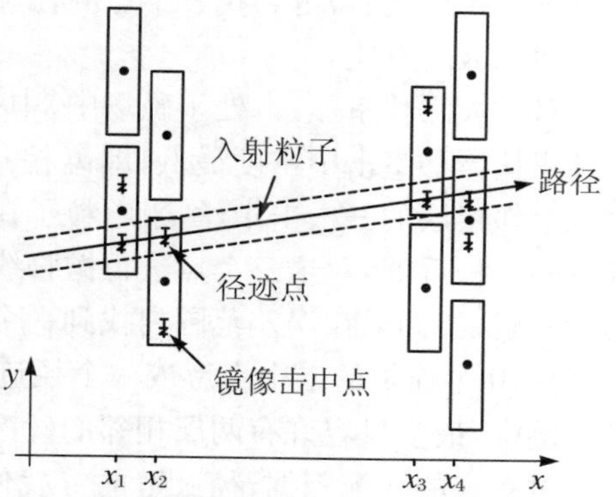

图 15.3 路径法寻迹及直线拟合

由于漂移室的左右模糊,每个击中会重建出两个坐标,其中一个是真实径迹点,另一个是镜像击中点

对于一条路径上坐标值为 $x_1, \cdots, x_4$ 的四个点,相应的测量值及其误差分别为 y_i 和 σ_i(假定误差为高斯型).在直线拟合中[3-4],测量值 y_i 的期望位置 η_i 是 x_i 的线性函数:

$$\eta_i = y_i - \varepsilon_i = x_i \cdot a_1 + 1 \cdot a_2, \tag{15.4}$$

或写成

$$\boldsymbol{\eta} = \boldsymbol{y} - \boldsymbol{\varepsilon} = \boldsymbol{X} \cdot \boldsymbol{a}, \tag{15.5}$$

式中 a_1 是直线的斜率,a_2 是纵轴上的截距.矩阵 $\boldsymbol{X}$ 的元素包含坐标 x_i 值(第 1 列)和 1(第 2 列).对于多个独立测量值,协方差矩阵 $\boldsymbol{C}_y$ 是对角阵:

$$\boldsymbol{C}_y = \begin{pmatrix} \sigma_1^2 & 0 & 0 & 0 \\ 0 & \sigma_2^2 & 0 & 0 \\ 0 & 0 & \sigma_3^2 & 0 \\ 0 & 0 & 0 & \sigma_4^2 \end{pmatrix} \stackrel{\mathrm{d}}{=} \boldsymbol{G}_y^{-1}. \tag{15.6}$$

通过最小二乘法对变量 χ^2 求极小可得到 a 的值：
$$\chi^2 = \boldsymbol{\varepsilon}^T \boldsymbol{G}_y \boldsymbol{\varepsilon} \tag{15.7}$$
其中 χ^2 服从自由度为 $4-2=2$ 的 χ^2 分布：
$$\boldsymbol{a} = (\boldsymbol{X}^T \boldsymbol{G}_y \boldsymbol{X})^{-1} \boldsymbol{X}^T \boldsymbol{G}_y \boldsymbol{y}, \tag{15.8}$$
a 的协方差矩阵由下式给定：
$$\boldsymbol{C}_a = (\boldsymbol{X}^T \boldsymbol{G}_y \boldsymbol{X})^{-1} \stackrel{d}{=} \boldsymbol{G}_a^{-1}. \tag{15.9}$$

如图 15.3 所示，由于击中位置的模糊性，由数据点可能拟合出若干条候选径迹来．为了解决这一问题，χ^2 值可以转化为一条直线为真这一假设的置信限，而我们只保留置信水平大于（比如说）99%的径迹．最常用的选择是接受 χ^2 值最小的候选径迹．利用这种方法，镜像击中被排除，从而解决了模糊性问题．

对已经使用过的点加以标记，这样在后面的寻迹中不再考虑．当所有的四个点的径迹被找出之后，再寻找三个点的径迹，这就考虑到了漂移管的失效以及两个漂移管间死区的效应．

对于大漂移室（通常处于磁场中）中有多根径迹的情形，采用如下的寻迹策略．该过程从漂移室击中密度最低，即离相互作用点最远的地方开始．第一步，首先寻找三个邻接层的三根击中丝．带电粒子在磁场中的期望径迹是一条螺旋线．作为螺旋线的一种近似，对这三个点进行抛物线拟合．然后将抛物线延伸到下一丝层或室的下一扇区．如果在误差范围内找到一个击中与之匹配，则重新进行新的抛物线拟合．5~10 个连贯的击中点形成一个径迹段（segment）或径迹链（chain）．在这样的径迹链中，最多只容许有两层相邻的丝没有击中．当找不到新的匹配点或击中点无法通过一定的匹配判据，径迹链的寻找便告终止．当完成了径迹段的寻找之后，这些径迹段利用径迹跟随（track following）方法进行连接．处于同一圆弧上的径迹链被连接在一起并进行螺旋线拟合．残差大的点，即 χ^2 拟合中偏差大的点被排除，然后重新进行螺旋线拟合．径迹被延伸到离相互作用点的最近处．在最终的拟合中，磁场的空间变化也考虑在内，并利用更为复杂精细的径迹模型．例如在 ALEPH 实验中[5]，$r\varphi$ 平面中径迹离束流轴线的最近点距离用 d_0 表示，该点的 z 坐标是 z_0（对于 z 坐标，平行于沿束流方向的磁场进行测量，参见图 15.4）．螺旋线的完整参数 H 还包括：最近点处径迹在 $r\varphi$ 平面中相对于 x 轴的夹角 φ_0，最近点处的倾角 λ_0 以及曲率 ω_0，即 $H = (d_0, z_0, \varphi_0, \lambda_0, \omega_0)$．在某些场合下，利用的参数组是 $(d_0, z_0, p_x, p_y, p_z)$，其中 p_x, p_y, p_z 是最近点处的径迹动量分量．这一方法也提供了螺旋线的协方差矩阵 C．

如果我们对确定粒子的寿命感兴趣，则相互作用顶点位置的知识具有特别的重要性．对于对撞机而言，入射束流位置精度约为 200 μm 或更好，而对撞束团长度可能是几毫米到半米的范围．相互作用顶点是利用离束流线最近点距离小于 200 μm 的所有径迹进行拟合获得的．这一限制排除了不出自于初级顶点的所有粒子，例如称为 V^0 粒子的 K_S^0, Λ^0, $\overline{\Lambda}^0$，以及产生一对反向带电径迹的转换光子.

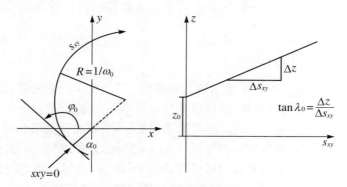

图 15.4 螺旋线参数的定义
左图中给出螺旋线在垂直于磁场和束流方向的 xy 平面上的投影. 右图显示 z 坐标与 s_{xy} 的关系

15.4.2 能量重建

量能器探测系统不仅提供了能量沉积的测量, 还提供了能量沉积的位置测量. 这些信息可以局部地或整体地加以利用. 当利用局部信息时, 量能器内的能量沉积可用于形成与径迹或中性粒子相关联的能量团簇 (cluster). 此外, 能量沉积的轮廓可以用于粒子鉴别(见下文).

集合量如事例总能量以及**丢失能量**(来自于类中微子的对象)对于许多物理分析是至关重要的. 集合量计算的是量能器中所有的可见能量沉积的矢量和, 并考虑外部 μ 子系统信号的修正. 它给出的是一个事例的观测能量相对于已知对撞能量的不平衡或事例总能量的平衡.

对于预期的不平衡出现大的偏离, 可能指示了新的弱作用重粒子的产生, 比如超对称性中微子. 另一方面, 对于预期的不平衡进行细致的检查, 有助于识别出事例中高能中微子没有被探测到的区域. 为了找出可能存在的中微子的能量, 必须对探测器中除中微子外的所有粒子进行测量. 对于量能器中的每一份能量沉积, 必须确定一个长度正比于所测能量的矢量, 其方向由相互作用点到击中的量能器单元之间的连线给定. 在对撞束流能量相等且动量相反的对撞实验中, 所有这些矢量之和不等于零, 这表明存在丢失能量, 同时给出了丢失能量的方向. 如果情况确实如此, 它可能是由中微子导致的. 必须假定没有粒子沿着束流管逃逸. 因为这一点不能保证是正确的, 特别是对于 $p\bar{p}$ 对撞实验, 所以我们通常限定于对垂直于束流的横动量进行分析.

在质子和反质子的硬散射中, 只有一个夸克与一个反夸克发生碰撞. 其他组分碎裂为靠近束流线的喷注, 其中的一部分逃逸出了探测器范围. 其结果是该事例具有纵向的不平衡, 只有中微子的横向动量信息可以利用. 确实, 还有其他的修正需要考虑,例如 μ 子只在量能器中沉积其能量的一小部分.在这种情形下,丢失能量必须利用径迹室测得的 μ 子动量和量能器测得的能量之间的差值进行修正.

15.4.3 夸克喷注

高能碰撞中产生的夸克或参与高能碰撞的夸克,会以能量足够高的准直强子喷注的形态显示其自身的存在;这种现象是在质心系能量接近 7 GeV 的情形下首次观察到的[6].夸克也会由于韧致辐射而辐射胶子,从而在强子事例中产生额外的喷注.初始夸克和任何能发生辐射的胶子称为**初始部分子**.初始部分子携带色荷,它们不能孤立存在,因为自然界显然只容许色中性态自由地存在.非微扰 QCD 过程将带颜色的初始部分子转化为色单态的强子,这称为**强子化**.

尽管强子化过程并没有得到充分的理解,但存在唯象的模型.这类模型的例子有弦模型[7](用 JETSET 蒙特卡洛程序实现[8])和团簇模型(用 HERWIG 蒙特卡洛程序实现[10]).例如在弦模型中,强作用的禁闭性质占主导地位,当初始部分子之间的距离很大时,其色位势正比于部分子之间的分离距离.当初始部分子飞离相互作用点时,它们倾向于从真空中产生一对额外的正反夸克对.最后,初始的带色部分子转化为色单态的强子态.

起源于夸克的喷注与起源于胶子的喷注性质上有所区别.在量子色动力学(QCD)中,胶子的自作用耦合强度正比于色因子 C_A,而夸克-胶子耦合正比于色因子 C_F.这两个色因子的值由色规范群 SU(3)的结构所确定.比值 C_A/C_F 预期等于 $9/4=2.25$;该值与实验测量符合得很好[11].于是胶子在强子化过程中倾向于辐射出软胶子,其结果是,与相同能量的轻夸克喷注相比,胶子喷注比较宽,且有较高的粒子多重数.胶子喷注的这些特性在实验中获得了证实[12].

尽管事例显示出的喷注结构也许定性地具有初始部分子的性质,但喷注本质上是一个难以定义的对象.不可能将所有的末态粒子严格地归属于某一单个初始部分子.将一个事例中带电和中性粒子聚集起来形成若干个喷注的算法有很多种,根据这些喷注可以确定总的四动量和其他特征(例如**径迹多重数**、**喷注形状**等).这类**喷注-团簇算法**(jet-clustering algorithm)成为处理强子事例的大多数分析的基础,它们利用团簇化喷注来近似地描述一个事例中初始部分子的方向和能量.

许多通用的喷注-团簇算法以 JADE 算法程序为基础[13].这一递归算法一开始先将事例中每一种能量沉积(例如带电粒子相关的量能器团簇或候选的中性粒子团簇)考虑为赝喷注.然后,一对赝喷注按照下述定义的测度进行组合:

$$y_{ij} = \frac{2E_i E_j (1-\cos\theta_{ij})}{E_{vis}^2}, \tag{15.10}$$

式中 i 和 j 表示两个赝喷注,E_{vis} 是该事例的可见能量(即所有能量流对象的能量之和).式中的分子实质上是两个赝喷注的不变质量的平方.新的赝喷注的能量和三动量按照组合方案由先前的一个赝喷注的能量和三动量以及一个能量流对象加以确定,从而产生一组新的赝喷注.在 **E 方案**中,利用了三动量与能量的简单求和.这种组合过程进行迭代,直到所有的 y_{ij} 大于特定阈值 y_{cut} 为止.

JADE 方案存在若干种变异方案,在与 QCD 相关的测量和理论计算中对这些变异方案进行了广泛的研究[14].DURHAM 是 JADE 方案的变异之一,它具有若干长处(例如降低了对软胶子辐射的灵敏度)[15].在该方案中,JADE 团簇的测度用下式代替:

$$y_{ij} = \frac{2\min(E_i, E_j)^2(1 - \cos\theta_{ij})}{E_{vis}^2}. \tag{15.11}$$

式中的分子实质上是低能粒子(相对于高能粒子)横动量的平方 k_{Tij}^2.

15.4.4 稳定粒子鉴别

数据分析的另一个重要的输入量是粒子的鉴别.不同的粒子鉴别方法在第 9 章已经进行了讨论,诸如能量损失的测量 dE/dx,切伦科夫计数器和穿越辐射探测器的使用等.量能器中能量沉积的不同的纵向和横向结构可用来区分电子和强子.最简单的方法是引入对于相应的形状参数的截断.更为复杂精细的方法是利用 χ^2 检验或**神经网络**对簇射的横向和纵向形状与一个参照的横向和纵向形状进行比较.与寻迹不同,在这种情形下(以及在物理分析中,见下文)我们利用多层前馈式神经网络.(对于模式识别,应用的是后馈式神经网络.)输入神经元(每个神经元代表量能器一个单元中的能量沉积)与后一层的所有神经元连接并赋予相应的权值,每层之间均以该方式连接直到最后一层,后者只有一个或少数几个输出神经元.该网络的输出结果(在[0,1]之内变化)指示出输入量究竟来自于一个 π 介子还是一个电子.神经元间连接线的权值可以调整并通过误差函数的极小化来获得.这是利用称为**误差逆向传播**的迭代学习算法来实现的[16-18].

文献[19]给出了分辨电子与 π 介子的这些方法的比较.

15.4.5 次级顶点和不稳定粒子的重建

能够提供 50 μm 以下的径迹碰撞参数分辨率的精密径迹探测器的出现,使我们可以在各种各样的谱分析中利用次级顶点,尤其是在重味物理中.在该方法中,从径迹探测器获取的信息不只是径迹的动量,还有径迹的精确位置.利用一组径迹,我们可以拟合这些径迹的假想的公共原点,或称为**顶点**,并将它与已知的对撞位置或**相互作用点**进行比较.明显地偏离相互作用点的(次级)顶点来自于底强子和/或粲强子的衰变.这类事例的一个例子示于图 15.5.

一种常见的次级顶点子类是极端偏离的顶点,其特征是仅由两条电荷相反的带电径迹构成,称为 V^0,例如它表征 $\Lambda \to p\pi^-$ 衰变;在这种意义上,一个光子转换为一对正、负电子也可认为是 V^0.在一个事例中,V^0 顶点的寻找以及利用一对带电径迹计算其不变质量也成为粒子鉴别的一种方式.

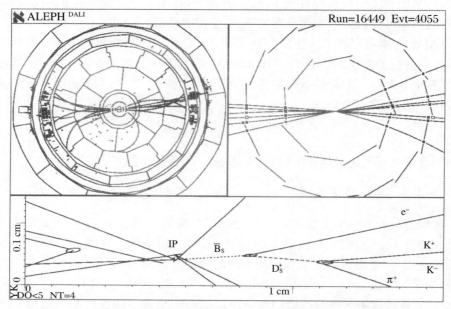

图 15.5 ALEPH 探测器中包含重夸克强子衰变次级顶点的单事例显示[5]
左上图事例的尺度约为 10 m. 右上图显示了硅顶点探测器($\phi \approx 20$ cm)中的径迹,
而下图的事例重建显示了 B_s 和 D_s 介子的衰变, 其典型长度约为 200 μm

径迹室中测得的 V^0 衰变点与初始相互作用点是明显地分开的. 对 V^0 衰变产物进行高精度测量, 能够重建粒子的性质. 典型的候选者是弱衰变粒子, 如 B, D, $V^0(K_s^0, \Lambda^0)$ 介子和重子. 转换光子可产生类似的模式: 一个光子可在径迹室壁或束流管壁中转换为一对 e^+e^-. 转换概率在典型的探测器中约为百分之几的量级. 忽略正、负电子的质量和核的反冲, e^+e^- 的径迹是平行的. 这一点可由重建的光子质量平方 $m_\gamma^2 = 2p_{e^+}p_{e^-}(1-\cos\theta)$ 得知, 其中 θ 是电子与正电子之间的夹角. 图 15.6 为光子转换与 Λ^0 衰变的对比示意图. 由于存在测量误差, 来自光子转换的两条重建径迹可能相交, 也可能没有公共顶点. 转换点是与磁场垂直的平面中两条径迹相互平行($m_\gamma^2 = 0$)的那一点. 光子动量是转换点处或其最近点处 e^+ 和 e^- 径迹的矢量和.

对于重质量粒子(例如质量为 $m = 1.116$ GeV/c^2 的 Λ^0)衰变产生的质子和 π 介子的径迹相交, 其夹角是一有限值. 两条径迹在空间的最近点是衰变点的好的近似. 但更精确的做法是利用径迹拟合得到的两条径迹的参数(H_i)及其误差矩阵(C_i)来实施几何拟合, 并实施 χ^2 拟合. 例如, 对于包含 10 个测量值 $H = (H_1, H_2)$(图 15.4)以及 9 个待定参数 $Q = (D, p_1, p_2)$(衰变点 D 和两条径迹动量 p_1, p_2)的两条径迹, 拟合的自由度为 1. 该计算[3,4,20]与前面讨论过的直线拟合类似.

第15章 数据分析

但是协方差矩阵是非对角阵,因为5个径迹变量是相互关联的.协方差矩阵是一个 10×10 矩阵,由两个 5×5 子矩阵构成.一个极其重要的区别在于9个参数 Q 的期望值不是测量值 H 的线性函数.因此我们必须由一阶偏导数 $\delta H/\delta Q$ 通过泰勒展开和近似的 X(参见式(15.5))来求得参数值.该矩阵在一个假设的初值 Q_0 处计算,Q_0 是按照某种有一定根据的猜测所确定的.利用最小二乘法进行迭代计算可求得改进的参数值 Q_1.

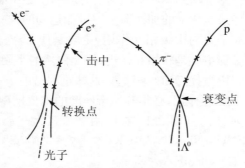

图 15.6 光子转换与 Λ^0 衰变的对比示意图

由于 Λ^0 的质量是已知的,在拟合中其质量值可以作为一个约束.同时 Λ^0 的起始点也可能是已知的,它一般就是初级顶点.因此,在运动学拟合中可以利用下述事实:Λ^0 的飞行方向应等于衰变产物的动量之和 $p_1 + p_2$.这种方法使我们能够获得高纯度和高效率的 V^0 样本.

15.5 分 析 组 分

除了探测器实验的实际设计、建造和运行之外,粒子物理数据分析由若干个具有不同特点的组分所构成.这些组分包括对于感兴趣的物理过程事例的蒙特卡洛模拟产生、探测器对于这些事例的响应的模拟、原始数据和模拟数据的重建、用于多变量分析的选择判据的设计和应用,以及对于结果的统计学解释.

15.5.1 蒙特卡洛事例产生子

为了进行粒子物理的数据分析,需要产生与某一感兴趣的物理过程相关联的所有末态粒子的四动量,并对之进行研究.存在许多程序包,能够产生与已知的、假定的或纯粹假想的粒子物理过程相对应的一系列粒子及其四动量.这些程序包建立在数十年理论和唯象研究的基础之上,并根据新的实验观测和测量进行持续不断的更新.这些程序包的核心是 Stanislaw Ulam 研发的数值计算方法,称之为**蒙特卡洛方法**[21-22].文献[23]给出了粒子物理中当代蒙特卡洛方法的全面的概述.某些常用的程序包的简要汇总列于本书附录 4;每个程序包都有长期的发展历史,并且持续不断地进行着修订和更新.

在超出加速器能量的范畴,即在粒子天体物理的领域,也建立了粒子相互作用的模型,用来描述能量高于 PeV 的高能宇宙线粒子穿过地球大气层的传播行为.测得的初始宇宙线能谱约扩展到 10^{21} eV,与之对应的质心系能量约为 1 000 TeV,这样的能量在最近的将来地球上的加速器是不可能达到的.在这些模型中,强相互作用是利用一组相关粒子间的次级相互作用(主要是质子-空气或重核-空气相互作用)来描述的.这些过程主要是软相互作用,加上偶然的半硬或硬相互作用,其中只有硬相互作用可以利用微扰 QCD 来计算.这些过程借助于一组带颜色的弦的形成来建立其模型.对于软相互作用,必须利用半经验的唯象模型.这类方法建立在对加速器实验数据进行延伸的基础之上,被应用于广延大气簇射的模拟(QGSJET,SIBYLL,DPMJET,VENUS,NEXUS,FLUKA[24-26],参见附录 4).通常,这些模型被集成于模拟程序包,例如 CORSIKA[27].

15.5.2 探测器响应的模拟

蒙特卡洛事例产生子程序包给出的粒子四动量被列成表格,成为数据分析的唯象学基础.粒子四动量列表也可以应用于**快模拟**的场合,在快模拟中利用较粗略的、参数化的探测器响应对粒子参数进行弥散.最后,它们可被嵌入某一特定探测器响应的全模拟之中.这最后一步不仅仅涉及探测器实验的性质和响应的精确建模,还涉及各种末态粒子穿过探测器物质过程的精确建模;这类建模通常是用蒙特卡洛方法以及利用 GEANT[28]和 FLUKA[26]这类程序包实现的.

蒙特卡洛事例产生子和探测器模拟的计算量都非常大.于是大型探测器实验通常都利用各成员机构的成百上千台计算机来产生蒙特卡洛样本.这些样本的大小直接影响到数据分析中信号效率和本底排除率的不确定性.

15.5.3 非探测器信息的分析方法

探测器设备所受到的限制,常常可以通过对于所研究的物理过程性质的深入理解来加以改善或至少部分地改善.这类深入理解难以定量化,但在本小节中提供了这类方法的若干例子.

1. 质量约束重新拟合

当已知若干径迹或喷注来源于一个已知的粒子时,它们的四动量可以通过附加一个**质量约束**来重新拟合.这种方法在处理 $W^{\pm}$ 或 Z 玻色子的衰变产物时是普遍采用的.

在大型正负电子对撞机(LEP),特别是大型强子对撞机和 Tevatron 实验中,事例的拓扑形态极其复杂.在希格斯玻色子或超对称粒子的寻找中,必须非常细致地计算出某种预期的新粒子的不变质量.质量分辨率越好,发现与低统计现象相关的信号的可能性就越大.如果依据某种理由已经知道在末态中产生了一个 W 或一个 Z 粒子,则可以由它们的衰变产物来重建这些粒子.对于 W 的轻子衰变,这种重建相当困难,因为首先必须重建丢失中微子的能量和动量.然而对于 Z 衰变为喷注的情形,若干低能粒子合并为喷注也同样是不那么确定的.同样,利用电磁和强子量能器来确定喷注的能量也不会很精确.因此,重建效率,特别是总的质量分辨率,可以通过对于事例的运动学重新拟合(假定已经知道产生了的粒子具有已知的精确质量)来获得改善.

2. 根据实验数据确定效率

有时可以利用实验数据来确定效率.在许多情况下,我们一般倾向于利用试验束的测量结果来获得各种探测器组件的效率和特性,因为试验束的粒子种类和动量是明确地知道的.在具有几百个探测器组件的大型实验中,这种做法难以实现.此外,在实验过程中由于环境温度、辐射水平、气压和其他参数的变化,探测器组件的性质也会发生变化.确实,这些参数已经有慢控制系统进行监测,但我们仍然希望有在线的刻度,利用一组最佳的刻度常数来分析数据.这一想法可以利用已知的粒子或粒子衰变来实现.例如,当 LEP 对撞机运行于 Z 粒子共振能量,Z 粒子衰变为 $\mu^+\mu^-$ 对就提供了一个具有已知动量和已知相互作用性质的贯穿径迹的一个非常有用的样本.径迹探测装置(例如时间投影室)的径迹效率很容易利用 μ 子径迹加以确定.安装在强子量能器(它同时亦用作磁场的通量回路)后面的 μ 子室的效率能够明确地加以测定,因为静止状态下 Z 衰变产生的每个 μ 子的能量为 46 GeV,确保它们能够贯穿量能器的铁层.同时,时间投影室的细致性质,如探测器外壳可能存在的问题导致的磁场不均匀性或边缘效应,也能够加以研究或重新拟合.

用极其类似的方式,中性 K 介子到带电 π 介子的衰变可以用来检查**径迹重建效率**;与此类似,中性 π 介子到两个光子的衰变可以用来研究探测装置中电磁量能器的性质.如果光子在时间投影室的气体中转换为正负电子对,就获得了特别干净的数据样本,因为时间投影室的气体中靶的密度清楚地知道,正、负电子的动量可以由径迹曲率来确定,它们的能量尔后由电磁量能器进行测量.这样的冗余测量使得刻度参数的可靠性具有充分的可信度.

最后应当提到,当加速器不运行时,高能宇宙线 μ 子总是可以获得的,它们可以用来检查探测器的效率和响应的均匀性.

3. 丢失粒子的重建

不能直接探测到的粒子的信息通常可以通过考察某一特定的物理过程来加以"复原".例如,如果一个事例已被明确地重建出来,比如一个 W 粒子发生了轻子衰变,事例的观测总能量与质心系能量不匹配,部分能量即中微子的能量丢失了.根据质心系能量和所有探测到的粒子四动量的知识,可以推断出丢失粒子的能量和动量.这就使我们能够计算出母粒子的质量.这种**丢失能量**或**丢失动量**方法在物理图像清晰的事例中可以运用,并可应用于许多场合,比如,用于 B 强子的半轻子衰变中中微子动量的"复原",用于超对称粒子的寻找(最轻的超对称粒子被认为是稳定的,一般其相互作用截面很小,因而探测器探测不到).

15.5.4 多变量分析方法

通常,粒子物理数据分析会用到许多个鉴别变量,其中某些变量之间可能存在部分的关联.选择使用哪些变量、对每个变量设置怎样的选择判据成为十分困难的课题,并且通常带有任意性;除非根据直接的运动学关系能够确定使用哪些变量,或者信号和本底的鉴别变量值之间是清晰地分离的.

多变量分析方法使得选择判据能够利用预先规定的方法(通常将多个变量约化为单个鉴别量)来加以选定.存在多种多样的多变量分析方法,并已在粒子物理数据分析中加以应用.这里我们给出若干最广泛使用的方法的简要汇总,然后在下面详细地讨论其中的两种方法:

(1) 极大似然法;
(2) 人工神经网络;
(3) 遗传程序设计[29];
(4) 遗传算法;
(5) 支持向量机[30-31](多变量数据分析中近期最具创新的发展之一);
(6) 核概率密度估计[32];
(7) 线性判别分析;
(8) 主成分分析[33].

1. 极大似然法

极大似然法中引入的似然函数被认为是实验数据的一种表征.一个数据样本的似然值描述的是,假定所选定的概率分布正确地描述了数据时,获得这样一个样本的概率.所选定的概率分布一般有一组可调节的参数.极大似然法的目的在于调节这些参数,使得样本的似然值达到极大.最优拟合参数的实际数值称为**极大似然估计**.

由于上述整个步骤起始于一个假设的概率分布,这一方法建立在一个描述求极大值的解析表达式的基础之上.这种方法可以应用于具有下述特性的任何一组数据:预期一个平滑函数可以是实验值的最佳描述.

由于预先不知道最优的模型假设,故可以利用不同的似然函数来检验各种不同的假设.在这些模型假设之中,我们有调节一组自由参数的自由度.极大似然估计通常服从正态分布,所以可以求得近似的样本方差和置信水平.

如同许多统计方法一样,对于小的事例样本,极大似然法需要小心处理.优化模型分布和调节参数所需的大量计算机机时的技术问题,在数据分析的早期曾经成为一个问题,现在由于高速计算机的出现已经得到解决[34].

2. 神经网络

处理多变量问题的一种精妙和有效的方法是利用**人工神经网络**(NN).人工神经网络受到生物皮层神经系统的启发,并且是生物皮层神经系统的非常粗糙的近似.它们可以利用取自于多个变量的信息来进行训练.它们将各个变量之间的关联考虑在内,在某些变量的信息不可获得的情形下,学习仅仅依赖于给定的信息来给出结果.在不同的应用场合,人工神经网络经过训练后可以鉴别具有给定拓扑形态的事例,减少本底事例数.同时,对于一给定的末态假设,人工神经网络提供了事例样本的效率和纯度等补充信息.

关于人工神经网络的一般理论和原理的讨论可参见文献[17,35],这里我们对于粒子物理数据分析中最常用的人工神经网络——**简单连接的前馈式逆传播神经网络**给予一个简要的概述.用于物理分析中的人工神经网络的研发和训练,有诸多的程序软件.其中包括 JETNET[36],SNNS[37],MLPfit[38]和其他一些程序软件.

一个人工神经网络由排列为**层状**结构的若干个神经元或**节点**所组成.对于处于相邻层的两个给定的节点 i 和 j,通过**连接线**互相连接并赋予**权值** w_{ij}.每个节点处可计算**激活函数** Y,它取决于与该节点相连接的一切神经元的激活函数值与其连接权值的乘积.对于节点 j,其激活函数值等于

$$Y_j = g\left[\left(\sum_i w_{ij}x_i\right) - \theta_j\right], \quad (15.12)$$

其中 x_i 是节点 i 的激活函数,θ_j 称为神经元 j 的偏置值或阈值.激活函数通常选择 S 形(sigmoid)函数,例如 $g(x) = \tanh x$[30].

神经网络的第一层称为**输入层**;输入层的每一个节点获得一个鉴别变量的数值,它由实验数据或蒙特卡洛模拟中的末态物理对象导出;一个输入节点被赋予其对应的一个鉴别变量.为了使神经网络能够有效地处理物理问题,这些鉴别变量的值必须在范围[0,1]或[-1,1]之内.神经网络可以有多个**隐层**,隐层的每一个节点与前一层的所有节点相连接.最后一层称为**输出层**,它给出一个鉴别变量值,用于数据分析中作为事例的选择判据.神经网络的整个结构的选择没有定型的规则可以遵循;通常是根据先前使用过的神经网络的经验,或者采用尝试-纠错的方式加以确定.

人工神经网络结构的术语表示一般具有 X-Y_1-$\cdots$-Y_N-Z 的形式,其中 X 表示输入层中的节点数,Y_i 表示第 i 隐层的节点数,Z 表示输出层中的节点数.图 15.7 是一个 6-10-10-1 神经网络结构的图示.

一旦人工神经网络的结构得以确定,它通常利用蒙特卡洛模拟事例来进行训练.从一个**训练样本**(training sample)选定的输入变量的一种**模式**(pattern),以及与该模式所需的输出值相对应的信息(例如对于信号模式,其输出值为 1,本底模

式输出值为 0)被提供给该神经网络.**学习规则**调节神经元之间的连接权值,目的在于使该神经网络产生所需输出值的优良度的整体标志量达到极小.如前面提到的那样,最普遍采用的学习规则是(误差)逆向传播方法[16-18].对于规定数量的**训练循环**(training cycle),模式表述和连接权调节的这一过程需要多次重复进行.一旦神经网络的训练结束,该神经网络的性能必须用另一个独立的**测试样本**(testing sample)来评估以避免出现偏差.

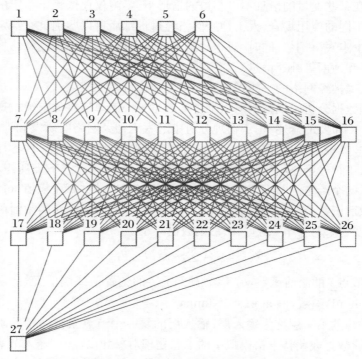

图 15.7 一个 6-10-10-1 神经网络结构的图示

神经元用方框表示,两个神经元间的连线是连接线.神经元 1-6 是 6 个输入节点.神经元 7-16 构成第一个 10 节点的隐层.神经元 17-26 构成第二个 10 节点的隐层.神经元 27 是输出节点

神经网络的训练有许多常见的陷阱,包括与神经网络**过度训练**、检验样本有偏性和训练样本大小等相关联的若干问题.过度训练指的是训练循环的次数过多.在这种情形下,神经网络学习过程过于注重训练样本的细节而不是给出训练样本的普遍性特征.当利用测试样本进行计算时,其性能会变差.但是,如果改变训练循环的次数并用测试样本重复进行计算,测试样本自身会变成具有有偏性,就需要有另一个独立的**验证样本**(validation sample).此外,如果要用到大量的输入变量,则必须利用足够大的训练样本来完全覆盖高维空间的相应的物理区域.如果训练样本过小,那么在学习过程中神经网络将很快就会过度训练或无法收敛.

15.6 分析实例

也许,阐明上面描述的某些方法的最佳途径是考察对撞机实验数据细致分析的实例.这里选择一个数据分析的例子,它设计用于 2000 年 LEP 探测器记录的、质心系能量接近 200 GeV 正、负电子对撞中寻找**标准模型希格斯玻色子**产生的实验证据[39].

希格斯机制对于弱作用和电磁作用的统一具有决定性的作用.尤其是它导致中间矢量玻色子 W 和 Z 的质量的产生.在电弱理论中,希格斯机制导致对称性破缺.在这样的理论架构下,要求存在单个的中性标量粒子,即希格斯粒子.然而,这样的理论不能给出该粒子质量的任何线索.

200 GeV 能量以下 LEP 的实验测量没有给出标准模型希格斯玻色子产生的任何实验证据.在 LEP 实验取数的最后一年,四个 LEP 实验在质心系能量 200 GeV 以上收集了大的数据样本.在该能量范围中,希格斯玻色子的主要产生过程被认为是**希格斯辐射**(Higgsstrahlung)$e^+e^- \to HZ$.来自于 W 和 Z 玻色子聚变的贡献预期比较小.信号过程利用蒙特卡洛方法进行了广泛的模拟.对于 LEP 的能区范围,希格斯玻色子预期主要衰变为一对 b 夸克,但衰变为 τ 子对、粲夸克对、胶子或 W 对(其中一个是虚 W)也是可能的.所研究的主要反应道是希格斯衰变为一对 b 夸克以及 Z 衰变为两喷注.此外,具有丢失能量特征的衰变道 $H \to b\bar{b}$ 和 $Z \to \nu\bar{\nu}$,Z 衰变为轻子对或希格斯衰变为 τ 子对的反应道也进行了研究.

希格斯玻色子的寻找受到本底过程的困扰,这些本底过程与希格斯产生过程很相像.比如产生 WW 或 ZZ 对在质心系能量超过 200 GeV 时是反应运动学所容许的,它们也能产生 4 喷注末态.双光子过程和辐射修正导致能量下降产生 Z 粒子的过程同样可能生成与希格斯产生相类似的事例特征.

数据分析的主要目的是压制本底的同时不至于过多地丢失可能的信号.b 夸克的鉴别对于本底压制起着关键性的作用.由于顶点探测器具有高的空间分辨率,重夸克衰变的次级顶点可以用于 b 夸克的鉴别.根据蒙特卡洛模拟研究获知的希格斯信号特征,可以应用选择性能很强的截断量.例如,W 和 Z 的质量应当非常接近可能的希格斯质量.因此,W 和 Z 的质量重建对于将可能的信号与其他通常的过程分辨开来具有基本的重要性.除了**经典的截断值分析**之外,多变量分析方法如似然值分析,特别是神经网络方法得到了广泛的应用.

极其重要的是,在对真实的事例进行**分析之前**,首先要应用截断值分析或神经网络对于希格斯的寻找建立不同的分析流程(strategy),在利用蒙特卡洛模拟事例估计了本底和优化了选择判据之后,将分析流程固定下来.在收集了数据并开始进行分析之后再来修改截断值或对神经网络进行训练,会引入心理偏见,因为如果一个人想要找到某种东西,他会下意识地倾向于引入有利于发现信号的截断值.同时,盲分析和对非信号区真实事例的研究将有助于建立对于可能的发现的信任度.在经过同一合作研究组内不同小组的广泛且相互独立的分析之后,ALEPH 观测到三个候选事例与质量约 115 GeV 的标准模型希格斯玻色子产生过程一致;OPAL 和 L3 将它们的候选事例解释为本底,尽管略微倾向于信号加本底的假设;相反,DELPHI 记录到的候选事例低于本底的预期值. ALEPH 的一个希格斯候选事例见图 15.8.

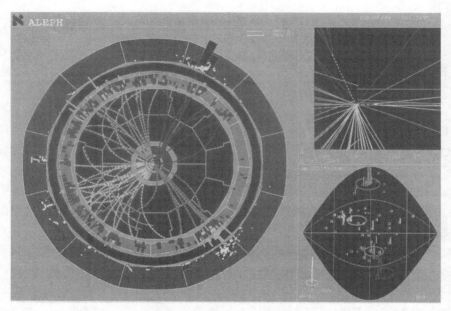

图 15.8　ALEPH 实验在质心系能量 206.7 GeV 观测到由希格斯辐射产生的一个希格斯候选事例

希格斯和 Z 都衰变为一对 b 夸克[40]

ALEPH 实验在 115 GeV 处希格斯的完整证据可以从图 15.9 获得,图中对于**神经网络分析**的结果和**截断值分析**的结果作了比较.在不变质量 115 GeV 处观测值对于本底的超出可能是产生希格斯的一种指示,虽然该图显示的证据并不非常令人信服.

如果 Tevatron 或 CERN 的大型强子对撞机发现质量约为 115 GeV 的希格斯粒子,肯定会使 ALEPH 合作研究组万分高兴.然而,考虑到所有四个 LEP 实验组的实验证据,确实不能对是否发现了希格斯粒子作出肯定的结论.反之,合并四个实验的结果,只能够在 95% 的置信水平上设定希格斯粒子质量的下限为

第15章 数据分析

114.4 GeV[39].

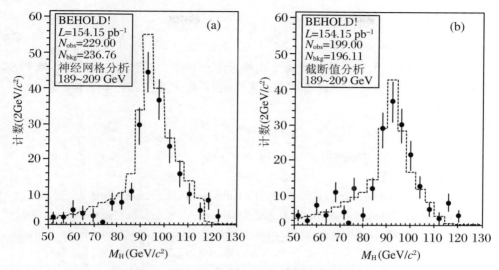

图 15.9 ALEPH 实验寻找希格斯玻色子[40]

(a) 神经网络分析；(b) 截断值分析. 图中画出的是 e+e− 相互作用的 4 喷注末态中两个喷注的不变质量分布(参见式(15.10)和式(15.11)). 主要本底来自于 ZZ，W+W− 和 QCD 事例，用点线直方图表示. 重建的 Z 粒子是最重要的本底. 大质量处观测事例数的超出部分（"希格斯候选事例"）来自于 b$\bar{b}$ 喷注，它被认为是该质量区间希格斯粒子的主要衰变模式[41].

习 题 15

1. 在电子-π介子混合束中，通过满足某一截断值的要求（例如切伦科夫光产额要求大于某个阈值）筛选出一组候选电子，从而在总共 N_{tot} 个粒子中接受了 N_{acc} 个事例. 给定电子和π介子通过截断值的效率分别为 ε_e 和 ε_π，试求在不进行截断选择的情形下电子事例的总数. 如果 $\varepsilon_e = \varepsilon_\pi$，情况又将如何？

2. 变量 $t(0 \leqslant t < \infty)$ 的指数概率密度可表示为
$$f(t,\tau) = \frac{1}{\tau}e^{-t/\tau},$$
其特征量是平均寿命 τ. 试求指数分布的期望值和方差.

3. 在反应堆中微子实验中，令时间 t_1 内测量到的事例数为 N_1. 该数值包含了来自事例率 n_μ 的宇宙线本底. 当反应堆关闭时，时间 t_2 内测量到的事例数为 N_2. 假定可利用的总时间为 $T = t_1 + t_2$，预期的信号/噪声比为 3，试求信号事例率的误差达到极小对应的测量时间 t_1 和 t_2 的优化值.

4. 利用能量已知的电子对电磁量能器进行刻度,所得的响应值(任意单位)如下:

能量(GeV)	0	1	2	3	4	5
响应		0.2	1.0	1.8	2.7	3.0	4.2

假设存在公共偏差 0.2,实验值需要对该偏差进行修正。响应的测量值的标准离差是 $\sigma = 0.3$。假定修正曲线为通过原点的直线,试确定该直线的斜率及其误差。

参考文献

[1] Inami K, et al. First Observation of the Decay $\tau^- \to \phi K^- \nu_\tau$ [J]. Phys. Lett., 2006 (B643): 5-10.

[2] ATLAS Collaboration [OL]. http://atlantis.web.cern.ch/atlantis/.

[3] Brandt S. Datenanalyse, 4. Auflage. Spektrum Akademischer Verlag, Heidelberg/Berlin, 1999. Data Analysis: Statistical and Computational Methods for Scientists and Engineers [M]. 3rd ed. New York: Springer, 1998.

[4] Eadie W T, Drijard D, James F, et al. Statistical Methods in Experimental Physics [M]. Amsterdam: Elsevier-North Holland, 1971.

[5] ALEPH Collaboration [OL]. http://aleph.web.cern.ch/aleph/.

[6] Hanson G, et al. Evidence for Jet Structure in Hadron Production by e^+e^- Annihilation [J]. Phys. Rev. Lett., 1975 (35): 1609-1612.

[7] Artru X, Mennessier G. String Model and Multiproduction [J]. Nucl. Phys., 1974 (B70): 93-115. Casher A, Neuberger H, Nussinov S, et al. Chromoeletric-Flux-Tube Model of Particle Production [J]. Phys. Rev., 1979 (D20): 179-188. Anderson B, Gustavson G, Ingelman G, et al. Parton Fragmentation and String Dynamics [J]. Phys. Rep., 1983 (97): 31-145.

[8] Sjöstrand T. High-Energy-Physics Event Generation with PYTHIA 5.7 and JETSET 7.4 [J]. Comp. Phys. Comm., 1994 (82): 74-89.

[9] Webber B R. A QCD Model for Jet Fragmentation Including Soft Gluon Interference [J]. Nucl. Phys., 1984 (B238): 492-528. Fox G C, Wolfram S. A Model for Parton Showers in QCD [J]. Nucl. Phys., 1980 (B168): 285-295. Field R D, Wolfram S. A QCD Model for e^+e^- Annihilation [J]. Nucl. Phys., 1983 (B213): 65-84. Gottschalk T D. A Simple Phenomenological Model for Hadron Production from Low-Mass Clusters [J]. Nucl. Phys., 1984 (B239): 325-348.

[10] Marchesini G, et al. HERWIG 5.1: A Monte Carlo Event Generator for Simulating Hadron Emission Reactions with Interfering Gluons [J]. Comp. Phys. Comm., 1992 (67): 465-508.

[11] Barate R, et al (ALEPH Collaboration). A Measurement of the QCD Colour Factors and a Limit on the Light Gluino [J]. Z. Phys., 1997 (C76): 1-14.

[12] Buskulic D, et al (ALEPH Collaboration). Quark and Gluon Jet Properties in Symmetric Three-Jet Events [J]. Phys. Lett., 1996 (B384): 353-364. Barate R, et al (ALEPH Collaboration). The Topology Dependence of Charged Particle Multiplicities in Three-Jet Events [J]. Z. Phys., 1997 (C76): 191-199.

[13] Bartel W, et al. Experimental Study of Jets in Electron-Positron Annihilation [J]. Phys. Lett, 1981 (B101): 129-134.

[14] Bethke S, Kunszt Z, Soper D E, et al. New Jet Cluster Algorithms: Next-to-leading Order QCD and Hadronization Corrections [J]. Nucl. Phys., 1992 (B370): 310-334.

[15] Catani S, et al. New Clustering Algorithm for Multijet Cross Sections in e^+e^- Annihilation [J]. Phys. Lett., 1991 (B269): 432-438. Stirling W J. Hard QCD Working Group: Theory Summary [J]. J. Phys. G: Nucl. Part. Phys., 1991 (17): 1567-1574.

[16] Hertz J, Krogh A, Palmer R G. Introduction to the Theory of Neural Computation [M]. Redwood City CA: Santa Fe Institute, Addison-Wesley, 1991.

[17] Rojas R. Theorie der neuronalen Netze [M]. Berlin: Springer, 1993. Neuronal Networks. A Systematic Introduction [M]. New York: Springer, 1996. Theorie neuronaler Netze: eine systematische Einführung [M]. Berlin: Springer, 1996.

[18] McAuley D. The BackPropagation Network: Learning by Example (1997) [OL]. www2.psy.uq.edu.au/~brainwav/Manual/BackProp.html.

[19] Teykal H F. Elektron- und Pionidentifikation in einem kombinierten Uran-TMP- und Eisen-Szintillator-Kalorimeter [M]. RWTH Aachen, PITHA 92/28, 1992.

[20] Rensch B. Produktion der neutralen seltsamen Teilchen K_s und Λ^0 in hadronischen Z-Zerfällen am LEP Speicherring [D]. Univ. Heidelberg, HDIHEP 92-09, 1992.

[21] Eckart R. Stan Ulam, John von Neumann, and the Monte Carlo Method [J]. Los Alamos Science, 1987, 15 (Special Issue): 131-137.

[22] Metropolis M, Ulam S. The Monte Carlo Method [J]. J. Am. Stat. Ass., 1949 (44): 335-341.

[23] Jadach S. Practical Guide to Monte Carlo [R]. hep-th/9906207.

[24] Pinfoldi J L. Links between Astroparticle Physics and the LHC [J]. J. Phys. G: Nucl. Part. Phys., 2005 (31): R1-R74.

[25] Drescher H J, Bleicher M, Soff S, et al. Model Dependence of Lateral Distribution Functions of High Energy Cosmic Ray Air Showers [J]. Astroparticle Physics, 2004 (21): 87-94.

[26] www.fluka.org/, 2005.

[27] Heck D, et al. Forschungszentrum Karslruhe [R]. Report FZKA 6019, 1998. Heck D, et al. Comparison of Hadronic Interaction Models at Auger Energies [J]. Nucl. Phys., B Proc. Suppl., 2002 (122): 364-367.

[28] Brun R, Bruyant F, Maire M, et al. GEANT3 CERN-DD/EE/84-1, 1987. wwwasdoc.

web.cern.ch/wwwasdoc/geant_html3/geantall.html.

[29] Cranmer K, Bowman S R. PhysicsGP: A Genetic Programming Approach to Event Selection [R]. Physics/0402030.

[30] Vapnik V. The Nature of Statistical Learning Theory [J]. New York: Springer, 1995.

[31] Vannerem P, et al. Classifying LEP Data with Support Vector Algorithms [R]. Proceedings of AIHENP99, Crete, April 1999, hep-ex/9905027.

[32] Holmström L, Sain S R, Miettinen H E. A New Multivariate Technique for Top Quark Search [J]. Comp. Phys. Comm., 1995 (88): 195-210.

[33] Wind H. Principal Component Analysis and Its Applications to Track Finding [M]// European Physical Society. Formulae and Methods in Experimental Data Evaluation: Vol.3. CERN/Geneva, 1984: d1-k16.

[34] Engineering Statistics. NIST/SEMATECH e-Handbook of Statistical Methods [OL]. www.itl.nist.gov/div898/handbook/, 2005.

[35] Peterson C, Rögnvaldsson T. An Introduction to Artificial Neural Networks [M]// Verkerk C. 14th CERN School of Computing: CSC'91, LU TP 91-23, CERN-92-02, 1991: 113-170. Lönnblad L, Peterson C, Rögnvaldsson T. Pattern Recognition in High Energy Physics with Artificial Neural Networks: Jetnet 2.0, Comp. Phys. Comm., 1992 (70): 167-182. Amendolia S R. Neural Networks [M]//Vandoni C E, Verkerk C. 1993 CERN School of Computing, 1993: 1-35.

[36] Lönnblad L, Peterson C, Rögnvaldsson T. JETNET 3.0: A Versatile Artificial Neural Network Package [R/J]. CERN-TH-7135-94, 1994. Comp. Phys. Comm., 1994 (81): 185-220.

[37] Zell A, et al. SNNS: Stuttgart Neural Network Simulator User Manual, Version 4.0 [R]. University of Stuttgart, Institute for Parallel and Distributed High Performance Computing (IPVR), Department of Computer Science, Report 6/95, 1995.

[38] Schwindling J, Mansoulié B. MLPfit: A Tool for Designing and Using Multi-Layer Perceptrons [OL]. http://schwind.home.cern.ch/schwind/MLPfit.html.

[39] Abbiendi G. The ALEPH Collaboration, the DELPHI Collaboration, the L3 Collaboration, and the OPAL Collaboration. Search for the Standard Model Higgs Boson at LEP [J]. Phys. Lett., 2003 (B565): 61-75.

[40] ALEPH Collaboration. http://aleph.web.cern.ch/aleph/alpub/seminar/wds/Welcome.html.

[41] Barate R, et al (ALEPH Collaboration). Observation of an Excess in the Search for the Standard Model Higgs Boson at ALEPH [J]. Phys. Lett., 2000 (B495): 1-17.

第 16 章 粒子探测器在粒子物理以外的应用

> 不存在所谓的应用科学,有的只是科学的应用.①
> ——路易斯·巴斯德②

辐射探测器具有广泛的应用.其用途覆盖了从医学到空间实验、高能物理和考古学等各个领域[1-4].

在医学,特别是核医学中,常常用到成像设备,它们通过记录导入体内的放射性示踪剂的 γ 射线来测定内脏器官的大小和功能.

在地球物理学中,可以利用天然或人工制备的 γ 放射性来找矿.

在空间实验中,我们通常关注太阳和银河系粒子以及 γ 射线的测量问题.特别是地球辐射带(范艾伦带)的扫描对于载人航天计划具有极大的重要性.天体物理许多待解决的问题只能在空间实验中找到答案.

在核物理领域中,利用半导体探测器和闪烁计数器的 α,β 和 γ 射线谱学方法起到主导作用[5].高能物理和宇宙线物理则是粒子探测器应用的主要领域[6-11].一方面,人类对于基本粒子的探索已经达到 10^{-17} cm 如此之小的尺度;另一方面,我们又试图测量能量高达 PeV(10^{15} eV)的 γ 射线,以期获得关于宇宙线起源的信息.

在考古学中,μ 子的吸收测量使得我们能够研究其他方法不能企及的结构,比如金字塔密室那样的空洞空间.在土木工程和地下工程中,μ 子的吸收测量使得我们能够测定建筑物的质量.

下面,利用已经介绍过的探测器和测量原理,给出若干实验的例子.

---

① 原文:There are no such things as applied sciences, only applications of science.
② Louis Pasteur(1822~1895),法国化学家、细菌学家.　　　　　　　　　　——译者注

16.1 辐射相机

利用 X 射线或 γ 射线对人体内脏器官或骨骼成像的基本原理基于辐射在不同器官中具有特定的吸收性质. 如果利用 X 射线,获得的影像基本上是 X 射线胶片或其他对 X 射线位置灵敏的探测器所记录到的阴影. X 射线特别适合于骨骼的成像;然而,器官的成像对比度则过小. 这是由于组织和器官的吸收特性几乎相同的缘故.

早年间[12],X 射线只是利用简单的 X 射线胶片成像. 图 16.1 显示的是用 X 射线获取的第一张照片[13]. 图 16.2 则显示了现代的 X 射线双手的影像[14]. X 射线成像目前仍然是医学诊断的一种非常重要的手段. 骨骼的成像是一种标准的技术. 然而,现代 X 射线装置也能够对组织进行成像;例如在乳房 X 射线照相术中,利用 X 射线可以探查非常小的微钙化作为乳腺癌的早期指示. 虽然辐照相机的其他技术[15](将在后面介绍)是医学诊断的强有力工具,X 射线成像当前仍然是多种用途的日常选择.

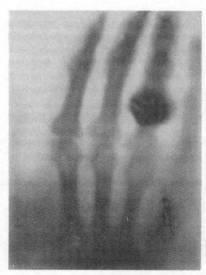

图 16.1　第一次 X 射线成像:伦琴夫人的手(1895 年)[13]

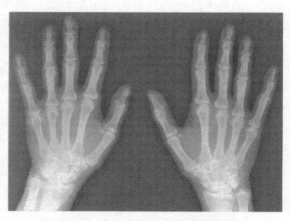

图 16.2　现代 X 射线的双手影像[14]

如果需要研究器官的功能，可以对患者使用放射性示踪剂。将这类放射性核素适当地整合进某种分子中，它们将定向地沉积在特定的器官里，从而提供该器官及其可能的疾患的影像。对骨架可使用的示踪剂为 ^{90}Sr，对甲状腺是 ^{131}I 或 ^{99}Tc，对肾脏是 ^{99}Tc，对肝脏是 ^{198}Au。一般而言，最好使用寿命短的 γ 射线示踪剂，以便尽可能地降低患者的辐射负荷。由所研究的器官发射的 γ 射线必须利用专门的相机来记录（例如 Anger 在 1957 年引入的闪烁相机[16]），这样，器官的影像就可以重建出来。

单个小型 γ 射线探测器，例如一个闪烁计数器，具有根本的缺陷，因为它每次只能测量一个单元（像素）的放射性。在这种方法中，许多信息没有被利用；如果必须测量许多个像素以获得好的空间分辨率（这通常是诊断所必需的），则获取器官完整图像所需的时间长到不合实际，患者的辐射负荷很大。

因此，研发了 γ 相机，它能够利用单个大面积探测器来测量全部视场（total field of view）。不过，这样的一个系统也需要能够探测和重建 γ 射线的源点。为此，我们可以利用一块大的 NaI(Tl) 无机闪烁体，匹配以光电倍增管的阵列（图 16.3，[3,17]）。来自人体的 γ 射线利用一个多路准直器来保留入射方向的信息。某个光电倍增管记录到的光量与倍增管下方的那部分器官的 γ 放射性线性相关。根据器官对于 γ 放射性示踪剂特定的吸收性质，各个光电倍增管的光信息提供了器官的投射影像。通过 γ 放射性的特征性变化，能够识别器官的各种疾患。

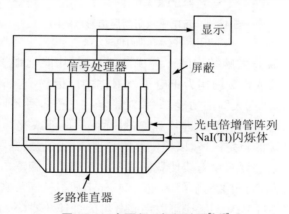

图 16.3　大面积 γ 相机略图[3,17]

如果每一个光子均能用于像的重建，则能减少患者所承受的剂量。这恰恰是**康普顿相机**的目标，它能够在需要用到复杂重建算法的情形下给出优良的像品质。康普顿相机或者说康普顿望远镜同样可应用于 γ 射线天文学[18]。

正电子放射断层造影术（PET）提供了一种重建器官三维影像的手段。该方法利用正电子发射体实现成像。放射性核素发射的正电子在非常短的距离停止，并与器官组织中的一个电子发生湮灭反应，产生两个单能 γ 射线：

$$e^+ + e^- \rightarrow \gamma + \gamma. \tag{16.1}$$

两条 γ 射线的能量均为 511 keV,这是因为电子和正电子的质量完全转化为 γ 射线的能量.根据动量守恒,两条 γ 射线是背对背发射的.如果两条 γ 射线被一个完全包围该器官的分段闪烁计数器所记录,这两条 γ 射线必定是沿着两个击中组件连线的方向发射的.测量大量的这种 γ 射线对,可以重建器官的三维结构,器官的可能疾患可以被识别出来(图 16.4).

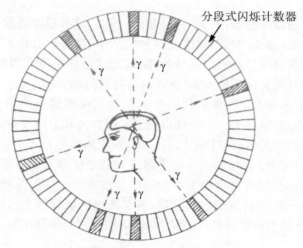

图 16.4 正电子放射断层造影术略图
闪烁计数器在纵向也被分段

PET 技术也是探查大脑结构的一种优良工具,其功能远强于脑电图(EEG).在 PET 扫描中,血液或葡萄糖作为正电子发射体的标记物,它们被注入患者的血液流中,从而透彻地研究大脑的功能.如果对患者在进行各种不同的活动,比如观看、听音乐、说话或思考的情形下进行观测,被标记的血液或葡萄糖将优先供应大脑主要负责这些活动的特定区域,以提供这些心理活动过程所需要的能量.心理活动的这些区域所发射的湮灭 γ 射线使我们能够重建局部大脑葡萄糖摄取的细致图像,加亮与各种心理活动相关的脑部区域[19-20].标记放射性同位素的特征 γ 射线或正电子湮灭产生的 511 keV γ 射线可以用高分辨闪烁计数器(NaI(Tl)或 BGO)或半导体计数器(高纯锗探测器)测量.心理活动的强度直接正比于局部大脑区域的放射性.图 16.5 显示了人脑对语言和音乐的不同响应[21].

这一技术不仅能实现心理活动的成像,还能用来鉴别脑部的疾患,因为健康的和患病的组织对于标记了的血液或葡萄糖的处理方式是不同的.

常用的整合进放射性药物化合物中的正电子发射体包括 ^{11}C(半衰期 20.4 min), ^{15}O(2.03 min), ^{18}F(110 min), ^{75}Br(98 min), ^{76}Br(16 h), ^{86}Y(14.7 h), ^{111}In(2.8 d), ^{123}Xe(2.08 h) 和 ^{124}I(4.15 d).用于高能物理刻度的典型正电子源,例如 ^{22}Na(2.6 a),

因其半衰期过长而在 PET 技术中不能使用. 为了用^{22}Na同位素获得品质合理的像，必须使用高活性的源，而这将使患者受到不可承受的高辐射剂量. 因此，必须在放射性活度、辐射剂量、半衰期和新陈代谢活动的适应性诸因素中找到一种平衡. 重要的是，整合进放射性同位素的分子，在理想情形下对于所研究的人体器官应当是合适且具有选择性的；例如，^{11}C 容易整合进入糖分子，氟化钠也可用作放射性药物化合物[22].

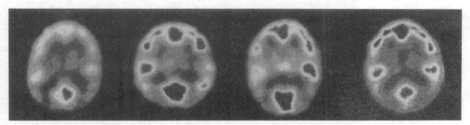

1. 休眠状态(双眼睁开)　　2. 语言　　3. 音乐　　4. 语言加音乐

5. 音调序列, 听者　6. 音调序列, 听者　7. 音质(和弦)
　　未经训练　　　　　受过训练

图 16.5　人脑对语言和音乐的不同响应[21]

16.2　血管造影

X 射线胸透片能够清楚地显示脊柱和肋骨，但看不清心脏和血管. 造成这种血管"消失"的原因是，它们与周围的组织在物理上没有区别，因而不能产生像的对比度反差.

由于 X 射线被碘强烈地吸收($Z = 53$，吸收截面正比于 Z^5)，将碘注入需加以研究的血管能够显著地提高对比度. 对患者利用能量略低于和略高于碘的 K 吸收限的 X 射线照射，像的品质能够得到极大的改善(图 16.6). 跨过碘的 K 吸收限时组织的吸收截面平滑地变化，而碘对 X 射线的衰减在 K 吸收限之上要远强于 K 吸收限之下.

两次照射的结果相互减除可以给出含碘血管自身的影像（**K 吸收限减除技术**，或称**双能量减除血管造影术**）。对于一片叶子的成像，K 吸收限减除技术的工作原理示于图 16.7～图 16.9[23-24]。图 16.10 显示了利用该技术获得的、注入碘之后五个连续的时间帧的主动脉和冠状动脉影像。

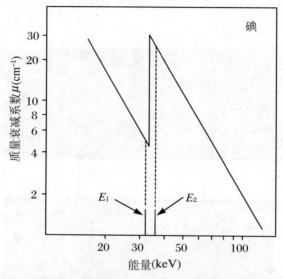

图 16.6 碘的 K 吸收限附近，光电效应导致的质量衰减系数

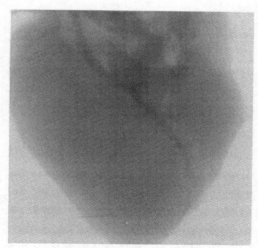

图 16.7 用 K 吸收限减除技术获得的一片叶子的影像结构，X 射线能量低于碘的 K 吸收限[23-24]

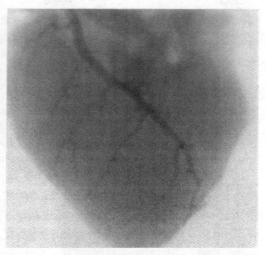

图 16.8 用 K 吸收限减除技术获得的一片叶子的影像结构，X 射线能量高于碘的 K 吸收限[23-24]

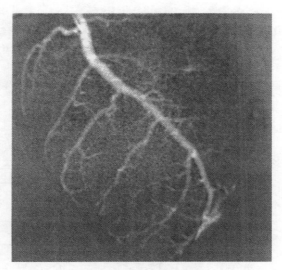

图 16.9 用 K 吸收限减除技术获得的一片叶子的影像结构，X 射线能量高于及低于碘的 K 吸收限的影像之差[23-24]

K 吸收限减除技术所需的两种不同能量的光子可以利用同步辐射束流通过两个不同的单色器选出. 扇形的单色 X 射线通过患者胸腔后被一个 X 射线探测器所探测（图 16.11）. 在该技术的临床应用中，使用了多丝正比室或漂移室. 利用微结构探测器来测量 X 射线能够获得更好的分辨率.

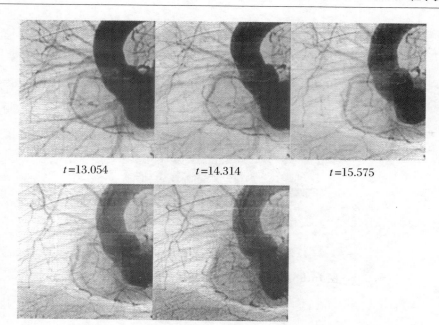

图 16.10 K 吸收限减除技术获得的、注入碘之后五个接续的
时间帧的人体主动脉和邻近冠状动脉的影像[24-25]

显示的时间单位是秒.人体主动脉（深色部分）的直径为 25～35 mm①.
主动脉延伸出的冠状动脉的典型直径为 3～5 mm,狭窄的则为 1 mm 或更小

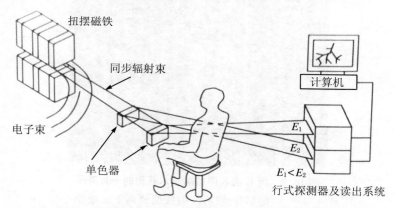

图 16.11 血管造影术所需的两束单色化同步辐射束流的准备[26-28]

---

① 原文为 50 mm,经译者询问原书作者,现改正为 25～35 mm.　　　　　　　——译者注

16.3 粒子束肿瘤诊疗

长期以来,已经知道组织特别是肿瘤组织对于电离辐射是敏感的.因此很自然地,利用不同种类的辐射,比如 γ 射线和电子来治疗肿瘤. γ 射线容易从放射源如 ^{60}Co 获得,而电子则可以利用相对不太费钱的直线加速器将能量加速到 MeV 获得. γ 射线和电子束的缺点是它们的能量大部分沉积在表面附近.为了减小表面剂量,并优化肿瘤治疗的效果,需要将辐射源或患者进行旋转,以使表面剂量散布在很大的体积内.与此形成对照的是,质子和重离子将其大部分能量沉积在射程的末端附近(布拉格峰,参见图 16.12).布拉格峰处能量损失与表面剂量相比约增加 5 倍,并在一定程度上与粒子能量有关.此外,通过观测标准 PET 技术的湮灭辐射,重离子提供了一种监测束流破坏力的可能性.在这种情形下,湮灭辐射是由入射重离子束自身产生的 β^+ 放射性核碎片所辐射的.

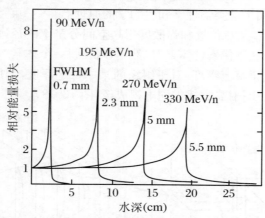

图 16.12 碳离子 ^{12}C 在水中的能量损失与深度的函数关系[29-30]

肿瘤治疗的另一种技术是利用负 π 介子,它也得益于布拉格峰现象,甚至还因为"星形成"(star formation)导致额外的能量沉积.此外,还可以利用中子治疗肿瘤.杀死细胞的靶子是细胞核中的 DNA(脱氧核糖核酸). DNA 分子的大小与重离子电离径迹的宽度相当. DNA 包含两条含有相同信息的链.电离辐射对一条链所造成的损伤,可以通过将未受损伤的链中的信息复制到受损链来加以修复.因此,粒子射程末端处的高电离密度将会产生 DNA 的双链断裂,这种情形下细胞将不能存活.

在**强子疗法**中,重离子如 ^{12}C 看来是最优的选择.比碳重的离子在破坏肿瘤组织方面有更强的杀伤力,但是它们在周围组织和射线射入区域中的能量沉积所达到的水平已使不可恢复的损害比例过高,而对于较轻的离子(比如 ^{12}C),肿瘤靶的外围健康组织中产生的主要是可恢复的损伤.因此肿瘤区域的细胞杀死率得益于:

(1) 质子和离子在射程末端能量损失的升高;

(2) 由高电离密度区 DNA 的双链断裂导致的生物效应的增强.

细胞杀死率最终与肿瘤区域的剂量当量 H 相关.除了电离和激发导致的能量损失之外,碳离子还能够碎裂,产生可发射正电子的较轻的碳离子.对于 ^{12}C 离子的情形,可产生较轻的同位素 ^{11}C 和 ^{10}C.这两种同位素以很短的半衰期 $T_{1/2}(^{11}\text{C}) = 20.38$ min 和 $T_{1/2}(^{10}\text{C}) = 19.3$ s 衰变为硼:

$$^{11}\text{C} \rightarrow {}^{11}\text{B} + e^+ + \nu_e, \qquad (16.2)$$

$$^{10}\text{C} \rightarrow {}^{10}\text{B} + e^+ + \nu_e. \qquad (16.3)$$

正电子的射程极短,典型值小于 1 mm.当正电子静止时与组织中的电子发生湮灭反应,产生两个背对背发射的、能量为 511 keV 的单色光子:

$$e^+ + e^- \rightarrow \gamma + \gamma. \qquad (16.4)$$

这些光子可以用正电子放射断层造影术方法探测,并可用来监测重离子对于肿瘤组织的破坏效应的空间分布.在**光栅扫描技术**(raster-scan technique)中,以一种有效的方式应用了这类物理学和生物学的原理[29-32].一束重离子笔形射束(直径≈1 mm)引向肿瘤.束流位置和弥散度用高空间分辨率的径迹室监测.在治疗计划中,肿瘤被划分为三维像素("体素").然后,对于每一个体素,计算出破坏肿瘤所需的剂量,后者正比于束流密度.对于组织的某一特定深度,利用磁偏转使束流扫过全部面积,实现面积扫描,方式如同电视成像(图 16.13).

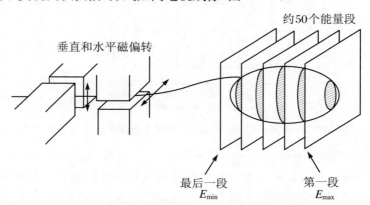

图 16.13 光栅扫描方法的基本原理[31-32]

肿瘤区域被束流所照射,能量从大变小(正比于射程的变化).典型地利用 50 个能量段,从肿瘤区域的背部开始.对于深度从 2 cm 到 30 cm 的剖面,束流能量需要覆盖的量程是每核子 80 MeV 到每核子 430 MeV.当束流能量减小时,受照平面所需剂量的计算需要考虑到先前能量较高的束流已经在射入区域中产生的损伤. 这样就能保证横向(磁偏转)和纵向(能量变化)扫描完全覆盖整个肿瘤区域. 图 16.14 显示了这样一次扫描的结果与 ^{60}Co γ 射线效应的对比. 给定能量、不同深度的单次照射的能量损失分布曲线的叠加使得整个肿瘤区域具有均匀的剂量分布.

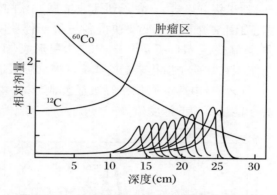

图 16.14 给定能量、不同深度的单次照射的能量损失分布曲线的叠加, 使得整个肿瘤区域具有均匀的剂量分布[29]

前面已经解释过, 对位于深部的局部肿瘤, 利用重离子可获得最有效的肿瘤治疗. 另一方面, 作为带电粒子的质子也产生电离能量损失, 并在其射程末端产生布拉格峰. 利用加速器容易获得质子, 它们也广泛地用于肿瘤治疗(**质子疗法**). 图 16.15 显示了质子的相对剂量与水深的函数关系, 并与 γ 射线、电子和中子进行比较.

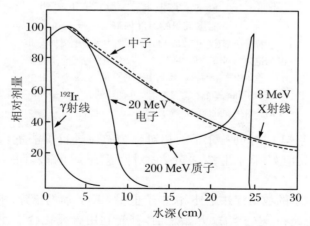

图 16.15 中子、γ 射线(由 8MV X 射线管产生)、200 MeV 质子、20 MeV 电子和 ^{192}Ir (161 keV) γ 射线的剂量-深度曲线的比较

在早期关于利用带电粒子束进行肿瘤治疗的可行性研究中,π介子,特别是负π介子也用于这类治疗.与质子和重离子相同,π介子在物质中通过电离损失其能量.到达其射程的末端之前,它的能量损失相对比较小.同质子和重离子非常相像,在π介子射程的末端,其能量损失明显有很大的增加.此外,负π介子可被原子俘获而形成π介子原子.通过级联跃迁,π介子到达非常靠近核的轨道,最终被原子核所俘获.这一过程比自由π介子的衰变要快得多.π介子俘获能够产生大量的轻碎片如质子、中子、氘3、氚核($=^3$H)和α粒子,称之为**星形成**(star formation).这些碎片将它们的能量沉积在π介子射程末端的局部区域.此外,这些碎片的相对生物效应相当高.由于这种效应,电离的布拉格峰被显著地放大.图16.16显示了不同机制导致的负π介子能量沉积的深度依赖.

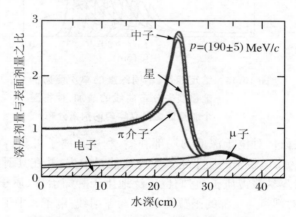

图16.16 负π介子束(混有少量μ子和电子)能量沉积的深度依赖

粒子动量是(190 ± 5) MeV/c.图中π的电离损失贡献标记为"π介子",而"星"和"中子"分别标记π介子的核相互作用中产生的核碎片和中子的贡献.负π介子束中少量μ子和电子的污染只产生很小的贡献[3,34].μ子和电子的相对生物效应假定等于1

在活的有机体内,对负π介子的相对生物效应进行了测量,其值约等于3.除了它的深度效应好于γ射线之外,它对病患组织的破坏能力有约3倍的增加.

除了带电粒子的**放射疗法**之外,快中子也用于脑肿瘤的治疗.中子治疗的工作原理遵循以下思路:在中子治疗开始之前,首先利用含硼化合物使肿瘤对中子敏感.中子与硼有大的反应截面:

$$n + {}^{10}B \rightarrow {}^7Li + \alpha + \gamma. \tag{16.5}$$

该相互作用中产生了生物效应很高的短程α粒子.在这一中子导致的反应中,产生射程约几微米的2 MeV α粒子.这一点保证了α粒子的破坏作用仅仅限于局部组织.临床试验表明,利用超热中子(接近 1 keV)可获得最好的疗效.5 MeV 的质子与轻靶物质(比如锂或铍)的相互作用能够产生这样的中子束.

在没有使肿瘤对中子敏感的情形下,利用中子直接照射肿瘤有明显的缺点:中子显示了类似于 ^{60}Co γ 射线的剂量深度曲线,从而对肿瘤周围的健康组织产生大量的有效生物效应损伤.

长期以来,带电粒子的电离-剂量关系已由核和粒子物理研究得十分清楚了.使用原来为基本粒子物理实验而研发的设备,能够对粒子束流进行高精度的设计和监测,然后这些束流可以用于肿瘤治疗.重离子看来是肿瘤治疗的理想射弹.它们适用于界面清晰的肿瘤.可使用的**治疗设备**越来越多了[31].很自然,这类设备需要有一个费钱的、复杂的带电粒子加速器.为了实现束流的导引和控制,必须利用复杂精细的探测器和连锁系统来保证患者的安全.

16.4 慢质子用于表面研究

有多种多样的无损方法可以确定表面的化学组分,一种可能的方法是**质子激发 X 射线发射分析(PIXE)**.当慢带电粒子穿过物质时,发生核相互作用的概率相当低.大多数情形下质子通过与原子的电离碰撞损失其动能.在这类电离过程中,电子从 K,L 和 M 壳层释放出来.如果这些壳层被更高壳层的跃迁电子所填满,原子的激发能以特征 X 射线的形式释放出来.这些特征 X 射线可以作为靶原子的"指纹".另一种情形是,原子壳层的激发能不是通过 X 射线发射,而是直接传递给外壳层的一个电子,后者逃逸出原子,称为俄歇电子.随着原子序数的增加,特征 X 射线的发射概率("产额")与俄歇电子发射概率的比值增加.当 $Z=20$ 时,特征 X 射线的发射概率为 15%;当 $Z \leqslant 80$ 时,则接近于 100%.另一方面,如果测量俄歇电子的能量,它的动能也是该原子的一个特征量,可用于原子识别的目的.但是,这种俄歇电子谱学(AES)方法只对极薄的样品才适用,因为低能电子的射程非常短.

每个入射质子产生的光子产额依赖于靶的性质,例如原子序、样品的密度和厚度.总的光子产额可以通过初始质子束的强度加以控制.

质子激发的特征 X 射线的测量是以低本底轫致辐射为其特征的,这一点与应用俄歇电子形成对照.质子发生轫致辐射的概率可以忽略.质子产生的 δ 电子的轫致辐射只能产生非常低强度的连续谱.因此,可以在简单、干净、几乎无本底的环境下对特征 X 射线进行研究.

X 射线可以利用锂漂移硅半导体计数器来记录,后者的特征是具有高的能量分辨率.图 16.17 为一个典型的 PIXE 系统实验装置的简图[36].

典型能量值为几兆电子伏、流强为几微安的一束质子穿过一片铝散射箔,后者使质子束变宽而不发生明显的能量损失.该质子束然后被准直并打击待研究材料的一个选定面积.一个步进马达使得样品以确定的方式移动.这种做法是为了研究大面积合金的均匀性.

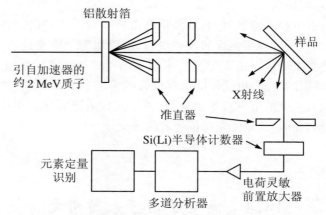

图 16.17 利用慢质子研究表面结构的 PIXE 探测器装置[36]

特征 X 射线的能量随着原子序数按以下关系而增加:

$$E_K \propto (Z-1)^2 \qquad (16.6)$$

(**摩斯利定律**).闪烁计数器或锂漂移硅半导体计数器的能量分辨率足以分辨原子序数 Z 相差 1 的两种元素的特征 X 射线.利用这种方法可以将浓度低于 1 ppm ($=10^{-6}$)的从磷($Z=15$)到铅($Z=82$)的各种元素识别出来.

PIXE 技术在生物学、材料科学、艺术与考古,以及需要进行快速、灵敏、无损的表面研究的一切领域中得到了越来越广泛的应用.

16.5 γ 和中子反散射测量

对集装箱中某种物质的水平进行测量,其物理基础是吸收技术.通常,这种测量是在实验室非常确定的条件下实现的.在地质学应用中,比如钻孔研究,感兴趣的问题主要是钻孔壁物质的化学成分.在寻找某种物质(例如石油或稀有金属)的沉积物时,情况就是如此.

可以通过 γ **反散射方法**进行这种寻找(图 16.18):一个放射源比如 ^{226}Ra 各向同性地发射 186 keV 的 γ 射线.闪烁计数器记录周围物质反散射回来的 γ 射线.探测器自身屏蔽掉放射源的直接辐射.反散射截面依赖于钻孔壁物质的密度和原子

序数. 图 16.18 显示了该技术的工作原理[37]. 闪烁计数器计数率与高度的函数关系反映的是铅、水和空气各层的不同的物质. 反散射强度的分布清楚地显示了各特定元素之间的差异. 因此，可以从实验测定的反散射率来推断关于散射物质密度和化学丰度的信息. 对于空气、水、铝、铁和铅各种样品的测量表明，在反散射强度与密度 ρ 和原子序数 Z 的乘积之间存在清晰的关联. 在很宽的范围内，反散射强度可以用函数 $R \propto (\rho \cdot Z)^{0.2}$ 来拟合（图 16.19[37]）.

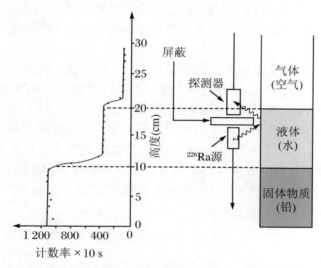

图 16.18　识别沉积物的物理化学性质的 γ 反散射方法[37]

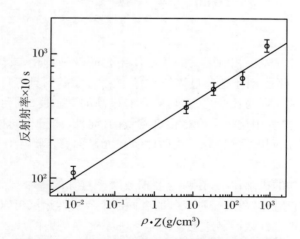

图 16.19　γ 反散射率对于散射物质的依赖关系[37]

钻孔的研究可以利用**中子反散射技术**以极其相似的方式来实现[38-39]. 人工制备的中子源发射的快中子被钻孔壁周围的物质所散射. 对于原子序数低的物质，与高能量传递相关的散射截面最大.由于石油以碳氢化合物的形态包含氢,石油对于中子的慢化十分有效.如果存在石油,慢中子通量将高到接近于源通量;而若没有石油存在,则快中子难以慢化.在近源点和离源点(60~80 cm 处)各进行一次测量,它们的强度比可提供钻孔周围氢浓度的信息.反散射中子可以利用 BF_3 计数器或 LiI 闪烁计数器进行测量.

除了中子反散射测量之外,原子核俘获中子后发射的 γ 射线也可以用来指示钻孔物质的化学结构.为了达到对于散射物质的清晰鉴别,γ 射线的能量必须精确地测定,因为散射核发射的 γ 射线具有特征能量值,它们可以作为钻孔物质化学丰度的一种"指纹".

航空测量也可以查找铀沉积物的位置[39].飞机或直升机可以机载辐射探测器在较短的时间内进行大面积扫描.大面积闪烁计数器(10 cm×10 cm×40 cm,NaI(Tl),CsI(Tl),BGO)可以作为探测器.对 ^{40}K 衰变产生的 1.46 MeV γ 射线,或者铀或钍衰变链的各种子体进行测量,可以指明铀的存在. ^{40}K 与铀和钍在天然矿石中的共生,通常是相同地质化学条件能够将主要的含矿矿石聚集在一起的结果.这些特征 γ 射线发射体的鉴别只需要具有中等分辨率的闪烁探测器.这是由于 ^{230}Th(67.7 keV)和 ^{238}U(49.6 keV)发射的低能 γ 射线与 ^{40}K 辐射的 γ 射线(1 461 keV)相差甚远的缘故.

16.6 摩 擦 学

摩擦学处理的是发生相对运动的相互作用表面(例如轴承或齿轮)的设计、摩擦、磨损和润滑等问题.对于这些过程的研究,放射性示踪剂具有特殊的优越性.摩擦学中利用放射性元素的长处之一是,它具有极高的灵敏度.低到 10^{-10} g 的质量可以被探测到,而这利用化学反应是很难测量的.此外,测量相同材料表面之间的磨损(例如铁与铁之间的磨损)对于放射性示踪元素而言不产生任何问题,而化学方法则完全失效.

放射性摩擦学的概念在于,在参与磨损或摩擦过程的一个部分中包含有放射性标记物.在参与摩擦过程的一种成分的表面涂上放射性涂层可以达到此目的.利用闪烁探测器或正比计数器制成的监测系统测量磨损材料的计数,就可以确定磨损量.在摩擦研究中,一种材料利用中子激活也可以实现标记.被转移的激活物质的测量也可以用自动化射线照相术(autoradiographic technique)实现.这也使我们能够识别发生最大磨损的位置.

在汽车工业中,磨损与润滑剂种类的依赖关系具有特别的重要性.气门座磨损的测量显示出对于所用润滑油种类的不同依赖性. 图 16.20 显示了阀沿着阀座的移动, 其中阀座包含了一个活化区. 根据润滑剂的放射性可以确定磨损量.

对阀座的磨损随着时间的变化进行测量, 可以获得润滑油长期性能的信息. 放射性的在线记录能够给出需要换油的警告.

类似的技术也适用于所有种类的齿轮和轴承. 图 16.21 显示了车用机油对于机轴磨损的影响. 5 号机油显然性能最好. 但是使用 100 h 之后润滑作用开始下降.

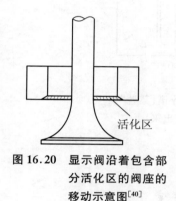

图 16.20 显示阀沿着包含部分活化区的阀座的移动示意图[40]

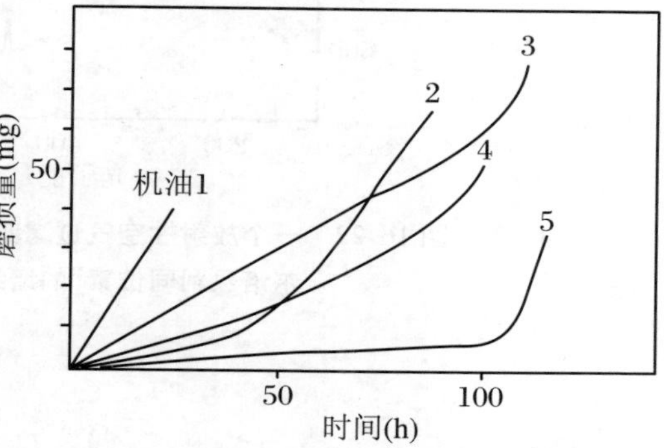

图 16.21 不同的车用机油对于机轴磨损的影响[40-41]

16.7 放射性尘埃的同位素识别

同位素混合物的 γ 射线谱可用来定量地确定它所包含的各种放射性核素. 适合于这类应用的探测器是高分辨的锂离子漂移型锗半导体计数器或高纯锗晶体. 锗的原子序数足够大, 使样品发射的 γ 射线有很高的概率通过光电效应而被吸收, 从而产生特征 γ 射线线谱. 能量确定的光电峰或全吸收峰可用来鉴别放射性同位素的种类. 图 16.22 显示了切尔诺贝利反应堆事故发生后不久一个空气过滤器的部分 γ 射线谱[42]. 除了天然放射性产生的 γ 射线谱线之外, 某些**切尔诺贝利同位素**如 ^{137}Cs, ^{134}Cs, ^{131}I, ^{132}Te 和 ^{103}Ru, 可以通过它们的特征 γ 射线线谱清楚地识别出来.

只发射 β 射线的发射体不能用这种方法探测, 但可以利用锂漂移的硅半导体计数器来加以识别. 由于硅的原子序相对较低 ($Z=14$), 这类探测器对于 γ 射线相对地不那么灵敏. 可以通过扣除刻度谱线来定量地确定发射 β 射线的同位素. 同位素的识别基于连续 β 射线谱的特征极大能量. 极大能量可以根据线性化的电子能谱（费米-居里标绘）很好地加以确定[43].

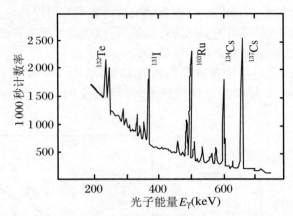

图 16.22　一个放射性空气过滤器的部分 γ 谱（某些"切尔诺贝利同位素"的谱线被标记出来）[42]

16.8　探查金字塔密室

在埃及胡夫金字塔（Cheops pyramid）中发现了几个密室：国王墓室、王后墓室、地室以及所谓的"大走廊"（图 16.23）. 然而在邻近的卡夫拉金字塔（Chephren pyramid）中，只发现了称为贝尔佐尼室（Belzoni chamber）的一个密室（图 16.24）. 考古学家怀疑，在卡夫拉金字塔中或许还有未发现的密室.

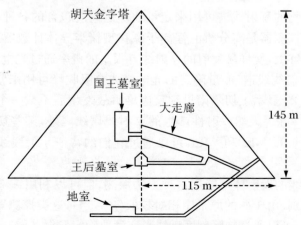

图 16.23　胡夫金字塔的内部结构[44]

美国艺术和科学研究院，1970 年绘

曾经有人建议,利用宇宙辐射的 μ 子对金字塔进行"X 射线"透视[44]. 宇宙线 μ 子能够轻易地贯穿金字塔的物质. 当然,贯穿过程中它们的强度略有减少. 强度的减少与金字塔外壁到探测位置之间的物质量有关. 如果在某一方向相对强度有所增强,这指示出该方向存在空洞,可能有未发现的密室(**μ 子 X 射线技术**).

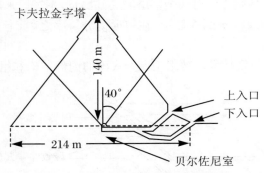

图 16.24　卡夫拉金字塔的内部结构[44]

美国艺术和科学研究院,1970 年绘

μ 子的强度作为深度的函数 $I(h)$ 可以近似地表示为

$$I(h) = k \cdot h^{-\alpha} \quad (\alpha \approx 2). \tag{16.7}$$

对式(16.7)求导,得

$$\frac{\Delta I}{I} = -\alpha \frac{\Delta h}{h}. \tag{16.8}$$

对于卡夫拉金字塔,μ 子贯穿约 100 m 物质层到达贝尔佐尼室. 设想有一个未发现的密室的高度是 $\Delta h = 5$ m,如果在贝尔佐尼室内安装一个 μ 子探测器,则与邻近方向相比,预期该方向上相对强度的增强为

$$\frac{\Delta I}{I} = -2 \frac{(-5 \text{ m})}{100 \text{ m}} = 10\%. \tag{16.9}$$

应用于这类测量的探测器(图 16.25)可以是由三个大面积闪烁计数器和四个丝火花室构成的一个 $2 \text{ m} \times 2 \text{ m}$ 的望远镜[44-45].

火花室望远镜利用闪烁计数器的三重符合作为触发. 铁吸收体阻断低能 μ 子对于探测器的触发. 由于低能 μ 子会产生大的多次散射角,它们只能产生可能存在的密室的模糊影像. 具有磁致伸缩读出功能的火花室用来对所记录到的 μ 子进行径迹重建.

该探测器安装在卡夫拉金字塔底部中心位置附近的贝尔佐尼室之内(图 16.24). 曾经有人怀疑紧靠贝尔佐尼室的上方可能有一个洞穴. 因此,μ 子望远镜的接收范围限于天顶角约 40°处才具有完全的 360°方位角覆盖. 对某个固定的天顶角,所测得的强度随方位角的变化清楚地显示了金字塔的各个角落,从而证明了该方法的工作原理是可行的. 探测器扫描获得的金字塔截面图被划分为若干个

$3° \times 3°$ 的单元.总共记录了几百万个 μ 子. μ 子通量沿着方位角和天顶角的变化与模拟的强度分布进行比较,模拟强度分布考虑到了金字塔结构的已经了解到的细节以及探测器的性质.这样就能够确定对于预期的 μ 子事例率的偏离.由于宇宙线 μ 子的角分布在测量的统计精度内与模拟一致,因此没有找到该金字塔内有别的密室.第一次测量只是完成了对该金字塔的局部测量,不过后来对全部体积进行了 **μ 子 X 射线照相**.这次测量同样显示,在望远镜分辨率之内,卡夫拉金字塔没有新的密室存在.

类似的 μ 子 X 射线技术也被用于探查火山的内部结构和组分[46].

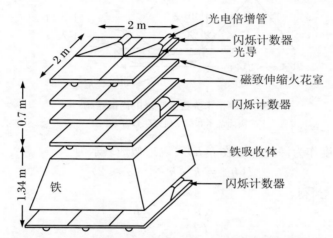

图 16.25 探寻卡夫拉金字塔中密室的 μ 子吸收探测器装置[44]
美国艺术和科学研究院,1970 年绘

16.9 放射性衰变用作随机数产生子

对于满足极高统计要求的随机数的需求在日益增长.由于公众可获得的加密软件如**优良加密软件**(**PGP**,**Prettey Good Privacy**)的出现,发生了关于如何产生密钥(cryptographic key)的讨论.PGP 利用键盘上两次键击之间的时间和击打的键的"值"作为随机性的原始资料,但对于需要高度保密的应用,这种做法显然是不够的.国际法和数字签名方案(digital signature scheme)的管理法令要求,密钥必须确实是随机的.物理学家所了解的随机性的原始资料来源于放射性衰变或二极管的噪声.利用放射性要优于热噪声,因为前者与环境条件(压力、温度、化学环境)完全无关.与此相反,二极管的热噪声依赖于温度,而且两个接续的值是互相关联的,所以,为了获得有用的密钥,需要对随机数进行加密处理.如果一个对手能够获得权限来访问利用二极管作为随机性原始资料的装置,那么他就能够通过改变温度来改变该装置的输出.而放射性衰变很难施加影响,因而对于避免篡改具有更高的安全性.

这样一个装置的核心部分可以利用一个正比计数器.一个含钍-232的白热罩(incandescent mantle)可以作为放射源.钍-232发生α衰变,能量为4.083 MeV.利用白热罩背后的理念在于,天然放射源如钍-232的豁免限相对比较宽.因此,从辐射防护的观点来看,这样一个低活性的天然放射源不需要采取专门的预防措施.当然,其他天然放射源,如钾-40,也可以利用且具有同样的好处.

虽然正比计数器的圆柱形阴极薄壁吸收了大部分的α粒子,钍232的γ跃迁发射的光子或它的衰变产物还是会被记录下来.一个电离粒子的探测会导致高压的瞬间小幅度下降.这一脉冲通过一个电容馈送到放大器后到达甄别器,在一定时间内(典型值为100 ns),甄别器会决定是否将信号提升到标准的TTL电平.只要发生了这种低-高电平的转变,一个**反转触发器**(toggle flip-flop)就给出一个读出.反转触发器周期性地变换其状态,从逻辑"0"变为逻辑"1",或从逻辑"1"变为逻辑"0",其典型的时钟频率为15 MHz.由于正比计数器的两个脉冲之间的时差不可预测,反转触发器的输出位序列应当是随机的.

图16.26显示了这样一个装置的工作原理.来自探测器的单个信号的发生时间我们相信是不可预测的,这些信号成形后与自由运行的双稳态触发器的即时状态进行比较.如果随机信号到达时触发器处于逻辑"1"状态,则随机位设置为"1".如果随机信号到达时触发器处于逻辑"0"状态,则随机位设置为"0".这些随机位存储在缓冲器中,可以被CPU访问和处理.因此,这类装置在单位时间内输出的随机位的数目是直接由放射源的随机放射性决定的.如果该随机序列用来作为密钥的材料或作为另一个伪随机数产生子的种子,那么单位时间内输出的随机位数目只需要低值就可以了,与此相应,所选用的放射源只需要适中的放射性活度(例如几百贝可(Bq))[47].

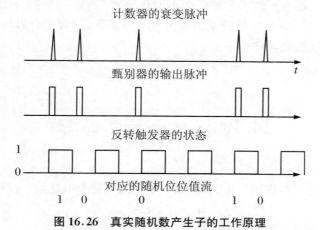

图16.26 真实随机数产生子的工作原理

利用强放射源可以很快地产生多个随机数.但是,并不需要随机数产生速率快到与时钟频率可以相比拟的程度.利用较低的放射性强度,在较长的时间内来产生所需要的随机性,其基本原理同样适用.

在计算机模拟中,反转触发器电路也能够用来产生随机位.我们可以利用泊松分布的伪随机数来模拟两次放射性衰变之间的时间差.计数器和电子学的死时间也可以整合到模拟中去.对于模拟数据的一些统计和加密测试表明,输出的位值可以认为是随机的[48-49].

为了研究模拟与理论的一致程度,我们可以比较 4 bit 模式与其预期值的结果.如果将一个长度为 n 的字位串分割为若干个长度为 4 的子字位串,那么 16 bit 的模式 0000,0001,0010,0011,…,1111 应当有相等的出现机会.

来自于放射源的粒子可以用穿过正比管或闪烁计数器的宇宙线 μ 子来代替,因为它们的随机性质完全相同.考察一个这样产生的字位串,它由若干个位值相同 (0 或 1) 的子字位串组成.每个这样的子字位串称为一个**字位段**(run).位值为 0 的字位段称为一个**缺口**(gap).位值为 1 的字位段称为一个**块**(block).由于在一个真实随机的字位串中出现 0 和出现 1 的概率一定是 0.5,且不依赖于前一位的值,因此可以预期,出现长度为 1 的字位段的概率等于 1/2,出现长度为 2 的字位段的概率等于 1/4,出现长度为 3 的字位段的概率等于 1/8,以此类推.一般而言,长度为 k 的字位段的出现概率是 $p_k = 1/2^k$.

一个塑料闪烁体记录的不同宇宙线样本所获得的结果显示出上面所述的行为.获取不同的宇宙线数据样本所用的照射时间为几秒的量级.时间较长的样本与真实随机数的预期符合得很好,而时间仅 30 ms 的短时样本不能重复出分布的尾部特征(对于 $k \geq 6$ 的块或缺口),这就清楚地表明,为了达到真实的随机性,必须要有一定数量的宇宙线事例.获取短时样本的目的仅仅是说明这一要求的必要性[48-49].

根据这样的基本原理工作的一个小型化装置(例如一个 $1\ cm^2$ 的硅片),用作某一天然放射性同位素发射的 γ 射线的粒子探测器,可以十分容易地整合到个人电脑中作为**真实随机数产生子**.

16.10 $\nu_e \neq \nu_\mu$ 的实验证据

中微子是通过弱作用产生的,例如在中子的 β 衰变中有如下过程产生:
$$n \rightarrow p + e^- + \bar{\nu}, \tag{16.10}$$
而在带电 π 介子衰变中则有如下过程产生:

第 16 章 粒子探测器在粒子物理以外的应用

$$\pi^+ \to \mu^+ + \nu,$$
$$\pi^- \to \mu^- + \bar{\nu}.$$
(16.11)

(由于轻子数守恒,必须区分中微子 ν 和反中微子 $\bar{\nu}$).现在的问题是,β 衰变和 π^- 衰变中产生的反中微子是否是同一种粒子,与电子共生的中微子和与 μ 子共生的中微子之间是否存在差别?

在布鲁克海文实验室的 AGS 交叉梯度同步加速器上利用光学火花室进行的前驱性实验表明,电子中微子和 μ 子中微子事实上是不同的粒子(**两类中微子实验**).布鲁克海文实验利用的是 π 衰变产生的中微子.加速器产生的 15 GeV 质子束与一个铍靶碰撞,产生 π^+ 和 π^- 介子以及其他粒子(参见图 16.27,[50]).

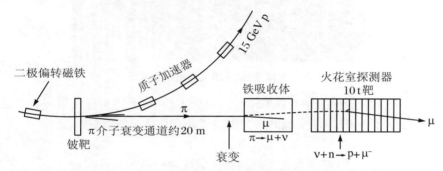

图 16.27 15 GeV AGS 质子同步加速器产生的中微子束流[50]

带电 π 介子以寿命 $\tau_0 = 26$ ns($c\tau_0 = 7.8$ m)衰变为 μ 子和中微子.在一个长度约为 20 m 的衰变通道中,实际上所有的 π 介子都已经发生了衰变.该衰变中产生的 μ 子停止在铁吸收体中,只有中微子能够从铁块中逸出.

我们暂且假定,电子中微子和 μ 子中微子之间没有区别.在这样的假定之下,预期中微子能够产生下述反应:

$$\begin{aligned} \nu + n &\to p + e^-, \\ \bar{\nu} + p &\to n + e^+, \\ \nu + n &\to p + \mu^-, \\ \bar{\nu} + p &\to n + \mu^-, \end{aligned}$$
(16.12)

但是,若电子中微子和 μ 子中微子是不同的粒子,π 介子衰变生成的中微子将只能产生 μ 子.

能量 GeV 区间的中微子-核子相互作用截面只有 10^{-38} cm^2 量级.因此,要使所有的中微子在火花室探测器全部都发生相互作用,探测器的体积和质量都必须相当大.10 个由光学火花室加铝吸收体构成的 1 t 重的组件用来探测中微子.为了减小宇宙线本底,安装了反符合计数器.火花室探测器能够明确地鉴别 μ 子和电子.在该探测器中,μ 子径迹的特征是一条直线,几乎与物质不发生相互作用;而电子会引发电磁簇射、产生多个粒子.实验表明,π 衰变生成的中微子只产生 μ 子,从而证明了电子中微子和 μ 子中微子是不同的基本粒子.

图 16.28 显示了火花室探测器中一个具有历史意义的中微子相互作用的记录[50]. 该中微子相互作用中产生的一个长程 μ 子清晰可见. 在初级顶点处可以看到有少量的强作用发生,这表明中微子的相互作用是非弹性的,可能是

$$\nu_\mu + n \rightarrow \mu^- + p + \pi^0, \tag{16.13}$$

随之发生的是由 π^0 衰变为两个光子所引发的局部簇射发展.

图 16.28 中微子-核子相互作用产生 μ 子[50-51]

后来在欧洲核子研究中心(CERN)的一个实验中,上述实验结果得到了证实. 图 16.29 显示了该 CERN 实验的一次中微子相互作用,通过反应

$$\nu_\mu + n \rightarrow p + \mu^-, \tag{16.14}$$

产生了一个高能 μ 子,它在火花室探测器中呈现为一条长程直线径迹. 反应中产生的反冲质子可以由短直线径迹清晰地识别出来[52-53].

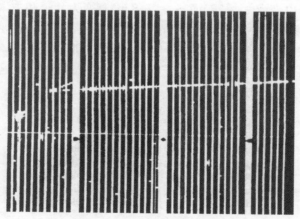

图 16.29 CERN 的一个实验中,μ 子中微子在多板火花室中产生 μ 子[52-53]

16.11 γ射线天文的探测器望远镜

在γ**射线天文**领域中,发射 MeV 能区或更高能量光子的点源的探测是一个有意义的论题.γ源发射的γ能谱的测定还能够提供关于带电粒子空间加速机制以及高能γ射线产生机制的线索[54-55].对于几兆电子伏以上的能区,电子-正电子对产生是占主导地位的光子相互作用过程.图 16.30 显示了一个γ射线天文探测器装置的原理图.

望远镜通过分段簇射计数器的不同单元之间的符合,以及与一个外部禁止计数器的反符合进行触发.这样的触发要求选择的是在径迹装置中发生转换的光子.在径迹探测器(漂移室堆叠或硅像素探测器)中记录所产生的 e^+e^- 对,γ射线的入射方向利用电子和正电子的径迹进行重建.全吸收闪烁体量能器由掺铊的厚碘化铯晶体制作.它的任务是通过求电子-正电子对能量的总和测定γ射线的能量.

在γ射线天文研究的早期,1975 年发射的 COS-B 卫星上[57]使用了火花室望远镜作为径迹探测器(图 16.31).它记录了来自银河系的、能区 30 MeV $\leqslant E_\gamma \leqslant$ 1 000 MeV 的γ射线.COS-B 卫星的轨道高度反常,其远地点在 95 000 km 处.在该距离下,地球大气层所产生的本底可以忽略.

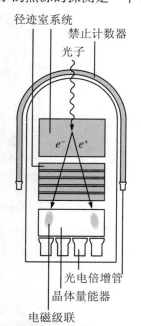

图 16.30 测量 GeV 能区 γ 射线的卫星实验测量装置简图[56]

图 16.31 COS-B 探测器的相片[58]

COS-B 卫星能够识别出银心是一个强 γ 射线源. 此外, 还能探测到诸如天鹅座 X3、船帆座 X1、杰敏卡 (Geminga) γ 射线源以及蟹状星云等点源[57].

图 16.32 显示了 ±10° 银纬带内, 能量高于 100 MeV 的 γ 射线强度分布与银经的函数关系. 这些数据是利用 SAS-2 卫星记录的[59]. 其中实线是模拟的结果, 模拟中假定宇宙 γ 射线的通量正比于星际气体的柱密度 (column density). 在该图中, 船帆座脉冲星呈现为能区 100 MeV 以上最强的 γ 射线源.

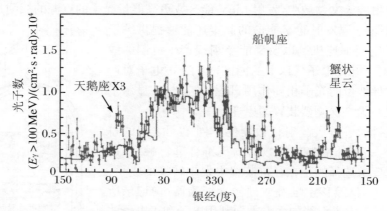

图 16.32 能量高于 100 MeV 的 γ 射线强度分布与银经的函数关系[59]

利用康普顿 γ 射线观测站 (CGRO) 上负载的 γ 射线探测器获得的全天区巡天图 (All-sky survey), 能够观测到大量的 γ 射线源, 包括银河系外的 γ 射线源 (图 16.33).

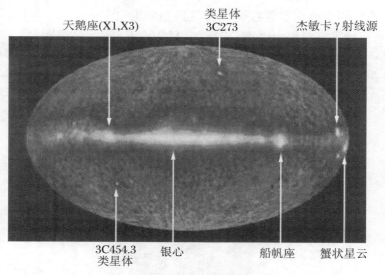

图 16.33 γ 射线的全天区巡天图

16.12 蝇眼探测器测量广延大气簇射

高能带电粒子和光子在大气中产生强子和电磁级联.在记录这类**广延大气簇射**(EAS)的经典技术中,簇射粒子通常用安装于海平面处的大量闪烁计数器或水切伦科夫计数器进行取样测量[62],例如文献[63]报道的测量.典型的闪烁计数器覆盖1%的横向簇射分布,并给出深度远大于簇射极大处的簇射粒子数的信息.显然,推定引发该级联的原初粒子的能量将有很大的测量误差.如果能测量大气层中完整的簇射纵向发展,则效果会好得多.如果能够记录下大气层中簇射粒子产生的闪烁光,这样的测量对于能量超过 10^{17} eV 的情形是可行的(图16.34).这样的测量可以利用"蝇眼"实验来实现.最初的**蝇眼探测器**在美国犹他州,由67块直径为1.6 m 的反射镜组成[64-67].每块反射镜的焦平面处有12～14个光电倍增管.各个反射镜的视场之间略有重叠.一个在蝇眼探测器附近穿过大气层的广延大气簇射只能被一部分光电倍增管所观测到.根据击中的光电倍增管的位置,能够重建出广延大气簇射的纵向分布图.记录到的总光产额正比于簇射能量[68].

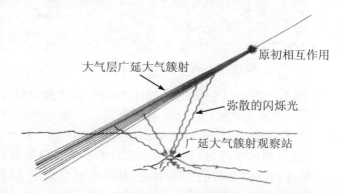

图16.34 通过大气层中产生的闪烁光测量广延大气簇射的原理

这样的一个蝇眼实验被安装于美国犹他州,用以测量高能原初宇宙线(图16.35).这类测量技术的缺陷在于,对于微弱闪烁光的测量只能在晴朗、没有月亮的夜间进行.该探测技术利用同样位于犹他州的高分辨望远镜加以进一步的改进,新的扩展了的装置即望远镜阵列(TA)目前正在 HiRes 场地进行建造[70].望远镜阵列也将用在位于阿根廷的大型 Auger 大气簇射阵列之中[71].

这类大型大气簇射阵列的主要科学目的是寻找极高能宇宙线的起源,以及研究超过某一阈能(约 $6 \cdot 10^{19}$ eV)的原初质子是否由于普遍存在的黑体辐射通过

Greisen-Zatsepin-Kuzmin(GZK)截断[56]而衰减,例如

$$p + \gamma \to \Delta^+ \to p + \pi^0,$$
$$\to n + \pi^-. \tag{16.15}$$

近期已经证明,相对论性簇射电子在地球磁场中产生的射频波段区的地球磁场同步辐射(geosynchrotron emmision)的测量提供了广延大气簇射测量的有吸引力的另一种方案[72].这种方法的优点在于它具有100%的有效测量时间,而光学测量的有效测量时间约只有10%.

图16.35 蝇眼实验的照片[64,69]

大气闪烁光探测器的各个反射镜也可以作为**切伦科夫望远镜**单独工作(例如参见文献[73-74]).利用这样的望远镜,可以测量高度相对论性的簇射粒子在大气层中产生的切伦科夫辐射.切伦科夫镜面望远镜提供了一种探测辐射能量超过1 TeV的γ射线点源的手段.这类望远镜具有很高的角分辨率,能够压低强子簇射导致的、空间各向同性分布的大的本底,并明确地鉴别出来自于点源的γ射线导致的级联.在这种特定的情形下,以下事实对于γ点源的测量是十分有利的:γ射线在星系中沿直线飞行,而带电的初始宇宙线不携带关于其源点方向的任何信息,因为不规则的星际磁场使得带电粒子方向随机化了.

成像大气切伦科夫望远镜(IACT)提供了关于宇宙线起源的可能候选者(例如星系M87)的有价值的信息.最新的这类装置(例如[74])能够测量能量低至20 GeV的原初γ射线,从而拓宽了γ射线天文的视野,因为这样低能的γ射线不能通过与黑体或红外光子的γγ相互作用过程而吸收.

16.13 水切伦科夫计数器寻找质子衰变

在试图统一电弱作用和强作用的某个理论中,质子不再是稳定的.在某些模型中,重子数和轻子数守恒遭到破坏,质子能够按照以下方式衰变:

$$p \to e^+ + \pi^0. \tag{16.16}$$

预期的质子寿命为 10^{30} a 量级,这需要有大体积的探测器来寻找这类稀有衰变.建造这样一个探测器的一种可能性是**大体积水切伦科夫计数器**(几千吨水).这类切伦科夫计数器包含足够多数量的质子,如果理论预期正确的话,在几年的测量时间内应该能够看到几次质子衰变.质子衰变的产物足够快,能够发射出切伦科夫光.

大体积水切伦科夫计数器需要有高度透明的高纯水,以便利用大量的光电倍增管来记录切伦科夫光.光电倍增管或者安装在探测体积内,或者安装在探测器内表面.衰变产物的方向信息和顶点重建通过光电倍增管的快定时方法确定.来自核子衰变的短程带电粒子产生特征切伦科夫光环(图 16.36),其外半径 r_a 用来确定衰变顶点到探测器壁的距离,而内半径 r_i 则近似地反映带电粒子在水中能量降至切伦科夫阈值所对应的射程.测量到的光产额可用来确定粒子的能量.

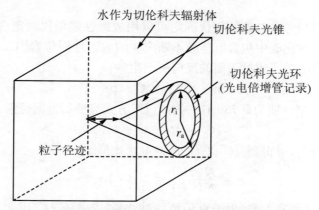

图 16.36 寻找质子衰变的实验中产生切伦科夫光环的原理图

两个这样的水切伦科夫探测器被安装于日本的神冈锌矿(KamiokaNDE = 神冈核子衰变实验)和美国俄亥俄州 Morton-Thiokol 盐矿(Irvine - Michigan - Brookhaven(IMB)实验)[75-77].

尽管这些探测器已经运行了好几年,但至今尚未探测到质子的衰变.根据这一结果,确定了质子寿命的新的下限为 $\tau \geqslant 10^{33}$ a.

但是,在探测超新星 1987A 发射的中微子实验中,大体积水切伦科夫计数器获得了引人注目的成功. 神冈、超级神冈和 SNO(加拿大萨德伯里中微子观测站)实验甚至能够探测太阳中微子,因为它们对于电子能量有低的探测阈值[76,78].

利用这些探测器对太阳和大气中微子进行的精确测量导致了中微子振荡的发现,它是发现超越基本粒子标准模型的新物理道路上前进的一大步. **大型海水和冰切伦科夫计数器**同样为天文学打开了新的窗口. 但是,探测银河系和河外高能中微子的中微子望远镜尺寸必须要大得多. 这类装置目前正在南极洲建造(IceCube),并正准备在地中海建造. 为了获得高能中微子的精确结果,甚至需要有规模大于 IceCube 的中微子天文探测器. 将巨大的探测体积分割成若干单元,用成排的光电倍增管与各探测单元耦合这种做法由于费用巨大而不可取. 但是利用**冰-声子检测仪**(glaciophone)测量与南极洲冰层的高能量相互作用相关联的声波的新技术看来很有希望. 热声产生的声波(thermoacoustically generated sound waves)可以利用适当的冰-声子检测仪进行测量,例如利用压电传感器. 这一技术的主要优点在于,声学信号的衰减要比光学信号的衰减小得多.

16.14 放射性碳测定年代

生物学起源的考古对象的年代确定可以用**放射性碳年代测定法实现**[79-80]. 地球大气层在其二氧化碳中包含有连续不断产生的放射性同位素 ^{14}C. 该同位素是由宇宙辐射中的次级中子通过下面的反应所产生的:

$$n + {}^{14}_{7}N \rightarrow {}^{14}_{6}C + p. \tag{16.17}$$

^{14}C 发射 β 粒子,半衰期为 5 730 a. 它按照以下方式衰变回氮同位素:

$$^{14}_{6}C \rightarrow {}^{14}_{7}N + e^- + \bar{\nu}_e. \tag{16.18}$$

由这种反应和衰变,可得到 $^{14}_{6}C$ 和 $^{12}_{6}C$ 的浓度之比值 r:

$$r = \frac{N({}^{14}_{6}C)}{N({}^{12}_{6}C)} = 1.2 \cdot 10^{-12}. \tag{16.19}$$

所有植物,以及动物和人类(由于食用植物性物质)都含有 ^{14}C. 因此大气层生成的同位素比例在整个生物圈中也同样会形成. 随着生物体的死亡,放射性碳的渗入过程就停止了. 从这个时候开始, ^{14}C 的放射性衰变使得 $^{14}C/^{12}C$ 的比值减小. 比较一个生物学考古对象和一个当前对应的生物学对象的 ^{14}C 的放射性,就能确定该考古对象的年代.

由于考古对象的 β 放射性很低,会产生相应的实验测量问题. ^{14}C 衰变中发射的电子的极大能量只有 155 keV. 因此,需要用非常灵敏的探测器来进行测量. 如

果放射性同位素 ^{14}C 是气体中的一种成分（$^{14}CO_2$），则可以使用流气式甲烷计数器（所谓的低水平计数器（low-level counter））。这一探测器必须用铅进行屏蔽，并利用反符合计数器消除本底辐射。流气式甲烷计数器的构造方式要能将待研究的样品（不一定要求是气态）引入到探测体积中来。这是为了防止电子进入计数器时发生能量损失。一个稳定的甲烷气流通过探测器，以保证有稳定的气体放大。

由于存在系统和统计误差，放射性碳的年代测定对于年龄在 1 000 和 75 000 年之间的考古对象是能够实现的。但是在当代，必须考虑到，由于矿物燃料（贫 ^{14}C）的燃烧效应和大气层的核武器试验，浓度比 r 已经改变了。其结果是 r 不再是常数值。因此，必须首先进行 r 的时间刻度。通过测量年代已知的样品的放射性碳含量，可以实现这种刻度[79]。

16.15 事故剂量学

在某种偶然的情形下，发生辐射事故后如果得不到放射性剂量仪的测定信息，就产生了确定辐射剂量的问题。可以利用**毛发活性法**来估计事故发生后的受照体剂量[81]。毛发包含的硫浓度为 48 mg/g 毛发。由于中子的辐照（例如反应堆发生事故）硫可以通过下述反应转化为磷：

$$n + {}^{32}S \rightarrow {}^{32}P + p. \tag{16.20}$$

该反应产生放射性同位素 ^{32}P，其半衰期为 14.3 天。除了这一特定的反应，还可以由以下反应产生放射性同位素 ^{31}Si：

$$n + {}^{34}S \rightarrow {}^{31}Si + \alpha. \tag{16.21}$$

^{31}Si 同位素的存在使得同位素 ^{32}P 放射性的测定发生困难。不过 ^{31}Si 的半衰期只有 2.6 h。因此，只需要等待一段时间，使 ^{31}Si 的放射性消失后再对 ^{32}P 的放射性进行测量就可以了。在表面受到污染的情形下，在进行放射性测量之前需要对毛发仔细地清洗。

^{32}P 是一种纯 β 射线发射体。该衰变的电子极大能量是 1.71 MeV。由于预期的事例率一般很低，故要求探测器有高的效率和低的本底。对于这类测量，合适的候选者是同时具有主动和被动式屏蔽的端窗计数器。只要知道了反应（16.20）的截面，就可以从测得的 ^{32}P 的放射性来推断受照的辐射剂量。

习 题 16

1. 粒子探测器系统经常利用激光束进行刻度,例如激光束在时间投影室中产生直线径迹用以监测场的均匀性或漂移速度.大气切伦科夫望远镜或大气闪烁望远镜同样也利用激光束进行刻度.当一束 10 mW 激光束击中一个探测器时,其中 ε = 50% 被反射,问探测器受到的力为多大?

2. 如果待测定年代的样品的年龄与碳-14 的半衰期具有相近的量级,则碳-14 定代法非常适用.对于地质学的寿命,则必须使用其他方法.天然同位素 ^{238}U 的半衰期为 $4.51 \cdot 10^9$ a.它通过钍、镤、镭、氡和钋等的衰变链,最终衰变为稳定的铅同位素 ^{206}Pb.在一块岩石样品中测得同位素比值 $r = N(^{206}\text{Pb})/N(^{238}\text{U}) = 6\%$.如果所有的 ^{206}Pb 是由 ^{238}U 衰变所产生的,并且衰变链中其他中间产物的半衰期都可以忽略,问该岩石的年代为多长?

3. 一颗地球同步大气观测卫星用来测量广延大气簇射在大气层中产生的闪烁光,它几乎在其整个轨道上接受到太阳光的自然照射.如果它的发射功率和吸收功率相等且与频率无关,问卫星的温度将是多少?

4. 中子通常用 BF_3 利用以下反应进行测量:
$$^{10}B + n \rightarrow {}^{7}Li + \alpha,$$
其中达到 ^{7}Li 基态的反应 Q 值是 2.8 MeV.问该能量中多大部分传递给了 α 粒子?

5. e^+e^- 对撞机的亮度通常利用小角度弹性散射(称为巴巴散射)确定.为此,径迹灵敏的电磁量能器一般安装于前、后方向靠近束流线的地方.这些前向量能器以极角 θ_0(典型值为 30 mrad)为起始值的接收度测量高事例率的 e^+e^- 事例(巴巴事例).中性流 Z 交换事例在小散射角处没有贡献.在 $\sigma(e^+e^- \rightarrow Z \rightarrow$ 强子) 截面测量中,其精度是由亮度的测量精度决定的.如果亮度测量的统计误差起主要作用,Z 截面的精度需要改善 2 倍,问测量亮度的量能器需要向束流移近到什么角度(θ_{new})?

6. 大气切伦科夫望远镜测量电磁级联发展过程中产生的电子和正电子所发射的切伦科夫光.对于能量为 100 GeV 的原初光子而言,它的簇射并不能到达海平面.因此,利用海平面粒子取样的常规大气簇射技术不能测量这一能量的原初光子.试估计一个源自银河系某处的 100 GeV γ 光子在海平面产生的每平方米光子数.

关于电磁簇射,详见 8.1 节.

参考文献

[1] Kleinknecht K. Detektoren für Teilchenstrahlung [M]. Stuttgart: Teubner, 1984;

1987; 1992. Detectors for Particle Radiation [M]. Cambridge: Cambridge University Press, 1986.

[2] Cushman P B. Electromagnetic and Hadronic Calorimeters [M]// Sauli F. Instrumentation in High Energy Physics. Singapore: World Scientific, 1992.

[3] Dyson N A. Nuclear Physics with Application in Medicine and Biology [M]. New York: John Wiley & Sons Inc., 1981. Radiation Physics with Applications in Medicine and Biology [M]. New York: Ellis Horwood, 1993.

[4] Sauli F. Applications of Gaseous Detectors in Astrophysics, Medicine and Biology [R/J]. CERN-PPE-92-047. Nucl. Instr. Meth., 1992 (323): 1-11.

[5] Siegbahn K. Alpha, Beta and Gamma-Ray Spectroscopy: Vol.1; Vol.2 [M]. Amsterdam: Elsevier-North Holland, 1968.

[6] Sauli F. Instrumentation in High Energy Physics [M]. Singapore: World Scientific, 1992.

[7] Ferbel T. Experimental Techniques in High Energy Nuclear and Particle Physics [M]. Singapore: World Scientific, 1991.

[8] Hayakawa S. Cosmic Ray Physics [M]. New York: John Wiley & Sons Inc., 1969.

[9] Kleinknecht K, Lee T D. Particles and Detectors: Festschrift for Jack Steinberger: Springer Tracts in Modern Physics, Vol.108 [M]. Berlin: Springer, 1986.

[10] Miller D J. Particle Physics and Its Detectors [J]. Nucl. Instr. Meth., 1991 (310): 35-46.

[11] Hall G. Modern Charged Particle Detectors [J]. Contemp. Phys., 1992 (33): 1-14.

[12] Röntgen W C. Eine neue Art von Strahlen [M]. Würzburg: Sitzungsberichte der Würzburger Physikalisch-medicinschen Gesellschaft, 1895.

[13] Glasser O. Wilhelm Conrad Röntgen and the Early History of the Röntgen Rays [M]. London: National Library of Medicine, 1993.

[14] RadiologyInfo. Radiological Society of North America, Inc.(RSNA), 2006. www. radiologyinfo. org/en/photocat/photos_more_pc. cfm? pg = bonerad.

[15] Hell E, Knüpfer W, Mattern D. The Evolution of Scintillating Medical Detectors [J]. Nucl. Instr. Meth., 2000 (A454): 40-48.

[16] Anger H O. Scintillation Camera [J]. Rev. Sci. Instr., 1958 (2a): 27-33.

[17] Anger H O. Scintillation Camera with Multichannel Collimators [J]. J. Nucl. Med., 1964 (5): 515-531.

[18] Todd R W, Nightingale J M, Everett D B. A Proposed γ-Camera [J]. Nature, 1974 (251): 132-134. Martin J B, et al. A Ring Compton Scatter Camera for Imaging Medium Energy Gamma Rays [J]. IEEE Trans. Nucl. Sci., 2002, 49 (3): 817-821; Conka-Nurdan T, et al. Silicon Drift Detector Readout Electronics for a Compton Camera [J]. Nucl. Instr. Meth., 2004, A523 (3): 435-440.

[19] Montgomery G. The Mind in Motion [M]. Charlottesville, VA: Discover, 1989: 58-61.

[20] Stenger V J. Physics and Psychics [J]. New York: Prometheus, Buffalo, 1990.
[21] Snyder S H. Frontiers of Science [C]. National Geographic Society, Library of Congress, 1982.
[22] www.triumf.ca/welcome/petscan.html.
[23] Thomlinson W, Chapman D. Private communication, 2005.
[24] Fiedler S. Synchrotron Radiation Angiography: Dead Ends and Perspectives [OL]. www.lightsource.ca/bioimaging/Saskatoon_2004_sf.pdf.
[25] Elleaume H, Fiedler S, Bertrand B, et al. First Human Transvenous Coronary Angiography Studies at the ESRF [J]. Phys. Med. Biol., 2000 (45): L39-L43.
[26] Schneider J R. Hasylab; wissenschaftlicher Jahresbericht DESY, 2000: 116-128.
[27] Dill T, et al. Intravenous Coronary Angiography with the System NIKOS IV [OL]. www-hasylab.desy.de/science/annual_reports/1998/part1/contrib/26/2601.
[28] www.physik.uni-siegen.de/walenta/angio/index.html.
[29] Kraft G. Radiobiology of Heavy Charged Particles [R]. GSI preprint 96-60, 1996.
[30] Kraft G. Tumour Therapy with Ion Beams [J]. SAMBA Symposium at the University of Siegen, 1999. Nucl. Instr. Meth., 2000 (A454): 1-10.
[31] Kraft G. The Impact of Nuclear Science on Medicine [J]. Nucl. Phys., 1999 (A654): 1058C-1067C.
[32] Kraft G. Radiotherapy with Heavy Charged Particles [OL]. www.gsi.de.
[33] Medical Radiation Group. National Accelerator Center South Africa. www.nac.ac.za/public. Brochure for Specialised Radiotherapy. www.nac.ac.za/public/default.htm. Amaldi U, Kraft G. Radiotherapy with Beams of Carbon [J]. Rep. Progr. Phys., 2005 (68): 1861-1882.
[34] Curtis S B, Raju M R. A Calculation of the Physical Characteristics of Negative Pion Beams Energy Loss, Distribution and Bragg Curves [J]. Radiat. Res., 1968 (34): 239-247.
[35] Briant C L, Messmer R P. Auger Electron Spectroscopy: Treatise on Materials Science and Technology [M]. Cambridge: Academic Press, 1988. Prutton M, El Gomati M M. Scanning Auger Electron Microscopy [M]. New York: John Wiley & Sons Inc., 2006.
[36] Hunt S E. Nuclear Physics for Engineers and Scientists [J]. New York: John Wiley & Sons Inc., 1987.
[37] Grupen C. Grundkurs Strahlenschutz [M]. Berlin: Springer, 2003.
[38] Martin J E. Physics for Radiation Protection [J]. New York: John Wiley & Sons Inc., 2000.
[39] Bicron, Detector Application, Information Note: Geological Exploration, Newbury, Ohio, USA, 1997.
[40] Sailer S, Daimler Benz A G. Central Materials Technology, Stuttgart [C]// Proceedings

of the International Atomic Energy Agency, 1982.
[41] Gerve A. The Most Important Wear Methods of Isotope Technology [J]. Kerntechnik, 1972 (14): 204-212.
[42] Braun U. Messung der Radioaktivitätskonzentration in biologischen Objekten nach dem Reaktorunfall in Tschnernobyl und ein Versuch einer Interpretation ihrer Folgen [D]. University of Siegen, 1988.
[43] Grupen C, et al. Nuklid-Analyse von Beta-Strahlern mit Halbleiterspek-trometern im Fallout [J]. Symp. Strahlenmessung und Dosimetrie, Regensburg, 1966: 670-681.
[44] Alvarez L, et al. Search for Hidden Chambers in the Pyramids [J]. Science, 1970: (167): 832-839.
[45] El Bedewi F, et al. Energy Spectrum and Angular Distribution of Cosmic Ray Muons in the Range 50-70 GeV[J]. J. Phys. , 1972 (A5): 292-301.
[46] Tanaka H, et al. Development of a Two-fold Segmented Detection System for Near Horizontally Cosmic-Ray Muons to Probe the Internal Structure of a Volcano [J]. Nucl. Instr. Meth. , 2003 (A507): 657-669.
[47] Smolik L. Private communication, 2006. Smolik L. True Random Number Generation Using Quantum Mechanical Effects [M]// Proc. of Security and Protection of Information. Brno (Brünn), Czech Republic, 2003: 155-160.
[48] Grupen C, Maurer I, Schmidt S, et al. Generating Cryptographic Keys by Radioactive Decays [C]. 3rd International Symposium on Nuclear and Related Techniques, 22-26 October 2001, NURT, Cuba.
[49] Smolik L, Janke F, Grupen C. Zufallsdaten aus dem radioaktiven Zerfall [J]. Strahlenschutzpraxis Heft, Mai 2003 (2): 55-57.
[50] Danby G, Gaillard J M, Goulianos K, et al (Columbia U. and Brookhaven). Observation of High Energy Neutrino Reactions and the Existence of Two Kinds of Neutrinos [J]. Phys. Rev. Lett. , 1962 (9): 36-44.
[51] Oscillating Neutrinos [J]. CERN-Courier, 1980, 20(5):189-190.
[52] Allkofer O C, Dau W D, Grupen C. Spark Chambers [M]. München: Thiemig, 1969.
[53] Faissner H. The Spark Chamber Neutrino Experiment at CERN [R]. CERN-Report 63-37, 1963: 43-76.
[54] Hillier R. Gamma Ray Astronomy [M]. Oxford: Clarendon Press, 1984.
[55] Ramana Murthy P V, Wolfendale A W. Gamma Ray Astronomy [M]. Cambridge: Cambridge University Press, 1986.
[56] Grupen C. Astroparticle Physics [M]. New York: Springer, 2005.
[57] Bignami G F, et al. The COS-B Experiment for Gamma-Ray Astronomy [J]. Space Sci. Instr. , 1975 (1): 245-252. ESRO: The Context and Status of Gamma Ray Astronomy, 1974: 307-322.

[58] Photo MBB-GmbH, COS-B, Satellit zur Erforschung der kosmischen Gammastrahlung [R]. München: Unternehmensbereich Raumfahrt, 1975.

[59] Fichtel C E, et al. SAS-2 Observations of Diffuse Gamma Radiation in the Galactic Latitude Interval $10°<|b|\leqslant 90°$ [J]. Astrophys. J. Lett. Ed., 1977, 217(1): L9-L13. Proc. 12th ESLAB Symp., Frascati, 1977: 95-99.

[60] CGRO-project, Scientist Dr. Neil Gehrels, Goddard Space Flight Center [OL]. http://cossc.gsfc.nasa.gov/docs/cgro/index.html, 1999.

[61] http://cossc.gsfc.nasa.gov/docs/cgro/cossc/cossc.html.

[62] Baillon P. Detection of Atmospheric Cascades at Ground Level [R]. CERN-PPE-91-012, 1991.

[63] Teshima M, et al. Expanded Array for Giant Air Shower Observation at Akeno [J]. Nucl. Instr. Meth., 1986 (A247): 399-411. Takeda M, et al. Extension of the Cosmic-Ray Energy Spectrum beyond the Predicted Greisen-Zatsepin-Kuz'min Cutoff [J]. Phys. Rev. Lett., 1998 (81): 1163-1166. Shinozaki K, Teshima M. AGASA Results [J]. Nucl. Phys. B Proc. Suppl., 2004 (136): 18-27.

[64] Baltrusaitis R M, et al. The Utah Fly's Eye Detector [J]. Nucl. Instr. Meth., 1985 (A240): 410-428.

[65] Linsley J. The Highest Energy Cosmic Rays [J]. Scientific American, 1978, 239 (1): 48-65.

[66] Boone J, et al. Observations of the Crab Pulsar near 10^{15}-10^{16} eV [C]// 18th Int. Cosmic Ray Conf. Bangalore, India, Vol. 9, 1983: 57-60. University of Utah, UU-HEP 84/3, 1984.

[67] Cassiday G L, et al. Cosmic Rays and Particle Physics [J]. Am. Inst. Phys., 1978 (49): 417-441.

[68] Grupen C. Kosmische Strahlung [J]. Physik in unserer Zeit, 1985 (16): 69-77.

[69] Cassiday G L. Private communication, 1985.

[70] High Resolution Fly's Eye [OL]. http://hires.physics.utah.edu/; www.telescopearray.org/.

[71] Auger collaboration [OL]. www.auger.org/.

[72] Falcke H, et al (LOPES Collaboration). Detection and Imaging of Atmospheric Radio Flasher from Cosmic Ray Air Showers [J]. Nature, 2005 (435): 313-316.

[73] HESS collaboration [OL]. www.mpi-hd.mpg.de/hfm/HESS/.

[74] MAGIC collaboration [OL]. wwwmagic.mppmu.mhg.de/collaboration/.

[75] Hirata K S, et al. Observation of a Neutrino Burst from the Supernova SN 1987 A [J]. Phys. Rev. Lett., 1987 (58): 1490-1493.

[76] Hirata K S, et al. Observation of ^{8}B Solar Neutrions in the Kamiokande II Detector [R]. Inst. f. Cosmic Ray Research, ICR-Report 188-89-5, 1989.

[77] Bionta R, et al. Observation on a Neutrino Burst in Coincidence with Supernova

SN 1987 A in the Large Magellanic Cloud [J]. Phys. Rev. Lett., 1987, 58(14): 1494-1496.

[78] www.sno.phy.queensu.ca/.

[79] Stolz W. Radioaktivität [M]. München/Wien: Hanser, 1990.

[80] Geyh M A, Schleicher H. Absolute Age Determination: Physical and Chemical Dating Methods and Their Application [M]. Berlin: Springer, 1990.

[81] Sauter E. Grundlagen des Strahlenschutzes[J]. Berlin: Siemens AG, 1971; München: Thiemig, 1982.

摘　　要

对可测的量进行测量,使不可测的量变换成可测的量.①

——伽利列奥·伽利略②

探测技术的范围是非常宽广且多种多样的.测量的目的不同,需要利用不同的物理效应.基本上,每一种物理现象都能够成为一种粒子探测器的基本原理.如果有待解决的实验问题相当复杂,那就需要研发一种多用途探测器,以将各种不同的测量技术集成在一起.这将要求探测装置具有高效率(可能达到 100%)、精确的时间、空间和能量分辨率以及粒子鉴别能力.在一定的能量范围中,利用适当分段的量能器,这些要求能够得到满足.但是,对于几吉电子伏和 eV 能区的量能器探测,情况有很大的不同.

新物理现象的发现使我们能够研发出新的探测器概念并研究困难的物理问题.例如,超导提供了一种以高分辨率测量极小能量沉积的手段.测量技术的这种改善对于超对称性预言的弱作用重粒子(WIMP)或宇宙中微子的发现和探测将具有巨大的天体物理和宇宙学意义.

除了低能粒子的测量之外,长度的极小变化的测量也具有相当大的重要性.如果我们寻找重力波,则必须探测 $\Delta l/l \approx 10^{-21}$ 的长度相对变化量.假如选择 1 m 的典型天线,这将对应于测量精度 10^{-21} m,或者说典型的原子核直径的百万分之一.这一雄心勃勃的目标目前还没有达到,但是在不久的将来,利用极长展臂(lever arm)的迈克耳孙干涉仪可望达到这一精度.

因为对于物理世界达到完全透彻的了解只是一种大胆的奢望(在过去和近期已经多次提出过这一观念[1]),因此总会出现新的效应和新的现象.粒子探测领域的专家们将获知这些效应,并将它们作为研发新型粒子探测器的基本原理.为此理由,探测技术的描述只可能是一种"快照"."老"探测器将消亡,而新型测量装置将出现于研究的前沿.偶尔,一种认为已被抛弃的老探测器会经历新生.具有三维事

---

① 原文:Measure what is measurable, and make measurable what is not so.
② Galileo Galilei(1564～1642),意大利天文学家、数学家.　　　　　　　　——译者注

例重建功能的顶点气泡室全息读出是这种现象的一个极好的例证. 但即使在这种情形中, 仍然是一种新的效应, 即全息读出技术才触发了这种进展.

参考文献

[1] Hawking S W. Is the End in Sight for Theoretical Physics: An Inaugural Lecture [M]. Cambridge: Press Syndicate of the University of Cambridge, 1980.

第17章 精粹汇总

所谓知识乃是众多事实的一种累积过程,人类的智慧在于使这一累积过程尽可能简化.①

——哈罗德·法宾,雷·马②

本章汇集了各种探测器最重要的性质及其应用的主要领域,还给出了各种粒子相互作用特征的简要描述.

17.1 带电粒子和辐射与物质的相互作用

带电粒子主要与物质的电子发生相互作用.由于带电粒子的作用,原子电子或者激发到较高的能级("激发"),或者从原子的壳层释放出来("电离").能够产生进一步电离的高能电离电子称为δ射线或"击出电子".除了原子电子的电离和激发之外,韧致辐射起到特殊的作用,特别是对于与物质发生作用的带电粒子是初始电子的情形.

电离和激发导致的能量损失用 Bethe-Bloch 公式描述.描述重带电粒子在单位长度中的平均能量损失的基本公式是

$$-\left.\frac{dE}{dx}\right|_{\text{ion}} \propto z^2 \cdot \frac{Z}{A} \cdot \frac{1}{\beta^2}\left[\ln(a \cdot \gamma^2\beta^2) - \beta^2 - \frac{\delta}{2}\right], \tag{17.1}$$

其中 z 为射粒子电荷,Z, A 分别为靶物质原子序数和原子量,$β, γ$ 分别为入射粒子速度和洛伦兹因子,$δ$ 为描述密度效应的参数,a 为依赖于电子质量和吸收体电

---

① 原文:Knowledge is a process of pilling up facts; wisdom lies in their simplification.
② 《Fischerism》一书的作者,该书出版于1937年,记述了辛辛那提大学生理学名誉教授 M. H. Fischer (1879~1962)讲演中的诸多论述和语录. ——译者注

离能的一个参数.

电离和激发导致的能量损失的典型平均值约为 $2\text{ MeV}/(\text{g}\cdot\text{cm}^{-2})$. 在一个给定物质层中的能量损失存在涨落,它不能用高斯函数描述,特别是对于薄吸收层,这种涨落的特征是高度不对称的(朗道分布).

探测器只测量灵敏体积中沉积的能量. 这并不一定与粒子在探测器的能量损失相同,因为一部分能量可能逃逸出探测器体积,例如通过 δ 射线.

一个带电粒子在探测器中的能量损失可产生一定数量的自由电荷载荷子 n_T,它由下式给定:

$$n_\text{T} = \frac{\Delta E}{W}, \tag{17.2}$$

其中 ΔE 是沉积在探测器中的能量, W 是物质中产生一对电荷载荷子所需的特征能量(气体中, $W\approx 30\text{ eV}$;硅中, $W\approx 3.6\text{ eV}$;锗中, $W\approx 2.8\text{ eV}$).

对于电子而言,带电粒子的另一种相互作用过程特别重要,即**轫致辐射**. 轫致辐射的能量损失基本上可以参数化为如下表达式:

$$-\frac{\text{d}E}{\text{d}x}\bigg|_\text{brems} \propto z^2 \cdot \frac{Z^2}{A} \cdot \frac{1}{m_0^2} \cdot E, \tag{17.3}$$

其中 m_0 和 E 分别是入射粒子的质量和能量. 对于电子($z=1$),有如下定义:

$$-\frac{\text{d}E}{\text{d}x}\bigg|_\text{brems} = \frac{E}{X_0}, \tag{17.4}$$

式中 X_0 是辐射长度,表征吸收物质的特性.

表征吸收物质特性的**临界能量** E_c 定义为电子由于电离和激发导致的能量损失等同于轫致辐射能量损失时的能量:

$$-\frac{\text{d}E}{\text{d}x}(E_\text{c})\bigg|_\text{ion} = -\frac{\text{d}E}{\text{d}x}(E_\text{c})\bigg|_\text{brems} = \frac{E_\text{c}}{X_0}. \tag{17.5}$$

带电粒子在物质中的**多次库仑散射**使得粒子偏离直线轨迹. 多次散射可以用方均根平面散射角来描述:

$$\sigma_\theta = \sqrt{\langle\theta^2\rangle} \approx \frac{13.6\text{ MeV}/c}{p\beta}\sqrt{\frac{x}{X_0}}, \tag{17.6}$$

其中 p 和 β 分别为粒子的动量和速度, x 为粒子穿过的物质层,以辐射长度 X_0 为单位.

除了上面提到的相互作用过程之外,在高能情形下,电子对直接产生和光核相互作用开始起作用. 切伦科夫辐射、穿越辐射和同步辐射导致的能量损失对于探测器的建造和应用具有重要意义,但对于带电粒子能量损失而言,它们起到的作用很小.

中性粒子如中子或中微子必须首先通过相互作用产生带电粒子,然后再通过前面描述过的相互作用过程才能进行探测.

低能光子($<100\text{ keV}$)通过光电效应进行探测. **光电效应**的截面可以近似地表

示为

$$\sigma^{\text{photo}} \propto \frac{Z^5}{E_\gamma^{7/2}}, \tag{17.7}$$

在高能光子情形下,截面对于 γ 能量的依赖变为 $\propto E_\gamma^{-1}$. 光电效应中,一个电子(通常是 K 壳层电子)从原子中移出. 原子壳层中电子重新排列的结果导致特征 X 射线或俄歇电子的发射.

在中能光子区(100 keV～1 MeV),光子在准自由电子上的散射占主要地位(**康普顿散射**). 康普顿效应截面可近似地表示为

$$\sigma^{\text{Compton}} \propto Z \cdot \frac{\ln E_\gamma}{E_\gamma}. \tag{17.8}$$

在高能($\gg 1$ MeV)情形下,正负电子对产生是最重要的光子相互作用过程:

$$\sigma^{\text{pair}} \propto Z^2 \cdot \ln E_\gamma. \tag{17.9}$$

上述这些光子相互作用过程导致 X 射线或 γ 射线的吸收,它可以利用如下的光子强度吸收公式来描述:

$$I = I_0 e^{-\mu x}, \tag{17.10}$$

其中 μ 是与光电效应、康普顿效应和对产生截面相关的特征吸收系数. 康普顿散射起到特殊的作用,因为经过该相互作用之后,光子没有被完全吸收,而只是移向较低的能量,这一点与光电效应或对产生中不同. 这种情况要求引入并区分衰减系数和吸收系数两种不同的概念.

带电粒子和中性粒子通过非弹性散射过程能够进一步产生别的粒子. 强子的强相互作用可以用特征的核作用长度和碰撞长度来描述.

电离产生的电子(例如在气体探测器中)通过与气体分子的碰撞而加热. 其结果是,它们通常在电场作用下被引向电极. 电子在电场中的定向运动称为漂移. 通常的电场强度下典型气体中的电子漂移速度约为 5 cm/μs. 漂移过程中带电粒子(即电子和离子)由于与气体分子的碰撞发生横向和纵向扩散.

斜向磁场的存在使得电子漂移的方向偏离电场的方向.

掺入少量负电性气体可以显著地影响气体探测器的性能.

17.2 探测器的本征性质

一个探测器的品质可以用它的时间、径迹精度、能量的分辨率和其他特征量的分辨率来表征. 硅微条计数器和小型漂移室的空间分辨率可达 10～20 μm. 利用阻性板室时间分辨率可达到次纳秒量级. 利用低温量能器能量分辨率可达 eV 量级.

除了分辨率之外，探测器的效率、均匀性和时间稳定性也极其重要．对于高计数率应用的场合，还必须考虑偶然符合和死时间修正．

17.3 辐射测量单位

原子核（或粒子）的放射性衰变，利用衰变定律描述为

$$N = N_0 e^{-t/\tau}, \tag{17.11}$$

式中寿命 $\tau = 1/\lambda$（λ 是衰变常数）．半衰期 $T_{1/2}$ 小于寿命（$T_{1/2} = \tau \cdot \ln 2$）．

放射性同位素的放射性活度

$$A(t) = -\frac{dN}{dt} = \lambda \cdot N, \tag{17.12}$$

其单位是**贝克[勒尔]**（Bq，等于每秒一次衰变）．

吸收剂量 D 定义为单位质量物质吸收的辐射能量 dW：

$$D = \frac{dW}{\rho dV} = \frac{dW}{dm}, \tag{17.13}$$

其单位是**戈[瑞]**（Gy，1 Gy = 1 J/kg）．吸收剂量的旧单位是拉德（rad，100 rad = 1 Gy）．

同样的能量吸收的生物效应对于不同种类的粒子可以是不同的．如果物理的能量吸收利用相对生物效应（RBE）作为权因子，我们就得到剂量当量 H，它的单位是希[沃特]（Sv）：

$$H(\text{Sv}) = RBE \cdot D(\text{Gy}). \tag{17.14}$$

剂量当量的旧单位是雷姆（1 Sv = 100 rem）．**天然放射性导致的剂量当量**约为每年 3 mSv．在放射性**控制进入区域**中工作的人，年剂量当量一般应当控制在 20 mSv 以下．人体的致命剂量（30 天内死亡概率达到 50%）约为 4 000 mSv．

17.4 加速器

加速器在多种不同的领域得到了应用，例如粒子加速器应用于核物理和基本粒子物理研究、核医学中的肿瘤诊疗、材料科学中合金中元素组分的研究，以及食物保藏等等．当今的粒子物理实验需要极高的能量．被加速的粒子必须带电，比如电子、质子或重离子．在某些情形下，特别是对撞机中，需要有反粒子．这类反粒子

如正电子或反质子可以通过电子或质子的相互作用来产生.经过粒子鉴别和动量选择之后,反粒子被传输到储存环系统并加速到更高的能量.任何寿命足够长的粒子的束流几乎都可以利用质子束轰击一个外靶来产生,通过复杂的粒子鉴别系统来选择出所需要的粒子.

大多数加速器是环形的(同步加速器).对于极高能($\geqslant 100$ GeV)的电子加速器,必须利用直线加速器,因为环形电子加速器中的同步辐射导致大的能量损失.对于未来的粒子物理研究,还需要考虑中微子工厂.

17.5 用于粒子探测的主要物理现象和基本的计数器类型

电离计数器的主要相互作用过程由 Bethe-Bloch 公式描述.根据电离产生的电子-离子对的气体放大模式,可以区分为电离室(无气体放大)、正比计数器(增益正比于 $\mathrm{d}E/\mathrm{d}x$)、盖革计数器和流光管(饱和增益,与能量损失不成正比).电离过程也可以用于液体和固体(电荷载荷子不发生增殖).

固体探测器有其特殊的重要性,因为它利用微条、像素和体素装置而具有高分辨率的径迹测量功能,以及具有本征的高能量分辨率.

原子的激发同样用 Bethe-Bloch 公式描述,它是闪烁计数器的基础,闪烁计数器信号利用标准的光电倍增管、多阳极光电倍增管或者硅光电二极管读出.对于粒子鉴别,切伦科夫计数器和穿越辐射计数器起到特殊的重要作用.

17.6 历史上的径迹探测器

17.6.1 云室

应用　宇宙线稀有事例的测量;示范实验;具有历史重要性.

结构　接近于饱和蒸气压的气体-蒸气混合物.附加的探测器(例如闪烁计数器)可以触发驱动膨胀以达到蒸气的过饱和状态.

测量原理、读出　对过饱和蒸气中沿着电离径迹形成的液滴进行立体照相.

优点　云室可以被触发.

缺点　死时间和循环时间极长；云室照片的评估十分麻烦．

变种　在不可触发的扩散云室中，可以维持一个恒定的过饱和区域．

17.6.2　气泡室

应用　带电粒子径迹的精密光学测量；稀有和复杂事例的研究．

结构　液态气体接近于沸点；气泡室膨胀导致液体的过热与粒子射入气泡室的时间同步．

测量原理、读出　对过热液体中沿着电离径迹形成的气泡进行立体照相．

优点　高空间分辨率；稀有和复杂事例的测量；能够测定短寿命粒子的寿命．

缺点　分析照相记录的事例十分费时；不可触发但要求同步；物质量不足以吸收高能粒子．

变种　全息读出能够以优良的空间分辨率（几微米）对事例进行三维重建．

17.6.3　流光室

应用　探测器可以触发，对复杂事例的研究精度可与气泡室媲美．

结构　处于均匀强电场中的大体积探测器．持续时间极短的高压信号沿着带电粒子电离径迹诱发流光放电．

测量原理、读出　对流光进行直接立体拍照．

优点　复杂事例的高品质照相；气体中加入氧可抑制扩散效应；靶可以安装在探测器灵敏体积内．

缺点　需要对事例进行分析；持续时间极短的高压信号（幅度 100 kV，持续时间 2 ns）可能对其他探测器的性能形成干扰．

17.6.4　氖闪光管室

应用　宇宙线稀有事例的研究；中微子相互作用的研究；寻找核子衰变．

结构　充以氖或氖-氦的密封圆柱玻璃管或玻璃球（"Conversi 管"），或流气式工作的聚丙烯管．

测量原理、读出　对室加上高压脉冲使得带电粒子击中的管子在高压脉冲持续期间发光．这一放电现象可以照相或用电子学读出．

优点　构造极其简单；构建大体积探测区域造价很低．

缺点　死时间长；空间分辨率差；无法进行三维测量，只能测量投影．

17.6.5　火花室

应用　用于宇宙线事例研究的早期径迹探测器；示范性实验．

结构　平面平行板电极安装于充气容器内．火花室通常利用外部探测器（例如闪烁计数器）的符合信号来触发．

测量原理、读出 高气体放大系数导致沿着粒子径迹形成等离子体通道；形成火花. 具有连续电极的火花室用照相读出. 对于丝层火花室，可以利用磁致伸缩读出或铁氧体磁心读出.

优点 构造简单.

缺点 多径迹探测效率低，但通过限制电流可加以改善（"玻璃火花室"）；分析照相记录的事例十分费时.

17.6.6 核乳胶

应用 持续灵敏的探测器；主要用于宇宙线研究，或加速器实验中用作高空间分辨的顶点探测器.

结构 胶质基片中嵌入溴化银或氯化银晶粒.

测量原理、读出 带电粒子的探测类似于照相底片对于光的记录；径迹的显影和定影. 分析利用显微镜或具备半自动模式识别功能的电荷耦合器件（CCD）相机进行.

优点 100%有效；持续灵敏；构造简单；空间分辨率高.

缺点 不可触发，事例分析十分费时.

17.6.7 塑料探测器

应用 重离子物理和宇宙线研究；寻找磁单极子；氡浓度测量.

结构 硝酸纤维素箔片叠.

测量原理、读出 电离粒子在塑料物质中产生的局部损伤利用氢氧化钠进行蚀刻，使粒子径迹得以显现. 读出方式与核乳胶相同.

优点 极其简单而可靠的探测器；十分适用于卫星和气球实验；持续灵敏；通过调节阈值可抑制对于弱电离粒子的探测.

缺点 不可触发，事例分析十分复杂.

17.7 径迹探测器

17.7.1 多丝正比室

应用 能够测量能量损失的径迹探测器. 如果灵敏丝间距小，则适合于高事例率实验（亦见微条探测器）.

结构 平面层状正比计数器，没有分隔壁.

测量原理、读出　与正比计数器类似;利用高速读出(FADC = 闪电式 ADC)能够分辨电离的空间结构.

优点　结构简单而可靠.利用标准的电子学设备.

缺点　阳极丝之间存在静电斥力;丝的机械稳定性不够好;水平放置的室阳极丝长的情形下存在丝的下垂.严酷辐射环境下存在老化问题.

变种　(1)稻草管室(阳极丝位于镀铝聚酯薄膜稻草管的中央);大量稻草管组成的叠层中出现断丝只影响断丝的那根稻草管;(2)阴极分段能够获得空间坐标.

17.7.2　平面漂移室

应用　能够测量能量损失的径迹探测器.

结构　为了改善多丝正比室中的电场分布,在阳极丝之间引入位丝.一般而言,所用的丝数远少于多丝正比室.

测量原理、读出　除了与正比计数器类似的读出之外,还测量所产生的载荷子的漂移时间.即使丝间距相当大,也能达到高的空间分辨率.

优点　极大地减少了阳极丝数;具有高的径迹分辨率.

缺点　载荷子的扩散和初始电离的统计涨落导致径迹分辨率的空间依赖;漂移时间的测量导致左右模糊性(可利用双层测量或阳极丝位置的错位来消除).

变种　(1)"无电极"室:利用设计好的离子在绝缘室壁上的沉积来实现电场的成形;(2)时间扩展室:引入栅极,将漂移空间与放大区分隔开来并可调节漂移速度;(3)感应漂移室:阳极和位丝间的间距很小,位丝上感应信号的读出用来解决左右模糊性问题,具有高计数率工作能力.

17.7.3　圆柱形丝室

1. 圆柱形正比室和漂移室

应用　储存环实验中的中心探测器,通过多次测量能量损失达到优良的粒子鉴别性能.

结构　同轴的多层正比室(或漂移室).漂移单元近似于梯形或六边形.电场和磁场(为了测量动量)通常互相垂直.

测量原理、读出　与平面正比室或漂移室相同.沿丝方向的坐标可以通过测量丝信号传输时间用电荷分配法确定,或利用斜丝测定.可以构建紧凑型多丝漂移组件以达到高计数率的工作能力.

优点和缺点　具有高空间分辨率;断丝造成危险;$E \times B$ 效应使径迹重建复杂化.

2. 放射形漂移室

应用　储存环实验中的中心探测器,通过能量损失的多次测量,达到优良的粒子鉴别性能.

结构　圆柱体积在方位角方向分区为圆饼状的漂移空间；漂移电场与磁场（为了测量动量）相互垂直.利用等电位条对场进行成形；位置错开的阳极丝用以解决左右模糊性问题.

测量原理、读出　与普通漂移室相同；粒子鉴别通过多次 dE/dx 测量来实现.

优点　具有高空间分辨率.

缺点　$E \times B$ 效应使径迹重建复杂化.结构复杂；断丝造成危险.

3. 时间投影室（TPC）

应用　主要用于储存环实验的中心探测器，几乎"无质量"；精确的三维径迹重建能力；漂移电场与磁场（使径迹发生偏转）平行.

结构、测量原理、读出　探测器灵敏体积中既无阳极丝，也无位丝.所产生的载荷子漂移向端面探测器（一般是多丝正比室），它给出两个径迹坐标；第三个坐标由漂移时间导出.

优点　除了工作气体之外，灵敏体积内没有其他物质（多次散射效应小，高动量分辨率；极低的光子转换概率）.可获得三维坐标，对能量损失进行取样测量，高的空间分辨率.

缺点　正离子向灵敏区反向漂移使电场发生畸变（额外加一栅极（"门"）可以避免这种现象）；由于漂移时间较长，TPC 不能在高计数率环境下工作.

变种　用液态惰性气体作为探测器介质的 TPC 也能工作，它能够给出数字化的三维图像，其品质与气泡室相当（需要极低噪声的读出，因为液体中通常没有气体放大效应）.

17.7.4　微结构气体探测器

应用　高空间分辨率的顶点探测器；高粒度的像探测器.

结构　小型化的多丝正比室，"阳极丝"在塑料或陶瓷基片上；电极结构通常利用工业显微光刻方法生产.电介质上的离子沉积可能会导致电场畸变的问题.

测量原理、读出　微型电极结构上的电子雪崩的测量.

优点　极高的空间分辨率；能够将气体放大区和读出结构分隔开.

缺点　对于严酷的辐射环境敏感，存在老化问题，放电的发生可能损坏电极结构.

变种　有多种不同类型的微型化结构，如 micromegas、气体电子倍增器（GEM）等等.

17.7.5　半导体径迹探测器

应用　具有极高空间分辨率的条形、像素形或体素形计数器，通常用作对撞束实验中的顶点探测器或卫星实验中的轻质径迹室.

结构　p-n 或 p-i-n 半导体（绝大部分是硅）结构，条形计数器中节距约为 20~50 μm，像素形计数器中像素约为 50 μm×100 μm.

测量原理、读出　粒子的电离能量损失释放出载荷子（电子-空穴对），然后在电荷漂移场中收集.

优点　极高的空间分辨率（约 10 μm）. 其很高的能量分辨率是与产生一对电子-空穴对所需能量很低相关联的（硅中是 3.65 eV）. 这一点对于 dE/dx 的测量十分有利.

缺点　在严酷的辐射环境下存在老化问题；只有经过特殊处理的硅计数器是耐辐照的. 硅像素计数器中的束流损失会产生针孔，甚至使整个计数器失效.

变种　可以为所需要的测量目的定制 p-n 或 p-i-n 结构. 条形计数器中的通道数量大的问题可以用硅漂移室来规避.

17.7.6　闪烁光纤径迹室

应用　直径很小的多根闪烁光纤可以用多阳极光电倍增管进行逐根的测量，具有高空间分辨率.

结构　直径为 50 μm~1 mm 的光纤束按照规则的格点排列. 各个光纤之间用非常薄的包层相互光学地隔离.

测量原理、读出　带电粒子能量损失产生的闪烁光通过内反射引向光纤末端的光敏读出元件.

优点　具有高的空间分辨率而结构紧凑. 与其他径迹探测器相比，有较好的耐辐照性能.

缺点　在强磁场下，光电倍增管的读出存在困难，占据的空间较大.

17.8　量　能　器

17.8.1　电磁量能器

应用　测量几百兆电子伏以上的电子和光子的能量.

结构　对于全吸收型探测器，电子和光子的能量通过相互交替的韧致辐射和对产生过程沉积在探测器中. 对于取样型量能器，能量沉积通常只在若干确定纵向深度处取样.

测量原理、读出　按照所用的取样探测器的种类，沉积能量记录为电荷信号

（例如液氩室）或光信号（例如闪烁体），并进行相应的处理．为了达到对 10 GeV 的电子或光子的全吸收，要求有约 20 个辐射长度的吸收物质．

优点 结构紧凑；相对能量分辨率随能量增高而改善（$\sigma/E \propto 1/\sqrt{E}$）．

缺点 取样涨落、朗道涨落以及纵向和横向泄漏导致能量分辨率变差．

变种 利用分段读出，量能器也能提供优良的空间分辨率．具有条读出功能的均质液体量能器对于光子可给出 1 mm 的坐标分辨率，且该值几乎与能量无关．这一方面还应当提到意大利式细面条（spaghetti）量能器．波长位移技术使多个量能器组件的结构可做得很紧凑（例如瓦片型量能器）．

17.8.2 强子量能器

应用 测量 1 GeV 以上的强子的能量；μ 子鉴别．

结构 全吸收型探测器或取样型量能器；核作用长度短的任何物质都可以作为取样吸收体（例如铀、钨、铁和铜）．

测量原理、读出 能量＞1 GeV 的强子通过强子级联中的非弹性核作用过程产生能量沉积．该沉积能量，如同电磁量能器中一样，通过探测器活性区域中产生的电荷或光信号加以测量．

优点 相对能量分辨率随能量增高而改善．

缺点 显著的取样涨落；由于核的分裂和中性长寿命粒子或 μ 子从探测器中逃逸，相当大比例的能量变成为"不可探测"的．因此强子量能器的能量分辨率比电磁量能器差．

变种 通过补偿的方法，在确定的能量下电子、光子和强子导致的级联产生的信号幅度可以相同．这种补偿对于包含未知种类粒子的喷注的能量测量的正确性至关重要．

17.8.3 量能器的刻度和监测

量能器必须进行刻度．刻度通常用种类和动量均为已知的粒子来进行．在低能区，放射性同位素发射的 β 和 γ 射线也可以用于刻度．为了确保时间稳定性，实验取数过程中刻度参数必须持续加以监测．这就要求有专门的在线刻度规程（"慢控制"）．

17.8.4 低温量能器

应用 探测低能粒子或测量极低的能量损失．

结构 即使对于极低的能量吸收，探测器都能发生可观测到的状态变化．

测量原理 能量沉积导致库珀对的破碎；过热超导颗粒发生超导态到常导态的跃迁；固体中声子的探测．

读出 利用噪声极低的电子学线路，例如 SQUID（超导量子干涉器件）．

优点　宇宙学候选"暗物质"的探测.也可以用于非电离粒子的探测.
缺点　需要极低温冷却(10^{-3} K 量级)

17.9　粒子鉴别

粒子鉴别探测器的目标是确定粒子的质量 m_0 和电荷 z.通常需要组合不同探测器的信息才能达到这一目的.这类测量的主要输入量是：
(1) 磁场所确定的动量 p：$p = \gamma m_0 \beta c$（β 为速度，γ 为粒子的洛伦兹因子）；
(2) 粒子的飞行时间 τ：$\tau = s/(\beta \cdot c)$（s 为飞行路程）；
(3) 单位长度的平均能量损失：$-\dfrac{\mathrm{d}E}{\mathrm{d}x} \propto \dfrac{z^2}{\beta^2} \ln \gamma$；
(4) 量能器中的动能：$E_{\mathrm{kin}} = (\gamma - 1) m_0 c^2$；
(5) 切伦科夫光产额：$\propto z^2 \sin^2 \theta_{\mathrm{c}}$（$\theta_{\mathrm{c}} = \arccos[1/(n\beta)]$，$n$ 为折射率）；
(6) 穿越辐射光子产额（$\propto \gamma$）.

中性粒子(中子、光子、中微子等)的测量和鉴别,可通过它们在适当的靶物质或探测器体积中转化为带电粒子来完成.

17.9.1　带电粒子鉴别

1. 飞行时间计数器

应用　鉴别动量已知、质量不同的粒子.

结构、测量原理、读出　闪烁计数器、阻性板室或平面火花室进行起始和停止时间的测量；利用时间-幅度变换器读出.

优点　结构简单.

缺点　仅对低速粒子（$\beta < 0.99$，$\gamma < 10$）适用.

2. 利用电离能损鉴别

应用　粒子鉴别.

结构　多层探测器对 $\mathrm{d}E/\mathrm{d}x$ 进行多次测量.

测量原理、读出　能量损失的朗道分布被诠释为概率分布.对于某个确定的动量值,不同种类的粒子有其自身不同的特征能量分布.利用尽可能多次的测量来重建这些特征分布便能实现粒子的鉴别.最简单的方法是利用能量损失分布的截断平均来进行粒子鉴别.

优点　$\mathrm{d}E/\mathrm{d}x$ 测量值可以作为多丝正比室、放射形室或时间投影室测量信息的副产品来获取.测量原理简单.

缺点 在某些运动学区间,不同种类带电粒子的平均能量损失相互重合.能量损失的密度效应使得高能下($\beta\gamma$ 约几百)所有单电荷粒子的 $\mathrm{d}E/\mathrm{d}x$ 分布变得相同.

3. 利用切伦科夫辐射鉴别

应用 在选定动量的束流中确定粒子质量(阈式切伦科夫计数器);确定速度(微分式切伦科夫计数器).

结构 透明的固体、液体或气体辐射体;利用混合相的气凝硅胶填补天然材料不能覆盖的折射率数值范围.

测量原理、读出 $v>c/n$(n 为折射率)的粒子由于辐射体物质的不对称极化导致切伦科夫光的发射.利用光电倍增管或多丝正比室(光敏气体作为工作气体)读出.应用于 γ 射线天文学(大气切伦科夫成像望远镜).

优点 确定质量方法简单;对于气体切伦科夫计数器通过气压的改变可改变和调节阈值;切伦科夫光的发射亦可用于量能器型的探测器;也可以有成像系统(环像切伦科夫计数器,RICH).

缺点 与闪烁体相比光产额低;切伦科夫计数器只测量速度 β(除了 z 之外);这使得它只能应用于能量不太高的情形.

4. 穿越辐射探测器

应用 测量洛伦兹因子用于粒子鉴别.

结构 薄片或多孔电介质的配置使得穿越的层数尽可能地多(介电常数不连续).

测量原理、读出 介电常数不同的物质的边界处发射的电磁辐射.利用充有氙气或氪气(以达到有效的光子吸收)的多丝正比室读出.

优点 穿越辐射光子的数量,更精确地说,穿越辐射光子的辐射总能量,正比于带电粒子的**能量**.发射的光子处于 X 射线段,因而容易探测.

缺点 将穿越辐射的能量损失与电离能量损失区分开来是困难的.有效的阈效应出现于 $\gamma\approx 1\,000$.

17.9.2 量能器鉴别粒子

利用量能器进行粒子鉴别是基于电磁和强子级联的纵向和横向发展行为的不同.

μ 子可由其高穿透性与电子、π 介子、K 介子和质子区分开来.

17.9.3 中子探测

应用 不同能量区的中子探测用于辐射防护、核反应堆或基本粒子物理研究.

结构 三氟化硼计数器;硝化纤维镀层薄膜或掺杂铕的碘化锂(LiI(Eu))闪烁计数器.

测量原理 中子是电中性的粒子,通过相互作用产生带电粒子,后者用标准的探测技术进行测量.

缺点 中子探测器的探测效率一般较低.

17.10 中微子探测器

应用 天体物理和加速器实验中的中微子测量.

结构 大体积的水或冰的探测器用于宇宙线、太阳、银河系或银河系外中微子的探测.大质量探测器用于中微子通量大的加速器实验.大质量的气泡室.

测量原理、读出 弱作用中不同味道中微子的变换产生可探测的带电粒子,它们利用标准的径迹探测技术或通过切伦科夫辐射进行测量.

优点 加深了对于物理学的理解.寻找空间的点源(中微子天文).

缺点 大尺度的实验需要有调度水或冰的新技术.事例率低.来自宇宙的本底要求探测器有优良的粒子鉴别能力.

17.11 动量测量

应用 加速器固定靶实验、宇宙线研究、储存环实验中的动量谱仪.

结构 磁场空间配置多个径迹探测器,或者利用位置灵敏探测器测量入射和出射带电粒子的轨迹.

测量原理、读出 探测器测定带电粒子在磁场中的径迹;径迹偏转量以及磁场强度可用来计算动量.

优点 对于 GeV/c 范围的动量可获得高的动量分辨率.动量的确定对于粒子鉴别起到决定性作用.

缺点 动量分辨率受限于磁场和探测器中的多次散射,以及探测器的有限空间分辨率.随着动量的增加,动量分辨率变差($\sigma/p \propto p$).对于高动量,探测器长度变得很大.

17.12 老化效应

(1) 丝室中的老化效应是由于雪崩形成过程中微等离子放电产生分子碎片所引起的. 在阳极丝、位丝和阴极丝上会形成碳、硅酸盐或氧化物的沉积物.

(2) 适当地选择气体和气体混合物(例如惰性气体附加含氧成分)能够抑制老化效应. 此外, 必须避免使用倾向于形成聚合物的物质(例如含碳聚合物、硅化合物、卤化物和含硫化合物).

(3) 仔细考虑室的结构、仔细选择建造室和供气系统的所有材料同样能减小老化效应.

(4) 闪烁体的老化效应导致透明度的下降.

(5) 半导体(硅)计数器的老化效应导致产生缺陷、间隙和类型反转(type inversion).

17.13 通用探测器实例

通用探测器的概念一般与大型实验相关联, 比如早先的 e^+e^- 对撞机中的 ALEPH, DELPHI, L3, OPAL, B 工厂中的 Belle, BABAR, CERN 大型强子对撞机中的 ATLAS, CMS, LHCb, ALICE, 或者粒子天体物理实验中的 IceCube, Auger 实验, ANTARES, PAMELA 等. 同样, 大型宇宙线实验或航天器实验也需要复杂精细的探测器.

这类通用探测器的一个重要方面是以高空间分辨率测量粒子径迹并能够鉴别短寿命粒子(例如 B 介子). 粒子鉴别可以利用切伦科夫探测器、穿越辐射、飞行时间测量或多次 dE/dx 取样来实现. 动量测量以及电子、光子和强子的量能器技术对于重建事例拓扑形态和鉴别一般方法探测不到的如中微子或超对称粒子那样的"丢失"粒子起着关键的作用. 利用工作于 KEK 的 e^+e^- 储存环的 Belle 探测器的实例, 对上述性质作了介绍. 该实验的主要目标是研究 B 物理、CP 破坏和稀有 B 衰变, 目的是确定幺正三角形的三个顶角, 后者与 Cabibbo-Kobayashi-Maskawa 矩阵元和电弱相互作用的理解相关联. 另一方面, 在宇宙线实验中, 在经费负担得起的情形下要求有大的覆盖度, 例如对于能量≥EeV 的中微子天文和/或粒子天文学情况即是如此；而空间实验则需要在限定的有效载荷下，具有良好空间分辨率和粒子鉴别能力的紧凑型探测器．

17.14 电子学

粒子探测器的读出可以考虑为探测系统的一个有机组成部分．一种明显的趋势是，即便是复杂精细的电子学，也被集成于探测器的前端部分．前端电子学通常由前置放大器组成，但甄别器也可以集成进来．模拟信号中包含的信息通常利用模拟-数字变换器（ADC）提取．利用闪电式 ADC 甚至能够以很高的精度分辨信号的时间结构．对于噪声、串音、干扰和接地等问题必须给予特别的注意．逻辑判选通常是在数据获取时可以访问的地方作出的．这类逻辑器件通常必须处理大量的输入信号，被组合成不同的判选级别．这些触发级别，在最简单的情形下可以只是符合，使得我们能够逐级地判选，究竟是接受还是排除一个事例．现代的触发系统也广泛地利用微处理器来处理形态复杂的事例信号．通过了触发判选的事例被传送到数据获取系统．

为了保证数据有好的品质，必须有在线监测和慢控制系统．

对于简单的探测技术，电子学的数量可以显著地削减．可视探测器的工作只利用极少的电子学线路，而某些探测器如核乳胶或塑料探测器则全然不需要电子学．

17.15 数据分析

探测器提供的原始数据包括了模拟信号和数字信号，以及在线数据获取系统的预处理结果组成的集合体．数据分析的任务是将这些原始信息通过离线处理"翻译"为物理量．

探测器数据首先用来确定所记录的粒子能量、动量、到达方向和种类．然后利用它们可以重建完整的事例．这些测定的物理量可以与基于理论的物理事例产生子结合探测器模拟求得的相应预期值进行比较．记录数据与模拟数据的比较可以用来确定理论没有给定的参数．可能的不一致指示出所使用的模型需要进行修改，或者可能给出发现新物理的线索．作为一个例子，讨论了 LEP 寻找希格斯粒子的数据分析中遇到的问题．

17.16 应　　用

粒子探测器的应用范围广泛.这些探测器绝大多数是为基本粒子物理、核物理和宇宙线研究而研发的.然而,在天文学、宇宙学、生物物理学、医学、材料科学、地球物理学和化学等领域也有大量应用.即使在诸如艺术、土木工程、环境科学、食物保藏、害虫防治、机场检查等领域,似乎很难想象会看到粒子探测器的地方,也可以找到它们很有意义的应用.

第 18 章 习 题 解 答

第 1 章

1. 由于 $100\,\text{keV} \ll m_e c^2$,所以可以采用经典(非相对论性)的方法处理.
$$E_{\text{kin}} = \frac{1}{2} m_e v^2 \Rightarrow v = \sqrt{\frac{2E_{\text{kin}}}{m_e}} = 1.9 \cdot 10^8\,\text{m/s},$$
由射程 $s = \frac{1}{2} a t^2$, $v = at$, 得
$$t = \frac{2s}{v} = 2.1 \cdot 10^{-12}\,\text{s} = 2.1\,\text{ps}.$$

2. 由于 $m_\mu c^2 \ll 1\,\text{TeV}$, 因此近似地有 $m_\mu \approx 0$,
$$R = \int_E^0 \frac{\mathrm{d}E}{\mathrm{d}E/\mathrm{d}x} = \int_0^E \frac{\mathrm{d}E}{a + bE} = \frac{1}{b} \ln\left(1 + \frac{b}{a} E\right),$$
$$R(1\,\text{TeV}) = 2.64 \cdot 10^5\,\text{g/cm}^2$$
$$\triangleq 881\,\text{m 岩石} \quad (\text{假定 } \rho_{\text{岩石}} = 3\,\text{g/cm}^3).$$

3. 易知
$$\frac{\sigma(E)}{E} = \frac{\sqrt{F} \cdot \sqrt{n}}{n} = \frac{\sqrt{F}}{\sqrt{n}},$$
其中 n 是所产生的电子-空穴对数,
$$n = \frac{E}{W}.$$
$W = 3.65\,\text{eV}$ 是在硅中产生一对电子-空穴所需的能量:
$$\frac{\sigma(E)}{E} = \frac{\sqrt{F \cdot W}}{\sqrt{E}} = 8.5 \cdot 10^{-4} = 0.085\%.$$

4. 易知
$$R = \int_{E_{\text{kin}}}^0 \frac{\mathrm{d}E_{\text{kin}}}{\mathrm{d}E_{\text{kin}}/\mathrm{d}x} = \int_0^{E_{\text{kin}}} \frac{E_{\text{kin}} \mathrm{d}E_{\text{kin}}}{az^2 \ln(bE_{\text{kin}})}$$
$$\approx \frac{1}{az^2} \int_0^{E_{\text{kin}}} \frac{E_{\text{kin}} \mathrm{d}E_{\text{kin}}}{(bE_{\text{kin}})^{1/4}} \approx \frac{1}{a\sqrt[4]{b}z^2} \int_0^{E_{\text{kin}}} E_{\text{kin}}^{3/4} \mathrm{d}E_{\text{kin}}$$

$$= \frac{4}{7a\sqrt[4]{bz^2}} E_{\text{kin}}^{7/4} \propto E_{\text{kin}}^{1.75};$$

实验中发现,幂指数依赖于能量范围和粒子的种类.对于能量范围为几兆电子伏到 200 MeV 的低能质子,幂指数为 1.8;对于能量在 4 MeV 到 7 MeV 间的 α 粒子,幂指数约为 $1.8^{[1-2]}$.

5. 在图 18.1 中,纵向和横向动量分量守恒要求:

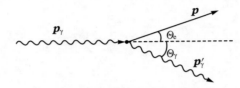

图 18.1 康普顿散射运动学关系

纵向分量 $h\nu - h\nu' \cos \Theta_\gamma = p\cos \Theta_e$,
横向分量 $h\nu' \sin \Theta_\gamma = p\sin \Theta_e$,
(假定 $c = 1$)

$$\cot \Theta_e = \frac{h\nu - h\nu' \cos \Theta_\gamma}{h\nu' \sin \Theta_\gamma}.$$

由于

$$\frac{h\nu'}{h\nu} = \frac{1}{1 + \varepsilon(1 - \cos \Theta_\gamma)},$$

所以

$$\cot \Theta_e = \frac{1 + \varepsilon(1 - \cos \Theta_\gamma) - \cos \Theta_\gamma}{\sin \Theta_\gamma} = \frac{(1 + \varepsilon)(1 - \cos \Theta_\gamma)}{\sin \Theta_\gamma}.$$

由

$$1 - \cos \Theta_\gamma = 2\sin^2 \frac{\Theta_\gamma}{2},$$

可求得

$$\cot \Theta_e = (1 + \varepsilon)\frac{2\sin^2 \frac{\Theta_\gamma}{2}}{\sin \Theta_\gamma}.$$

利用关系式 $\sin \Theta_\gamma = 2\sin(\Theta_\gamma/2) \cdot \cos(\Theta_\gamma/2)$,立即有

$$\cot \Theta_e = (1 + \varepsilon)\frac{\sin(\Theta_\gamma/2)}{\cos(\Theta_\gamma/2)} = (1 + \varepsilon)\tan \frac{\Theta_\gamma}{2}.$$

这一关系式表明,电子的散射角不可能超过 90°.

6. 由 $q_\mu + q_e = q'_\mu + q'_e$,可得

$$\begin{pmatrix} E_\mu \\ \boldsymbol{p}_\mu \end{pmatrix} \begin{pmatrix} m_e \\ \boldsymbol{0} \end{pmatrix} = \begin{pmatrix} E'_\mu \\ \boldsymbol{p}'_\mu \end{pmatrix} \begin{pmatrix} E'_e \\ \boldsymbol{p}'_e \end{pmatrix}, \quad m_e E_\mu = E'_\mu E'_e - \boldsymbol{p}'_\mu \cdot \boldsymbol{p}'_e.$$

对正碰撞给出最大能量传递 ⇒ $\cos\Theta = 1$：

$$m_e E_\mu = E'_\mu E'_e - \sqrt{E'^2_\mu - m^2_\mu}\sqrt{E'^2_e - m^2_e}$$

$$= E'_\mu E'_e - E'_\mu E'_e \sqrt{1 - \left(\frac{m_\mu}{E'_\mu}\right)^2}\sqrt{1 - \left(\frac{m_e}{E'_e}\right)^2}$$

$$= E'_\mu E'_e \left\{1 - \left[1 - \frac{1}{2}\left(\frac{m_\mu}{E'_\mu}\right)^2 + \cdots\right]\left[1 - \frac{1}{2}\left(\frac{m_e}{E'_e}\right)^2 + \cdots\right]\right\}$$

$$= E'_\mu E'_e \left[\frac{1}{2}\left(\frac{m_\mu}{E'_\mu}\right)^2 + \frac{1}{2}\left(\frac{m_e}{E'_e}\right)^2 + \cdots\right],$$

$$2m_e E_\mu \approx \frac{E'_e}{E'_\mu}m^2_\mu + \frac{E'_\mu}{E'_e}m^2_e \Rightarrow 2m_e E_\mu E'_e E'_\mu = E'^2_e m^2_\mu + E'^2_\mu m^2_e,$$

$$m^2_e E'^2_\mu \ll m^2_\mu E'^2_e \Rightarrow 2m_e E_\mu E'_e E'_\mu \approx E'^2_e m^2_\mu.$$

能量守恒：$E'_\mu + E'_e = E_\mu + m_e, m_e \ll E_\mu$；

$$2m_e E_\mu (E_\mu - E'_e) = m^2_\mu E'_e = 2m_e E^2_\mu - 2m_e E_\mu E'_e,$$

$$E'_e = \frac{2m_e E^2_\mu}{m^2_\mu + 2m_e E_\mu} = \frac{E^2_\mu}{E_\mu + \frac{m^2_\mu}{2m_e}} = \frac{E^2_\mu}{E_\mu + 11\text{ GeV}},$$

因此得 $E'_e = 90.1 \text{ GeV}$.

7. 对于氩，$Z = 18, A = 40, \rho = 1.782 \cdot 10^{-3} \text{ g/cm}^3$，

$$\phi(E)dE = 1.235 \cdot 10^{-4} \text{ GeV} \frac{dE}{\beta^2 E^2} = \alpha \frac{dE}{\beta^2 E^2}.$$

对于 10 GeV 的 μ 子，$\beta \approx 1$，

$$P(> E_0) = \int_{E_0}^{E_{\max}} \phi(E)dE = \alpha \int_{E_0}^{E_{\max}} \frac{dE}{E^2} = \alpha\left(\frac{1}{E_0} - \frac{1}{E_{\max}}\right),$$

$$E_{\max} = \frac{E^2_\mu}{E_\mu + 11 \text{ GeV}} = 4.76 \text{ GeV},$$

$$P(> E_0) = 1.235 \cdot 10^{-4}\left(\frac{1}{10} - \frac{1}{4\,760}\right) = 1.235 \cdot 10^{-5} \approx 0.001\,2\%.$$

8. 海平面 μ 子谱可近似地表示为

$$N(E)dE \propto E^{-\alpha}dE \quad (\alpha \approx 2),$$

由 $dE/dx =$ 常数 $(= a)$，可得

$$E = a \cdot h \quad (h \text{ 为深度}),$$

$$I(h) = \text{常数} \cdot h^{-\alpha},$$

$$\left|\frac{\Delta I}{I}\right| = \frac{\alpha h^{-\alpha-1}\Delta h}{h^{-\alpha}} = \alpha \frac{\Delta h}{h} = 2 \cdot \frac{1}{100} = 2\%.$$

第 2 章

1.
$$\rho(\text{Al}) = 2.7 \text{ g/cm}^3 \Rightarrow \mu = (0.189 \pm 0.027) \text{ cm}^{-1},$$
$$I(x) = I_0 \exp(-\mu \cdot x) \Rightarrow x = 1/\mu \cdot \ln(I_0/I).$$

计数率的统计误差:
$$\sqrt{I_0}/I_0 = 1/\sqrt{I_0} \approx 4.2\%, \quad \sqrt{I}/I = 1/\sqrt{I} \approx 5.0\%.$$

比值 I_0/I 的误差为
$$\sqrt{(4.2\%)^2 + (5.0\%)^2} \approx 6.5\%.$$

因此,$I_0/I = 1.440_{\pm 6.5\%}$.

由于 $x \propto \ln(I_0/I) = \ln r \Rightarrow \mathrm{d}x \propto \mathrm{d}r/r$,所以 $\ln r$ 的绝对误差等于比值 I_0/I 的误差.

因此
$$\ln(I_0/I) = \ln 1.440 \pm 0.065 \approx 0.365 \pm 0.065 \approx 0.37_{\pm 18\%}.$$

μ 的相对误差是 14.3%,故 x 的相对误差是
$$\sqrt{(18\%)^2 + (14.3\%)^2} \approx 23\%.$$

因此
$$x = 1/\mu \cdot \ln(I_0/I) = 1.93 \text{ cm}_{\pm 23\%} = (1.93 \pm 0.45) \text{ cm}.$$

2. 由于
$$P(n, \mu) = \frac{\mu^n \cdot e^{-\mu}}{n!} \quad (n = 0, 1, 2, \cdots),$$

所以
$$P(5, 10) = \frac{10^5 \cdot e^{-10}}{5!} \approx 0.037\,8,$$
$$P(2, 1) = \frac{1^2 \cdot e^{-1}}{2!} \approx 0.184,$$
$$P(0, 10) = \frac{10^0 \cdot e^{-10}}{0!} \approx 4.5 \cdot 10^{-5}.$$

3. $d_1 = 10 \text{ cm}$ 处的死时间修正后的真实计数率为
$$R_1^* = \frac{R_1}{1 - \tau R_1}.$$

由于计数率与距离平方成反比($\propto 1/r^2$),$d_2 = 30 \text{ cm}$ 处的真实计数率为
$$R_2^* = \left(\frac{d_1}{d_2}\right)^2 R_1^*;$$

由于 $R_2^* = R_2/(1 - \tau R_2)$,我们得到
$$\left(\frac{d_1}{d_2}\right)^2 \frac{R_1}{1 - \tau R_1} = \frac{R_2}{1 - \tau R_2}.$$

于是求得 τ 的解为

$$\tau = \frac{(d_1/d_2)^2 R_2 - R_1}{[(d_1/d_2)^2 - 1] R_1 R_2} = 10\ \mu\mathrm{s}.$$

第 3 章

1.

$$\text{剂量} = \frac{\text{吸收能量}}{\text{质量单位}} = \frac{\text{放射性活度} \cdot \text{能量}/\mathrm{Bq} \cdot \text{时间}}{\text{质量}}$$

$$= \frac{10^9\ \mathrm{Bq} \cdot 1.5 \cdot 10^6\ \mathrm{eV} \cdot 1.602 \cdot 10^{-19}\ \mathrm{J/eV} \cdot 86\,400\ \mathrm{s}}{10\ \mathrm{kg}}$$

$$= 2.08\ \mathrm{J/kg} = 2.08\ \mathrm{Gy}.$$

式中除了焦耳之外,还用了通用的能量单位,如 eV(电子伏):

$$1\ \mathrm{eV} = 1.602 \cdot 10^{-19}\ \mathrm{J}.$$

2. 研究人员体内放射性的衰减有两种成分.总衰减率

$$\lambda_{\mathrm{eff}} = \lambda_{\mathrm{phys}} + \lambda_{\mathrm{bio}}.$$

由 $\lambda = \dfrac{1}{\tau} = \dfrac{\ln 2}{T_{1/2}}$,可得

$$T_{1/2}^{\mathrm{eff}} = \frac{T_{\mathrm{phys}} T_{\mathrm{bio}}}{T_{\mathrm{phys}} + T_{\mathrm{bio}}} = 79.4\ \mathrm{d}.$$

利用关系式 $\dot{D} = \dot{D}_0 \mathrm{e}^{-\lambda t}$ 以及 $\dot{D}/\dot{D}_0 = 0.1$,可得①

$$t = \frac{1}{\lambda} \ln \frac{\dot{D}_0}{\dot{D}} = \frac{T_{1/2}^{\mathrm{eff}}}{\ln 2} \ln \frac{\dot{D}_0}{\dot{D}} = 263.8\ \mathrm{d}.$$

由进一步的数学计算,可得到该时间段内研究人员经受的剂量为

$$D_{\mathrm{total}} = \int_0^{263.8\ \mathrm{d}} \dot{D}_0 \mathrm{e}^{-\lambda t} \mathrm{d}t = \dot{D}_0 \left(-\frac{1}{\lambda}\right) \mathrm{e}^{-\lambda t} \bigg|_0^{263.8\ \mathrm{d}}$$

$$= \frac{\dot{D}_0}{\lambda} (1 - \mathrm{e}^{-\lambda \cdot 263.8\ \mathrm{d}}).$$

利用关系式

$$\lambda = \frac{1}{\tau} = \frac{\ln 2}{T_{1/2}^{\mathrm{eff}}} = 8.7 \cdot 10^{-3}\ \mathrm{d}^{-1}$$

可得 $(1\ \mu\mathrm{Sv/h} = 24\ \mu\mathrm{Sv/d})$

$$D_{\mathrm{total}} = \frac{24\ \mu\mathrm{Sv/d}}{\lambda} (1 - 0.1) = 2.47\ \mathrm{mSv}.$$

50 年承受的剂量当量 $D_{50} = \displaystyle\int_0^{50\ \mathrm{a}} \dot{D}(t) \mathrm{d}t$ 为

---

① 记号 $\dot{D}_0$ 表示 $t = 0$ 时刻的剂量率. $\dot{D}_0$ 并不代表剂量 D_0 对时间的导数,由于 D_0 是常数,它的导数当然等于 0.

$$D_{50} = \int_0^{50\,a} \dot{D}_0 e^{-\lambda t}\,dt = \frac{\dot{D}_0}{\lambda}(1 - e^{-\lambda \cdot 50\,a}) \approx \frac{\dot{D}_0}{\lambda} = 2.75\ \text{mSv}.$$

3. 剂量仪记录的电荷量 ΔQ 与电压降 ΔU 的关系式由电容方程描述：

$$\Delta Q = C\Delta U = 7 \cdot 10^{-12}\ \text{F} \cdot 30\ \text{V} = 210 \cdot 10^{-12}\ \text{C}.$$

电离室中空气的质量为

$$m = \rho_L V = 3.225 \cdot 10^{-3}\ \text{g}.$$

由此求得电离剂量

$$I = \frac{\Delta Q}{m} = 6.5 \cdot 10^{-8}\ \text{C/g} = 6.5 \cdot 10^{-5}\ \text{C/kg}.$$

由于 $1\ \text{R} = 2.58 \cdot 10^{-4}\ \text{C/kg}$，这对应于 $0.25\ \text{R}$（伦琴）的剂量. 又因 $1\ \text{R} = 8.8\ \text{mGy}$，故有

$$D = 2.2\ \text{mGy}.$$

4. 总的放射性活度为

$$A_{\text{total}} = 100\ \text{Bq/m}^3 \cdot 4\,000\ \text{m}^3 = 4 \cdot 10^5\ \text{Bq}.$$

由此可计算污染区的原始放射性浓度为

$$A_0 = \frac{4 \cdot 10^5\ \text{Bq}}{500\ \text{m}^3} = 800\ \text{Bq/m}^3.$$

5. 放射性活度为

$$A = \lambda N = \frac{1}{\tau}N = \frac{\ln 2}{T_{1/2}}N,$$

对应于

$$N = \frac{AT_{1/2}}{\ln 2} = 1.9 \cdot 10^{12}\ \text{钴核}$$

并且 $m = Nm_{\text{Co}} = 0.2\ \text{ng}$. 如此小量的钴很难用化学方法来测量.

6. 放射性功率为

$$S = 10^{17}\ \text{Bq} \cdot 10\ \text{MeV} = 10^{24}\ \text{eV/s} = 160\ \text{kJ/s}.$$

由此计算温度增量为

$$\Delta T = \frac{\text{能量沉积}}{mc} = \frac{160\ \text{kJ/s} \cdot 86\,400\ \text{s/d} \cdot 1\ \text{d}}{120\,000\ \text{kg} \cdot 0.452\ \text{kJ/(kg}\cdot\text{K)}} = 255\ \text{K}.$$

该 $255\ ℃$ 的温度上升使得集装箱最后的温度达到 $275\ ℃$.

7. X 射线的衰减规律是

$$I = I_0 e^{-\mu x} \quad \Rightarrow \quad e^{\mu x} = \frac{I_0}{I}.$$

由此导出

$$x = \frac{1}{\mu}\ln\frac{I_0}{I} = 30.7\ \text{g/cm}^2,$$

于是有

第18章 习题解答

$$x^* = \frac{x}{\rho_{Al}} = 11.4 \text{ cm}.$$

8. 利用现代的 X 射线管,患者经受的有效全身剂量为 0.1 mSv 量级. 对于在平均的地理纬度处高度 3 000 m 度假的人来说,宇宙线的剂量率约为 0.1 μSv/h, 四个星期的剂量为 67 μSv[3]. 如果同时将地球辐射导致的辐射负荷计算在内(四个星期的剂量为 40 μSv),求得的总剂量与人体胸透的 X 射线辐射剂量非常接近. 但是应当提到,老一代的 X 射线管会导致较高的剂量,并且 X 射线的照射时间要短得多,所以,在这种情形下,剂量率要比高山上的高得多.

9. ^{137}Cs 在人体中的有效半衰期是

$$T_{1/2}^{\text{eff}} = \frac{T_{1/2}^{\text{phys}} T_{1/2}^{\text{bio}}}{T_{1/2}^{\text{phys}} + T_{1/2}^{\text{bio}}} = 109.9 \text{ d}.$$

三年后剩余的^{137}Cs 含量可用两种方法计算:

(a) 三年时间相当于 3·365/109.9 = 9.963 6 个半衰期:

$$\text{放射性活度}(3 \text{ a}) = 4 \cdot 10^6 \cdot 2^{-9.9636} = 4\,006 \text{ Bq};$$

(b) 另一方面,考虑放射性衰变,则有

$$\text{放射性活度}(3 \text{ a}) = 4 \cdot 10^6 \cdot e^{-3a \cdot \ln 2 / T_{1/2}^{\text{eff}}} = 4\,006 \text{ Bq}.$$

10. ^{60}Co 的 β 和 γ 辐射的剂量比度常数为

$$\Gamma_\beta = 2.62 \cdot 10^{-11} \text{ Sv} \cdot \text{m}^2/(\text{Bq} \cdot \text{h}),$$
$$\Gamma_\gamma = 3.41 \cdot 10^{-13} \text{ Sv} \cdot \text{m}^2/(\text{Bq} \cdot \text{h}).$$

对于手的辐照而言,β 的剂量起主要作用. 假设平均距离为 10 cm,手处理源的实际时间是 60 s,则局部剂量为

$$H_\beta = \Gamma_\beta \frac{A}{r^2} \Delta t = 2.62 \cdot 10^{-11} \cdot \frac{3.7 \cdot 10^{-11}}{0.1^2} \cdot \frac{1}{60} \text{ Sv} = 16.1 \text{ Sv}.$$

另一方面,全身剂量与^{60}Co 的 γ 辐射相关联. 对于平均距离 0.5 m 处 5 min 的照射时间,全身剂量为

$$H_\gamma = \Gamma_\gamma \frac{A}{r^2} \Delta t = 42 \text{ mSv}.$$

事实上,一次类似于上述情况的事故曾发生于 1981 年法国桑特斯(Saintes)的一支有经验的技师团队. 技师们绝不应当用手来操作强源!由于手受到大剂量的辐照导致实质性的辐射危害,两名技师的双手不得不截掉. 第三名技师的三个手指也不得不截掉.

11. 经过第一次去污规程后,剩余的放射性活度是 $N(1-\varepsilon)$,其中 N 是原先的表面污染. 经过三次去污规程后的剩余放射性活度是 $N(1-\varepsilon)^3$. 由此可得

$$N = \frac{512 \text{ Bq/cm}^2}{(1-\varepsilon)^3} = 64\,000 \text{ Bq/cm}^2.$$

第三次去污规程将表面污染减少了

$$N(1-\varepsilon)^2 \varepsilon = 2\,048 \text{ Bq/cm}^2.$$

要将污染水平降至 $1\,\text{Bq/cm}^2$ 所需去污规程的次数,可以按照类似的思路推算 $(N = N_\text{n}/(1-\varepsilon)^n)$[①]:

$$N(1-\varepsilon)^n = 1\,\text{Bq/cm}^2$$
$$\Rightarrow (1-\varepsilon)^n = \frac{1}{N}$$
$$\Rightarrow n \cdot \ln(1-\varepsilon) = \ln\frac{1}{N} = -\ln N$$
$$\Rightarrow n = \frac{-\ln N}{\ln(1-\varepsilon)} = 6.9,$$

即需要执行 7 次去污规程.

第 4 章

1. 由于 $p = \gamma m_0 \beta = E\beta$(假定 $c = 1$),所以

$$\begin{aligned}
s &= E_\text{CMS}^2 = (q_1 + q_2)^2 \\
&= (E_1 + E_2)^2 - (\boldsymbol{p}_1 + \boldsymbol{p}_2)^2 \\
&= E_1^2 - p_1^2 + E_2^2 - p_2^2 + 2E_1 E_2 - 2\boldsymbol{p}_1 \cdot \boldsymbol{p}_2 \\
&= 2m^2 + 2E_1 E_2(1 - \beta_1 \beta_2 \cos\Theta).
\end{aligned}$$

在宇宙线中,$\beta_1 \approx 1$ 而 $\beta_2 = 0$.因为靶处于静止状态($E_2 = m$),且 $2E_1 m \gg 2m^2$,故有

$$s \approx 2mE_1.$$

在这些条件下,可得

$$E = E_1 = \frac{s}{2m} = \frac{(14\,000\,\text{GeV})^2}{2 \cdot 0.938\,\text{GeV}} = 1.045 \cdot 10^8\,\text{GeV} \approx 10^{17}\,\text{eV}.$$

2. 离心力 $F = \dfrac{mv^2}{R} = evB_\text{St}$,

$$B_\text{St} = \frac{m}{e} \cdot \frac{v}{R}. \tag{18.1}$$

由式(4.13),得

$$\frac{\text{d}}{\text{d}t}(mv) = e|\boldsymbol{E}| = \frac{eR}{2}\frac{\text{d}B}{\text{d}t} \Rightarrow mv = \frac{eR}{2}B. \tag{18.2}$$

对比式(18.1)和式(18.2),可得

$$B_\text{St} = \frac{1}{2}B,$$

这称为 **Wideroe 条件**.

3. 由于

$$m(\text{Fe}) = \rho \cdot 300\,\text{cm} \cdot 0.3\,\text{cm} \cdot 1\,\text{mm} = 68.4\,\text{g},$$

[①] 原文 $N_\text{n} = N/(\text{Bq/cm}^2)$ 有误. ——译者注

$$\Delta T = \frac{\Delta E}{m(\text{Fe}) \cdot c} = \frac{2 \cdot 10^3 \cdot 7 \cdot 10^3 \text{ GeV} \cdot 1.6 \cdot 10^{-10} \text{ J/GeV} \cdot 3 \cdot 10^{-3}}{0.56 \text{ J/(g} \cdot \text{K)} \cdot 68.4 \text{ g}}$$
$$= 1\,754 \text{ K},$$

因此,质子束流击中的这一节束流管道将会熔化.

4. 有效偏转半径为

$$\rho = \frac{27 \text{ km} \cdot 2/3}{2\pi} = 2\,866 \text{ m},$$

$$\frac{mv^2}{\rho} = evB \implies p = eB\rho,$$

$$pc = eB\rho c,$$

$$10^9 \, pc(\text{GeV}) = 3 \cdot 10^8 B(\text{T}) \cdot \rho(\text{m}),$$

$$pc(\text{GeV}) = 0.3 B(\text{T}) \cdot \rho(\text{m}),$$

$$pc^{\max}(\text{LEP}) = 116 \text{ GeV},$$

$$pc^{\max}(\text{LHC}) = 8.598 \text{ TeV}.$$

5. 磁势 $V = -g \cdot x \cdot y$,式中 g 是四极场强或四极磁铁的梯度:

$$\boldsymbol{B} = -\text{grad}\,V = (gy, gx);$$

磁铁表面必定是等位面,故有

$$V = -g \cdot x \cdot y = 常数 \implies x \cdot y = 常数 \implies 双曲线.$$

第5章

1.
$$R_{\text{true}} = \frac{R_{\text{measured}}}{1 - \tau_{\text{D}} \cdot R_{\text{measured}}} = 2 \text{ kHz}. \tag{18.3}$$

2. 对于垂直入射的情形,有

$$\Delta E = \frac{\text{d}E}{\text{d}x} \cdot d; \tag{18.4}$$

对于斜入射的情形,有 $\Delta E(\Theta) = \Delta E/\cos\Theta$;
对于垂直入射的情形,测得的能量为 $E_1 = E_0 - \Delta E$;
对于斜入射的情形,测得的能量为 $E_2 = E_0 - \Delta E/\cos\Theta$.
从而得

$$E_1 - E_2 = \Delta E \left(\frac{1}{\cos\Theta} - 1 \right).$$

画出 $E_1 - E_2$ 对于 $\frac{1}{\cos\Theta} - 1$ 的标绘,给出一条斜率为 ΔE 的直线.由表查出半导体的 $\text{d}E/\text{d}x$ 值,根据式(18.4)可求出 d 值.

3.
$$\boldsymbol{q} = \begin{pmatrix} E \\ \boldsymbol{p} \end{pmatrix}, \quad \boldsymbol{q}' = \begin{pmatrix} E' \\ \boldsymbol{p}' \end{pmatrix}, \quad \boldsymbol{q}_\gamma = \begin{pmatrix} h\nu \\ \boldsymbol{p}_\gamma \end{pmatrix}$$

分别是入射粒子的四动量矢量、粒子发射切伦科夫辐射后的四动量矢量以及切伦科夫光子的四动量矢量;它们之间存在如下关系:

$$q' = q - q_\gamma,$$

$$E'^2 - p'^2 = (q - q_\gamma)^2 = \begin{pmatrix} E - h\nu \\ p - p_\gamma \end{pmatrix}^2$$

$$= E^2 - 2h\nu E + h^2\nu^2 - (p^2 + p_\gamma^2 - 2p \cdot p_\gamma).$$

由于 $E^2 = m^2 + p^2$ 以及 $p_\gamma = \hbar k$,故有

$$0 = -m^2 + m^2 + p^2 - 2h\nu E + h^2\nu^2 - p^2 + 2p\hbar k\cos\Theta - \hbar^2 k^2,$$

$$2p\hbar k\cos\Theta = 2h\nu E - h^2\nu^2 + \hbar^2 k^2,$$

因此

$$\cos\Theta = \frac{2\pi\nu E}{pk} + \frac{\hbar k}{2p} - \frac{2\pi h\nu^2}{2pk}.$$

由于 $\frac{c}{n} = \nu \cdot \lambda = \frac{2\pi\nu}{k}$,故可得($c = 1$):

$$\cos\Theta = \frac{E}{np} + \frac{\hbar k}{2p} - \frac{\hbar k}{2pn^2}.$$

利用关系式 $E = \gamma m_0, \gamma = \frac{1}{\sqrt{1-\beta^2}}$ 以及 $p = \gamma m_0 \beta$,可求得

$$\cos\Theta = \frac{1}{n\beta} + \frac{\hbar k}{2p}\left(1 - \frac{1}{n^2}\right).$$

通常 $\hbar k/(2p) \ll 1$,所以切伦科夫角常用公式的正确性得到了证明.

4. 我们假定,总量为 I_0 的闪烁光出现在球的中心.首先,强度为 qI_0 的光到达光电倍增管,这里 $q = S_p/S_{tot}$.大部分光不击中光电倍增管而是击中反射表面.于是我们在离 PM 相距 r 的球面上任选一小块面积 S_1,计算经过一次反射后该面积的反射光到达 PM 的光量(图5.46).记 S_1 的反射光总量为 ΔJ_0,则有

$$\Delta I_1^{PM} = \frac{\Delta J_0}{\pi}\cos\chi\Delta\Omega = \frac{\Delta J_0}{\pi}\cos\chi\frac{S_p\cos\chi}{(2R\cos\chi)^2} = \Delta J_0 q.$$

由于 ΔI_1^{PM} 不依赖于角度,该值可以对整个球面求积分,从而给出第一次反射后 PM 收集到的光的总量:

$$I_1^{PM} = I_0 q + I_0(1-q)(1-\mu)q.$$

由该积分值可导出经过无穷多次反射后光电倍增管收集到的光总量为

$$I_{tot}^{PM} = I_0 q + I_0(1-q)(1-\mu)q + I_0(1-q)^2(1-\mu)^2 q + \cdots$$

$$= I_0 q \frac{1}{1-(1-q)(1-\mu)}. \tag{18.5}$$

于是,光收集效率 $\eta = I_{tot}^{PM}/I_0$ 等于

$$\eta = \frac{q}{\mu + q - \mu q} \approx \frac{q}{\mu + q}.$$

很早之前，M. Mando[4] 就对非聚焦型的切伦科夫计数器提出了与此相似的考虑.

第 6 章

1. 如果将一直径很小的管子插入液体中，管子中的液面将会升高，这是因为管子中液体凹面的饱和蒸气压小于液体平面的饱和蒸气压（毛细作用力）. 在高度 h 时达到平衡条件：

$$2\pi r\sigma = \pi \rho r^2 hg, \tag{18.7}$$

式中 r 为毛细管半径，σ 为表面张力，ρ 为液体密度，g 为重力加速度. 对于气压表中的液体凸面的公式，则为

$$p_r = p_\infty \exp\left(\frac{Mgh}{RT}\right),$$

式中 M 为摩尔质量，R 为气体常数，T 为温度. 该式与式(18.7)相结合给出

$$\ln(p_r/p_\infty) = \frac{M}{RT}\frac{2\sigma}{\rho r}.$$

代入具体数值：

$M = 18$ g/mol（对水）　（46 g/mol，对 C_2H_5OH），
$\sigma = 72.8$ dyn/cm（对水）　（22.3 dyn/cm，对 C_2H_5OH），
$\rho = 1$ g/cm^3　（0.79 g/cm^3，对 C_2H_5OH），
$T = 20$ ℃，
$p_r/p_\infty = 1.001$，

所以

$$r = 1.08 \cdot 10^{-6} \text{ m}　(1.07 \cdot 10^{-6} \text{ m}, 对 C_2H_5OH),$$

即形成的液滴直径约为 $2\ \mu\text{m}$.

如果液滴带电，彼此的斥力作用将使表面张力有一定程度的减少.

2. 电子数量的增量为

$$dn_e = (\alpha - \beta)n_e dx;$$

其中 α 为第一汤森系数，β 为附着系数，

$$n_e = n_0 e^{(\alpha-\beta)d},\quad dn_{\text{ion}} = \beta n_e dx,\quad dn_{\text{ion}} = \beta n_0 e^{(\alpha-\beta)x}dx,$$

$$n_{\text{ion}} = \beta n_0 \int_0^d e^{(\alpha-\beta)x}dx = \frac{n_0\beta}{\alpha-\beta}[e^{(\alpha-\beta)d} - 1],$$

$$\frac{n_e + n_{\text{ion}}}{n_0} = \frac{n_0 e^{(\alpha-\beta)d} + \frac{n_0\beta}{\alpha-\beta}[e^{(\alpha-\beta)d} - 1]}{n_0}$$

$$= \frac{1}{\alpha-\beta}\{(\alpha-\beta)e^{(\alpha-\beta)d} + \beta[e^{(\alpha-\beta)d} - 1]\}$$

$$= \frac{1}{\alpha-\beta}[\alpha e^{(\alpha-\beta)d} - \beta]$$

$$= \frac{1}{18}(20\mathrm{e}^{18} - 2) = 7.3 \cdot 10^7.$$

3.
$$\sqrt{\langle \theta^2 \rangle} = \frac{13.6\ \mathrm{MeV}}{\beta c p} \sqrt{\frac{x}{X_0}}[1 + 0.038 \ln(x/X_0)],$$

$$\beta c p = 12.86\ \mathrm{MeV}.$$

对于这种能量的电子,$\beta \approx 1 \Rightarrow p = 12.86\ \mathrm{MeV}/c$.更精确地,我们要求解下列方程:

$$\beta c \gamma m_0 \beta c = 12.86\ \mathrm{MeV},$$

$$\frac{\beta^2}{\sqrt{1-\beta^2}} = \frac{12.86\ \mathrm{MeV}}{m_0 c^2} = 25.16 = \alpha,$$

$$\beta^2 = \sqrt{1-\beta^2} \cdot \alpha \;\Rightarrow\; \beta^4 = \alpha^2 - \alpha^2 \beta^2,$$

$$\beta^4 + \alpha^2 \beta^2 - \alpha^2 = 0,$$

$$\beta^2 = -\frac{\alpha^2}{2} + \sqrt{\frac{\alpha^4}{4} + \alpha^2} = 0.998\,42,$$

最后求得

$$\gamma = 25.16, \quad p = 12.87\ \mathrm{MeV}/c.$$

第 7 章

1. 由于

$$\Delta t = \frac{T_1 + T_3}{2} - T_2; \tag{18.8}$$

Δt 的分辨率为

$$\sigma^2(\Delta t) = \left(\frac{\sigma_1}{2}\right)^2 + \left(\frac{\sigma_3}{2}\right)^2 + \sigma_2^2 = \frac{3}{2} \cdot \sigma_t^2. \tag{18.9}$$

于是单丝的分辨率为

$$\sigma_t = \sqrt{\frac{2}{3}}\sigma(\Delta t) = 5\ \mathrm{ns} \;\Rightarrow\; \sigma_x = v \cdot \sigma_t = 250\ \mu\mathrm{m}. \tag{18.10}$$

与此对应,顶点的空间分辨率为(图 18.2)

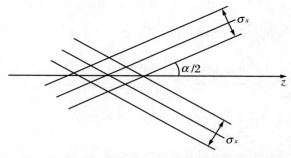

图 18.2 由径迹分辨率 σ_x 推导顶点分辨率 σ_z 的图示

$$\sin\frac{\alpha}{2} = \frac{\sigma_x}{\sigma_z} \Rightarrow \sigma_z = \frac{\sigma_x}{\sin\frac{\alpha}{2}} = 500\,\mu\mathrm{m}. \tag{18.11}$$

2. 起作用的因素是光纤束的横向截面积占横截面 A 的比例. 如图 18.3 所示的几何安排使得光纤所占的截面比例达到极大.

根据关系式

$$r^2 + x^2 = (2r)^2, \tag{18.12}$$

可得 $x = \sqrt{3}\cdot r$,从而得出比例

$$\frac{\pi r^2/2}{r\cdot\sqrt{3}\,r} = \pi/(2\sqrt{3}) \approx 90.7\%. \tag{18.13}$$

由此算出光纤数 N:

$$A_{\mathrm{fibre}} = \pi\cdot 0.5^2\,\mathrm{cm}^2 = 0.785\,\mathrm{mm}^2 \Rightarrow N = \frac{A\cdot\pi/(2\sqrt{3})}{A_{\mathrm{fibre}}} = 46\,211. \tag{18.14}$$

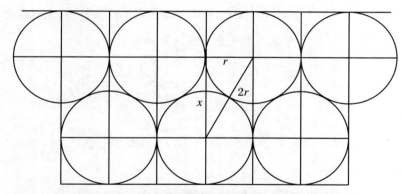

图 18.3 闪烁光纤径迹室闪烁光纤束极大有效比例的确定

3.

$$\frac{mv^2}{\rho} = evB, \tag{18.15}$$

$$\rho = \frac{mv}{eB} = \frac{9.1\cdot 10^{-31}\,\mathrm{kg}\cdot 0.1\cdot 10^6\,\mathrm{m/s}}{1.6\cdot 10^{-19}\mathrm{As}\cdot B} \leqslant 10^{-5}\,\mathrm{m}, \tag{18.16}$$

$$\Rightarrow B \geqslant 0.057\,\mathrm{T} = 570\,\mathrm{Gs}(\text{高斯}). \tag{18.17}$$

4. 由于

$$Q = C\cdot U, \tag{18.18}$$

60 keV X 射线在充氩气的计数器中释放的电荷是

$$q = \frac{60\,\mathrm{keV}}{26\,\mathrm{eV}}\cdot q_e = 3.70\cdot 10^{-16}\,\mathrm{A\cdot s}, \tag{18.19}$$

所要求的气体增益为

$$G = \frac{C \cdot U}{q} = \frac{180 \cdot 10^{-12} \cdot 10^{-2}}{3.70 \cdot 10^{-16}} = 4\,865. \tag{18.20}$$

能量分辨率则为

$$\frac{\sigma}{E} = \frac{\sqrt{N \cdot F}}{N} = \frac{\sqrt{F}}{\sqrt{N}} = \frac{\sqrt{F \cdot W}}{\sqrt{E}} = 8.58 \cdot 10^{-3}, \tag{18.21}$$

即 (60 ± 0.5) keV.

5. 水平方向的力(张力)F_h 沿着丝的方向不发生变化,而垂直方向的力 F_v 则依赖于位置. 精确地说,左边界的垂直力被位置 x 左部的丝重量所减弱:

$$F_v(x) = F_v - \int_{x'=x_1}^{x} \rho g \sqrt{1 + y'^2(x)}\,\mathrm{d}x, \quad \mathrm{d}m = \rho \mathrm{d}s,$$

$$\mathrm{d}s = \sqrt{\mathrm{d}x^2 + \mathrm{d}y^2} = \sqrt{1 + y'^2(x)}\,\mathrm{d}x.$$

根据上面的假设,斜率 $y'(x)$ 可表示为

$$y'(x) = -\frac{F_v(x)}{F_h} = -\frac{F_v}{F_h} + \frac{\rho g}{F_h}\int_{x'=x_1}^{x} \sqrt{1 + y'^2(x')}\,\mathrm{d}x',$$

这里 $L(x) = \int_{x'=x_1}^{x} \sqrt{1 + y'^2(x')}\,\mathrm{d}x'$ 是从左边界到 x 的丝长. 对上式求导数得到关于 y' 的微分方程,后者可以利用变量分离法直接求积分:

$$y''(x) = \frac{\rho g}{F_h}\sqrt{1 + y'^2(x)}, \quad \frac{\frac{\mathrm{d}}{\mathrm{d}x}y'(x)}{\sqrt{1 + y'^2(x)}} = \frac{\rho g}{F_h}.$$

它的解是

$$\mathrm{arsinh}\,y'(x) = \frac{\rho g}{F_h}x + c, \quad y'(x) = \sinh\left(\frac{\rho g}{F_h}x + c\right),$$

对之直接求积分,得到曲线

$$y(x) = \frac{F_h}{\rho g}\cosh\left(\frac{\rho g}{F_h}x + c\right) + y_0.$$

式中积分常数 c 和水平力(张力)F_h 由丝的几何位置和总长度 L 决定. 丝的形状的这一个解表明,丝的形状是一条悬链线而不是抛物线. 在对称的情形下,并且适当地选择坐标系,常数可以选择为 $c = 0$ 和 $y_0 = -F_h/(\rho g)$. 这就保证了 $y(x=0) = 0$. 为了进行进一步的计算,我们设定水平张力 $T = F_h$.

丝的下垂量与其长度相比要小得多. 因此,cosh 函数可以展开为级数

$$\cosh\left(\frac{\rho g x}{T}\right) = 1 + \frac{1}{2}\left(\frac{\rho g x}{T}\right)^2 + \cdots,$$

从而有

$$y(x) = \mathrm{sag} = -\frac{T}{\rho g} + \frac{T}{\rho g}\left[1 + \frac{1}{2}\left(\frac{\rho g x}{T}\right)^2 + \cdots\right],$$

$$x = \frac{l}{2} \Rightarrow y\left(\frac{l}{2}\right) = \frac{1}{2}\frac{\rho g}{T}\left(\frac{l}{2}\right)^2 = \frac{\rho g l^2}{8T},$$

$$\rho = \frac{dm}{ds} = \pi r_i^2 \rho^*,$$

式中 ρ 是单位长度的丝质量，ρ^* 是丝物质密度，于是

$$y\left(\frac{l}{2}\right) = \frac{1}{8}\pi r_i^2 \cdot \rho^* \cdot \frac{g}{T}l^2.$$

对于 50 g 的张力，相应于 $T = m_T \cdot g = 0.49$ kg·m/s², $l = 1$ m, ρ^*(钨) $= 19.3$ g/cm³ $= 19.3 \cdot 10^3$ kg/cm³, $r_i = 15$ μm, 最后求得下垂量 34 μm.

第 8 章

1. 令 ε_1 和 ε_2 为两个光子的能量，ψ 为两个光子间的夹角，则两个光子不变质量的平方是

$$m_{\gamma\gamma}^2 = (\varepsilon_1 + \varepsilon_2)^2 - (\boldsymbol{p}_1 + \boldsymbol{p}_2)^2 = 4\varepsilon_1\varepsilon_2\sin^2(\psi/2).$$

利用常规的误差传递公式，可得到 m^2 的相对不确定性：

$$\frac{\delta(m^2)}{m^2} = \sqrt{\left[\frac{\delta(\varepsilon_1)}{\varepsilon_1}\right]^2 + \left[\frac{\delta(\varepsilon_2)}{\varepsilon_2}\right]^2 + \cot^2\frac{\psi}{2}\delta_\psi^2},$$

式中 $\delta(\varepsilon_i)$ 以及 δ_ψ 分别是能量分辨率和角分辨率. 角分布在 $\psi_{\min}$ 附近达到峰值，因为 $\sin(\psi_{\min}/2) = m_\eta/E_0$, 所以可以取估计值 $\psi_{\min} = 31.8°$. 由于

$$\frac{\delta(m^2)}{m^2} = \frac{m_1^2 - m_2^2}{m^2} = \frac{(m_1 + m_2)(m_1 - m_2)}{m^2} = 2\frac{\delta m}{m},$$

或通过求导

$$\frac{\delta(m^2)}{m^2} = 2m\frac{\delta(m)}{m^2} = 2\frac{\delta m}{m},$$

于是得到

$$\frac{\delta m}{m} = \frac{1}{2}\sqrt{2 \cdot 0.05^2 + \cot^2(15.9°)0.05^2} \approx 9.5\%.$$

可以看到，这种情形下角度的精度对质量分辨率起主导作用.

2. 物质中光子的相互作用长度为 $\lambda = (9/7)X_0$. 因此，光子通过铝片不发生相互作用的概率为

$$W_n = \exp\left(-\frac{L}{\lambda}\right) = \exp\left(-\frac{7}{18}\right) = 0.68.$$

这种情形下量能器的响应函数保持不变，即响应函数近似于高斯分布 $g(E, E_0)$, 其中 E_0 是入射光子的能量，E 是量能器测得的能量.

如果光子在距量能器 x 的铝片内产生一对 e^+e^-, 则电子和正电子在铝片内损失部分能量：

$$\Delta E = 2\varepsilon_{\text{MIP}}x,$$

其中 $\varepsilon_{\text{MIP}} = (dE/dx)_{\text{MIP}}$ 是比电离损失. 对于铝，$\varepsilon_{\text{MIP}} = 1.62$ MeV/(g·cm^{-2}), 而 $X_0 = 24$ g/cm², 从而 ΔE 在 $0 \sim 39$ MeV 范围内变化. 可以看到，对于 100 MeV 的

光子,测得的能谱将由一个窄峰 $g(E, E_0)$(占 68%的事例)和一个范围从 $0.6E_0$ 到全能量 E_0 的宽谱(包含其余的 32%事例)所组成. 对于 1 GeV 的光子,对产生事例与主峰不能分辨开,而只是使峰宽度增加.

为了估计峰的 rms(方均根值),可以利用简化形式的概率密度函数:
$$\varphi(E) = p f_1(E) + (1-p) g(E, E_0),$$
式中 p 是铝片中的光子转换概率,$f_1(E)$ 是 $E_{\min} = E_0 - \Delta E_{\max}$ 到 E_0 之间的均匀分布. 改进的 rms 可通过下式计算:
$$\sigma_{\text{res}}^2 = p\sigma_1^2 + (1-p)\sigma_0^2 + p(1-p)(E_1 - E_0)^2,$$
式中 $\sigma_1, E_1, \sigma_0, E_0$ 分别是 $f_1(E)$ 和 $g(E, E_0)$ 的 rms 和均值. 对于 $f_1(E)$,我们有 $E_1^{\min} = E_0 - 2\varepsilon_{\text{MIP}} L = E_0 - 39$ MeV 及 $\sigma_1 = 2 \cdot \varepsilon_{\text{MIP}} L/\sqrt{12} = \varepsilon_{\text{MIP}} L/\sqrt{3} = 11$ MeV(参见第 2 章式(2.6)). 必须考虑到能量损失 ΔE 在 0~39 MeV 范围均匀分布,其平均值是 $E_1 = 19.5$ MeV,在 σ_{res} 的公式中必须使用该平均值. 利用上述数据,对于 100 MeV 光子,我们得到 $\sigma_{\text{res}} = 11$ MeV,而对于 1 GeV 光子,则有 $\sigma_{\text{res}} \approx 17$ MeV.

3. 当 π 介子在深度 t 处发生相互作用时,量能器中的能量沉积是相互作用前的 π 介子电离损失(E_{ion})和 π^0 产生的簇射能量(E_{sh})的总和:
$$E_{\text{C}} = E_{\text{ion}} + E_{\text{sh}}, \quad E_{\text{ion}} = \frac{\mathrm{d}E}{\mathrm{d}x} t X_0 = E_{\text{cr}} t,$$
$$E_{\text{sh}} = (E_0 - E_{\text{ion}}) \int_0^{L-t} \left(\frac{\mathrm{d}E}{\mathrm{d}t}\right) \mathrm{d}t,$$
式中 E_{cr} 是临界能量. 公式(8.7)描述了电磁簇射的发展. 对于这里的估计问题,可以取
$$\frac{\mathrm{d}E}{\mathrm{d}t} = E_\gamma F(t),$$
其中 E_γ 是 π^0 衰变产生的两个光子的能量,t 是厚度,以辐射长度 X_0 为单位. 我们假定,量能器的分辨率是 $\sigma_E/E = 2\%$,正确地鉴别出 π 介子的条件是
$$\Delta E(t_c) = (E_e - E_C) > 3\sigma_E,$$
其中 E_e 是一个电子在量能器中的能量沉积.

对于 NaI 吸收体中 200~500 MeV 的电子-正电子簇射,公式(8.7)中的参数 a 可以粗略地估计为 $a = 2$. 于是式(8.7)简化为
$$\frac{1}{E_\gamma} \frac{\mathrm{d}E}{\mathrm{d}t} = \frac{1}{4}\left(\frac{t}{2}\right)^2 \exp(-t/2),$$
该式很容易对 t 积分. 为了找出 t_c,必须将函数 $\Delta E(t_c)$ 数字列表. 计算得到的 E_{ion},E_{sh} 和 E_{C} 对于 t 的依赖关系示于图 18.4. 因为对于 500 MeV 的簇射,$\sigma_E = 2\% \cdot E = 10$ MeV,并要求$(E_e - E_C) > 3\sigma_E$,故需要有 $E_C < 470$ MeV. 据图 18.4,由这一限值得到 $t_c \approx 4$,它对应于厚度 38 g/cm². 根据相互作用长度 $\lambda_{\text{int}} = 151$ g/cm² 计算出相互作用概率 W,以及电荷交换概率已知为 0.5,可以求得 π 介子误判为电子的概率

P 为

$$P_M = 0.5W(t < t_c)$$
$$= 0.5[1 - \exp(-t_c/\lambda_{int})]$$
$$\approx 0.12.$$

电子误判为 π 介子的概率则要低得多.

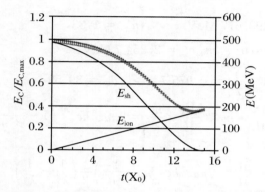

图 18.4 计算得到的 E_{ion}, E_{sh} 和 E_C(三角形符号表示的下线)对于 t 的依赖关系

菱形符号表示的上线为量能器中的能量沉积与其极大值(无泄漏)的比值. 即使电荷交换发生于量能器的前端, 仍然有一部分能量通过后部泄漏出去

第 9 章

1. 将动量转换为总能量:

$$E = c\sqrt{p^2 + m_0^2 c^2} = \begin{cases} 3.003\ 2\ \text{GeV}, & \text{对 3 GeV}/c, \\ 4.002\ 4\ \text{GeV}, & \text{对 4 GeV}/c, \\ 5.001\ 9\ \text{GeV}, & \text{对 5 GeV}/c, \end{cases}$$

$m_0 = 139.57\ \text{MeV}/c^2$,

$$\gamma = \frac{E}{m_0 c^2} = \begin{cases} 21.518, & \text{对 3 GeV}/c, \\ 28.677, & \text{对 4 GeV}/c, \\ 35.838, & \text{对 5 GeV}/c, \end{cases}$$

$$\beta = \sqrt{1 - \frac{1}{\gamma^2}} = \begin{cases} 0.998\ 919\ 5, & \text{对 3 GeV}/c, \\ 0.999\ 391\ 8, & \text{对 4 GeV}/c, \\ 0.999\ 610\ 6, & \text{对 5 GeV}/c \end{cases}$$

$$\cos\theta_c = \frac{1}{n\beta} \Rightarrow \theta_c = \arccos\frac{1}{n\beta}.$$

	3 GeV/c	4 GeV/c	5 GeV/c
合成树脂	47.8°	47.8°	47.8°
气凝硅胶	12.40°～21.37°	12.52°～21.44°	12.58°～21.47°
派热克斯玻璃	47.08°	47.10°	47.11°
铅玻璃	58.57°	58.59°	58.60°

2.
$$m_K = 493.677 \text{ MeV}/c^2, \quad n_{水} = 1.33,$$
$$E_K = c\sqrt{p^2 + m_K^2 c^2} = 2.2547 \text{ GeV};$$
$$\beta = \sqrt{1 - \frac{1}{\gamma^2}} = 0.9757 \Rightarrow \theta_C = 39.59°,$$
$$\frac{dE}{dL} = \frac{dN}{dL} \cdot h\nu = \frac{dN}{dL} \cdot \frac{hc}{\lambda} = 2\pi\alpha z^2 hc \int_{\lambda_1}^{\lambda_2} \left(1 - \frac{1}{\beta^2 n^2}\right) \frac{d\lambda}{\lambda^3}.$$

假定 $n \neq f(\lambda)$,于是有

$$\frac{dE}{dL} = 2\pi\alpha z^2 hc\left(1 - \frac{1}{\beta^2 n^2}\right)\frac{1}{2}\left(\frac{1}{\lambda_1^2} - \frac{1}{\lambda_2^2}\right)$$
$$= \pi\alpha z^2 hc\left(1 - \frac{1}{\beta^2 n^2}\right)\left(\frac{1}{\lambda_1^2} - \frac{1}{\lambda_2^2}\right).$$

由于

$$h = 2\pi\hbar = 41.36 \cdot 10^{-22} \text{ MeV} \cdot \text{s},$$
$$c = 3 \cdot 10^{17} \text{ nm/s}, \quad n_{水} = 1.33,$$
$$\lambda_1 = 400 \text{ nm}, \quad \lambda_2 = 700 \text{ nm},$$

代入上式,求得

$$\frac{dE}{dL} = 0.49 \text{ keV/cm}.$$

3.
$$E_p = c\sqrt{p^2 + m^2 c^2} = 5.087 \text{ GeV}.$$

如果把水作为切伦科夫介质,则我们有

$$\beta = \sqrt{1 - \frac{1}{\gamma^2}} = 0.9805 \Rightarrow \theta_C = 40.1°(水中),$$
$$N = 203.2 \text{ 光子/cm},$$
$$n = 12 \text{ 个光电子} = N \cdot x \cdot \eta_{PM} \cdot \eta_{Geom} \cdot \eta_{传递},$$
$$x = \frac{n}{N \cdot \eta_{PM} \cdot \eta_{Geom} \cdot \eta_{传递}} = 1.48 \text{ cm}.$$

即对于设定的收集和量子转换效率,要求计数器的厚度约为 1.5 cm.

4.
$$n_{合成树脂} = 1.49,$$

对于电子,切伦科夫辐射的阈能为

$$\beta > \frac{1}{n} = 0.67 \Rightarrow \gamma = \frac{1}{\sqrt{1-\beta^2}} = 1.35 \Rightarrow E = 689 \text{ keV},$$

$$\frac{\mathrm{d}^2 N}{\mathrm{d}x \mathrm{d}T} = \frac{1}{2} K \cdot z^2 \frac{Z}{A} \frac{1}{\beta^2} \frac{1}{T^2}.$$

其中 T 为 δ 射线的动能,

$$K = 4\pi N_A (\text{mol}^{-1})/g r_e^2 m_e c^2 = 0.307 \text{ MeV}/(\text{g} \cdot \text{cm}^{-2}),$$

$$\frac{\mathrm{d}N}{\mathrm{d}T} = \frac{1}{2} \cdot 0.307 \frac{\text{MeV}}{\text{g/cm}^2} \cdot \frac{6}{12} \frac{1}{\beta^2} \frac{1}{T^2} x$$

$$= 0.171 \frac{\text{MeV}}{\text{g/cm}^2} \cdot \frac{1}{T^2} x$$

$$\Rightarrow N = x \cdot \int_T^\infty 0.171 \frac{\text{MeV}}{\text{g/cm}^2} \cdot \frac{1}{T'^2} \mathrm{d}T',$$

$$N = 0.171 \frac{\text{MeV}}{\text{g/cm}^2} \cdot x \frac{1}{T},$$

$$T_{\text{阈}} = 689 \text{ keV} - 511 \text{ keV} = 178 \text{ keV}.$$

这给出了阈值以上的 δ 电子数为 $N = 9.6$. 这些电子的动能分布律是 $1/T^2$. 一个 $3 \text{ GeV}/c$ 的质子对电子的最大可传递能量是

$$E_{\text{kin}}^{\max} = \frac{E^2}{E + m_p^2/(2m_e)} = 3.56 \text{ MeV}.$$

但是, δ 射线的 $1/T^2$ 依赖当接近动能限时需要作很强的修正 (能谱变得更陡). 9.6 个 δ 电子需要利用适当的蒙特卡洛来形成 $1/T^2$ 能谱. 这里我们认为, 出现一个能量高于 1 MeV 的 δ 射线的机会只有

$$P = \left(\frac{178}{1\,000}\right)^2 \approx 3\%.$$

因此, 我们对动能 178 keV ~ 1 MeV 的 δ 电子动能求平均:

$$\langle T \rangle = \frac{\int_{178\,\text{keV}}^{1\,\text{MeV}} T \cdot \frac{1}{T^2} \mathrm{d}T}{\int_{178\,\text{keV}}^{1\,\text{MeV}} \frac{1}{T^2} \mathrm{d}T} = 372 \text{ keV},$$

$$\beta_{372\,\text{keV}} = \sqrt{1 - \frac{1}{\gamma^2}} = 0.815, \quad \gamma = 1.73,$$

$$\cos \Theta = \frac{1}{n\beta} = 0.82 \Rightarrow \Theta = 34.6°,$$

$$N_{\text{光子数}} = 9.6 \cdot 490 \cdot \sin^2 \Theta \cdot 0.08 = 121,$$

式中 $x = 0.08$ cm 是 372 keV δ 射线的射程(参见第 1 章).

如果假定下式中所有的效率均为 20%, 则有

$$n = N_{\text{光子数}} \cdot \eta_{\text{PM}} \cdot \eta_{\text{Geom}} \cdot \eta_{\text{传递}} = 0.97.$$

由此可得探测器对一个 $3 \text{ GeV}/c$ 的质子产生的 δ 射线的探测效率是

$$\varepsilon = 1 - e^{-n} \approx 62\%.$$

5. 成像大气切伦科夫望远镜测量大气中的 γ 射线级联. 由于光子有大的反应截面, 这些级联起始于高空, 那里的空气折射率小于海平面处的折射率. 实验报道的典型的切伦科夫角为 1°, 它能不能确定这些簇射发生的高度呢?

大气层中的密度变化规律是

$$\rho = \rho_0 \cdot e^{-h/h_0},$$

这里 $h_0 = 7.9 \text{ km}$ 是同温大气层的高度.

折射率 n 随介电常数 ε 而变化, $n = \sqrt{\varepsilon}$. 由于 $\varepsilon - 1 \propto \rho$, 故有

$$n^2 = \varepsilon - 1 + 1 \propto \rho + 1 \implies \frac{\rho(h)}{\rho_0} = \frac{n^2(h) - 1}{n_0^2 - 1}.$$

若假定 $\beta = 1$, 则由于 $\Theta = 1°$, 故可得 $n(h) = 1.000\,152$. 因此

$$\frac{\rho(h)}{\rho_0} = 1.94 \implies h = h_0 \ln\frac{n_0^2 - 1}{n^2(h) - 1} \approx 5\,235 \text{ m}.$$

即实验测量的 γ 射线级联发生于高度约 $5\,235$ m 的大气层高空.

6. 由于

$$\frac{dE}{dx} = a\frac{mz^2}{E_{\text{kin}}} \cdot \ln\left(b\frac{E_{\text{kin}}}{m}\right),$$

其中的对数项对于非相对论性粒子而言比较接近, 而洛伦兹因子接近于 1, 故

$$\frac{dE}{dx} \cdot E_{\text{kin}}$$

的测量值可以用来鉴别 $m \cdot z^2$. 因此 $(dE/dx) E_{\text{kin}}$ 的测量提供了一种粒子鉴别的方法.

我们首先假定, 动能 10 MeV 的 μ 子和 π 子可以做非相对论性的处理, 于是 Bethe-Bloch 公式可以近似地表示为

$$\frac{dE}{dx} = K \cdot z^2 \frac{Z}{A} \frac{1}{\beta^2} \cdot \ln\left(\frac{2m_e c^2 \beta^2 \gamma^2}{I}\right).$$

在经典近似下, 式中 $K = 0.307 \text{ MeV}/(\text{g} \cdot \text{cm}^{-2})$, $\beta^2 = (2 \cdot E_{\text{kin}})/(m \cdot c^2)$. (表征饱和效应 (费米坪区) 的修正项在此能量区应当相当小.)

对于单电荷粒子, 我们有

$$\frac{dE}{dx} = K\frac{Z}{A}\frac{mc^2}{2E_{\text{kin}}} \cdot \ln\left(\frac{2m_e c^2}{I} \cdot \frac{2E_{\text{kin}}}{mc^2}\gamma^2\right)$$

$$= 0.076\,75\,\frac{\text{MeV}}{\text{g} \cdot \text{cm}^{-2}}\frac{mc^2}{E_{\text{kin}}} \cdot \ln\left(14\,600 \cdot \frac{E_{\text{kin}}}{mc^2}\gamma^2\right).$$

由此得出对于 μ 子, dE/dx 值为 6.027 MeV/$(\text{g} \cdot \text{cm}^{-2})$, 而对于 π 子为 7.593 MeV/$(\text{g} \cdot \text{cm}^{-2})$. 由于 $\Delta x = 300\,\mu\text{m} \cdot 2.33 \text{ g/cm}^3 = 6.99 \cdot 10^{-2}$ g/cm², 我们得到 $\Delta E(\mu) = 0.421$ MeV 以及 $\Delta E(\pi) = 0.531$ MeV.

因此, 对于 μ 子, 可得 $\Delta E \cdot E_{\text{kin}} = 4.21$ MeV², 而对于 π 子, 有 $\Delta E \cdot E_{\text{kin}} = 5.31$ MeV².

这些结果与测量值不符.舍弃 μ 子和 π 子可以做非相对论性处理的假设重新进行计算,利用非近似的 Bethe-Bloch 公式和相对论性处理,对于 μ 子,有 $\Delta E \cdot E_{kin} = 4.6 \text{ MeV}^2$,而对于 π 子,有 $\Delta E \cdot E_{kin} = 5.7 \text{ MeV}^2$.与前面结果的差别主要来源于正确的相对论性处理.因此 $\Delta E \cdot E_{kin}$ 的测量值表明它是由 π 介子产生的.

对于铍同位素的鉴别,利用非相对论性的公式是正确的:

$$\Delta E = 0.07675 \frac{\text{MeV}}{\text{g} \cdot \text{cm}^{-2}} z^2 \frac{mc^2}{E_{kin}} \cdot \ln\left(14600 \cdot \frac{E_{kin}}{mc^2} \gamma^2\right) \cdot \Delta x.$$

由此可算出:对于 ^7Be,有 $\Delta E \cdot E_{kin} = 3056 \text{ MeV}^2$,而对于 ^9Be,有 $\Delta E \cdot E_{kin} = 3744 \text{ MeV}^2$.

利用非近似公式得到的结果仅仅约有 1% 的差别.因此测得的结果 (3750 MeV^2) 是由 ^9Be 同位素产生的.铍同位素束流中不出现 ^8Be 的原因在于 ^8Be 高度不稳定,它立即衰变为两个 α 粒子.

第 10 章

1. 中微子通量 φ_ν 由聚变反应 $4p \rightarrow {}^4\text{He} + 2e^+ + 2\nu_e$ 的次数乘以每次反应产生的中微子数 2 所确定:

$$\varphi_\nu = \frac{\text{太阳常数}}{\text{每次反应获得的能量}} \cdot 2$$

$$\approx \frac{1400 \text{ W/m}^2}{26.1 \text{ MeV} \cdot 1.6 \cdot 10^{-13} \text{ J/MeV}} \cdot 2 \approx 6.7 \cdot 10^{10} \text{ cm}^{-2} \cdot \text{s}^{-1}.$$

2.
$$(q_{\nu_\alpha} + q_{e^-})^2 = (m_\alpha + m_{\nu_e})^2 \quad (\alpha = \mu, \tau);$$

假定 m_{ν_α} 很小 ($\ll m_e, m_\mu, m_\tau$),我们得到

$$2E_{\nu_\alpha} m_e + m_e^2 = m_\alpha^2 \quad \Rightarrow \quad E_{\nu_\alpha} = \frac{m_\alpha^2 - m_e^2}{2m_e}$$

$$\Rightarrow \quad \alpha = \mu: E_{\nu_\mu} = 10.92 \text{ GeV}, \quad \alpha = \tau: E_{\nu_\tau} = 3.09 \text{ TeV}.$$

由于太阳中微子不能转化成如此高能量的中微子,所以,题目中所列举的反应不可能发生.

3. 相互作用速率为

$$R = \sigma_N N_A (\text{mol}^{-1})/\text{g} dA \phi_\nu,$$

式中 σ_N 是每核子的截面,$N_A = 6.022 \times 10^{23} \text{ mol}^{-1}$ 是阿伏伽德罗常数,d 是靶的面密度,A 是靶的面积,ϕ_ν 是太阳中微子通量.代入数据 $d \approx 15 \text{ g} \cdot \text{cm}^{-2}$,$A = 180 \times 30 \text{ cm}^2$,$\phi_\nu \approx 7 \cdot 10^{23} \text{ cm}^{-2} \cdot \text{s}^{-1}$,以及 $\sigma_N = 10^{-45} \text{ cm}^2$,可得 $R = 3.41 \times 10^{-6} \text{ s}^{-1} = 107 \text{ a}^{-1}$.太阳中微子的典型能量是 100 keV,50 keV 传递给电子.结果,传递给电子的年度总能量为

$$\Delta E = 107 \cdot 50 \text{ keV} = 5.35 \text{ MeV} = 0.86 \cdot 10^{-12} \text{ J}.$$

人体质量目前应用的数字是 81 kg.因此,相应的年剂量当量

$$H_\nu = \frac{\Delta E}{m} w_R = 1.06 \cdot 10^{-14} \text{ Sv},$$

实际上与设定的人体质量无关。太阳中微子对于正常的天然剂量率的贡献可以忽略，因为

$$H = \frac{H_\nu}{H_0} = 5.3 \cdot 10^{-12}.$$

4. 由四动量守恒，可得

$$q_\pi^2 = (q_\mu + q_\nu)^2 = m_\pi^2. \tag{18.22}$$

在 π 的静止系中，μ 子和中微子运动方向相反：$\boldsymbol{p}_\mu = -\boldsymbol{p}_{\nu_\mu}$，故有

$$\begin{pmatrix} E_\mu + E_\nu \\ \boldsymbol{p}_\mu + \boldsymbol{p}_{\nu_\mu} \end{pmatrix}^2 = (E_\mu + E_\nu)^2 = m_\pi^2. \tag{18.23}$$

本题中忽略中微子可能的非零质量，可得

$$E_\nu = p_{\nu_\mu},$$

从而有

$$E_\mu + p_\mu = m_\pi.$$

将该式改写并两边求平方，给出

$$E_\mu^2 + m_\pi^2 - 2E_\mu m_\pi = p_\mu^2,$$
$$2E_\mu m_\pi = m_\pi^2 + m_\mu^2,$$
$$E_\mu = \frac{m_\pi^2 + m_\mu^2}{2m_\pi}. \tag{18.24}$$

代入 $m_\mu = 105.658\,369$ MeV 及 $m_{\pi^\pm} = 139.570\,18$ MeV，可得

$$E_\mu^{\text{kin}} = E_\mu - m_\mu = 4.09 \text{ MeV}.$$

对于 K 介子的两体衰变 $K^+ \to \mu^+ + \nu_\mu$，由式 (18.24) 给出

$$E_\mu^{\text{kin}} = E_\mu - m_\mu = 152.49 \text{ MeV}$$

($m_{K^\pm} = 493.677$ MeV).

由此得出 π 衰变中的中微子能量

$$E_\nu = m_\pi - E_\mu = 29.82 \text{ MeV}$$

和 K 衰变中的中微子能量

$$E_\nu = m_K - E_\mu = 235.53 \text{ MeV}.$$

5. 超新星在同一时刻发射的、速度为 v_1 和 v_2 的两个中微子的到达时间差的期望值 Δt 为

$$\Delta t = \frac{r}{v_1} - \frac{r}{v_2} = \frac{r}{c}\left(\frac{1}{\beta_1} - \frac{1}{\beta_2}\right) = \frac{r}{c}\frac{\beta_2 - \beta_1}{\beta_1 \beta_2}. \tag{18.25}$$

如果记录到的电子中微子的静止质量为 m_0，则其能量应为

$$E = mc^2 = \gamma m_0 c^2 = \frac{m_0 c^2}{\sqrt{1-\beta^2}}, \tag{18.26}$$

故其速度为

$$\beta = \left(1 - \frac{m_0^2 c^4}{E^2}\right)^{1/2} \approx 1 - \frac{1}{2}\frac{m_0^2 c^4}{E^2}, \quad (18.27)$$

因为我们可以很安全地假设 $m_0 c^2 \ll E$. 这表示，中微子的速度非常接近于光速. 显然，到达时间差 Δt 依赖于两个中微子的速度差. 利用式(18.25)和式(18.27)，可得

$$\Delta t \approx \frac{r}{c} \frac{\frac{1}{2}\frac{m_0^2 c^4}{E_1^2} - \frac{1}{2}\frac{m_0^2 c^4}{E_2^2}}{\beta_1 \beta_2} \approx \frac{1}{2} m_0^2 c^4 \frac{r}{c} \frac{E_2^2 - E_1^2}{E_1^2 E_2^2}. \quad (18.28)$$

知道了实验测定的到达时间差和每个中微子的能量，原则上能够求出电子中微子的静质量：

$$m_0 = \left(\frac{2\Delta t}{rc^3} \frac{E_1^2 E_2^2}{E_2^2 - E_1^2}\right)^{1/2}. \quad (18.29)$$

6. 高能中微子相互作用截面利用加速器实验测得的值为

$$\sigma(\nu_\mu N) = 6.7 \cdot 10^{-39} E_\nu (\text{GeV}) \text{cm}^2/\text{核子}. \quad (18.30)$$

对于 100 TeV 的中微子，作用截面将是 $6.7 \cdot 10^{-34}$ cm^2/核子. 对于厚度为 1 km 的靶，每个中微子发生相互作用的概率 W 为

$$W = N_A(\text{mol}^{-1})/\text{g}\sigma d\rho = 4 \cdot 10^{-5} \quad (18.31)$$

($d = 1$ km $= 10^5$ cm, $\rho(\text{冰}) \approx 1$ g/cm^3).

总相互作用率 R 由累积中微子通量 Φ_ν、相互作用概率 W、有效收集面积 $A_{\text{eff}} = 1$ km^2 以及测量时间 t 求得. 计算得到的事例率为

$$R = \Phi_\nu W A_{\text{eff}}, \quad (18.32)$$

相应于每年 250 个事例. 如果靶体积 1 km^3 被分成若干个子体积，其有效收集面积甚至可以比 1 km^2 更大.

第 11 章

1. 能量损失可以用下式作为好的近似：

$$\frac{dE}{dx} = a + bE,$$

其中 a 表示电离损失，b 表示对产生、轫致辐射和光核作用导致的损失. 对于 1 TeV 的 μ 子，可有[5]

$$a \approx 2.5 \text{ MeV}/(\text{g} \cdot \text{cm}^{-2}),$$
$$b \approx 7.5 \cdot 10^{-6} (\text{g/cm}^2)^{-1}.$$

对于 3 cm 的铁 ($\rho \cdot x = 2280$ g/cm^2)，可得平均能量损失为

$$\Delta E = 3 \text{ m} \frac{dE}{dx} = 22.8 \text{ GeV}.$$

由于能量损失存在涨落，原本单能的 μ 子束经过 3 m 厚的铁后动量分布呈现辐射尾巴，如图 18.5 所示[5].

2. δ射线的产生概率可以按照式(1.25)及其相关文献的思路加以确定. 对于氩($Z=18, A=36, \rho=1.782 \cdot 10^{-3}$ g/cm³), 柱密度为
$$d = 0.534\ 6\ \text{g/cm}^3.$$

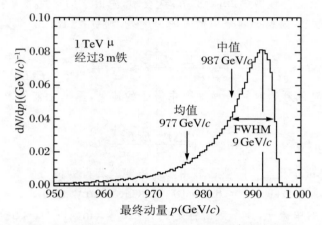

图 18.5　1 TeV/c **μ** 子经过 3 m 铁后的动量分布[6]

弯转半径 5~20 cm 对应的动量由下式确定:
$$p(\text{GeV}/c) = 0.3B(\text{T}) \cdot R(\text{m}),$$
其值为 30~120 MeV/c. 高动量 μ 子的 δ 电子微分能量谱可近似地表示为
$$\phi(\varepsilon)\text{d}\varepsilon = 2Cm_e c^2 \frac{\text{d}\varepsilon}{\varepsilon^2},$$
式中 ε 是 δ 电子的能量, m_e 是电子的静质量[7-8]. 利用 $C = 0.150 Z/A$ g$^{-1} \cdot$ cm², 可求得
$$P = \int_{30\text{ MeV}}^{120\text{ MeV}} \phi(\varepsilon)\text{d}\varepsilon = 0.150 \cdot \frac{Z}{A}\left(\frac{1}{30} - \frac{1}{120}\right) \text{cm}^2/\text{g}$$
$$= 1.875 \cdot 10^{-3}\ \text{cm}^2/\text{g},$$
故对每条径迹, 有 $P \cdot d = 10^{-3} = 0.1\%$. 对于每次束流对撞产生 100 条径迹, 有 10% 的概率某一个粒子会产生一个弯转半径在 5~20 cm 范围的 δ 电子.

3. (a) 对于 $n = 1/2$,
$$\Theta_\rho = \Theta_\varphi \Rightarrow \Theta = \pi\sqrt{2} = 255.6°,$$
$$B(\rho) = B(\rho_0)\left(\frac{\rho_0}{\rho}\right)^{1/2}.$$

(b)
$$\frac{\text{d}E}{\text{d}x}(10\ \text{keV}) = 27\ \frac{\text{keV}}{\text{cm}} \cdot \pi\sqrt{2} \cdot \rho_0 \cdot \frac{p}{p_{\text{atm}}}$$
$$= 27 \cdot 10^3 \cdot \pi\sqrt{2} \cdot 50 \cdot \frac{10^{-3}}{760}\ \text{eV} = 7.9\ \text{eV},$$

它对应于发生一次,甚至是零次电离过程.

4.
$$B_y \cdot l \propto x, \quad B_x \cdot l \propto y;$$
$$l = 常数 \Rightarrow B_y = g \cdot x, B_x = g \cdot y.$$

由此求得磁势能
$$V = -g \cdot x \cdot y,$$

其中
$$g = \frac{\partial B_y}{\partial x} = \frac{\partial B_x}{\partial y},$$

g 称为四极梯度;
$$-\operatorname{grad} V = -\left(\frac{\partial V}{\partial x}\boldsymbol{e}_x + \frac{\partial V}{\partial y}\boldsymbol{e}_y\right) = \underbrace{g \cdot y}_{B_x}\boldsymbol{e}_x + \underbrace{g \cdot x}_{B_y}\boldsymbol{e}_y.$$

由于轭铁表面上的电位必定相同,故有
$$V = V_0 = -g \cdot x \cdot y \Rightarrow x \propto \frac{1}{y},$$

这表示轭铁表面必须为抛物面.

第 12 章

1.
$$\tau(T^*) = \frac{1}{12}\tau(T), \quad \tau_0 \mathrm{e}^{E_a/(kT^*)} = \frac{1}{12}\tau_0 \mathrm{e}^{E_a/(kT)}.$$

求解 $kT^*/(kT)$:
$$\frac{kT^*}{kT} = \frac{1}{1 - \frac{kT}{E_a}\ln 12} = 1.18.$$

因此,环境温度需要增加 18%.

2.
$$\frac{\Delta U^{-*}}{\Delta U^-} = \frac{-\dfrac{Ne}{C\ln[r_a/(1.1r_i)]}\ln[r_0/(1.1r_i)]}{-\dfrac{Ne}{C\ln(r_a/r_i)}\ln(r_0/r_i)} = \frac{1 - \dfrac{\ln 1.1}{\ln(r_0/r_i)}}{1 - \dfrac{\ln 1.1}{\ln(r_a/r_i)}} \approx 0.88.$$

因此,增益减少了 12%.

第 13 章

1. 假设泊松统计适用,则有
$$效率 = 50\% \Rightarrow \mathrm{e}^{-m} = 0.5 \Rightarrow m = 0.6931,$$
$$N = \frac{m}{\eta_{\mathrm{PM}} \cdot \eta_{\mathrm{Geom}} \cdot \eta_{传输}} = 43.32;$$

$$\frac{dN}{dx} = 490\sin^2\theta_C \text{ cm}^{-1} \cdot 150 \text{ cm} = 43.32,$$

$$\sin^2\theta_C = 5.89 \cdot 10^{-4},$$

$$\theta_C = 1.39°;$$

$$\cos\theta_C = \frac{1}{n\beta} \Rightarrow \beta = \frac{1}{n\cos\theta_C}.$$

在 3 atm 下 CO_2 的折射率为

$$n = 1.00123 \Rightarrow \beta = 0.99907$$
$$\Rightarrow \gamma = 23.14$$
$$\Rightarrow E_\pi = 3.23 \text{ GeV}.$$

2. 对于不同的两光子组合,可以求出相应的不变质量:

$$m^2 = (q_{\gamma_i} + q_{\gamma_j})^2 = 2 \cdot E_{\gamma_i} \cdot E_{\gamma_j}(1 - \cos\theta).$$

代入两光子的夹角数据,可以看到 $m(\gamma_1,\gamma_2) = 135$ MeV 以及 $m(\gamma_3,\gamma_4) = 548$ MeV,这样的光子组合是由一个 π^0 和一个 η 粒子产生的.

3.

$$\Delta t = \frac{L \cdot c}{2 \cdot p^2}(m_2^2 - m_1^2) = \frac{L \cdot c}{2 \cdot p^2}(m_2 - m_1)(m_2 + m_1).$$

如果 $m_1 \approx m_2$,则有

$$\Delta t = \frac{L \cdot c}{2 \cdot p^2} \cdot 2m \cdot \Delta m.$$

因为

$$p^2 = \gamma^2 \cdot m^2 \cdot \beta^2 \cdot c^2,$$

故可得

$$\Delta t = \frac{L \cdot c}{\gamma^2 \cdot \beta^2 \cdot c^2} \cdot \frac{\Delta m}{m},$$

即有

$$\frac{\Delta m}{m} = \gamma^2 \cdot \frac{\beta^2 \cdot c^2}{L \cdot c} \cdot \Delta t.$$

对于 $\beta \approx 1$,有

$$\frac{\Delta m}{m} = \gamma^2 \cdot \frac{c}{L} \cdot \Delta t = \gamma^2 \cdot \frac{\Delta t}{t}. \qquad (18.33)$$

对于动量为 1 GeV/c 的 μ/π,其飞行时间差为

$$\Delta t = \frac{L}{c} \cdot \left(\frac{1}{\beta_1} - \frac{1}{\beta_2}\right).$$

由 $\gamma\beta mc^2 = 1$ GeV,可求得 $\gamma_\mu \cdot \beta_\mu = 9.46$,$\gamma_\pi \cdot \beta_\pi = 7.16$,它们对应于 $\beta_\mu = 0.989$,$\gamma_\mu = 9.57$,以及 $\beta_\pi = 0.981$,$\gamma_\pi = 7.30$. 利用这些数值,算得的飞行时间差为 $\Delta t = 27.5$ ps. π 和 μ 的绝对飞行时间相差并不大(这是一个问题!),即 $t_\mu = 3.37$ ns 以及 $t_\pi = 3.40$ ns,由此可得

$$\frac{\Delta t}{t} \approx 8.12 \cdot 10^{-3}.$$

但是,这一良好的时间分辨率在式(18.33)中被因子 γ^2 所损害,使得质量分辨率变差.

4. 量 E_{CM}^2 等于运动学不变量 $s = (p_+ + p_-)^2$,其中 p_+ 和 p_- 分别是正电子和电子的四动量. 该值可表示为

$$s = (p_+ + p_-)^2 = 2m_e^2 + 2(E_+ E_- - p_+ p_-).$$

忽略电子质量和正、负电子束之间的 22 mrad 的夹角,可得

$$E_{CM} = 2\sqrt{E_+ E_-} = 10.58 \text{ GeV}.$$

如果计算中考虑到正、负电子束之间的 22 mrad 的夹角,质心系能量只减少了 200 keV.

5. 因为粒子在每一圈中穿过高频腔时能量损失得到恢复,我们首先计算发射一个韧致辐射光子带走高于 1% 粒子能量的概率. 在一阶近似下,沿着路径 ΔX 发射能量间隔 $[\varepsilon, \varepsilon + d\varepsilon]$ 内的光子数目为(参见 Rossi 的书[7])

$$dn = \frac{\Delta X}{X_0} \frac{d\varepsilon}{\varepsilon}.$$

将上式从 ε_0 到束流能量 E_0 作积分,可给出想求的概率:

$$w_1 = \frac{\Delta X}{X_0} \ln \frac{E_0}{\varepsilon_0}.$$

剩余气体的密度(假定是空气,在 100 kPa 情形下的密度为 $1.3 \cdot 10^{-3}$ g/cm³)是 $1.3 \cdot 10^{-15}$ g/cm³,由此得 $w_1 \approx 0.5 \cdot 10^{-10}$,这意味着经过 $1/w_1 \approx 2 \cdot 10^{10}$ 圈之后,平均发生一次能量传递高于束流能量 1% 的韧致辐射过程. 这相应于束流寿命 $t_b \approx 2 \cdot 10^5$ s. 在实际的强对撞束实验中,束流寿命要短得多,并且主要由其他效应所决定,如束-束相互作用、Touschek 效应①、电子与剩余气体的核作用、与室温下的环境黑体光子的相互作用等.

6. 该过程的微分截面可表示为(例如参见[5](2006),325 页)

$$\frac{d\sigma}{d\Omega} = \frac{\alpha^2}{4s}(1 + \cos^2\theta).$$

将微分截面在探测立体角范围内求积分,并利用 $\hbar c = 0.197\ 3$ GeV·fm 将截面公式的"自然单位"转化为数值,可求得

$$\sigma_{det} = \frac{\pi\alpha^2}{s}\left(z_0 + \frac{z_0^3}{3}\right) = \frac{65.1 \text{ nb}}{s(\text{GeV}^2)}\left(z_0 + \frac{z_0^3}{3}\right) = \frac{70.5 \text{ nb}}{s(\text{GeV}^2)},$$

式中 $z_0 = \cos\theta_0$. 于是我们得到 $E_{CM} = 10.58$ GeV 处的截面 $\sigma_{det} = 0.63$ nb,相应于 μ 子事例率 6.3 Hz.

---

① Touschek 效应是一种在正、负电子储存环中观察到的效应,由于这一效应,在低能区相向运动的电子束团中,粒子的最大浓度受限于 Møller 散射[9] 导致的电子损失.

第 14 章

1. 当一系统的总分辨率由多个高斯分布的卷积所决定时,它等于各个单项分辨率的平方和开方:

$$\Delta t = \sqrt{\Delta t_1^2 + \Delta t_2^2} = \sqrt{100^2 + 50^2}\ \mathrm{ps} = 112\ \mathrm{ps}.$$

2. (1)

$$Q_\mathrm{n} = \sqrt{Q_\mathrm{ni}^2 + Q_\mathrm{nv}^2} = \sqrt{120^2 + 160^2}\ \mathrm{eV} = 200\ \mathrm{eV}.$$

(2)

$$Q_\mathrm{n} = \sqrt{Q_\mathrm{ni}^2 + Q_\mathrm{nv}^2} = \sqrt{10^2 + 160^2}\ \mathrm{eV} = 160\ \mathrm{eV}.$$

冷却之后,电流噪声的贡献不可识别.

3. (1) 两个高斯峰可以在分辨率 $\sigma_E = \Delta E/3$ 的情形下恰当地区分开,所以,由于两个峰的间隔为 $\Delta E = (72.87 - 70.83)\ \mathrm{keV} = 2.04\ \mathrm{keV}$,所需要的分辨率是 $\sigma_E = 0.68\ \mathrm{keV}$,或者 $FWHM = 1.6\ \mathrm{keV}$.注意,在电子学噪声起主导作用的系统中,注明绝对分辨率比相对分辨率更有用,因为谱线宽度与能量基本无关.

(2) 由于总分辨率等于各单项分辨率的平方和开根,$\sigma_E^2 = \sigma_\mathrm{det}^2 + \sigma_\mathrm{n}^2$,故容许的电子学噪声为 $\sigma_\mathrm{n} = 660\ \mathrm{eV}$.

4. (1) 噪声电流源是探测器偏置电流(贡献 $i_\mathrm{nd}^2 = 2eI_\mathrm{d}$)以及偏置电阻(贡献 $i_\mathrm{nd}^2 = 4kT/R_\mathrm{b}$).噪声电压源是串联电阻和放大器,其贡献分别是 $e_\mathrm{nR}^2 = 4kTR_\mathrm{s}$ 和 $e_\mathrm{na}^2 = 10^{-18}\ \mathrm{V}^2/\mathrm{Hz}$.CR-RC 成形器的成形因子是 $F_\mathrm{i} = F_\mathrm{v} = 0.924$.由此导致一个等效的噪声电荷:

$$Q_\mathrm{n}^2 = i_\mathrm{n}^2 T_\mathrm{s} F_\mathrm{i} + C_\mathrm{d}^2 e_\mathrm{n}^2 \frac{F_\mathrm{v}}{T_\mathrm{s}},$$

$$Q_\mathrm{n}^2 = \left(2eI_\mathrm{d} + \frac{4kT}{R_\mathrm{b}}\right) \cdot T_\mathrm{s} \cdot F_\mathrm{i} + C_\mathrm{d}^2 \cdot (4kTR_\mathrm{s} + e_\mathrm{na}^2) \cdot \frac{F_\mathrm{v}}{T_\mathrm{s}},$$

$$Q_\mathrm{n}^2 = (3.2 \cdot 10^{-26} + 1.66 \cdot 10^{-27}) \cdot 10^{-6} \cdot 0.924 C^2$$
$$+ 10^{-20} \cdot (1.66 \cdot 10^{-19} + 10^{-18}) \cdot \frac{0.924}{10^{-6}} C^2. \qquad (18.34)$$

探测器偏置电流贡献 $1\,075e$,偏置电流贡献 $245e$,串联电阻贡献 $246e$,放大器贡献 $601e$,平方相加后开方得到总噪声为 $Q_\mathrm{n} = 1\,280e$,或方均根值 $4.6\ \mathrm{keV}$ ($FWHM = 10.8\ \mathrm{keV}$).

(2) 如(1)中的算法,电流噪声的贡献是

$$Q_\mathrm{ni} = \sqrt{1\,075^2 + 245^2}\, e = 1\,103e,$$

而电压噪声的贡献是

$$Q_\mathrm{nv} = \sqrt{246^2 + 601^2}\, e = 649e.$$

当电流噪声和电压噪声的贡献相等时,噪声达到极小.由式(14.18)可知,这一条件

给出最优成形时间

$$T_{s,\text{opt}} = C_i \frac{e_n}{i_n} \sqrt{\frac{F_v}{F_i}}.$$

由此求得 $T_{s,\text{opt}} = 589$ ns 以及 $Q_{n,\min} = 1\,196e$.

(3) 在无偏置电阻的情形下,噪声是 $1\,181e$. 总电阻增加 1% 时,其噪声可能是 $1\,181e$ 的 2%,即 $24e$,所以 $R_b > 34$ MΩ.

5.(1) 由式(14.26)给出定时晃动

$$\sigma_t = \frac{\sigma_n}{(dV/dt)_{V_T}}.$$

噪声水平是 $\sigma_n = 10$ μV,变化率为

$$\frac{dV}{dt} \approx \frac{\Delta V}{t_r} = \frac{10 \cdot 10^{-3}}{10 \cdot 10^{-9}} \frac{V}{s} = 10^6 \text{ V/s},$$

求得定时晃动

$$\sigma_t = \frac{10 \cdot 10^{-6}}{10^6} \text{ s} = 10 \text{ ps}.$$

(2) 对于 10 mV 的信号,阈值 5 mV 位于上升时间的 50% 的位置,所以比较器在 $(5+1)$ ns 处触发;而对于 50 mV 的信号,阈值位于上升时间的 10% 的位置,所以比较器在 $(1+1)$ ns 处触发. 时间位移是 4 ns. 注意到时间 t_0 下降了,所以可以忽略不计.

第 15 章

1.

$$N_{\text{acc}} = \varepsilon_e N_e + \varepsilon_\pi N_\pi = \varepsilon_e N_e + \varepsilon_\pi (N_{\text{tot}} - N_e).$$

求解 N_e 得到

$$N_e = \frac{N_{\text{acc}} - \varepsilon_\pi N_{\text{tot}}}{\varepsilon_e - \varepsilon_\pi}.$$

在 $\varepsilon_e = \varepsilon_\pi$ 的情形下无法确定 N_e.

2.

$$E(t) = \frac{1}{\tau} \int_0^\infty t e^{-t/\tau} dt = \tau,$$

$$\sigma^2(t) = \frac{1}{\tau} \int_0^\infty (t-\tau)^2 e^{-t/\tau} dt$$

$$= \frac{1}{\tau}\left(\int_0^\infty t^2 e^{-t/\tau} dt - \int_0^\infty 2t\tau e^{-t/\tau} dt + \tau^2 \int_0^\infty e^{-t/\tau} dt\right)$$

$$= \frac{1}{\tau}(2\tau^3 - 2\tau^3 + \tau^3) = \tau^2.$$

3. 源事例率为

$$n_\nu = \frac{N_1}{t_1} - \frac{N_2}{t_2} = (n_\nu + n_\mu) - n_\mu.$$

利用误差传播公式计算标准偏差

$$\sigma_{n_\nu} = \left[\left(\frac{\sigma_{N_1}}{t_1}\right)^2 + \left(\frac{\sigma_{N_2}}{t_2}\right)^2\right]^{1/2} = \left(\frac{N_1}{t_1^2} + \frac{N_2}{t_2^2}\right)^{1/2}$$

$$= \left(\frac{n_\nu + n_\mu}{t_1} + \frac{n_\mu}{t_2}\right)^{1/2}.$$

$t_1 + t_2 = T$ 是固定值. 因此, $dT = dt_1 + dt_2 = 0$. 将 σ_{n_ν} 求平方, 然后对测量时间求微分, 得到

$$2\sigma_{n_\nu} d\sigma_{n_\nu} = -\frac{n_\nu + n_\mu}{t_1^2}dt_1 - \frac{n_\mu}{t_2^2}dt_2.$$

设定

$$d\sigma_{n_\nu} = 0,$$

给出最优条件(即 $dt_1 = -dt_2$), 故得

$$\frac{n_\nu + n_\mu}{t_1^2}dt_2 - \frac{n_\mu}{t_2^2}dt_2 = 0 \Rightarrow \frac{t_1}{t_2} = \sqrt{\frac{n_\nu + n_\mu}{n_\mu}} = \sqrt{\frac{n_\nu}{n_\mu} + 1} = 2.$$

4. $y = mE$, m 是斜率. 用 $y + Am = 0$ (C_y 为误差矩阵)进行直线拟合[10]:

$$A = -(0 \quad 1 \quad 2 \quad \cdots \quad 5)^T,$$

$$C_y = \begin{bmatrix} 0.3^2 & & 0 \\ & \ddots & \\ 0 & & 0.3^2 \end{bmatrix} = 0.09I,$$

$$m = -(A^T A)^{-1} A^T y$$

$$= \left[(0 \quad 1 \quad 2 \quad 3 \quad 4 \quad 5)\begin{pmatrix}0\\1\\2\\3\\4\\5\end{pmatrix}\right]^{-1} (0 \quad 1 \quad 2 \quad 3 \quad 4 \quad 5)\begin{pmatrix}0\\0.8\\1.6\\2.5\\2.8\\4.0\end{pmatrix}$$

$$= \frac{1}{55} \cdot 42.7 \approx 0.776\,4,$$

$$(\Delta m)^2 = (A^T C_y^{-1} A)^{-1}$$

$$= \left[(0 \quad 1 \quad 2 \quad 3 \quad 4 \quad 5)0.09^{-1}\begin{pmatrix}0\\1\\2\\3\\4\\5\end{pmatrix}\right]^{-1}$$

$$= 0.09 \cdot \frac{1}{55} \approx 0.001\,64,$$

最后得到 $m = 0.776\ 4 \pm 0.040\ 5$.

对偏差作了修正后的数据点及其最优拟合示于图 18.6.

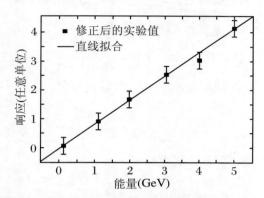

图 18.6 对偏差作了修正后的刻度数据及最优拟合刻度函数

第 16 章

1. 频率为 ν 的激光功率为 $P = 10$ mW；光子数率为 $n = P/(h\nu)$，h 是普朗克常数；光子的动量由德布罗意关系式求得：$p = h/\lambda = h\nu/c$；反射后动量的变化为 $2p = 2h\nu/c$；探测器受到的力有两个成分：(a) 反射光子 $F_1 = n \cdot 2p \cdot \varepsilon = (P/h\nu) \cdot 2(h\nu/c)\varepsilon = 2(P/c)\varepsilon$；(b) 吸收光子 $F_2 = (P/h\nu)(h\nu/c)(1-\varepsilon) = (P/c)(1-\varepsilon)$，$F = F_1 + F_2 = P/c \cdot (\varepsilon + 1) = 5 \cdot 10^{-11}$ N.

2. ^{238}U 核的数目为 $N = N_0 \cdot e^{-\lambda t}$，$\lambda = \ln 2/T_{1/2}$；铅核的数目为 $N_0(1 - e^{-\lambda t})$. $r = N_0(1 - e^{-\lambda t})/(N_0 e^{-\lambda t}) = e^{\lambda t} - 1 = 0.06$，因此得 $t = 3.8 \cdot 10^8$ a.

3. 太阳辐射的总功率为 $P = 4\pi R^2 \sigma T_S^4$，其中 σ 是波尔兹曼常数，T_S 是太阳表面温度(约 6 000 K)，R 是太阳半径. 卫星的吸收功率为

$$P_1 = \frac{4\pi R^2 \sigma T_S^4}{4\pi D^2} \cdot \pi r^2 \varepsilon = \frac{R^2}{D^2} \sigma T_S^4 \pi r^2 \varepsilon,$$

式中 D 是太阳和卫星间的距离，r 是卫星的半径，ε 是吸收系数. 由于辐射系数与吸收系数相等，故得卫星的发射功率为

$$P_2 = 4\pi r^2 \sigma T^4 \cdot \varepsilon.$$

在平衡状态下，有 $P_1 = P_2$，故

$$\frac{R^2}{D^2} \sigma T_S^4 \pi r^2 \cdot \varepsilon = 4\pi r^2 \sigma T^4 \cdot \varepsilon,$$

由此可得

$$T = T_S \cdot \left(\frac{R^2}{4D^2}\right)^{1/4};$$

代入 $R \approx 700\ 000$ km 以及 $D \approx 150\ 000\ 000$ km，最后得出卫星的温度 $T = 290$ K.

4.
$$E_{\text{Li}} + E_\alpha = 2.8 \text{ MeV}, E = \frac{p^2}{2m} \Rightarrow \sqrt{2m_{\text{Li}}E_{\text{Li}}} = \sqrt{2m_\alpha E_\alpha}.$$

由于锂核和 α 粒子的飞行方向相反,故有

$$E_\alpha = \frac{m_{\text{Li}}}{m_\alpha} \cdot (Q - E_\alpha) \Rightarrow E_\alpha = \frac{m_{\text{Li}}}{m_{\text{Li}} + m_\alpha} \cdot Q = 1.78 \text{ MeV}.$$

5. 巴巴散射截面为 $d\sigma/d\Omega \propto 1/\sin^4(\theta/2) \propto 1/\theta^4$. 其事例率由接收区的下界决定:

$$\sigma_{\text{Bhabha}}(\theta_0) = \int_{\theta_0} (d\sigma/d\Omega) 2\pi d\theta \propto 1/\theta_0^3.$$

要求 $\sigma(e^+ e^- \to Z)$ 的精度提高 1 倍意味着

$$\sigma_{\text{Bhabha}}(\theta_{\text{new}}) = 4 \cdot \sigma_{\text{Bhabha}}(\theta_0), \quad 1/\theta_{\text{new}}^3 = 4 \cdot 1/\theta_0^3.$$

由此可得

$$\theta_{\text{new}} = \theta_0 \cdot \sqrt[3]{1/4} = 0.63\theta_0 \approx 19 \text{ mrad}.$$

6. 一个 100 GeV 的 γ 光子在高度 $d \approx 20$ km 处引发的簇射约产生 100 个高能次级粒子,它们在约 $20X_0$ (= 6 000 m)距离内辐射出切伦科夫光子. 空气中的光子产额约为 20 光子/m,从而切伦科夫光子总数为

$$N_\gamma \leqslant 100 \cdot 20 \cdot 6\ 000 = 1.2 \cdot 10^7.$$

这些光子将散布于海平面的一个圆面积:

$$A = \pi \cdot (d \cdot \tan\theta)^2,$$

其中 θ 是相对论性电子在 20 km 高空空气中的切伦科夫角(约 1.2°):

$$A = 550\ 000 \text{ m}^2.$$

利用空气中的吸收系数 $\varepsilon \approx 30\%$,可得 100 GeV γ 光子在海平面产生的每平方米光子数:

$$n = N_\gamma/A \cdot (1 - \varepsilon) \leqslant 15/\text{m}^2.$$

参考文献

[1] Fenyves E, Haimann O. The Physical Principles of Nuclear Radiation Measurements [M]. Budapest: Akadémiai Kiadó, 1969.

[2] Hertz G. Lehrbuch der Kernphysik [M]. Leipzig: Bd.1, Teubner, 1966.

[3] Grupen C. Grundkurs Strahlenschutz [M]. Berlin: Springer, 2003.

[4] Mandò M. Non-focused Cherenkov Effect Counters [J]. Nuovo Cim., 1954 (12): 5-27. Jelley J V. Cherenkov Radiation and Its Applications [M]. London: Pergamon Press, 1958.

[5] Particle Data Group. Review of Particle Physics [J/OL]. Phys Lett., 2004, 1/2/3/4 (B592): 1-1109. Yao W M, et al. J. Phys., 2006 (G33): 1-1232. http://pdg.lbl.gov.

[6] Groom D E, Mokhov N V, Striganov S I. Muon Stopping Power and Range Tables

10-MeV to 100-TeV [J]. Atom. Data Nucl. Data Tabl., 2001 (78): 183-356. van Ginneken A. Energy Loss and Angular Characteristics of High-Energy Electromagnetic Processes [J]. Nucl. Instr. Meth., 1986 (A251): 21-39.

[7] Rossi B. High Energy Particles [M]. Englewood Cliffs: Prentice-Hall, 1952.

[8] Grupen C. Electromagnetic Interactions of High Energy Cosmic Ray Muons [J]. Fortschr. der Physik, 1976 (23): 127-209.

[9] Bernardini C, Touschek B, et al. Lifetime and Beam Size in a Storage Ring [J]. Phys. Rev. Lett, 1963 (10): 407-409.

[10] Brandt S. Datenanalyse, 4. Auflage [M]. Heidel-berg/Berlin: Spektrum Akademischer Verlag, 1999. Data Analysis: Statistical and Computational Methods for Scientists and Engineers [M]. 3rd ed. New York: Springer, 1998.

附录1 基本物理常数表

引自《粒子数据手册》；Phys. Lett.，2004(B592)：1-1109；J. Phys.，2006(G33)：1-1232；Mohr P J，Taylor B N，CODATA 推荐的基本常数表：2002，Rev. Mod. Phys.，2005(77)：1-107；Taylor B N，Cohen E R，J. Res. Nat. Inst. Standards and Technology，1990(95)：497-523；Weast R C，Astle M J，Handbook of Chemistry and Physics，Boca Raton：CRC Press，1973.

光速①	c	299 792 458 m/s
普朗克常量	h	$6.626\,069\,3 \cdot 10^{-34}$ J·s $\pm 0.000\,001\,1 \cdot 10^{-34}$ J·s
约化普朗克常量	$\hbar = \dfrac{h}{2\pi}$	$1.054\,571\,68 \cdot 10^{-34}$ J·s $\pm 0.000\,000\,18 \cdot 10^{-34}$ J·s $= 6.582\,119\,15 \cdot 10^{-22}$ MeV·s $\pm 0.000\,000\,56 \cdot 10^{-22}$ MeV·s
电子电荷	e	$1.602\,176\,53 \cdot 10^{-19}$ C $\pm 0.000\,000\,14 \cdot 10^{-19}$ C $= 4.803\,204\,41 \cdot 10^{-10}$ esu $\pm 0.000\,000\,41 \cdot 10^{-10}$ esu
万有引力常量	G	$6.674\,2 \cdot 10^{-11}$ m³/(kg s²) $\pm 0.001\,0 \cdot 10^{-11}$ m³/(kg s²)
阿伏伽德罗常量	N_A	$6.022\,141\,5 \cdot 10^{23}$ mol^{-1} $\pm 0.000\,001\,0 \cdot 10^{23}$ mol^{-1}
波尔兹曼常量	k	$1.380\,650\,5 \cdot 10^{-23}$ J/K $\pm 0.000\,002\,4 \cdot 10^{-23}$ J/K

---

① 光速值形成长度单位定义的基础，1 m 现在定义为光在 1/299 792 458 s 内飞过的距离. 所注明的光速值是严格的，没有误差.

续表

名称	符号	值
摩尔气体常量	$R(=kN_A)$	8.314 473 J/(K·mol) ±0.000 014 J/(K·mol)
摩尔体积(理想气体、STP①)	V_{mol}	22.413 996·10^{-3} m³/mol ±0.000 039·10^{-3} m³/mol
真空介电常量②	$\varepsilon_0 = 1/(\mu_0 c^2)$	8.854 187 817····10^{-12} F/m
真空介电常量	μ_0	$4\pi \cdot 10^{-7}$ N/A² = 12.566 370 614...·10^{-7} N/A²
斯忒藩-波尔兹曼常量	$\sigma = \dfrac{\pi^2 k^4}{60\hbar^3 c^2}$	5.670 400·10^{-8} W/(m²·K⁴) ±0.000 040·10^{-8} W/(m²·K⁴)
电子质量	m_e	0.510 998 918 MeV/c^2 ±0.000 000 044 MeV/c^2 = 9.109 382 6·10^{-31} kg ±0.000 001 6·10^{-31} kg
质子质量	m_p	938.272 029 MeV/c^2 ±0.000 080 MeV/c^2 = 1.672 621 71·10^{-27} kg ±0.000 000 29·10^{-27} kg
原子质量单位(u)	$(1\text{ g}/N_A)$	931.494 043 MeV/c^2 ±0.000 080 MeV/c^2 = 1.660 538 86·10^{-27} kg ±0.000 000 28·10^{27} kg
电子荷质比	e/m_e	1.758 820 11·10^{11} C/kg ±0.000 000 20·10^{11} C/kg
精细结构常数③ α	$\alpha^{-1} = \left(\dfrac{e^2}{4\pi\varepsilon_0 \hbar c}\right)^{-1}$	137.035 999 11 ±0.000 000 46
经典电子半径	$r_e = \dfrac{e^2}{4\pi\varepsilon_0 m_e c^2}$	2.817 940 325·10^{-15} m ±0.000 000 028·10^{-15} m
电子康普顿波长	$\dfrac{\lambda_e}{2\pi} = \dfrac{\hbar}{m_e c} = \dfrac{r_e}{\alpha}$	3.861 592 678·10^{-13} m ±0.000 000 026·10^{-13} m
玻尔半径	$r_0 = \dfrac{4\pi\varepsilon_0 \hbar^2}{m_e e^2} = \dfrac{r_e}{\alpha^2}$	0.529 177 210 8·10^{-10} m ±0.000 000 001 8·10^{-10} m

---

① 标准温度和压力(0 ℃ ≙ 273.15 K, 1 atm = 101 325 Pa)。

② 由于光速 c 按其定义无误差,而 μ_0 定义为 $\mu_0 = 4\pi \cdot 10^{-7}$ N/A²,故 ε_0 亦是无误差的精确值。

③ 此时,四动量传递平方为 $q^2 = -m_e^2$。若四动量传递平方写为 $q^2 = -m_W^2$,则 α 值近似等于 1/128,这里 $m_W = 80.40$ GeV/c^2 是 W 玻色子质量。

续表

里德伯能量		$E_{Ry} = m_e c^2 \alpha^2 /2$	13.605 692 3 eV ±0.000 001 2 eV
玻尔磁子		$\mu_B = e\hbar/(2m_e)$	5.788 381 804 · 10^{-11} MeV/T ±0.000 000 039 · 10^{-11} MeV/T
重力加速度(海平面)①		g	9.806 65 m/s^2
地球质量		$M_\oplus$	5.792 3 · 10^{24} kg ±0.000 9 · 10^{24} kg
太阳质量		$M_\odot$	1.988 44 · 10^{30} kg ±0.000 30 · 10^{30} kg

---

① 定义为精确值.事实上,地球上不同地点的重力加速度 g 是不同的.赤道上,$g \approx 9.75$ m/s^2,而在南北极,$g \approx 9.85$ m/s^2.

附录 2　物理单位的定义及转换

物理量	单位名称和符号
放射性活度	1 Bq（贝克[勒尔]）= 1 次衰变/s 1 Ci（居里）= 3.7 · 10^{10} Bq
功,能量 W	1 J（焦[耳]）= 1 W · s = 1 N · m 1 erg（尔格）= 10^{-7} J 1 eV（电子伏）= 1.602 177 · 10^{-19} J 1 cal（卡）= 4.185 5 J kT（300 K 时）= 25.85 MeV = 1/38.68 eV
密度 ρ	1 kg/m^3 = 10^{-3} g/cm^3
压强[①] p	1 Pa（帕[斯卡]）= 1 N/m^2 1 bar = 10^5 Pa 1 atm（大气压）= 1.013 25 · 10^5 Pa 1 Torr（托）(mmHg,毫米汞柱)= 1.333 224 · 10^2 Pa 1 kp/m^2 = 9.806 65 Pa
单位吸收剂量 D	1 Gy（戈[瑞]）= 1 J/kg 1 rad（拉德）= 0.01 Gy
单位剂量当量 H	1 Sv（希[沃特]）= 1 J/kg (H(Sv) = RBE · D(Gy)； RBE = 相对生物效应） 1 rem（雷姆）= 0.01 Sv
单位电离剂量 I	1 I = 1 Ci/kg 1 R（伦琴）= 2.58 · 10^{-4} Ci/kg 　　　　= 8.77 · 10^{-3} Gy（空气中的吸收剂量）

[①] kp 表示千克重；它是地球上 1 kg 对应的重量，即 1 kp = 1 kg · g，这里 g 是重力加速度，g = 9.806 65 m/s^2。

附录2　物理单位的定义及转换

续表

物理量	单位名称和符号
熵 S	1 J/K
电场强度 E	1 V/m
磁场强度 H	1 A/m 1 Oe(奥斯特) = 79.58 A/m
磁感应强度 B	1 T(特[斯拉]) = 1 V·s/m² = 1 Wb/m² 1 G(高斯) = 10^{-4} T
磁通量 Φ_m	1 Wb(韦[伯]) = 1 V·s
电感 L	1 H(亨[利]) = 1 V·s/A = 1 Wb/A
电容 C	1 F(法[拉第]) = 1 C/V
力 F	1 N(牛[顿]) = 10^5 dyn(达因)
长度 l	1 in(英寸) = 0.025 4 m 1 m = 10^{10} Å(埃) 1 fm(飞米) = 10^{-15} m 1 AU(天文单位)① = 149 597 870 km 1 pc(秒差距) = 3.085 65·10^{16} m 　　　　　　= 3.26 ly(光年) 　　　　　　= 1 AU/1 角秒 1 ly(光年) = 0.306 6 pc
功率 P	1 W(瓦) = 1 N·m/s = 1 J/s
质量 m	1 kg = 10^3 g
电位 U	1 V(伏[特])
电流 I	1 A(安[培]) = 1 C/s
电荷 Q	1 C(库[仑]) 1 C = 2.997 924 58·10^9 esu(静电电荷单位)
温度 T	1 K(开[尔文]) ℃(摄氏度);T(℃) = T(K) - 273.15 K
电阻 R	1 Ω(欧[姆]) = 1 V/A
比电阻 ρ	1 Ω·cm
时间 t	1 s
截面 σ	1 b(靶恩) = 10^{-24} cm²

---

① 国际天文联合会1996年规定.

附录3 单质和复合材料的性质

引自粒子数据表;Phys. Lett.,2004(B592):1-1109;J. Phys.,2006(G33):1-1232.

单质的性质[①]

物质	Z	A	核作用长度 (g/cm^2)	$\left.\dfrac{dE}{dx}\right\vert_{min}$ $\left(\dfrac{MeV}{g \cdot cm^{-2}}\right)$	辐射长度 (g/cm^2)	密度 (g/cm^3)	折射率(STP)[②]
氢气	1	1.008	50.8	4.1	61.3	$0.0899 \cdot 10^{-3}$	1.000 139 2
氦气	2	4.003	65.1	1.937	94.3	$0.1786 \cdot 10^{-3}$	1.000 034 9
铍	4	9.012	75.2	1.594	65.19	1.848	
碳	6	12.011	86.3	1.745	42.7	2.265	
氮气	7	14.007	87.8	1.825	37.99	$1.25 \cdot 10^{-3}$	1.000 298
氧气	8	15.999	91.0	1.801	34.24	$1.43 \cdot 10^{-3}$	1.000 296
铝	13	26.981	106.4	1.615	24.01	2.70	
硅	14	28.086	106.0	1.664	21.82	2.33	3.95
氩气	18	39.948	117.2	1.519	19.55	$1.78 \cdot 10^{-3}$	1.000 283
铁	26	55.845	131.9	1.451	13.84	7.87	
铜	29	63.546	134.9	1.403	12.86	8.96	
锗	32	72.610	140.5	1.371	12.25	5.323	
氙气	54	131.29	169	1.255	8.48	$5.86 \cdot 10^{-3}$	1.000 701
钨	74	183.84	185	1.145	6.76	19.3	
铅	82	207.2	194	1.123	6.37	11.35	
铀	92	238.03	199	1.082	6.00	18.95	

① 以 g/cm^2 为单位的核作用长度 λ_I 与非弹性截面的关系是 $\lambda_I = A/(N_A \cdot \sigma_{inel})$,式中 A 以 g/mol 为单位,N_A 以 mol^{-1} 为单位,σ_{inel} 以 cm^2 为单位.文献中对于 λ_I 没有明确的名称.通常,λ_I 也称为核吸收长度 λ_a.

② 标准温度和压强(0 ℃ ≙ 273.15 K,1 atm = 101 325 Pa).折射率用钠的 D 谱线测量.

复合材料的性质[①]

物质	核作用长度 (g/cm²)	$\left.\dfrac{dE}{dx}\right\|_{min}$ $\left(\dfrac{MeV}{g\cdot cm^{-2}}\right)$	辐射长度 (g/cm²)	密度 (g/cm³)	折射率(STP)
空气(STP)	90.0	1.815	36.66	$1.29\cdot 10^{-3}$	1.000 293
水	83.6	1.991	36.08	1.00	1.33
二氧化碳气体	89.7	1.819	36.20	$1.977\cdot 10^{-3}$	1.000 410
屏蔽混凝土	99.9	1.711	26.70	2.5	
甲烷气体	73.4	2.417	46.22	$0.717\cdot 10^{-3}$	1.000 444
乙烷气体	75.7	2.304	45.47	$1.356\cdot 10^{-3}$	1.001 038
丙烷气体	76.5	2.262	45.20	$1.879\cdot 10^{-3}$	1.001 029
异丁烷	77.0	2.239	45.07	$2.67\cdot 10^{-3}$	1.001 900
聚乙烯	78.4	2.076	44.64	≈ 0.93	
树脂玻璃	83.0	1.929	40.49	≈ 1.18	≈ 1.49
聚苯乙烯闪烁体	81.9	1.936	43.72	1.032	1.581
二氟化钡	145	1.303	9.91	4.89	1.56
锗酸铋	157	1.251	7.97	7.1	2.15
碘化铯	167	1.243	8.39	4.53	1.80
碘化钠	151	1.305	9.49	3.67	1.775
气凝硅胶	96.9	1.740	27.25	0.04~0.6	$1.0+0.21\rho$
G10 板	90.2	1.87	33.0	1.7	
聚酰亚胺薄膜	85.8	1.82	40.56	1.42	
派热克斯玻璃(康宁)(硼硅酸盐玻璃)	97.6	1.695	28.3	2.23	1.474
铅玻璃(SF-5)	132.4	1.41	10.38	4.07	1.673

① 以 g/cm² 为单位的核作用长度 λ_I 与非弹性截面的关系是 $\lambda_I = A/(N_A\cdot \sigma_{inel})$,式中 A 以 g/mol 为单位,N_A 以 mol⁻¹ 为单位,σ_{inel} 以 cm² 为单位. 文献中对于 λ_I 没有明确的名称. 通常,λ_I 也称为核吸收长度 λ_a.

附录4 蒙特卡洛事例产生子[①]

通用的蒙特卡洛事例产生子设计用来产生各种各样的物理过程.有上百种蒙特卡洛事例产生子,下面列出其中的一部分.

(1) ARIADNE[1] 利用色偶极模型实现 QCD 级联模拟的程序.

(2) HERWIG[2] (Hadron Emission Reactions With Interfering Gluons) 基于矩阵元计算的一个程序包,提供了部分子簇射的模拟,包含了色相干性,并利用了强子化的团簇模型(cluster model).

(3) ISAJET[3] 模拟 pp,p$\bar{\text{p}}$和 e^+e^- 相互作用的程序;它的基础是微扰 QCD 和部分子唯象模型以及束流喷注碎裂,包括 Fox-Wolfram 末态簇射 QCD 辐射和 Field-Feynman 强子化.

(4) JETSET[4] 利用 Lund 弦模型计算部分子系统强子化的模拟程序.自 1998 年起, JETSET 与 PYTHIA 合并成一个程序包.

(5) PYTHIA[5] 重点模拟 QCD 级联和强子化的通用程序;包含了模拟新物理过程(例如人工色模型(echnicolour))的若干种扩展程序.

还有一些蒙特卡洛事例产生子专门设计用来产生某些感兴趣的物理过程.它们可以连接到一个或几个通用的事例产生子或其他专用的事例产生子.

(1) AcerMC[6] LHC 的 pp 对撞实验中标准模型本底过程的建模,可与 PYTHIA 或 HERWIG 连接;它提供了若干个选定过程的质量矩阵元(massive matrix)的库,通过自动优化方法实现有效的相空间抽样.

(2) CASCADE[7] 根据 CCFM[8]演化方程建立小 $x = 2p/\sqrt{s}$ 情形下 ep 和 pp 散射的强子过程的完整模型.

(3) EXCALIBUR[9] 计算 e^+e^- 湮灭中所有的四费米子过程,包括 QED 初态辐射修正和 QCD 的贡献.

(4) HIJING[10] (Heavy Ion Jet Interaction Generator,重离子喷注相互作用产生子)用于 pp,pA 和 AA 反应中微喷注(minijet)的建模.

(5) HZHA[11-12] 提供 e^+e^- 对撞中标准模型和最小超对称模型(MSSM)希格斯玻色子

[①] 近期的评述参见 Z. Nagy 和 D. E. Soper 的论文:*QCD and Monte Carlo Event Generators*, XIV Workshop on Deep Inelastic Scattering, hep-ph/0607046 (July 2006).

附录 4　蒙特卡洛事例产生子

的各种产生和衰变末态,在 LEP2 实验希格斯玻色子的寻找中得到广泛的使用.

(6) ISAWIG[13]　与 ISAJET SUGRA 程序包和通用 MSSM 程序一起使用,用来描述超对称粒子的性质,后者可以读入 HERWIG 事例产生子.

(7) KK[14]　对 e^+e^- 对撞中两费米子末态过程建模,包括多光子初态辐射和 τ 衰变中自旋效应的处理.

(8) KORALB[15]　提供质心系能量低于 30 GeV 的 e^+e^- 对撞中 τ 轻子产生的模拟,包括 QED、Z 交换和自旋效应的处理;其中利用了 TAUOLA 程序包.

(9) KORALZ[16]　提供质心系能量 20~150 GeV 的 e^+e^- 对撞中 τ 轻子产生和衰变过程的模拟,包括自旋效应和辐射修正的处理.

(10) KORALW[17-18]　提供 e^+e^- 对撞中所有的四费米子末态的模拟,包含了对于所有双共振四费米子过程的所有非双共振修正;它利用 YFSWW 程序包(见后)来考虑对于 W 玻色子对产生的电弱修正.

(11) LEPTO[19]　对深度非弹性轻子-核子散射过程建模.

(12) MC@NLO[20]　部分子簇射程序包,对于 QCD 过程的事例率实现次领头阶矩阵元计算,利用了 HERWIG 程序包;它包括单个矢量玻色子和希格斯玻色子、矢量玻色子对、重夸克对和轻子对的强产生.

(13) MUSTRAAL[21]　模拟 μ 子的辐射修正和质心系能量 91.2 GeV 附近 e^+e^- 对撞中的夸克对产生.

(14) PANDORA[22]　适用于直线对撞机物理的、通用的部分子产生子,包括束致辐射(beamstrahlung)、初态辐射和极化效应的完整处理(包括标准模型过程和超出标准模型的过程);在 PANDORA-PYTHIA 程序包中,它与 PYTHIA 和 TAUOLA 连接.

(15) PHOJET[23]　利用双部分子模型(Dual Parton Model,DPM),对强子-强子、光子-强子和光子-光子相互作用中的强子多粒子产生建模.

(16) PHOTOS[24]　模拟衰变中的 QED 单光子(轫致辐射)辐射修正;打算与其他产生衰变的程序包连接.

(17) RESBOS(RESummed BOSon Production and Decay,玻色子产生和衰变的微扰求和)[25]　通过对来自多重软胶子发射的大的微扰贡献的求和,对于经由电弱矢量玻色子产生和衰变的轻子对强产生建模.

(18) RacoonWW[26]　对 e^+e^- 对撞中的四费米子产生建模,包括对于来自 W 对产生的四费米子衰变的辐射修正;它包含反常三阶(triple)规范玻色子耦合以及反常四阶(quartic)规范玻色子耦合.

(19) SUSYGEN[12,27]　对 e^+e^- 对撞中 MSSM 超粒子(粒子的超对称对应粒子)的产生和衰变建模.

(20) TAUOLA[28]　对于 τ 轻子的轻子衰变和半轻子衰变建模的程序库,包含了所有的末态拓扑以及对自旋结构的完整处理;它可与产生 τ 轻子的任何其他程序包连接.

(21) VECBOS[29]　对电弱矢量玻色子加多喷注的领头阶单举产生建模.

(22) YFSWW[30]　利用 YFS 指数化方法对 $W^\pm$ 质量和宽度提供高精度的建模.

最后,存在若干个用于计算费恩曼图的程序包,它们还能够提供连接蒙特卡洛事例产生子的源代码.这类程序包有 CompHEP[31],FeynArts/FeynCalc[32],GRACE[33],HELAS(计算费恩曼图螺旋度振幅的子程序)[34]和 MADGRAPH[35].

在宇宙线和粒子天体物理领域,下列蒙特卡洛事例产生子经常使用.近期的概述以及相关的文献可参见[36].进一步的讨论见 15.5.1 小节的论述.

(1) VENUS(Very Energetic NUclear Scattering,甚高能核散射) 用于极端相对论性重离子对撞,包括色弦产生、相互作用和碎裂的细致描述.衍射和非衍射碰撞也做了处理.它适用的宇宙线能量达到 $2 \cdot 10^7$ GeV.

(2) QGSJET(Quark Gluon String Model with Jets,多喷注的夸克胶子弦模型) 它的基本原理是强作用的 Gribov-Regge 模型.它处理核-核相互作用和半硬过程.高能碰撞描述为一系列基于坡密子交换的基本过程的叠加.

(3) DPMJET(Dual Parton Model with JET production,双部分子模型及喷注产生) 模拟高能强子-核和核-核相互作用中的粒子产生.软成分利用超临界坡密子来描述.对于硬碰撞,还引入了硬坡密子.

(4) HDPM 唯象产生子,受双部分子模型的启发,用实验数据进行调节.

(5) NEXUS 将 VENUS 和 QGSJET 合并到基于部分子的 Gribov-Regge 理论框架中,其中软的和硬的相互作用得到统一的表述.簇射的发展基于级联方程.

(6) SIBYLL 微喷注模型,利用临界坡密子描述软过程以及硬碰撞生成的弦,伴有高横动量微喷注的产生.

广延大气簇射通常用 CORSIKA 程序产生[37],它可以与不同的事例产生子相连接.CORSIKA 还包括模拟探测器几何结构的程序包如 GEANT[38],以及描述低能相互作用的程序包如 FLUKA[39].

参考文献

[1] Lönnblad L. ARIADNE Version 4: A Program for Simulation of QCD Cascades Implementing the Color Dipole Model [J]. Comp. Phys. Comm., 1992(71): 15-31.

[2] Marchesini G, et al. HERWIG: A Monte Carlo Event Generator for Simulating Hadron Emission Reactions with Interfering Gluons. Version 5.1 [J]. Comp. Phys. Comm., 1992(67): 465-508.

[3] Paige F E, Baer H, Protopopescu S D, et al. ISAJET 7.51: A Monte Carlo Event Generator for pp, p$\bar{p}$, and $e^+ e^-$ Reactions [OL]. www-cdf.fnal.gov/cdfsim/generators/isajet.html. ftp://ftp.phy.bnl.gov/pub/isajet/

[4] Sjöstrand T. High-Energy Physics Event Generation with PYTHIA 5.7 and JETSET 7.4 [J/R]. Comp. Phys. Comm., 1994(82): 74-90. Lund University Report LU TP 95-20.

[5] Sjöstrand T. QCD Generators [R]//Altarelli G, Kleiss R H P, Verzegnassi C. Z Physics at LEP 1: Event Generators and Software. CERN-89k-08-V-3, 1989: 143-340.

[6] Kersevan B P, Richter-Was E. The Monte Carlo Event Generator AcerMC 1.0 with

Interfaces to PYTHIA 6.2 and HERWIG 6.3 [R]. hep-ph/0201302.
[7] Jung H (Lund U.), Salam G P (CERN & Pairs U., Ⅵ-Ⅷ). Hadronic Final State Predictions from CCFM: The Hadron Level Monte Carlo Generator CASCADE [J]. Eur. Phys. J., 2001 (C19): 351-360.
[8] Lönnblad L, Jung H (Lund U.). Hadronic Final State Predictions from CCFM Generators. 9th International Workshop on Deep Inelastic Scattering (DIS 2001), Bologna, Italy, 27 April-1 May 2001 [C]//Bologna 2001, Deep Inelastic Scattering, 2001: 467-470.
[9] Berends F A, Pittau R, Kleiss R. EXCALIBUR: A Monte Carlo Program to Evaluate All Four Fermion Processes at LEP 200 and Beyond [R]. INLO-PUB-12/94 (1994) and hep-ph/9409326.
[10] Wang X N, Gyulassy M. HIJING: A Monte Carlo Model for Multiple Jet Production pp, pA, and AA Collisions [J]. Phys. Rev., 1991 (D44): 3501-3516.
[11] Janot P. HZHA (in part Mangano M L, Ridolfi G (conveners), Event Generators for Discovery Physics) [M]//Altarelli G, Sjöstrand T, Zwirner F. Physics at Lep2, CERN-96-01-V-2, 1996: 309-311
[12] Accomando E, et al. Event Generators for Discovery Physics [R]. hep-ph/9602203.
[13] Baer H, Paige F E, Protopopescu S D, et al. ISAJET 7.48: A Monte Carlo Event Generator for pp, $p\bar{p}$, and e^+e^- Reactions [R]. Preprint BNL-HET-99-43, FSU-HEP-991218, UH-511-952-00, 1999. hep-ph/0001086.
[14] Jadach S, Was Z, Ward B F L. The Precision Monte Carlo Generator KK for Two-Fermion Final States in e^+e^- Collisions [R]. hep-ph/9912214.
[15] Jadach S, Was Z. Monte Carlo Simulation of the Process $e^+e^- \to \tau^+\tau^-$, Including Radiative $O(\alpha^3)$ QED Corrections, Mass and Spin Effects [J]. Comp. Phys. Comm., 1985 (36): 191-211, KORALB version 2.1. An Upgrade with the TAUOLA Library of τ Decays [J]. Comp. Phys. Comm., 1991 (64): 267-274.
[16] Jadach S, Ward B F L, Was Z. The Monte Carlo Program KORALZ Version 4.0 for Lepton or Quark Pair Production at LEP/SLC Energies [J]. Comp. Phys. Comm., 1994 (79): 503-522.
[17] Skrzypek M, Jadach S, Placzek W, et al. Monte Carlo Program KORALW 1.02 for W-pair Production at LEP2/NLC Energies with Yennie-Frautschi-Suura Exponentiation [J]. Comp. Phys. Comm., 1996 (94): 216-248. Jadach S, Placzek W, Skrzypek M, Ward B F L [J]. Monte Carlo Program KORALW 1.42 for All Four-Fermion Final States in e^+e^- Collisions [J]. Comp. Phys. Comm., 1999 (119): 272-311.
[18] Jadach S, Placzek W, Skrzypek M, et al. The Monte Carlo Program KoralW Version 1.51 and the Concurrent Monte Carlo KoralW&YFSWW3 with All Background Graphs and First-Order Corrections to W-pair Production [J]. Comp. Phys.

Comm., 2001 (140): 475-512.

[19] Ingelman G, Edin A, Rathsman J. LEPTO 6.5: A Monte Carlo Generator for Deep Inelastic Lepton-Nucleon Scattering [J]. Comp. Phys. Comm., 1997 (101): 108-134.

[20] Frixione S, Webber B R. Matching NLO QCD Computations and Parton Shower Simulations [J]. JHEP, 2002, 6 (29): 1-64. Frixione S, Webber B R. The MC@NLO 2.3 Event Generator [R]. Cavendish-HEP-04/09 (GEF-TH-2/2004).

[21] Berends F A, Kleiss R, Jadach S. Radiative Corrections to Muon Pair and Quark Pair Production in Electron-Positron Collisions in the Z0 Region [J]. Nucl. Phys., 1982 (B202): 63-88.

[22] Iwasaki M, Peskin M E. Pandora and Pandora-Pythia: Event Generation for Linear Collider Physics [OL]. ftp://ftp.slac.stanford.edu/groups/lcd/Generators/PANDORA/ppythia.pdf.

[23] Engel R, Ranft J. Hadronic Photon-Photon Collisions at High Energies [J]. Phys. Rev., 1996 (D54): 4244-4262.

[24] Barberio E, van Eijk B, Was Z. Photos: A Universal Monte Carlo for QED Radiative Corrections in Decays [J]. Comp. Phys. Comm., 1991 (66): 115-128. Barberio E, Was Z. PHOTOS: A Universal Monte Carlo for QED Radiative Corrections: Version 2.0 [J]. Comp. Phys. Comm., 1994 (79): 291-308.

[25] Balazs C, Yuan C P. Soft Gluon Effects on Lepton Pairs at Hadron Colliders [J]. Phys. Rev., 1997 (D56): 5558-5583.

[26] Denner A, Dittmaier S, Roth M, et al. Racoon WW1.3: A Monte Carlo Program for Four-Fermion Production at e^+e^- Colliders [J]. Comp. Phys. Comm., 2003 (153): 462-507.

[27] Katsanevas St, Morawitz P. SUSYGEN 2.2: A Monte Carlo Event Generator for MSSM Particle Production at e^+e^- Colliders [J/OL]. Comp. Phys. Comm., 1998 (112): 227-269. lpscwww.in2p3.fr/d0/generateurs/.

[28] Jadach S, Kühn J H, Was Z. TAUOLA: A Library of Monte Carlo Programs to Simulate Decays of Polarised tau Leptons [J]. Comp. Phys. Comm., 1991 (64): 275-299. Jadach S, Jeżabek M, Kühn J H, et al. The τ Decay Library TAUOLA, update with exact $\mathcal{O}(\alpha)$ QED Corrections in $\tau \rightarrow \mu(e)\nu\bar{\nu}$ decay modes [J]. Comp. Phys. Comm., 1992 (70): 69-76. Jadach S, Was Z, Decker R, et al. The tau Decay Library TAUOLA: Version 2.4 [J]. Comp. Phys. Comm., 1993 (76): 361-380.

[29] Berends F A, Kuijf H, Tausk B, et al. On the Production of a W and Jets at Hadron Colliders [J]. Nucl. Phys., 1991 (B357): 32-64.

[30] Jadach S, Placzek W, Skrzypek M, et al. The Monte Carlo Event Generator YFSWW3 VERSION 1.16 for W Pair Production and Decay at LEP-2/LC Energies [J]. Comp. Phys. Comm., 2001 (140): 432-474.

[31] Pukhov A, et al. CompHEP: A Package for Evaluation of Feynman Diagrams and

Integration over Multi-particle Phase Space [R]. User's Manual for Version 33 hep-ph/9908288.

[32] Küblbeck J, Böhm M, Denner A. Feyn Arts: Computer-Algebraic Generation of Feynman Graphs and Amplitudes [J]. Comp. Phys. Comm., 1990 (60): 165-180.

[33] Tanaka Tl, Kaneko T, Shimizu Y. Numerical Calculation of Feynman Amplitudes for Electroweak Theories and an Application to $e^+e^- \to W^+W^-\gamma$ [J]. Comp. Phys. Comp., 1991 (64): 149-166.

[34] Murayama H, Wantanabe I, Hagiwara K. HELAS: HELicity Amplitude Subroutines for Feynman Diagram Evaluations [R]. KEK Report 91-11, 1992.

[35] Stelzer T, Long W F. Automatic Generation of Tree Level Helicity Amplitudes [J]. Comp. Phys. Comm., 1998 (81): 357-371.

[36] Ostapchenko S. Hadronic Interactions at Cosmic Ray Energies [R]. hep-ph/0612175, December 2006.

[37] Heck D, et al. Forschungszentrum Karlsruhe [R]. Report FZKA 6019, 1998. Heck D, et al. Comparison of Hadronic Interaction Models at Auger Energies [J]. Nucl. Phys. B Proc. Suppl., 2002 (122): 364-367.

[38] Brun R, Bruyant F, Maire M, et al. GEANT3 CERN-DD/EE/84-1 (1987). wwwasdoc.web.cern.ch/wwwasdoc/geant_html3/geantall.html.

[39] www.fluka.org/, 2005.

附录5　衰变能级纲图

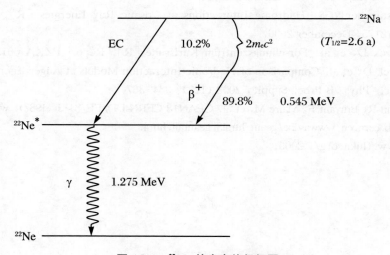

图 A5.1　^{22}Na 的衰变能级纲图

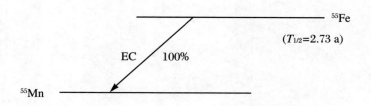

^{55}Mn 的特征 X 射线：

$K_\alpha = 5.9$ MeV

$K_\beta = 6.5$ MeV

图 A5.2　^{55}Fe 的衰变能级纲图

附录 5　衰变能级纲图

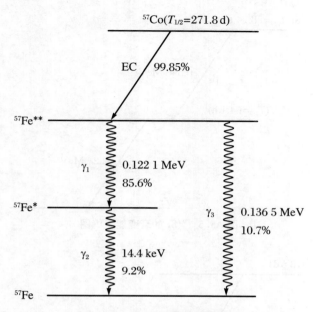

图 A5.3　^{57}Co 的衰变能级纲图

转换电子：
$K(\gamma_1) = 0.114\text{ MeV}, L(\gamma_1) = 0.121\text{ MeV}; K(\gamma_2) = 0.007\,3\text{ MeV},$
$L(\gamma_2) = 0.013\,6\text{ MeV}; K(\gamma_3) = 0.129\,4\text{ MeV}, L(\gamma_3) = 0.134\,1\text{ MeV}$

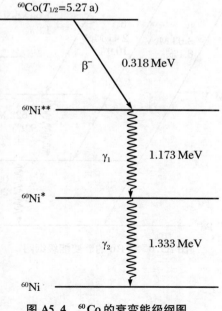

图 A5.4　^{60}Co 的衰变能级纲图

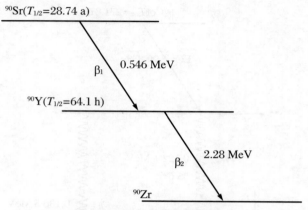

图 A5.5 ^{90}Sr 的衰变能级纲图

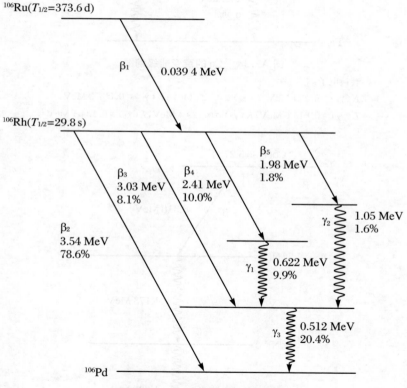

图 A5.6 ^{106}Ru 的衰变能级纲图

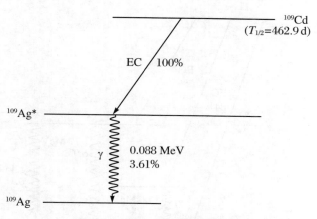

图 A5.7 ^{109}Cd 的衰变能级纲图

转换电子：
$K(\gamma) = 0.062\ 5\ \text{MeV}$，
$L(\gamma) = 0.084\ 2\ \text{MeV}$，
$M(\gamma) = 0.087\ 3\ \text{MeV}$.
K_α X 射线：$0.022\ \text{MeV}$，
K_β X 射线：$0.025\ \text{MeV}$

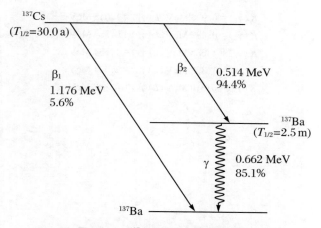

图 A5.8 ^{137}Cs 的衰变能级纲图

转换电子：
$K(\gamma) = 0.624\ \text{MeV}, L(\gamma) = 0.656\ \text{MeV}$

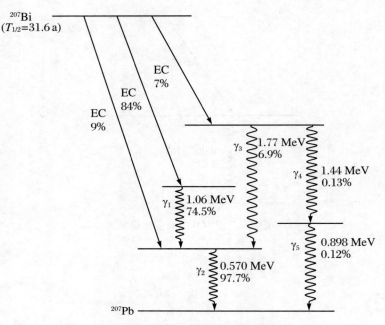

图 A5.9 ^{207}Bi 的衰变能级纲图

转换电子：

$K(\gamma_1) = 0.976$ MeV, $L(\gamma_1) = 1.048$ MeV；

$K(\gamma_2) = 0.482$ MeV, $L(\gamma_2) = 0.554$ MeV；

$K(\gamma_3) = 1.682$ MeV, $L(\gamma_3) = 1.754$ MeV；

$K(\gamma_4) = 1.352$ MeV, $L(\gamma_4) = 1.424$ MeV；

$K(\gamma_5) = 0.810$ MeV, $L(\gamma_5) = 0.882$ MeV

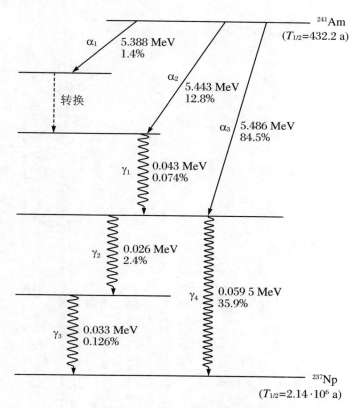

图 A5.10 ^{241}Am 的衰变能级纲图

转换电子：
$K(\gamma_1)$ = 运动学不容许，
$L(\gamma_1)$ = 0.021 0 MeV，
$L(\gamma_2)$ = 0.003 9 MeV，
$L(\gamma_4)$ = 0.0.7 1 MeV

Periodic Table of Elements

Group																	
Ia	IIa	IIIb	IVb	Vb	VIb	VIIb	VIIIb	VIIIb	VIIIb	Ib	IIb	IIIa	IVa	Va	VIa	VIIa	VIIIa
1 **H** Hydrogen 1.01																	2 **He** Helium 4.00
3 **Li** Lithium 6.94	4 **Be** Beryllium 9.01											5 **B** Boron 10.81	6 **C** Carbon 12.01	7 **N** Nitrogen 14.01	8 **O** Oxygen 16.00	9 **F** Fluorine 19.00	10 **Ne** Neon 20.18
11 **Na** Sodium 22.99	12 **Mg** Magnesium 24.31											13 **Al** Aluminium 26.98	14 **Si** Silicon 28.09	15 **P** Phosphorus 30.97	16 **S** Sulfur 32.07	17 **Cl** Chlorine 35.45	18 **Ar** Argon 39.95
19 **K** Potassium 39.10	20 **Ca** Calcium 40.08	21 **Sc** Scandium 44.96	22 **Ti** Titanium 47.87	23 **V** Vanadium 50.94	24 **Cr** Chromium 52.00	25 **Mn** Manganese 54.94	26 **Fe** Iron 55.85	27 **Co** Cobalt 58.93	28 **Ni** Nickel 58.69	29 **Cu** Copper 63.55	30 **Zn** Zinc 65.39	31 **Ga** Gallium 69.72	32 **Ge** Germanium 72.64	33 **As** Arsenic 74.92	34 **Se** Selenium 78.96	35 **Br** Bromine 79.90	36 **Kr** Krypton 83.80
37 **Rb** Rubidium 85.47	38 **Sr** Strontium 87.62	39 **Y** Yttrium 88.91	40 **Zr** Zirconium 91.22	41 **Nb** Niobium 92.91	42 **Mo** Molybdenum 95.94	43 **Tc** Technetium 97.91	44 **Ru** Ruthenium 101.07	45 **Rh** Rhodium 102.91	46 **Pd** Palladium 106.42	47 **Ag** Silver 107.87	48 **Cd** Cadmium 112.41	49 **In** Indium 114.82	50 **Sn** Tin 118.71	51 **Sb** Antimony 121.76	52 **Te** Tellurium 127.60	53 **I** Iodine 126.90	54 **Xe** Xenon 131.29
55 **Cs** Cesium 132.91	56 **Ba** Barium 137.33	57-71 **La** Lanthanides	72 **Hf** Hafnium 178.49	73 **Ta** Tantalum 180.95	74 **W** Tungsten 183.84	75 **Re** Rhenium 186.21	76 **Os** Osmium 190.23	77 **Ir** Iridium 192.22	78 **Pt** Platinum 195.08	79 **Au** Gold 196.97	80 **Hg** Mercury 200.59	81 **Tl** Thallium 204.38	82 **Pb** Lead 207.20	83 **Bi** Bismuth 208.98	84 **Po** Polonium 208.98	85 **At** Astatine 209.99	86 **Rn** Radon 222.02
87 **Fr** Francium 223.02	88 **Ra** Radium 226.03	89-103 **Ac** Actinides	104 **Rf** Rutherfordium 261.11	105 **Db** Dubnium 262.11	106 **Sg** Seaborgium 263.12	107 **Bh** Bohrium 262.12	108 **Hs** Hassium 277.15	109 **Mt** Meitnerium 268.14	110 **Ds** Darmstadtium 271.15	111 **Rg** Roentgenium 272.15							

Lanthanide series	57 **La** Lanthanum 138.91	58 **Ce** Cerium 140.12	59 **Pr** Praseodymium 140.91	60 **Nd** Neodymium 144.24	61 **Pm** Promethium 144.91	62 **Sm** Samarium 150.36	63 **Eu** Europium 151.96	64 **Gd** Gadolinium 157.25	65 **Tb** Terbium 158.93	66 **Dy** Dysprosium 162.50	67 **Ho** Holmium 164.93	68 **Er** Erbium 167.26	69 **Tm** Thulium 168.93	70 **Yb** Ytterbium 173.04	71 **Lu** Lutetium 174.97
Actinide series	89 **Ac** Actinium 227.03	90 **Th** Thorium 232.04	91 **Pa** Protactinium 231.04	92 **U** Uranium 238.03	93 **Np** Neptunium 237.05	94 **Pu** Plutonium 244.06	95 **Am** Americium 243.06	96 **Cm** Curium 247.07	97 **Bk** Berkelium 247.07	98 **Cf** Californium 251.08	99 **Es** Einsteinium 252.08	100 **Fm** Fermium 257.09	101 **Md** Mendelevium 258.10	102 **No** Nobelium 259.10	103 **Lr** Lawrencium 262.11

图 A5.11 元素周期表

每一种元素的原子序示于格子内左上方，原子量在下方。原子量考虑了地壳中不同同位素丰度的权重

索　引

A

Auger 大气簇射阵列　403
阿伏伽德罗常量　6
暗物质　208,427

B

Belle 探测器　289,430
Bethe-Bloch 公式　7,416
Birks 常数　102
B 介子工厂　289
巴巴散射　71
白噪声　326
半导体　91
　　~二极管　94
　　~径迹探测器　171,424
　　~热敏电阻　97
半高宽　50
半衰期　59,419
饱和漂移速度　293
贝克[勒尔]　60,419
背散射　30
比电阻率　91
扁带电缆　345
标记放射性同位素　380
标准模型　371
标准误差　49
表面电流　284

表面电阻　280
表面损伤　284
表面研究　390
冰-声子检测仪　406
波长位移技术　426
波长位移质　101,198
玻恩近似　28
玻尔兹曼(Boltzmann)常数　37
泊松分布　50
补偿　426
不变质量谱　356
布拉格峰　385

C

COS-B 卫星　401
参数空间　359
测试样本　370
掺杂技术　91
超导量子干涉器件　209,426
超导体　97
超对称粒子　367
超级神冈探测器　255
超热中子　388
超新星爆发　246
超新星中微子　254
沉积能量　11,185
成像大气切伦科夫望远镜　404
重复时间　53

重建算法软件　355
初级顶点　361
初始部分子　362
初始电离　14,82
触发判选　431
触发系统　289,307
穿透性　428
穿越辐射　117,230,417
穿越辐射计数器　420
穿越辐射探测器　118,230
传输线　345
船帆座　402
串音　431
磁单极子　144
磁谱仪　263
磁致伸缩读出　422
磁致伸缩延迟线　139
次级电磁级联　201
次级电离　14
次级电子发射系数　106
次级顶点　363
次级束流　269
次级雪崩　82
簇射　185
簇射包容量　187
簇射长度　203
簇射极大深度　186
淬灭气体　85

D

dE/dx 测量　424
dE/dx 分辨　293
dE/dx 分辨率　224
DNA 的双链断裂　385
打拿极　105
大爆炸　246
大气中微子　228,406
大体积水切伦科夫计数器　405

大型欧洲气泡室　252
大型强子对撞机　27,430
大型正负电子对撞机　27
带电粒子　416
带电粒子多重数　358
带电粒子束　388
带电流相互作用　247
单镀层光纤　199
单色器　383
导带　91
稻草管室　162,423
等离子能　7
等离子能量　117
等离子体通道　422
低水平计数器　407
低温量能器　208,426
地球磁场同步辐射　205,404
地总线　348
第二汤森系数　82
第一汤森系数　80
碘化钠晶体　99
电磁级联　187,200
电磁级联簇射　232
电磁量能器　191,291,299,425
电荷　219
　～沉积　278
　～分配法　161,423
　～灵敏放大器　94
　～耦合器件　140,172
　～载荷子　14,417
电极包衣　277
电离　5,416
　～计数器　74,420
　～剂量仪　79
　～室　75,420
　～位　14
电子-空穴对　14,93,425
电子-正电子对产生　21

索　引

电子/π介子分辨　231
电子/强子分辨　233
电子对直接产生　417
电子俘获　64, 246
电子漂移速度　418
电子迁移率　37, 83
电子蚀刻　169
电子学读出　314
电子学系统　314
电子学噪声　314
电子中微子　246, 399
顶点探测器　171, 422
定时信号　319
丢失动量　368
丢失能量　361, 368
"丢失"粒子　430
动量　219
　～分辨率　265, 294, 429
读出电子学　291, 300
读出时间　53
渡越时间　107
渡越时间的弥散　107
渡越时间弥散　298
端面探测器　424
对产生　27
　～截面　31
对撞机　86, 419
对撞机实验　269
多板云室　131
多变量分析　356
多变量分析方法　368
多次库仑散射　17, 293, 417
多次散射　200, 266, 429
多镀层光纤　199
多级触发系统　355
多级雪崩室　158
多径迹探测效率　422
多径迹效率　56

多粒子效率　56
多数符合　56
多丝漂移组件　163
多丝正比室　151, 422
多阳极光电倍增管　420, 425

E

e^+e^- 对撞机　430
俄歇电子　29, 63, 249, 403, 418
二项分布　51

F

Frisch 栅极　77
发光光谱　101
发射谱　99
反冲质子　238
反符合计数器　236
反馈放大器　321
反粒子　68
反散射峰　103
反向偏压　92
反向偏压电流　284
反照率　191
方差　48
方均根平面散射角　417
放电模式　88
放射疗法　388
放射形漂移室　164, 423
放射性活度　59, 419
放射性摩擦学　392
放射性示踪剂　379, 392
放射性衰变　419
放射性碳年代测定　406
放射性同位素 ^{14}C　406
放射源　385
飞行时间　219, 427
飞行时间计数器　291
非弹性过程　35

非弹性强子过程　200
非弹性散射　418
费米坪　6
费诺因子　15
分辨率　48,418
分支比　356
辐射长度　17,18,186,199,232,417,426
辐射负荷　379
辐射剂量　381
辐射权因子　60
辐射热测定仪　97
辐射事故　407
辐射探测器　377
辐照量　278
辐照损伤　282
负电性淬灭剂　136
负电性气体　41,418
负温度系数　209

G

盖革-缪勒计数器　85
盖革计数器　85,420
盖革区　85
概率密度函数　48,224,305
干扰　431
干扰拾取机制　347
感应电荷　75
感应漂移室　158,423
高纯气体　277
高纯水　405
高纯锗晶体　94
高斯分布　17,49
高统计实验　356
戈[瑞]　60,419
弓高　266
沟道　12
沟道效应　13
固定靶　69

～实验　263,269
固体的能带模型　90
固体探测器　14,90,420
光导　104
～纤维　198
光电倍增管　99,105,420
光电峰　103
光电三极管　110
光电四极管　110
光电效应　27,417
光核反应　64
光核相互作用　417
光核作用　21
光收集效率　103
光输出　282
光衰减长度　99
光阴极　105
光栅扫描技术　386
光致电离　29
光子二极管　99
广延大气簇射　205,246,403
硅顶点探测器　291
硅光电倍增管　113
硅光电二极管　420
硅漂移室　172
硅微条探测器　171
硅污染物　280
过饱和蒸气　420
过量噪声因子　111,112
过热超导颗粒　211
过热液态　132
过热液体　421

H

HPGe探测器　94
航空测量　392
耗尽层　92
耗尽区　92

索　引

核计数器效应	110
核乳胶	140, 254, 422
核作用长度	199, 233, 418, 426
核作用截面	36
黑度	142
横动量	263, 294
～传递	200
横向动量	361
横向扩散	38
横向泄漏	191
后向泄漏	191
候选径迹	359
环像切伦科夫计数器	428
晃动	336
恢复时间	52
辉光放电	137
回旋频率	40
混合像素技术	172
火花	280
～放电	138
～室	138, 421
或门	337

J

击出电子	8, 10, 416
积分亮度	310
激发	5, 416
激活中心	100
激子	99
级联的横向宽度	188
级联的纵向发展	188
极大似然法	368
集成电路	316
记忆时间	53
剂量当量	60, 419
剂量率	282
加速器	68
价带	91

间隙	430
鉴别量	305
胶子	362
～喷注	362
角度分辨率	190
接地	349, 431
接收度	293
节距	169
截断	356
～能量损失	11
～平均	223
～平均方法	294
～值分析	372
介电常数	93, 428
金字塔	394
禁带	91
经典电子半径	6
晶体量能器	191
精细结构常数	7
径迹	358
～触发	307
～段	360
～跟随	360
～火花室	136
～链	360
～模型	360
～探测器	151, 263
～系统	358
静电斥力	153
静止质量	5
居里	60
聚合作用	277
绝热光导	104
绝热膨胀	130
绝缘体	91
均匀性	419
均质量能器	191

K

K/π 分辨	305

KLM 探测系统　303
K 吸收限减除技术　382
康普顿 γ 射线观测站　402
康普顿边缘　103
康普顿散射　29,418
康普顿效应　27,29
克莱因-仁科(Klein-Nishina)公式　29
刻度参数　52
刻度系数　206
空间电荷效应　280
空间分辨率　38,156,294,418,421
空间散射角　18
空气隙磁铁　266
空穴　91
库仑势　17
库珀对　97,208,426
扩散常数　37
扩散云室　132

L

Landau-Pomeranchuk-Migdal 效应　190
拉德　60,419
朗道分布　10,51,294,417,427
朗道涨落　197
老化　424
　～速率　278
　～效应　276,430
雷姆　60,419
镭-铍源　64
离子迁移率　37,83
里德伯(Rydberg)常量　29
粒度　355
粒子多重数　362
粒子鉴别　220,223,294,295,304,355,
　　　　　363,377,427,430
粒子探测器　377
粒子天体物理　353
粒子物理　353

两粒子分辨　55
亮度　71,310
亮度测量　289
量能器　185,232,361
　～的粒度　195
　～粒子鉴别　233
量子色动力学　362
量子效率　105
量子跃迁　208
裂变反应　236
临界角　13
临界能量　19,189,417
磷酸盐玻璃探测器　144
灵敏时间　52
流光放电　421
流光管　86,135,420
流光管量能器　198
流光模式　86
流光室　135,421
流水线　316
漏电流　284
路径方法　359
氯化银晶体　141
伦琴　62
螺线管磁场　270
螺旋线拟合　360
螺旋形丝延迟线　161
洛伦兹角　40
洛伦兹力　39,264
洛伦兹因子　5,117,219,416

M

Malter 效应　277
Micromegas 探测器　169
麦克斯韦-玻尔兹曼能量分布　37
脉冲保真度　346
脉冲成形　328
脉冲幅度分析　316

索　引

慢化　236
慢控制系统　289,431
慢中子　237
盲分析　372
毛发活性法　407
蒙特卡洛模拟　187,356
蒙特卡洛事例产生子　366
密度效应　6,416,428
密封性　355
密钥　396
面垒探测器　94
面向对象的语言　355
模拟-数字转换器　341
模拟数据　431
模拟信号　431
模式识别　359
摩斯利(Moseley)定律　28,390
磨损量　392
莫里哀半径　188
莫里哀(Moliere)理论　17

N

n 型半导体　92
氖闪光管室　137,421
耐辐照性　57
耐辐照性能　276,291
内反射　425
能带　90
能级　90
能量　219
　~沉积　361
　~触发　307
　~分辨率　15,191,301,418
　~分配参数　31
　~刻度　206
　~散射截面　30
　~损失　416
　~团簇　361
　~吸收截面　30
　~泄漏　187,191
能隙　91
逆康普顿散射　30
年剂量当量　419

O

欧洲核子研究中心　399
欧洲核子中心(CERN)　27
偶然符合　54,419

P

PIN 二极管结构　93
PIN 光电二极管　110
pn 结　92
p 型半导体　92
泡利不相容原理　90
喷注　362
　喷注-团簇　362
膨胀云室　132
碰撞长度　35,418
漂移　418
　~单元　160
　~距离　294
　~时间　423
　~室　155
　~速度　37,38,76,155
平板火花室　222
平板型电离室　77
平均非弹性参数　201
平均激发能　6
平均能量损失　6,428
平均自由程　37
平面漂移室　423
平面投影散射角　17
平行板雪崩室　222

Q

QED 过程　71

期望值   48
气凝硅胶   116,295,428
气凝硅胶切伦科夫计数器   291
气泡室   132,421
气体-蒸气混合气   130
气体电子倍增器   170,424
气体放大   420
气体放大因子   79
气体探测器   74,276
迁移率   37
铅玻璃量能器   194
前端电子学   297,314,431
前向量能器   291
前沿触发器   336
强相互作用   35
强子化   362
强子级联   200,426
强子级联簇射   232
强子级联重心   203
强子量能器   199,426
切尔诺贝利反应堆事故   393
切伦科夫   227
　～辐射   113,417
　～环像   227
　～计数器   420
　～角   114
　～望远镜   404
轻夸克喷注   362
轻子数守恒   399
倾角   161
取样份额   197
取样量能器   195,249
取样型量能器   425
取样涨落   197,426
全局方法   359
全身剂量率当量   62
全天区巡天图   402
全吸收峰   84

全吸收型量能器   249
全吸收型探测器   425
全息读出   421
缺陷   430

R

Regener 统计   51
RICH 探测器   227
冉邵尔极小值   89
冉邵尔效应   38
热释光探测器   143
热噪声   326
热中子   236
人工神经网络   369
韧致辐射   11,18,63,416
软件触发   307
弱作用   246
　～重粒子   208

S

SAS-2 卫星   402
散粒噪声   326
散射   5
散射截面   245
闪电式变换   341
闪烁光纤   174,199,425
闪烁光纤径迹室   425
闪烁光纤型量能器   199
闪烁计数器   99,420
闪烁体   98
闪烁效率   99
扇区   164
上升时间   83,107
上限   50
射程   23
深度-强度关系   42
神经网络   363
神经网络分析   372

索　引

生物效应　60,419
声子　100,208
声子的探测　426
施主能级　91
时间测量　335
时间分辨率　53,220,298,418
时间晃动　107,298
时间扩展室　158,423
时间-数字转换器　344
时间投影室　166,424
时间游动　336
实用射程　24
蚀刻　422
蚀刻锥　144
事例产生子　431
事例拓扑形态　367,430
事例过滤　308
事例率　355
事例生成器　308
事例拓扑形态　430
事例重建　308,354
试验束　64,207
收集条　303
寿命　59,361,419
受主能级　92
束流本底　291
束流管道　290
数据分析　353
数据获取系统　306
数据控制样本　357
数字电子学　314
数字签名方案　396
数字信号　431
衰变常数　59,419
衰变顶点　291
衰变能级纲图　64
衰减时间　99
衰减系数　418

双面硅条探测器　291
双能量减除血管造影术　382
水蒸气　280
丝张力　153
死时间　52,419,421
死时间修正　404
似然比　225,305
似然概率　305
似然函数　224,368
速调管　68
速度　219
塑料闪烁计数器　221
塑料闪烁体　101,102
塑料探测器　144,422
隧道结层　97
隧道效应　209

T

TOF 测量　221
TOF 计数器　296
太阳中微子　245,254,406
弹性反冲　238
探测器　289
　～分辨　356
　～描述　354
　～模拟　372,431
　～原始数据　353
汤姆孙截面　28
逃逸峰　84
特征 X 射线　249
体扩散　37
体素形计数器　424
体损伤　284
天顶角　66
天鹅座　402
条形计数器　425
铁氧体磁心　140
铁氧体磁心读出　422

同步辐射 26,64,69,270,417,420
同步辐射束流 383
同步加速器 68
同轴电缆 345
统计误差 357
统计显著性 356
透明度 430
透射率 282
团簇模型 362
退火 285
退火温度 285
脱氧核糖核酸 385

V

V^0 衰变点 364

W

弯转半径 264
望远镜阵列 403
微等离子放电 430
微分式切伦科夫计数器 116
微结构气体探测器 169,424
微条气体室 169
微通道板 108
微型电极结构 424
位错 284
位阱 173
位丝 160
位置分辨率 191
稳定性 419
无机闪烁体 99
误判概率 305

X

X 射线 378
X 射线成像 84,378
X 射线胶片 42,378
X 射线阴极射线管 68

"稀疏"读出 318
吸收剂量 60,419
吸收系数 418
希[沃特] 60,419
希格斯玻色子 367,371
系统不确定性 356
细胞核 385
弦模型 362
显微光刻 424
限流火花室 139
线电荷密度 77
线扩散 37
相对论性粒子 5
相对论性上升 7,223
相对生物效应 60,238
相干散射 13
相互作用长度 35,303
相互作用点 360
相互作用顶点 361
像素 172
～探测器 173
～形计数器 425
硝酸纤维素 422
效率 305,419
协方差矩阵 359
斜丝 161
～超层 293
～倾角 293
蟹状星云 402
新陈代谢活动 381
信号处理 314
信噪比 314
星形成 388
虚地 323
选择判据 356
学习规则 370
雪崩发展 82
雪崩光电二极管 111

索　引

寻迹策略　360
循环时间　421
训练样本　369

Y

湮没反应　63
验证样本　370
赝喷注　362
阳极丝　160
阳极丝沉积物　280
液体电离室　89
异或门　337
阴极片　166
银卤化物晶粒　140
银团簇　141
荧光辐射　144
蝇眼探测器　403
硬件触发　307
优良加密软件　396
幽灵（ghost）坐标　155
有机闪烁体　101
有限盖勒区　86
有效剂量当量　61
与门　337
宇宙膨胀　246
宇宙线　64
宇宙线 μ 子　395
阈式切伦科夫计数器　295
原子量　6
原子内壳层　28
原子序　6
圆柱形电离室　77
圆柱形漂移室　160
圆柱形丝室　423
云室　130，420
运动学特征量　356

Z

在线计算机集群　308

在线监测　431
在线刻度　426
在线数据获取系统　431
噪声　431
　～水平　319
增益损失　278
折射率　428
真实随机数产生子　398
正比计数器　420
正比区　80
正电子放射断层造影术　379
正电子湮灭　380
正态分布　17,48
正向偏压　92
直接方法　359
直线加速器　68,385,420
质量　219
　～衰减系数　27,33
　～吸收系数　33
　～约束　366
质心系能量　70,356
质子疗法　387
质子激发 X 射线发射分析　389
质子寿命　405
质子衰变　405
致命剂量　419
致命全身剂量　63
置信区间　49
置信水平　49
中微子　245
　中微子-核子相互作用　399
　～测量　429
　～工厂　71
　～探测器　245
　～天文　429
　～望远镜　406
　～相互作用　245
　～振荡　406

中心漂移室	291	最大可探测动量	265
中性粒子	417	最小电离粒子	7,297
中性流相互作用	247	左右模糊性	156,423
中子反散射技术	391		
中子计数器	236		
中子治疗	388	β 衰变	63,246,399
终端匹配	347	δ 射线	8,10,416
肿瘤治疗	385	γ 反散射方法	390
重复时间	53	γ 射线	378
重离子	387	～示踪剂	379
轴向超层	293	～天文	401
专用集成电路	340	～天文学	228
转换电子	63	γ 相机	379
准热中子	237	μ 子 X 射线技术	395
自淬灭	85	μ 子量能器	235
自由基	276	μ 子中微子	399
纵向扩散	38	μ 中微子	246
总电离	14	μ/π 分辨	223
总能量损失	22	τ 中微子	248
总判选逻辑	307	$\pi-K$ 分辨	55
总吸收剂量	282	π^- 衰变	399
阻性板计数器	291,303	$\pi/K/p$ 分辨	223
阻性板室	222	π/K 分辨	230
组织权因子	61	χ^2 检验	363
最大传递能量	5